中 国 国 家 标 准 汇 编

2014 年修订-1

中国标准出版社　编

中国标准出版社

北　京

图书在版编目(CIP)数据

中国国家标准汇编:2014年修订.1/中国标准出版社编.—北京:中国标准出版社,2015.12
ISBN 978-7-5066-7936-7

Ⅰ.①中… Ⅱ.①中… Ⅲ.①国家标准-汇编-中国-2014 Ⅳ.①T-652.1

中国版本图书馆CIP数据核字(2015)第168146号

中国标准出版社出版发行
北京市朝阳区和平里西街甲2号(100029)
北京市西城区三里河北街16号(100045)

网址 www.spc.net.cn
总编室:(010)68533533 发行中心:(010)51780238
读者服务部:(010)68523946

中国标准出版社秦皇岛印刷厂印刷
各地新华书店经销

*

开本 880×1230 1/16 印张 31.5 字数 976千字
2015年12月第一版 2015年12月第一次印刷

*

定价 220.00 元

出 版 说 明

1.《中国国家标准汇编》是一部大型综合性国家标准全集。自1983年起，按国家标准顺序号以精装本、平装本两种装帧形式陆续分册汇编出版。它在一定程度上反映了我国建国以来标准化事业发展的基本情况和主要成就，是各级标准化管理机构，工矿企事业单位，农林牧副渔系统，科研、设计、教学等部门必不可少的工具书。

2.《中国国家标准汇编》收入我国每年正式发布的全部国家标准，分为"制定"卷和"修订"卷两种编辑版本。

"制定"卷收入上一年度我国发布的、新制定的国家标准，顺延前年度标准编号分成若干分册，封面和书脊上注明"20××年制定"字样及分册号，分册号一直连续。各分册中的标准是按照标准编号顺序连续排列的，如有标准顺序号缺号的，除特殊情况注明外，暂为空号。

"修订"卷收入上一年度我国发布的、被修订的国家标准，视篇幅分设若干分册，但与"制定"卷分册号无关联，仅在封面和书脊上注明"20××年修订-1，-2，-3，……"字样。"修订"卷各分册中的标准，仍按标准编号顺序排列(但不连续)；如有遗漏的，均在当年最后一分册中补齐。需提请读者注意的是，个别非顺延前年度标准编号的新制定的国家标准没有收入在"制定"卷中，而是收入在"修订"卷中。

读者配套购买《中国国家标准汇编》"制定"卷和"修订"卷则可收齐由我社出版的上一年度我国制定和修订的全部国家标准。

3. 由于读者需求的变化，自1996年起，《中国国家标准汇编》仅出版精装本。

4. 2014年我国制修订国家标准共1 611项。本分册为"2014年修订-1"，收入新制修订的国家标准23项。

中国标准出版社

2015年8月

目　　录

ICS 71.120.30
J 75

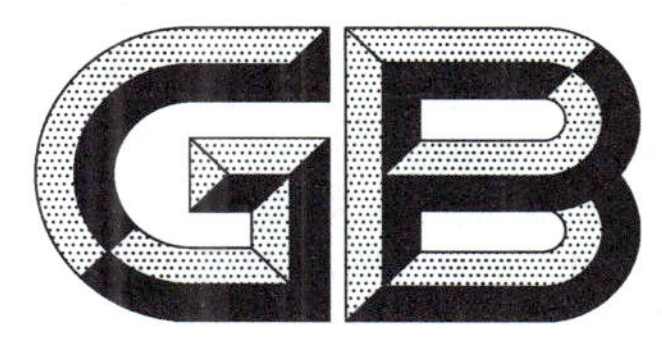

中华人民共和国国家标准

GB/T 151—2014
代替 GB 151—1999

热交换器

Heat exchangers

2014-12-05 发布　　2015-05-01 实施

中华人民共和国国家质量监督检验检疫总局
中国国家标准化管理委员会　发布

前　言

本标准按照 GB/T 1.1—2009 给出的规则起草。

本标准代替 GB 151—1999《管壳式换热器》。与 GB 151—1999 相比，主要技术变化如下：

a) 修改了标准名称，扩大了标准适用范围：
——提出了热交换器的通用要求；
——规定了其他结构型式的热交换器所依据的标准。

b) 修订了管壳式热交换器的适用参数范围。

c) 增加了热交换器传热计算的基本要求。

d) 提高了管壳式热交换器管束的尺寸精度要求。

e) 修订了换热管与管板的连接：
——增加了胀接连接的胀度计算公式及胀度控制值；
——修订了强度焊接的定义及结构形式；
——增加了内孔焊。

f) 修订了单管板设计计算，增加了双管板设计计算。

g) 增加了附录 A“标准的符合性声明及修订”。

h) 将 GB 151—1999 附录 F“壁温计算”修订为附录 B“管壳式热交换器传热计算”。

i) 修订了附录 C“流体诱发振动”。

j) 增加了附录 D“常见流体的物理性质数据”。

k) 增加了附录 E“污垢热阻”。

l) 增加了附录 F“金属导热系数”。

m) 修订了附录 G“换热管特性表”。

n) 增加了附录 H“换热管与管板焊接接头的焊缝形式”。

o) 修订了附录 I“管板与管箱、壳体的焊接连接”。

p) 修订了附录 J“壳体和管束的进口或出口面积计算”。

q) 增加了附录 K“波纹换热管热交换器的管板”。

r) 增加了附录 L“拉撑管板”。

s) 增加了附录 M“挠性管板”。

本标准由全国锅炉压力容器标准化技术委员会(SAC/TC 262)提出并归口。

本标准起草单位：甘肃蓝科石化高新装备股份有限公司、上海蓝滨石化设备有限责任公司、中国石化工程建设有限公司、中国特种设备检测研究院、国家质量监督检验检疫总局特种设备安全监察局、中石化洛阳工程有限公司、清华大学、西安交通大学、天津大学、中国成达工程有限公司、中国石化上海高桥石油化工公司、天华化工机械及自动化研究设计院有限公司、沈阳化工大学。

本标准主要起草人：张延丰、寿比南、邹建东、朱巨贤、李世玉、张迎恺、顾月章、薛明德、黄克智、杨国义、朱国栋、徐锋、程真喜、蔡隆展、赵维、李志安、王普勋、白博峰、谭蔚、邹红、马一鸣、陈韶范、刘鹏。

本标准所代替标准的历次版本发布情况为：

——GB 151—1989、GB 151—1999。

引　言

本标准是全国锅炉压力容器标准化技术委员会(以下简称“委员会”)负责制定和归口的热交换器标准,用以规范在中国境内建造或使用的热交换器设计、制造、检验和验收的相关技术要求。

本标准的技术条款包括了金属制热交换器的通用要求、管壳式热交换器建造过程(即指设计、制造、检验和验收工作)中应遵循的相关要求。由于本标准没有必要、也不可能囊括适用范围内管壳式热交换器建造中的所有技术细节,因此,在满足法规所规定的基本安全要求的前提下,不应禁止本标准中没有特别提及的技术内容。本标准不能作为具体管壳式热交换器建造的技术手册,亦不能代替培训、工程经验和工程评价。工程评价是指由知识渊博、娴于规范应用的技术人员所做出针对具体产品的技术评价。但工程评价应符合本标准的相关技术要求,不得违反本标准中的禁用规定。本标准还规定了管壳式热交换器安装和使用的基本要求。

本标准不限制实际工程设计和建造中采用先进的技术方法,但工程技术人员采用先进的技术方法时应能做出可靠的判断。

本标准既不要求也不禁止设计人员使用计算机程序实现热交换器的分析或设计,但采用计算机程序进行分析或设计时,除应满足本标准要求外,还应确认:

a) 所采用程序中技术假定的合理性;

b) 所采用程序对设计内容的适应性;

c) 所采用程序输入参数及输出结果用于工程设计的正确性。

热 交 换 器

1 范围

1.1 本标准规定了金属制热交换器的通用要求，并规定了管壳式热交换器材料、设计、制造、检验、验收及其安装、使用的要求。

1.2 本标准的通用要求适用于管壳式热交换器及其他结构型式热交换器，本标准的所有内容适用于管壳式热交换器。

1.3 本标准适用的设计压力：

a) 管壳式热交换器的设计压力不大于 35 MPa；

b) 其他结构型式热交换器的设计压力按相应引用标准确定。

1.4 本标准适用的设计温度：

a) 钢材不得超过 GB 150.2—2011 列入材料的允许使用温度范围；

b) 其他金属材料按相应引用标准中列入材料的允许使用温度确定。

1.5 本标准中管壳式热交换器适用的公称直径不大于 4 000 mm，设计压力（MPa）与公称直径（mm）的乘积不大于 2.7×10^4。

1.6 超出 1.5 条范围的管壳式热交换器，可参照本标准进行建造。

1.7 本标准不适用于下列热交换器：

a) 直接火焰加热的热交换器；

b) 烟道式余（废）热锅炉；

c) 核能装置中存在中子辐射损伤失效风险的热交换器；

d) 非金属制热交换器；

e) 制冷空调行业中另有国家标准或行业标准的热交换器。

1.8 热交换器界定范围：

a) 热交换器与外部管道连接：

 1) 焊接连接的第一道环向接头坡口端面；

 2) 螺纹连接的第一个螺纹接头端面；

 3) 法兰连接的第一个法兰密封面；

 4) 专用连接件或管件连接的第一个密封面。

b) 接管、人孔、手孔等的承压封头、平盖及其紧固件；

c) 非受压元件与受压元件的连接焊缝；

d) 直接连接在热交换器上的非受压元件如支座、垫板等；

e) 安装在热交换器上的超压泄放装置。

2 规范性引用文件

下列文件对于本文件的应用是必不可少的。凡是注日期的引用文件，仅注日期的版本适用于本文件。凡是不注日期的引用文件，其最新版本（包括所有的修改单）适用于本文件。

GB 150.1—2011 压力容器 第 1 部分：通用要求

GB 150.2—2011 压力容器 第 2 部分：材料

GB 150.3—2011　压力容器　第3部分:设计
GB 150.4—2011　压力容器　第4部分:制造、检验和验收
GB/T 1527—2006　铜及铜合金拉制管
GB/T 1804　一般公差　未注公差的线性和角度尺寸的公差
GB/T 2882—2013　镍及镍合金管
GB/T 3625—2007　换热器及冷凝器用钛及钛合金管
GB 5310　高压锅炉用无缝钢管
GB/T 5313—2010　厚度方向性能钢板
GB 6479　高压化肥设备用无缝钢管
GB/T 6893—2010　铝及铝合金拉(轧)制无缝管
GB/T 8890—2007　热交换器用铜合金无缝管
GB 9948　石油裂化用无缝钢管
GB 13296　锅炉、热交换器用不锈钢无缝钢管
GB 16749　压力容器波形膨胀节
GB/T 21832　奥氏体-铁素体型双相不锈钢焊接钢管
GB/T 21833　奥氏体-铁素体型双相不锈钢无缝钢管
GB/T 24590　高效换热器用特型管
GB/T 24593　锅炉和热交换器用奥氏体不锈钢焊接钢管
GB/T 26283—2010　锆及锆合金无缝管材
GB/T 26929　压力容器术语
GB/T 28713(所有部分)　管壳式热交换器用强化传热元件
GB/T 29463(所有部分)　管壳式热交换器用垫片
GB/T 29465　浮头式热交换器用外头盖侧法兰
NB/T 47002(所有部分)　压力容器用爆炸焊接复合板
NB/T 47003.1(JB/T 4735.1)　钢制焊接常压容器
NB/T 47004(JB/T 4752)　板式热交换器
NB/T 47006(JB/T 4757)　铝制板翅式热交换器
NB/T 47007(JB/T 4758)　空冷式热交换器
NB/T 47011　锆制压力容器
NB/T 47013.10(JB/T 4730.10)　承压设备无损检测　第10部分:衍射时差法超声检测
NB/T 47014(JB/T 4708)　承压设备焊接工艺评定
NB/T 47019(所有部分)　锅炉、热交换器用管订货技术条件
NB/T 47020(JB/T 4700)　压力容器法兰分类与技术条件
NB/T 47021(JB/T 4701)　甲型平焊法兰
NB/T 47022(JB/T 4702)　乙型平焊法兰
NB/T 47023(JB/T 4703)　长颈对焊法兰
NB/T 47024(JB/T 4704)　非金属软垫片
NB/T 47025(JB/T 4705)　缠绕垫片
NB/T 47026(JB/T 4706)　金属包垫片
NB/T 47027(JB/T 4707)　压力容器法兰用紧固件
NB/T 47041—2014(JB/T 4710)　塔式容器
JB/T 4711　压力容器涂敷与运输包装
JB/T 4712.1　容器支座　第1部分:鞍式支座

JB/T 4712.3　容器支座　第3部分:耳式支座

JB/T 4730(所有部分)　承压设备无损检测

JB 4732—1995　钢制压力容器——分析设计标准(2005年确认)

JB/T 4734　铝制焊接容器

JB/T 4745　钛制焊接容器

JB/T 4751　螺旋板式换热器

JB/T 4755　铜制压力容器

JB/T 4756　镍及镍合金制压力容器

HG/T 20592　钢制管法兰(PN系列)

HG/T 20615　钢制管法兰(Class系列)

TSG R0004—2009　固定式压力容器安全技术监察规程

3　术语和定义

GB 150.1—2011、GB/T 26929界定的以及下列术语和定义适用于本文件。

3.1

公称直径　nominal diameter

DN

a)　卷制、锻制圆筒,以内径(mm)作为管壳式热交换器的公称直径。

b)　管材制圆筒,以外径(mm)作为管壳式热交换器的公称直径。

c)　釜式重沸器,以管箱内(或外)径(mm)作为釜式重沸器的公称直径。

3.2

换热面积　heat transfer area

A

a)　计算换热面积,以换热管外径为基准,扣除不参与换热的换热管长度后,计算得到的外表面积,m^2。

b)　公称换热面积,圆整为整数后的计算换热面积,m^2。

3.3

公称长度　nominal length

LN

以换热管的长度(m)作为管壳式热交换器的公称长度。换热管为直管时,取直管长度;换热管为U形管时,取U形管直管段的长度。

3.4

管程和壳程　tubeside & shellside

a)　管程——介质流经换热管内的通道及与其相贯通部分。

b)　壳程——介质流经换热管外的通道及与其相贯通部分。

c)　管程数 N_t——介质沿换热管长度方向往、返的次数。

d)　壳程数 N_s——介质在壳程内沿换热管长度方向往、返的次数。

3.5

Ⅰ级管束　grade Ⅰ bundle

换热管外径的允许偏差符合表6-6、管板管孔直径及允许偏差符合表6-10、折流板和支持板管孔直径及允许偏差符合表 6-22 的钢制管束。

3.6

Ⅱ级管束　grade Ⅱ bundle

换热管外径的允许偏差符合表 6-7、管板管孔直径及允许偏差符合表 6-11、折流板和支持板管孔直径及允许偏差符合表 6-23 的钢制管束。

3.7

强度胀接　strength expansion

换热管与管板的胀接连接强度满足换热管轴向(拉或压)机械和温差载荷设计要求并保证密封性能的胀接。

3.8

贴胀　light expansion

为消除换热管与管板管孔之间缝隙的轻度胀接。

3.9

强度焊接　strength weld

换热管与管板的焊接连接强度满足换热管轴向(拉或压)机械和温差载荷设计要求并保证密封性能的焊接。

3.10

密封焊接　seal weld

仅保证换热管与管板连接不泄漏的焊接。

3.11

内孔焊　tubes welded to backside of tubesheet

换热管与管板之间在壳程侧以对接焊缝形成对接接头或锁底接头的焊接。

4　通用要求

4.1　通则

4.1.1　热交换器应符合本标准的通用要求,并应遵守国家颁布的有关法律、法规和安全技术规范。本标准的符合性声明见附录 A。

4.1.2　管壳式热交换器应符合本标准的要求,其他结构型式热交换器除应符合本标准通用要求外,还应符合下列相应标准的要求:

a)　JB/T 4751《螺旋板式换热器》;

b)　NB/T 47004(JB/T 4752)《板式热交换器》;

c)　NB/T 47006(JB/T 4757)《铝制板翅式热交换器》;

d)　NB/T 47007(JB/T 4758)《空冷式热交换器》。

4.1.3　采用铝、钛、铜、镍和锆等其他金属制管壳式热交换器或受压元件除应符合本标准要求外,还应符合下列相应标准的要求:

a)　JB/T 4734《铝制焊接容器》;

b)　JB/T 4745《钛制焊接容器》;

c)　JB/T 4755《铜制压力容器》;

d)　JB/T 4756《镍及镍合金制压力容器》;

e)　NB/T 47011《锆制压力容器》。

4.1.4　热交换器的设计、制造单位应建立健全的质量管理体系并有效运行。

4.1.5　TSG R0004—2009 管辖范围内的热交换器,其设计、制造、安装和使用应接受特种设备安全监察机构的监察。

4.1.6 对不能按照 GB 150.3—2011、本标准及相应引用标准进行设计计算的热交换器或受压元件，可按 GB 150.1—2011 中 4.1.6 规定的方法进行设计。

4.1.7 设计压力低于 0.1 MPa 及真空度低于 0.02 MPa 的热交换器或受压元件，可按 NB/T 47003.1 (JB/T 4735.1)及本标准的有关规定进行设计。

4.2 资格与职责

4.2.1 资格

TSG R0004—2009 管辖范围内的热交换器，其设计、制造单位应持有相应的特种设备许可证。

4.2.2 职责

4.2.2.1 用户或设计委托方的职责

热交换器的用户或设计委托方应以正式书面形式向设计单位提出设计条件(UDS—User's Design Specification)，且至少应包含以下内容：

a) 设计所依据的主要标准和规范；
b) 操作参数(包括工作压力、工作温度范围、液位高度、接管载荷以及循环载荷等)；
c) 使用地及其自然条件(包括环境温度、抗震设防烈度、风载荷和雪载荷等)；
d) 介质组分与特性；
e) 预期使用年限；
f) 几何参数和管口方位；
g) 钢制管束等级；
h) 设计需要的其他必要条件。

4.2.2.2 设计单位的职责

热交换器的设计单位至少应包含以下职责：

a) 应对设计文件的正确性和完整性负责；
b) 热交换器的设计文件至少应包括强度计算书、设计图样、制造技术条件、风险评估报告(相关法规或设计委托方要求时)，必要时还应包括安装与使用维修说明；
c) TSG R0004—2009 管辖范围内热交换器的设计总图应盖有特种设备设计许可印章；
d) 应在设计使用年限内保存管壳式热交换器的全部设计文件，其他结构型式的热交换器设计文件的保存要求按相应标准执行。

4.2.2.3 制造单位的职责

热交换器的制造单位至少应包含以下职责：

a) 制造单位应按照设计文件要求进行制造，如需要对原设计进行修改，应取得原设计单位同意修改的书面文件，并且对改动部位作出详细记载；
b) 制造单位在热交换器制造前应制定完善的质量计划，其内容至少应包括热交换器或元件的制造工艺控制点、检验项目和合格指标；
c) 制造单位的检查部门在热交换器制造过程中和完工后，应按标准、图样和质量计划的规定对热交换器进行各项检验和试验，出具相应报告，并对报告的正确性和完整性负责；
d) 制造单位在检验合格后，应出具产品质量合格证；
e) 制造单位对其制造的每台管壳式热交换器产品应在设计使用年限内至少保存下列技术文件：
   1) 质量计划；
   2) 制造工艺图或制造工艺卡；

3） 产品质量证明文件；
4） 焊接工艺和热处理工艺文件；
5） 标准中允许制造单位选择的检验、试验项目记录；
6） 制造过程中及完工后的检查、检验、试验记录；
7） 原设计图和竣工图；

f） 其他结构型式的热交换器制造技术文件的保存要求应按相应标准执行。

4.3 工艺计算

4.3.1 设计条件

4.3.1.1 热交换器的用户或设计委托方应以正式书面形式向设计单位提出工艺设计条件，且至少应包含以下内容：

a） 操作数据，包括流量、气相分率、温度、压力、热负荷等；
b） 物性数据，包括介质密度、比热、黏度、导热系数或介质组成等；
c） 允许阻力降；
d） 其他，包括操作弹性、工况、安装要求（几何参数、管口方位）等。

4.3.1.2 管壳式热交换器的数据表参见附录 B 表 B.1。

4.3.2 选型与计算

4.3.2.1 热交换器的选型应考虑下列因素：

a） 合理选择热交换器型式及基本参数，满足传热、安全可靠性及能效要求；
b） 考虑经济性，合理选材；
c） 满足热交换器安装、操作、维修等要求。

4.3.2.2 热交换器工艺计算时应进行优化，提高换热效率，满足工艺设计条件要求。管壳式热交换器无相变传热计算参见附录 B。需要时管壳式热交换器还应考虑流体诱发振动，计算参见附录 C。常见流体的物理性质数据参见附录 D，污垢热阻参见附录 E，金属导热系数参见附录 F。

4.4 设计一般规定

4.4.1 载荷

4.4.1.1 设计时应考虑以下载荷：

a） 内压、外压或最大压差；
b） 膨胀量不同引起的作用力；
c） 液柱静压力，当液柱静压力小于设计压力的 5%时，可忽略不计。

4.4.1.2 需要时，还应考虑下列载荷：

a） 热交换器自重及正常工作条件下或耐压试验状态下内装介质的重力载荷；
b） 附属设备及隔热材料、衬里、管道、扶梯、平台等的重力载荷；
c） 风载荷、地震载荷、雪载荷；
d） 支座及其他型式支承件的反作用力；
e） 连接管道和其他部件的作用力；
f） 温度梯度引起的作用力；
g） 冲击载荷，包括压力急剧波动引起的冲击载荷、流体冲击引起的反力等；
h） 运输或吊装时的作用力。

4.4.2 设计压力或计算压力

设计压力或计算压力的确定应符合以下规定：

a) 热交换器上装有超压泄放装置时，应按 GB 150.1—2011 附录 B 的规定确定设计压力；
b) 热交换器各程（压力室）的设计压力应按各自最苛刻的工作工况分别确定；
c) 如热交换器存在负压操作，确定元件计算压力时应考虑在正常工作情况下可能出现的最大压力差；
d) 真空侧的设计压力按承受外压考虑；当装有安全控制装置（如真空泄放阀）时，设计压力取 1.25 倍的最大内外压力差，或 0.1 MPa 两者中的较低值；当无安全控制装置时，取 0.1 MPa；
e) 对于同时受各程（压力室）压力作用的元件，且在全寿命期内均能保证不超过设定压差时，才可以按压差设计，否则应分别按各程（压力室）设计压力确定计算压力，并应考虑可能存在的最苛刻的压力组合；按压差设计时，压差的取值还应考虑在压力试验过程中可能出现的最大压差值，并应在设计文件中明确设计压差，同时应提出在压力试验过程中保证压差的要求。

4.4.3 设计温度

设计温度的确定应符合以下规定：
a) 热交换器的各程（压力室）设计温度应按各自最苛刻的工作工况分别确定；各部分在工作状态下的金属温度不同时，可分别设定设计温度；壳程设计温度、管程设计温度分别为壳程壳体、管箱壳体的设计温度；
b) 设计温度不得低于元件金属在工作状态可能达到的最高温度；对于 0 ℃以下的金属温度，设计温度不得高于元件金属可能达到的最低温度；在任何情况下，元件金属的表面温度不得超过材料的允许使用温度；
c) 对于同时受两侧介质温度作用的元件应按其金属温度确定设计温度；
d) 元件的金属温度通过以下方法确定：
 1) 传热计算求得；
 2) 在已使用的同类热交换器上测定；
 3) 根据介质温度并结合外部条件确定。

4.4.4 工况组合

对有不同工作工况的热交换器，应按最苛刻的工况设计；必要时还应考虑不同工况的组合，并在图样或相应技术文件中注明各工况操作条件和设计条件下的压力和温度值。

4.4.5 厚度附加量

4.4.5.1 厚度附加量按式(4-1)确定：

$$C = C_1 + C_2 \qquad (4\text{-}1)$$

式中：
C ——厚度附加量，mm；
C_1——材料厚度负偏差，按 4.4.5.2 的规定，mm；
C_2——腐蚀裕量，按 4.4.5.3、4.4.5.4 和 4.4.5.5 的规定，mm。

4.4.5.2 板材或管材的厚度负偏差应符合相应材料标准的规定。

4.4.5.3 为防止热交换器元件由于腐蚀、机械磨损而导致厚度削弱减薄，应考虑腐蚀裕量：
a) 对有均匀腐蚀或磨损的元件，应根据预期的设计使用年限和介质对金属材料的腐蚀速率（及磨蚀速率）确定腐蚀裕量；
b) 各元件受到的腐蚀程度不同时，可采用不同的腐蚀裕量；
c) 介质为压缩空气、水蒸气或水的碳素钢或低合金钢制热交换器，腐蚀裕量不小于 1 mm。

4.4.5.4 管壳式热交换器元件腐蚀裕量的考虑原则：
a) 管板、浮头法兰和球冠形封头的两面均应考虑腐蚀裕量；
b) 管箱平盖、凸形封头、管箱和壳体内表面应考虑腐蚀裕量；

c) 管板和管箱平盖上开槽时，可将高出隔板槽底面的金属作为腐蚀裕量，但当腐蚀裕量大于槽深时，还应加上两者的差值；

d) 设备法兰和管法兰的内径面应考虑腐蚀裕量；

e) 换热管、钩圈、浮头螺栓和纵向隔板一般不考虑腐蚀裕量；

f) 分程隔板的两面均应考虑腐蚀裕量；

g) 拉杆、定距管、折流板和支持板等非受压元件，一般不考虑腐蚀裕量。

4.4.5.5 其他结构型式的热交换器以及铝、钛、铜、镍和锆等其他金属制热交换器的腐蚀裕量按相应引用标准的规定确定。

4.5 许用应力

4.5.1 材料应按 GB 150.1—2011 表 1、表 2 的规定确定许用应力。

4.5.2 受压元件用钢材的许用应力值应按 GB 150.2—2011 选取，铝、钛、铜、镍和锆等其他金属的许用应力值应按相应引用标准选取。

4.5.3 复合钢板的许用应力应按 GB 150.1—2011 中 4.4.3 确定。

4.5.4 圆筒许用轴向压缩应力应按 GB 150.1—2011 中 4.4.5 和相关标准的规定确定。

4.5.5 需要考虑地震载荷或风载荷与 4.4.1 中其他载荷相组合时，元件的设计应力应符合 GB 150.1—2011 中 4.4.4 和相关标准的规定。

4.6 焊接接头分类与焊接接头系数

4.6.1 管壳式热交换器受压元件之间的焊接接头分为 A、B、C、D 四类，非受压元件与受压元件的焊接接头为 E 类，如图 4-1 所示。其他结构型式热交换器的焊接接头按相应标准规定。

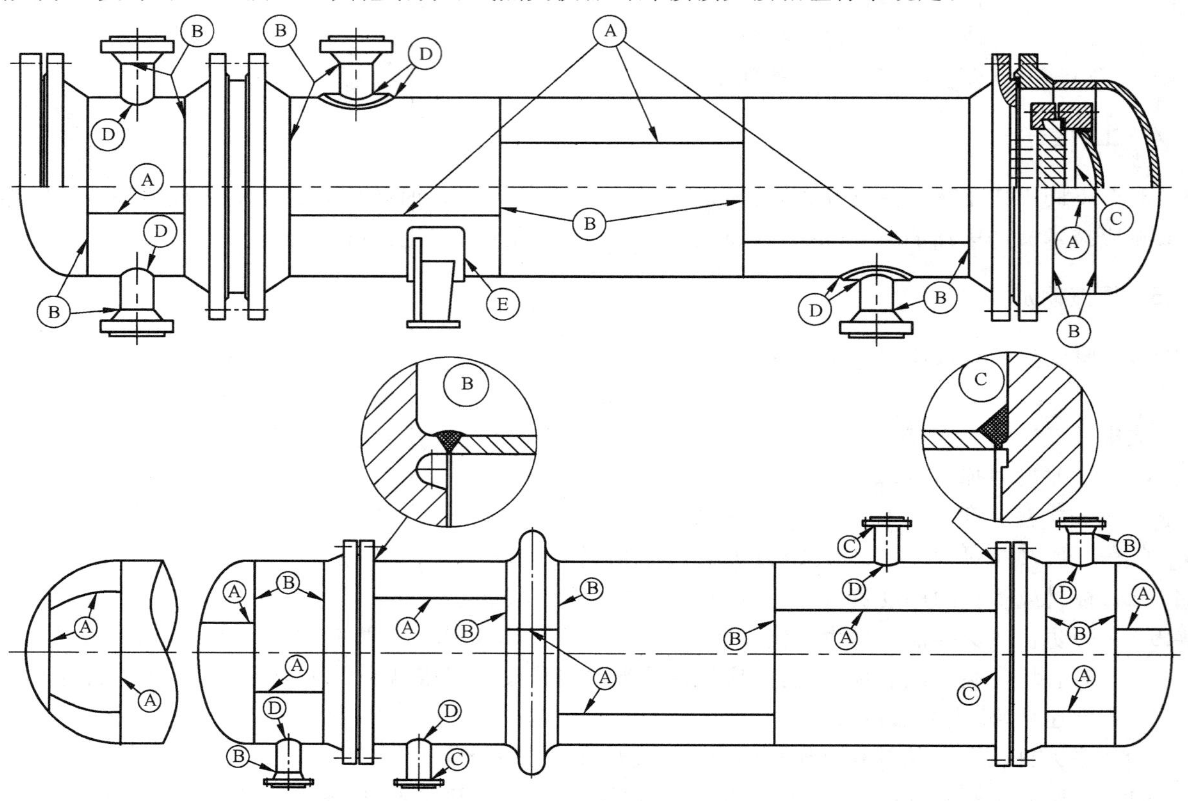

图 4-1 焊接接头分类

4.6.2 焊接接头系数 ϕ 应根据对接接头的焊缝形式及无损检测的长度比例确定。

4.6.3 钢制管壳式热交换器焊接接头系数按表 4-1 选取。

表 4-1 焊接接头系数 ϕ

焊接接头形式	全部无损检测	局部无损检测
双面焊对接接头和相当于双面焊的全焊透对接接头	1.0	0.85
单面焊对接接头(沿焊缝根部全长有紧贴基本金属的垫板)	0.90	0.80

4.6.4 对于无法进行无损检测的固定管板式热交换器壳程圆筒的环向焊接接头,应采用氩弧焊打底或沿焊缝根部全长有紧贴基本金属的垫板,其焊接接头系数 $\phi=0.6$。

4.6.5 对于换热管与管板连接的内孔焊,进行 100%射线检测时焊接接头系数 $\phi=1.0$,局部射线检测时焊接接头系数 $\phi=0.85$,不进行射线检测时焊接接头系数 $\phi=0.6$。

4.6.6 铝、钛、铜、镍和锆等其他金属的焊接接头系数按相应引用标准的规定。

4.7 耐压试验

4.7.1 管壳式热交换器耐压试验的要求和试验压力应符合 GB 150.1—2011 中 4.6 的要求,其他结构型式热交换器耐压试验的要求和试验压力应符合相关标准的要求。

4.7.2 耐压试验的种类和要求应在图样上注明。

4.7.3 按压差设计的热交换器,应在图样上提出压力试验时升、降压的具体要求。

4.7.4 对于管程设计压力高于壳程设计压力的管壳式热交换器,应在图样上提出管头的试验方法和压力。

4.8 泄漏试验

4.8.1 泄漏试验应符合 GB 150.1—2011 中 4.7 的要求。

4.8.2 泄漏试验的种类和要求应在图样上注明。

5 材料

5.1 总则

5.1.1 管壳式热交换器钢制受压元件的钢号及其标准、附加技术要求、限定范围(压力和温度等)及许用应力应符合 GB 150.2—2011 及其附录 A、附录 D 的规定,高温性能参考值参见 GB 150.2—2011 附录 B。

5.1.2 管壳式热交换器受压元件用铝、钛、铜、镍和锆等其他金属材料,其技术要求、限定范围(牌号、压力和温度等)及许用应力,应符合 TSG R0004—2009 及本标准引用标准的规定。

5.2 圆筒及封头

用于制造管壳式热交换器圆筒或封头的材料应符合 GB 150.1—2011 引用标准和 GB 150.2—2011 的有关规定。

5.3 管板、管箱平盖、法兰

5.3.1 锻件

用于制造管板、管箱平盖、法兰的钢锻件应符合 GB 150.2—2011 第 6 章的规定,锻件级别不得低于

Ⅱ级。

5.3.2 板材

5.3.2.1 用于制造管板、管箱平盖、设备法兰的板材应符合 GB 150.1—2011 引用标准和 GB 150.2—2011 的有关规定。带凸肩的管板、内孔焊管板和管箱平盖(GB 150.3—2011 表 5-10 中序号 11~14 的平盖)采用轧制板材直接加工制造时,碳素钢、低合金钢厚度方向性能级别不应低于 GB/T 5313—2010 中的 Z35 级,并在设计文件上提出附加检验要求。

5.3.2.2 复合管板可采用堆焊或爆炸焊接复合板。当采用爆炸焊接复合板时,应符合 NB/T 47002.1~47002.4 中 B1 级的要求;当换热管受轴向压应力时,宜采用堆焊复合管板。

5.3.3 衬层

5.3.3.1 管箱平盖、法兰可采用(松式)衬层(衬板、衬环)复合结构。

5.3.3.2 衬层复合结构不得使用于下列场合:

a) 设计温度高于 300 ℃;

b) 工作过程中,存在真空工况;

c) 介质毒性程度为极度或高度危害。

5.4 换热管

5.4.1 钢制换热管应符合 GB 150.2—2011 和本标准第 4 章引用标准的规定。常用换热管特性参见附录 G,常用换热管牌号及要求见下列管材标准:

a) GB/T 1527《铜及铜合金拉制管》;

b) GB/T 2882《镍及镍合金管》;

c) GB/T 3625《换热器及冷凝器用钛及钛合金管》;

d) GB 5310《高压锅炉用无缝钢管》;

e) GB 6479《高压化肥设备用无缝钢管》;

f) GB/T 6893《铝及铝合金拉(轧)制无缝管》;

g) GB/T 8890《热交换器用铜合金无缝管》;

h) GB 9948《石油裂化用无缝钢管》;

i) GB 13296《锅炉、热交换器用不锈钢无缝钢管》;

j) GB/T 21832《奥氏体-铁素体型双相不锈钢焊接钢管》;

k) GB/T 21833《奥氏体-铁素体型双相不锈钢无缝钢管》;

l) GB/T 24593《锅炉和热交换器用奥氏体不锈钢焊接钢管》;

m) GB/T 26283《锆及锆合金无缝管材》;

n) NB/T 47019.1~47019.8《锅炉、热交换器用管订货技术条件》。

5.4.2 允许采用符合下列标准的强化传热管,其使用范围和基管材料还应符合 GB 150.2—2011 及相关标准的规定:

a) GB/T 24590《高效换热器用特型管》;

b) GB/T 28713.1《管壳式热交换器用强化传热元件　第 1 部分:螺纹管》;

c) GB/T 28713.2《管壳式热交换器用强化传热元件　第 2 部分:不锈钢波纹管》;

d) GB/T 28713.3《管壳式热交换器用强化传热元件　第 3 部分:波节管》。

5.4.3 GB/T 24593、GB/T 21832 中的焊接钢管用作换热管时,还应符合 GB 150.2—2011 中 5.2 的有

关规定。

5.4.4 锆及锆合金无缝管用作换热管时，应符合 GB/T 26283—2010 中一般工业热交换器用管材的规定。

5.4.5 超出 5.4.1 引用标准中换热管的材料时，应符合 TSG R0004—2009 中 2.10 的规定，且应符合 NB/T 47019.1～47019.8 的要求。

5.5 螺柱(含螺栓)和螺母用钢棒

5.5.1 螺柱(含螺栓)和螺母用钢棒的标准、钢号、使用状态、许用应力及力学性能试验等，均应符合 GB 150.2—2011 第 7 章的规定。

5.5.2 管壳式热交换器设备法兰的紧固件可按 NB/T 47027(JB/T 4707)选用。

6 结构设计

6.1 管壳式热交换器的主要零部件及名称

管壳式热交换器的主要零部件及名称见表 6-1 和图 6-1～图 6-6。

表 6-1 管壳式热交换器零部件及名称

序号	名称	序号	名称	序号	名称
1	管箱平盖	21	吊耳	41	封头管箱(部件)
2	平盖管箱(部件)	22	放气口	42	分程隔板
3	接管法兰	23	凸形封头	43	耳式支座(部件)
4	管箱法兰	24	浮头法兰	44	膨胀节(部件)
5	固定管板	25	浮头垫片	45	中间挡板
6	壳体法兰	26	球冠形封头	46	U 形换热管
7	防冲板	27	浮动管板	47	内导流筒
8	仪表接口	28	浮头盖(部件)	48	纵向隔板
9	补强圈	29	外头盖(部件)	49	填料
10	壳程圆筒	30	排液口	50	填料函
11	折流板	31	钩圈	51	填料压盖
12	旁路挡板	32	接管	52	浮动管板裙
13	拉杆	33	活动鞍座(部件)	53	剖分剪切环
14	定距管	34	换热管	54	活套法兰
15	支持板	35	挡管	55	偏心锥段
16	双头螺柱或螺栓	36	管束(部件)	56	堰板
17	螺母	37	固定鞍座(部件)	57	液位计接口
18	外头盖垫片	38	滑道	58	套环
19	外头盖侧法兰	39	管箱垫片	59	壳体(部件)
20	外头盖法兰	40	管箱圆筒	60	管箱侧垫片

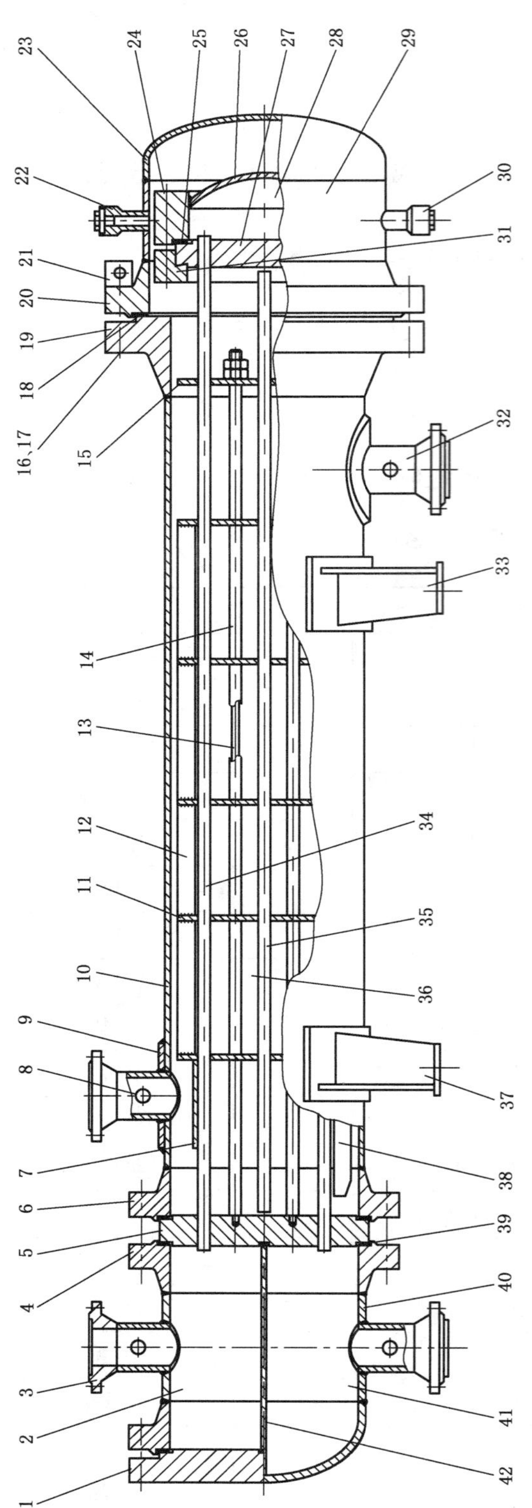

图 6-1 AES、BES浮头式热交换器

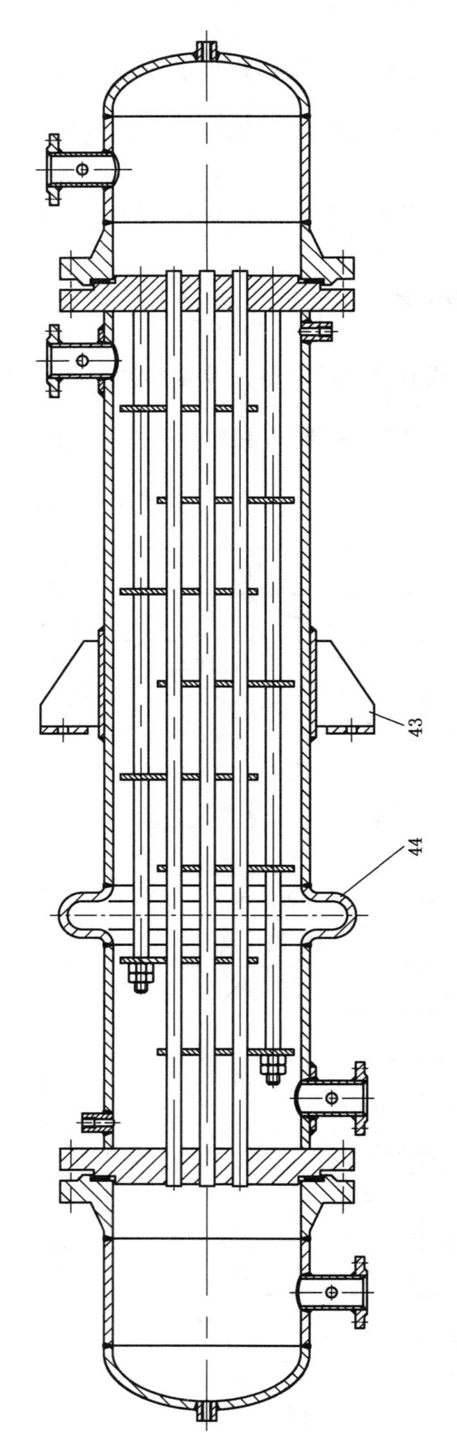

图 6-2 BEM 立式固定管板式热交换器

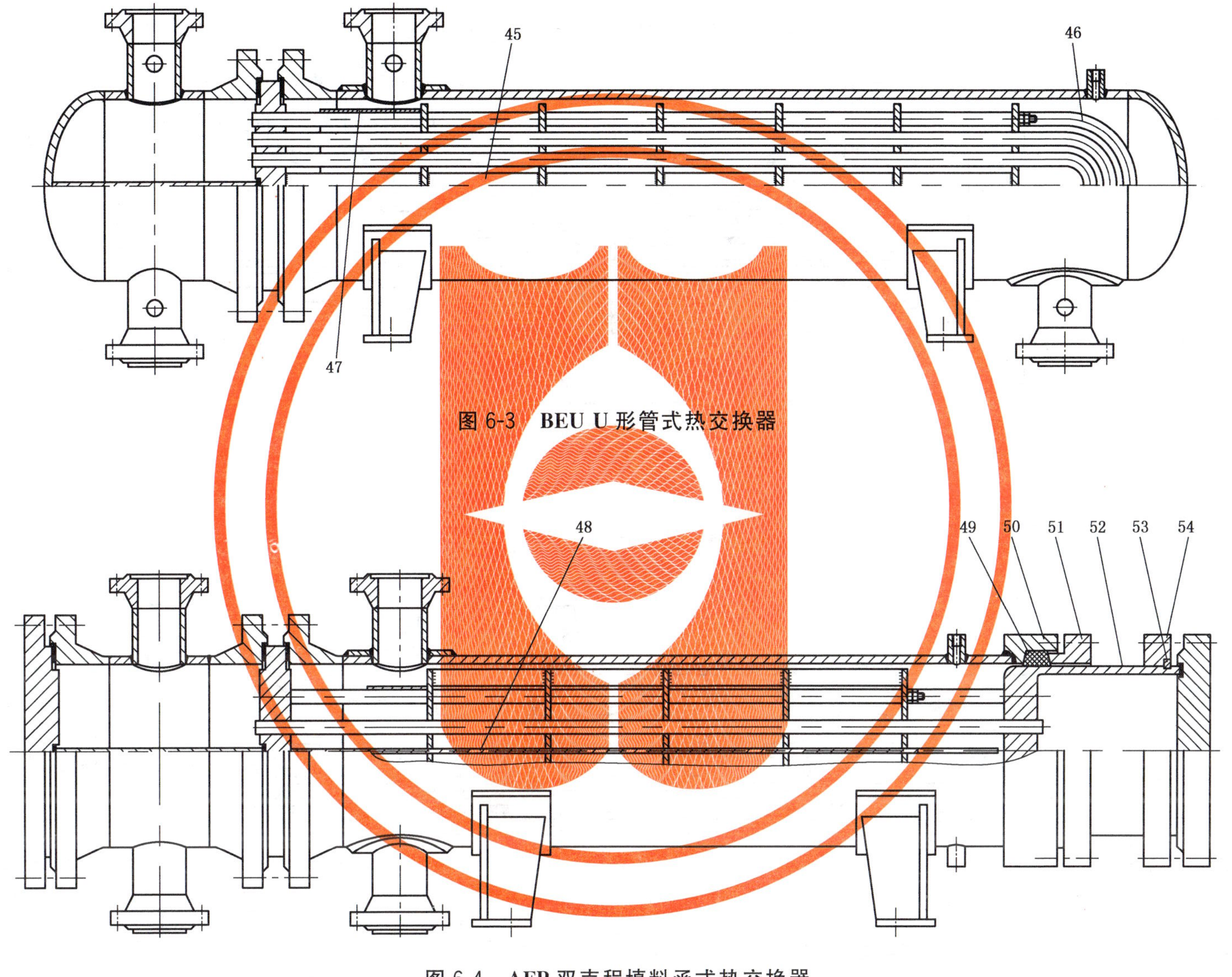

图 6-3 BEU U形管式热交换器

图 6-4 AFP 双壳程填料函式热交换器

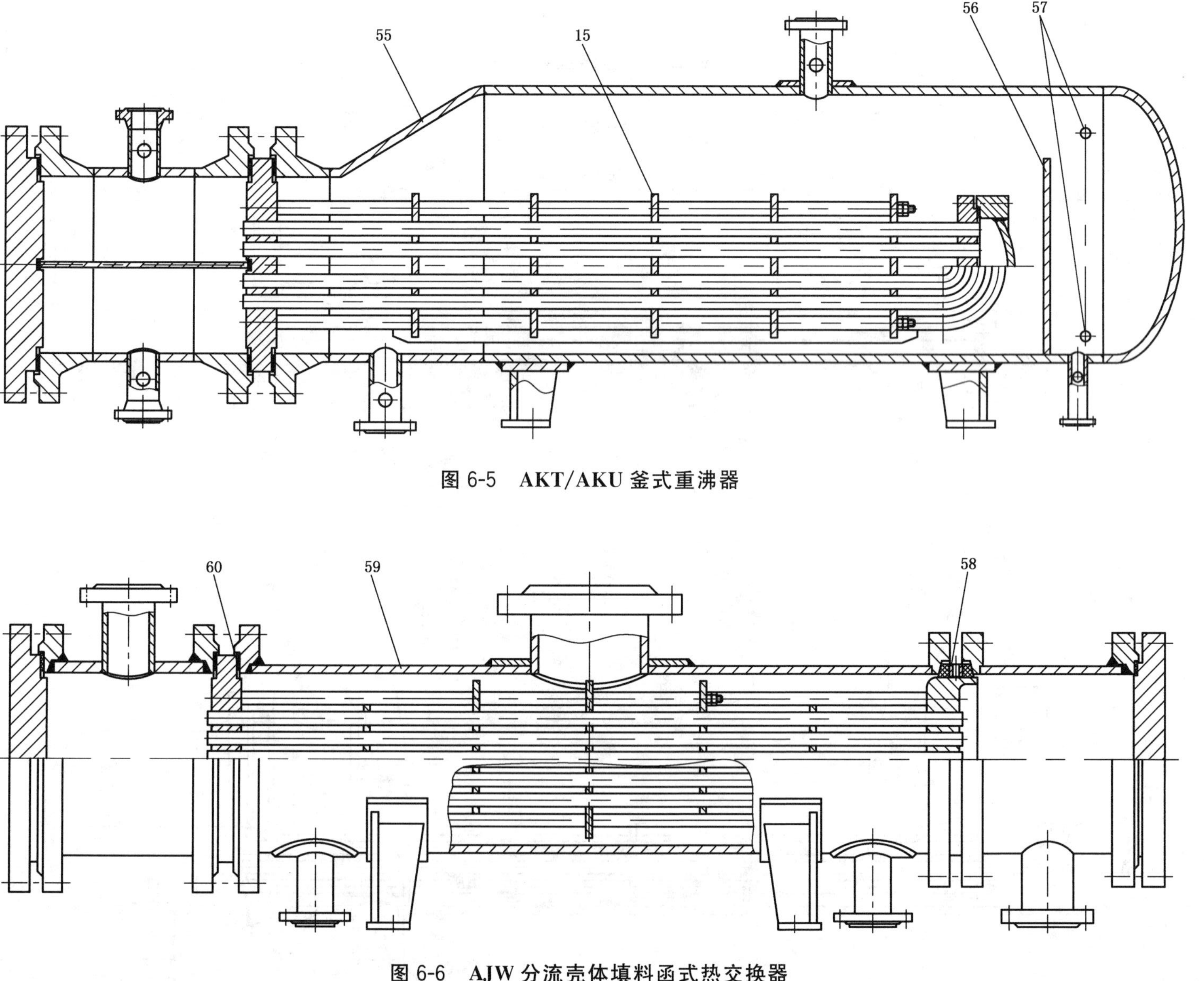

图 6-5 **AKT/AKU 釜式重沸器**

图 6-6 **AJW 分流壳体填料函式热交换器**

6.2 管壳式热交换器型号

6.2.1 结构型式用 3 个拉丁字母依次表示前端结构、壳体和后端结构(包括管束)3 部分。详细分类型式及代号见图 6-7。

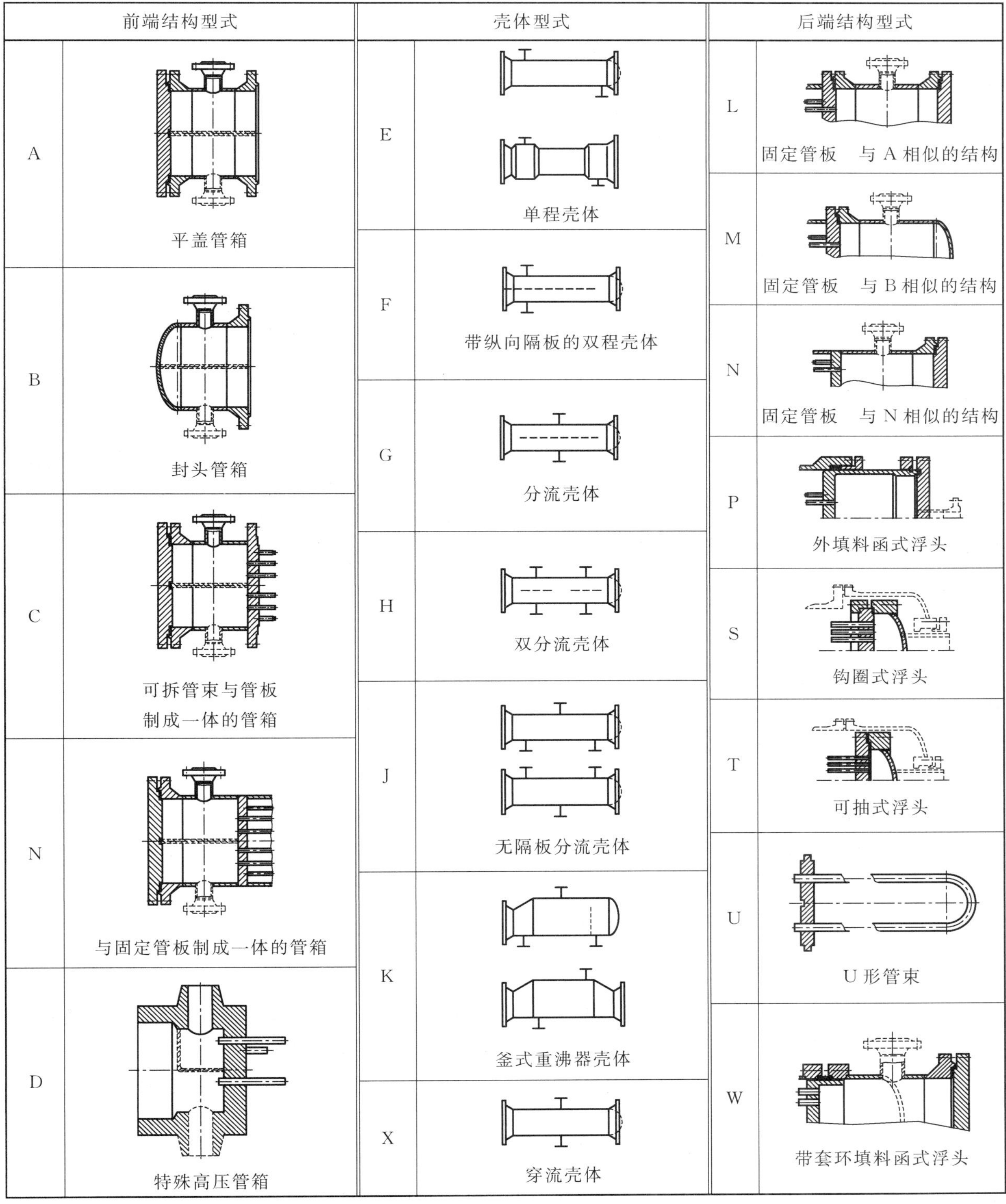

图 6-7 结构型式及代号

6.2.2 型号由结构型式、公称直径、设计压力、公称换热面积、公称长度、换热管外径、管/壳程数、管束等级等字母代号组合表示。示例如下：

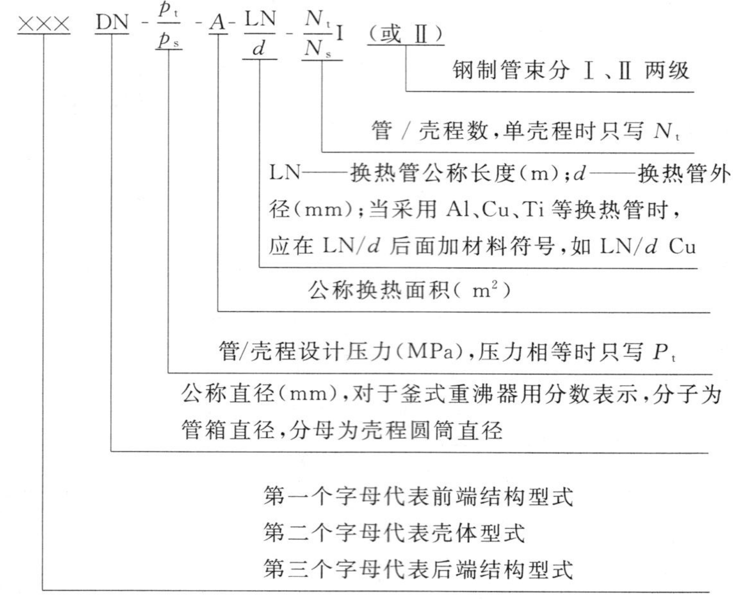

示例 1：

浮头式热交换器

可拆平盖管箱，公称直径 500 mm，管程和壳程设计压力均为 1.6 MPa，公称换热面积 54 m²，公称长度 6 m，换热管外径 25 mm，4 管程，单壳程的钩圈式浮头热交换器，碳素钢换热管符合 NB/T 47019 的规定，其型号为：

$$\text{AES500-1.6-54-}\frac{6}{25}\text{-4 I}$$

示例 2：

固定管板式热交换器

可拆封头管箱，公称直径 700 mm，管程设计压力 2.5 MPa，壳程设计压力 1.6 MPa，公称换热面积 200 m²，公称长度 9 m，换热管外径 25 mm，4 管程，单壳程的固定管板式热交换器，碳素钢换热管符合 NB/T 47019 的规定，其型号为：

$$\text{BEM700-}\frac{2.5}{1.6}\text{-200-}\frac{9}{25}\text{-4 I}$$

示例 3：

U 形管式热交换器

可拆封头管箱，公称直径 500 mm，管程设计压力 4.0 MPa，壳程设计压力 1.6 MPa，公称换热面积 75 m²，公称长度 6 m，换热管外径 19 mm，2 管程，单壳程的 U 形管式热交换器，不锈钢换热管符合 GB 13296 的规定，其型号为：

$$\text{BEU500-}\frac{4.0}{1.6}\text{-75-}\frac{6}{19}\text{-2 I}$$

示例 4：

釜式重沸器

可拆平盖管箱，管箱内径 600 mm，壳程圆筒内径 1 200 mm，管程设计压力 2.5 MPa，壳程设计压力 1.0 MPa，公称换热面积 90 m²，公称长度 6 m，换热管外径 25 mm，2 管程，单壳程的可抽式浮头釜式重沸器，碳素钢换热管符合 GB 9948 高级的规定，其型号为：

$$\text{AKT }\frac{600}{1200}\text{-}\frac{2.5}{1.0}\text{-90-}\frac{6}{25}\text{-2 II}$$

示例 5：

浮头式冷凝器

可拆封头管箱，公称直径 1 200 mm，管程设计压力 2.5 MPa，壳程设计压力 1.0 MPa，公称换热面积 610 m²，公称长度 9 m，换热管外径 25 mm，4 管程，无隔板分流壳体的钩圈式浮头冷凝器，碳素钢换热管符合 GB 9948 高级的规定，其型号为：

$$BJS1200\text{-}\frac{2.5}{1.0}\text{-}610\text{-}\frac{9}{25}\text{-}4\,\mathrm{II}$$

示例 6：

填料函式热交换器

可拆平盖管箱，公称直径 600 mm，管程和壳程设计压力均为 1.0 MPa，公称换热面积 90 m^2，公称长度 6 m，换热管外径 25 mm，2 管程，2 壳程(带纵向隔板的双程壳体)的外填料函式浮头热交换器，低合金钢换热管符合 NB/T 47019 的规定，其型号为：

$$AFP600\text{-}1.0\text{-}90\text{-}\frac{6}{25}\text{-}\frac{2}{2}\,\mathrm{I}$$

示例 7：

固定管板式铜管热交换器

可拆封头管箱，公称直径 800 mm，管程和壳程设计压力均为 0.6 MPa，公称换热面积 150 m^2，公称长度 6 m，换热管外径 22 mm，4 管程，单壳程固定管板式热交换器，高精级 H68A 铜合金换热管符合 GB/T 1527 的规定，其型号为：

$$BEM800\text{-}0.6\text{-}150\text{-}\frac{6}{22}Cu\text{-}4$$

6.3 管程

6.3.1 布管

6.3.1.1 换热管常用排列形式见图 6-8。

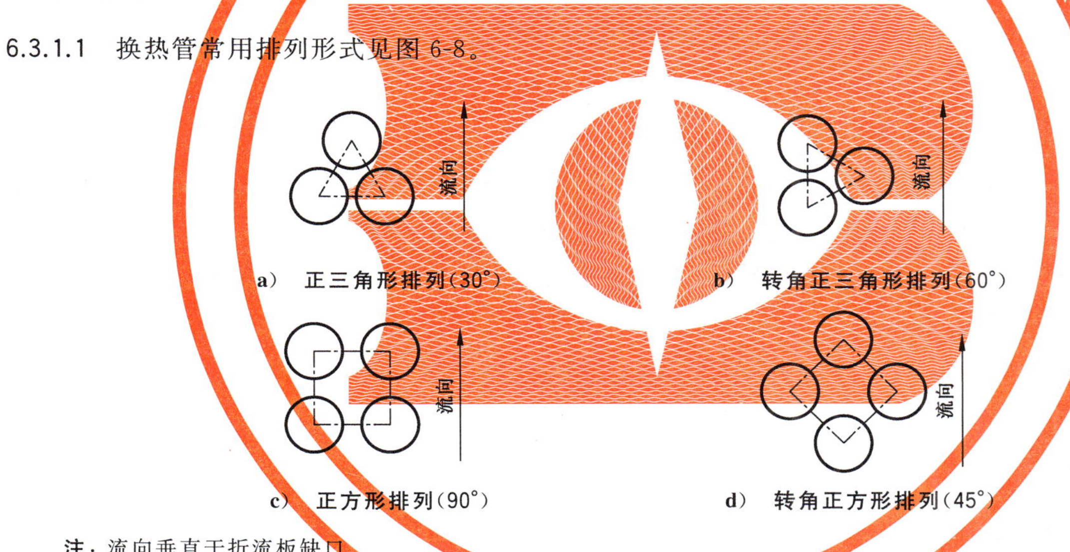

注：流向垂直于折流板缺口。

图 6-8 换热管排列形式

6.3.1.2 换热管中心距按如下要求确定：

a) 换热管中心距不宜小于 1.25 倍的换热管外径，常用的换热管中心距见表 6-2；

表 6-2 换热管中心距

mm

换热管外径 d	10	12	14	16	19	20	22	25	30	32	35	38	45	50	55	57
换热管中心距 S	13～14	16	19	22	25	26	28	32	38	40	44	48	57	64	70	72
分程隔板槽两侧相邻管中心距 S_n(见图 6-9)	28	30	32	35	38	40	42	44	50	52	56	60	68	76	78	80

b) 当管间需要机械清洗时，应采用正方形排列，且管间通道应连续直通，相邻两管间的净空距离($S-d$)不宜小于 6 mm；对于外径为 10 mm、12 mm 和 14 mm 的换热管的中心距分别不得小

于 17 mm、19 mm 和 21 mm；

c) 外径为 25 mm 的换热管采用转角正方形排列时，其分程隔板槽两侧相邻管中心距 S_n 可取 32 mm×32 mm 正方形的对角线长，即 S_n=45.25 mm。

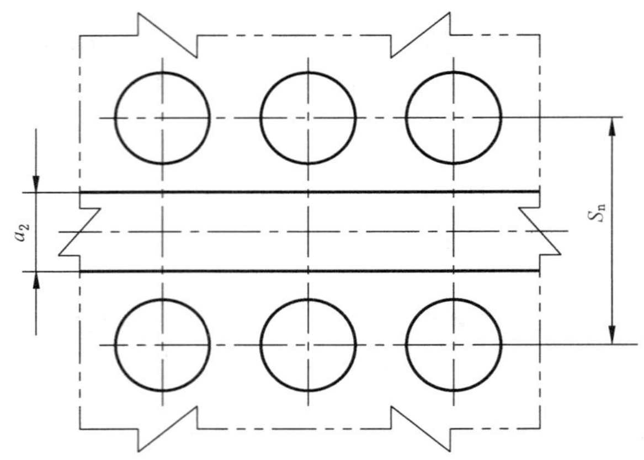

图 6-9 隔板槽两侧相邻管中心距

6.3.1.3 布管限定圆直径按表 6-3 确定。

符号：

b ——见图 6-10，其值按表 6-4 选取，mm；

b_1 ——见图 6-10，其值按表 6-5 选取，mm；

b_2 ——见图 6-10，$b_2=b_n+1.5$，mm；

b_3 ——固定管板式或 U 形管式热交换器管束周边换热管外表面至壳体内壁的最小距离（见图 6-11），$b_3 \geqslant 0.25d$，且不宜小于 8 mm；

b_n ——垫片宽度，其值按表 6-5 选取，mm；

D_L——布管限定圆直径，mm；

D_i ——壳程圆筒内径，mm；

d ——换热管外径，mm。

表 6-3 布管限定圆直径

mm

管壳式热交换器型式	固定管板式、U 形管式	浮头式
布管限定圆直径 D_L	D_i-2b_3	$D_i-2(b_1+b_2+b)$

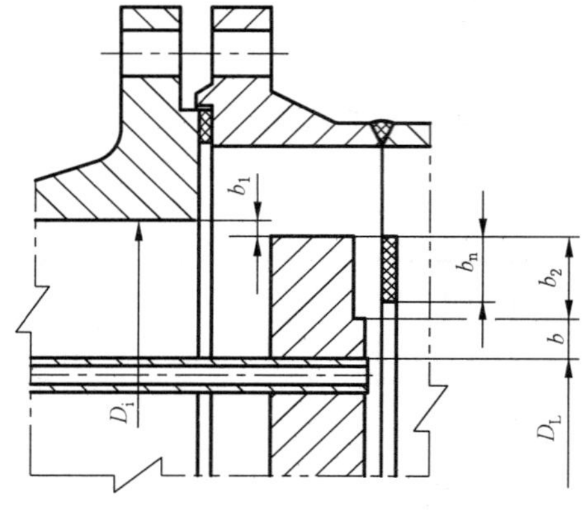

图 6-10 b、b_1、b_2 确定

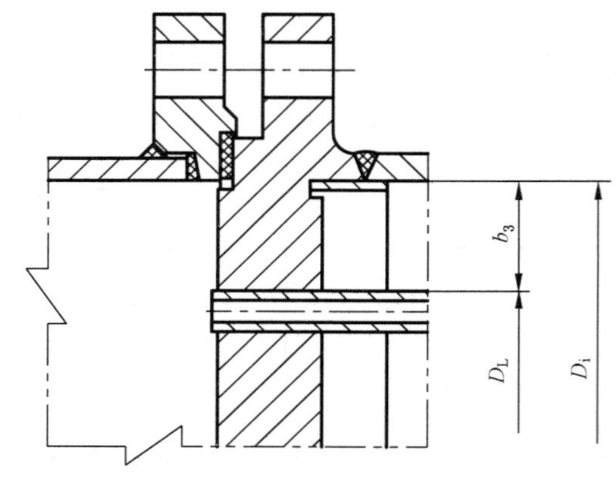

图 6-11 b_3 确定

表 6-4　*b* 的取值

mm

D_i	b
<1 000	>3
1 000～2 600	>4

表 6-5　b_n、b_1 的取值

mm

D_i	b_n	b_1
≤700	≥10	3
>700～1 200	≥13	5
>1 200～2 000	≥16	6
>2 000～2 600	≥20	7
注：需要时，可适当增大 b_1 值。		

6.3.2　管程分程

6.3.2.1　管程数一般有 1、2、4、6、8、10、12 等 7 种，常用的分程布置形式参见图 6-12。

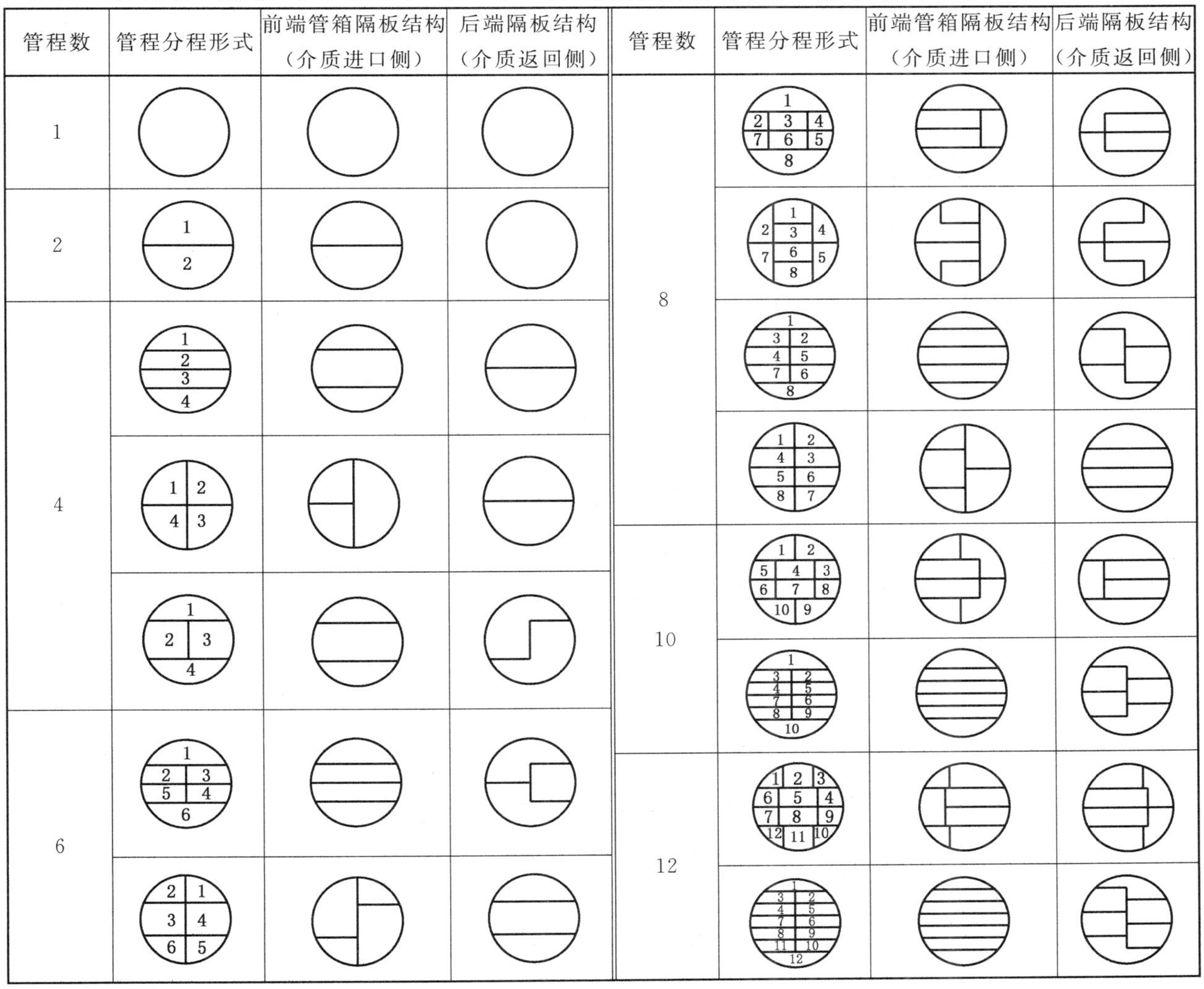

管程数	管程分程形式	前端管箱隔板结构（介质进口侧）	后端隔板结构（介质返回侧）
1			
2	1 / 2		
4	1 / 2 / 3 / 4		
	1 2 / 4 3		
	1 / 2 3 / 4		
6	1 / 2 3 / 5 4 / 6		
	2 1 / 3 4 / 6 5		
8	1 / 2 3 4 / 7 6 5 / 8		
	1 / 2 3 4 / 7 6 5 / 8		
	1 / 3 2 / 4 5 / 7 6 / 8		
	1 2 / 4 3 / 5 6 / 8 7		
10	1 2 / 5 4 3 / 6 7 8 / 10 9		
	1 / 3 2 / 4 5 / 7 6 / 8 9 / 10		
12	1 2 3 / 6 5 4 / 7 8 9 / 12 11 10		
	1 / 3 2 / 4 5 / 7 6 / 8 9 / 11 10 / 12		

图 6-12　分程布置形式

6.3.2.2 对于多管程结构，尽可能使各管程的换热管数相近、分程隔板槽形状简单、密封面长度较短。

6.3.3 管箱平盖

6.3.3.1 多管程管箱平盖上的分程隔板槽结构尺寸应与管板的分程隔板槽一致，详见 6.5.3.2。

6.3.3.2 管箱平盖与管箱的连接紧固件宜采用双头螺柱。

6.3.4 管箱结构尺寸

6.3.4.1 采用轴向入口接管的管箱，接管中心线处的最小深度不应小于接管内径的 1/3。

6.3.4.2 对于多程管箱，其内侧深度应使相邻管程之间的最小流通面积不小于每程换热管流通面积的 1.3 倍；当阻力降允许时最小流通面积可适当减小，但不得小于每程换热管的流通面积。

6.3.5 管程防冲结构

当液体 $\rho v^2 > 9\ 000$ kg/(m·s²)（ρ——密度，kg/m³；v——流速，m/s）时，采用轴向入口接管的管箱宜设置防冲结构。

6.3.6 分程隔板

6.3.6.1 分程隔板厚度应按式(7-7)进行计算，且应符合 7.1.4.2 的规定；流体脉动场合，隔板的厚度可适当增加，或改变隔板的结构。常见的分程隔板如图 6-13 所示。

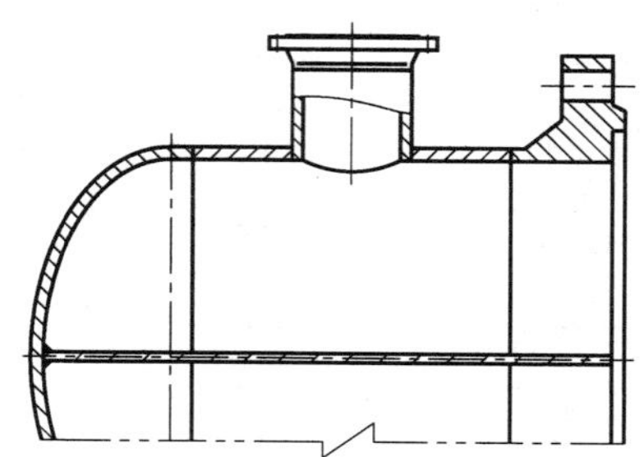

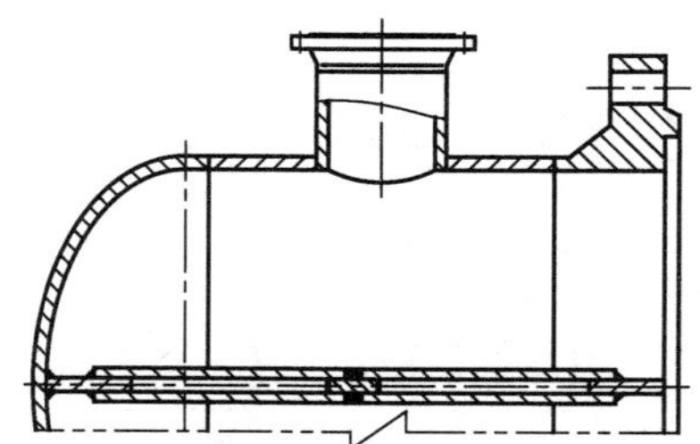

图 6-13 分程隔板

6.3.6.2 分程隔板端部的厚度应比对应的隔板槽宽度小 2 mm，隔板端部可按图 6-14 削薄；必要时，分程隔板上可开设排净孔，排净孔的直径宜为 4 mm～8 mm。

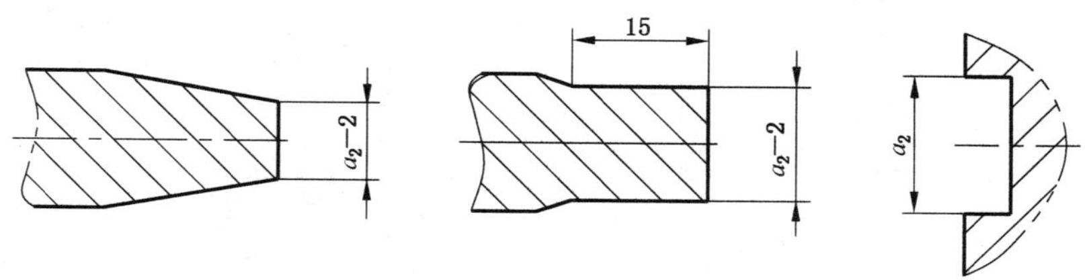

图 6-14 隔板端部

6.3.6.3 分程隔板与管箱内壁应采用双面连续焊，最小焊脚尺寸为 3/4 倍的隔板厚度；必要时，隔板边缘应开坡口；允许采用与焊接连接等强度的其他连接方式。

6.4 换热管

6.4.1 换热管长度

6.4.1.1 换热管直管段长度推荐采用:1.0 m、1.5 m、2.0 m、2.5 m、3.0 m、4.5 m、6.0 m、7.5 m、9.0 m、12.0 m。

6.4.1.2 换热管可采用定尺或倍尺交货,长度允许偏差应符合下述规定:

a) $L \leqslant 6.0$ m,偏差为 0 mm～4 mm;

b) 6.0 m$<L\leqslant$9.0 m,偏差为 0 mm～6 mm;

c) 9.0 m$<L\leqslant$12.0 m,偏差为 0 mm～9 mm;

d) 12.0 m$<L\leqslant$15.0 m,偏差为 0 mm～12 mm;

e) $L>$15.0 m,偏差为 0 mm～13 mm。

6.4.2 换热管外径的允许偏差

6.4.2.1 钢换热管外径的允许偏差见表 6-6 和表 6-7。

表 6-6 Ⅰ级管束换热管外径的允许偏差

mm

外径	≤25	>25～38	>38～50	>50～57
偏差	±0.10	±0.15	±0.20	±0.25

表 6-7 Ⅱ级管束换热管外径的允许偏差

mm

外径	≤25	>25～38	>38～50	>50～57
偏差	±0.15	±0.20	±0.25	±0.40

6.4.2.2 铝、铜、钛、镍、锆及其合金换热管外径的允许偏差见表 6-8。

表 6-8 铝、铜、钛、镍、锆及其合金换热管外径的允许偏差

mm

管　材	标　准	精度级别	外　径	允许偏差
铝 铝合金	GB/T 6893—2010	高精级	>12～18	±0.05
			>18～30	±0.06
			>30	±0.07
铜	GB/T 1527—2006	高精级	10～15	±0.05
			>15～25	±0.06
铜合金	GB/T 8890—2007	高精级	10～15	−0.10
			>15～25	−0.16
			>25～32	−0.20
钛 钛合金	GB/T 3625—2007	—	10～25	±0.10
			>25～32	±0.13

表 6-8（续）

mm

管　材	标　准	精度级别	外　径	允许偏差
镍 镍合金	GB/T 2882—2013	较高级	>9～12	±0.04
			>12～15	±0.05
			>15～18	±0.06
			>18～20	±0.08
			>20～30	±0.11
			32	±0.15
锆 锆合金	GB/T 26283—2010	—	10	±0.06
			>10～25	±0.10
			>25～32	±0.12

6.4.3　U 形换热管

6.4.3.1　弯管段的弯曲半径 R（见图 6-15）不宜小于两倍的换热管外径，常用 U 形换热管的最小弯曲半径 R_{min} 可按表 6-9 选取。

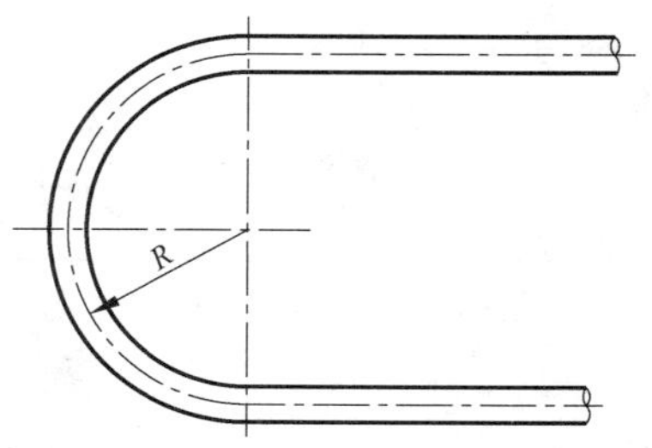

图 6-15　U 形换热管弯曲半径 R

表 6-9　常用 U 形换热管的最小弯曲半径 R_{min}

mm

换热管外径	10	12	14	16	19	20	22	25	30	32	35	38	45	50	55	57
R_{min}	20	24	30	32	40	40	45	50	60	65	70	76	90	100	110	115

6.4.3.2　弯管段弯制前的最小壁厚按式（7-11）计算。

6.4.4　强化传热管

6.4.4.1　与管板连接的强化传热管端部光管长度不应小于管板厚度加 30 mm；未作规定时光管长度为 120 mm。

6.4.4.2　强化传热管端部光管外径及允许偏差应符合 6.4.2 的规定。

6.5　管板

6.5.1　管板管孔

6.5.1.1　钢制Ⅰ级管束的管板管孔直径及允许偏差应符合表 6-10；钢制Ⅱ级管束的管板管孔直径及允

许偏差应符合表 6-11。

表 6-10　Ⅰ级管束管板管孔直径及允许偏差

mm

换热管外径	14	16	19	25	30	32	35	38	45	50	55	57
管孔直径	14.25	16.25	19.25	25.25	30.35	32.40	35.40	38.45	45.50	50.55	55.65	57.65
允许偏差	+0.05 −0.10		+0.10 −0.10		+0.10 −0.15			+0.10 −0.20			+0.15 −0.25	

表 6-11　Ⅱ级管束管板管孔直径及允许偏差

mm

换热管外径	14	16	19	25	30	32	35	38	45	50	55	57
管孔直径	14.30	16.30	19.30	25.30	30.40	32.45	35.45	38.50	45.55	50.60	55.70	57.70
允许偏差	+0.05 −0.10		+0.10 −0.10		+0.10 −0.15			+0.10 −0.20			+0.15 −0.25	

6.5.1.2　铝和铝合金换热管的管板管孔直径及允许偏差应符合表 6-12。

表 6-12　铝和铝合金换热管的管板管孔直径及允许偏差

mm

换热管外径	14	16	18	22	25	30	32
管孔直径	14.20	16.20	18.25	22.25	25.25	30.30	32.35
铝合金管管孔允许偏差	+0.15 0						
注：当采用铝换热管时，表中的允许上偏差应减小 0.07 mm。							

6.5.1.3　铜和铜合金换热管的管板管孔直径及允许偏差应符合表 6-13、表 6-14。

表 6-13　铜换热管的管板管孔直径及允许偏差

mm

换热管外径	10	12	14	16	19	22	25
管孔直径	10.18	12.18	14.20	16.20	19.20	22.25	25.25
允许偏差	+0.10 −0.02		+0.10 −0.05		+0.12 −0.05		

表 6-14　铜合金换热管的管板管孔直径及允许偏差

mm

换热管外径	10	12	14	16	19	22	25	30	32
管孔直径	10.20	12.20	14.20	16.25	19.25	22.25	25.25	30.30	32.35
允许偏差	+0.10 0							+0.12 0	

6.5.1.4　钛和钛合金换热管的管板管孔直径及允许偏差应符合表 6-15。

表 6-15　钛和钛合金换热管的管板管孔直径及允许偏差

mm

换热管外径	10	12	14	16	19	25	30	32
管孔直径	10.18	12.18	14.25	16.25	19.25	25.25	30.35	32.40
允许偏差	+0.10 0						+0.15 0	

6.5.1.5 镍和镍合金管板管孔直径及允许偏差应符合表 6-16。

表 6-16 镍和镍合金换热管的管板管孔直径及允许偏差

mm

换热管外径	10	12	14	16	19	25	30	32
管孔直径	10.18	12.18	14.20	16.25	19.30	25.35	30.40	32.40
允许偏差	+0.05 −0.10				+0.10 −0.12		+0.10 −0.15	

6.5.1.6 锆和锆合金管板管孔直径及允许偏差应符合表 6-17。

表 6-17 锆和锆合金换热管的管板管孔直径及允许偏差

mm

换热管外径	10	12	14	16	19	25	30	32
管孔直径	10.16	12.18	14.25	16.25	19.25	25.25	30.35	32.40
允许偏差	+0.08 0	+0.10 0					+0.15 0	

6.5.1.7 当换热管与管板采用强度胀接或强度胀接加贴胀接头时，管板管孔直径偏差可适当放宽，但管板管孔与换热管外径的最大间隙不得大于钢制Ⅱ级管束的要求。

6.5.1.8 当奥氏体不锈钢、双相不锈钢、钛、铜、镍、锆及其合金换热管与管板采用强度胀接时，管板的管孔公称直径宜减小 0.05 mm～0.10 mm。

6.5.2 拉杆孔

6.5.2.1 焊接连接的拉杆孔结构见图 6-16 a)；拉杆孔深度 L_1 宜大于拉杆直径 d_0。拉杆孔直径按式(6-1)确定。

$$d_1 = d_0 + 1.0 \qquad \cdots\cdots (6\text{-}1)$$

式中：

d_0——拉杆直径，mm；

d_1——拉杆孔直径，mm。

6.5.2.2 螺纹连接的拉杆螺纹孔结构见图 6-16 b)；螺纹深度 L_2 应大于拉杆螺纹长度 L_a。

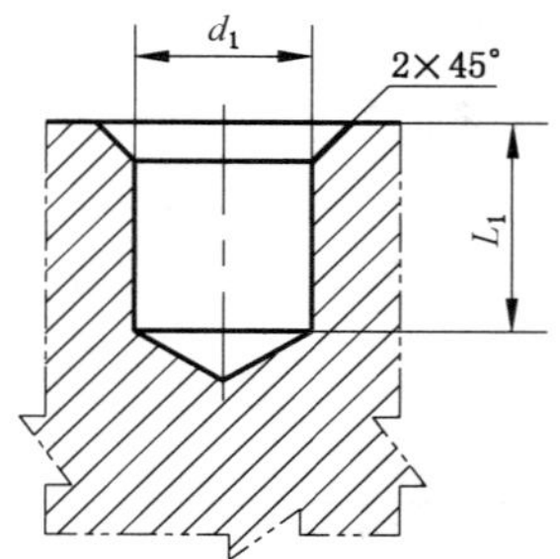

a) 焊接连接的拉杆孔

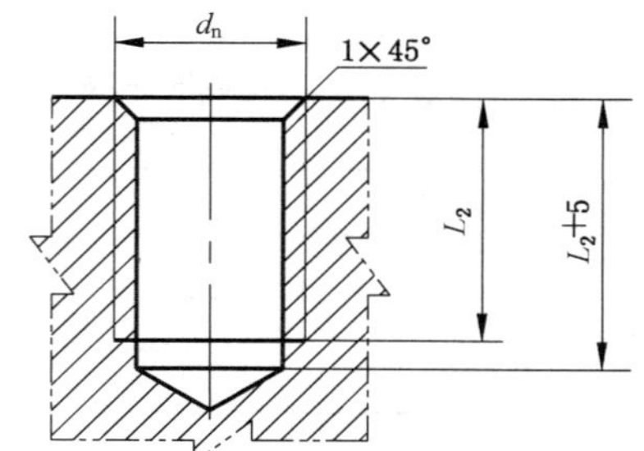

b) 螺纹连接的拉杆孔

图 6-16 拉杆孔

6.5.3 管板密封面

6.5.3.1 固定管板与标准容器法兰配合时，管板密封面结构尺寸应按 NB/T 47021～47023(JB/T 4701～

4703)的规定确定。

6.5.3.2　分程隔板槽的尺寸按如下要求确定：

a)　槽深应大于垫片厚度，且不宜小于 4 mm，隔板槽密封面应与环形密封面平齐；

b)　槽宽 a_2 宜为 8 mm～14 mm；

c)　多管程的隔板槽倒角不应妨碍垫片的安装；隔板槽拐角处的倒角宜为 45°(见图 6-17)，倒角尺寸 b 宜大于分程垫片的圆角半径 R_g。

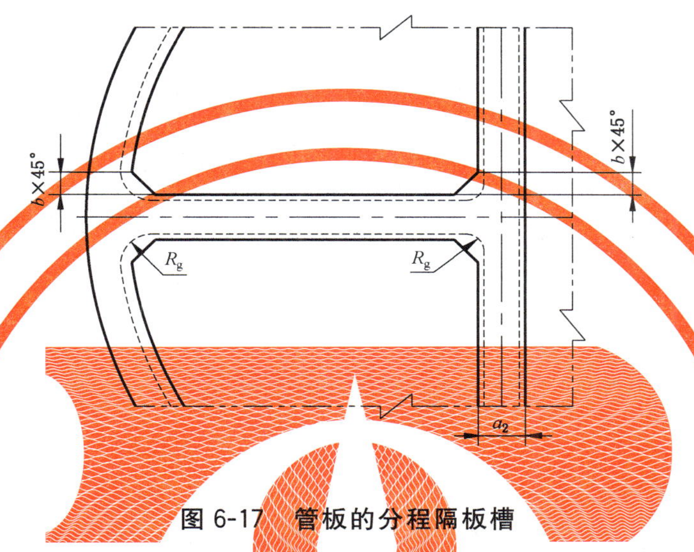

图 6-17　管板的分程隔板槽

6.6　换热管与管板的连接

6.6.1　强度胀接

6.6.1.1　强度胀接的适用范围如下：

a)　设计压力小于或等于 4.0 MPa；

b)　设计温度小于或等于 300 ℃；

c)　操作中无振动，无过大的温度波动及无明显的应力腐蚀倾向。

6.6.1.2　设计压力大于 4.0 MPa 且需要采用强度胀接时，应进行胀接工艺试验，换热管与管板连接的拉脱力应满足 7.4.7 的要求。

6.6.1.3　换热管材料的硬度应低于管板的硬度。

6.6.1.4　胀度可按式(6-2)计算。机械胀接的胀度可按表 6-18 选用；当采用其他胀接方法或材料超出表 6-18 时，应通过胀接工艺试验确定合适的胀度。

$$k=\frac{d_2-d_i-b}{2\delta}\times 100\% \quad \cdots\cdots(6-2)$$

式中：

k ——以管壁减薄率计算的胀度，%；

d_2——换热管胀后内径，mm；

d_i——换热管胀前内径，mm；

b ——换热管与管板管孔的径向间隙(管孔直径减换热管的外径)，mm；

δ ——换热管壁厚，mm。

表 6-18 机械胀接的胀度

换热管材料	胀度 k/%
碳素钢、低合金钢(铬含量不大于 9%)	6～8
高合金钢	5～6
钛和冷作硬化的其他金属	4～5
非冷作硬化的其他金属	6～8
注：需要时，胀度可另增加 2%。	

6.6.1.5 强度胀接的结构尺寸按如下要求确定：

a) 强度胀接的最小胀接长度 l 应取管板名义厚度减去 3 mm 的差值与 50 mm 二者的小值；超出最小胀接长度 l 的范围可采用贴胀；当有要求时，也可全长采用强度胀接；

b) 机械胀接的结构型式及尺寸可按图 6-18 a)～图 6-18 c)和表 6-19 确定；当采用复合管板时，宜在覆层上开槽，开槽要求可按图 6-18 d)和表 6-19 确定；有成熟经验时可适当修改结构尺寸；

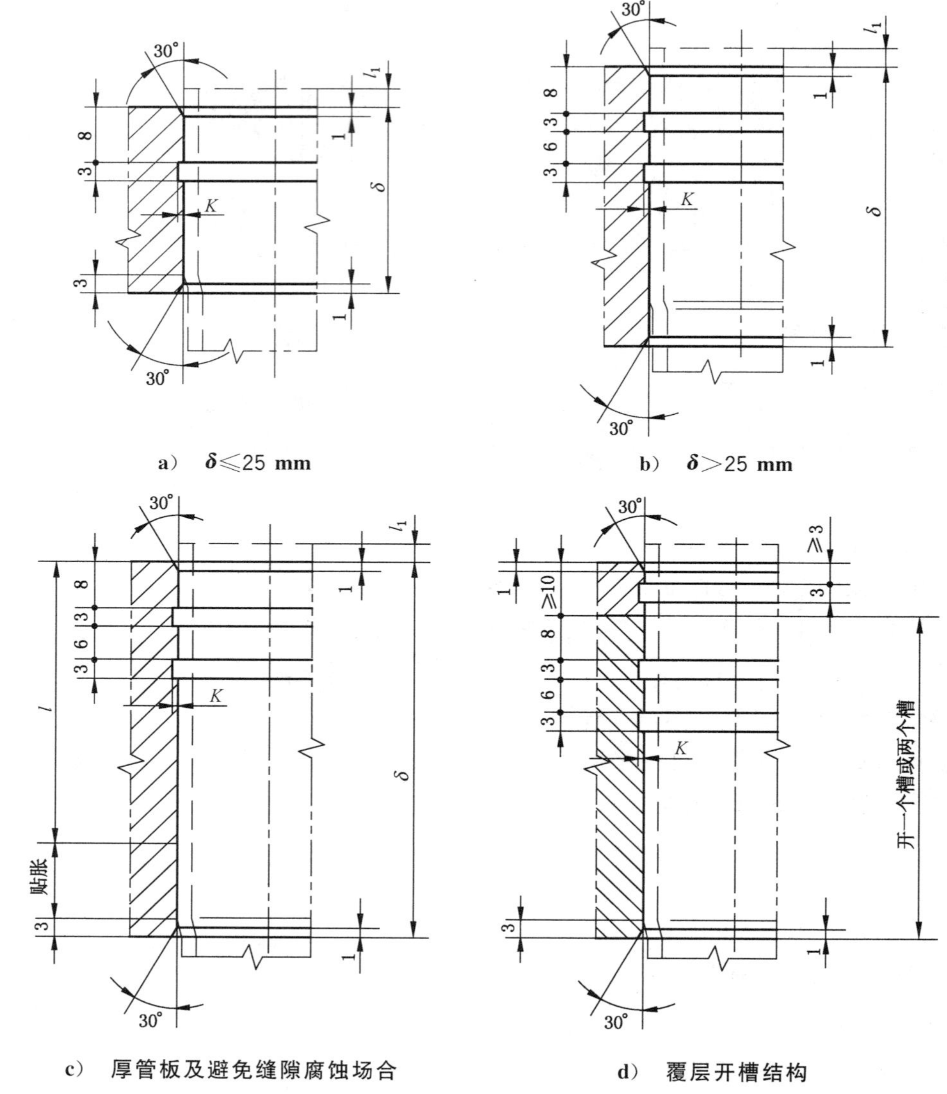

a) $\delta \leqslant 25$ mm　　b) $\delta > 25$ mm

c) 厚管板及避免缝隙腐蚀场合　　d) 覆层开槽结构

图 6-18 机械胀接管孔结构

表 6-19 机械胀接连接尺寸

mm

换热管外径 d	≤14	16～25	30～38	45～57
伸出长度 l_1	3^{+1}		4^{+1}	5^{+1}
槽深 K	可不开槽	0.5	0.6	0.8

c) 当采用柔性胀接工艺时，开槽宽度 H 可按式(6-3)进行计算，且不得大于 13 mm；

$$H = 1.1\sqrt{d\delta_t} \qquad \cdots\cdots (6\text{-}3)$$

式中：

H ——开槽宽度，mm；

d ——换热管外径，mm；

δ_t ——换热管壁厚，mm。

d) 需要时，可开多个槽。

6.6.2 强度焊接

6.6.2.1 强度焊接可用于本标准规定的设计压力，但不适用于有较大振动、有缝隙腐蚀倾向的场合。

6.6.2.2 强度焊接的焊缝形式见图 6-19。

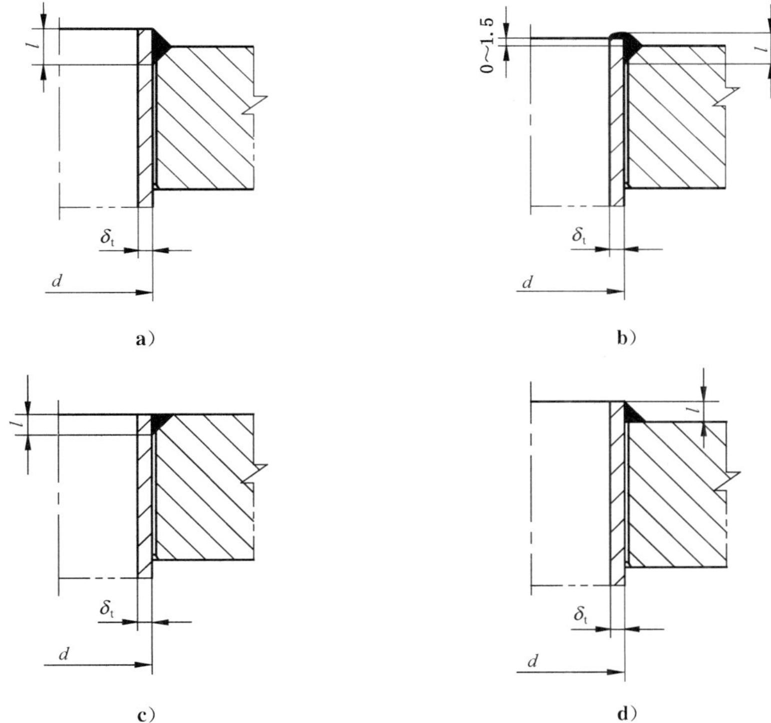

注：图 a)、d)中的 l 尺寸不包括管端伸出焊缝的尺寸；若要保留完整的管端，则应根据换热管外径、壁厚及焊接工艺适当增加外伸长度。

图 6-19 强度焊接的焊缝形式

6.6.2.3 强度焊接的焊脚高度 l 应满足 7.4.7 中换热管与管板连接拉脱力的要求，且 l 不应小于 δ_t。

6.6.2.4 其他可选用的换热管与管板焊接接头的焊缝形式参见附录 H。

6.6.3 胀焊并用

6.6.3.1 胀焊并用的适用范围如下：

a) 振动或循环载荷时；

b) 存在缝隙腐蚀倾向时；

c) 采用复合管板时。

6.6.3.2 机械强度胀接加密封焊的管孔结构型式及尺寸见图 6-20，强度胀接还应遵守 6.6.1 的规定。

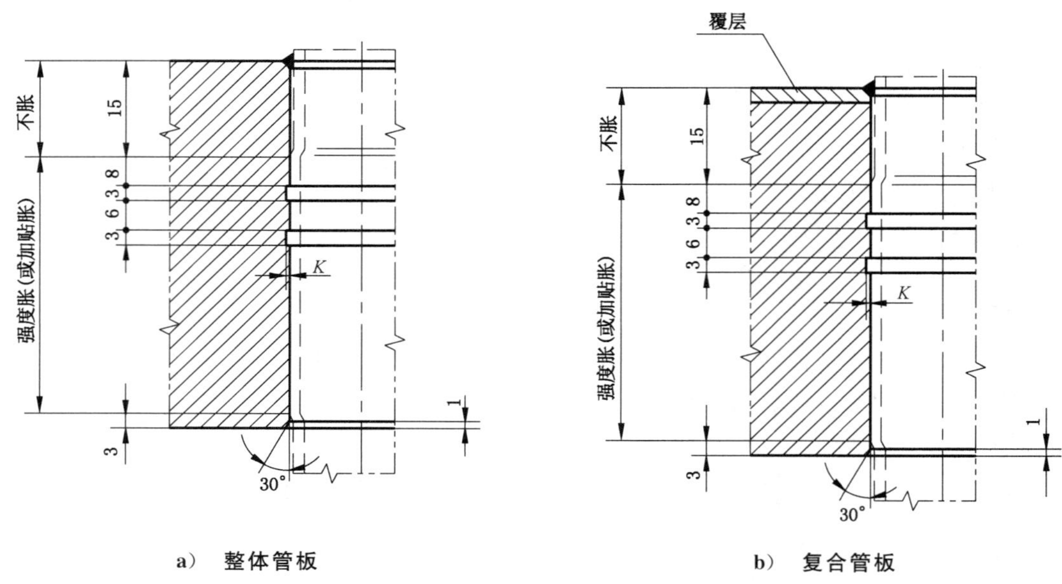

a) 整体管板　　b) 复合管板

图 6-20 机械强度胀接加密封焊管孔结构

6.6.3.3 强度焊接加贴胀的管孔结构形式及尺寸见图 6-21，强度焊接还应遵守 6.6.2 的规定。贴胀的管板孔可不开槽，胀度宜控制在 2%～3%。

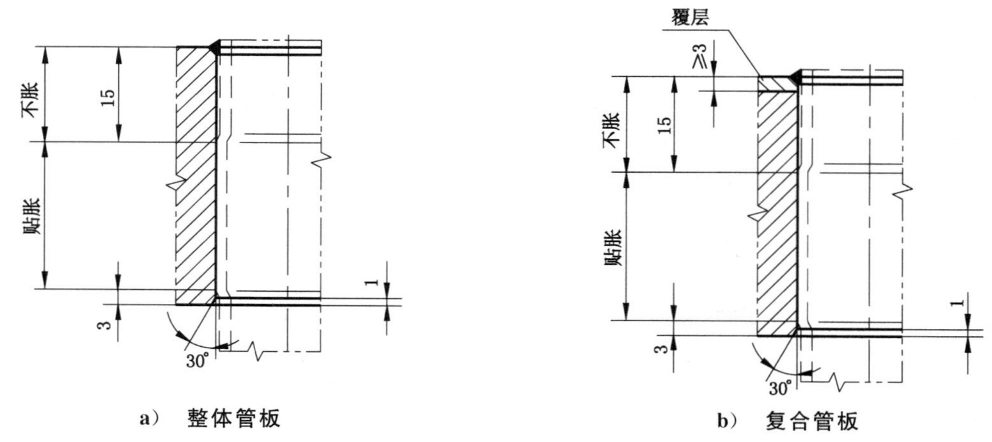

a) 整体管板　　b) 复合管板

图 6-21 强度焊接加贴胀管孔结构

6.6.3.4 采用先胀后焊的制造工艺时，图 6-20 和图 6-21 中不胀部分也应胀至坡口根部。

6.6.4 内孔焊

6.6.4.1 需要时，可以采用内孔焊。

6.6.4.2 内孔焊接头形式见图 6-22。

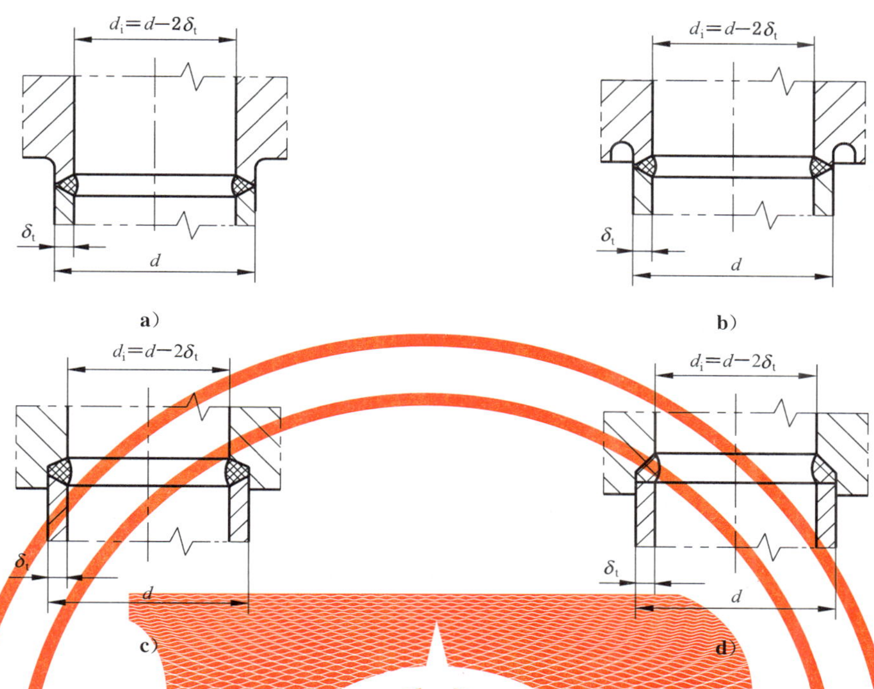

图 6-22 内孔焊接头形式

6.6.4.3 图 6-22 c)、d)的壳程侧管板管孔直径及允许偏差应符合表 6-11 的要求。

6.7 管板与管箱、壳体的焊接连接

6.7.1 管板与管箱、壳体的焊接连接可根据设计条件、设备结构等因素选用附录 I 所示结构；也可采用其他可靠的连接结构。

6.7.2 低温管壳式热交换器管板与管箱、壳体的焊接连接应选用附录 I 中图 I.1 b)、d)、f)、g)，图 I.2 b)、c)、d)、e)、h)所示结构。

6.8 壳程

6.8.1 导流与防冲

6.8.1.1 设置防冲板或导流筒的场合

符合下列场合之一时，应在壳程进口管处设置防冲板或导流筒：

a) 非磨蚀的单相流体，$\rho v^2>2\ 230\ \mathrm{kg/(m\cdot s^2)}$；

b) 有磨蚀的液体，包括沸点下的液体，$\rho v^2>740\ \mathrm{kg/(m\cdot s^2)}$；

c) 有磨蚀的气体、蒸汽(气)及气液混合物。

注：ρ——壳程进口管的流体密度，$\mathrm{kg/m^3}$；v——壳程进口管的流体速度，m/s。

6.8.1.2 流通面积

6.8.1.2.1 壳体进口或出口区域面积 A_s 和管束进口或出口区域面积 A_t 应使 ρv^2 值不超过 $5\ 950\ \mathrm{kg/(m\cdot s^2)}$。面积 A_s 和 A_t 计算参见附录 J。

注：ρ——进口或出口区域的流体密度，$\mathrm{kg/m^3}$；v——按 A_s 或 A_t 计算的流体速度，m/s。

6.8.1.2.2 必要时，壳程进口可采用扩径管，扩径管中可加导流板。

6.8.1.3 防冲结构

6.8.1.3.1 防冲板的直径或边长，应大于接管内径 50 mm。

6.8.1.3.2 防冲板的最小厚度确定如下：

a) 碳素钢和低合金钢为 4.5 mm；

b) 不锈钢为 3 mm。

6.8.1.3.3 防冲板可采用下列方式固定：

a) 两侧焊在定距管或拉杆上，也可同时焊在相邻的折流板或支持板上；

b) 焊接在筒体上，但不应阻碍管束的拆装。

6.8.1.3.4 需要时，也可采用防冲杆结构。防冲杆的直径和中心距应与换热管相同，正方形排列时防冲杆最少布置 1 排，其他排列时防冲杆最少布置 2 排。

6.8.1.4 导流筒

6.8.1.4.1 必要时，靠近管板的进、出口接管距管板较远时，可设置导流筒。

6.8.1.4.2 导流筒设置应符合下列要求：

a) 内导流筒外表面到壳程圆筒内壁的距离不宜小于接管内径的 1/3。确定导流筒端部至管板的距离时，应使该处的流通面积不小于导流筒的外侧流通面积。

b) 外导流的内衬筒外壁面到外导流筒体的内壁面间距为：

1) 接管内径 $d_i \leqslant 200$ mm 时，间距不宜小于 50 mm；

2) 接管内径 $d_i > 200$ mm 时，间距不宜小于 75 mm。

c) 外导流热交换器的导流筒内，凡不能通过接管放气或排液者，应在最高或最低点设置放气或排液口(或孔)。

6.8.2 折流板与支持板

6.8.2.1 折流板的形式与缺口

6.8.2.1.1 折流板的常用形式见图 6-23，也可采用其他形式。

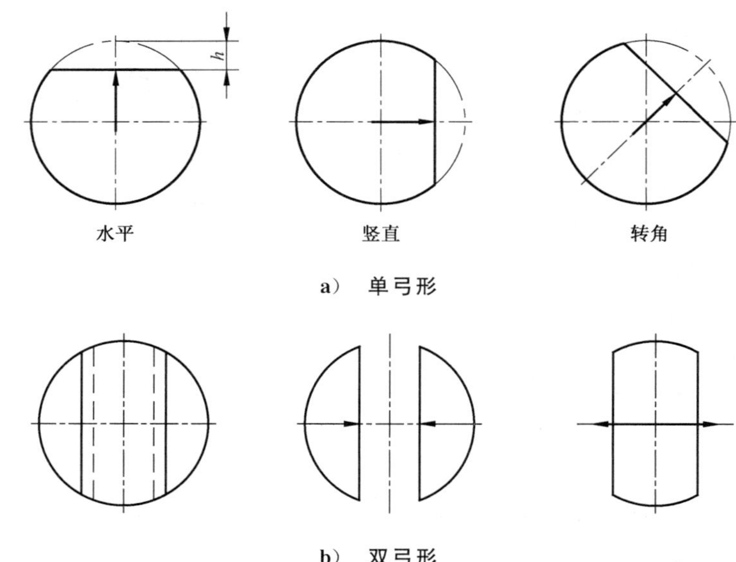

图 6-23 折流板形式

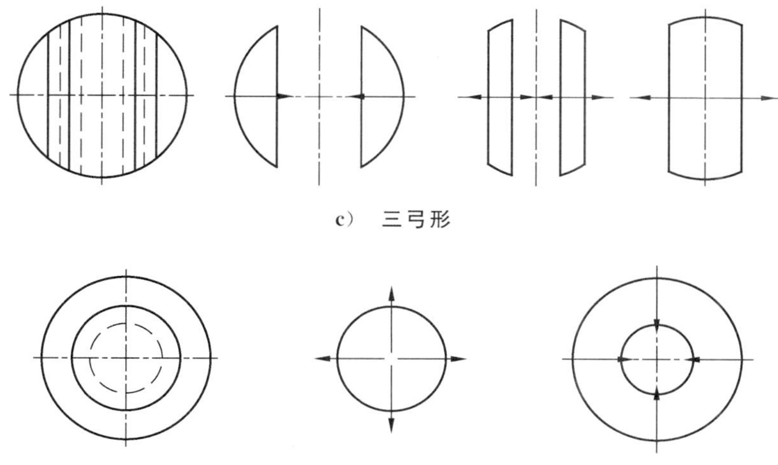

c） 三弓形

d） 圆盘-圆环形

图 6-23（续）

6.8.2.1.2 弓形折流板缺口大小应使流体通过缺口与横过管束的流速相近。缺口大小用其弦高占壳程圆筒内径的百分比来表示。单弓形折流板缺口见图 6-23 a)；缺口弦高 h 值宜取 0.20 倍～0.45 倍的壳程圆筒内径。

6.8.2.1.3 弓形折流板的缺口处宜使剩余管孔弓形高小于或等于 $d/2$，见图 6-24，或切于两排管孔的孔桥之间。

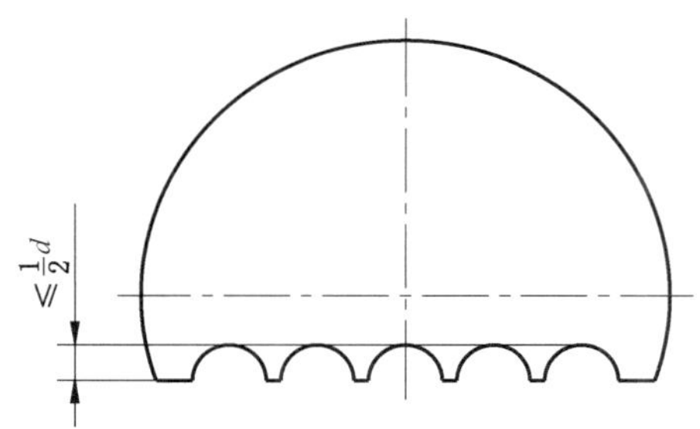

图 6-24 折流板缺口切割位置

6.8.2.2 折流板和支持板的尺寸

6.8.2.2.1 折流板和支持板外径及允许偏差应符合表 6-20 的规定。

表 6-20 折流板和支持板外径及允许偏差

mm

DN	<400	400～<500	500～<900	900～<1 300	1 300～<1 700	1 700～<2 100	2 100～<2 300	2 300～≤2 600	>2 600～3 200	>3 200～4 000
名义外径	DN−2.5	DN−3.5	DN−4.5	DN−6	DN−7	DN−8.5	DN−12	DN−14	DN−16	DN−18
允许偏差	$^{0}_{-0.5}$		$^{0}_{-0.8}$		$^{0}_{-1.0}$		$^{0}_{-1.4}$	$^{0}_{-1.6}$	$^{0}_{-1.8}$	$^{0}_{-2.0}$

注 1：DN≤400 mm 管材作圆筒时，折流板的名义外径为管材实测最小内径减 2 mm。

注 2：对传热影响不大时，折流板的名义外径的允许偏差可比本表中值大 1 倍。

注 3：采用内导流结构时，折流板的名义外径可适当放大。

注 4：对于浮头式热交换器，折流板和支持板的名义外径不得小于浮动管板外径。

6.8.2.2.2 折流板或支持板的最小厚度应符合表6-21的规定。

表6-21 折流板或支持板的最小厚度

mm

公称直径 DN	折流板或支持板间的换热管无支撑跨距 L					
	≤300	>300～600	>600～900	>900～1 200	>1 200～1 500	>1 500
	折流板或支持板最小厚度					
<400	3	4	5	8	10	10
400～700	4	5	6	10	10	12
>700～900	5	6	8	10	12	16
>900～1 500	6	8	10	12	16	16
>1 500～2 000	—	10	12	16	20	20
>2 000～2 600	—	12	14	18	22	24
>2 600～3 200	—	14	18	22	24	26
>3 200～4 000	—	—	20	24	26	28

6.8.2.2.3 光管管束的折流板和支持板管孔直径及允许偏差按表6-22～表6-30选用，流体脉动场合，管孔直径宜小于标准值。强化传热管与折流板和支持板管孔的配合间隙可参照执行。

表6-22 Ⅰ级管束折流板和支持板管孔直径及允许偏差

mm

换热管外径 d、最大无支撑跨距 L_{max}	$d \leqslant 32$ 且 $L_{max} > 900$	$d > 32$ 或 $L_{max} \leqslant 900$
管孔直径	$d+0.40$	$d+0.70$
允许偏差	$^{+0.30}_{0}$	

表6-23 Ⅱ级管束折流板和支持板管孔直径及允许偏差

mm

换热管外径 d、最大无支撑跨距 L_{max}	$d \leqslant 32$ 且 $L_{max} > 900$	$d > 32$ 或 $L_{max} \leqslant 900$
管孔直径	$d+0.50$	$d+0.70$
允许偏差	$^{+0.40}_{0}$	

表6-24 铝合金换热管的折流板和支持板管板孔直径及允许偏差

mm

换热管外径	14	16	18	22	25	30	32
管孔直径	14.40	16.40	18.45	22.45	25.45	30.50	32.55
允许偏差	$^{+0.20}_{0}$						

表6-25 铝换热管的折流板和支持板管板孔直径及允许偏差

mm

换热管外径	14	16	18	22	25	30	32
管孔直径	14.40	16.40	18.45	22.45	25.45	30.50	32.55
允许偏差	$^{+0.10}_{0}$						

表 6-26　铜换热管的折流板和支持板管孔直径及允许偏差

mm

换热管外径	10	12	14	16	19	22	25
管孔直径	10.20	12.20	14.25	16.25	19.30	22.30	25.35
允许偏差	$^{+0.10}_{0}$						

表 6-27　铜合金换热管的折流板和支持板管孔直径及允许偏差

mm

换热管外径	10	12	14	16	19	22	25	30	32
管孔直径	10.25	12.25	14.30	16.30	19.35	22.35	25.40	30.40	32.40
允许偏差	$^{+0.10}_{0}$							$^{+0.15}_{0}$	

表 6-28　钛和钛合金换热管的折流板和支持板管孔直径及允许偏差

mm

换热管外径	10	12	14	16	19	25	30	32
管孔直径	10.30	12.30	14.40	16.45	19.50	25.55	30.55	32.60
允许偏差	$^{+0.20}_{0}$							

表 6-29　镍和镍合金换热管的折流板和支持板管孔直径及允许偏差

mm

换热管外径	10	12	14	16	19	25	30	32
管孔直径	10.30	12.30	14.40	16.45	19.50	25.55	30.55	32.60
允许偏差	$^{+0.20}_{0}$							

表 6-30　锆和锆合金换热管的折流板和支持板管孔直径及允许偏差

mm

换热管外径	10	12	14	16	19	25	30	32
管孔直径	10.25	12.30	14.40	16.45	19.50	25.55	30.55	32.60
允许偏差	$^{+0.20}_{0}$							

6.8.2.3　折流板间距

6.8.2.3.1　管束两端的折流板尽可能靠近壳程进、出口接管，其余折流板宜按等间距布置。

6.8.2.3.2　折流板最小间距不宜小于圆筒内径的 1/5 且不小于 50 mm，特殊情况下也可取较小的间距。

6.8.2.3.3　换热管直管的无支撑跨距不应大于表 6-31 的规定。流体脉动场合，无支撑跨距尽可能减小，或改变流动方式防止管束振动。

表 6-31 换热管直管最大无支撑跨距

<table>
<tr><td rowspan="3">换热管外径/mm</td><td colspan="2">换热管材料及金属温度上限</td></tr>
<tr><td>碳素钢和高合金钢 400 ℃
低合金钢 450 ℃
镍-铜合金 300 ℃
镍 450 ℃
镍铬铁合金 540 ℃</td><td>在标准允许的温度范围内：
铝和铝合金
铜和铜合金
钛和钛合金
锆和锆合金</td></tr>
<tr><td colspan="2">换热管直管最大无支撑跨距/mm</td></tr>
<tr><td>10</td><td>900</td><td>750</td></tr>
<tr><td>12</td><td>1 000</td><td>850</td></tr>
<tr><td>14</td><td>1 100</td><td>950</td></tr>
<tr><td>16</td><td>1 300</td><td>1 100</td></tr>
<tr><td>19</td><td>1 500</td><td>1 300</td></tr>
<tr><td>25</td><td>1 850</td><td>1 600</td></tr>
<tr><td>30</td><td>2 100</td><td>1 800</td></tr>
<tr><td>32</td><td>2 200</td><td>1 900</td></tr>
<tr><td>35</td><td>2 350</td><td>2 050</td></tr>
<tr><td>38</td><td>2 500</td><td>2 200</td></tr>
<tr><td>45</td><td>2 750</td><td>2 400</td></tr>
<tr><td>50</td><td rowspan="3">3 150</td><td rowspan="3">2 750</td></tr>
<tr><td>55</td></tr>
<tr><td>57</td></tr>
<tr><td colspan="3">注 1：不同的换热管外径的最大无支撑跨距值，可用内插法求得。
注 2：超出上述金属温度上限时，最大无支撑跨距应按该温度下的弹性模量与本表中的上限温度下弹性模量之比的四次方根成正比例地缩小。
注 3：环向翅片管可用翅片根径作为换热管外径，在本表中查取最大无支撑跨距，然后再乘以假定去掉翅片的管子与有翅片的管子单位长度重量比的四次方根（即成正比的缩小）。
注 4：本表列出的最大无支撑跨距未考虑流体诱发振动，否则应参照附录 C 的准则。</td></tr>
</table>

6.8.2.3.4 U 形管的尾部靠近弯管段起支撑作用的折流板如图 6-25 所示，其结构尺寸 $A+B+C$ 之和不大于表 6-31 中最大无支撑跨距；否则应在弯管部分加支撑。

6.8.2.4 折流板缺口布置

6.8.2.4.1 卧式热交换器的壳程为单相清洁流体时，折流板缺口宜水平上下布置；气体中含有少量液体时，应在缺口朝上的折流板最低处开通液口，如图 6-26 a）所示；液体中含有少量气体时，应在缺口朝下的折流板最高处开通气口，如图 6-26 b）所示。

6.8.2.4.2 卧式热交换器、冷凝器和重沸器的壳程介质为气、液相共存或液体中含有固体颗粒时，折流板缺口应垂直左右布置；气、液相共存时，应在折流板最低处和最高处开通液口和通气口，如图 6-26 c）所示；液体中含有固体颗粒时，应在折流板最低处开通液口，如图 6-26 d）所示。

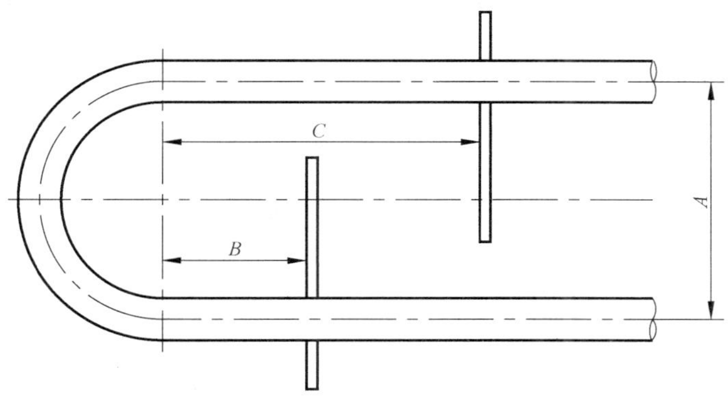

图 6-25 U 形管尾部支撑

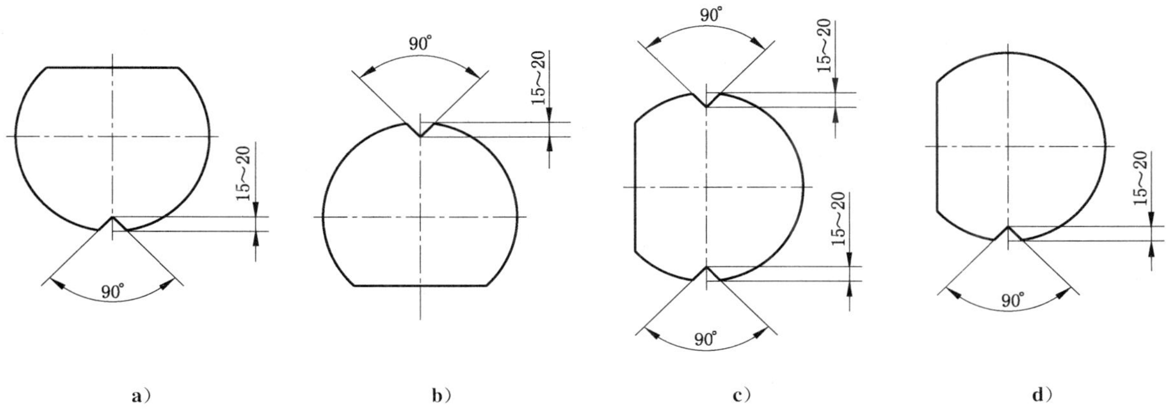

图 6-26 折流板缺口、通液(气)口布置

6.8.2.5 支持板

6.8.2.5.1 当热交换器不需设置折流板,但换热管无支撑跨距超过表 6-31 中的换热管直管最大无支撑跨距时,应设置支持板。

6.8.2.5.2 U 形管式热交换器弯管端、浮头式热交换器浮头端宜设置加厚环形或整圆的支持板。

6.8.2.6 其他折流支撑结构

允许采用折流杆等其他折流支撑结构形式。

6.8.3 防短路结构

6.8.3.1 总则

需要防短路的场合,当短路宽度超过 16 mm 时,应设置防短路结构。

6.8.3.2 旁路挡板

6.8.3.2.1 两折流板缺口间距小于 6 个管心距时,管束外围设置一对旁路挡板;超过 6 个管心距时,每增加 5~7 个管心距增设一对旁路挡板,如图 6-27 所示。

6.8.3.2.2 旁路挡板应与折流板焊接牢固。

6.8.3.2.3 旁路挡板的厚度可取与折流板相同的厚度。

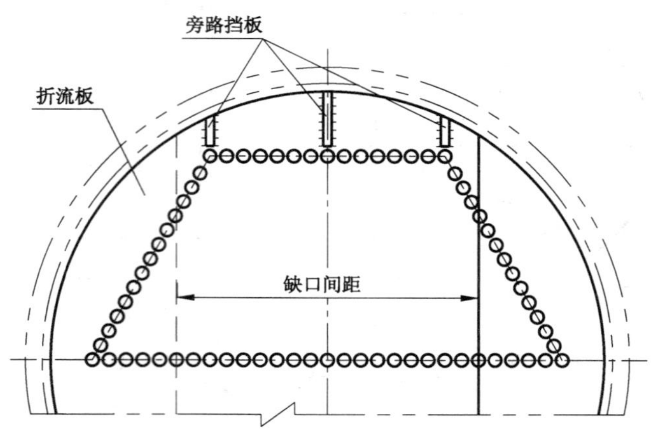

图 6-27 旁路挡板布置

6.8.3.3 挡管

6.8.3.3.1 分程隔板槽背面的管束中间可设置挡管，挡管为两端或一端堵死的盲管，也可用带定距管的拉杆兼作挡管。

6.8.3.3.2 两折流板缺口间每隔 4～6 个管心距设置 1 根挡管，如图 6-28 所示。

6.8.3.3.3 挡管伸出第一块及最后一块折流板或支持板的长度不宜大于 50 mm。

6.8.3.3.4 挡管应与任意一块折流板焊接固定。

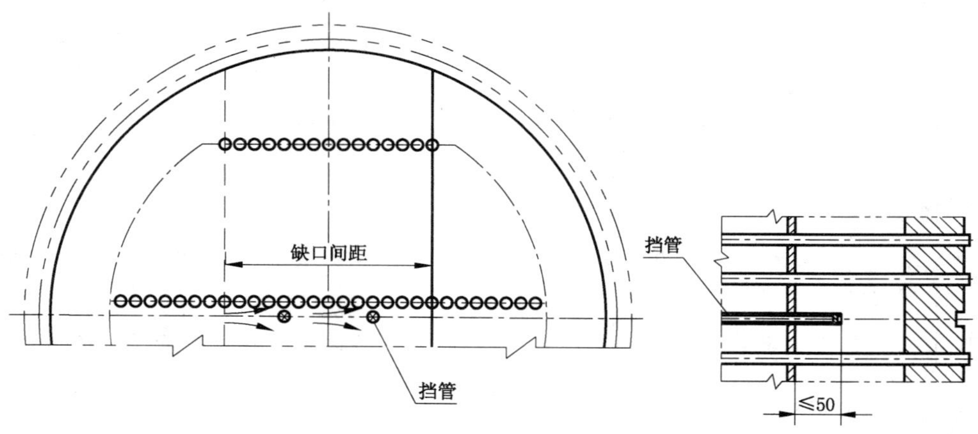

图 6-28 挡管布置

6.8.3.4 中间挡板

6.8.3.4.1 U 形管式热交换器分程隔板槽背面的管束中间短路宽度较大时应设置中间挡板，如图 6-29 a）所示；也可按图 6-29 b）将最里面一排的 U 形弯管倾斜布置，必要时还应设置挡板（或挡管）。

6.8.3.4.2 中间挡板应每隔 4～6 个管心距设置一个，但不应设置在折流板缺口区。

6.8.3.4.3 中间挡板应与折流板焊接固定。

6.8.4 双壳程结构

6.8.4.1 双壳程结构如图 6-30 所示。纵向隔板尾部流体折返通道面积应大于折流板缺口的通流面积。

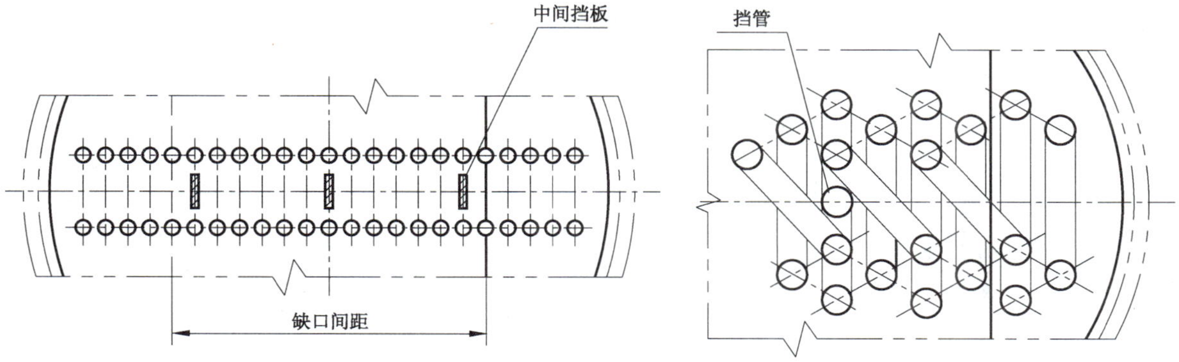

a)　　　　b)

图 6-29　中间挡板、挡管布置

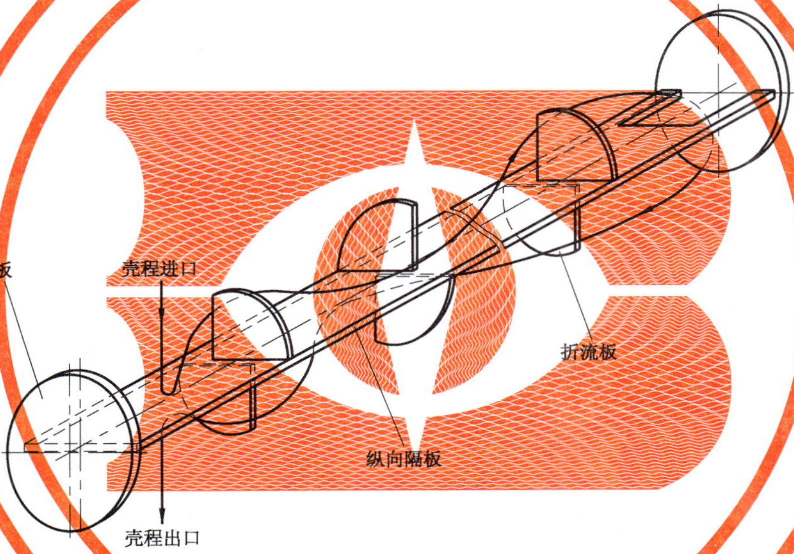

图 6-30　双壳程结构

6.8.4.2　纵向隔板的厚度按 7.1.4.3 的有关规定。

6.8.4.3　纵向隔板与管板的连接可采用可拆连接(见图 6-31)或焊接连接。

a)　　　　b)

图 6-31　纵向隔板与管板的可拆连接

6.8.4.4　纵向隔板与壳体之间可按下列结构密封：

a)　对可拆卸管束，纵向隔板的两侧与壳体的间隙处应设置防短路的密封结构，如图 6-32 a)所示；

b)　对固定管板式热交换器，纵向隔板可直接与壳程圆筒焊接或插入密封槽中，如图 6-32 b)、图 6-32 c)、图 6-32 d)所示。

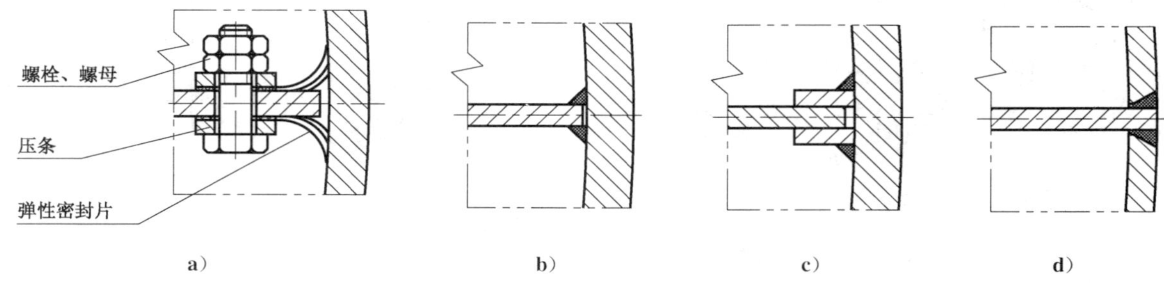

图 6-32　纵向隔板与壳体密封结构

6.8.5　拉杆、定距管

6.8.5.1　拉杆的结构形式

6.8.5.1.1　螺纹连接结构一般适用于换热管外径大于或等于 19 mm 的管束，如图 6-33 a)所示，与管板连接端的拉杆螺纹长度 L_a 按式(6-4)计算：

$$L_a = (1.3 \sim 1.5)d_n \quad \cdots\cdots(6\text{-}4)$$

6.8.5.1.2　焊接连接结构一般适用于换热管外径小于或等于 14 mm 的管束，如图 6-33 b)所示。焊接连接的拉杆直径可等于换热管外径。

6.8.5.1.3　当管板较薄时，也可采用其他的连接结构。

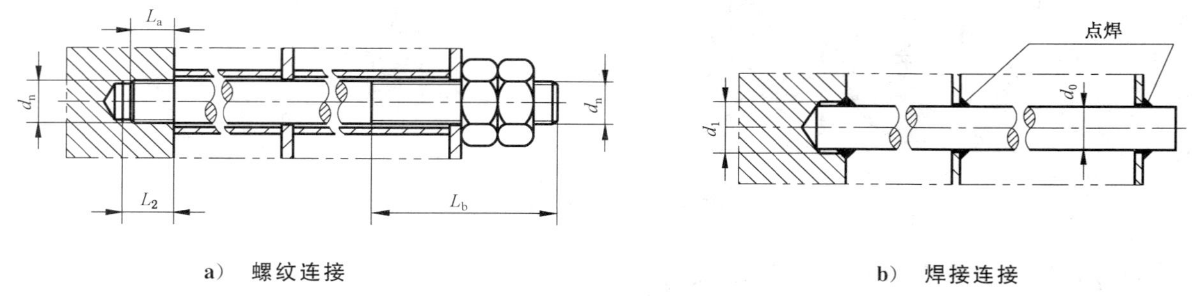

图 6-33　拉杆连接结构

6.8.5.2　拉杆的直径和数量

拉杆的直径和数量可按表 6-32 和表 6-33 选用。在保证大于或等于表 6-33 所给定的拉杆总截面积的前提下，拉杆的直径和数量可以变动，但其直径不宜小于 10 mm，数量不少于 4 根。需要时，对立式热交换器还应校核拉杆的强度。

表 6-32　拉杆直径

mm

换热管外径 d	$10 \leqslant d \leqslant 14$	$14 < d < 25$	$25 \leqslant d \leqslant 57$
拉杆直径 d_0	10	12	16

表 6-33　拉杆数量

单位为个

拉杆直径 d_0/mm	热交换器公称直径 DN/mm								
	<400	400～<700	700～<900	900～<1 300	1 300～<1 500	1 500～<1 800	1 800～<2 000	2 000～<2 300	2 300～<2 600
10	4	6	10	12	16	18	24	32	40
12	4	4	8	10	12	14	18	24	28
16	4	4	6	6	8	10	12	14	16

拉杆直径 d_0/mm	热交换器公称直径 DN/mm						
	2 600～<2 800	2 800～<3 000	3 000～<3 200	3 200～<3 400	3 400～<3 600	3 600～<3 800	3 800～≤4 000
10	48	56	64	72	80	88	98
12	32	40	44	52	56	64	68
16	20	24	26	28	32	36	40

6.8.5.3　**螺纹拉杆的尺寸**

拉杆的长度 L_c 按需要确定。拉杆的结构尺寸可按图 6-34 和表 6-34 确定。

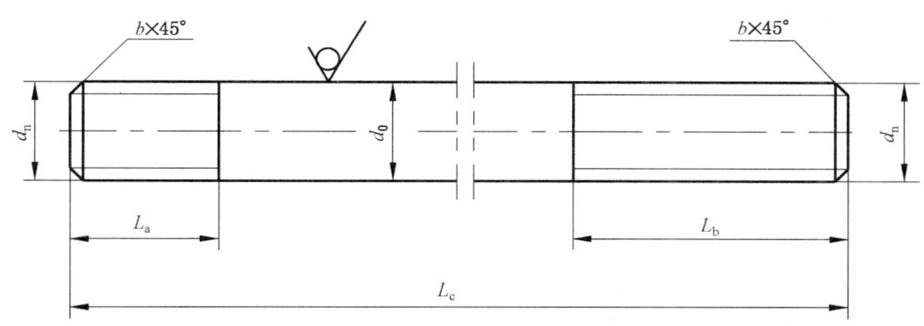

图 6-34　螺纹拉杆

表 6-34　螺纹拉杆尺寸

mm

拉杆直径 d_0	拉杆螺纹公称直径 d_n	L_a	L_b	b
10	10	13	≥40	1.5
12	12	16	≥50	2.0
16	16	22	≥60	2.0

6.8.5.4　**拉杆的布置**

拉杆应尽量均匀布置在管束的外边缘。对于大直径的热交换器，在布管区内或靠近折流板缺口处应布置适当数量的拉杆。任何折流板不应少于 3 个拉杆支承点。

6.8.5.5 **定距管**

定距管的外径宜与换热管外径相同,其长度的上偏差为0.0,下偏差为−1.0 mm。

6.8.6 **滑道**

6.8.6.1 可抽管束应设滑道,滑道可为板式、滚轮和圆钢条等形式。

6.8.6.2 板式滑道的连接与布置见图6-35,并符合下列要求:

a) 板式滑道应采用整体结构,并与折流板或支持板焊接牢靠;

b) 板式滑道底面应高出折流板或支持板外缘0.5 mm~1.0 mm;

c) 板式滑道底面边缘应倒角或倒圆;

d) 板式滑道的截面尺寸可根据热交换器直径、长度和管束质量确定。

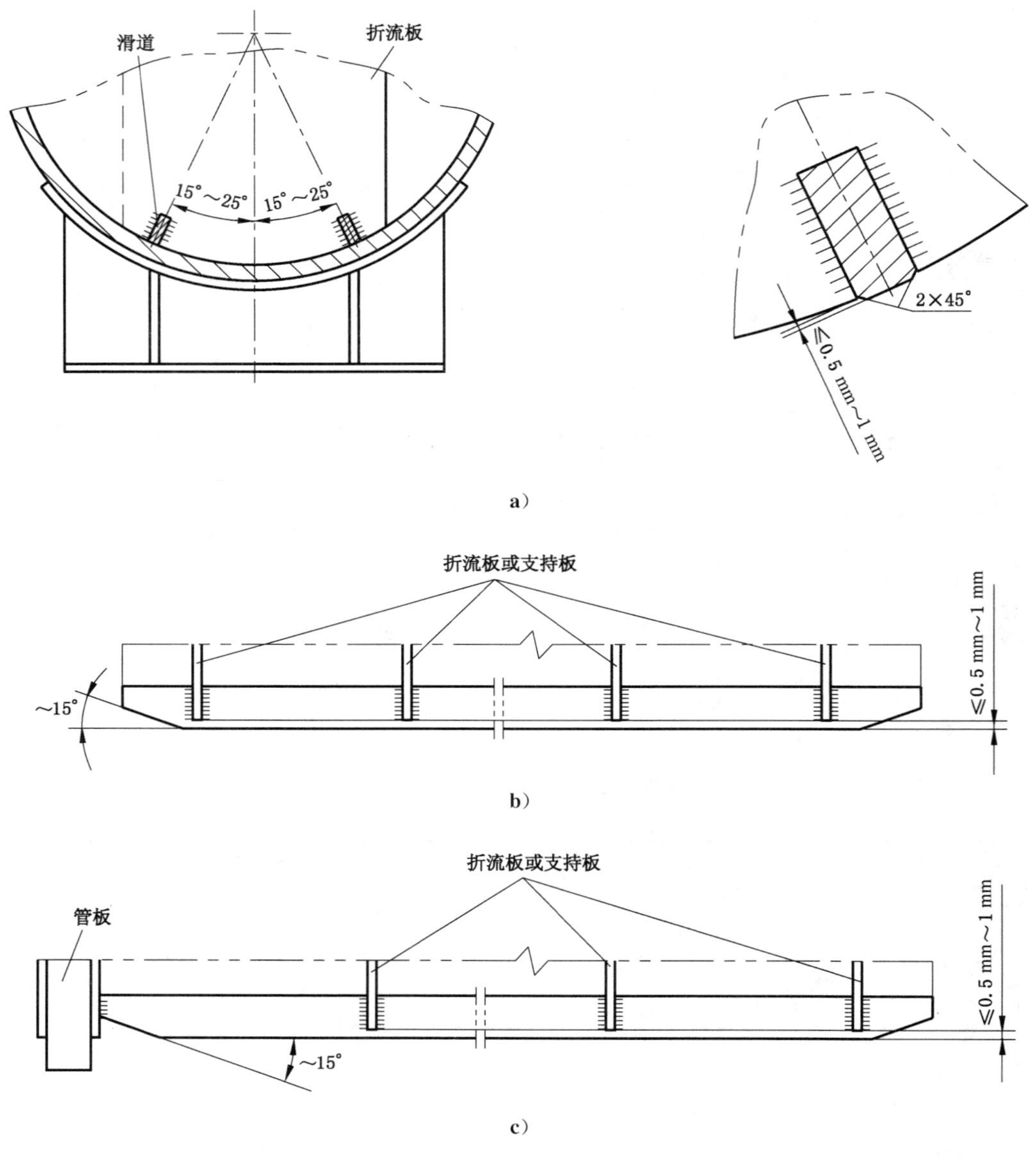

图6-35 板式滑道

6.8.6.3 典型的滚轮式滑道结构与布置见图6-36。滚轮数量和尺寸应根据管束的质量和滚轮中心角的大小来确定,管束至少应有两对滚轮。

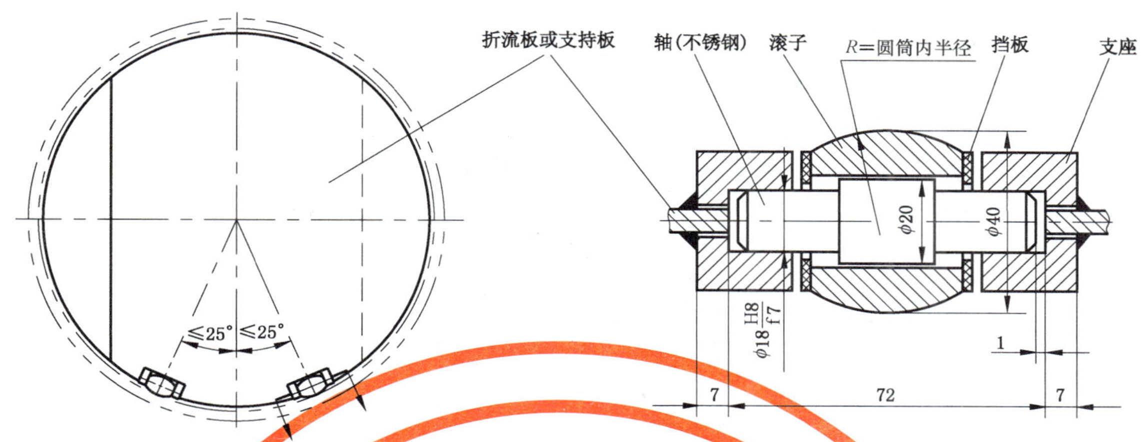

图 6-36 滚轮式滑道

6.8.6.4 釜式重沸器管束滑道结构见图 6-37。除在折流板或支持板上装有滑道外,还应在壳体底部设置支撑导轨。

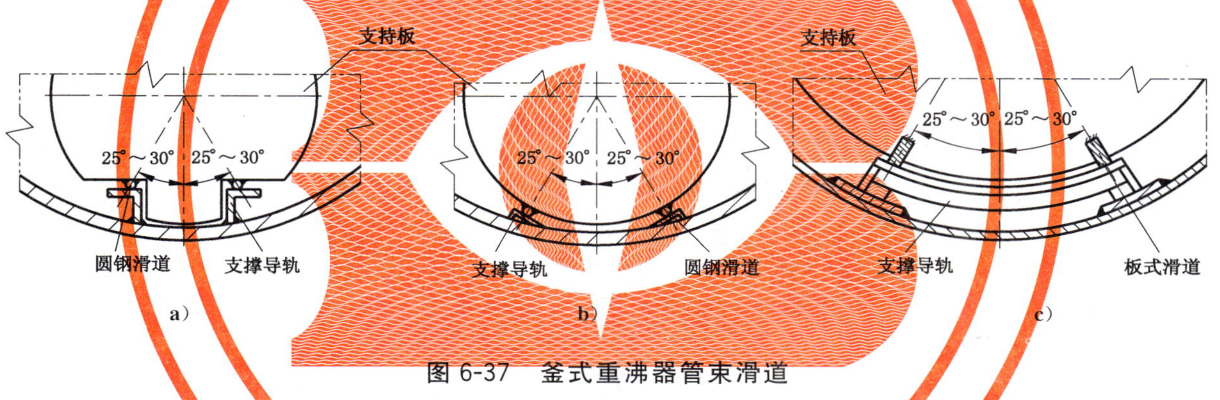

图 6-37 釜式重沸器管束滑道

6.9 钩圈式浮头

6.9.1 钩圈式浮头的结构见图 6-38,浮头盖推荐采用球冠形封头。对于单管程的浮头接管和填料函[图 6-38 a)中的假想线部分]尚应符合 6.13 及 6.11 的有关规定。

钩圈式浮头的结构尺寸如下:

a ——浮头法兰端面到外头盖圆筒端部的轴向尺寸,根据管束和壳体的伸缩量来确定;

b、b_1、b_2、b_n——按 6.3.1.3 的规定;

c ——安装及拧紧螺母所需空间尺寸,应考虑在各种情况下的热膨胀量,不宜小于 60 mm;

D_e ——浮动管板外径,$D_e=D_i-2b_1$, mm;

D_{fi} ——浮头法兰和钩圈的内径,$D_{fi}=D_i-2(b_1+b_2)+3$, mm;

D_{fo} ——浮头法兰和钩圈的外径,$D_{fo}=D_w-20$, mm;

D_i ——热交换器壳体圆筒内径, mm;

D_L ——布管限定圆直径,按 6.3.1.3 确定, mm;

D_w ——外头盖内径,$D_w \geqslant D_i+100$, mm。

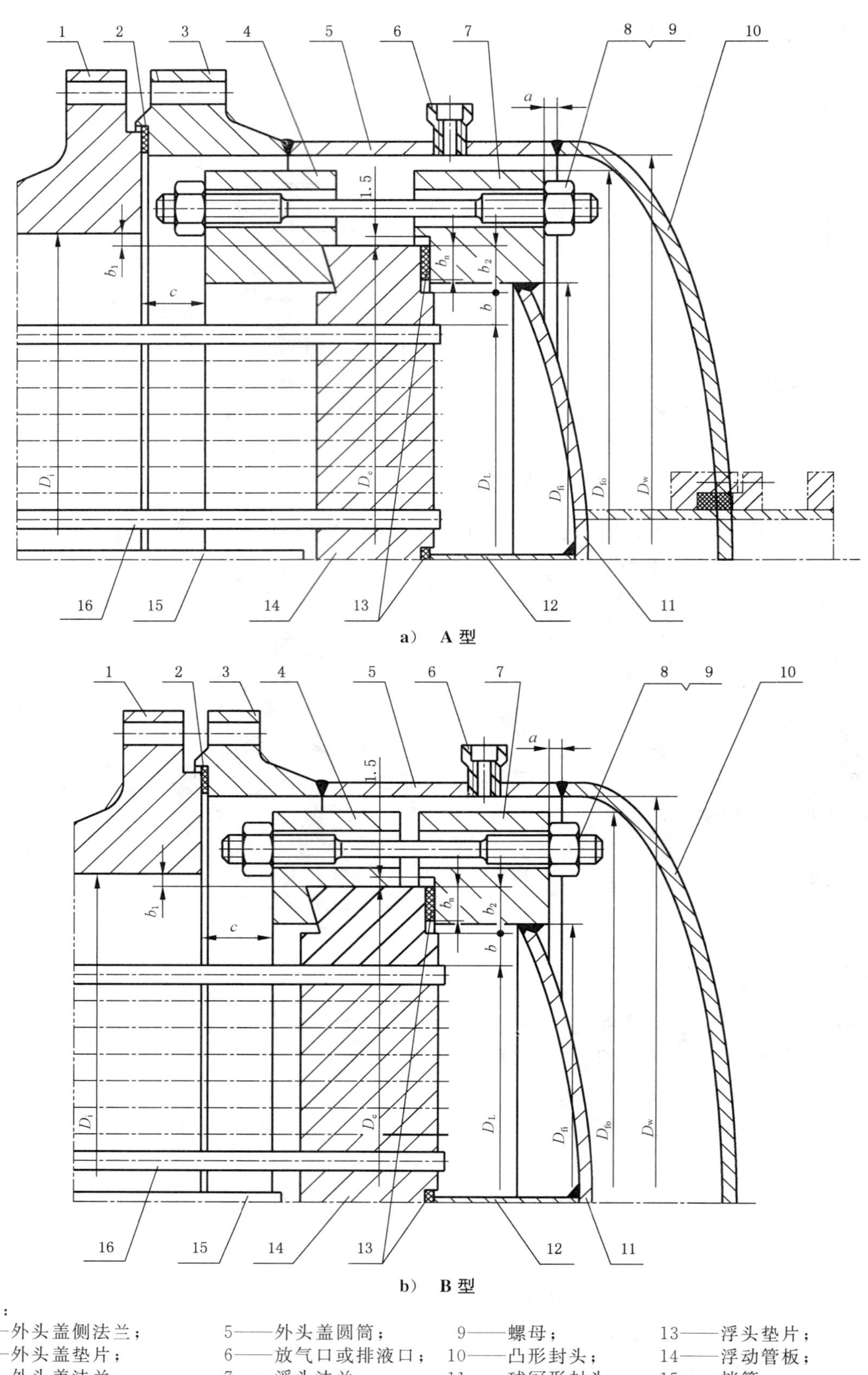

a） A 型

b） B 型

说明：

1——外头盖侧法兰；	5——外头盖圆筒；	9——螺母；	13——浮头垫片；
2——外头盖垫片；	6——放气口或排液口；	10——凸形封头；	14——浮动管板；
3——外头盖法兰；	7——浮头法兰；	11——球冠形封头；	15——挡管；
4——钩圈；	8——双头螺柱；	12——分程隔板；	16——换热管。

图 6-38 钩圈式浮头

6.9.2 多管程的浮头盖，其内侧最小深度应使相邻管程之间的横跨流通面积不小于每程换热管流通面积的1.3倍。单管程的浮头盖，其接管中心线处的最小深度不应小于接管内径的1/3。

6.9.3 分程隔板的最小厚度应符合6.3.6的规定。

6.10 壳体

6.10.1 卷制圆筒的公称直径以400 mm为基数，以100 mm为进级挡，必要时也可采用50 mm为进级挡。公称直径小于或等于400 mm的圆筒，可用管材制作。

6.10.2 壳程圆筒最小厚度应符合7.1.3.2的规定。

6.10.3 外头盖圆筒的长度应满足管束膨胀的要求，且不宜小于100 mm。

6.11 填料函

6.11.1 通用要求

6.11.1.1 填料函式热交换器不适用于易挥发、易燃、易爆、有毒及贵重介质场合；填料的材料选择应根据管、壳程介质、操作温度、操作压力等确定。

6.11.1.2 填料函底部宜设置一个金属环，见图6-39。金属环与管板裙之间的间隙应小于管板裙和填料函之间的最小间隙。

6.11.1.3 浮动管板裙宜向外延伸，见图6-40 a)和图6-41。当管板裙向内延伸时，应采取适当的方法防止靠近管板的壳程内形成较大的流体滞流区。

6.11.1.4 凡与填料接触的管板、管板裙和填料函的表面均应机械加工，表面粗糙度 $R_a \leqslant 12.5\ \mu m$。

6.11.2 结构型式及具体要求

6.11.2.1 外填料函式热交换器壳程设计压力不宜高于2.5 MPa，其结构及尺寸见图6-39和表6-35。

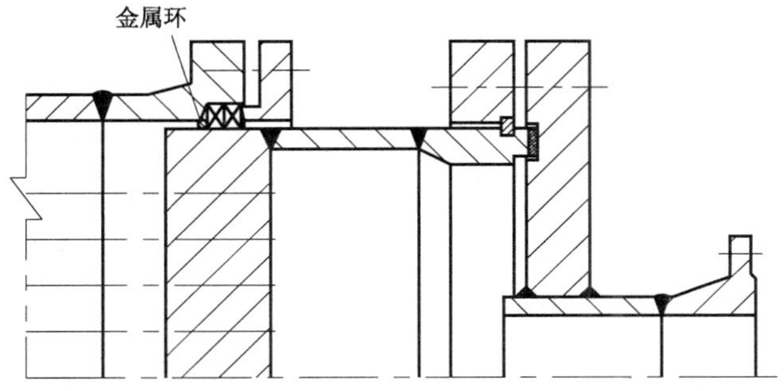

图6-39 外填料函式结构

表 6-35　填料函的连接尺寸

DN mm	A mm	B mm	C /mm		E mm	F mm	螺栓或螺柱	
			≤1.0 MPa	≤2.5 MPa			数量/个	规格
≤200	10	11.5	33	43	25	25	4	M16
≤250～350							6	
≤350～450							8	
≤450～550							10	
≤550～600							12	
≤600～750	13	14.5	45	58	28	32	16	
≤750～850							20	
≤850～1 100							24	
≤1 100～1 300	16	17.5	54	70	32	40	28	
≤1 300～1 500							32	

6.11.2.2　单填料函浮动管板结构及尺寸见图 6-40 和表 6-35。图 6-40 a)的结构不适用于管、壳程介质严禁混合的情况；图 6-40 b)的结构可以从套环中间孔检查介质泄漏的情况。

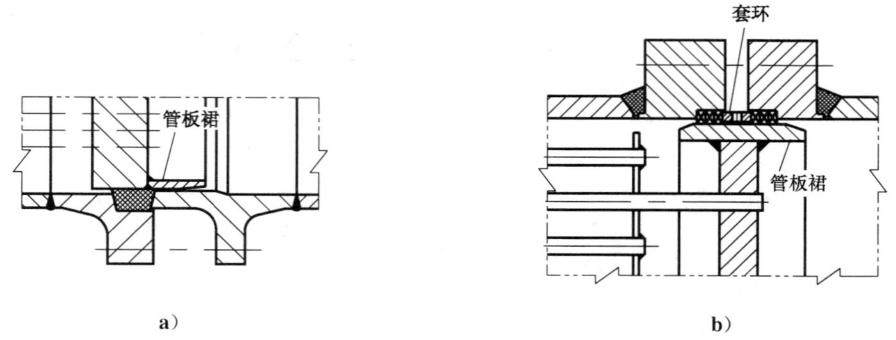

图 6-40　单填料函浮动管板结构

6.11.2.3 双填料函浮动管板结构见图 6-41;此结构可用于密封要求较高的场合。

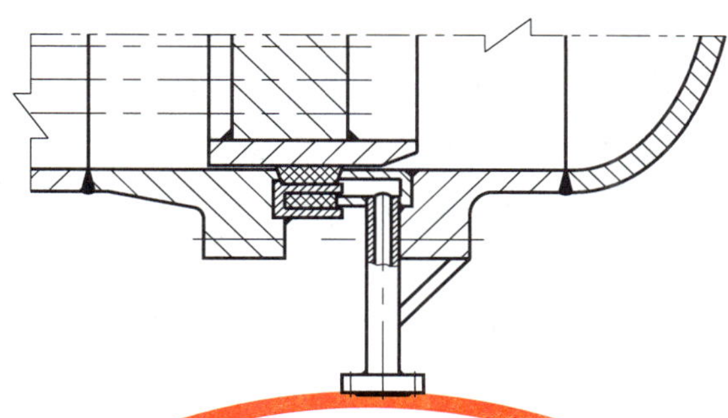

图 6-41 双填料函浮动管板结构

6.12 膨胀节

6.12.1 波形膨胀节应按 GB 16749 进行设计、制造、检验与验收;允许采用 Ω 型膨胀节等成熟的结构。

6.12.2 热交换器所用膨胀节两端部还应符合 GB 150.4—2011 中"对口错边量"和本标准 8.2.1 中圆筒内径允许偏差和 8.2.2 中圆度允许偏差的要求。

6.13 接管及其他开口

6.13.1 接管与壳体的连接应符合下列要求:

a) 结构设计参考 GB 150.3—2011 中附录 D.3"接管、凸缘与壳体的连接"的相关形式;

b) 壳程接管宜与壳体内表面平齐,必须内伸的接管不应妨碍管束的拆装;

c) 应保证接管法兰面的水平或垂直;有特殊要求时应符合图样规定;

d) 当不能利用接管(或接口)进行放气或排液时,应在管程和壳程的最高点设置放气口,在最低点设置排液口。

6.13.2 当设计条件提出接管外载荷时,设计应予以考虑。

6.13.3 必要时设置温度计、压力表及液位计等接口,仪表接口可设置在接管上。

6.14 设备及接管法兰

6.14.1 设备法兰的设计应符合 GB 150.3—2011 的规定。

6.14.2 设备法兰优先采用 NB/T 47021~47023、GB/T 29465 中的法兰。

6.14.3 接管法兰优先采用 HG/T 20592、HG/T 20615 中的法兰。

6.14.4 非标设计时应优先采用相关标准中的法兰连接尺寸。

6.15 密封及垫片

6.15.1 密封结构及垫片应根据工作条件(介质、温度、压力)按有关标准进行设计或选用。

6.15.2 管法兰垫片可按有关标准选用。管箱垫片、管箱侧垫片、浮头垫片、外头盖垫片和头盖垫片可按下列标准选用:

a) GB/T 29463.1《管壳式热交换器用垫片 第 1 部分:金属包垫片》;

b) GB/T 29463.2《管壳式热交换器用垫片 第 2 部分:缠绕式垫片》;

c) GB/T 29463.3《管壳式热交换器用垫片　第3部分:非金属软垫片》;

d) NB/T 47024(JB/T 4704)《非金属软垫片》;

e) NB/T 47025(JB/T 4705)《缠绕垫片》;

f) NB/T 47026(JB/T 4706)《金属包垫片》。

6.15.3 金属平垫片、金属波齿复合垫片、椭圆垫、八角垫、透镜垫等可按有关标准进行设计、选用。

6.15.4 当有成熟使用经验时,也可采用其他密封结构。

6.16 支座

6.16.1 卧式热交换器鞍式支座

6.16.1.1 卧式热交换器鞍式支座的布置(见图6-42)应按下列原则确定:

a) 热交换器的公称长度不大于3 m时,鞍座间距 L_B 宜取0.4倍~0.6倍热交换器的公称长度;

b) 热交换器的公称长度大于3 m时,鞍座间距 L_B 宜取0.5倍~0.7倍热交换器的公称长度;

c) 宜使 L_c 和 L'_c 相近;

d) 必要时应对支座和壳体进行强度和稳定性校核;

e) 确定鞍座与相邻接管的距离时应考虑鞍座基础及保温的影响。

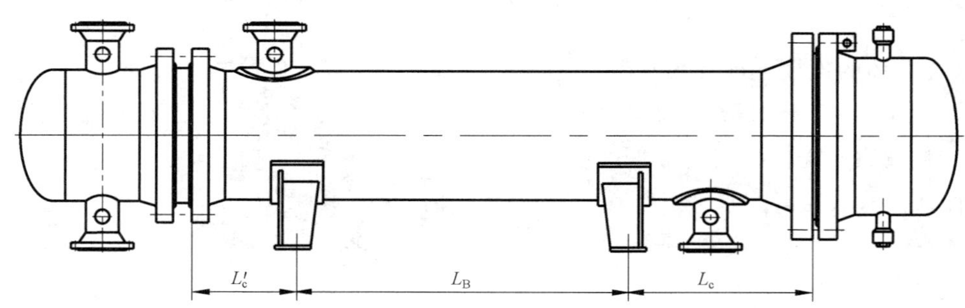

图6-42 鞍式支座布置

6.16.1.2 鞍式支座可按JB/T 4712.1选用。

6.16.1.3 重叠热交换器支座(见图6-43)的安装形式、要求如下:

a) 重叠热交换器之间的支座应设置调整高度用的垫板;

b) 支座底板到设备中心线的距离应比接管法兰密封面到设备中心线的距离至少小5 mm;

c) 当重叠热交换器质量较大时,可增设一组重叠支座;

d) 在不移动热交换器的情况下,重叠热交换器的中心距应满足拆装接管法兰螺栓的要求。

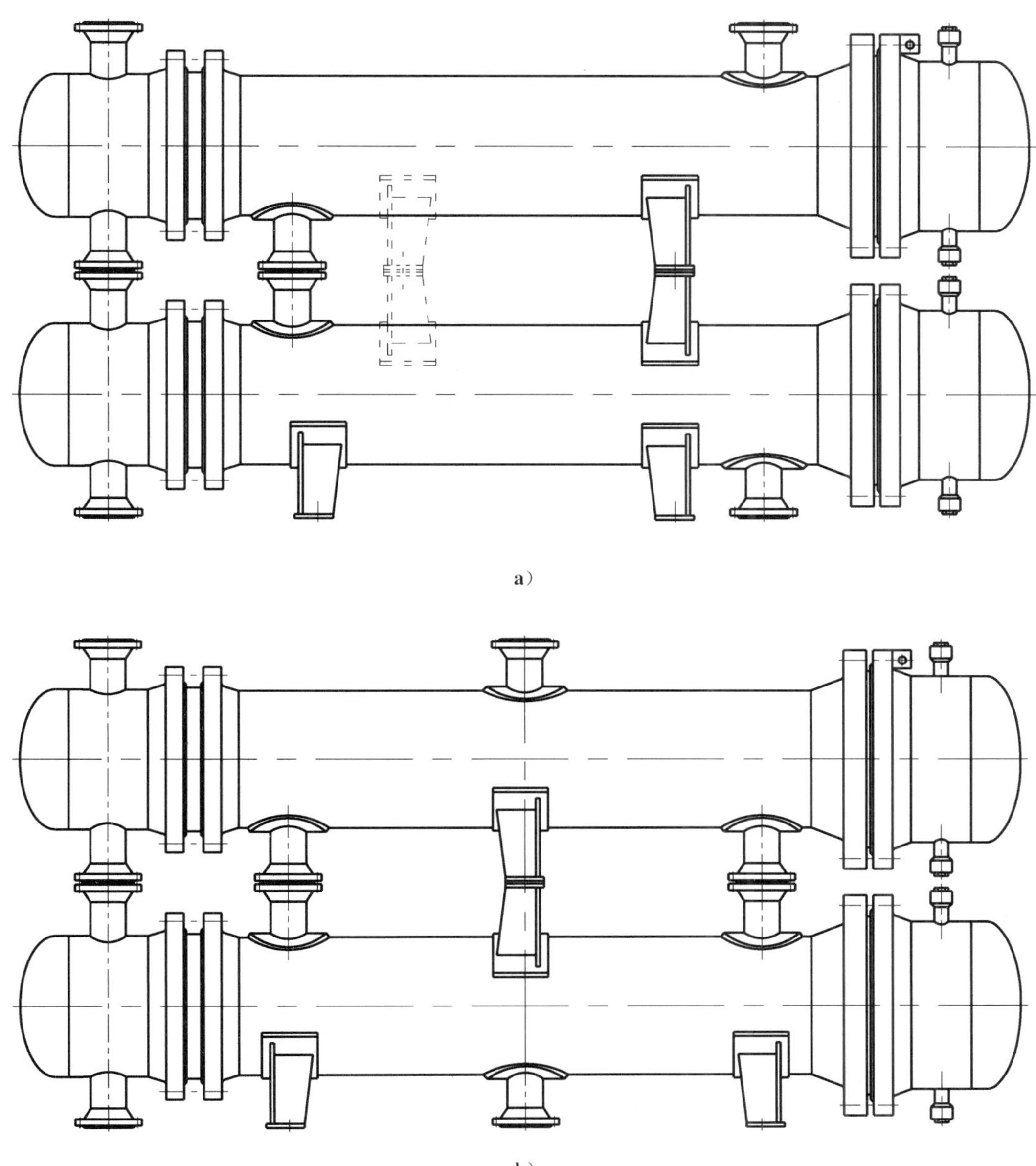

a）

b）

图 6-43　重叠热交换器支座布置

6.16.2　立式热交换器支座

6.16.2.1　立式热交换器耳式支座的布置(见图 6-44)应按下列原则确定:

a)　公称直径 DN≤800 mm 时,至少应设置 2 个支座,且应对称布置;

b)　公称直径 DN>800 mm 时,至少应设置 4 个支座,且应均匀布置。

6.16.2.2　耳式支座可按 JB/T 4712.3 选用。

6.16.2.3　裙式支座可按 NB/T 47041(JB/T 4710)进行设计。

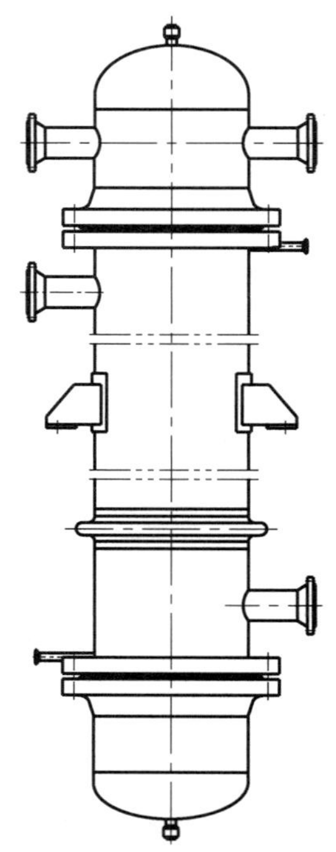

图 6-44　立式支座布置

6.17　附件

6.17.1　起吊附件

质量大于 30 kg 的管箱、管箱平盖、外头盖及浮头盖宜设置吊耳。

6.17.2　吊环螺钉

可抽管束的固定管板上宜设置吊环螺钉孔；在正常操作时，应采用丝堵和垫片保护螺孔；维修时换装吊环螺钉抽装管束。

6.17.3　防松支耳与带肩螺柱

可抽管束的固定管板外缘上宜设置防松支耳，防松支耳与带肩双头螺柱配套使用（如图 6-45 所示），防松支耳应对称均布，推荐数量如下：

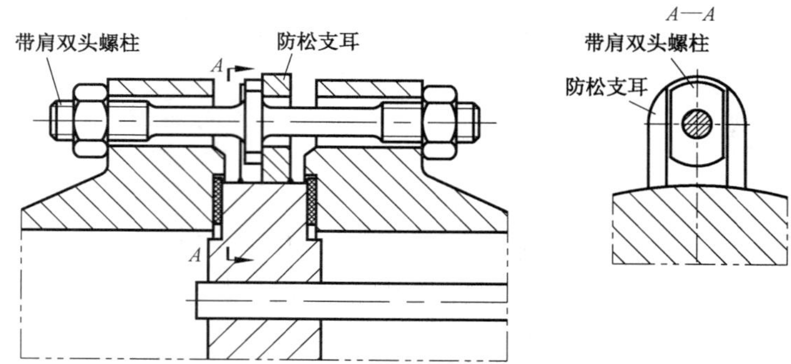

图 6-45　防松支耳与带肩螺柱

a)　公称直径小于或等于 800 mm 时，至少设置 2 个；
b)　公称直径为 900 mm～2 000 mm 时，至少设置 4 个；

c) 公称直径大于 2 000 mm 时，可适当增加数量。

7 设计计算

7.1 承压壳体与隔板

7.1.1 管箱平盖

7.1.1.1 适用范围

本条适用于螺柱连接、垫片密封的圆形管箱平盖的设计计算，焊接式平盖应按 GB 150.3—2011 设计计算。

7.1.1.2 符号

A_b ——实际使用的螺柱总截面积，以螺纹小径或以无螺纹部分的最小直径计算，取小者，mm^2；

D_b ——螺柱中心圆直径，mm；

DN ——热交换器公称直径，mm；

D_G ——垫片压紧力作用中心圆直径(按 GB 150.3—2011 选取)，mm；

d_n ——螺柱公称直径，mm；

E^t ——管箱平盖材料在设计温度下的弹性模量，MPa；

K ——结构特征系数；

L_G ——垫片压紧力的力臂，为螺柱中心圆直径 D_b 与垫片压紧力作用中心圆直径 D_G 之差的一半，mm；

p_c ——管箱平盖计算压力，MPa；

W ——预紧状态或操作状态时的螺柱设计载荷，按 GB 150.3—2011 计算，当管箱带有分程隔板时，还应计入分程隔板垫片产生的反力，N；

$[Y]$ ——许用挠度值，mm；

y ——管箱平盖中心处的挠度，mm；

δ_{ep} ——管箱平盖有效厚度，无分程隔板槽时为管箱平盖名义厚度减去管箱平盖的厚度附加量；有分程隔板槽时为管箱平盖名义厚度减去管箱平盖的厚度附加量或分程隔板槽深(取大者)，mm；

δ_p ——管箱平盖计算厚度，mm；

$[\sigma]$ ——常温下管箱平盖材料的许用应力，MPa；

$[\sigma]^t$ ——设计温度下管箱平盖材料的许用应力，MPa；

$[\sigma]_b^t$ ——设计温度下螺柱材料的许用应力，MPa；

ϕ ——焊接接头系数。

7.1.1.3 管箱平盖厚度计算

7.1.1.3.1 管箱内无分程隔板时，管箱平盖厚度按式(7-1)和式(7-3)计算，取大值。

操作时：

$$\delta_p = D_G\sqrt{\frac{Kp_c}{[\sigma]^t\phi}} \qquad \cdots\cdots(7\text{-}1)$$

式中 K 见式(7-2)：

$$K = 0.3 + \frac{1.78WL_G}{p_cD_G^3} \qquad \cdots\cdots(7\text{-}2)$$

预紧时：

$$\delta_{\mathrm{p}}=D_{\mathrm{G}}\sqrt{\frac{Kp_{\mathrm{c}}}{[\sigma]\cdot\phi}} \tag{7-3}$$

式中 K 见式(7-4)：

$$K=\frac{1.78WL_{\mathrm{G}}}{p_{\mathrm{c}}D_{\mathrm{G}}^{3}} \tag{7-4}$$

7.1.1.3.2 管箱内有分程隔板时，管箱平盖厚度除满足 7.1.1.3.1 外，还应按式(7-5)计算，取大者：

$$\delta_{\mathrm{p}}=D_{\mathrm{G}}\left[\frac{D_{\mathrm{G}}}{E^{\mathrm{t}}[Y]}\left(0.043\,5p_{\mathrm{c}}+\frac{0.5[\sigma]_{\mathrm{b}}^{\mathrm{t}}A_{\mathrm{b}}L_{\mathrm{G}}}{D_{\mathrm{G}}^{3}}\right)\right]^{1/3} \tag{7-5}$$

7.1.1.3.3 管箱内有分程隔板时，许用挠度[Y]一般选取如下：

a) DN≤600 mm，[Y]=0.8 mm；

b) DN>600 mm，[Y]=$\frac{\mathrm{DN}}{800}$mm，且不大于 2.0 mm。

7.1.1.4 挠度校核

7.1.1.4.1 管箱平盖中心处的挠度按式(7-6)计算：

$$y=\frac{D_{\mathrm{G}}}{E^{\mathrm{t}}\delta_{\mathrm{ep}}^{3}}\{0.043\,5D_{\mathrm{G}}^{3}p_{\mathrm{c}}+0.25[\sigma]_{\mathrm{b}}^{\mathrm{t}}A_{\mathrm{b}}(D_{\mathrm{b}}-D_{\mathrm{G}})\} \tag{7-6}$$

7.1.1.4.2 管箱内有分程隔板时，挠度校核要求 $y\leq[Y]$。

7.1.2 管箱

7.1.2.1 管箱圆筒和凸形封头的厚度计算应符合 GB 150.3—2011 的有关规定。

7.1.2.2 管箱上的开孔补强计算应符合 GB 150.3—2011 的有关规定。

7.1.2.3 重叠热交换器管箱圆筒的最小厚度应符合表 7-1 的规定。

7.1.3 壳程承压部件

7.1.3.1 壳程圆筒、外导流筒、凸形封头及接管等受压元件厚度计算及开孔补强计算应符合 GB 150.3—2011 的有关规定。

7.1.3.2 圆筒的最小厚度应满足表 7-1 的规定。

表 7-1 圆筒的最小厚度

mm

DN		碳素钢、低合金钢和复合板[注2]		高合金钢
		可抽管束	不可抽管束	
管制	<100	5.0	5.0	3.2
	≥100～200	6.0	6.0	3.2
	>200～400	7.5	6.0	4.8
板制	≥400～700	8	6	5
	>700～1 000	10	8	7
	>1 000～1 500	12	10	8
	>1 500～2 000	14	12	10
	>2 000～2 600	16	14	12
	>2 600～3 200	—	16	13
	>3 200～4 000	—	18	17

注 1：碳素钢、低合金钢制圆筒的最小厚度包含 1.0 mm 腐蚀裕量。

注 2：复合板的最小厚度指爆炸焊接复合板或内壁有堆焊层的总厚度。

注 3：对于可抽管束，当 DN>2 600 时，圆筒最小厚度由设计者自行确定。

7.1.4 分程隔板

7.1.4.1 管箱分程隔板的计算厚度应按式(7-7)计算。

$$\delta = b\sqrt{\frac{\Delta p B}{1.5[\sigma]^{t}}} \quad \cdots\cdots (7-7)$$

式中：

b ——隔板结构尺寸，见表7-2，mm；

B ——尺寸系数，按表7-2查取(中间值用内插法查)；

Δp ——隔板两侧压力差值，MPa；

δ ——分程隔板计算厚度，mm；

$[\sigma]^{t}$——隔板材料设计温度下的许用应力，MPa。

表7-2 分程隔板尺寸系数 B

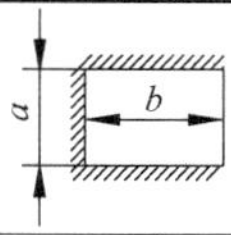 三边固定，一边简支		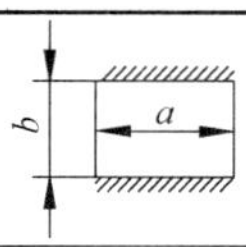 长边固定，短边简支		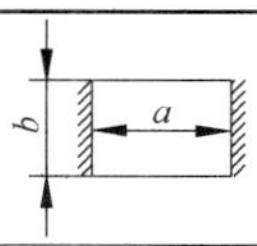 短边固定，长边简支	
a/b	B	a/b	B	a/b	B
0.25	0.020	1.0	0.418 2	1.0	0.418 2
0.50	0.081	1.2	0.462 6	1.2	0.520 8
0.75	0.173	1.4	0.486 0	1.4	0.598 8
1.0	0.307	1.6	0.496 8	1.6	0.654 0
1.5	0.539	1.8	0.497 1	1.8	0.691 2
2.0	0.657	2.0	0.497 3	2.0	0.714 6
3.0	0.718	>2.0	0.500 0	>2.0	0.750 0

7.1.4.2 管箱分程隔板的名义厚度不应小于表7-3的规定。

表7-3 管箱分程隔板的最小名义厚度 mm

DN	碳素钢和低合金钢	高合金钢
≤600	10	6
>600～1 200	12	10
>1 200～1 800	14	11
>1 800～2 600	16	12
>2 600～3 200	18	14
>3 200～4 000	20	16

7.1.4.3 纵向隔板的厚度应符合下列要求：

a) 与壳体之间采用密封板(垫)密封时，纵向隔板的厚度不应小于6 mm；

b) 与壳体之间采用焊接密封时，纵向隔板的厚度不应小于8 mm，必要时可按式(7-7)进行校核计算。

7.2 浮头盖与钩圈

7.2.1 符号

D_G ——垫片压紧力作用中心圆直径，mm；
D_b ——螺柱中心圆直径，mm；
D_{fi} ——浮头法兰和钩圈的内径，mm；
D_{fo} ——浮头法兰和钩圈的外径，mm；
D_e ——浮动管板外径，mm；
F_D ——作用在浮头法兰环内侧封头压力载荷引起的轴向分力，N；$F_D=0.785D_{fi}^2 \cdot p_c$；
F_r ——作用在浮头法兰环内侧封头压力载荷引起的径向分力，N；$F_r=F_D\tan^{-1}\beta_1$；
L_D ——螺柱中心至法兰环内侧的径向距离，mm；
L_r ——F_r对法兰环截面形心的力臂，mm；
p_c ——计算压力，MPa；分别考虑管程设计压力 p_t(内压)和壳程设计压力 p_s(外压)；
R_i ——球冠形封头内半径，mm；
β_1 ——球冠形封头边缘处球壳中面切线与法兰环径向的夹角，见表 7-5 中的图，(°)；
δ ——球冠形封头计算厚度，mm；
δ_f ——浮头法兰有效厚度，mm；
δ_g ——钩圈计算厚度，mm；
δ_e ——球冠形封头有效厚度，mm；
$[\sigma]^t$——设计温度下球冠形封头材料的许用应力，MPa；
ϕ ——球冠形封头拼板焊接接头系数。

7.2.2 球冠形封头

7.2.2.1 球冠形封头内半径 R_i 可按表 7-4 选取。

表 7-4 球冠形封头内半径

mm

DN	300	400	500	600	700	800	900	1 000	1 100	1 200	1 300	1 400
R_i	300		400	500	600		700	800	900	1 000		1 100
DN	1 500	1 600	1 700	1 800	1 900	2 000	2 100	2 200	2 300	2 400	2 500	2 600
R_i	1 200	1 300		1 400	1 500		1 600		1 800		2 000	

7.2.2.2 球冠形封头计算厚度应取下列计算的较大值：

a) 管程压力 p_t作用下(内压)球冠形封头，按式(7-8)计算：

$$\delta=\frac{5p_tR_i}{6[\sigma]^t\phi} \qquad \cdots\cdots(7\text{-}8)$$

b) 壳程压力 p_s作用下(外压)球冠形封头，按 GB 150.3—2011 进行外压计算；

c) 单侧有真空工况时，还应考虑最苛刻的压力组合。

7.2.3 浮头法兰

7.2.3.1 管程压力 p_t作用下(内压)浮头法兰的计算

浮头法兰按表 7-5 进行计算，计算压力 $p_c=p_t$。凡 7.2.1 未列入的符号均按 GB 150.3—2011 第 7 章的规定。

7.2.3.2 **壳程压力 p_s 作用下(外压)浮头法兰的计算**

浮头法兰按表 7-5 进行计算，计算压力 $p_c=p_s$，$M_p=F_D(L_D-L_G)+F_T(L_T-L_G)-F_rL_r$(或 $+F_rL_r$，当 F_rL_r 与前两项力矩方向相同时，取"+")。

表 7-5 浮头法兰计算

设计条件			垫片及螺柱计算		
计算压力 $p_c=$ MPa			垫片	材料	$N=$ mm $y=$ MPa
设计温度 $t=$ ℃			垫片	外径×内径×厚度	$b=$ mm $m=$
法兰	材料		假设法兰有效厚度 $\delta_f=$ mm		球冠形封头有效厚度 $\delta_e=$ mm
法兰	许用应力	$[\sigma]_f=$ MPa	$F=0.785D_G^2p_c=$ N		$F_p=6.28D_Gbmp_c=$ N
法兰	许用应力	$[\sigma]_f^t=$ MPa	$W_a=3.14D_Gyb=$ N		$F+F_p=$ N
螺柱	材料		螺柱直径 $d_B=$ mm		螺柱数量 $n=$ 个
螺柱	许用应力	$[\sigma]_b=$ MPa	$A_{m1}=(F+F_p)/[\sigma]_b^t=$ mm²		$A_{m2}=\dfrac{W_a}{[\sigma]_b}=$ mm²
螺柱	许用应力	$[\sigma]_b^t=$ MPa	$A_m=\max\{A_{m1},A_{m2}\}=$ mm²		$A_b=$ mm²
$\beta_1=\arcsin\dfrac{0.5D_{fi}}{R_i+0.5\delta_e}=$ (°)			$W=0.5(A_m+A_b)\cdot[\sigma]_b=$ N		假设 $l=$ mm(l 见本表的图)
操作情况下法兰的受力			力臂		力矩
$F_D=0.785D_{fi}^2p_c=$ N			$L_D=\dfrac{1}{2}(D_b-D_{fi})=$ mm		$M_D=F_DL_D=$ N·mm
$F_G=F_p=$ N			$L_G=\dfrac{1}{2}(D_b-D_G)=$ mm		$M_G=F_GL_G=$ N·mm
$F_T=F-F_D=$ N			$L_T=\dfrac{1}{2}(L_D+L_G)=$ mm		$M_T=F_TL_T=$ N·mm
$F_r=F_D\cdot\cot\beta_1=$ N			$L_r=\dfrac{\delta_f}{2}-\dfrac{\delta_e}{2\cos\beta_1}-l=$ mm		$M_r=F_rL_r=$ N·mm
操作情况下法兰总力矩 $M_p=M_D+M_G+M_T-M_r=$ N·mm					
预紧螺柱时法兰的受力			力 臂		力 矩
$F_G=W=$ N			$L_G=\dfrac{1}{2}(D_b-D_G)=$ mm		$M_a=F_GL_G=$ N·mm
D_{fo} $(D_{fo}+D_{fi})/2$ L_D F_D作用点 δ_n β_1 l F_D R_i F_r L_r δ_f 形心 D_{fi} L_G D_G F_G F_T L_T D_b			$L=\dfrac{p_cD_{fi}\sqrt{4R_i^2-D_{fi}^2}}{8[\sigma]_f^t(D_{fo}-D_{fi})}=$ mm		
			操作状态 $J_p=\dfrac{M_p}{[\sigma]_f^tD_{fi}}\left[\dfrac{D_{fo}+D_{fi}}{D_{fo}-D_{fi}}\right]=$ mm² 预紧状态 $J_a=\dfrac{M_a}{[\sigma]_fD_{fi}}\left[\dfrac{D_{fo}+D_{fi}}{D_{fo}-D_{fi}}\right]=$ mm²		
			法兰厚度	操作状态 $\delta_{fp}=L+\sqrt{J_p+L^2}=$ mm 预紧状态 $\delta_{fa}=\sqrt{J_a}=$ mm 法兰厚度 δ_f 取 δ_{fp} 与 δ_{fa} 之大者，且不小于球冠形封头名义厚度 δ_n 的两倍	

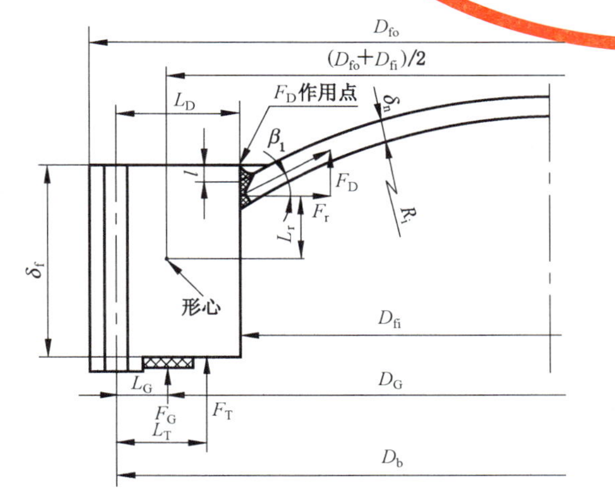

7.2.4 钩圈

7.2.4.1 A 型钩圈的结构尺寸按 6.9.1 确定，其计算厚度 δ_g 按表 7-6 计算。

表 7-6 A 型钩圈的厚度计算

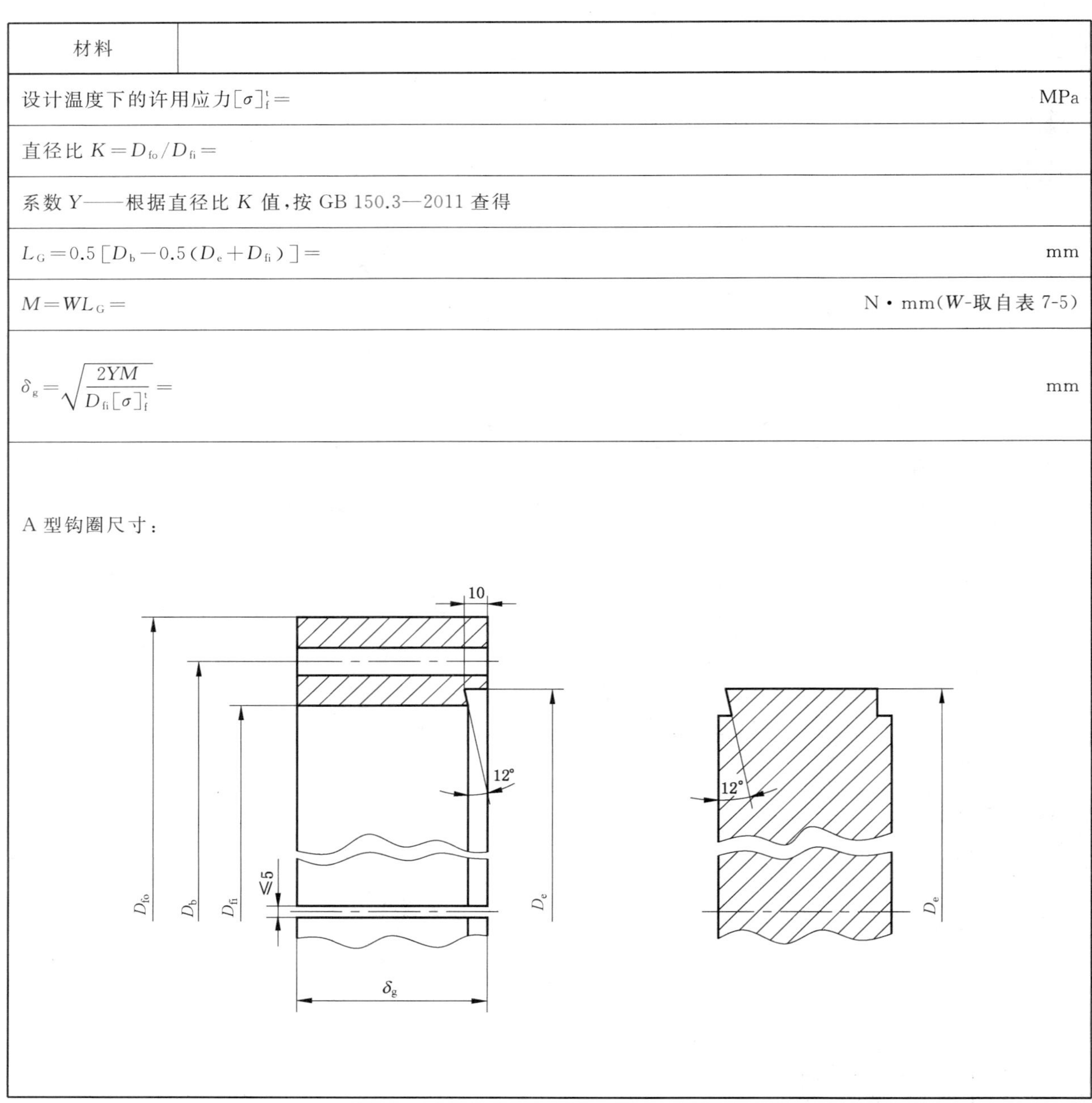

材料	
设计温度下的许用应力 $[\sigma]_f^t=$	MPa
直径比 $K=D_{fo}/D_{fi}=$	
系数 Y——根据直径比 K 值，按 GB 150.3—2011 查得	
$L_G=0.5[D_b-0.5(D_e+D_{fi})]=$	mm
$M=WL_G=$	N · mm(W-取自表 7-5)
$\delta_g=\sqrt{\dfrac{2YM}{D_{fi}[\sigma]_f^t}}=$	mm
A 型钩圈尺寸：	

7.2.4.2 B 型钩圈（见图 7-1）的结构尺寸按 6.9.1 确定，其计算厚度 δ_g 按式(7-9)计算。必要时还应按式(7-10)校核剪切强度。

$$\delta_g = \delta_1 + 16 \qquad \cdots\cdots (7\text{-}9)$$

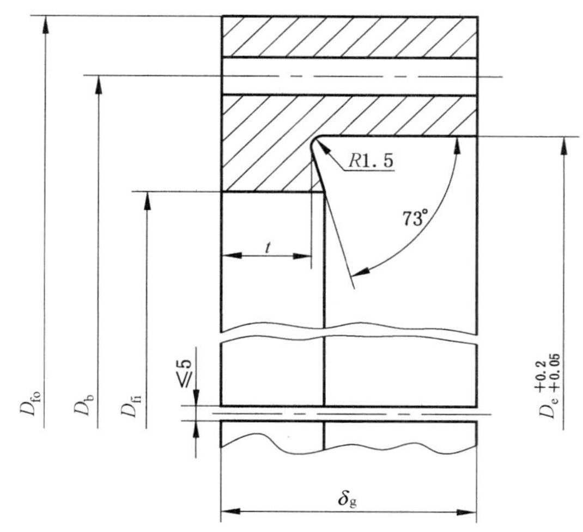

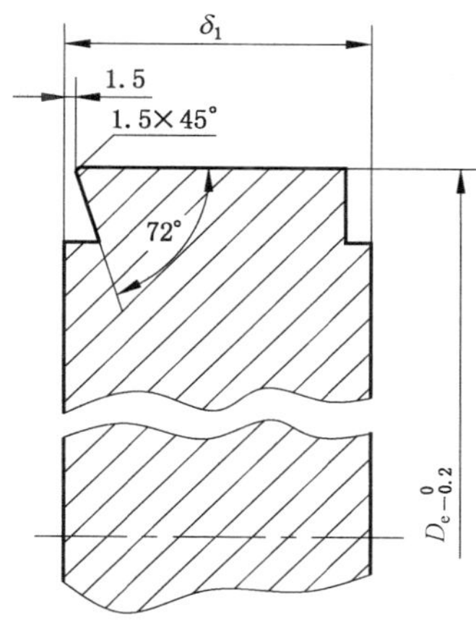

图 7-1 **B 型钩圈**

$$\tau = \frac{F_Z}{\pi t D_e} \qquad \cdots\cdots (7\text{-}10)$$

式中：

F_Z ——螺柱设计载荷，N；

操作状态 F_Z 取表 7-5 浮头法兰计算中的 $F+F_p$；

预紧状态 F_Z 取表 7-5 浮头法兰计算中的 W_a；

t ——钩圈颈部厚度，不得小于 30，mm。

计算结果应满足：

操作状态 $\tau \leqslant 0.8[\sigma]_g^t$；

预紧状态 $\tau \leqslant 0.8[\sigma]_g$。

$[\sigma]_g$——常温下钩圈材料的许用应力，MPa；

$[\sigma]_g^t$——设计温度下钩圈材料的许用应力，MPa。

7.3 换热管

7.3.1 强度计算

7.3.1.1 换热管的厚度应按 GB 150.3—2011 中的外径公式进行计算，必要时还应进行外压校核。

7.3.1.2 U 形管弯制前的最小厚度应按式(7-11)计算：

$$\delta_0 = \delta_1 \times \left(1 + \frac{d}{4R}\right) \qquad \cdots\cdots (7\text{-}11)$$

式中：

δ_0——弯曲前换热管的最小厚度，mm；

δ_1——直管段按 GB 150.3—2011 强度计算所需厚度，mm；

d ——换热管外径，mm；

R ——弯管段的弯曲半径(见图 6-15)，mm。

7.3.2 轴向应力

7.3.2.1 换热管的轴向应力应按 7.4 计算，轴向应力应满足校核条件。

7.3.2.2 光管换热管在设计温度下的稳定许用压应力$[\sigma]_{cr}^{t}$应按式(7-14)或式(7-15)计算，且$[\sigma]_{cr}^{t}$值不应大于换热管在设计温度下的许用应力$[\sigma]_{t}^{t}$。

系数计算见式(7-12)、式(7-13)：

$$C_r = \pi\sqrt{\frac{2E_t}{R_{eL}^{t}}} \quad \cdots\cdots(7\text{-}12)$$

$$i = 0.25\sqrt{d^2 + (d - 2\delta_t)^2} \quad \cdots\cdots(7\text{-}13)$$

当 $C_r \leqslant l_{cr}/i$ 时，

$$[\sigma]_{cr}^{t} = \frac{R_{eL}^{t} C_r^2}{3(l_{cr}/i)^2} = \frac{E_t}{1.5} \cdot \frac{\pi^2}{(l_{cr}/i)^2} \quad \cdots\cdots(7\text{-}14)$$

当 $C_r > l_{cr}/i$ 时，

$$[\sigma]_{cr}^{t} = \frac{R_{eL}^{t}}{1.5} \cdot \left[1 - \frac{l_{cr}/i}{2C_r}\right] \quad \cdots\cdots(7\text{-}15)$$

式中：

d ——换热管外径，mm；

E_t ——设计温度下换热管材料的弹性模量，MPa；

i ——换热管的回转半径 mm；

l_{cr} ——换热管受压失稳当量长度，按图 7-2 确定，mm；

R_{eL}^{t} ——设计温度下换热管材料的屈服强度，MPa；

δ_t ——换热管壁厚，mm。

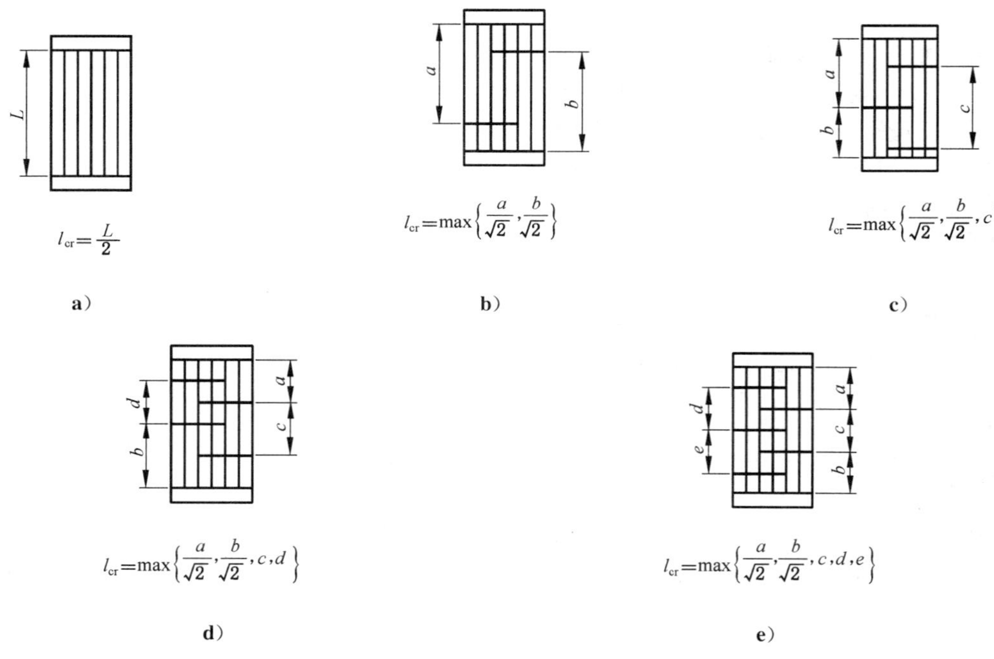

图 7-2 换热管受压失稳当量长度 l_{cr}

7.4 管板

7.4.1 适用范围

7.4.1.1 本计算方法适用于 U 形管式、浮头式、填料函式和固定管板式热交换器的管板及其相关元件(如换热管、壳体等)的强度校核和设计计算。管板与壳程圆筒、管箱圆筒之间可以有不同的连接方式，如图 7-3 所示。

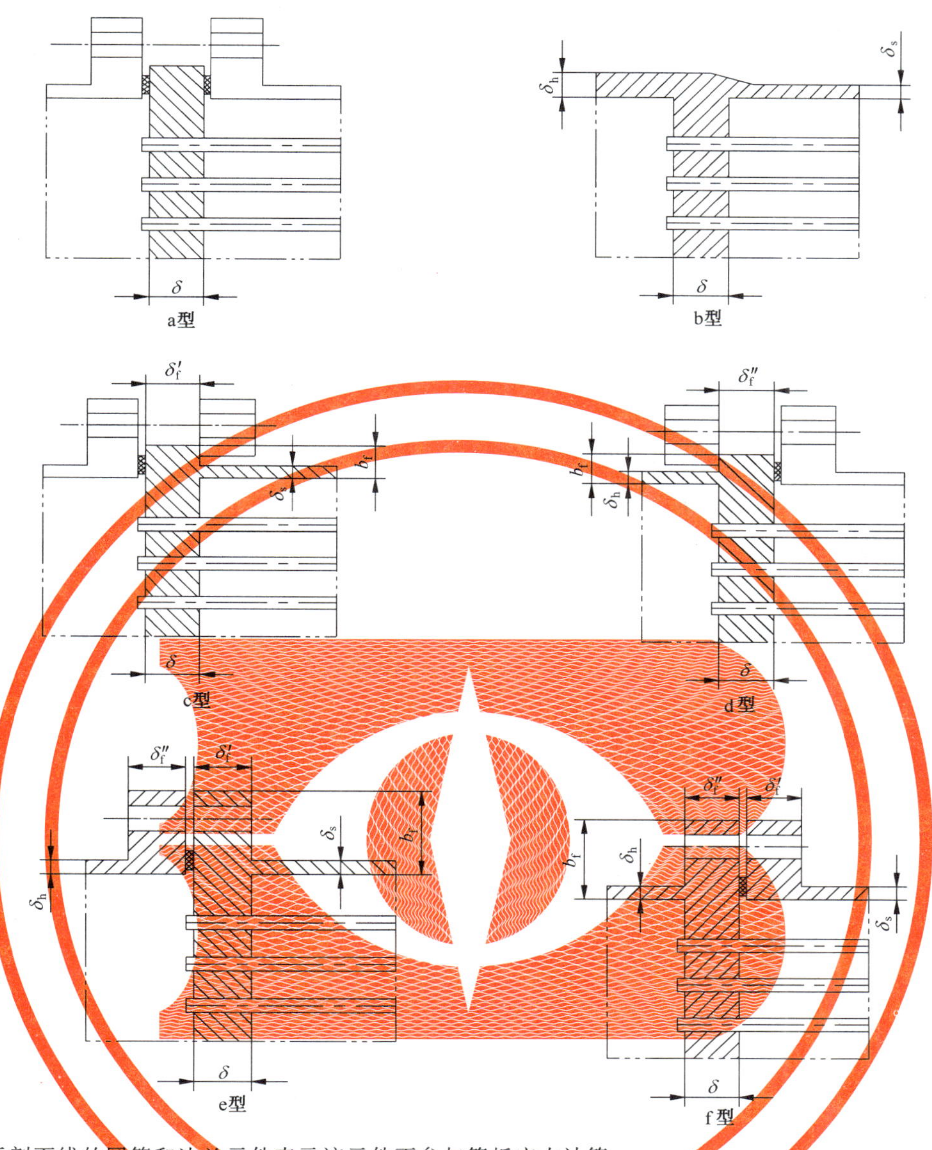

注:图中无剖面线的圆筒和法兰元件表示该元件不参与管板应力计算。

a 型:管板通过螺柱、垫片与壳体法兰和管箱法兰连接。

b 型:管板直接与壳程圆筒和管箱圆筒形成整体结构。

c 型:管板与壳程圆筒连为整体,其延长部分形成凸缘被夹持在活套环与管箱法兰之间。

d 型:管板与管箱圆筒连为整体,其延长部分形成凸缘被夹持在活套环与壳体法兰之间。

e 型:管板与壳程圆筒连为整体,其延长部分兼作法兰,用螺柱、垫片与管箱连接。

f 型:管板与管箱圆筒连为整体,其延长部分兼作法兰,用螺柱、垫片与壳体法兰连接。

图 7-3 管板与壳体、管箱的连接

7.4.1.2 本节管板计算方法适用于:在管板计算直径 $2R$ 范围内应是具有均匀厚度的圆形平板(对于管板周边延伸作为法兰的部分可以具有不同于管板的厚度),在其布管区范围内,除分程处局部外,应具有均布的密集开孔。在计算中认为压力载荷是均匀的,没有考虑质量载荷、压降载荷及管板厚度方向和径向温差应力的影响。

7.4.1.3 本计算方法的力学模型是将管板近似地视为轴对称结构,并假设:热交换器两端的管板具有同样的材料和相同的厚度,对于固定管板式热交换器两块管板还应具有相同的边界支承条件。

7.4.1.4 本计算方法不适用于结构特殊(如与法兰搭焊连接的固定管板及圆环形管板等)以及布管或载荷条件特殊的管板(如具有不同管径的换热管、部分布管或其他不能视为轴对称结构的管板)。

7.4.1.5 采用波纹换热管的管板计算参见附录 K。

7.4.1.6 满足特定要求的管板计算参见附录 L 或附录 M。

7.4.2 管板最小厚度

7.4.2.1 管板与换热管采用胀接连接时,管板最小厚度 δ_{min}(不包括腐蚀裕量)应按如下规定确定:

a) 易爆及毒性程度为极度或高度危害的介质场合,管板最小厚度不应小于换热管的外径 d;

b) 其他场合的管板最小厚度,应符合如下要求:

1) $d \leqslant 25$ 时,$\delta_{min} \geqslant 0.75d$;

2) $25 < d < 50$ 时,$\delta_{min} \geqslant 0.70d$;

3) $d \geqslant 50$ 时,$\delta_{min} \geqslant 0.65d$。

7.4.2.2 管板与换热管采用焊接连接时,管板最小厚度应满足结构设计和制造要求,且不小于 12 mm。

7.4.2.3 复合管板覆层最小厚度及相应要求如下:

a) 与换热管焊接连接的复合管板,其覆层的厚度不应小于 3 mm;对有耐腐蚀要求的覆层,还应保证距覆层表面深度不小于 2 mm 的覆层化学成分和金相组织符合覆层材料标准的要求;

b) 与换热管强度胀接连接的复合管板,其覆层最小厚度不宜小于 10 mm;对有耐腐蚀要求的覆层,还应保证距覆层表面深度不小于 8 mm 的覆层化学成分和金相组织符合覆层材料标准的要求。

7.4.3 管板名义厚度及有效厚度

7.4.3.1 管板名义厚度

管板名义厚度不应小于下列三者之和:

a) 管板的计算厚度或 7.4.2 规定的最小厚度,取大者;

b) 壳程腐蚀裕量或结构开槽深度,取大者;

c) 管程腐蚀裕量或分程隔板槽深度,取大者。

7.4.3.2 整体管板的有效厚度

管板有效厚度系指管程分程隔板槽底部的管板厚度减去下列二者厚度之和:

a) 管程腐蚀裕量超出管程隔板槽深度的部分;

b) 壳程腐蚀裕量与管板在壳程侧的结构开槽深度二者中的较大者。

7.4.3.3 复合管板的有效厚度

当覆层与基层的结合要求符合 5.3.2.2 的规定时,覆层厚度可计入复合管板的有效厚度中;当覆层材料的强度低于基层材料时,宜以覆层当量厚度计入复合管板的有效厚度中,覆层当量厚度按式(7-16)计算:

$$\delta_c = \frac{[\sigma]_2^t}{[\sigma]_1^t}\delta_2 \qquad \cdots\cdots (7\text{-}16)$$

式中:

δ_c ——覆层当量厚度,mm;

$[\sigma]_2^t$——设计温度下覆层材料的许用应力,MPa;

$[\sigma]_1^t$——设计温度下基层材料的许用应力,MPa;

δ_2 ——覆层最薄处的厚度，mm。

7.4.4 U形管式热交换器管板

本计算适用于图7-3中所示各种连接方式的U形管式热交换器管板的计算。

在本节计算中，除另有指明外或设计另有要求外，各元件的弹性模量系指该元件材料在设计温度下的取值，各元件的厚度系指该元件的名义厚度。

7.4.4.1 符号

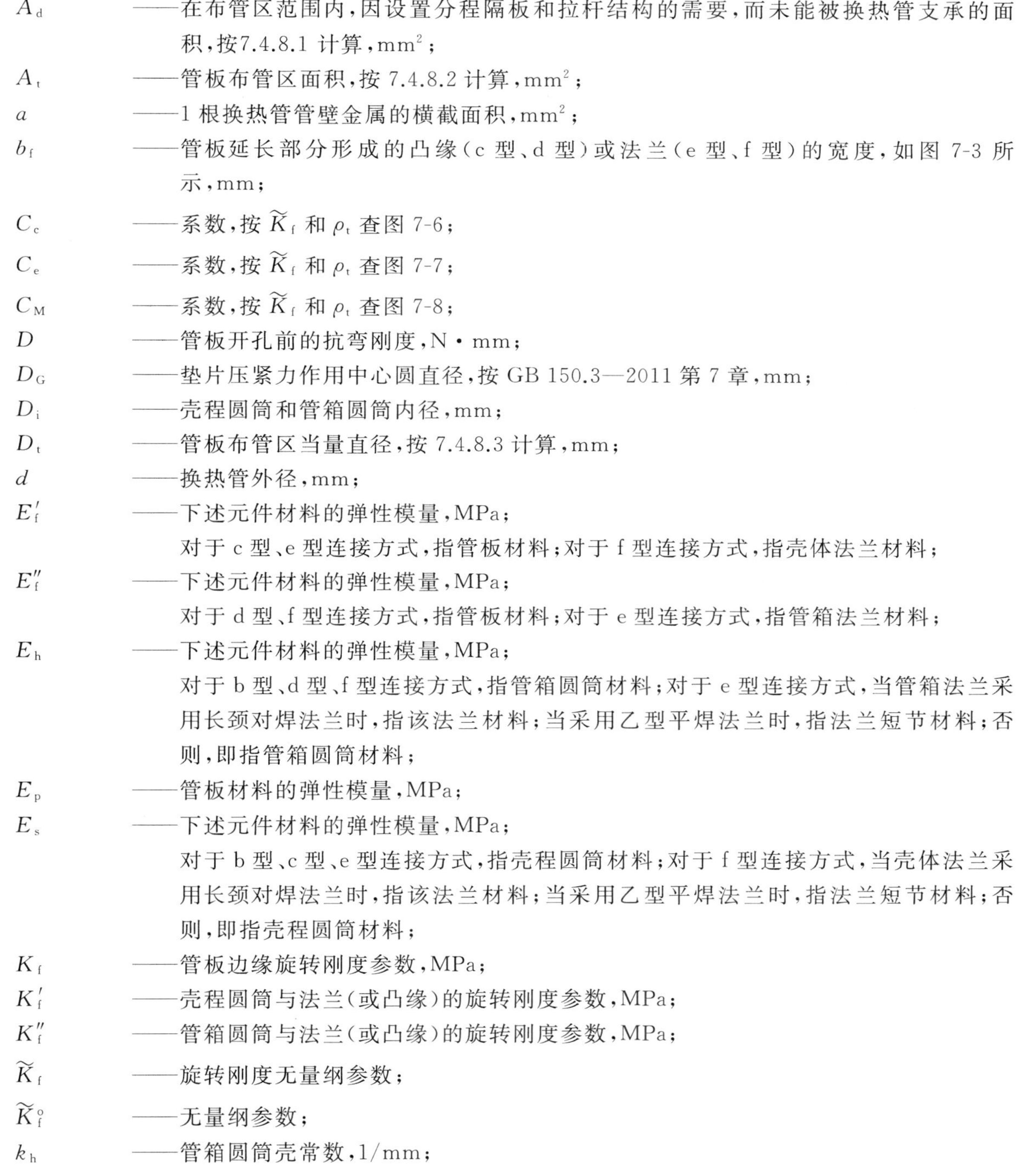

A_d ——在布管区范围内，因设置分程隔板和拉杆结构的需要，而未能被换热管支承的面积，按7.4.8.1计算，mm^2；

A_t ——管板布管区面积，按7.4.8.2计算，mm^2；

a ——1根换热管管壁金属的横截面积，mm^2；

b_f ——管板延长部分形成的凸缘（c型、d型）或法兰（e型、f型）的宽度，如图7-3所示，mm；

C_c ——系数，按$\widetilde{K}_f$和ρ_t查图7-6；

C_e ——系数，按$\widetilde{K}_f$和ρ_t查图7-7；

C_M ——系数，按$\widetilde{K}_f$和ρ_t查图7-8；

D ——管板开孔前的抗弯刚度，N·mm；

D_G ——垫片压紧力作用中心圆直径，按GB 150.3—2011第7章，mm；

D_i ——壳程圆筒和管箱圆筒内径，mm；

D_t ——管板布管区当量直径，按7.4.8.3计算，mm；

d ——换热管外径，mm；

E_f' ——下述元件材料的弹性模量，MPa；
对于c型、e型连接方式，指管板材料；对于f型连接方式，指壳体法兰材料；

E_f'' ——下述元件材料的弹性模量，MPa；
对于d型、f型连接方式，指管板材料；对于e型连接方式，指管箱法兰材料；

E_h ——下述元件材料的弹性模量，MPa；
对于b型、d型、f型连接方式，指管箱圆筒材料；对于e型连接方式，当管箱法兰采用长颈对焊法兰时，指该法兰材料；当采用乙型平焊法兰时，指法兰短节材料；否则，即指管箱圆筒材料；

E_p ——管板材料的弹性模量，MPa；

E_s ——下述元件材料的弹性模量，MPa；
对于b型、c型、e型连接方式，指壳程圆筒材料；对于f型连接方式，当壳体法兰采用长颈对焊法兰时，指该法兰材料；当采用乙型平焊法兰时，指法兰短节材料；否则，即指壳程圆筒材料；

K_f ——管板边缘旋转刚度参数，MPa；

K_f' ——壳程圆筒与法兰（或凸缘）的旋转刚度参数，MPa；

K_f'' ——管箱圆筒与法兰（或凸缘）的旋转刚度参数，MPa；

$\widetilde{K}_f$ ——旋转刚度无量纲参数；

$\widetilde{K}_f^{\circ}$ ——无量纲参数；

k_h ——管箱圆筒壳常数，1/mm；

k_s ——壳程圆筒壳常数，1/mm；

l ——换热管与管板胀接长度或焊脚高度，按 6.6.1 或 6.6.2 的规定，mm；
M_{fo} ——法兰预紧力矩，N·mm/mm；
M_m ——基本法兰力矩，N·mm；
M_p ——操作工况法兰力矩，N·mm；
M_{ws} ——法兰设计力矩，N·mm/mm；
n ——U 形管根数，管板开孔数为 $2n$；
p_d ——管板计算压力，MPa；
p_s ——壳程设计压力，MPa；
p_t ——管程设计压力，MPa；
q ——换热管与管板连接的拉脱力，MPa；
$[q]$ ——许用拉脱力，按 7.4.7 的规定，MPa；
R ——管板计算半径，见 7.4.8.3，mm；
S ——换热管中心距，mm；
S_n ——隔板槽两侧相邻管中心距，mm；
Y ——法兰计算系数，意义同 GB 150.3—2011 第 7 章；
δ ——管板计算厚度，mm；
δ_f ——管板延长部分的法兰(或凸缘)厚度，mm；
δ'_f ——壳体法兰(或凸缘)厚度，mm；
δ''_f ——管箱法兰(或凸缘)厚度，mm；
δ_h ——管箱圆筒厚度，mm；
对于 e 型连接方式，当管箱法兰采用长颈对焊法兰时，取颈部大小端厚度平均值；当管箱法兰采用乙型平焊法兰时，取法兰短节厚度；
δ_s ——壳程圆筒厚度，mm；
对于 f 型连接方式，当壳体法兰采用长颈对焊法兰时，取颈部大小端厚度平均值；当壳体法兰采用乙型平焊法兰时，取法兰短节厚度；
δ_t ——换热管壁厚，mm；
μ ——管板强度削弱系数，除非另有指定，一般可取 $\mu=0.4$；
ν ——管板材料泊松比，取 $\nu=0.3$；
ξ_R ——管板边缘法兰力矩折减系数，按 $\widetilde{K}_f^{o}$ 和 $\rho_t=1$ 查图 7-9；
ξ_T ——布管区法兰力矩折减系数，按 $\widetilde{K}_f^{o}$ 和 ρ_t 查图 7-9；
ρ_t ——布管区当量直径 D_t 与计算直径 $2R$ 之比；
σ_f ——管板延长部分(法兰或凸缘)应力，MPa；
$(\sigma_r)_{r=0,R_t,R}$ ——压力作用下，分别为管板中心处，布管区周边处，管板边缘处的径向应力，MPa；
$(\sigma_r^{o})_{r=0,R_t,R}$ ——法兰力矩作用下，分别为管板中心处，布管区周边处，管板边缘处的径向应力，MPa；
σ_t ——换热管轴向应力，MPa；
$[\sigma]_f^t$ ——设计温度下管板的延伸法兰材料许用应力，MPa；
$[\sigma]_r^t$ ——设计温度下管板材料的许用应力，MPa；
$[\sigma]_t^t$ ——设计温度下换热管材料的许用应力，MPa；
ω' ——系数；
ω'' ——系数。

7.4.4.2 a型连接方式管板的计算步骤

a) 根据布管尺寸按7.4.8计算 A_d、A_t、D_t、ρ_t。

b) 以 ρ_t 查表7-7得 C_c。

c) 确定管板计算压力。

若能保证 p_s 与 p_t 在任何情况下都同时作用或 p_s 与 p_t 之一为负压时，管板计算压力见式(7-17)：

$$p_d = |p_s - p_t| \quad \cdots\cdots (7\text{-}17)$$

否则取式(7-18)两者中的较大者：

$$p_d = |p_s| \text{ 或 } p_d = |p_t| \quad \cdots\cdots (7\text{-}18)$$

d) 管板计算厚度见式(7-19)。

$$\delta = 0.82 D_G \sqrt{\frac{C_c p_d}{\mu [\sigma]_r^t}} \quad \cdots\cdots (7\text{-}19)$$

e) 换热管轴向应力见式(7-20)。

$$\sigma_t = -(p_s - p_t)\frac{\pi d^2}{4a} - p_t \quad \cdots\cdots (7\text{-}20)$$

式中 a 按式(7-21)计算：

$$a = \pi \delta_t (d - \delta_t) \quad \cdots\cdots (7\text{-}21)$$

一般情况下，应按下列三种计算工况分别计算换热管的轴向应力：

1) 只有壳程设计压力 p_s，管程设计压力 $p_t=0$；

2) 只有管程设计压力 p_t，壳程设计压力 $p_s=0$；

3) 壳程设计压力 p_s 和管程设计压力 p_t 同时作用。

计算结果应满足 $|\sigma_t| \leqslant [\sigma]_t^t$。

f) 换热管与管板连接的拉脱力见式(7-22)。

$$q = \frac{\sigma_t a}{\pi d l} \quad \cdots\cdots (7\text{-}22)$$

计算结果应满足 $|q| \leqslant [q]$。

对于对接连接的内孔焊结构，换热管轴向应力应相应满足 $|\sigma_t| \leqslant \phi \min\{[\sigma]_t^t, [\sigma]_r^t\}$，同时不再校核拉脱力。

表7-7 系数 C_c

ρ_t	0.50	0.55	0.6	0.65	0.7	0.75	0.80	0.85	0.9	0.95	1.00
C_c	0.230 6	0.236 3	0.242 6	0.249 4	0.256 6	0.264 4	0.272 6	0.281 2	0.290 3	0.299 7	0.309 4

7.4.4.3 b型、c型、d型连接方式管板的计算步骤

a) 确定管板布管方式及壳程圆筒、管箱圆筒、换热管等元件结构尺寸 D_i、δ_s、δ_h、n、d、δ_t。

b) 根据管板结构尺寸按7.4.8计算 A_d、A_t、D_t、R 和 ρ_t。

c) 假设管板计算厚度 δ。对于c型、d型连接方式按结构要求确定其延长部分被夹持的凸缘宽度 b_f 和厚度 δ_f' 或 δ_f''。

d) 按式(7-23)～式(7-31)计算管板抗弯刚度 D 和各项旋转刚度参数 K_f'、K_f''、K_f、$\widetilde{K}_f$：

$$D=\frac{E_{\mathrm{p}}\delta^{3}}{12(1-\nu^{2})} \quad\cdots\cdots(7\text{-}23)$$

$$k_{\mathrm{s}}=\frac{1.82}{\sqrt{D_{\mathrm{i}}\delta_{\mathrm{s}}}} \quad\cdots\cdots(7\text{-}24)$$

$$k_{\mathrm{h}}=\frac{1.82}{\sqrt{D_{\mathrm{i}}\delta_{\mathrm{h}}}} \quad\cdots\cdots(7\text{-}25)$$

$$\omega'=4.4k_{\mathrm{s}}D_{\mathrm{i}}\left[1+(1+k_{\mathrm{s}}\delta'_{\mathrm{f}})^{2}\right]\left(\frac{\delta_{\mathrm{s}}}{D_{\mathrm{i}}}\right)^{3} \quad\cdots\cdots(7\text{-}26)$$

$$\omega''=4.4k_{\mathrm{h}}D_{\mathrm{i}}\left[1+(1+k_{\mathrm{h}}\delta''_{\mathrm{f}})^{2}\right]\left(\frac{\delta_{\mathrm{h}}}{D_{\mathrm{i}}}\right)^{3} \quad\cdots\cdots(7\text{-}27)$$

$$K'_{\mathrm{f}}=\frac{1}{12}\left[\frac{2E'_{\mathrm{f}}b_{\mathrm{f}}}{D_{\mathrm{i}}+b_{\mathrm{f}}}\left(\frac{2\delta'_{\mathrm{f}}}{D_{\mathrm{i}}}\right)^{3}+\omega'E_{\mathrm{s}}\right]=\frac{E_{\mathrm{s}}}{12}\left[\frac{E'_{\mathrm{f}}}{E_{\mathrm{s}}}\,\frac{2b_{\mathrm{f}}}{D_{\mathrm{i}}+b_{\mathrm{f}}}\left(\frac{2\delta'_{\mathrm{f}}}{D_{\mathrm{i}}}\right)^{3}+\omega'\right] \quad\cdots\cdots(7\text{-}28)$$

$$K''_{\mathrm{f}}=\frac{1}{12}\left[\frac{2E''_{\mathrm{f}}b_{\mathrm{f}}}{D_{\mathrm{i}}+b_{\mathrm{f}}}\left(\frac{2\delta''_{\mathrm{f}}}{D_{\mathrm{i}}}\right)^{3}+\omega''E_{\mathrm{h}}\right]=\frac{E_{\mathrm{h}}}{12}\left[\frac{E''_{\mathrm{f}}}{E_{\mathrm{h}}}\,\frac{2b_{\mathrm{f}}}{D_{\mathrm{i}}+b_{\mathrm{f}}}\left(\frac{2\delta''_{\mathrm{f}}}{D_{\mathrm{i}}}\right)^{3}+\omega''\right] \quad\cdots\cdots(7\text{-}29)$$

$$K_{\mathrm{f}}=K'_{\mathrm{f}}+K''_{\mathrm{f}} \quad\cdots\cdots(7\text{-}30)$$

$$\widetilde{K}_{\mathrm{f}}=\frac{D_{\mathrm{i}}^{2}D_{\mathrm{t}}}{8D}K_{\mathrm{f}} \quad\cdots\cdots(7\text{-}31)$$

对于 b 型连接方式：$\delta'_{\mathrm{f}}=0$，$\delta''_{\mathrm{f}}=0$，$b_{\mathrm{f}}=0$；以 δ_{s}、δ_{h} 计算 K'_{f}和 K''_{f}；

对于 c 型连接方式：$K''_{\mathrm{f}}=0$；以 δ'_{f}、b_{f}、δ_{s}计算 K'_{f}；

对于 d 型连接方式：$K'_{\mathrm{f}}=0$；以 δ''_{f}、b_{f}、δ_{h} 计算 K''_{f}。

e) 由图 7-6、图 7-7 和图 7-8 按 $\widetilde{K}_{\mathrm{f}}$ 和 ρ_{t} 分别查取 C_{c}，C_{e}，C_{M}。

f) 确定管板计算压力：

若能保证 p_{s} 与 p_{t} 在任何情况下都同时作用或 p_{s} 与 p_{t} 之一为负压时，则 $p_{\mathrm{d}}=|p_{\mathrm{s}}-p_{\mathrm{t}}|$，否则取下列两值中较大者：$p_{\mathrm{d}}=|p_{\mathrm{s}}|$ 或 $p_{\mathrm{d}}=|p_{\mathrm{t}}|$。

g) 管板中心处（$r=0$）、布管区周边处（$r=R_{\mathrm{t}}$）、管板边缘处（$r=R$）的径向应力分别按式(7-32)、式(7-33)、式(7-34)计算：

$$(\sigma_{\mathrm{r}})_{r=0}=\pm\frac{C_{\mathrm{c}}}{\mu}p_{\mathrm{d}}\left(\frac{D_{\mathrm{i}}}{\delta}\right)^{2} \quad\cdots\cdots(7\text{-}32)$$

$$(\sigma_{\mathrm{r}})_{r=R_{\mathrm{t}}}=\pm\frac{C_{\mathrm{e}}}{\mu}p_{\mathrm{d}}\left(\frac{D_{\mathrm{i}}}{\delta}\right)^{2} \quad\cdots\cdots(7\text{-}33)$$

$$(\sigma_{\mathrm{r}})_{r=R}=\mp C_{\mathrm{M}}p_{\mathrm{d}}\left(\frac{D_{\mathrm{i}}}{\delta}\right)^{2} \quad\cdots\cdots(7\text{-}34)$$

计算结果应满足 $|\sigma_{\mathrm{r}}|\leqslant 1.5[\sigma]_{\mathrm{r}}^{\mathrm{t}}$。

h) 换热管轴向应力见式(7-35)。

$$\sigma_{\mathrm{t}}=-(p_{\mathrm{s}}-p_{\mathrm{t}})\frac{\pi d^{2}}{4a}-p_{\mathrm{t}} \quad\cdots\cdots(7\text{-}35)$$

一般情况下，应按下列三种计算工况分别计算换热管的轴向应力：

1) 只有壳程设计压力 p_{s}，管程设计压力 $p_{\mathrm{t}}=0$；

2) 只有管程设计压力 p_{t}，壳程设计压力 $p_{\mathrm{s}}=0$；

3) 壳程设计压力 p_{s} 和管程设计压力 p_{t} 同时作用。

计算结果应满足 $|\sigma_{\mathrm{t}}|\leqslant[\sigma]_{\mathrm{t}}^{\mathrm{t}}$。

i) 换热管与管板连接的拉脱力见式(7-36)。

$$q=\frac{\sigma_t a}{\pi dl} \qquad \cdots\cdots(7\text{-}36)$$

计算结果应满足$|q|\leqslant[q]$。

对于对接连接的内孔焊结构，换热管轴向应力应满足$|\sigma_t|\leqslant\phi\min\{[\sigma]_t^t,[\sigma]_r^t\}$，同时不再校核拉脱力。

7.4.4.4 e型、f型连接方式管板的计算步骤

a) 确定布管方式及壳程圆筒、管箱圆筒、管箱法兰（对于e型连接方式）、壳体法兰（对于f型连接方式）、换热管等元件结构尺寸D_i、δ_s、δ_h、n、d、δ_t等。

b) 根据管板结构尺寸按7.4.8计算A_d、A_t、D_t、R和ρ_t。

c) 假设管板计算厚度δ，按结构要求确定其延长部分作为法兰的结构尺寸：宽度b_f、厚度δ_f'或δ_f''。

d) 按式(7-23)～式(7-31)计算管板抗弯刚度D和各项旋转刚度参数：K_f'、K_f''、K_f、$\widetilde{K}_f$，按式(7-37)、式(7-38)计算$\widetilde{K}_f^{\circ}$。

对于e型连接方式：

$$\widetilde{K}_f^{\circ}=\widetilde{K}_f\cdot K_f'/K_f \qquad \cdots\cdots(7\text{-}37)$$

对于f型连接方式：

$$\widetilde{K}_f^{\circ}=\widetilde{K}_f\cdot K_f''/K_f \qquad \cdots\cdots(7\text{-}38)$$

e) 由图7-6、图7-7和图7-8，按$\widetilde{K}_f$和ρ_t分别查取C_c、C_e、C_M。

f) 如果不能保证壳程压力p_s和管程压力p_t在任何情况下都能同时作用时，则不允许以壳程压力和管程压力的压力差进行管板设计。

分别以①壳程设计压力p_s（令$p_t=0$）和以②管程设计压力p_t（令$p_s=0$）作用工况进行计算，管板中心处($r=0$)、布管区周边处($r=R_t$)和边缘处($r=R$)的径向应力分别按式(7-39)、式(7-40)、式(7-41)计算。如果p_s和p_t之一为负压时，则应考虑压差的危险组合。

$$(\sigma_r)_{r=0}=\pm\frac{C_c}{\mu}(p_s-p_t)\left(\frac{D_i}{\delta}\right)^2 \qquad \cdots\cdots(7\text{-}39)$$

$$(\sigma_r)_{r=R_t}=\pm\frac{C_e}{\mu}(p_s-p_t)\left(\frac{D_i}{\delta}\right)^2 \qquad \cdots\cdots(7\text{-}40)$$

$$(\sigma_r)_{r=R}=\mp C_M(p_s-p_t)\left(\frac{D_i}{\delta}\right)^2 \qquad \cdots\cdots(7\text{-}41)$$

式中±号（或∓号）分别代表管板管程表面和壳程表面的应力。

g) 由图7-9按$\widetilde{K}_f^{\circ}$和ρ_t分别查取$\xi_R(\widetilde{K}_f^{\circ},\rho_t=1)$和$\xi_T(\widetilde{K}_f^{\circ},\rho_t)$。

h) 按式(7-42)计算法兰计算系数Y。

$$Y=\frac{1}{X-1}\left(0.668\ 45+5.716\ 90\frac{X^2\lg X}{X^2-1}\right) \qquad \cdots\cdots(7\text{-}42)$$

其中式(7-42)中$X=(D_i+2b_f)/D_i$。

i) 按式(7-43)计算基本法兰力矩M_m，按GB 150.3—2011第7章确定操作工况下法兰力矩M_p

$$M_m=A_m\cdot L_G[\sigma]_b \qquad \cdots\cdots(7\text{-}43)$$

在计算A_m、M_p时，法兰计算压力p_c的确定：对于e型连接方式，取$p_c=p_t$；对于f型连接方式，取$p_c=p_s$。

式中A_m、L_G、$[\sigma]_b$按GB 150.3—2011第7章的规定。

j) 按表7-8计算法兰预紧力矩M_{fo}。

表 7-8 预紧力矩计算表

压力组合	预紧力矩 M_{fo}/(N·mm/mm)	
	e 型	f 型
p_s 作用	$\frac{M_m}{\pi D_i}$	$-\frac{M_p}{\pi D_i}-\frac{K_f'}{K_f}\left(\frac{C_M}{1.5}\right)R^2 p_s$
p_t 作用	$\frac{M_p}{\pi D_i}+\frac{K_f''}{K_f}\left(\frac{C_M}{1.5}\right)R^2 p_t$	$-\frac{M_m}{\pi D_i}$
(p_s-p_t)作用	$\frac{M_p}{\pi D_i}-\frac{K_f''}{K_f}\left(\frac{C_M}{1.5}\right)R^2(p_s-p_t)$	$-\frac{M_p}{\pi D_i}-\frac{K_f'}{K_f}\left(\frac{C_M}{1.5}\right)R^2(p_s-p_t)$

k) 分别以不同工况(同 f 条所述工况)计算由法兰预紧力矩 M_{fo} 所引起的在管板中心处($r=0$)、布管区周边处($r=R_t$)和边缘处($r=R$)的径向应力,分别按式(7-44)、式(7-45)计算。

$$(\sigma_r^o)_{r=0}=(\sigma_r^o)_{r=R_t}=\mp\xi_T\frac{6M_{fo}}{\mu\delta^2} \quad\cdots\cdots(7\text{-}44)$$

$$(\sigma_r^o)_{r=R}=\mp\xi_R\frac{6M_{fo}}{\delta^2} \quad\cdots\cdots(7\text{-}45)$$

l) 分别以不同工况(同前)计算法兰设计力矩 M_{ws} 和管板延长部分的法兰应力[见式(7-46)]:

$$\sigma_f=\frac{\pi Y M_{ws}}{\delta_f^2} \quad\cdots\cdots(7\text{-}46)$$

δ_f 和 M_{ws} 见表 7-9。

表 7-9 设计力矩计算表

	设计力矩 M_{ws}/(N·mm/mm)	δ_f/mm
e 型	$(1-\xi_R)M_{fo}-\frac{K_f'}{K_f}\left(\frac{C_M}{1.5}\right)R^2(p_s-p_t)$	δ_f'
f 型	$-(1-\xi_R)M_{fo}+\frac{K_f''}{K_f}\left(\frac{C_M}{1.5}\right)R^2(p_s-p_t)$	δ_f''

m) 应力校核,前述计算结果应满足表 7-10 中所列校核条件,否则应调整厚度,重新计算。

表 7-10 应力校核条件表

	应 力 MPa	校核条件
管板应力	$\left\|(\sigma_r)_{r=0}-(\sigma_r^o)_{r=0}\right\|$	$\leqslant 1.5[\sigma]_r^t$
	$\left\|(\sigma_r)_{r=R_t}-(\sigma_r^o)_{r=R_t}\right\|$	
	$\left\|(\sigma_r)_{r=R}+(\sigma_r^o)_{r=R}\right\|$	
法兰应力	$\left\|\sigma_f\right\|$	$\leqslant 1.5[\sigma]_f^t$

n) 换热管轴向应力按式(7-47)计算。

$$\sigma_t = -(p_s - p_t)\frac{\pi d^2}{4a} - p_t \qquad \cdots\cdots(7\text{-}47)$$

一般情况下,应按下列三种工况分别计算换热管的轴向应力:

1) 只有壳程设计压力 p_s,管程设计压力 $p_t=0$;

2) 只有管程设计压力 p_t,壳程设计压力 $p_s=0$;

3) 壳程设计压力 p_s 和管程设计压力 p_t 同时作用。

计算结果应满足 $|\sigma_t| \leqslant [\sigma]_t^t$。

o) 换热管与管板连接拉脱力按式(7-48)计算。

$$q = \frac{\sigma_t a}{\pi d l} \qquad \cdots\cdots(7\text{-}48)$$

计算结果应满足 $|q| \leqslant [q]$。

对于对接连接的内孔焊结构,换热管轴向应力应满足 $|\sigma_t| \leqslant \phi \min\{[\sigma]_t^t, [\sigma]_r^t\}$,同时不再校核拉脱力。

7.4.4.5 应力计算公式

应力计算公式见表7-13。

7.4.5 浮头式与填料函式热交换器管板

本计算适用于不兼作法兰的管板,即图7-3中所示a型连接方式的管板。对于固定端为b型、c型、d型连接方式的管板设计可按JB 4732—1995(2005年确认)附录I。

对于本标准图6-7所示W型后端结构型式填料函式热交换器管板,仅要求满足7.4.2和相关结构设计和刚度的要求,不必进行管板元件的设计应力校核。

7.4.5.1 符号

A_d ——在布管区范围内,因设置分程隔板和拉杆结构的需要,而未能被换热管支承的面积,按7.4.8.1计算,mm²;

A_l ——管板布管区内开孔后的面积,mm²;

A_t ——管板布管区面积,按7.4.8.2计算,mm²;

a ——1根换热管管壁金属的横截面积,mm²;

C ——系数,按 $\widetilde{K}_t^{1/3}/\widetilde{P}_a^{1/2}$ 和 $1/\rho_t$ 查图7-10;

D_G ——固定端管板垫片压紧力作用中心圆直径,按GB 150.3—2011第7章,mm;

D_t ——管板布管区当量直径,按7.4.8.3计算,mm;

d ——换热管外径,mm;

E_p ——设计温度下管板材料的弹性模量,MPa;

E_t ——设计温度下换热管材料的弹性模量,MPa;

G_{we} ——系数,按 $\widetilde{K}_t^{1/3}$ 和 $\widetilde{P}_a^{1/2}$ 和 $1/\rho_t$ 查图7-11;

K_t ——管束模数,MPa;

$\widetilde{K}_t$ ——管束无量纲刚度;

L ——换热管有效长度(两管板内侧间距),mm;

l ——换热管与管板胀接长度或焊脚高度,按6.6.1或6.6.2的规定,mm;

n ——换热管根数;

$\widetilde{P}_a$ ——无量纲压力；
P_c ——当量组合压力，MPa；
p_d ——管板计算压力，MPa；
p_s ——壳程设计压力，MPa；
p_t ——管程设计压力，MPa；
q ——换热管与管板连接拉脱力，MPa；
$[q]$ ——许用拉脱力，按 7.4.7 选取，MPa；
S ——换热管中心距，mm；
β ——系数；
δ ——管板计算厚度，mm；
δ_t ——换热管管壁厚度，mm；
η ——管板刚度削弱系数，除非另有指定，一般可取 μ 值；
μ ——管板强度削弱系数，除非另有指定，一般可取 $\mu=0.4$；
ρ_t ——布管区当量直径 D_t 与固定端管板垫片 D_G 之比；
σ_t ——换热管轴向应力，MPa；
$[\sigma]_{cr}^t$ ——换热管稳定许用压应力，MPa；
$[\sigma]_r^t$ ——设计温度下管板材料的许用应力，MPa；
$[\sigma]_t^t$ ——设计温度下换热管材料的许用应力，MPa。

7.4.5.2 计算步骤

a) 计算 D_G，根据布管区尺寸按 7.4.8 计算 A_d、A_t、D_t 和 ρ_t。

b) 按式(7-21)求 a，按式(7-49)～式(7-52)计算 A_l、β、K_t、$\widetilde{K}_t$。

$$A_l=A_t-n\cdot\frac{\pi d^2}{4} \qquad (7\text{-}49)$$

$$\beta=\frac{na}{A_l} \qquad (7\text{-}50)$$

$$K_t=\frac{E_t na}{LD_t} \qquad (7\text{-}51)$$

$$\widetilde{K}_t=\frac{K_t}{\eta E_p} \qquad (7\text{-}52)$$

c) 按 7.3.2 确定 $[\sigma]_{cr}^t$。

d) 确定管板计算压力。
对于浮头式热交换器(S 型、T 型后端结构)：
若能保证 p_s 与 p_t 在任何情况下都同时作用，或 p_s 与 p_t 之一为负压时，则按式(7-53)：

$$p_d=|p_s-p_t| \qquad (7\text{-}53)$$

否则取下列两值中的较大者，见式(7-54)：

$$p_d=|p_s| \text{ 或 } p_d=|p_t| \qquad (7\text{-}54)$$

对于填料函式热交换器(P 型后端结构)，见式(7-55)：

$$p_d=|p_t| \qquad (7\text{-}55)$$

e) 按式(7-56)计算 $\widetilde{P}_a$，并按 $\widetilde{K}_t^{1/3}/\widetilde{P}_a^{1/2}$ 和 $1/\rho_t$，查图 7-10 得到 C，查图 7-11 得到 G_{we}，当横坐标参数超过范围时，可外延近似取值。

$$\widetilde{P}_a=\frac{p_d}{1.5\mu[\sigma]_r^t} \qquad (7\text{-}56)$$

f) 管板计算厚度见式(7-57)：

$$\delta = CD_t\sqrt{\widetilde{P}_a} \tag{7-57}$$

g) 换热管的轴向应力。

浮头式热交换器(S型、T型后端结构)见式(7-58)：

$$\sigma_t = \frac{1}{\beta}\left[P_c - (p_s - p_t)\frac{A_t}{A_1}G_{we}\right] \tag{7-58}$$

填料函式热交换器：

P型后端结构，按式(7-59)计算；

W型后端结构，令 $G_{we}=0$，代入式(7-59)计算：

$$\sigma_t = \frac{1}{\beta}\left[P_c + P_t\frac{A_t}{A_1}G_{we}\right] \tag{7-59}$$

式中：

$P_c = p_s - p_t(1+\beta)$；

计算结果应满足：

当 $\sigma_t > 0$ 时 $\sigma_t \leqslant [\sigma]_t^t$；

当 $\sigma_t < 0$ 时 $|\sigma_t| \leqslant [\sigma]_{cr}^t$。

一般情况下，应按下列三种计算工况分别计算换热管轴向应力：

1) 只有壳程设计压力 p_s，管程设计压力 $p_t=0$；

2) 只有管程设计压力 p_t，壳程设计压力 $p_s=0$；

3) 壳程设计压力 p_s 和管程设计压力 p_t 同时作用。

h) 换热管与管板连接拉脱力的计算见式(7-60)。

$$q = \frac{\sigma_t a}{\pi d l} \tag{7-60}$$

计算结果应满足 $|q| \leqslant [q]$。

对于对接连接的内孔焊结构，换热管轴向应力应满足 $|\sigma_t| \leqslant \phi\min\{[\sigma]_t^t, [\sigma]_r^t\}$，同时不再校核拉脱力。

7.4.5.3 浮头式、填料函式热交换器管板计算表

见表7-15。

7.4.6 固定管板式热交换器管板

a) 本节适用的管板：图7-3中所示b型、c型连接方式的不带法兰的管板或e型连接方式的延长部分兼作法兰的管板；

b) 本节计算适用于管板周边不布管区较窄的管板，参数范围如下：

$K < 2.0$ 时，$k \leqslant 1.0$ 且 $\rho_t \geqslant 0.7$；

$K \geqslant 2.0$ 时，$k \leqslant 1.0$ 且 $\rho_t \geqslant 0.8$；

c) 对壳程圆筒进行分段设计的固定管板式热交换器计算，按7.4.6.5的要求进行计算；

d) 对于结构特殊，如管板周边不布管区较宽[超出7.4.6 b)]范围的管板，或与法兰搭焊连接的固定式管板，可按JB 4732—1995(2005确认)附录I进行计算；

e) 在本节计算中，除另有指明或设计另有要求外，各元件的弹性模量系指该元件材料在设计温度下的取值，各元件的厚度系指该元件的名义厚度。

7.4.6.1 符号

A ——壳程圆筒内径横截面积，mm^2；

A_d ——在布管区范围内，因设置分程隔板和拉杆结构的需要，而未能被换热管支承的面积，按

7.4.8.1 计算，mm^2；

A_l ——管板开孔后的面积，mm^2；

A_s ——圆筒壳壁金属横截面积，筒体分段时，取与管板相接段的圆筒壳壁金属横截面积，mm^2；

A_t ——管板布管区面积，按 7.4.8.2 计算，mm^2；

a ——1 根换热管管壁金属的横截面积，mm^2；

b_f ——壳体法兰或管箱法兰的宽度，对于 c 型连接方式则为管板延长部分形成的凸缘宽度，mm；

C' ——系数；

C'' ——系数；

D_{ex} ——膨胀节波峰处内径，mm；

D_f ——壳体法兰或管箱法兰外径，对于 c 型连接方式则为管板延长部分形成的凸缘外径，mm；

D_i ——壳程圆筒和管箱圆筒内径，mm；

D_t ——管板布管区的当量直径，按 7.4.8.3 计算，mm；

d ——换热管外径，mm；

E_f' ——壳体法兰材料弹性模量，MPa；

E_f'' ——管箱法兰材料弹性模量，MPa；

E_h ——管箱圆筒材料弹性模量，当管箱法兰采用长颈对焊法兰时，取管箱法兰的材料弹性模量；当管箱法兰采用乙型平焊法兰时，取法兰短节材料的弹性模量，MPa；

E_p ——管板材料的弹性模量，MPa；

E_s ——壳程圆筒材料的弹性模量，壳程圆筒分段时，取与管板相接圆筒材料的弹性模量（见图 7-4 所示），MPa；

E_t ——换热管材料的弹性模量，MPa；

E_{tm} ——换热管材料在平均金属温度 t_t 下的弹性模量，MPa；

f_r ——管板径向弯矩系数；

f_{rb} ——管板布管区周边的径向弯矩系数；

f_{ri} ——管板布管区内部的最大径向弯矩系数，由参数 K 与参数 m 查图 7-16 确定；

G_1 ——管板最大径向应力系数；

G_2 ——系数，按 K 和 $\widetilde{K}_f$ 查图 7-13；

G_3 ——系数，按 K 和 Q_{ex} 查图 7-15；

K ——换热管加强系数；

K_{ex} ——膨胀节轴向刚度，N/mm；波形膨胀节按 GB 16749 计算，其他膨胀节轴向刚度可通过拉伸试验确定；

K_f' ——壳体法兰（或凸缘）与壳程圆筒的旋转刚度参数，MPa；

K_f'' ——管箱圆筒与管箱法兰的旋转刚度参数，MPa；

K_f ——旋转刚度参数，MPa；

$\widetilde{K}_f$ ——旋转刚度无量纲参数；

K_t ——管束模数，MPa；

k ——管板周边不布管区无量纲宽度；

k_h ——管箱圆筒壳常数，1/mm；

k_s ——壳程圆筒壳常数，1/mm；

L ——换热管有效长度（两管板内侧间距），mm；

l ——换热管与管板胀接长度或焊脚高度，按 6.6.1 或 6.6.2 的规定，mm；

$\widetilde{M}$ ——管板边缘力矩系数；

M_1 ——系数；

$\widetilde{M}_b$ ——边界效应压力组合系数；

M_m ——基本法兰力矩，N·mm；

$\widetilde{M}_m$ ——基本法兰力矩系数；

M_p ——管程压力操作工况下的法兰力矩，按 GB 150.3—2011 第 7 章确定，取计算压力等于 p_t，N·mm；

$\widetilde{M}_p$ ——管程压力操作工况下的法兰力矩系数；

$\Delta\widetilde{M}$ ——管板边缘力矩变化系数；

$\Delta\widetilde{M}_f$ ——法兰力矩变化系数；

$\widetilde{M}_{ws}$ ——壳体法兰力矩系数；

m ——管板周边总弯矩系数；

m_1 ——管板第一弯矩系数，按 K 和 $\widetilde{K}_f$ 查图 7-12；

m_2 ——管板第二弯矩系数，按 K 和 Q_{ex} 查图 7-14 a)或图 7-14 b)；

n ——换热管根数；

P_a ——有效组合压力，MPa；

P_b ——边界效应组合压力，MPa；

P_c ——当量组合压力，MPa；

p_s ——壳程设计压力，MPa；

p_t ——管程设计压力，MPa；

Q ——壳体不带膨胀节时，换热管束与圆筒刚度比；

Q_{ex} ——壳体带膨胀节时，换热管束与壳体刚度比；不带膨胀节时，$Q_{ex}=Q$；

q ——换热管与管板连接的拉脱力，MPa；

$[q]$ ——许用拉脱力，按 7.4.7 选取，MPa；

S ——换热管中心距，mm；

t_0 ——制造环境温度，℃；

t_s ——沿长度平均的壳程圆筒金属温度，℃；

t_t ——沿长度平均的换热管金属温度，℃；

υ ——管板边缘剪切系数；

Y ——法兰计算系数，意义同 GB 150.3—2011 第 7 章；

α_s ——在金属温度 t_0～t_s 范围内，壳程圆筒材料平均线膨胀系数，壳程圆筒分段时，按 7.4.6.5 的规定，mm/(mm·℃)；

α_t ——在金属温度 t_0～t_t 范围内，换热管材料平均线膨胀系数，mm/(mm·℃)；

β ——系数；

γ ——换热管与壳程圆筒的热膨胀变形差；

δ ——管板计算厚度，mm；

δ'_f ——壳体法兰厚度，对于 c 型连接方式，则为管板延长部分形成的凸缘厚度，mm；

δ''_f ——管箱法兰厚度，mm；

δ_h ——管箱圆筒厚度，当管箱法兰采用长颈对焊法兰时，取颈部大小端厚度平均值；当管箱法兰采用乙型平焊法兰时，取法兰短节厚度 mm；

δ_s ——壳程圆筒厚度，mm；

δ_{s2} ——壳程筒体分段时，中间段圆筒厚度，mm；

δ_t ——换热管壁厚，mm；

η ——管板刚度削弱系数，除非另有指定，一般可取 μ 值；

λ ——系数；

λ_{ex} ——系数；

μ ——管板强度削弱系数，除非另有指定，一般可取 $\mu=0.4$；

ξ ——法兰力矩折减系数；

ξ_b ——管板边缘弯矩折减系数，见 7.4.6.4；

ρ_t ——管板布管区的当量直径与壳程圆筒内径之比；

$\sum_s$ ——系数；

$\sum_t$ ——系数；

σ_c ——壳程圆筒轴向应力，MPa；

σ_f' ——壳体法兰应力，MPa；

σ_r ——管板最大径向应力，MPa；

$\widetilde{\sigma}_r$ ——管板径向应力系数；

σ_t ——换热管轴向应力(位于管束周边处换热管轴向应力)，MPa；

$[\sigma]_c^t$——在设计温度下壳程圆筒材料的许用应力，MPa；

$[\sigma]_{cr}^t$——换热管稳定许用压应力，按 7.3.2 确定，MPa；

$[\sigma]_f^t$——壳体法兰许用应力，MPa；

$[\sigma]_r^t$——在设计温度下管板材料的许用应力，MPa；

$[\sigma]_t^t$——在设计温度下换热管材料的许用应力，MPa；

ψ ——系数；

τ_p ——管板布管区周边剪切应力，MPa；

$\widetilde{\tau}_p$ ——管板布管区周边剪切应力系数；

ϕ ——壳程圆筒的装配环向焊接接头系数，对于压缩应力，取 $\phi=1$；

ω' ——系数；

ω'' ——系数。

7.4.6.2 设计条件的危险组合

管板设计应根据设计条件按表 7-11 中的 6 种计算工况进行各元件的应力校核。

表 7-11 计算工况组合

<table>
<tr><td colspan="2">计算工况</td><td>①</td><td>②</td><td>③</td><td>④</td><td>⑤</td><td>⑥</td></tr>
<tr><td colspan="2">壳程压力 p_s 作用</td><td>p_s</td><td>p_s</td><td>0</td><td>0</td><td>p_s</td><td>p_s</td></tr>
<tr><td colspan="2">管程压力 p_t 作用</td><td>0</td><td>0</td><td>p_t</td><td>p_t</td><td>p_t</td><td>p_t</td></tr>
<tr><td colspan="2">膨胀变形差 γ</td><td>0</td><td>γ</td><td>0</td><td>γ</td><td>0</td><td>γ</td></tr>
<tr><td rowspan="2">边缘力矩系数 $\widetilde{M}$</td><td>不带法兰</td><td colspan="2">$\widetilde{M}_b$</td><td colspan="2">$\widetilde{M}_b$</td><td colspan="2">$\widetilde{M}_b$</td></tr>
<tr><td>延长部分兼作法兰</td><td colspan="2">$\widetilde{M}_m+(\Delta\widetilde{M})M_1$</td><td colspan="2">$\widetilde{M}_p$</td><td colspan="2">$=\begin{cases}\widetilde{M}_m+(\Delta\widetilde{M})M_1\\ \widetilde{M}_p\end{cases}$
计算取值见 7.4.6.3 计算步骤 h)</td></tr>
</table>

7.4.6.3 **计算步骤**

a) 确定管板布管方式及各元件结构尺寸：
圆筒内径：D_i；
壳程圆筒：δ_s；
管箱圆筒：δ_h；
管箱法兰：D_f、δ_f''；
换热管：d、δ_t、n、S、L、l_{cr}。
当壳程圆筒带有膨胀节时，确定膨胀节的结构尺寸 D_{ex}和刚度 K_{ex}。

b) 按式(7-21)计算 a，按式(7-61)～式(7-71)计算 A、A_l、A_s、K_t、λ、λ_{ex}、Q、Q_{ex}、β、$\sum_s$、$\sum_t$，按 7.3.2 确定$[\sigma]_{cr}^t$，按 7.4.8 计算 A_t、D_t、ρ_t。

$$A=\frac{\pi D_i^2}{4} \qquad \cdots\cdots(7\text{-}61)$$

$$A_l=A-n\frac{\pi d^2}{4} \qquad \cdots\cdots(7\text{-}62)$$

$$A_s=\pi\delta_s(D_i+\delta_s) \qquad \cdots\cdots(7\text{-}63)$$

$$K_t=\frac{E_t na}{LD_i} \qquad \cdots\cdots(7\text{-}64)$$

$$\lambda=\frac{A_l}{A} \qquad \cdots\cdots(7\text{-}65)$$

$$\lambda_{ex}=\left(\frac{D_{ex}}{D_i}\right)^2-1 \qquad \cdots\cdots(7\text{-}66)$$

$$Q=\frac{E_t na}{E_s A_s} \qquad \cdots\cdots(7\text{-}67)$$

$$Q_{ex}=\begin{cases}Q+\dfrac{E_t na}{K_{ex}L}=E_t na\dfrac{E_s A_s+K_{ex}L}{E_s A_s K_{ex}L} & \text{壳体带膨胀节}\\ Q & \text{壳体不带膨胀节}\end{cases} \qquad \cdots\cdots(7\text{-}68)$$

$$\beta=\frac{na}{A_l} \qquad \cdots\cdots(7\text{-}69)$$

$$\sum\nolimits_s=0.4+\frac{0.6}{\lambda}(1+Q)-\frac{\lambda_{ex}}{2\lambda}(Q_{ex}-Q) \qquad \cdots\cdots(7\text{-}70)$$

$$\sum\nolimits_t=0.4(1+\beta)+\frac{1}{\lambda}(0.6+Q_{ex}) \qquad \cdots\cdots(7\text{-}71)$$

c) 对于其延长部分兼作法兰的管板，按式(7-72)计算 M_m。按 GB 150.3—2011 第 7 章确定 M_p，取 p_t 为法兰计算压力。

$$M_m=A_m\cdot L_G[\sigma]_b \qquad \cdots\cdots(7\text{-}72)$$

式中 A_m、L_G、$[\sigma]_b$ 按 GB 150.3—2011 第 7 章的规定。

d) 假定管板计算厚度 δ，当管板延长部分兼作法兰时，还需按结构要求确定壳体法兰（或凸缘）厚度 δ_f'，按式(7-73)～式(7-85)计算 b_f、K、k、k_s、k_h、C'、C''、ω'、ω''、K_f'、K_f''、K_f 和 $\widetilde{K}_f$。

$$b_f=\frac{1}{2}(D_f-D_i) \qquad \cdots\cdots(7\text{-}73)$$

$$K=\left[1.32\frac{D_i}{\delta}\sqrt{\frac{E_t na}{E_p\eta L\delta}}\right]^{1/2} \qquad \cdots\cdots(7\text{-}74)$$

$$k=K(1-\rho_t) \qquad \cdots\cdots(7\text{-}75)$$

$$k_s = \frac{1.82}{\sqrt{D_i \delta_s}} \tag{7-76}$$

$$k_h = \frac{1.82}{\sqrt{D_i \delta_h}} \tag{7-77}$$

$$C' = \frac{2(1 + k_s \delta'_f)}{(k_s D_i)^2} \tag{7-78}$$

$$C'' = \frac{2(1 + k_h \delta''_f)}{(k_h D_i)^2} \tag{7-79}$$

$$\omega' = 4.4 k_s D_i [1 + (1 + k_s \delta'_f)^2] \left(\frac{\delta_s}{D_i}\right)^3 \tag{7-80}$$

$$\omega'' = 4.4 k_h D_i [1 + (1 + k_h \delta''_f)^2] \left(\frac{\delta_h}{D_i}\right)^3 \tag{7-81}$$

$$K'_f = \frac{1}{12}\left[\frac{2E'_f b_f}{D_i + b_f}\left(\frac{2\delta'_f}{D_i}\right)^3 + \omega' E_s\right] = \frac{E_s}{12}\left[\frac{E'_f}{E_s} \frac{2b_f}{D_i + b_f}\left(\frac{2\delta'_f}{D_i}\right)^3 + \omega'\right] \tag{7-82}$$

$$K''_f = \frac{1}{12}\left[\frac{2E''_f b_f}{D_i + b_f}\left(\frac{2\delta''_f}{D_i}\right)^3 + \omega'' E_h\right] = \frac{E_h}{12}\left[\frac{E''_f}{E_h} \frac{2b_f}{D_i + b_f}\left(\frac{2\delta''_f}{D_i}\right)^3 + \omega''\right] \tag{7-83}$$

对于 b 型连接方式的管板，式(7-82)、式(7-83)中 $b_f = 0, \delta'_f = \delta''_f = 0$。

$$K_f = \begin{cases} K'_f & \text{(c 型、e 型)} \\ K'_f + K''_f & \text{(b 型)} \end{cases} \tag{7-84}$$

$$\widetilde{K}_f = \frac{\pi K_f}{4K_t} \tag{7-85}$$

e) 由图 7-12，按 K 和 $\widetilde{K}_f$ 查 m_1，按式(7-86)计算 ψ 值；由图 7-13 按 K 和 $\widetilde{K}_f$ 查 G_2 值。

$$\psi = \frac{m_1}{K \widetilde{K}_f} \tag{7-86}$$

f) 由图 7-14 a)按 K 和 Q_{ex} 查 m_2；或由图 7-14 b)按 K 和 Q_{ex} 查 m_2/Q_{ex}，按式(7-87)计算 m_2。

$$m_2 = \left(\frac{m_2}{Q_{ex}}\right) \cdot Q_{ex} \tag{7-87}$$

g) 对于其延长部分兼作法兰的管板，按式(7-88)计算 M_1，由图 7-15 按 K 和 Q_{ex} 查 G_3，按式(7-89)～式(7-91) 计算 ξ、$\Delta\widetilde{M}$、$\Delta\widetilde{M}_f$。

$$M_1 = \frac{m_1}{2K(Q_{ex} + G_2)} \tag{7-88}$$

$$\xi = \frac{\widetilde{K}_f}{\widetilde{K}_f + G_3} \tag{7-89}$$

$$\Delta\widetilde{M} = \frac{1}{\xi + \dfrac{K'_f}{K''_f}} \tag{7-90}$$

$$\Delta\widetilde{M}_f = \frac{K'_f}{K''_f} \Delta\widetilde{M} \tag{7-91}$$

h) 按表 7-11 所示的 6 种计算工况，分别对其进行 h)～l)各步骤的计算与校核。

按式(7-92)计算 γ，按式(7-93)、式(7-94)计算 P_c、P_a。

对于不带法兰的管板，按式(7-95)、式(7-96)计算 P_b、$\widetilde{M}_b$。对于 6 种计算工况组合情况，均取 $\widetilde{M} = \widetilde{M}_b$。

对于其延长部分兼作法兰的管板，按式(7-97)～式(7-100)计算 $\widetilde{M}_m$、$\widetilde{M}_p$、$\widetilde{M}$；对于计算工况⑤⑥则应按下列两条路径完成式(7-96)～式(7-106)的计算过程：

路径 1)：按式(7-99)计算 $\widetilde{M}$；

路径 2)：按式(7-100)计算 $\widetilde{M}$。

将上述两个计算路径的 f_r 结果进行比较[f_r 的计算方法见第 i)、j)条]，取 f_r 绝对值大者作为该计算工况 f_r 的最终计算结果。

$$\gamma = \alpha_t(t_t - t_0) - \alpha_s(t_s - t_0) \tag{7-92}$$

$$P_c = p_s - p_t(1+\beta) \tag{7-93}$$

$$P_a = \Sigma_s p_s - \Sigma_t p_t + \beta\gamma E_{tm} \tag{7-94}$$

$$P_b = C'(p_s - 0.15p_t) - 0.85C'' p_t \tag{7-95}$$

$$\widetilde{M}_b = \frac{P_b}{\lambda P_a} \tag{7-96}$$

$$\widetilde{M}_m = \frac{4M_m}{\lambda\pi D_i^3 P_a} \tag{7-97}$$

$$\widetilde{M}_p = \frac{4M_p}{\lambda\pi D_i^3 P_a} \tag{7-98}$$

$$\widetilde{M} = \begin{cases} \widetilde{M}_m + (\Delta\widetilde{M})M_1 & \text{壳程压力作用} \quad (7\text{-}99) \\ \widetilde{M}_p & \text{管程压力作用} \quad (7\text{-}100) \end{cases}$$

i) 按式(7-101)、式(7-102)计算 υ、m。

$$\upsilon = \psi \cdot \widetilde{M} \tag{7-101}$$

$$m = \frac{m_1 + \upsilon m_2}{1+\upsilon} \tag{7-102}$$

j) 确定 f_r 值[见式(7-103)～式(7-106)]：

1) $m \geqslant 0.9$[指图 7-16 a)中曲线以上范围]，按 7.4.6.4 计算 f_{rb}。

$$f_r = f_{rb} \tag{7-103}$$

2) $0.3 \leqslant m < 0.9$[指图 7-16 a)中粗曲线范围以上，即 $K<1.5$ 时，$m>0.2$，$K \geqslant 1.5$ 时 $m>0.3$]，按 7.4.6.4 确定 f_{ri}、f_{rb}。

$$f_r = \begin{cases} f_{ri} & (|f_{ri}| \geqslant |f_{rb}|) \\ f_{rb} & (|f_{ri}| < |f_{rb}|) \end{cases} \tag{7-104}$$

3) $-3 \leqslant m < 0.3$，按 7.4.6.4 确定 f_{ri}。

$$f_r = f_{ri} \tag{7-105}$$

4) $m < -3$ 时，f_r 按式(7-106)计算。

$$f_r = m - \frac{0.7}{K} \tag{7-106}$$

k) 按式(7-107)确定 G_1 值。

$$G_1 = \frac{3f_r}{K} \tag{7-107}$$

l) 按式(7-108)～式(7-114)计算应力 $\tilde{\sigma}_r$、σ_r、τ_p、σ_c、σ_t、q。

$$\tilde{\sigma}_r = \frac{(1+\upsilon)G_1}{4(Q_{ex}+G_2)} \tag{7-108}$$

$$\sigma_r = \tilde{\sigma}_r P_a \frac{\lambda}{\mu}\left(\frac{D_i}{\delta}\right)^2 \tag{7-109}$$

$$\tilde{\tau}_p = \frac{1}{4} \cdot \frac{1+\upsilon}{Q_{ex}+G_2} \tag{7-110}$$

$$\tau_p = \tilde{\tau}_p \frac{\lambda P_a}{\mu}\left(\frac{D_t}{\delta}\right) \qquad \cdots\cdots(7\text{-}111)$$

$$\sigma_c = \frac{A}{A_s}\left[p_t + \frac{\lambda(1+\upsilon)}{Q_{ex}+G_2}P_a\right] \qquad \cdots\cdots(7\text{-}112)$$

$$\sigma_t = \frac{1}{\beta}\left[P_c - \frac{G_2 - \upsilon Q_{ex}}{Q_{ex}+G_2}P_a\right] \qquad \cdots\cdots(7\text{-}113)$$

$$q = \frac{\sigma_t a}{\pi d l} \qquad \cdots\cdots(7\text{-}114)$$

上式计算应区别不计膨胀变形差($\gamma=0$)和计入膨胀变形差($\gamma\neq0$)两种情况,应同时满足:

不计膨胀变形差:	计入膨胀变形差:
$\lvert\sigma_r\rvert \leqslant 1.5[\sigma]_r^t$	$\lvert\sigma_r\rvert \leqslant 3[\sigma]_r^t$
$\lvert\tau_p\rvert \leqslant 0.5[\sigma]_r^t$	$\lvert\tau_p\rvert \leqslant 1.5[\sigma]_r^t$
$\lvert\sigma_c\rvert \leqslant \phi[\sigma]_c^t$	$\lvert\sigma_c\rvert \leqslant 3\phi[\sigma]_c^t$
$\lvert\sigma_t\rvert \leqslant [\sigma]_t^t$	$\lvert\sigma_t\rvert \leqslant 3[\sigma]_t^t$
$\lvert\sigma_t\rvert \leqslant [\sigma]_{cr}^t$,当 $\sigma_t<0$ 时	$\lvert\sigma_t\rvert \leqslant 1.2[\sigma]_{cr}^t$,当 $\sigma_t<0$ 时,
$\lvert q\rvert \leqslant [q]$	$\lvert q\rvert \leqslant [q]$,胀接时 或 $\lvert q\rvert \leqslant 3[q]$,焊接时

对于对接连接的内孔焊结构,换热管轴向应力应满足 $\lvert\sigma_t\rvert \leqslant \phi\min\{[\sigma]_t^t,[\sigma]_r^t\}$,同时不再校核拉脱力。

对于兼作法兰的管板延长部分,还应按式(7-115)、式(7-116)计算 $\widetilde{M}_{ws}$,再由 $\widetilde{M}_{ws}$ 按式(7-117)计算法兰应力 σ'_f。

$$\widetilde{M}_{ws} = \begin{cases} \xi\cdot\widetilde{M}_m - (\Delta\widetilde{M}_f)M_1 & \text{壳程压力作用} \qquad \cdots\cdots(7\text{-}115) \\ \xi\cdot\widetilde{M}_p - M_1 & \text{管程压力作用} \qquad \cdots\cdots(7\text{-}116) \end{cases}$$

$$\sigma'_f = \frac{\pi}{4}Y\widetilde{M}_{ws}\lambda P_a\left(\frac{D_i}{\delta'_f}\right)^2 \qquad \cdots\cdots(7\text{-}117)$$

并满足:

$\lvert\sigma'_f\rvert \leqslant 1.5[\sigma]_f^t$,不计膨胀变形差;

$\lvert\sigma'_f\rvert \leqslant 3[\sigma]_f^t$,计入膨胀变形差。

其中,Y 按式(7-42)计算。

对于计算工况⑤⑥应分别按式(7-115)、式(7-116)计算 $\widetilde{M}_{ws}$,取其中绝对值大者之 $\widetilde{M}_{ws}$ 校核法兰应力。管板与壳体法兰的厚度差应满足结构要求。

m) 若上述 l)中的条件不能满足时,应重新假设管板厚度或壳体法兰厚度,也可以调整其他元件结构尺寸,直至满足上述条件为止。

对于其延长部分兼作法兰的管板,法兰和管板应分别进行设计,且法兰厚度可以和管板厚度不同。

n) 由计算厚度按 7.4.1 确定管板厚度。

7.4.6.4 f_{ri}、f_{rb}的确定

a) 管板布管区内部的最大径向弯矩系数 f_{ri}的确定。

当 $1\leqslant K\leqslant 6$ 时,查图 7-16 a)、图 7-16 b),得到 f_{ri}。

当 K 值超出图 7-16 a)、图 7-16 b)所给曲线范围时,f_{ri}取值见式(7-118)、式(7-119):

当 $K<1$ 时,

$$f_{ri} = m - 0.412\,5K \qquad \cdots\cdots(7\text{-}118)$$

当 $K>6$ 时，取

$$f_{ri}(m,K)=f_{ri}(m,6) \qquad \cdots\cdots(7\text{-}119)$$

b) 边缘弯矩折减系数 ξ_b 及管板布管区周边的径向弯矩系数 f_{rb} 的计算。

按式(7-120)计算边缘弯矩折减系数 ξ_b。7.4.6 适用范围内的管板，如 $\rho_t<0.8$ 则以 $\rho_t=0.8$ 计算 k，ξ_b：

$$\xi_b=1+c_1k+c_2k^2+c_3k^3+\frac{1}{m}(c_4k+c_5k^2+c_6k^3) \qquad \cdots\cdots(7\text{-}120)$$

当式(7-120)计算得到的 $|\xi_b|<\mu$ 时，令 $\xi_b=\mu$。

管板布管区周边的径向弯矩系数：

$$f_{rb}=\xi_bm=m(1+c_1k+c_2k^2+c_3k^3)+(c_4k+c_5k^2+c_6k^3) \qquad \cdots\cdots(7\text{-}121)$$

式中：

$$c_1=\begin{cases}\dfrac{0.7}{K}-\dfrac{0.7}{K^2}\left(1+\dfrac{2}{1.35+0.4\sqrt{K}}\right) & K>2.0\\ 0 & K\leqslant 2.0\end{cases}$$

$$c_2=\begin{cases}K^2\left(\dfrac{0.019+0.005\,2(0.25K)^4}{0.275+0.081/(0.25K)^4+0.059(0.25K)^4}-0.088\,5\right) & K\leqslant 4\\ -0.5 & K>4\end{cases}$$

$$c_3=\begin{cases}K\left(0.084\,93-\dfrac{0.073\,2+0.137\,2(0.25K)^4}{1.65+0.487\,5/(0.25K)^4+3.292\,8(0.25K)^4}\right) & K\leqslant 4\\ 0.235\,7-\dfrac{0.2}{K} & K>4\end{cases}$$

$$c_4=\begin{cases}0.91\left(0.194-\dfrac{0.182}{1+(3/K)^4}\right)-1 & K\leqslant 10\\ -1 & K>10\end{cases}$$

$$c_5=\begin{cases}\dfrac{1}{K}\left(0.412\,5+\dfrac{1+0.430\,5(0.25K)^4+0.023\,6(0.25K)^8}{0.5+0.148/(0.25K)^4+0.107(0.25K)^4+0.011\,66(0.25K)^8}\right) & K\leqslant 4\\ 0.707\,1-\dfrac{0.5}{K} & K>4\end{cases}$$

$$c_6=\begin{cases}-\dfrac{1}{K^2}\left(\dfrac{1+0.74(0.25K)^4+0.125(0.25K)^8}{0.69+0.204/(0.25K)^4+0.147\,48(0.25K)^4}\right) & K\leqslant 4\\ \dfrac{1}{12\sqrt{K-1.9}}-\dfrac{1}{6} & K>4\end{cases}$$

7.4.6.5 壳程圆筒分段时的管板计算

壳程圆筒分段设计时(见图 7-4)，应满足本节结构要求并按照本节对相关参数进行调整后再进行固定管板相关计算。当中部壳程圆筒材料与端部壳程圆筒材料不同时，如果工程设计可忽略二者弹性模量引起的偏差，可用本法计算。图 7-4 给出各段的长度 L_1'、L_1''，厚度 δ_s、δ_{s2} 和材料热膨胀系数 α_{s1}、α_{s2}。

a) 结构要求

$$L_1'\geqslant 1.8\sqrt{D_i\delta_s}\ 且\ L_1''\geqslant 1.8\sqrt{D_i\delta_s}$$

b) 计算

壳程筒体分段设计时，参数 Q、α_s 应按本节进行调整后，再按 7.4.6.3 进行固定管板式热交换器的计算。

Q 按式(7-122)计算：

$$Q=\frac{E_t na}{E_s A_s}\left[\frac{L'_1+L''_1}{L}+\frac{(L-L'_1-L''_1)\delta_s}{L\delta_{s2}}\right] \quad \cdots\cdots\cdots\cdots\cdots\cdots\cdots\cdots (7\text{-}122)$$

α_s按式(7-123)计算：

$$\alpha_s=\alpha_{s1}\cdot\frac{L'_1+L''_1}{L}+\alpha_{s2}\cdot\frac{(L-L'_1-L''_1)}{L} \quad \cdots\cdots\cdots\cdots\cdots\cdots\cdots\cdots (7\text{-}123)$$

式中：

α_{s1}——在金属温度 $t_0\sim t_s$ 范围内，与管板相接段壳程圆筒材料平均线膨胀系数，mm/(mm·℃)；

α_{s2}——在金属温度 $t_0\sim t_s$ 范围内，中间段壳程圆筒材料平均线膨胀系数，mm/(mm·℃)。

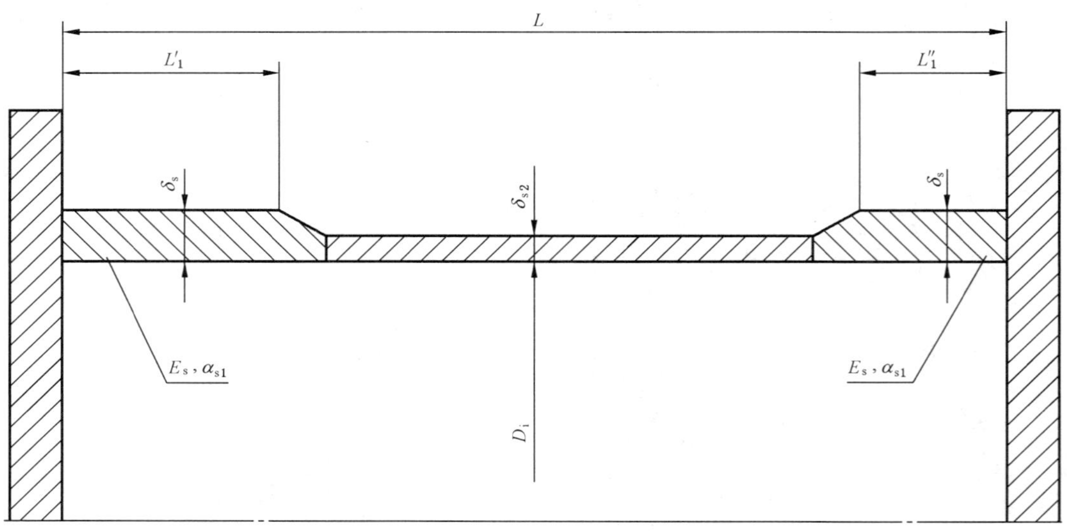

图 7-4 壳程圆筒分段

7.4.6.6 应力计算公式及管板计算表

见表 7-13、表 7-16 和表 7-17。

7.4.7 换热管与管板连接的许用拉脱力

换热管与管板连接的许用拉脱力按表 7-12 选取。

表 7-12 许用拉脱应力

MPa

换热管与管板连接结构型式			[q]
胀接	钢管	管端不卷边，管孔不开槽	2
		管端卷边或管孔开槽	4
	其他金属管	管孔开槽	3
焊接(钢管、其他金属管)			$0.5\ \min\{[\sigma]_t^t,[\sigma]_r^t\}$

7.4.8 管板布管区计算参数

7.4.8.1 管板分程处面积 A_d

管板分程处面积 A_d(即图 7-5 所示阴影面积)，系指在布管区范围内，因设置分程隔板和拉杆结构的需要，而未能被换热管支承的面积。

换热管孔排列一般分为正三角形(30°)、转角三角形(60°)、正方形(90°)、转角正方形(45°)4 种。下面仅以一排隔板槽为例，分别给出 4 种排列的分程处面积计算方法。

其中，n'——沿隔板一侧管根数，见图 7-5。

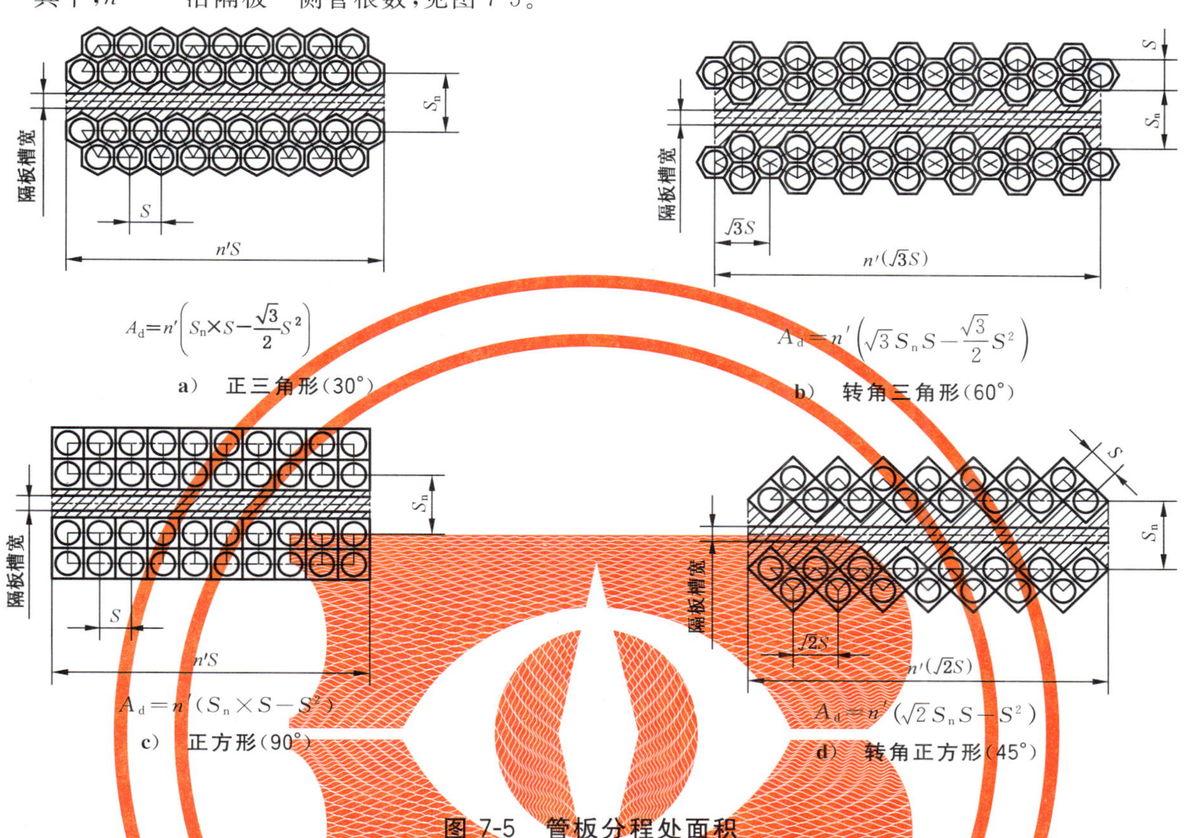

图 7-5 管板分程处面积

7.4.8.2 管板布管区面积 A_t

a) 对于 U 形管式热交换器管板，见式(7-124)、式(7-125)：

三角形排列 $$A_t=1.732nS^2+A_d \tag{7-124}$$

正方形排列 $$A_t=2nS^2+A_d \tag{7-125}$$

b) 对于浮头式、填料函式与固定式热交换器管板，见式(7-126)、式(7-127)：

三角形排列 $$A_t=0.866nS^2+A_d \tag{7-126}$$

正方形排列 $$A_t=nS^2+A_d \tag{7-127}$$

7.4.8.3 管板布管区其他参数

a) 管板布管区当量直径 D_t 见式(7-128)：

$$D_t=\sqrt{4A_t/\pi} \tag{7-128}$$

b) 管板计算半径 R：

对于 a 型连接方式的管板，根据法兰连接密封面的型式和垫片尺寸按 GB 150.3—2011 第 7 章计算 D_G，见式(7-129)：

$$R=D_G/2 \tag{7-129}$$

对于其他连接方式的管板，见式(7-130)：

$$R=D_i/2 \tag{7-130}$$

c) 布管区当量直径 D_t 与计算直径 $2R$ 之比 ρ_t 见式(7-131)：

$$\rho_t = \frac{D_t}{2R} \qquad \cdots\cdots(7\text{-}131)$$

7.4.9 计算表

计算表如下：

a) 表 7-13 应力计算公式汇总表；

b) 表 7-14 U 形管式热交换器管板计算表(b 型、c 型、d 型、e 型、f 型连接方式)；

c) 表 7-15 浮头式、填料函式热交换器管板计算表；

d) 表 7-16 延长部分兼作法兰的固定管板式热交换器管板计算表；

e) 表 7-17 不带法兰的固定管板式热交换器管板计算表。

表 7-13 应力计算公式汇总表

热交换器型式	应力类别	应力计算公式	说明
固定式	σ_r	$\sigma_r = \tilde{\sigma}_r P_a \frac{\lambda}{\mu}\left(\frac{D_i}{\delta}\right)^2$ 其中：$\tilde{\sigma}_r = \frac{(1+\upsilon)G_1}{4(Q_{ex}+G_2)}$	
	τ_p	$\tau_p = \tilde{\tau}_p \frac{\lambda P_a}{\mu}\left(\frac{D_t}{\delta}\right)$ 其中：$\tilde{\tau}_p = \frac{1}{4} \cdot \frac{1+\upsilon}{Q_{ex}+G_2}$	
	σ_t	$\sigma_t = \frac{1}{\beta}\left[P_c - \frac{G_2 - \upsilon Q_{ex}}{Q_{ex}+G_2} P_a\right]$	
	σ_c	$\sigma_c = \frac{A}{A_s}\left[p_t + \frac{\lambda(1+\upsilon)}{Q_{ex}+G_2} P_a\right]$	
	σ'_f	$\sigma'_f = \frac{\pi}{4} Y \tilde{M}_{ws} \lambda P_a \left(\frac{D_i}{\delta'_f}\right)^2$	仅对管板延长部分兼作法兰的热交换器计算
	q	$q = \frac{\sigma_t a}{\pi d l}$	
浮头式	σ_t	$\sigma_t = \frac{1}{\beta}\left[P_c - (p_s - p_t)\frac{A_t}{A_1} G_{we}\right]$	G_{we} 值按 $\frac{\tilde{K}_t^{1/3}}{\tilde{P}_a^{1/2}}$，$\frac{1}{\rho_t}$ 查图 7-11
	q	$q = \frac{\sigma_t a}{\pi d l}$	
填料函式	σ_t	$\sigma_t = \frac{1}{\beta}\left(P_c + \frac{A_t}{A_1} G_{we} p_t\right)$	
	q	$q = \frac{\sigma_t a}{\pi d l}$	
U 形管式	σ_r	$\lvert\sigma_r\rvert_{r=0} = \left\lvert \frac{C_c}{\mu}(p_s - p_t)\left(\frac{D_i}{\delta}\right)^2 - \xi_T \frac{6M_{fo}}{\mu\delta^2} \right\rvert$ $\lvert\sigma_r\rvert_{r=R_t} = \left\lvert \frac{C_e}{\mu}(p_s - p_t)\left(\frac{D_i}{\delta}\right)^2 - \xi_T \frac{6M_{fo}}{\mu\delta^2} \right\rvert$ $\lvert\sigma_r\rvert_{r=R} = \left\lvert C_M (p_s - p_t)\left(\frac{D_i}{\delta}\right)^2 + \xi_R \frac{6M_{fo}}{\delta^2} \right\rvert$	对于 a 型，b 型，c 型，d 型 $M_{fo}=0$
	σ_f	$\sigma_f = \frac{\pi Y M_{ws}}{\delta_f^2}$	仅对 e 型、f 型
	σ_t	$\sigma_t = -(p_s - p_t)\frac{\pi d^2}{4a} - p_t$	
	q	$q = \frac{\sigma_t a}{\pi d l}$	

表 7-14　U 形管式热交换器管板计算表(b 型、c 型、d 型、e 型、f 型连接方式)

<table>
<tr><td colspan="2">初始数据</td><td rowspan="6">管板延长部分(凸缘或法兰)</td><td rowspan="6">宽度 b_f　mm
确定管箱法兰(凸缘)厚度 δ_f''　mm
$\omega''=4.4k_hD_i[1+(1+k_h\delta_f'')^2]\left(\frac{\delta_h}{D_i}\right)^3$
旋转刚度参数　MPa
$K_f''=\frac{E_h}{12}\left[\frac{E_f''}{E_h}\frac{2b_f}{D_i+b_f}\left(\frac{2\delta_f''}{D_i}\right)^3+\omega''\right]$
确定壳体法兰(凸缘)厚度 δ_f'　mm
$\omega'=4.4k_sD_i[1+(1+k_s\delta_f')^2]\left(\frac{\delta_s}{D_i}\right)^3$
其中：
$k_s=\frac{1.82}{\sqrt{D_i\delta_s}}$　$k_h=\frac{1.82}{\sqrt{D_i\delta_h}}$
旋转刚度参数　MPa
$K_f'=\frac{E_s}{12}\left[\frac{E_f'}{E_s}\frac{2b_f}{D_i+b_f}\left(\frac{2\delta_f'}{D_i}\right)^3+\omega'\right]$
$K_f=K_f'+K_f''$　MPa
旋转刚度无量纲参数　$\widetilde{K}_f=\frac{D_i^2D_t}{8D}K_f$
按 $\widetilde{K}_f$,ρ_t,查图 7-6,$C_c=$
查图 7-7,$C_e=$
查图 7-8,$C_M=$</td></tr>
<tr><td>壳程</td><td>内径　D_i　mm
厚度　δ_s　mm</td></tr>
<tr><td>管箱</td><td>圆筒厚度　δ_h　mm</td></tr>
<tr><td>U 形管</td><td>外径　d　mm
壁厚　δ_t　mm
根数　n
管心距　S　mm
一根管壁横截面积 a　mm²
A_d——见 7.4.8.1　mm²</td></tr>
<tr><td>布管区</td><td>布管区面积 A_t　mm²
△排列:$A_t=1.732nS^2+A_d$
□排列:$A_t=2nS^2+A_d$
布管区当量直径 $D_t=1.128\sqrt{A_t}$ mm
$\rho_t=\frac{D_t}{D_i}$</td></tr>
<tr><td>管板</td><td>假设计算厚度 δ　mm
开孔前抗弯刚度　$D=\frac{E_p\delta^3}{12(1-\nu^2)}$</td></tr>
<tr><td colspan="4">本框计算仅用于 e 型、f 型连接方式</td></tr>
<tr><td colspan="4">对于 e 型连接方式,以管程设计压力 p_t进行 M_m、M_p 计算;无量纲参数 $\widetilde{K}_f^{\circ}=\widetilde{K}_fK_f'/K_f=$
对于 f 型连接方式,以壳程设计压力 p_s进行 M_m、M_p 计算;无量纲参数 $\widetilde{K}_f^{\circ}=\widetilde{K}_fK_f''/K_f=$
基本法兰力矩 $M_m=$　N·mm　　按 $\widetilde{K}_f^{\circ}$、ρ_t查图 7-9,$\xi_T=$
操作法兰力矩 $M_p=$　N·mm　　按 $\widetilde{K}_f^{\circ}$、$\rho_t=1$ 查图 7-9,$\xi_R=$
法兰应力参数　$Y=\frac{1}{X-1}\left(0.668\ 45+5.716\ 90\frac{X^2\lg X}{X^2-1}\right)$,其中 $X=(D_i+2b_f)/D_i$</td></tr>
</table>

表 7-14（续）

<table>
<tr><td colspan="9">U 形管式热交换器管板计算表（b、c、d、e、f 型连接方式）</td></tr>
<tr><td colspan="9">以下应力计算中，表内虚线右侧的计算内容仅用于 e 型、f 型连接方式，校核计算均应取应力的绝对值</td></tr>
<tr><td colspan="3" rowspan="2">设计工况</td><td colspan="3">壳程压力作用工况　$p_t=0$</td><td colspan="3">管程压力作用工况　$p_s=0$</td></tr>
<tr><td>压力作用</td><td>法兰力矩作用</td><td>校　核</td><td>压力作用</td><td>法兰力矩作用</td><td>校　核</td></tr>
<tr><td colspan="3">计算压力 p_d　MPa</td><td>$p_d=p_s=$</td><td></td><td rowspan="4"></td><td>$p_d=-p_t=$</td><td></td><td rowspan="4"></td></tr>
<tr><td colspan="3">法兰预紧力矩 M_{fo}　N·mm/mm</td><td>—</td><td>见表 7-8</td><td>—</td><td>见表 7-8</td></tr>
<tr><td colspan="3">法兰设计力矩 M_{ws}　N·mm/mm</td><td>—</td><td>见表 7-9</td><td>—</td><td>见表 7-9</td></tr>
<tr><td colspan="3">中间计算参数　MPa</td><td>$A=p_d\left(\frac{D_i}{\delta}\right)^2=$</td><td>$B=\frac{6M_{fo}}{\delta^2}=$</td><td>$A=p_d\left(\frac{D_i}{\delta}\right)^2=$</td><td>$B=\frac{6M_{fo}}{\delta^2}=$</td></tr>
<tr><td rowspan="3">管板应力 MPa</td><td>$(\sigma_r)_{r=0}$</td><td>$(\sigma_r^o)_{r=0}$</td><td>$\pm\frac{C_c}{\mu}A=$ +</td><td>$\mp\frac{\xi_T}{\mu}B=$</td><td>$\leqslant 1.5[\sigma]_r^t$</td><td>$\pm\frac{C_c}{\mu}A=$ +</td><td>$\mp\frac{\xi_T}{\mu}B=$</td><td>$\leqslant 1.5[\sigma]_r^t$</td></tr>
<tr><td>$(\sigma_r)_{r=R_t}$</td><td>$(\sigma_r^o)_{r=R_t}$</td><td>$\pm\frac{C_e}{\mu}A=$ +</td><td>$\mp\frac{\xi_T}{\mu}B=$</td><td>$\leqslant 1.5[\sigma]_r^t$</td><td>$\pm\frac{C_e}{\mu}A=$ +</td><td>$\mp\frac{\xi_T}{\mu}B=$</td><td>$\leqslant 1.5[\sigma]_r^t$</td></tr>
<tr><td>$(\sigma_r)_{r=R}$</td><td>$(\sigma_r^o)_{r=R}$</td><td>$\mp C_M A=$ +</td><td>$\mp\xi_R B=$</td><td>$\leqslant 1.5[\sigma]_r^t$</td><td>$\mp C_M A=$ +</td><td>$\mp\xi_R B=$</td><td>$\leqslant 1.5[\sigma]_r^t$</td></tr>
<tr><td colspan="3">管板法兰应力
$\sigma_f=\frac{\pi Y M_{ws}}{\delta_f^2}$　MPa</td><td colspan="2"></td><td>$\leqslant 1.5[\sigma]_f^t$</td><td colspan="2"></td><td>$\leqslant 1.5[\sigma]_f^t$</td></tr>
<tr><td colspan="3">换热管轴向应力
$\sigma_t=-(p_s-p_t)\frac{\pi d^2}{4a}-p_t$　MPa</td><td colspan="2"></td><td>$\leqslant[\sigma]_t^t$</td><td colspan="2"></td><td>$\leqslant[\sigma]_t^t$</td></tr>
<tr><td colspan="3">拉脱力（见注 3）$q=\frac{\sigma_t a}{\pi d l}$　MPa</td><td colspan="2"></td><td>$\leqslant[q]$</td><td colspan="2"></td><td>$\leqslant[q]$</td></tr>
<tr><td colspan="9">注 1：在计算换热管轴向应力和拉脱力时，一般还应校核 $p_d=p_s-p_t$ 的压力作用工况。
注 2：对于 e 型、f 型连接方式，在计算管板法兰时，一般还应校核 $p_d=p_s-p_t$ 的压力作用工况。
注 3：对于对接连接的内孔焊结构，校核条件分别见 7.4.4.2 f)，7.4.4.3 i)，7.4.4.4 o)。</td></tr>
</table>

表 7-15 浮头式、填料函式热交换器管板计算表[a]

初始数据			
	壳程设计压力 p_s	MPa	
	管程设计压力 p_t	MPa	
	垫片压紧力作用中心圆直径 D_G	mm	
	管板计算压力 p_d	MPa	
换热管	换热管外径 d	mm	
	换热管壁厚 δ_t	mm	
	换热管根数 n		
	管心距 S	mm	
	面积 A_d——见 7.4.8.1	mm^2	
	换热管金属总截面积 $na=n\pi\delta_t(d-\delta_t)$	mm^2	
	开孔面积 $n\pi d^2/4$	mm^2	
	换热管有效长度 L	mm	
	设计温度下换热管材料的弹性模量 E_t	MPa	
	设计温度下换热管材料的许用应力 $[\sigma]_t^t$	MPa	
	设计温度下换热管材料的屈服强度 R_{eL}^t	MPa	
	换热管回转半径 $i=0.25\sqrt{d^2+(d-2\delta_t)^2}$	mm	
	换热管受压失稳当量长度 l_{cr}（见图 7-2）	mm	
	系数 $C_r=\pi\sqrt{2E_t/R_{eL}^t}$		
	换热管稳定许用压力 $[\sigma]_{cr}^t$		
	当 $C_r\leqslant l_{cr}/i$ 时，$[\sigma]_{cr}^t=\dfrac{E_t}{1.5}\cdot\dfrac{\pi^2}{(l_{cr}/i)^2}$	MPa	
	当 $C_r>l_{cr}/i$ 时，$[\sigma]_{cr}^t=\dfrac{R_{eL}^t}{1.5}\cdot\left[1-\dfrac{l_{cr}/i}{2C_r}\right]$	MPa	

管板		
	设计温度下管板材料的弹性模量 E_p	MPa
	管板刚度削弱系数 η	
	管板强度削弱系数 μ	
	换热管与管板胀接长度或焊脚高度 l	mm
	设计温度下管板材料的许用应力 $[\sigma]_r^t$	MPa
	许用拉脱力 $[q]$	MPa

系数计算	
管板布管区面积 A_t（按 7.4.8）	mm^2
三角形排列 $A_t=0.866nS^2+A_d$	
正方形排列 $A_t=nS^2+A_d$	
布管区内开孔后面积 $A_1=A_t-n\pi d^2/4$	mm^2
管板布管区当量直径 $D_t=\sqrt{4A_t/\pi}$	mm
管束模数 $K_t=\dfrac{E_t na}{LD_t}$	
管束无量纲刚度 $\widetilde{K}_t=\dfrac{K_t}{\eta E_p}$	
系数 $\beta=na/A_1$	
$\rho_t=\dfrac{D_t}{D_G}$	
无量纲压力 $\widetilde{P}_a=\dfrac{p_d}{1.5\mu[\sigma]_r^t}$	
计算 $\widetilde{K}_t^{1/3}/\widetilde{P}_a^{1/2}=$	
计算 $1/\rho_t=$	
查图 7-10 $C=$	
查图 7-11 $G_{we}=$	

管板计算厚度 $\delta=CD_t\sqrt{\widetilde{P}_a}$	mm	
当量组合压力 $P_c=p_s-p_t(1+\beta)$	MPa	
换热管应力[b]		当 $\sigma_t>0$ 时 $\sigma_t\leqslant[\sigma]_t^t$ 当 $\sigma_t<0$ 时 $\lvert\sigma_t\rvert\leqslant[\sigma]_{cr}^t$
浮头式 $\sigma_t=\dfrac{1}{\beta}\left[P_c-(p_s-p_t)\dfrac{A_t}{A_1}G_{we}\right]$	MPa	
填料函式 $\sigma_t=\dfrac{1}{\beta}\left[P_c+p_t\dfrac{A_t}{A_1}G_{we}\right]$	MPa	
拉脱力[c] $q=\dfrac{\sigma_t a}{\pi dl}$	MPa	$\lvert q\rvert\leqslant[q]$

[a] 本表不适用于后端结构为 W 型式的填料函式热交换器。

[b] 一般情况下，应按三种不同组合工况分别进行计算与校核，见 7.4.5.2。

[c] 对于对接连接的内孔焊结构，校核条件见 7.4.5.2 h)。

表 7-16　延长部分兼作法兰的固定管板式热交换器管板计算表(e 型连接方式)

初始数据		管板	假定管板厚度 δ　mm 换热管加强系数 $K=\left[1.32\frac{D_i}{\delta}\sqrt{\frac{E_t na}{E_p\eta L\delta}}\right]^{1/2}=$ $k=K(1-\rho_t)=$
壳程圆筒	内径 D_i　mm 厚度 δ_s　mm 内径面积 $A=\pi D_i^2/4$　mm^2 金属横截面积 $A_s=\pi\delta_s(D_i+\delta_s)$　mm^2 膨胀节波峰处内径 D_{ex}　mm 膨胀节刚度 K_{ex}　N/mm		
管箱	圆筒厚度 δ_h　mm	法兰	法兰外径 D_f　mm 法兰宽度 $b_f=(D_f-D_i)/2$　mm 壳体法兰厚度 δ_f'　mm 管箱法兰厚度 δ_f''　mm 计算系数： $k_s=\frac{1.82}{\sqrt{D_i\delta_s}}$　　$k_h=\frac{1.82}{\sqrt{D_i\delta_h}}$ $\omega'=4.4k_sD_i[1+(1+k_s\delta_f')^2](\delta_s/D_i)^3$ $\omega''=4.4k_hD_i[1+(1+k_h\delta_f'')^2](\delta_h/D_i)^3$ 旋转刚度 $K_f''=\frac{E_h}{12}\left[\frac{E_f''}{E_h}\frac{2b_f}{D_i+b_f}\left(\frac{2\delta_f''}{D_i}\right)^3+\omega''\right]$ MPa 旋转刚度 $K_f'=\frac{E_s}{12}\left[\frac{E_f'}{E_s}\frac{2b_f}{D_i+b_f}\left(\frac{2\delta_f'}{D_i}\right)^3+\omega'\right]$ MPa 旋转刚度参数 $K_f=K_f'$ 旋转刚度无量纲参数 $\widetilde{K}_f=\pi K_f/(4K_t)$ 壳体法兰应力参数 $Y=\frac{1}{X-1}\left(0.668\ 45+5.716\ 90\frac{X^2\lg X}{X^2-1}\right)$ 其中，$X=(D_i+2b_f)/D_i$
换热管	换热管外径 d　mm 换热管壁厚 δ_t　mm 换热管根数 n 管心距 S　mm 面积 A_d　mm^2 换热管金属总截面积 $na=n\pi\delta_t(d-\delta_t)$　mm^2 开孔面积 $n\pi d^2/4$　mm^2 换热管有效长度 L　mm 管束模数 $K_t=\frac{E_t na}{LD_i}$　MPa 换热管回转半径 $i=0.25\sqrt{d^2+(d-2\delta_t)^2}$　mm 换热管受压失稳当量长度 l_{cr}(见图 7-2)　mm 系数 $C_r=\pi\sqrt{2E_t/R_{eL}^t}$ 换热管稳定许用压应力 $[\sigma]_{cr}^t$ 当 $C_r\leqslant l_{cr}/i$ 时，$[\sigma]_{cr}^t=\frac{E_t}{1.5}\cdot\frac{\pi^2}{(l_{cr}/i)^2}$ MPa 当 $C_r>l_{cr}/i$ 时，$[\sigma]_{cr}^t=\frac{R_{eL}^t}{1.5}\cdot\left[1-\frac{l_{cr}/i}{2C_r}\right]$　MPa		
系数计算	开孔后面积 $A_1=A-n\pi d^2/4$　mm^2 管板布管区面积 A_t(按 7.4.8)　mm^2 管板布管区当量直径 $D_t=\sqrt{4A_t/\pi}$　mm 系数 $\lambda=\frac{A_1}{A},Q=\frac{E_t na}{E_s A_s},\beta=\frac{na}{A_1}$ $Q_{ex}\begin{cases}Q+\frac{E_t na}{K_{ex}L} & \text{(壳体带膨胀节)}\\ Q & \text{(壳体不带膨胀节)}\end{cases}$ $\rho_t=\frac{D_t}{D_i},\lambda_{ex}=\left(\frac{D_{ex}}{D_i}\right)^2-1$ $\Sigma_s=0.4+\frac{0.6}{\lambda}(1+Q)-\frac{\lambda_{ex}}{2\lambda}(Q_{ex}-Q)$ $\Sigma_t=0.4(1+\beta)+\frac{1}{\lambda}(0.6+Q_{ex})$	—	按 $K,\widetilde{K}_f$ 查图 7-12　$m_1=$ $\psi=\frac{m_1}{K\widetilde{K}_f}$ 按 $K,\widetilde{K}_f$ 查图 7-13　$G_2=$ $M_1=\frac{m_1}{2K(Q_{ex}+G_2)}$ 按 K,Q_{ex} 查图 7-14　$m_2=$ 按 K,Q_{ex} 查图 7-15　$G_3=$ $\xi=\frac{\widetilde{K}_f}{\widetilde{K}_f+G_3}=$　　$K_f'/K_f''=$ $\Delta\widetilde{M}=\frac{1}{\xi+(K_f'/K_f'')}=$ $\Delta\widetilde{M}_f=\frac{K_f'}{K_f''}\Delta\widetilde{M}$

表 7-16（续）

<table>
<tr><td>法兰力矩</td><td colspan="3">基本法兰力矩 M_m N·mm
管程压力作用时法兰力矩 M_p N·m</td><td colspan="6"></td></tr>
<tr><td colspan="2">组合工况</td><td colspan="2">仅壳程压力作用</td><td colspan="2">仅管程压力作用</td><td colspan="4">壳程、管程压力共同作用</td></tr>
<tr><td colspan="2">壳程设计压力 p_s MPa</td><td colspan="2"></td><td colspan="2">0</td><td colspan="4"></td></tr>
<tr><td colspan="2">管程设计压力 p_t MPa</td><td colspan="2">0</td><td colspan="2"></td><td colspan="4"></td></tr>
<tr><td colspan="2">当量组合压力
$P_c=p_s-p_t(1+\beta)$ MPa</td><td colspan="2"></td><td colspan="2"></td><td colspan="4"></td></tr>
<tr><td colspan="2"></td><td>不计膨胀差</td><td>计入膨胀差</td><td>不计膨胀差</td><td>计入膨胀差</td><td colspan="2">不计膨胀差</td><td colspan="2">计入膨胀差</td></tr>
<tr><td colspan="2">$\gamma=\alpha_t(t_t-t_0)-\alpha_s(t_s-t_0)$</td><td>0</td><td></td><td>0</td><td></td><td colspan="2">0</td><td colspan="2"></td></tr>
<tr><td colspan="2">$\beta\gamma E_{tm}$ MPa</td><td>0</td><td></td><td>0</td><td></td><td colspan="2">0</td><td colspan="2"></td></tr>
<tr><td colspan="2">$P_a=\sum_s p_s-\sum_t p_t+\beta\gamma E_{tm}$ MPa</td><td></td><td></td><td></td><td></td><td colspan="2"></td><td colspan="2"></td></tr>
<tr><td colspan="2">$\widetilde{M}_m=\dfrac{4M_m}{\lambda\pi D_i^3 P_a}$</td><td></td><td></td><td>—</td><td>—</td><td colspan="2"></td><td colspan="2"></td></tr>
<tr><td colspan="2">$\widetilde{M}_p=\dfrac{4M_p}{\lambda\pi D_i^3 P_a}$</td><td>—</td><td>—</td><td></td><td></td><td colspan="2"></td><td colspan="2"></td></tr>
<tr><td rowspan="2">$\widetilde{M}=$</td><td>$\widetilde{M}_m+(\Delta\widetilde{M})M_1$</td><td></td><td></td><td>—</td><td>—</td><td></td><td>—</td><td></td><td>—</td></tr>
<tr><td>$\widetilde{M}_p$</td><td>—</td><td>—</td><td></td><td></td><td>—</td><td></td><td>—</td><td></td></tr>
<tr><td colspan="2">$\upsilon=\psi\widetilde{M}$</td><td></td><td></td><td></td><td></td><td></td><td></td><td></td><td></td></tr>
<tr><td colspan="2">$m=(m_1+\nu m_2)/(1+\upsilon)$</td><td></td><td></td><td></td><td></td><td></td><td></td><td></td><td></td></tr>
<tr><td colspan="2">f_{ri}</td><td></td><td></td><td></td><td></td><td></td><td></td><td></td><td></td></tr>
<tr><td colspan="2">f_{rb}</td><td></td><td></td><td></td><td></td><td></td><td></td><td></td><td></td></tr>
<tr><td colspan="2" rowspan="2">f_r （见 7.4.6.3）</td><td rowspan="2"></td><td rowspan="2"></td><td rowspan="2"></td><td rowspan="2"></td><td></td><td></td><td></td><td></td></tr>
<tr><td colspan="2">见注 1</td><td colspan="2">见注 1</td></tr>
<tr><td colspan="2">$G_1=\dfrac{3f_r}{K}$</td><td></td><td></td><td></td><td></td><td colspan="2"></td><td colspan="2"></td></tr>
<tr><td rowspan="3">$\widetilde{M}_{ws}=$</td><td>$\xi\widetilde{M}_m-(\Delta\widetilde{M}_f)M_1$</td><td></td><td></td><td>—</td><td>—</td><td></td><td>—</td><td></td><td>—</td></tr>
<tr><td>$\xi\widetilde{M}_p-M_1$</td><td>—</td><td>—</td><td></td><td></td><td>—</td><td></td><td>—</td><td></td></tr>
<tr><td>取值</td><td></td><td></td><td></td><td></td><td colspan="2">见注 2</td><td colspan="2">见注 2</td></tr>
<tr><td colspan="2">$\widetilde{\sigma}_r=\dfrac{(1+\upsilon)G_1}{4(Q_{ex}+G_2)}$</td><td></td><td></td><td></td><td></td><td colspan="2"></td><td colspan="2"></td></tr>
<tr><td colspan="2">$\widetilde{\tau}_p=\dfrac{1}{4}\cdot\dfrac{1+\upsilon}{Q_{ex}+G_2}$</td><td></td><td></td><td></td><td></td><td colspan="2"></td><td colspan="2"></td></tr>
</table>

表 7-16（续）

	以下校核计算除换热管压缩应力外，均取应力的绝对值					
	仅壳程压力作用		仅管程压力作用		壳程、管程压力共同作用	
管板应力 MPa	不计膨胀差	计入膨胀差	不计膨胀差	计入膨胀差	不计膨胀差	计入膨胀差
$\sigma_r=\tilde{\sigma}_r P_a \frac{\lambda}{\mu}\left[\frac{D_i}{\delta}\right]^2$	$\leqslant 1.5[\sigma]_r^t$	$\leqslant 3[\sigma]_r^t$	$\leqslant 1.5[\sigma]_r^t$	$\leqslant 3[\sigma]_r^t$	$\leqslant 1.5[\sigma]_r^t$	$\leqslant 3[\sigma]_r^t$
$\tau_p=\tilde{\tau}_p \frac{\lambda P_a}{\mu}\left(\frac{D_t}{\delta}\right)$	$\leqslant 0.5[\sigma]_r^t$	$\leqslant 1.5[\sigma]_r^t$	$\leqslant 0.5[\sigma]_r^t$	$\leqslant 1.5[\sigma]_r^t$	$\leqslant 0.5[\sigma]_r^t$	$\leqslant 1.5[\sigma]_r^t$
壳体法兰应力 MPa $\sigma_f'=\frac{\pi}{4} Y \widetilde{M}_{ws} \lambda P_a\left(\frac{D_i}{\delta_f'}\right)^2$	$\leqslant 1.5[\sigma]_f^t$	$\leqslant 3[\sigma]_f^t$	$\leqslant 1.5[\sigma]_f^t$	$\leqslant 3[\sigma]_f^t$	$\leqslant 1.5[\sigma]_f^t$	$\leqslant 3[\sigma]_f^t$
换热管应力 MPa $\sigma_t=\frac{1}{\beta}\left[P_c-\frac{G_2-\upsilon Q_{ex}}{Q_{ex}+G_2} P_a\right]$	$\leqslant 1.0[\sigma]_t^t$ 若 $\sigma_t<0$ $\lvert\sigma_t\rvert \leqslant [\sigma]_{cr}^t$	$\leqslant 3.0[\sigma]_t^t$ 若 $\sigma_t<0$ $\lvert\sigma_t\rvert \leqslant 1.2[\sigma]_{cr}^t$	$\leqslant 1.0[\sigma]_t^t$ 若 $\sigma_t<0$ $\lvert\sigma_t\rvert \leqslant [\sigma]_{cr}^t$	$\leqslant 3.0[\sigma]_t^t$ 若 $\sigma_t<0$ $\lvert\sigma_t\rvert \leqslant 1.2[\sigma]_{cr}^t$	$\leqslant 1.0[\sigma]_t^t$ 若 $\sigma_t<0$ $\lvert\sigma_t\rvert \leqslant [\sigma]_{cr}^t$	$\leqslant 3.0[\sigma]_t^t$ 若 $\sigma_t<0$ $\lvert\sigma_t\rvert \leqslant 1.2[\sigma]_{cr}^t$
壳程圆筒轴向应力 MPa $\sigma_c=\frac{A}{A_s}\left[p_t+\frac{\lambda(1+\upsilon)}{Q_{ex}+G_2} P_a\right]$	$\leqslant \phi[\sigma]_c^t$	$\leqslant 3\phi[\sigma]_c^t$	$\leqslant \phi[\sigma]_c^t$	$\leqslant 3\phi[\sigma]_c^t$	$\leqslant \phi[\sigma]_c^t$	$\leqslant 3\phi[\sigma]_c^t$
拉脱应力[a] MPa $q=\frac{\sigma_t a}{\pi d l}$	$\leqslant[q]$	胀接 $\leqslant[q]$ 焊接 $\leqslant 3[q]$	$\leqslant[q]$	胀接 $\leqslant[q]$ 焊接 $\leqslant 3[q]$	$\leqslant[q]$	胀接 $\leqslant[q]$ 焊接 $\leqslant 3[q]$

注 1：$\widetilde{M}$ 的计算过程 7.4.6.3 h)～7.4.6.3 k)的规定，最后取该工况内两条路径计算得到的 f_r 绝对值较大者作为最终 f_r。同时，以该路径中的 υ 值作为后续计算参数。

注 2：$\widetilde{M}_{ws}$ 的计算过程按 7.4.6.3 l)的规定，最后取该工况内两条路径计算得到的 $\widetilde{M}_{ws}$ 绝对值较大者作为最终 $\widetilde{M}_{ws}$。

[a] 对于对接连接的内孔焊结构，校核条件见 7.4.6.3 l)。

表 7-17　不带法兰的固定管板式热交换器管板计算表(b 型、c 型连接方式)

<table>
<tr><td colspan="2">初始数据</td><td rowspan="2">管板</td><td rowspan="2">假定管板厚度 δ　mm
管子加强系数 $K=\left[1.32\dfrac{D_i}{\delta}\sqrt{\dfrac{E_t na}{E_p \eta L\delta}}\right]^{1/2}=$
$k=K(1-\rho_t)=$</td></tr>
<tr><td>壳程圆筒</td><td>内径 D_i　mm
厚度 δ_s　mm
内径面积 $A=\pi D_i^2/4$　mm^2
金属横截面积 $A_s=\pi\delta_s(D_i+\delta_s)$　mm^2
膨胀节波峰处内径 D_{ex}　mm
膨胀节刚度 K_{ex}　N/mm</td></tr>
<tr><td>管箱</td><td>厚度 δ_h　mm</td><td rowspan="3">法兰或凸缘</td><td rowspan="3">管箱(对于 c 型连接方式,$\omega''=0,C''=0$)
$\omega''=4.4k_h D_i[1+(1+k_h\delta_f'')^2](\delta_h/D_i)^3$
$C''=\dfrac{2(1+k_h\delta_f'')}{(k_h D_i)^2}$
壳程圆筒(对于 b 型连接方式,$\delta_f'=0$)
$\omega'=4.4k_s D_i[1+(1+k_s\delta_f')^2](\delta_s/D_i)^3$
$C'=\dfrac{2(1+k_s\delta_f')}{(k_s D_i)^2}$
其中:
$k_s=\dfrac{1.82}{\sqrt{D_i\delta_s}}$　　$k_h=\dfrac{1.82}{\sqrt{D_i\delta_h}}$
旋转刚度　MPa
$K_f'=\dfrac{E_s}{12}\left[\dfrac{E_f'}{E_s}\dfrac{2b_f}{D_i+b_f}\left(\dfrac{2\delta_f'}{D_i}\right)^3+\omega'\right]$　MPa
$K_f''=\dfrac{E_h}{12}\omega''$　MPa
(对于 c 型连接方式,$K_f''=0$)
旋转刚度无量纲参数
$\widetilde{K}_f=\dfrac{\pi}{4}\dfrac{K_f'+K_f''}{K_t}$
按 $K,\widetilde{K}_f$ 查图 7-12　$m_1=$
$\psi=\dfrac{m_1}{K\widetilde{K}_f}$
按 $K,\widetilde{K}_f$ 查图 7-13　$G_2=$
按 K,Q_{ex} 查图 7-14　$m_2=$</td></tr>
<tr><td>换热管</td><td>换热管外径 d　mm
换热管壁厚 δ_t　mm
换热管根数 n
管心距 S　mm
面积 A_d,见 7.4.8.1　mm^2
换热管金属总截面积 $na=n\pi\delta_t(d-\delta_t)$　mm^2
开孔面积 $n\pi d^2/4$　mm^2
换热管有效长度 L　mm
管束模数 $K_t=\dfrac{E_t na}{LD_i}$　MPa
换热管回转半径 $i=0.25\sqrt{d^2+(d-2\delta_t)^2}$　mm
换热管受压失稳当量长度 l_{cr}(见图 7-2)　mm
系数 $C_r=\pi\sqrt{2E_t/R_{eL}^t}$
换热管稳定许用压应力$[\sigma]_{cr}^t$
当 $C_r\leqslant l_{cr}/i$ 时, $[\sigma]_{cr}^t=\dfrac{E_t}{1.5}\cdot\dfrac{\pi^2}{(l_{cr}/i)^2}$　MPa
当 $C_r>l_{cr}/i$ 时, $[\sigma]_{cr}^t=\dfrac{R_{eL}^t}{1.5}\cdot\left[1-\dfrac{l_{cr}/i}{2C_r}\right]$　MPa</td></tr>
<tr><td>系数计算</td><td>开孔后面积 $A_1=A-n\pi d^2/4$　mm^2
管板布管区面积 A_t(按 7.4.8)　mm^2
管板布管区当量直径 $D_t=\sqrt{4A_t/\pi}$　mm
系数 $\lambda=\dfrac{A_1}{A}$,$Q=\dfrac{E_t na}{E_s A_s}$,$\beta=\dfrac{na}{A_1}$
$Q_{ex}=\begin{cases}Q+\dfrac{E_t na}{K_{ex}L} & \text{(壳体带膨胀节)}\\ Q & \text{(壳体不带膨胀节)}\end{cases}$
$\rho_t=\dfrac{D_t}{D_i}$,$\lambda_{ex}=\left(\dfrac{D_{ex}}{D_i}\right)^2-1$
$\Sigma_s=0.4+\dfrac{0.6}{\lambda}(1+Q)-\dfrac{\lambda_{ex}}{2\lambda}(Q_{ex}-Q)$
$\Sigma_t=0.4(1+\beta)+\dfrac{1}{\lambda}(0.6+Q_{ex})$</td></tr>
</table>

表 7-17（续）

组合工况	仅壳程压力作用		仅管程压力作用		壳程、管程压力共同作用	
壳程设计压力 p_s　MPa			0			
管程设计压力 p_t　MPa	0					
当量组合压力 $P_c = p_s - p_t(1+\beta)$　MPa						
	不计膨胀差	计入膨胀差	不计膨胀差	计入膨胀差	不计膨胀差	计入膨胀差
$\gamma = \alpha_t(t_t - t_0) - \alpha_s(t_s - t_0)$	0		0		0	
$\beta\gamma E_{tm}$　MPa	0		0		0	
$P_a = \Sigma_s p_s - \Sigma_t p_t + \beta\gamma E_{tm}$ MPa						
$P_b = C'(p_s - 0.15p_t) - 0.85C''p_t$						
$\widetilde{M} = \widetilde{M}_b = P_b/(\lambda P_a)$						
$\upsilon = \psi\widetilde{M}$						
$m = (m_1 + \upsilon m_2)/(1+\upsilon)$						
f_{ri}						
f_{rb}						
f_r（见 7.4.6.3）						
$G_1 = 3f_r/K$						
$\tilde{\sigma}_r = 0.25(1+\upsilon)G_1/(Q_{ex}+G_2)$						
$\tilde{\tau}_p = 0.25(1+\upsilon)/(Q_{ex}+G_2)$						
管板应力　MPa	不计膨胀差	计入膨胀差	不计膨胀差	计入膨胀差	不计膨胀差	计入膨胀差
	以下校核计算除管子压缩应力外，均取应力的绝对值					
$\sigma_r = \tilde{\sigma}_r P_a \dfrac{\lambda}{\mu}\left[\dfrac{D_i}{\delta}\right]^2$	$\leqslant 1.5[\sigma]_r^t$	$\leqslant 3[\sigma]_r^t$	$\leqslant 1.5[\sigma]_r^t$	$\leqslant 3[\sigma]_r^t$	$\leqslant 1.5[\sigma]_r^t$	$\leqslant 3[\sigma]_r^t$
$\tau_p = \tilde{\tau}_p \dfrac{\lambda P_a}{\mu}\left(\dfrac{D_t}{\delta}\right)$	$\leqslant 0.5[\sigma]_r^t$	$\leqslant 1.5[\sigma]_r^t$	$\leqslant 0.5[\sigma]_r^t$	$\leqslant 1.5[\sigma]_r^t$	$\leqslant 0.5[\sigma]_r^t$	$\leqslant 1.5[\sigma]_r^t$
换热管应力　MPa $\sigma_t = \dfrac{1}{\beta}\left[P_c - \dfrac{G_2 - \upsilon Q_{ex}}{Q_{ex}+G_2}P_a\right]$	$\leqslant 1.0[\sigma]_t^t$ 若 $\sigma_t<0$ $\lvert\sigma_t\rvert \leqslant [\sigma]_{cr}^t$	$\leqslant 3.0[\sigma]_t^t$ 若 $\sigma_t<0$ $\lvert\sigma_t\rvert \leqslant$ $1.2[\sigma]_{cr}^t$	$\leqslant 1.0[\sigma]_t^t$ 若 $\sigma_t<0$ $\lvert\sigma_t\rvert \leqslant [\sigma]_{cr}^t$	$\leqslant 3.0[\sigma]_t^t$ 若 $\sigma_t<0$ $\lvert\sigma_t\rvert \leqslant$ $1.2[\sigma]_{cr}^t$	$\leqslant 1.0[\sigma]_t^t$ 若 $\sigma_t<0$ $\lvert\sigma_t\rvert \leqslant [\sigma]_{cr}^t$	$\leqslant 3.0[\sigma]_t^t$ 若 $\sigma_t<0$ $\lvert\sigma_t\rvert \leqslant$ $1.2[\sigma]_{cr}^t$
壳程圆筒轴向应力　MPa $\sigma_c = \dfrac{A}{A_s}\left[p_t + \dfrac{\lambda(1+\upsilon)}{Q_{ex}+G_2}P_a\right]$	$\leqslant \phi[\sigma]_c^t$	$\leqslant 3\phi[\sigma]_c^t$	$\leqslant \phi[\sigma]_c^t$	$\leqslant 3\phi[\sigma]_c^t$	$\leqslant \phi[\sigma]_c^t$	$\leqslant 3\phi[\sigma]_c^t$
拉脱应力　MPa $q = \dfrac{\sigma_t a}{\pi d l}$	$\leqslant [q]$	胀接$\leqslant [q]$ 焊接$\leqslant 3[q]$	$\leqslant [q]$	胀接$\leqslant [q]$ 焊接$\leqslant 3[q]$	$\leqslant [q]$	胀接$\leqslant [q]$ 焊接$\leqslant 3[q]$
注：对于对接连接的内孔焊结构，校核条件见 7.4.6.3 l)。						

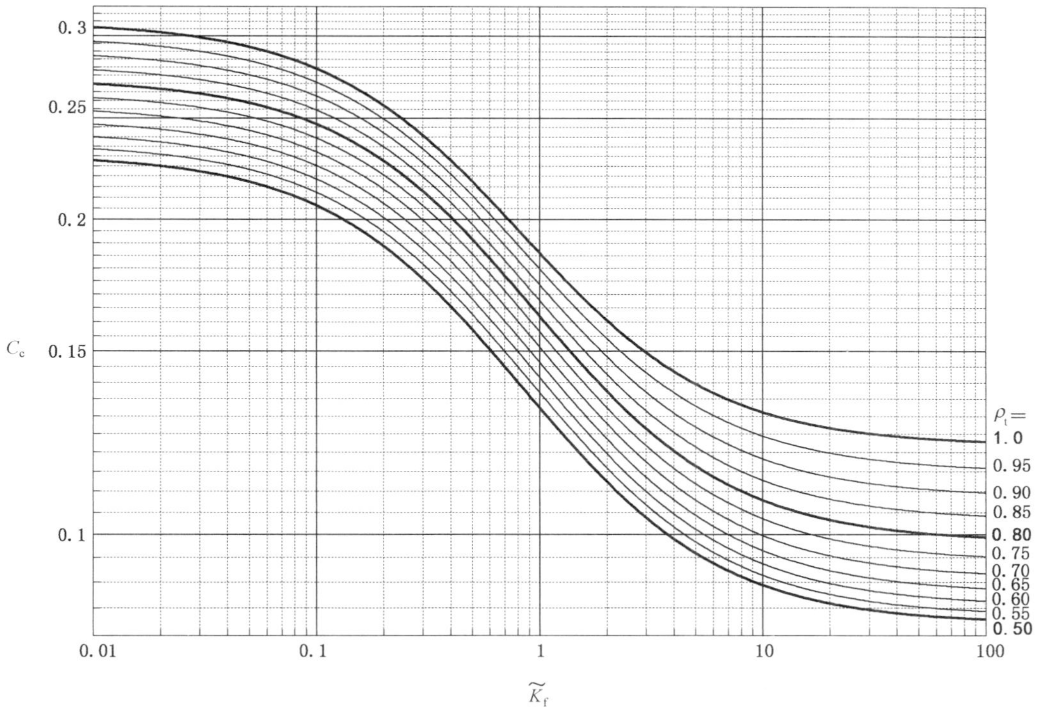

图 7-6 U 形管式热交换器管板厚度计算系数 C_c

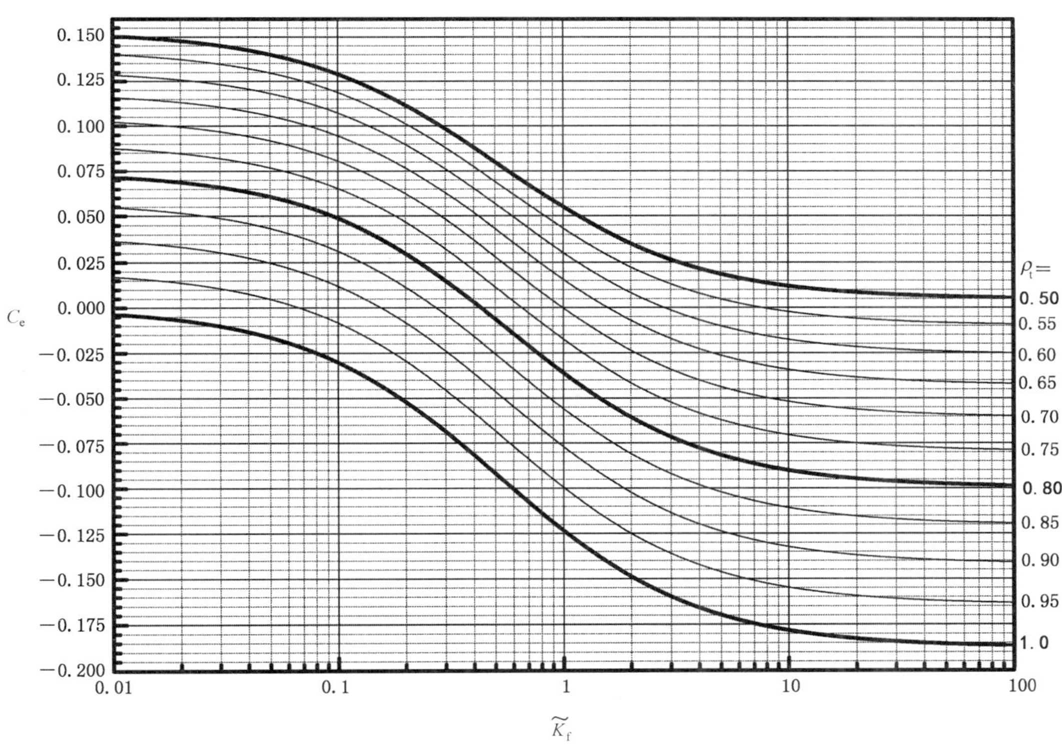

图 7-7 U 形管式热交换器管板厚度计算系数 C_e

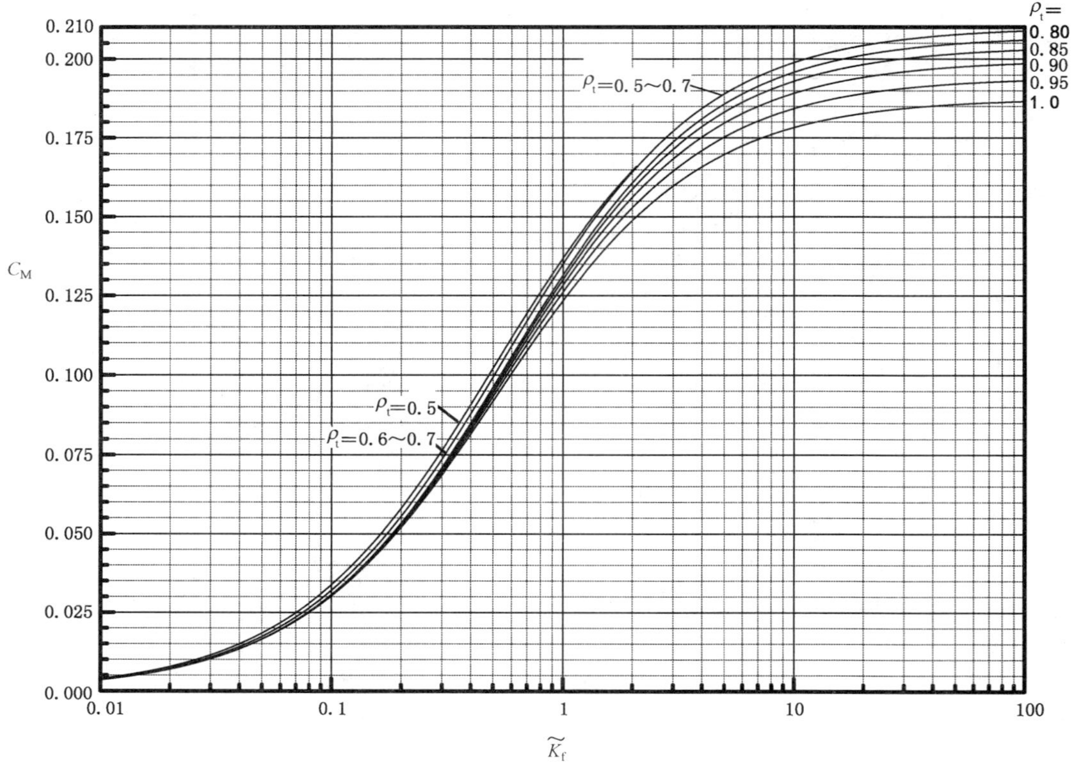

图 7-8　U 形管式热交换器管板厚度计算系数 C_M

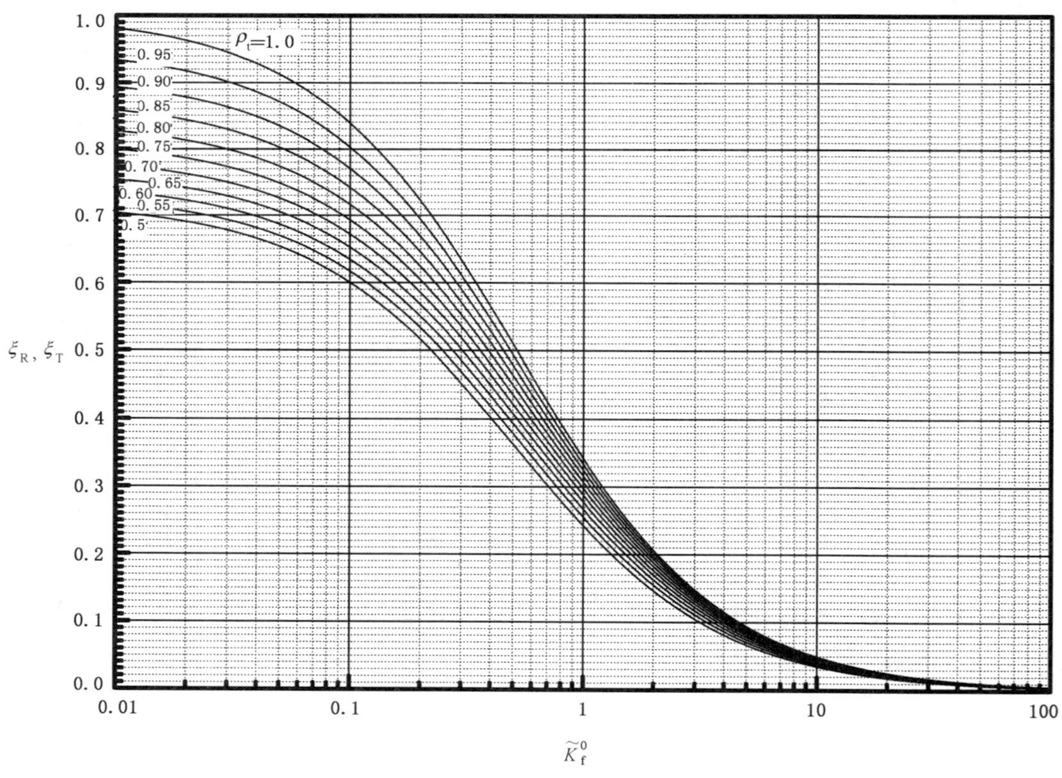

图 7-9　U 形管式热交换器设计曲线

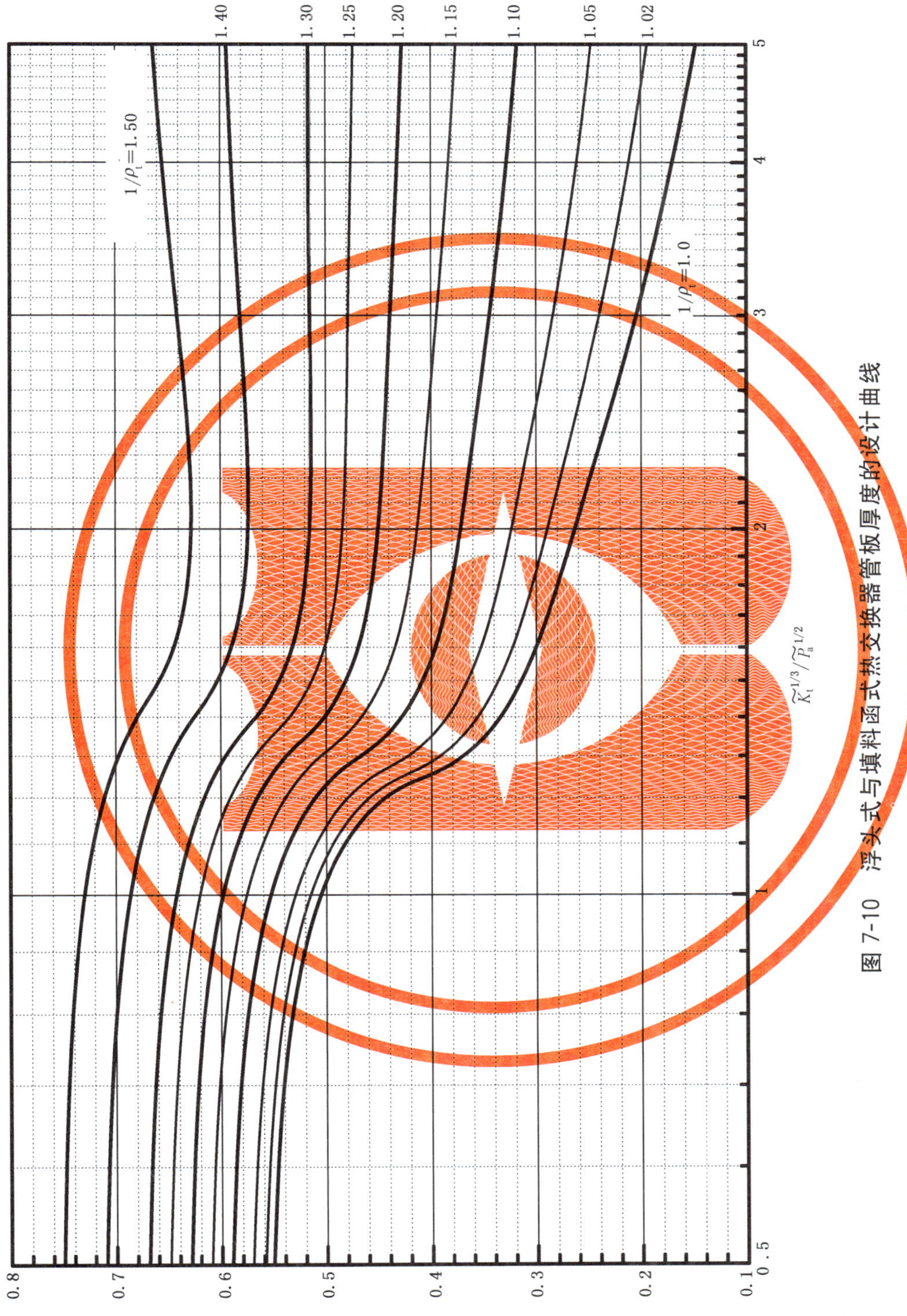

图 7-10 浮头式与填料函式热交换器管板厚度的设计曲线

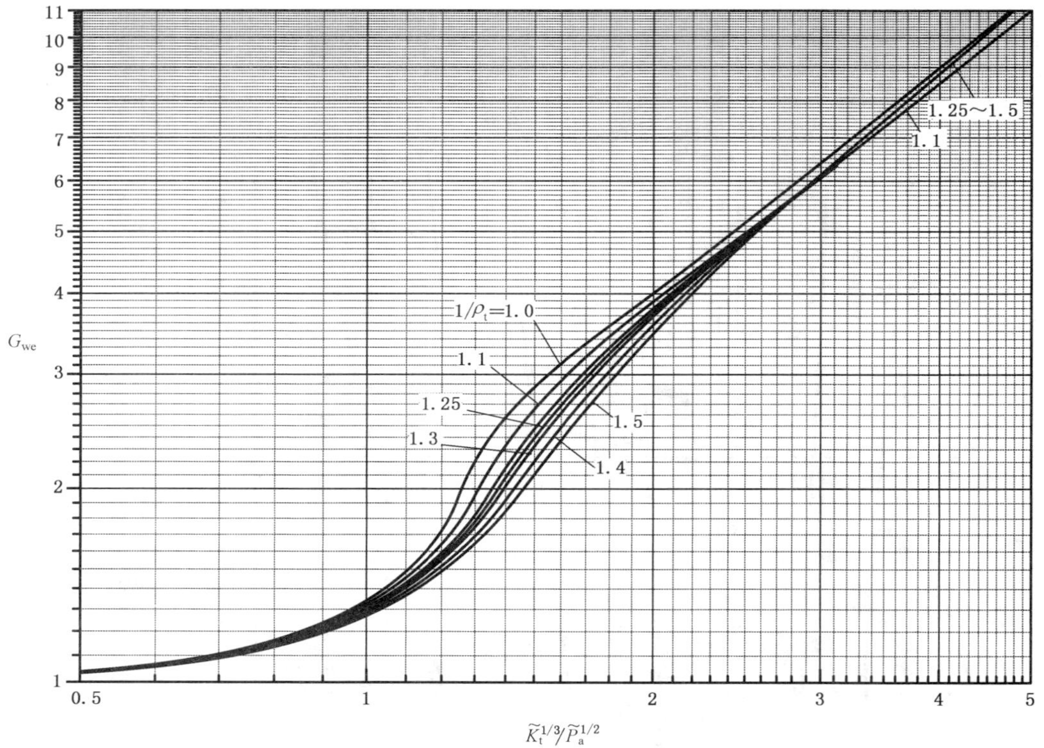

a） 浮头式与填料函式热交换器设计系数 G_{we} 曲线

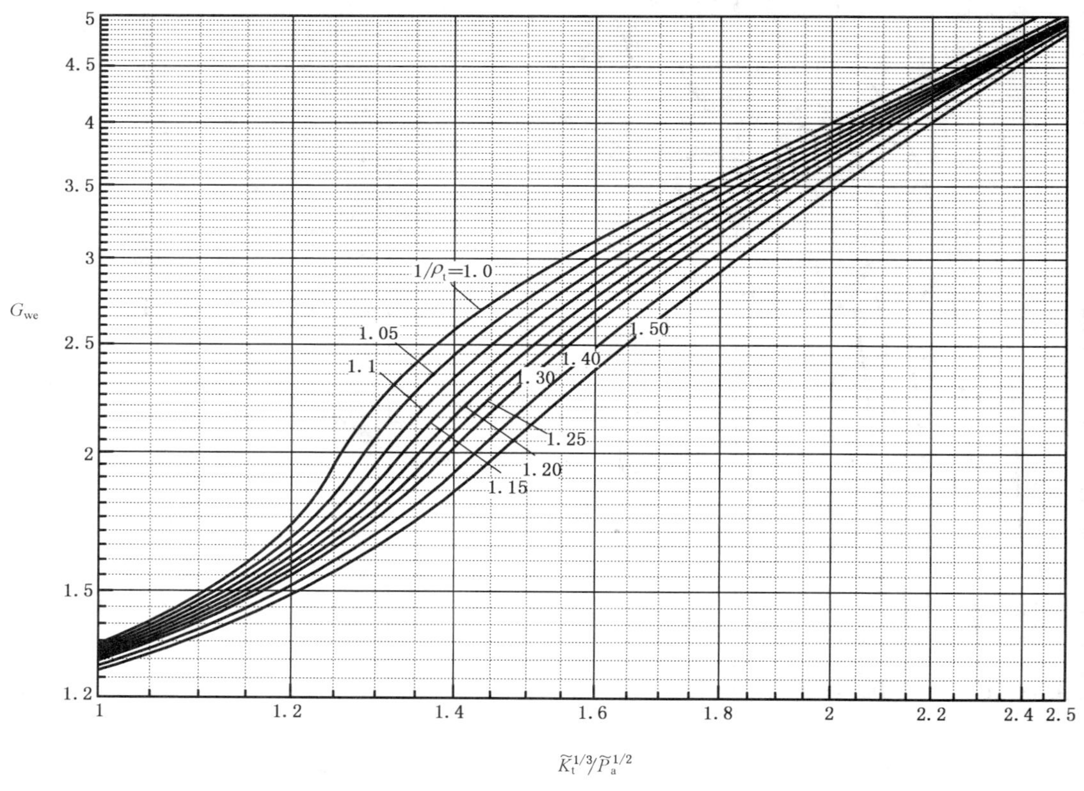

b） 浮头式与填料函式热交换器设计系数 G_{we} 曲线局部放大图

图 7-11

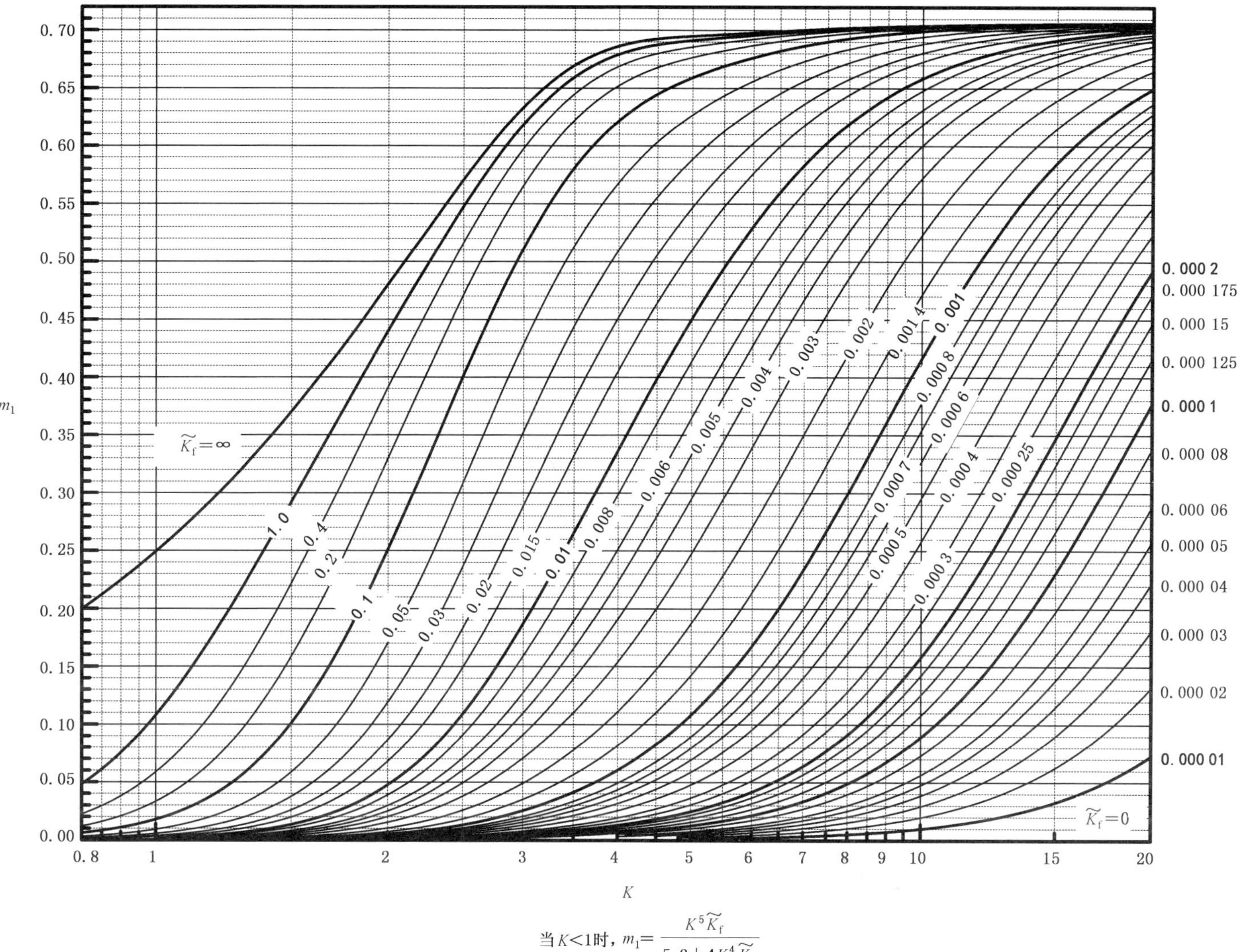

当$K<1$时，$m_1=\dfrac{K^5\widetilde{K}_f}{5.2+4K^4\widetilde{K}_f}$

图 7-12 固定管板式热交换器管板第一弯矩系数 $\boldsymbol{m}_1$

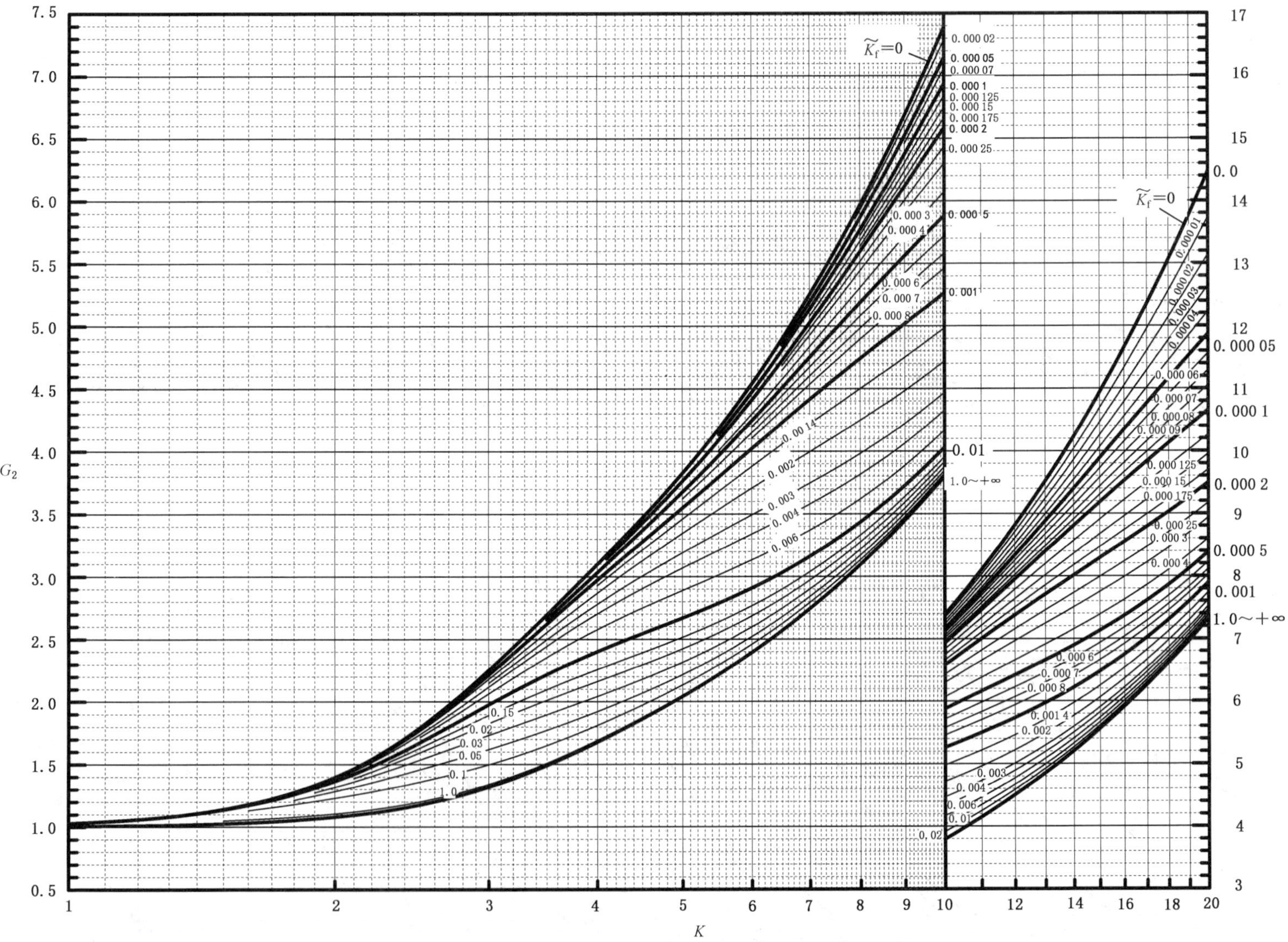

图 7-13　固定管板式热交换器管板计算系数 G_2

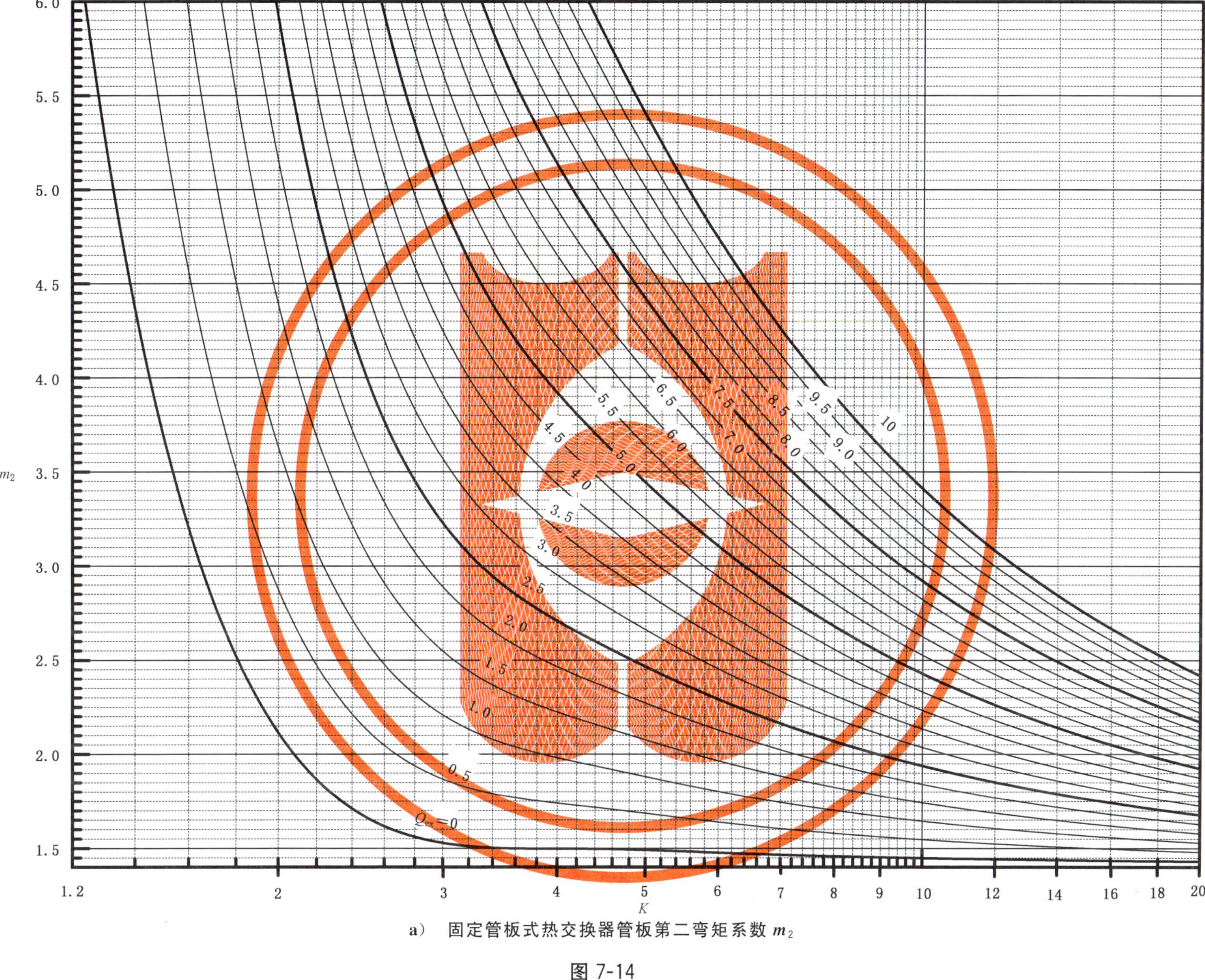

a) 固定管板式热交换器管板第二弯矩系数 m_2

图 7-14

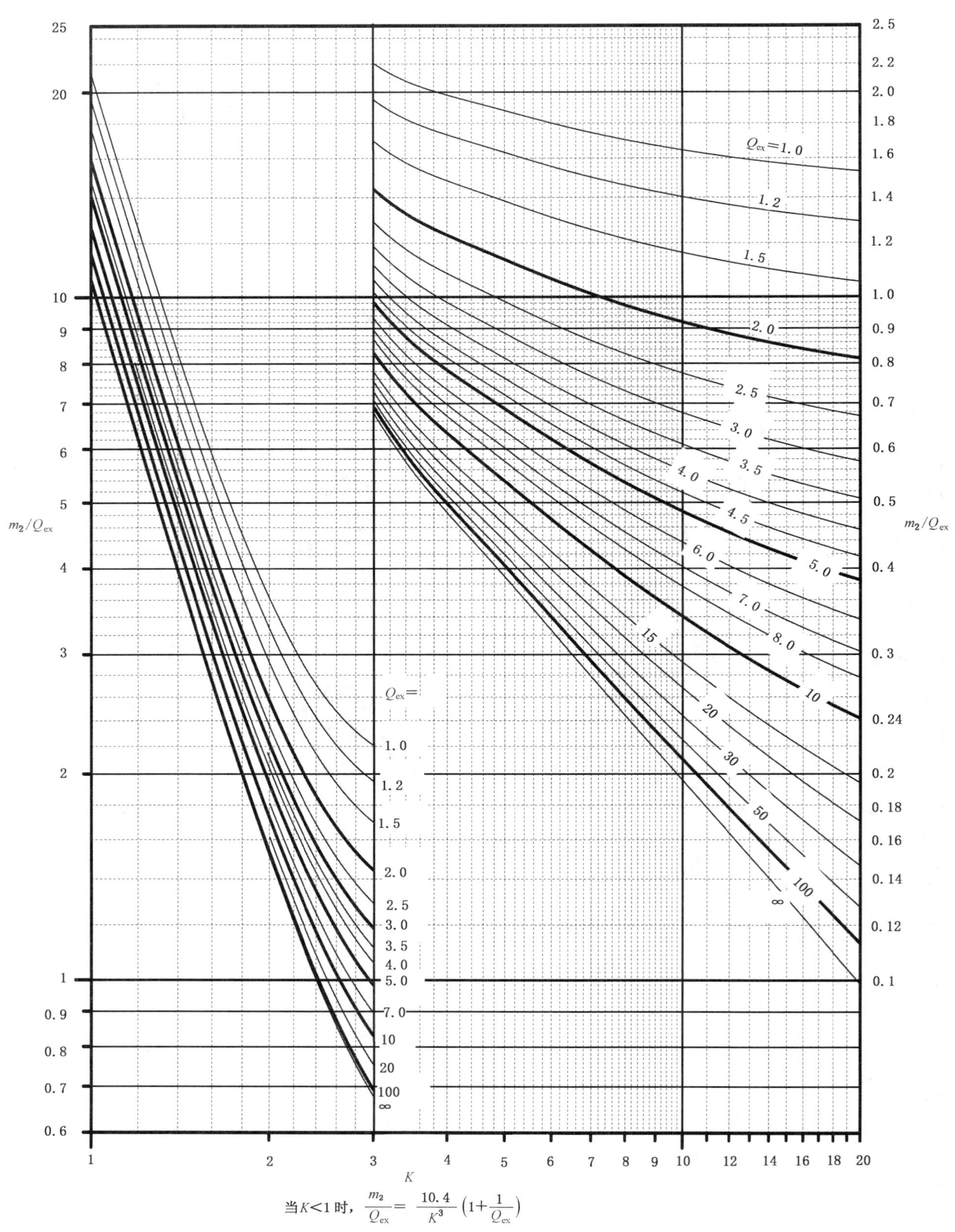

当$K<1$时，$\frac{m_2}{Q_{ex}}=\frac{10.4}{K^3}\left(1+\frac{1}{Q_{ex}}\right)$

b） 固定管板式热交换器管板设计系数

图 7-14（续）

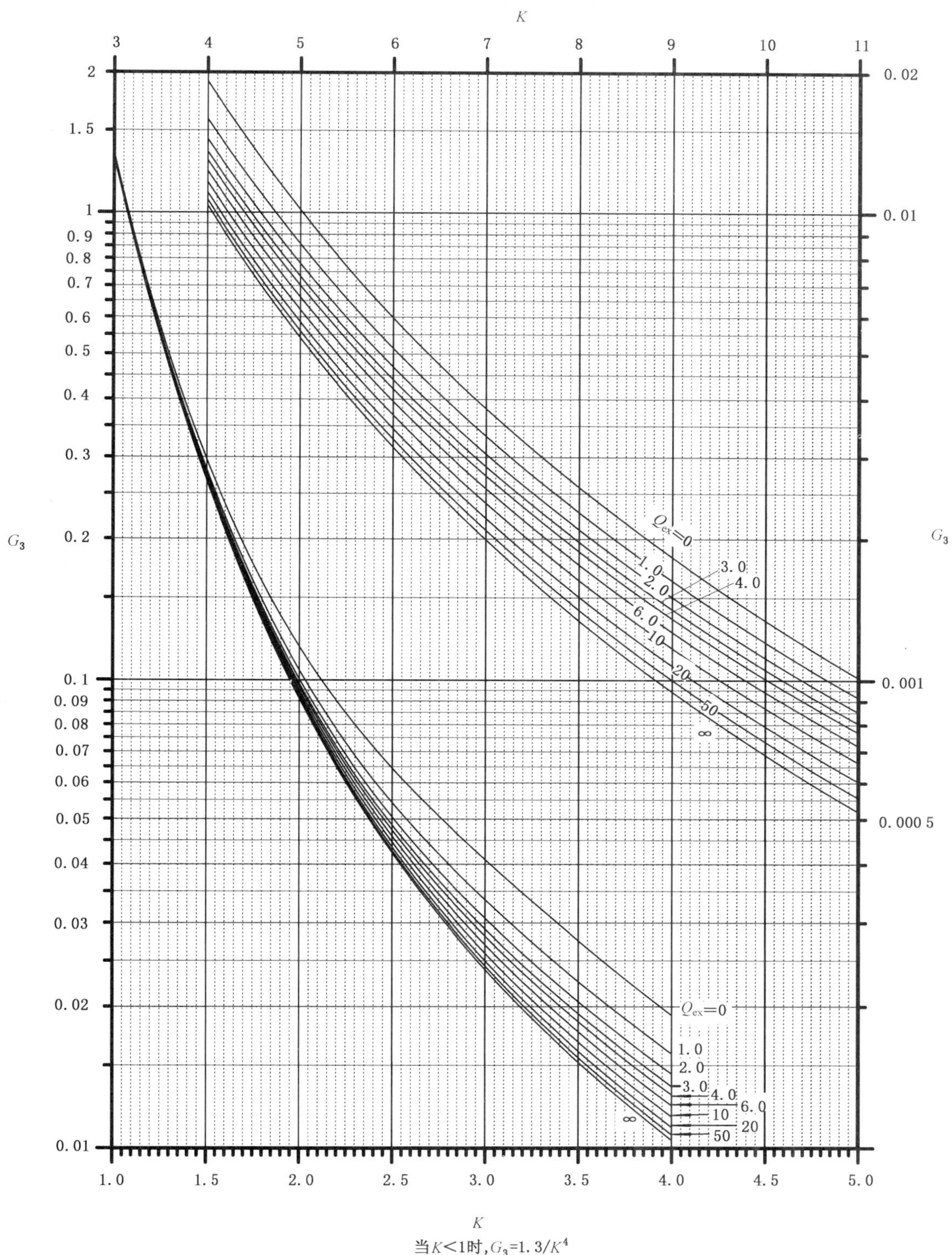

当$K<1$时，$G_3=1.3/K^4$

a） 固定管板式热交换器设计系数 G_3

图 7-15

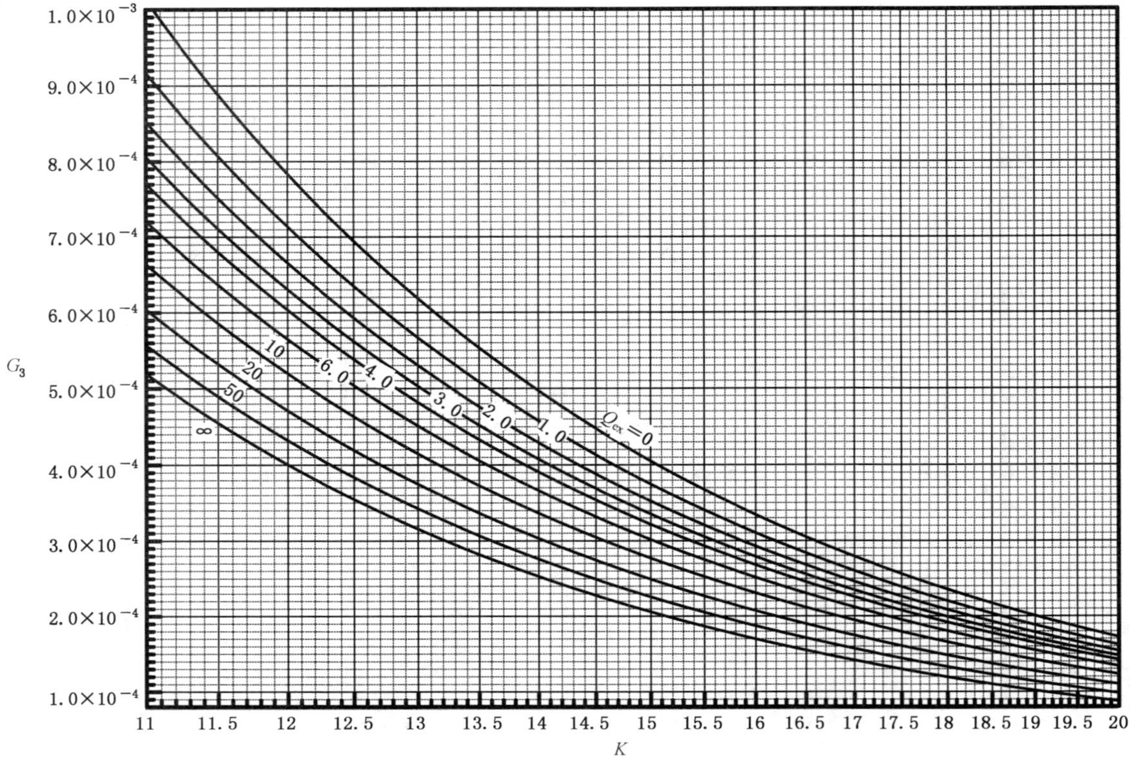

b) 固定管板式热交换器设计系数 G_3

图 7-15（续）

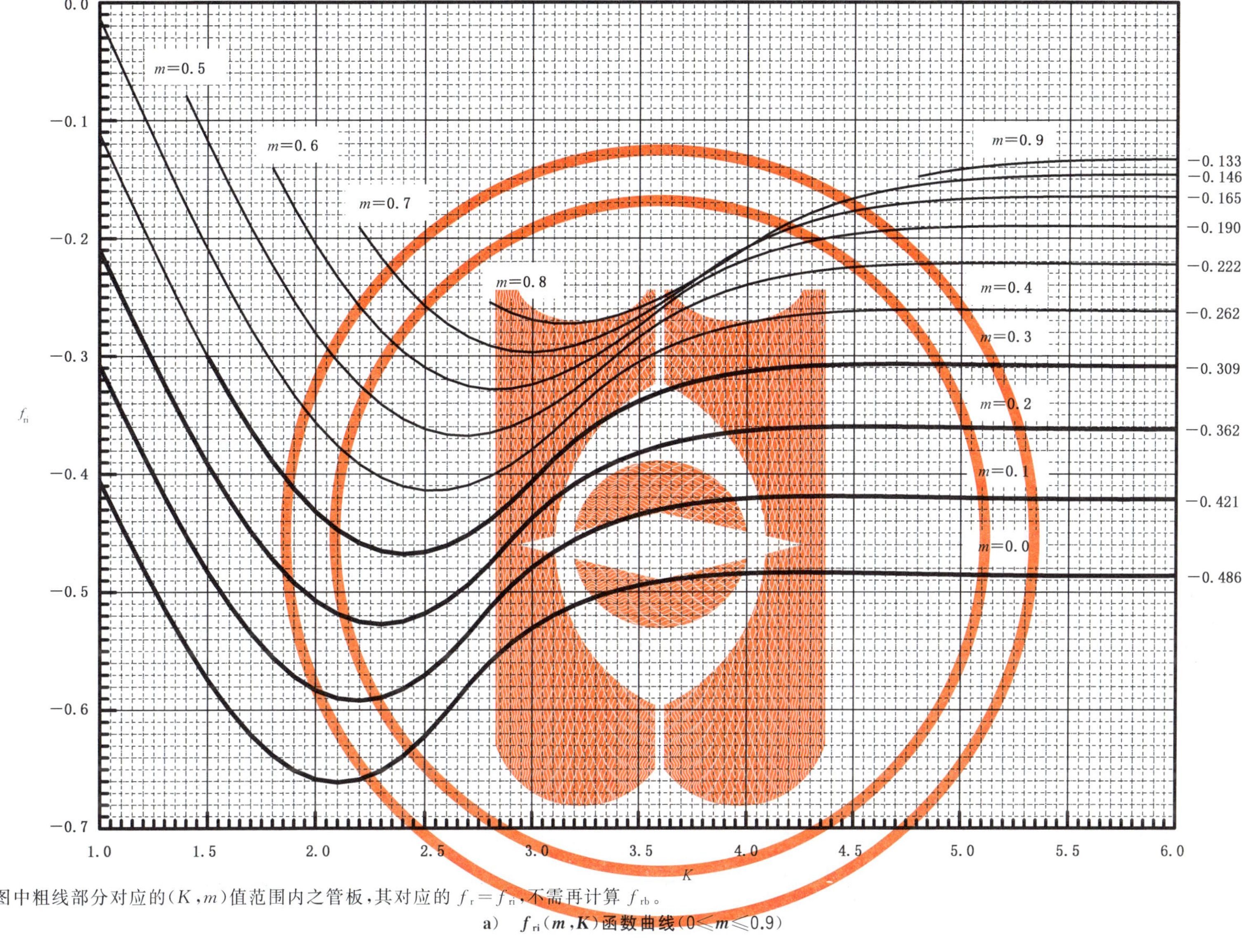

注：图中粗线部分对应的(K,m)值范围内之管板，其对应的 $f_r = f_{ri}$，不需再计算 f_{rb}。

a) $f_{ri}(m,K)$ 函数曲线($0 \leqslant m \leqslant 0.9$)

图 7-16

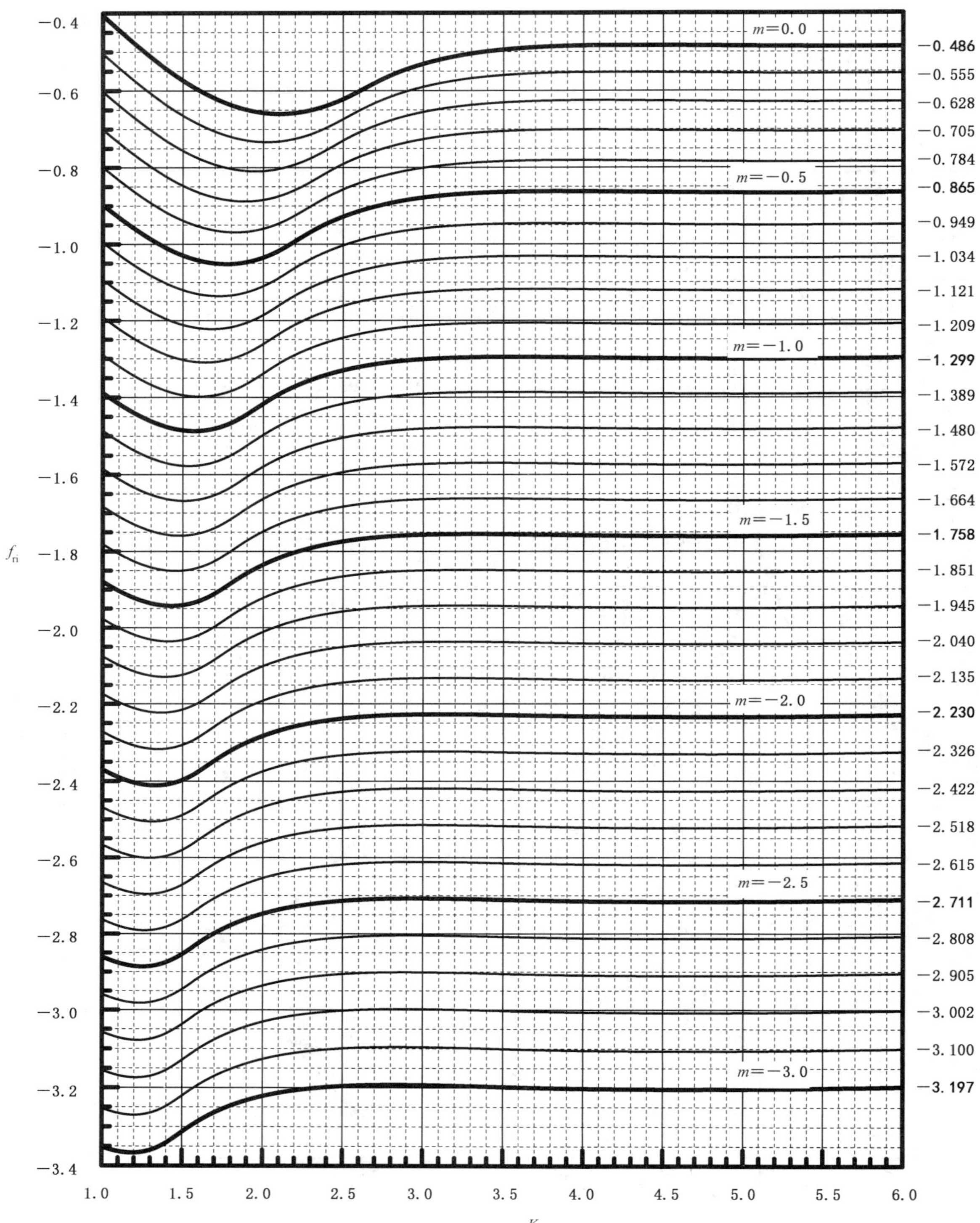

注：本图对应的(m，K)值范围内之管板，其对应的 $f_r = f_{ri}$，不需再计算 f_{rb}。

b)　$f_{ri}(m, K)$ 函数曲线($-3.0 \leqslant m \leqslant 0.0$)

图 7-16（续）

7.4.10 双管板设计计算

7.4.10.1 适用范围

7.4.10.1.1 本计算方法适用于U形管式和固定管板式热交换器的双管板及其相关元件(如换热管、壳体等)的强度校核和设计计算。管板与壳程圆筒、管箱圆筒之间的连接方式如图7-3所示。

7.4.10.1.2 对于特殊结构或特别苛刻设计条件的双管板连接方式,如有必要,应采用应力分析的方法进行校核计算。

7.4.10.2 双管板连接结构

7.4.10.2.1 根据双管板连接结构的整体性程度,分为整体式双管板、连接式双管板、分离式双管板3种形式,如图7-17所示。

7.4.10.2.2 整体式双管板是指在结构上内、外两管板与连接元件应通过全截面焊透或整体锻造而形成整体连接结构。连接式双管板的连接元件可以是长度为g的圆筒,也可以是其他柔性元件。

7.4.10.2.3 当壳程侧管板(内管板)和管程侧管板(外管板)之间带有连接元件时,连接元件与双管板连接在一起形成隔离腔。隔离腔应设置排净口。

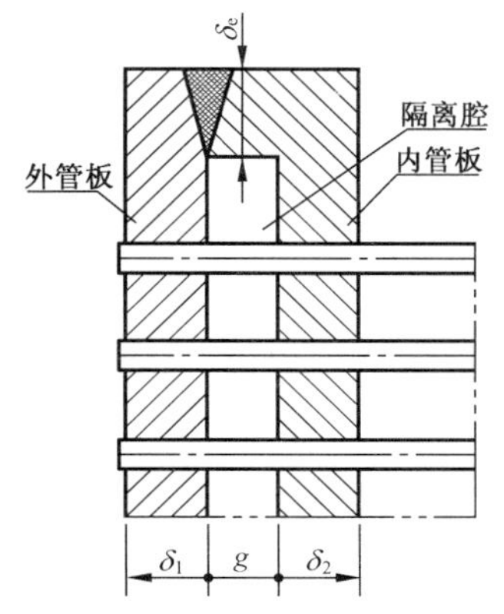

a) 整体式双管板

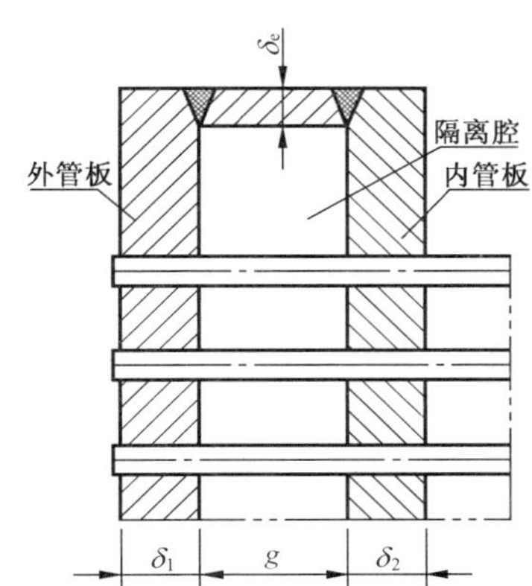

b) 连接式双管板

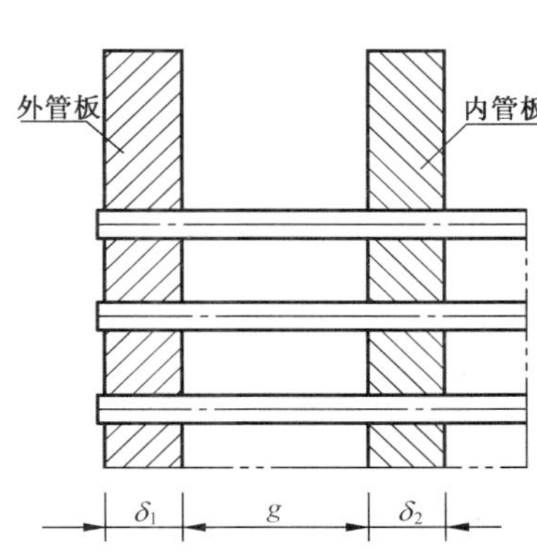

c) 分离式双管板

图7-17 双管板的连接结构

7.4.10.3 符号

D_t ——管板布管区当量直径,按7.4.8.3计算,mm;

d ——换热管的外径,mm;

E_t ——换热管材料在其平均金属温度下的弹性模量,MPa;

E_1 ——外管板在其平均金属温度下的弹性模量,MPa;

E_2 ——内管板在其平均金属温度下的弹性模量,MPa;

F_e ——内、外管板之间径向热膨胀差在连接元件中产生的剪力,N/mm;

g ——管板间距,mm;

R_{eL}^t ——换热管材料在平均金属温度下的屈服强度,MPa;

Δr ——内、外管板之间径向热膨胀差,mm;

ΔT_1 ——外管板平均金属温度与制造环境温度差,℃;

ΔT_2 ——内管板平均金属温度与制造环境温度差,℃;

α_1 ——外管板在其平均金属温度下的线膨胀系数,mm/(mm·℃);

α_2 ——内管板在其平均金属温度下的线膨胀系数,mm/(mm·℃);

δ_e ——连接元件计算厚度,mm;

δ_0 ——双管板总厚度,mm;

δ_1 ——外管板计算厚度,mm;

δ_2 ——内管板计算厚度,mm;

$[\sigma]_e^t$ ——连接元件在其设计温度下的许用应力,MPa;

τ ——连接元件的剪切应力,MPa。

7.4.10.4 管板

管板的设计计算按以下规定进行,对于分离式双管板,仅需满足b)的要求:

a) 将内、外两块管板视作一块整体管板,根据整体管板与管程侧、壳程侧圆筒的连接方式(见图7-3)和设计条件,按单管板计算得到要求的双管板总厚度 δ_0;计算还应包括换热管、壳体等相关元件的设计校核。

b) 对内、外管板分别进行计算确定各自的计算厚度,且不小于7.4.2规定的最小厚度。内、外管板可以具有不同的厚度:

   1) 内管板:根据该管板与其两侧圆筒的连接方式(见图7-3)和设计条件计算得到内管板厚度 δ_2,其管板隔离腔的设计压力即作为内管板的管程设计压力;

   2) 外管板:根据该管板与其两侧圆筒的连接方式(见图7-3)和设计条件计算得到外管板厚度 δ_1,其管板隔离腔的设计压力即作为外管板的壳程设计压力。

   计算还应包括换热管、壳体等相关元件的设计校核。隔离腔的设计压力按隔离腔内的工作压力(常压或腔内介质压力)确定。

c) 两块管板的厚度之和应满足:$\delta_1+\delta_2\geqslant\delta_0$。

7.4.10.5 连接元件

7.4.10.5.1 总则

连接元件的计算应遵从如下原则:

a) 设计条件应该提供可靠、准确的操作条件下两块管板的平均金属温度,该平均金属温度应通过传热计算得到,也可根据可靠的测量数据,或根据实践经验得到的设计数据;

b) 工程实践中已有相似结构的成功使用经验,可免除计算。

7.4.10.5.2 整体式双管板

整体式双管板的连接元件应具有足够的刚度用于传递内、外管板之间由于金属温度不同而产生的径向载荷。整体式双管板的间距 g 宜取10 mm~40 mm,连接元件的厚度还应满足式(7-134)剪切应力的校核条件:

a) 剪切应力 τ

   由于两块管板具有不同的平均金属温度,导致在连接元件上产生的剪力按式(7-132)计算,

   剪切应力 τ 按式(7-133)计算:

$$F_e=\left|\frac{(\alpha_1\Delta T_1-\alpha_2\Delta T_2)(\delta_1E_1)(\delta_2E_2)}{(\delta_1E_1)+(\delta_2E_2)}\right| \qquad \cdots\cdots(7\text{-}132)$$

$$\tau = \frac{F_e}{\delta_e} \quad \cdots\cdots(7\text{-}133)$$

b) 应力评定

$$\tau \leqslant 0.8[\sigma]_e^t \quad \cdots\cdots(7\text{-}134)$$

7.4.10.5.3 连接式双管板

连接式双管板的圆筒连接元件应符合下列规定：

a) 连接式双管板的内、外管板间距 g 应满足式(7-135)的要求，且不小于 150 mm：

$$g \geqslant \sqrt{\frac{d\Delta r E_t}{0.27R_{eL}^t}} \quad \cdots\cdots(7\text{-}135)$$

其中 Δr 按式(7-136)计算：

$$\Delta r = \left|\left(\frac{D_t}{2}\right)(a_2\Delta T_2 - a_1\Delta T_1)\right| \quad \cdots\cdots(7\text{-}136)$$

b) 连接式双管板的圆筒连接元件厚度可根据结构需要取不小于表 7-1 规定的圆筒最小厚度。

7.4.10.6 分离式双管板

分离式双管板的内、外管板间距 g 应满足式(7-135)的要求，且不小于 150 mm。

8 制造、检验与验收

8.1 通则

管壳式热交换器的制造、检验与验收，除遵守本章规定外，还应符合 GB 150.1—2011 和 GB 150.4—2011 的有关规定。

8.2 圆筒

8.2.1 用板材卷制的圆筒，外圆周长的允许上偏差为 10 mm；下偏差为零。用管材作圆筒时，其尺寸允许偏差应符合第 2 章有关标准的规定。

8.2.2 圆筒同一断面上的最大内径与最小内径之差，不应大于该断面公称直径 DN 的 0.5%，且应符合下列规定：

a) DN≤1 200 mm 时，不大于 5 mm；

b) DN>1 200 mm～2 000 mm 时，不大于 7 mm；

c) DN>2 000 mm～2 600 mm 时，不大于 12 mm；

d) DN>2 600 mm～3 200 mm 时，不大于 14 mm；

e) DN>3 200 mm～4 000 mm 时，不大于 16 mm。

8.2.3 圆筒直线度允许偏差不应大于圆筒长度 L 的 1‰，且当 $L \leqslant 6\ 000$ mm 时，不大于 4.5 mm；$L > 6\ 000$ mm 时，不大于 8 mm。

注：检查直线度时应通过中心线的水平和垂直面，即沿圆周 0°、90°、180°、270°四个部位测量。

8.2.4 凡有碍管束拆装的壳体内壁焊缝余高均应磨至与母材表面齐平。

8.3 换热管

8.3.1 换热管的尺寸偏差应符合本标准和设计文件的要求。

8.3.2 碳素钢、低合金钢换热管管端外表面应除锈至呈现金属光泽，高合金钢、铝、铜、钛、镍、锆及其合金换热管管端应清除表面附着物及氧化层。管端清理长度为：

a) 对焊接接头，管端清理长度应不小于换热管外径，且不小于 25 mm；

b) 对胀接接头，管端清理长度应不小于强度胀接长度，且不得影响胀接质量；

c) 双管板热交换器换热管的管端清理长度按设计文件规定。

8.3.3 U 形管弯制

8.3.3.1 U 形管弯管段的圆度偏差应符合下列要求：

a) 弯曲半径大于或等于 2.5 倍换热管名义外径时，圆度偏差不应大于换热管名义外径 10%；

b) 弯曲半径小于 2.5 倍换热管名义外径时，圆度偏差不应大于换热管名义外径 15%；

8.3.3.2 U 形管不宜热弯；

8.3.3.3 U 形管弯制后应逐根进行耐压试验，试验压力不得小于热交换器的耐压试验压力(管、壳程试验压力的高值)。

8.3.4 换热管直管或直管段长度大于 6 000 mm 时允许拼接；且应符合以下要求：

a) 对接焊缝应进行焊接工艺评定，评定时试件的数量、尺寸、试验方法应符合 NB/T 47014 (JB/T 4708) 的规定；

b) 直管换热管的对接焊缝不得超过一条；U 形管的对接焊缝不得超过两条，包括至少 50 mm 直管段的 U 形弯管段范围内不得有拼接接头；最短直管长不应小于 300 mm，且应大于管板厚度 50 mm 以上；

c) 对接接头的管端坡口应采用机械方法加工，焊前应清理干净；

d) 对口错边量不应超过换热管壁厚的 15%，且不大于 0.5 mm，并不得影响穿管；

e) 对接后应进行通球检查，以钢球通过为合格，钢球直径应按表 8-1 选取；

f) 对接接头应按 JB/T 4730.2 进行 100%射线检测，合格级别不低于Ⅲ级，检测技术等级不低于 AB 级；

g) 对接后应逐根进行耐压试验，试验压力不得小于热交换器的耐压试验压力(管、壳程试验压力的高值)。

表 8-1 钢球直径

mm

换热管外径 d	$d \leqslant 25$	$25 < d \leqslant 40$	$d > 40$
钢球直径	$0.75d_i$	$0.8d_i$	$0.85\ d_i$
注：d_i——换热管内径。			

8.4 管板、管箱平盖

8.4.1 DN≤2 600 mm 的热交换器管板不宜拼接。

8.4.2 管板、管箱平盖拼接时，除应满足下列要求外，还应符合 GB 150.4—2011 的相关要求：

a) 对接接头应采用全焊透结构，并按 JB/T 4730 进行 100%射线或超声检测；射线检测合格级别不低于Ⅱ级，技术等级不低于 AB 级；超声检测合格级别为Ⅰ级，技术等级不低于 B 级；采用衍射时差法超声检测时，合格级别应符合 NB/T 47013.10(JB/T 4730.10)规定的Ⅱ级；

b) 碳素钢和低合金钢管板、管箱平盖应进行焊后热处理；除设计文件另有规定，奥氏体型不锈钢和奥氏体-铁素体型不锈钢管板、管箱平盖可不进行焊后热处理。

8.4.3 管板、管箱平盖的堆焊应符合下列要求：

a) 堆焊前应按 NB/T 47014(JB/T 4708)进行堆焊工艺评定；

b) 基层材料的待堆焊面和覆层材料加工后(管板钻孔前)的表面，应按 JB/T 4730 进行表面检测，合格级别为Ⅰ级；

c) 不得采用换热管与管板焊接后对管间空隙进行补焊的方法代替管板堆焊。

8.4.4 管板管孔偏差应符合下列要求：

a) 允许有4%的管孔上偏差超出表6-10～表6-17中的相应值，但不超出相应上偏差的50%；

b) 检查时，先抽查不小于60°管板中心角区域内的管孔，未达到8.4.4 a)要求时应100%检查。

8.4.5 管板孔桥宽度

8.4.5.1 管板终钻面，其相邻两管孔之间的允许孔桥宽度 B 和最小孔桥宽度 B_{min} 应分别按式(8-1)和式(8-2)进行计算；常用的钢制管束管板孔桥宽度见表8-2和表8-3；当管板厚度超过160 mm时，按160 mm挡选取 B 值，不再按式(8-1)进行计算：

$$B=(S-d_h)-\Delta_1 \qquad \cdots\cdots(8\text{-}1)$$

$$B_{min}=0.6(S-d_h) \qquad \cdots\cdots(8\text{-}2)$$

式中：

B ——允许孔桥宽度，mm；

B_{min}——最小孔桥宽度，mm；

d ——换热管外径，mm；

d_h ——管孔直径，mm；

S ——换热管中心距，mm；

Δ_1 ——孔桥偏差，mm；

当 $d<16$ mm时，$\Delta_1=2\Delta_2+0.51$；

当 $d\geqslant 16$ mm时，$\Delta_1=2\Delta_2+0.76$；

Δ_2 ——钻头偏移量，$\Delta_2=0.041\times\frac{\delta}{d}$，mm；

δ ——管板厚度，mm。

表8-2 钢制Ⅰ级管束孔桥宽度

mm

换热管外径 d	换热管中心距 S	管孔直径 d_h	名义孔桥宽度 $S-d_h$	允许孔桥宽度 B								最小孔桥宽度 B_{min}
				管板厚度 δ								
				20	40	60	80	100	120	140	≥160	
14	19	14.25	4.75	4.12	4.01	3.89	3.77	3.65	3.54	3.42	3.30	2.85
16	22	16.25	5.75	4.89	4.79	4.68	4.58	4.48	4.38	4.27	4.17	3.45
19	25	19.25	5.75	4.90	4.82	4.73	4.64	4.56	4.47	4.39	4.30	3.45
25	32	25.25	6.75	5.92	5.86	5.79	5.73	5.66	5.60	5.53	5.47	4.05
30	38	30.35	7.65	6.84	6.78	6.73	6.67	6.62	6.56	6.51	6.45	4.59
32	40	32.40	7.60	6.79	6.74	6.69	6.64	6.58	6.53	6.48	6.43	4.56
35	44	35.40	8.60	7.79	7.75	7.70	7.65	7.61	7.56	7.51	7.47	5.16
38	48	38.45	9.55	8.75	8.70	8.66	8.62	8.57	8.53	8.49	8.44	5.73
45	57	45.50	11.50	10.70	10.67	10.63	10.59	10.56	10.52	10.48	10.45	6.90
50	64	50.55	13.45	12.66	12.62	12.59	12.56	12.53	12.49	12.46	12.43	8.07
55	70	55.65	14.35	13.56	13.53	13.50	13.47	13.44	13.41	13.38	13.35	8.61
57	72	57.65	14.35	13.56	13.53	13.50	13.47	13.45	13.42	13.39	13.36	8.61

表 8-3 钢制Ⅱ级管束孔桥宽度

mm

换热管外径 d	换热管中心距 S	管孔直径 d_h	名义孔桥宽度 $S-d_h$	允许孔桥宽度 B								最小孔桥宽度 B_{min}
				管板厚度 δ								
				20	40	60	80	100	120	140	≥160	
14	19	14.30	4.70	4.07	3.96	3.84	3.72	3.60	3.49	3.37	3.25	2.82
16	22	16.30	5.70	4.84	4.74	4.63	4.53	4.43	4.33	4.22	4.12	3.42
19	25	19.30	5.70	4.85	4.77	4.68	4.59	4.51	4.42	4.34	4.25	3.42
25	32	25.30	6.70	5.87	5.81	5.74	5.68	5.61	5.55	5.48	5.42	4.02
30	38	30.40	7.60	6.79	6.73	6.68	6.62	6.57	6.51	6.46	6.40	4.56
32	40	32.45	7.55	6.74	6.69	6.64	6.59	6.53	6.48	6.43	6.38	4.53
35	44	35.45	8.55	7.74	7.70	7.65	7.60	7.56	7.51	7.46	7.42	5.13
38	48	38.50	9.50	8.70	8.65	8.61	8.57	8.52	8.48	8.44	8.39	5.70
45	57	45.55	11.45	10.65	10.62	10.58	10.54	10.51	10.47	10.43	10.40	6.87
50	64	50.60	13.40	12.61	12.57	12.54	12.51	12.48	12.44	12.41	12.38	8.04
55	70	55.70	14.30	13.51	13.48	13.45	13.42	13.39	13.36	13.33	13.30	8.58
57	72	57.70	14.30	13.51	13.48	13.45	13.42	13.40	13.37	13.34	13.31	8.58

8.4.5.2 当换热管与管板采用强度焊接或强度焊接加贴胀接头形式时，钢制Ⅰ级管束的管板孔桥宽度可参照钢制Ⅱ级管束适当放宽，其他金属制管束的管板孔桥宽度可通过试验适当放宽。

8.4.5.3 终钻后应抽查不小于60°管板中心角区域内的孔桥宽度，允许孔桥宽度 B 值的合格率不应小于96%，最小孔桥宽度 B_{min} 值的数量应控制在4%之内；未达到上述合格率时，则应100%检查。

8.4.6 管板管孔表面粗糙度 Ra 应符合下列要求：

a) 焊接连接时，Ra 值不大于25 μm；

b) 胀接连接时，Ra 值不大于12.5 μm。

8.4.7 管板管孔表面应清理干净，不应有影响胀接或焊接连接质量的毛刺、铁屑、锈斑、油污等；胀接管孔表面不应有影响胀接质量的纵向或螺旋状刻痕等缺陷。

8.5 折流板、支持板

8.5.1 管孔直径尺寸及偏差应符合表6-22～表6-30的规定。对于钢制管束，允许有4%的管孔上偏差比表6-22～表6-23中的数值大，但超过值不大于0.1 mm。检查一块折流板或支持板不小于60°中心角区域内的管孔，未达到要求时，应100%检查。

8.5.2 折流板或支持板的外径尺寸及偏差应符合表6-20的规定。机械加工表面的粗糙度 Ra 值不应大于25 μm，外圆面的尖角应倒钝，应去除折流板或支持板上的毛刺。

8.5.3 换热管为铝、铜、钛、镍和锆等其他金属管时，折流板或支持板上的管孔应两端倒角。对于钢制换热管，当设计文件要求时折流板或支持板上的管孔两端也应倒角。

8.6 其他零部件

8.6.1 管箱隔板密封面应与管箱法兰的环形密封面平齐或略低于环形密封面(控制在0.5 mm以内)。

8.6.2 定距管两端应去除毛刺。

8.6.3 防冲板(杆)、导流筒及旁路挡板的尺寸应符合设计图样的要求。

8.6.4 滑道结构的尺寸及安装方位应符合设计图样的要求。

8.6.5 釜式重沸器的零部件应符合下列要求:

a) 支撑导轨上有碍滑道通过的焊接接头应修磨齐平;

b) 支撑导轨应与设备纵向中心线平行,其平行度偏差不应大于2‰,且不大于5 mm;

c) 堰板的上端面应水平,其倾斜不应大于3mm。

8.7 管束的组装

8.7.1 螺纹拉杆与管板连接端应连接牢靠,自由端螺母应旋紧;焊接拉杆应焊接牢靠且不得影响穿管。

8.7.2 折流板应固定牢靠,折流板间距及缺口方位应符合设计图样的要求。

8.7.3 穿管时不应强行组装,换热管表面不应出现凹瘪或划伤。

8.7.4 除管板外,其他任何零件均不得与换热管相焊。

8.7.5 防冲板(杆)、导流筒、旁路挡板及滑道应固定牢靠。

8.8 换热管与管板的连接

8.8.1 胀接连接

8.8.1.1 胀接不应超出管板背面(壳程侧),换热管的胀接与非胀接部位应圆滑过渡,不应有急剧的棱角。

8.8.1.2 对强度胀接接头,胀前应进行胀接工艺试验,确定合适的胀度。

8.8.1.3 采用先胀后焊工艺时,不得采用影响焊接质量的润滑剂。

8.8.1.4 对有冷作硬化倾向和有耐应力腐蚀要求的换热管,宜采取柔性胀接方法。

8.8.2 焊接连接

8.8.2.1 焊接接头的焊脚尺寸应符合设计文件的规定。焊缝表面的焊渣及凸出于换热管内壁的焊瘤均应清除。有缺陷的焊缝,应清除缺陷后焊补。

8.8.2.2 对强度焊接及内孔焊的焊缝,焊接前应按NB/T 47014(JB/T 4708)进行焊接工艺评定。

8.9 焊接

8.9.1 焊接应采用经评定合格的焊接工艺。

8.9.2 产品焊接试件应按TSG R0004—2009和GB 150.4—2011的有关规定并符合设计文件的要求。

8.10 热处理

8.10.1 管箱、浮头盖

8.10.1.1 碳素钢、低合金钢制的浮头盖应进行焊后热处理。

8.10.1.2 碳素钢、低合金钢制的管箱符合下列情况之一时,应进行焊后热处理:

a） 焊有分程隔板；

b） 侧向开孔直径超过 1/3 圆筒内径。

8.10.1.3 除图样另有规定，奥氏体型不锈钢、奥氏体-铁素体型双相不锈钢制管箱、浮头盖可不进行热处理。

8.10.1.4 设备法兰、分程隔板的密封面应在热处理后加工。

8.10.2 换热管与管板焊接接头

8.10.2.1 根据材料类别必须进行焊后热处理时，可以采用局部热处理方法，但应保证整个管板面加热均匀，且测温点不少于 4 个，每个象限至少 1 个。

8.10.2.2 图样有要求时，按照图样要求进行热处理。

8.10.3 U 形管

有耐应力腐蚀要求或要求消除残余应力时，碳素钢和低合金钢 U 形换热管弯管段及至少150 mm 的直管段应进行热处理。其他材料 U 形换热管弯管段的热处理由供需双方协商。

8.11 组装

8.11.1 热交换器零、部件在组装前应进行检查和清理，不应留有焊疤、焊接飞溅物、浮锈及其他杂物等。

8.11.2 吊装管束时，应防止管束变形和损伤换热管。

8.11.3 垫片应安装到位。

8.11.4 螺柱的紧固至少应分 3 遍进行，每遍的起点应相互错开 120°，紧固顺序可按图 8-1 进行。

8.11.5 重叠热交换器应在制造单位进行重叠预组装；重叠支座间的调整板应在试验合格后点焊于下台热交换器的重叠支座上，并在重叠支座和调整板的外侧标有永久性标记，以备现场组装对正。

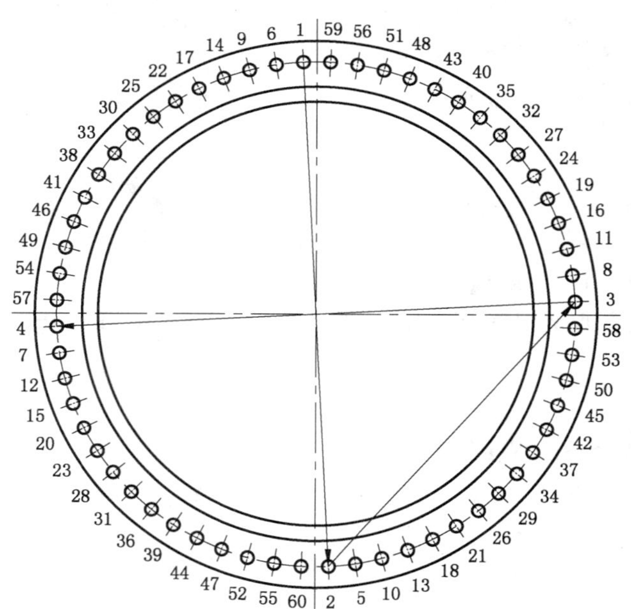

图 8-1 螺柱紧固顺序

8.12 尺寸偏差

8.12.1 热交换器安装尺寸的允许偏差见图 8-2。

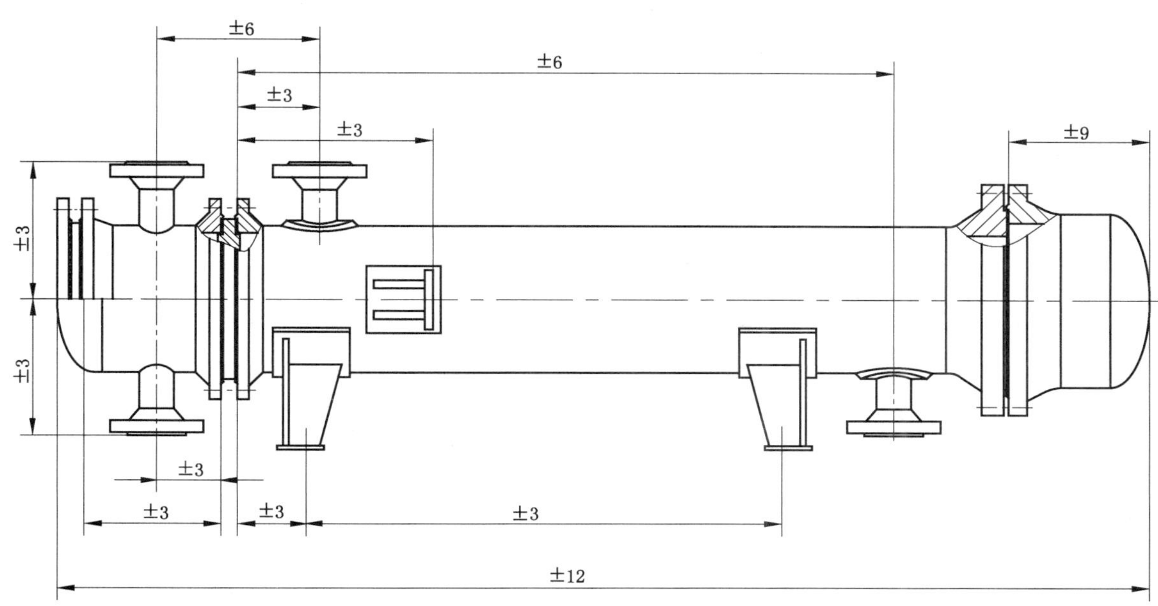

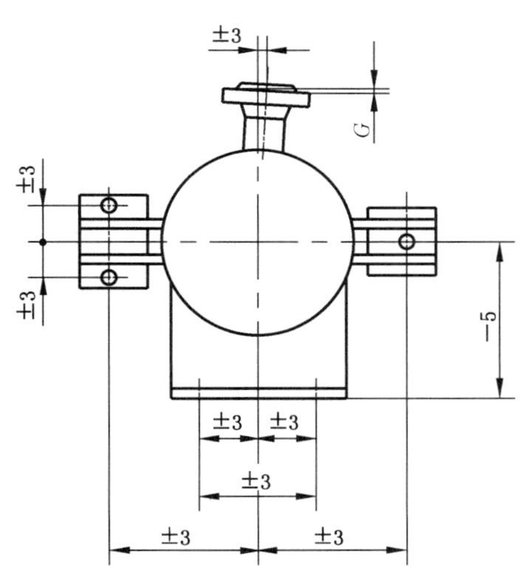

mm

接管公称直径	50～100	150～300	≥350
法兰面倾斜量 G_{max}	1.5	2.5	4.5
注：本表仅适用于与外部管线连接的接管。			

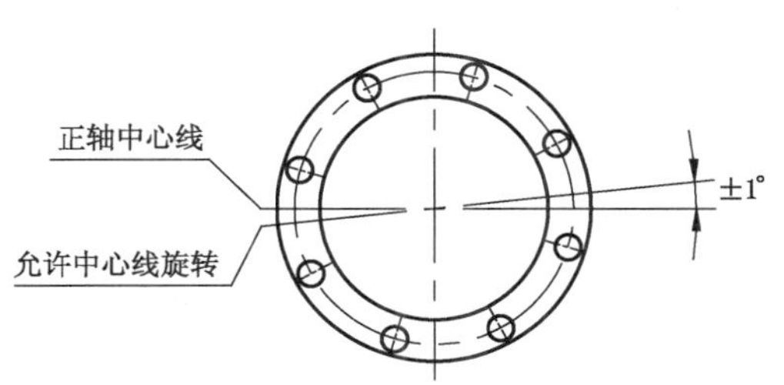

图 8-2 安装尺寸允许偏差

8.12.2 管箱平盖、法兰、分程隔板、管板等装配尺寸的允许偏差见图 8-3。图中 D_1～D_7 的允许偏差按 GB/T 1804 规定的 m 级，但极限偏差不得超过±1.2 mm；图中 D_5、D_7 的允许偏差只适用于 A 型钩圈，B 型钩圈 D_5、D_7 的允许偏差见图 7-1。

8.12.3 填料函装配尺寸的公差等级见图 8-4。

8.12.4 双壳程热交换器纵向隔板的宽度及允许偏差与折流板外径及允许偏差相同(见表 6-20)，纵向隔板两对角线之差不应大于 2.5 mm。

8.12.5 除另有规定外，零件机械加工表面和非机械加工表面的线性尺寸的极限偏差，分别按 GB/T 1804 中的 m 级和 c 级的规定。

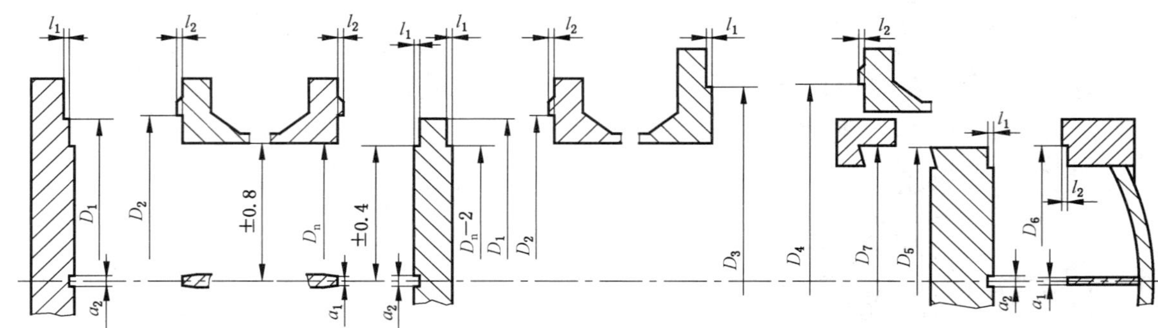

a） 凹凸面连接

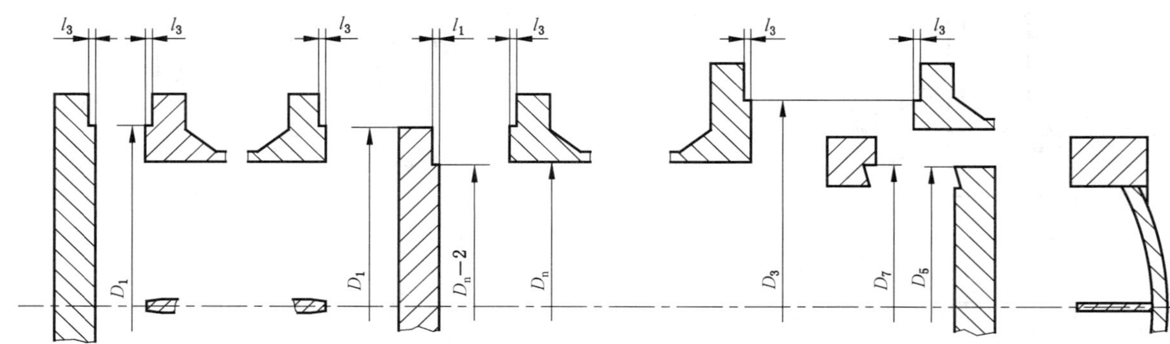

b） 平面连接

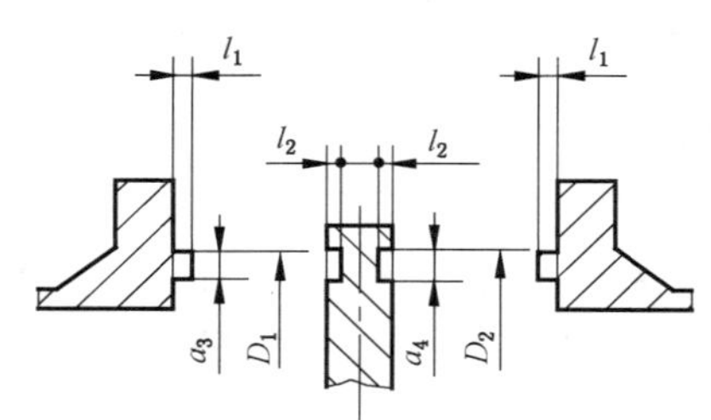

c） 榫槽面连接

mm

符号	基本尺寸	偏差
l_1	≥5	$^{+0.5}_{0}$
l_2	≥5	$^{0}_{-0.5}$
l_3	≥3	$^{+0.5}_{0}$
a_1，a_3	—	$^{0}_{-0.8}$
a_2，a_4	—	$^{+1.5}_{0}$

图 8-3 装配尺寸的允许偏差

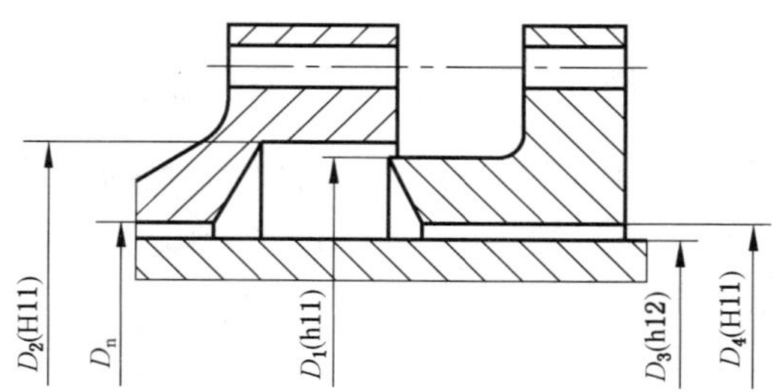

图 8-4 填料函装配尺寸的允许偏差

8.13 耐压试验和泄漏试验

8.13.1 热交换器耐压试验的顺序应符合本标准的规定，耐压试验的方法及要求应符合 GB 150.4—2011 的规定。

8.13.2 固定管板式热交换器耐压试验顺序：

a) 壳程试压，同时检查管头；

b) 管程试压。

8.13.3 U 形管式热交换器、釜式重沸器(U 形管束)及填料函式热交换器耐压试验顺序：

a) 用试验压环进行壳程试验，同时检查管头；

b) 管程试压。

8.13.4 浮头式热交换器、釜式重沸器(浮头式管束)耐压试验顺序：

a) 用试验压环和浮头专用试压工具进行管头试压，对釜式重沸器尚应配备管头试压专用壳体；

b) 管程试压；

c) 壳程试压。

8.13.5 按压差设计的热交换器耐压试验顺序：

a) 管头试压(按图样规定的最大试验压力差值)；

b) 管程和壳程步进试压(按图样规定的试验压力和步进程序)；

c) 要有相应控制压差的措施，保证整个试压期间(包括升压和降压)不超过压差。

8.13.6 当管程试验压力高于壳程试验压力时，管头试压应按图样规定，或按供需双方商定的方法进行。

8.13.7 泄漏试验

8.13.7.1 泄漏试验应符合 GB 150.4—2011 中 11.5 的规定。

8.13.7.2 对于投用后无法维护修理管头的管壳式热交换器应进行泄漏试验。

8.13.8 重叠热交换器的管头耐压试验和泄漏试验允许单台进行。当各台热交换器管壳程间分别连通时，管程及壳程试压还应在重叠组装后进行。

8.13.9 对无法更换有缺陷换热管的热交换器，允许堵管。堵管根数不宜超过 1% 且总数不超过 2 根；堵管应遵守下列规定：

a) 换热管堵管方法应得到采购方的认可；

b) 保证管束堵管后不影响设备的安全性；

c) 出厂资料应标记出堵管位置，并提供给采购方。

8.13.10 热交换器耐压试验合格后，内部积水应排净、吹干。

8.14 出厂资料

8.14.1 制造单位应向热交换器采购方提供出厂资料，有特殊要求时还应提供使用说明书。

8.14.2 热交换器出厂资料应满足 GB 150.4—2011 中的要求。

8.15 铭牌

8.15.1 热交换器应装有 TSG R0004—2009 规定内容的铭牌。

8.15.2 铭牌应固定于明显的位置，不宜安装在可拆部件上；铭牌托架的高度应大于绝热层厚度。

8.15.3 重叠热交换器的每台热交换器上，应各有一块铭牌。

8.15.4 铭牌的材料应耐大气腐蚀。

8.16 涂敷与运输包装

热交换器的涂敷与运输包装应符合 JB/T 4711 的规定。

9 安装、操作和维护

9.1 现场安装

9.1.1 拆装空间

9.1.1.1 对于浮头式、填料函式热交换器，前端应留有抽出管束的空间；后端应留有拆除外头盖和浮头盖的空间。

9.1.1.2 对于U形管式热交换器，前端应留有抽出管束的空间；或另一端应留有拆除壳体的空间。

9.1.1.3 对于固定管板式热交换器，一端应留有更换换热管的空间；另一端应留有拆装管箱或头盖的空间。

9.1.2 基础和地脚螺栓

9.1.2.1 基础不得限制热交换器的热膨胀。活动支座的基础面上应预埋滑板；地脚螺栓不应妨碍热交换器的热膨胀。

9.1.2.2 活动支座的地脚螺栓应装有两个锁紧的螺母，螺母与支座底板间应留有1 mm～3 mm的间隙。

9.1.3 安装

9.1.3.1 在不影响热交换器支座滑动的情况下，可采用平垫铁与斜垫铁组进行找平；不得采用改变地脚螺栓紧固程度的方法调整热交换器的水平度(或垂直度)。

9.1.3.2 热交换器重叠安装时，应按制造厂的竣工图样进行组装。

9.1.3.3 热交换器应按设计文件或规范要求调整、检查水平度和垂直度。

9.1.3.4 必要时，安装前应进行耐压试验。

9.1.3.5 现场进行管束抽芯检查后，还应进行耐压试验；图样有规定时还应进行泄漏试验。

9.1.4 管路配置

9.1.4.1 推荐设置旁路和旁路阀。

9.1.4.2 设计文件未作规定时，由用户就近在管道上安装温度计和压力表接口。

9.1.4.3 热交换器应配置排气阀和排液阀，对于易燃、有毒等有害介质不得直接排放。

9.1.4.4 管道配置应避免流体冲击或将机械振动传递到热交换器上。

9.1.4.5 与热交换器连接的外部管道应避免强力装配。

9.1.5 其他要求

9.1.5.1 安装前不得拆除工艺接口的堵头和盲板；安装过程中，应防止异物落入热交换器内。

9.1.5.2 紧固螺柱的顺序见图8-1；必要时，螺纹表面应涂抹适当的防咬合剂。

9.1.5.3 设计文件中未规定涂敷防腐涂层的钢制热交换器管束，如需涂敷防腐涂层应经传热核算。钢制热交换器管束防腐涂层的施工与验收按相关标准规范执行。

9.1.5.4 有绝热或防烫伤要求的热交换器，应进行绝热或防烫伤防护。

9.2 试车和操作

9.2.1 试车前应查阅设计文件、竣工资料中有无特殊要求和说明，铭牌有无特殊标志，管板是否按压差设计，对试压、试车程序有无特殊要求等。根据设计文件、竣工资料等编制操作规程，不得违背规程操作。

9.2.2　热交换器不得在超过设计文件规定的条件下运行。

9.2.3　试车前应清洗整个系统，需要时在入口管线上设置过滤网或采取其他措施，防止各种杂物进入热交换器内。

9.2.4　热交换器如无旁路，试车时宜增设临时旁路。

9.2.5　液体介质进料前应开启排气阀或采取其他措施，使液体充满热交换器。

9.2.6　当介质为蒸汽时，开车前应排净积液并对热交换器进行预热。

9.2.7　开车、停车或切换操作过程中应缓慢升温或降温，严格控制升温速度，避免造成热冲击。禁止冷态时快速导入热介质、或热态时快速导入冷介质。

9.2.8　对涂敷防腐涂层的热交换器，在操作运行或吹扫时，应严格控制温度，防止防腐涂层损坏失效。

9.2.9　开停车时应注意：

a)　对固定管板式热交换器，开、停车及吹扫等过程中，应尽可能减小壳体与管束之间的温差应力；

b)　其他热交换器，开车时先开旁路，然后再缓慢将热交换器投入运行；先投冷流，后投热流；先开后路阀，后开前路阀。停车时按先开热流旁路，后关热流进出口阀；再开冷流旁路，关冷流进出口阀。

9.2.10　对介质工作温度高于 250 ℃的热交换器，升温时需及时做好法兰的热紧工作。

9.2.11　热交换器停车、停用时，需排净内部残存工艺介质；对于有腐蚀防护要求的热交换器，还应采取充氮等保护措施。

9.3　维护

9.3.1　热交换器宜在工艺设计文件规定的负荷下运行；运行期间应监测、记录热交换器的运行参数，评定热交换器的工艺性能和结垢程度。

9.3.2　当传热与阻力降偏离设计值过大，或不能满足工艺系统要求时，应根据介质特性和热交换器的结构，选择有效的方法进行清洗，恢复热交换器的工艺性能。

9.3.3　应监视热交换器的热膨胀，防止异常的热应力作用到热交换器上。

9.3.4　应监视热交换器的振动和噪声，防止流体诱发振动引起的失效。

附 录 A
（规范性附录）
标准的符合性声明及修订

A.1 本标准的制定遵循了国家颁布的压力容器安全法规所规定的基本安全要求，其设计准则、材料要求、制造检验技术要求和验收标准均符合 TSG R0004—2009 的相应规定。按本标准要求建造的管壳式热交换器可以满足 TSG R0004—2009 的基本安全要求。

A.2 本标准的修订采用提案审查制度。任何单位和个人均有权利对本标准的修订提出建议，修订建议应采用“表 A.1 标准提案/问询表”的方式提交全国锅炉压力容器标准化技术委员会（以下简称“委员会”）。委员会对收到的标准修订提案进行审查，将采纳的技术内容纳入下一版标准。

表 A.1 标准提案/问询表　　　　总第　号

<table>
<tr><td colspan="2">□标准提案</td><td>□标准问询</td><td>标准名称</td><td colspan="2"></td></tr>
<tr><td>单　位</td><td colspan="3"></td><td>姓　名</td><td></td></tr>
<tr><td>电话/地址</td><td colspan="3"></td><td>邮政编码</td><td></td></tr>
<tr><td>标准条款</td><td colspan="3"></td><td>电子邮箱</td><td></td></tr>
<tr><td colspan="6">提案/问询内容（可另附页）</td></tr>
<tr><td colspan="6"></td></tr>
<tr><td colspan="6">技术依据与相关资料（可另附页）</td></tr>
<tr><td colspan="6"></td></tr>
<tr><td colspan="6">附加说明：</td></tr>
<tr><td colspan="4">单位图章或提案（问询）人签字</td><td colspan="2">提交日期：
年　月　日</td></tr>
</table>

全国锅炉压力容器标准化技术委员会
地址：北京市朝阳区和平街西苑 2 号楼 D 座三层　邮政编码：100029
电子邮箱：GB151@cscbpv.org

附 录 B
（资料性附录）
管壳式热交换器传热计算

B.1 适用范围

本附录适用于管壳式热交换器的无相变传热计算。

B.2 计算流程

a) 计算热负荷；
b) 计算对数平均温差；
c) 根据经验选取总传热系数，估算传热面积；
d) 初选热交换器型式参数；
e) 确定流体流径(管程、壳程)，计算阻力降；
f) 计算阻力降与允许阻力降比较，若大于允许阻力降，应重复 B.2 d)～B.2 f)；
g) 计算管、壳程的对流传热系数，确定污垢热阻，计算总传热系数；
h) 计算所需传热面积，与初选传热面积比较，若不满足设计要求时，应重复 B.2 c)～B.2 h)。

计算流程见图 B.1。

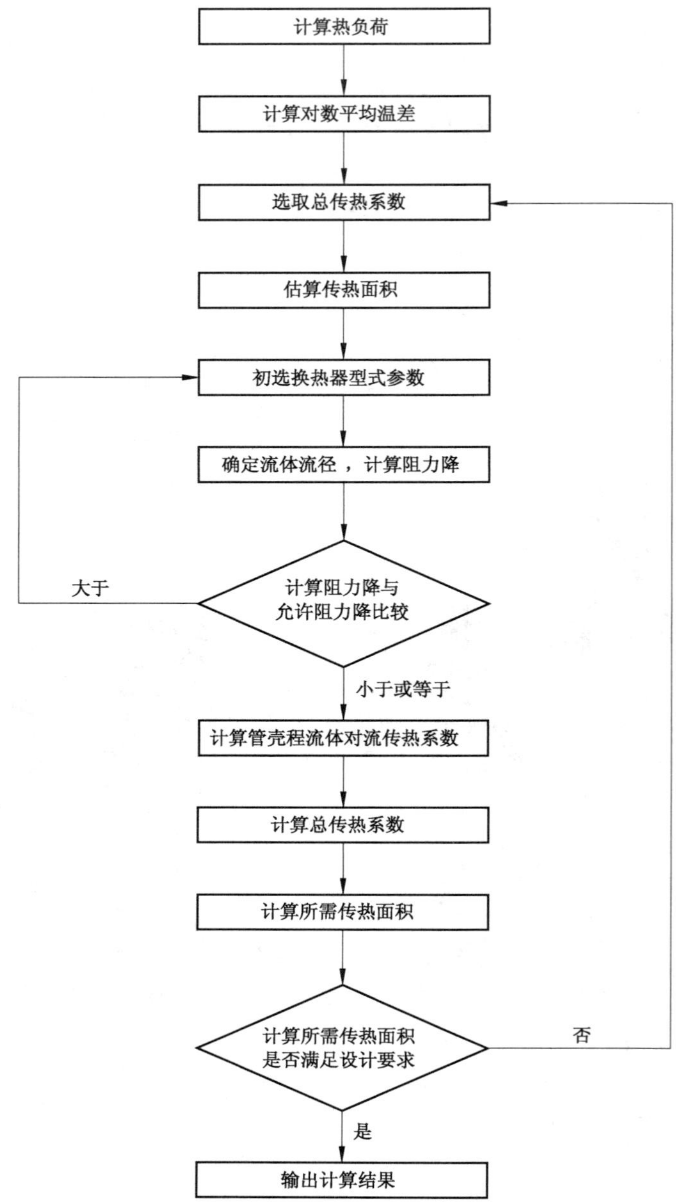

图 B.1 管壳式热交换器传热计算流程

B.3 设计条件

B.3.1 输入数据

B.3.1.1 操作参数

a) 冷、热流体质量流量，包括气相质量流量、液相质量流量和总的质量流量；
b) 冷、热流体进口压力；
c) 冷、热流体进、出口温度；
d) 冷、热流体流经热交换器的允许阻力降；
e) 热负荷。

B.3.1.2 流体物性参数

冷、热流体的物性参数包含以下内容：

a) 单相流体至少给出一个压力点下进、出口两个温度点下的密度、等压比热、黏度、导热系数和液相表面张力。
b) 两相流体，应分别给出气、液相流体的物性参数，至少包含出一个压力点下进、出口3个温度点下的密度、等压比热、黏度、导热系数和液相表面张力。此外，还应给出该流体各温度点下的气相质量分率和总焓值。
c) 无论是单相还是两相流体，均应给出冷、热流体的污垢热阻。

B.3.2 标准规范

热交换器结构设计所遵循的主要标准和规范。

B.3.3 主要承压元件材料

包括换热管、管板、浮头法兰、管箱圆筒、管箱封头(或平盖)、壳程圆筒、壳程封头、接管法兰与紧固件材料。

B.3.4 结构参数

a) 管、壳程设计温度；
b) 管、壳程设计压力；
c) 腐蚀裕量等；
d) 热交换器结构型式(U形管式、浮头式、固定管板式、填料函式或釜式重沸器)；
e) 布置方式(立置或卧置)；
f) 程数；
g) 换热管类型(光管、螺纹管、T形翅片管、表面烧结管、纵槽管、翅片管、螺旋槽管、锯齿形管、管内插入物强化管等)；
h) 换热管外径、壁厚、排列方式和换热管中心距；
i) 换热管与管板的连接；
j) 换热管采用的支撑或折流元件形式；
k) 折流板形式、切口方向和折流板缺口区是否布管；
l) 若选用多台热交换器操作，应给出多台热交换器的串、并联方式要求。

B.4 设计结果

B.4.1 结构参数

a) 壳体直径；
b) 管程数量；
c) 换热管数量；
d) 换热管长度；
e) 折流板间距、数量与切口大小；
f) 第一块折流板与管板间距离；
g) 旁路挡板数量；
h) 管程进、出口接管公称直径；

i) 壳程进、出口接管公称直径；
j) 串联热交换器的管程中间连接口公称直径；
k) 串联热交换器的壳程中间连接口公称直径；
l) 壳程进口是否需要防冲保护；
m) 是否需要膨胀节及所需膨胀节型式。

B.4.2 流体热力学参数

a) 热负荷；
b) 有效平均温差；
c) 污垢和清洁状态下总传热系数；
d) 换热管壁温；
e) 壳程圆筒壁温；
f) 管板温度。

B.4.3 流体动力学参数

a) 冷、热流体阻力降；
b) 冷、热流体在热交换器进、出口接管内的流速；
c) 壳程入口及管束进、出口处 ρv^2 值。

B.4.4 重量参数

a) 管束重；
b) 设备净重；
c) 充水后重。

B.4.5 外形简图，包含冷、热流体流向和管、壳程进出口规格和数量。

B.5 数据表

管壳式热交换器数据表见表 B.1。

表 B.1 管壳式热交换器数据表

1	制造商：			工号：	
2	用户：			文件号：	
3	地址：			请购单号：	
4	安装地：			日期：　　　版次：	
5	装置：	设备名称：		位号：	
6	型号：　　　卧式 □，立式 □；连接方式：			并联 □，串联 □	
7	单台有效换热面积 / 总面积：　　/m^2；			总台数：	
8	工艺数据				
9		壳程		管程	
10	流体名称				
11	总质量流量　kg/h				
12		进口	出口	进口	出口
13	气相质量流量　kg/h				
14	液相质量流量　kg/h				
15	蒸汽质量流量　kg/h				
16	液相水质量流量　kg/h				

表 B.1（续）

17	不凝气质量流量	kg/h				
18	温度	℃				
19	密度	kg/m³	/	/	/	/
20	黏度	mPa・s	/	/	/	/
21	比热	kJ/(kg・℃)	/	/	/	/
22	导热系数	W/(m・℃)	/	/	/	/
23	表面张力	N/m				
24	流速	m/s				
25	进口压力	MPa(表压)				
26	阻力降,允许/计算	kPa	/		/	
27	污垢热阻	m²・℃/W				
28	热负荷： kW； 有效平均温差： ℃					
29	总传热系数， 污垢状态： 采用值： 清洁状态： W/(m²・℃)					
30	结构数据					
31	单台热交换器					外形简图
32			壳程		管程	
33	设计/试验压力	MPa(表压)	/		/	
34	设计温度	℃				
35	程数					
36	腐蚀裕量	mm				
37	接管公称直径与压力 入口	mm/MPa				
38	接管公称直径与压力 出口	mm/MPa				
39	接管公称直径与压力 中间连接口	mm/MPa				
40	换热管 数量： ；外径： mm；壁厚： mm；长度： mm；中心距： mm；排列方式：					
41	换热管壁温： ℃； 壳程圆筒壁温： ℃； 管板温度： ℃					
42	换热管类型： 换热管材质：					
43	壳程筒体材质： 内径： mm			壳体封头材质：		
44	管箱筒体材质：			管箱封头/盖板材质：		
45	固定管板材质：			浮动管板材质：		
46	浮头法兰材质：			是否需要防冲保护： 管程： 壳程：		
47	折流板 数量： ；形式： ；切口(按直径)：% ；间距： ；第一块与管板间距： mm					
48	纵向隔板数量：					
49	换热管支撑： U形弯管处： 形式：					
50	旁路挡板数量： 换热管与管板连接：					
51	是否需要膨胀节： 膨胀节型式：					
52	ρv^2——壳程入口： 管束进口： 管束出口： kg/(m・s²)					
53	设备法兰垫片型式——壳程： 管程： 浮头盖：					
54	设计遵循的主要标准和法规：					
55	重量——管束重： 设备净重： 充水后重： kg					

B.6 基本传热方程

B.6.1 传热系数 K 值固定不变时，按式(B.1)计算：

$$Q = K \cdot A \cdot \Delta t_m \qquad \cdots\cdots (B.1)$$

式中：

Q ——热负荷，W；

K ——以换热管外表面积为基准计算的总传热系数，W/(m^2 · ℃)；

A ——所需传热的换热管有效外表面积，m^2；

Δt_m——整个传热面积上的有效平均温差，℃。

B.6.2 传热系数 K 随温度呈线性变化时，按式(B.2)或式(B.3)计算：

$$Q = A\frac{K_2\Delta t_1 - K_1\Delta t_2}{\ln\dfrac{K_2\Delta t_1}{K_1\Delta t_2}}\text{(顺流或逆流)} \qquad \cdots\cdots (B.2)$$

$$Q = A\frac{K_2\Delta t_1 - K_1\Delta t_2}{\ln\dfrac{K_2\Delta t_1}{K_1\Delta t_2}}F\text{(其他流动方式)} \qquad \cdots\cdots (B.3)$$

式中：

K_1 ——大温差端 Δt_1 端的传热系数，W/(m^2 · ℃)；

K_2 ——小温差端 Δt_2 端的传热系数，W/(m^2 · ℃)；

F ——温差校正系数；

Δt_1——热交换器大温差端的流体温差，℃，见图 B.2；

Δt_2——热交换器小温差端的流体温差，℃，见图 B.2。

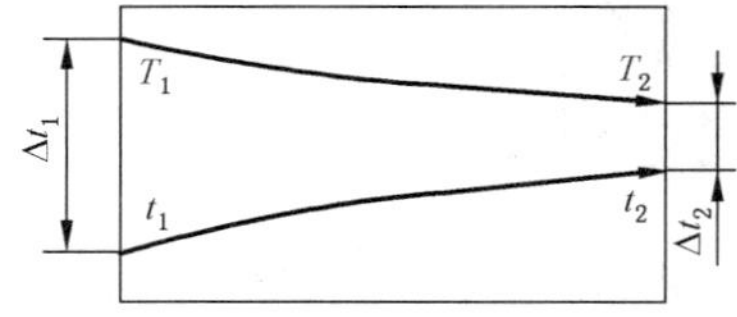

a) 冷、热流体均无相变的顺流方式

b) 冷、热流体均无相变的逆流方式

图 B.2 顺流和逆流的端温差

B.7 总传热系数

以换热管外表面积为基准的总传热系数 K 按式(B.4)计算：

$$K = \frac{1}{\left(\dfrac{1}{\alpha_o} + r_o\right)\dfrac{1}{\eta} + r_w + r_i\left(\dfrac{A_o}{A_i}\right) + \dfrac{1}{\alpha_i}\left(\dfrac{A_o}{A_i}\right)} \qquad \cdots\cdots (B.4)$$

式中：

α_o ——管外对流传热系数，W/(m^2 · ℃)；

α_i ——管内对流传热系数，W/(m^2 · ℃)；

r_o ——管外污垢热阻，m^2 · ℃/W；

r_i ——管内污垢热阻，$m^2 \cdot ℃/W$；

η ——翅化比，光管为 1.0；

$\frac{A_o}{A_i}$——换热管外表面积与内表面积之比；

r_w——用管外表面表示的管壁热阻，$m^2 \cdot ℃/W$。对于光管，管壁热阻按式(B.5)计算：

$$r_w = \frac{d}{2\lambda_w}\ln\left(\frac{d}{d-2\delta_w}\right) \quad \cdots\cdots(B.5)$$

式中：

d ——光管外径，m；

δ_w ——光管壁厚，m；

λ_w ——换热管导热系数，W/(m·℃)。

B.8 有效平均温差

B.8.1 顺流和逆流方式

有效平均温差可用对数平均温差表示，按式(B.6)计算：

$$\Delta t_m = \frac{\Delta t_1 - \Delta t_2}{\ln\frac{\Delta t_1}{\Delta t_2}} \quad \cdots\cdots(B.6)$$

B.8.2 其他流动方式

有效平均温差按式(B.7)进行修正：

$$\Delta t_m = F \cdot \Delta t_{m,ctf} \quad \cdots\cdots(B.7)$$

式中：

$\Delta t_{m,ctf}$——冷、热流体逆流时的对数平均温差，℃；

F ——温差校正系数。

温差校正系数 F 用无量纲参数 P 和 R 由曲线图 B.3～图 B.15 查得，无量纲参数 P 按式(B.8)计算；R 按式(B.9)计算：

$$P = \frac{t_2 - t_1}{T_1 - t_1} = \frac{\text{冷流体温升}}{\text{两流体的最初温差}} \quad \cdots\cdots(B.8)$$

$$R = \frac{T_1 - T_2}{t_2 - t_1} = \frac{\text{热流体温降}}{\text{冷流体温升}} \quad \cdots\cdots(B.9)$$

当 R 超过图中所示的范围或 F 的读数不易确定时，可用 $1/R$ 代替 R，$P \cdot R$ 代替 P，由图 B.3～图 B.15 中相应图线查得 F 值。

B.9 流体定性温度

液体的平均温度(过渡流及湍流)按式(B.10)、式(B.11)计算：

$$T_m = 0.4T_1 + 0.6T_2 \quad \cdots\cdots(B.10)$$

$$t_m = 0.4t_1 + 0.6t_2 \quad \cdots\cdots(B.11)$$

液体(层流)和气体的平均温度按式(B.12)、式(B.13)计算：

$$T_m = \frac{1}{2}(T_1 + T_2) \quad \cdots\cdots(B.12)$$

$$t_m = \frac{1}{2}(t_1 + t_2) \quad \cdots\cdots (B.13)$$

注：Re 为雷诺准数，$Re \leqslant 2\ 000$ 为层流，$2\ 000 < Re < 4\ 000$ 为过渡流，$Re \geqslant 4\ 000$ 为湍流。

B.10 壁温计算

B.10.1 换热管壁温

a) 热流体侧的壁温按式(B.14)计算：

$$t_h = T_m - K\left(\frac{1}{\alpha_h} + r_h\right)\Delta t_m = T_m - \frac{Q}{A}\left(\frac{1}{\alpha_h} + r_h\right) \quad \cdots\cdots (B.14)$$

式中：

t_h——热流体侧的壁温，℃；

α_h——热流体侧的对流传热系数，W/(m^2·℃)；

r_h——热流体侧的污垢热阻，m^2·℃/W。

b) 冷流体侧的壁温按式(B.15)计算：

$$t_c = t_m + K\left(\frac{1}{\alpha_c} + r_c\right)\Delta t_m = t_m + \frac{Q}{A}\left(\frac{1}{\alpha_c} + r_c\right) \quad \cdots\cdots (B.15)$$

式中：

t_c——冷流体侧的壁温，℃；

α_c——冷流体侧的对流传热系数，W/(m^2·℃)；

r_c——冷流体侧的污垢热阻，m^2·℃/W。

c) 一般情况下，换热管壁平均温度按式(B.16)计算：

$$t_t = \frac{1}{2}(t_h + t_c) \quad \cdots\cdots (B.16)$$

式中：

t_t——换热管壁平均温度，℃。

B.10.2 壳程圆筒壁温

壳程圆筒壁温计算方法与换热管壁温计算方法相同。

当不考虑外界条件影响时，壳程圆筒壁温取壳程流体的平均温度。

B.11 污垢热阻

在正常操作条件下和两次清洗之间的正常操作周期内，为了保证热交换器的传热性能，在设计中应考虑污垢热阻。

污垢热阻可参照附录 E。

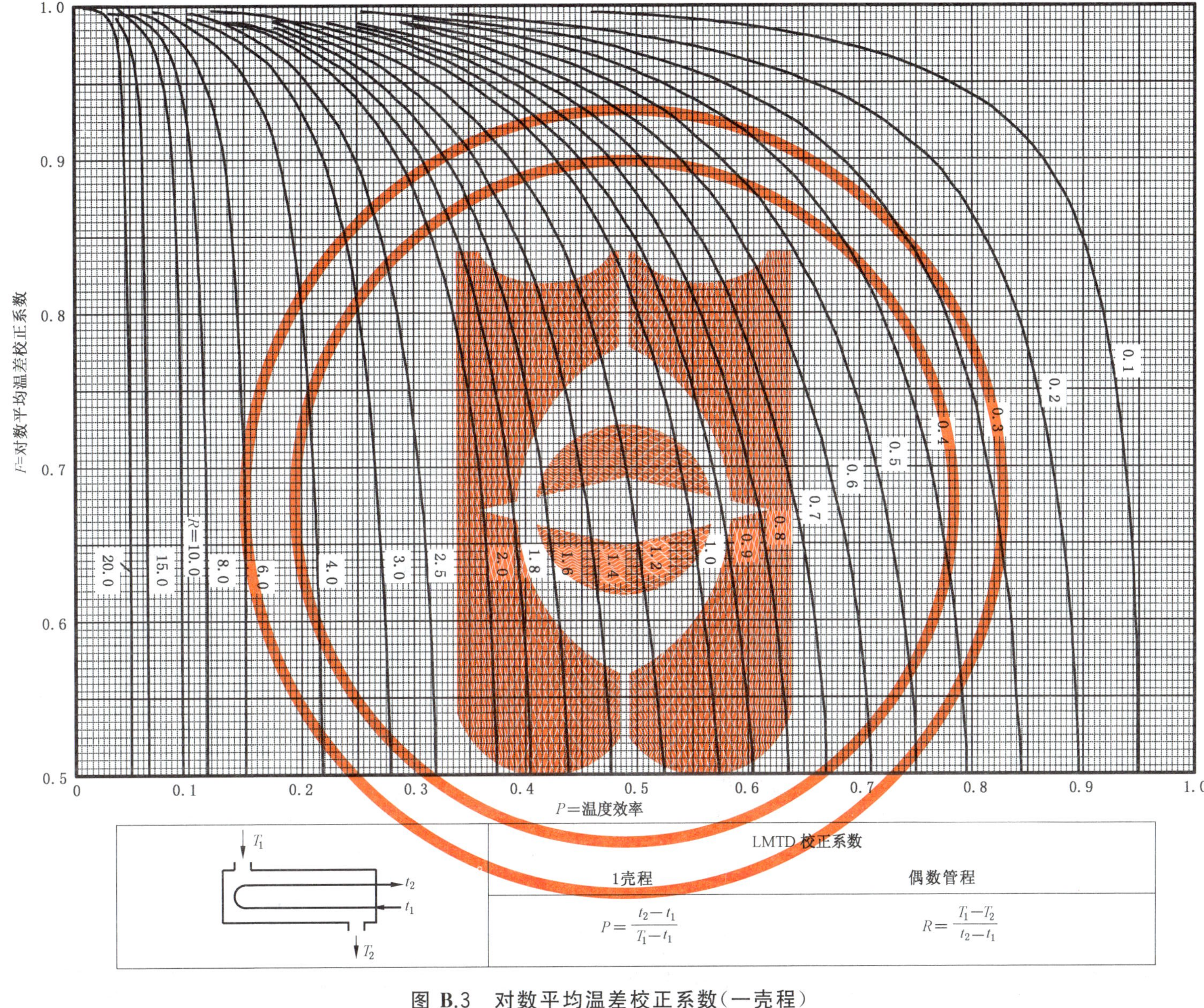

	LMTD 校正系数	
	1壳程	偶数管程
	$P=\frac{t_2-t_1}{T_1-t_1}$	$R=\frac{T_1-T_2}{t_2-t_1}$

图 B.3 对数平均温差校正系数(一壳程)

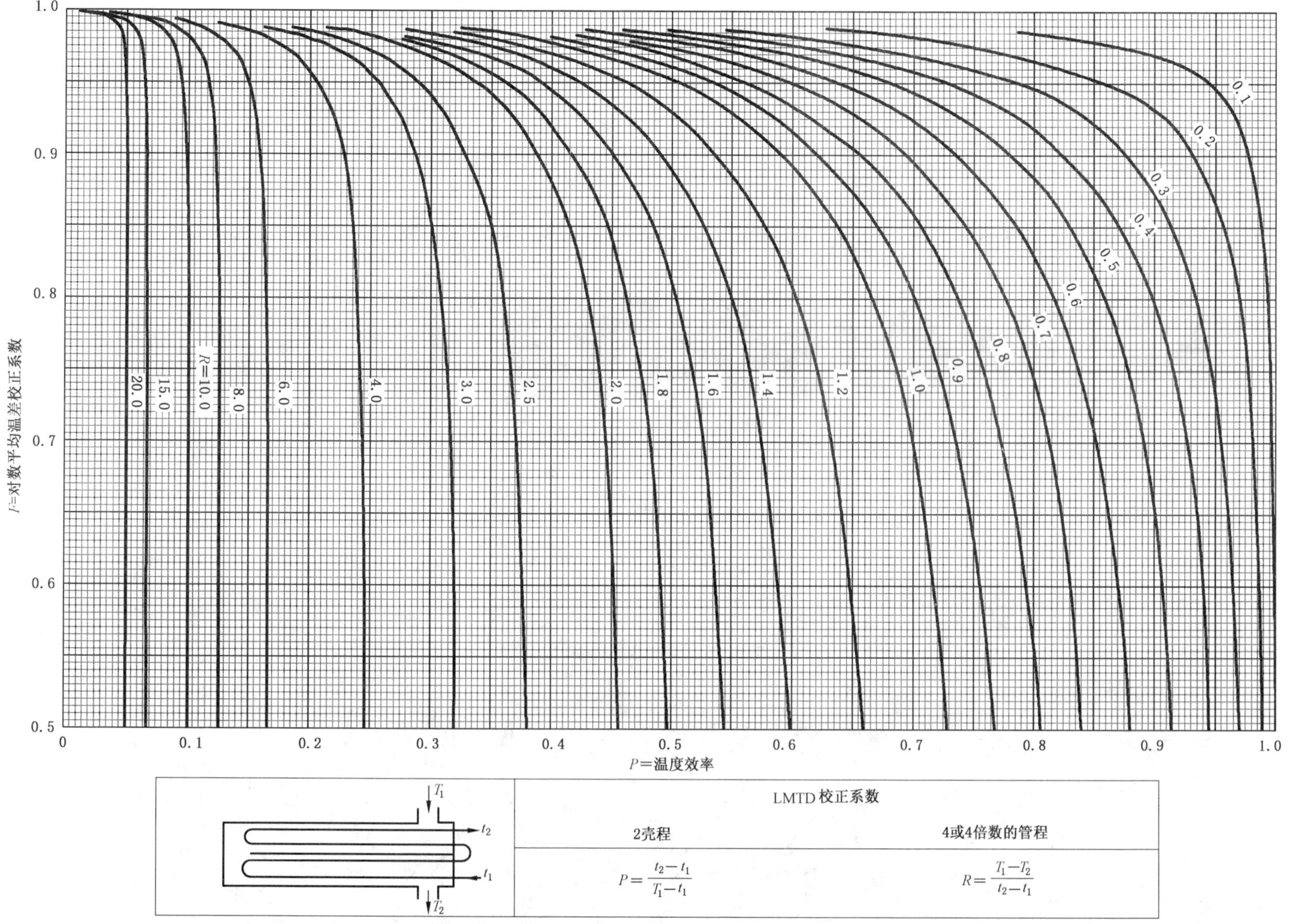

图 B.4　对数平均温差校正系数(二壳程)

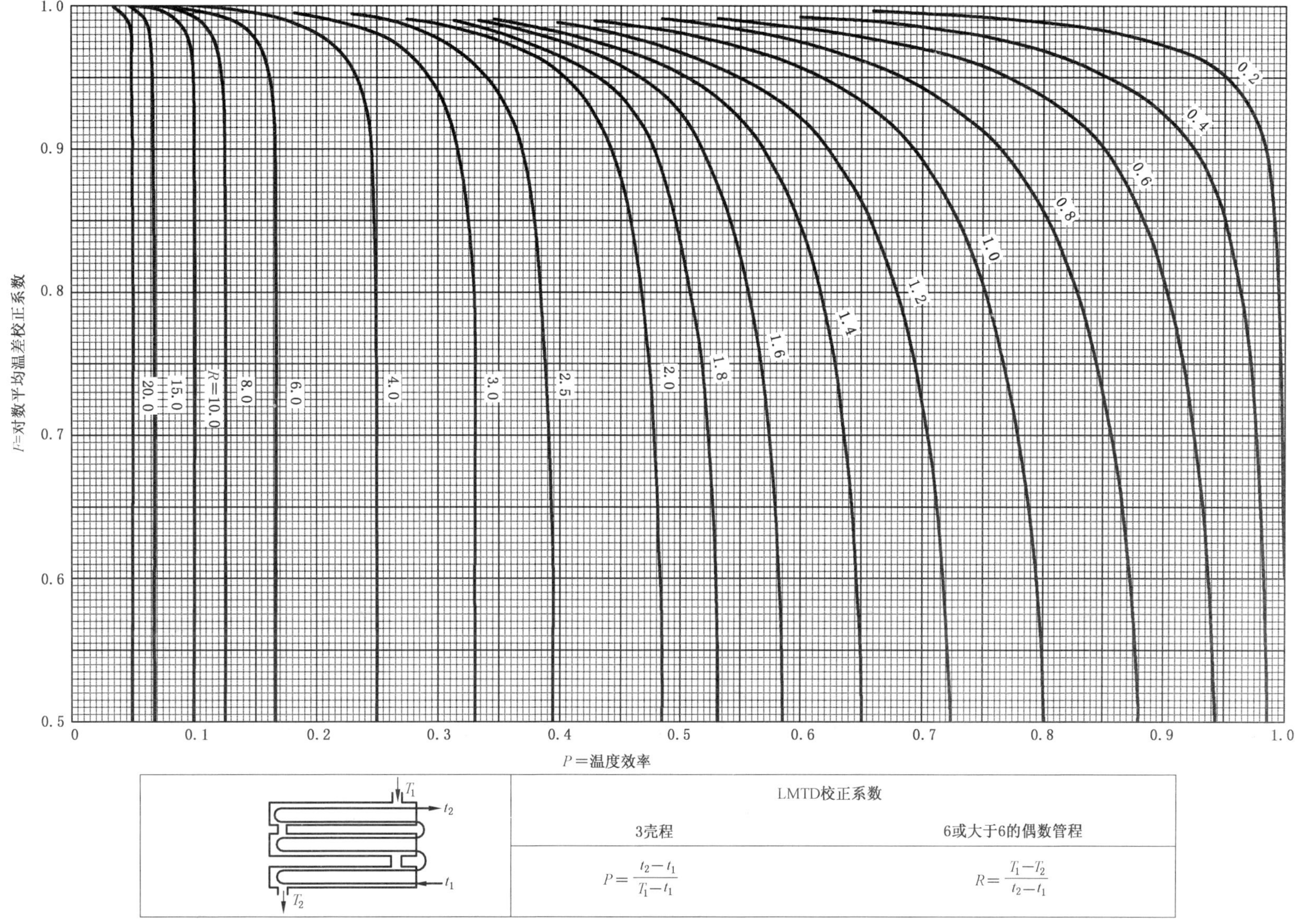

图 B.5 对数平均温差校正系数(三壳程)

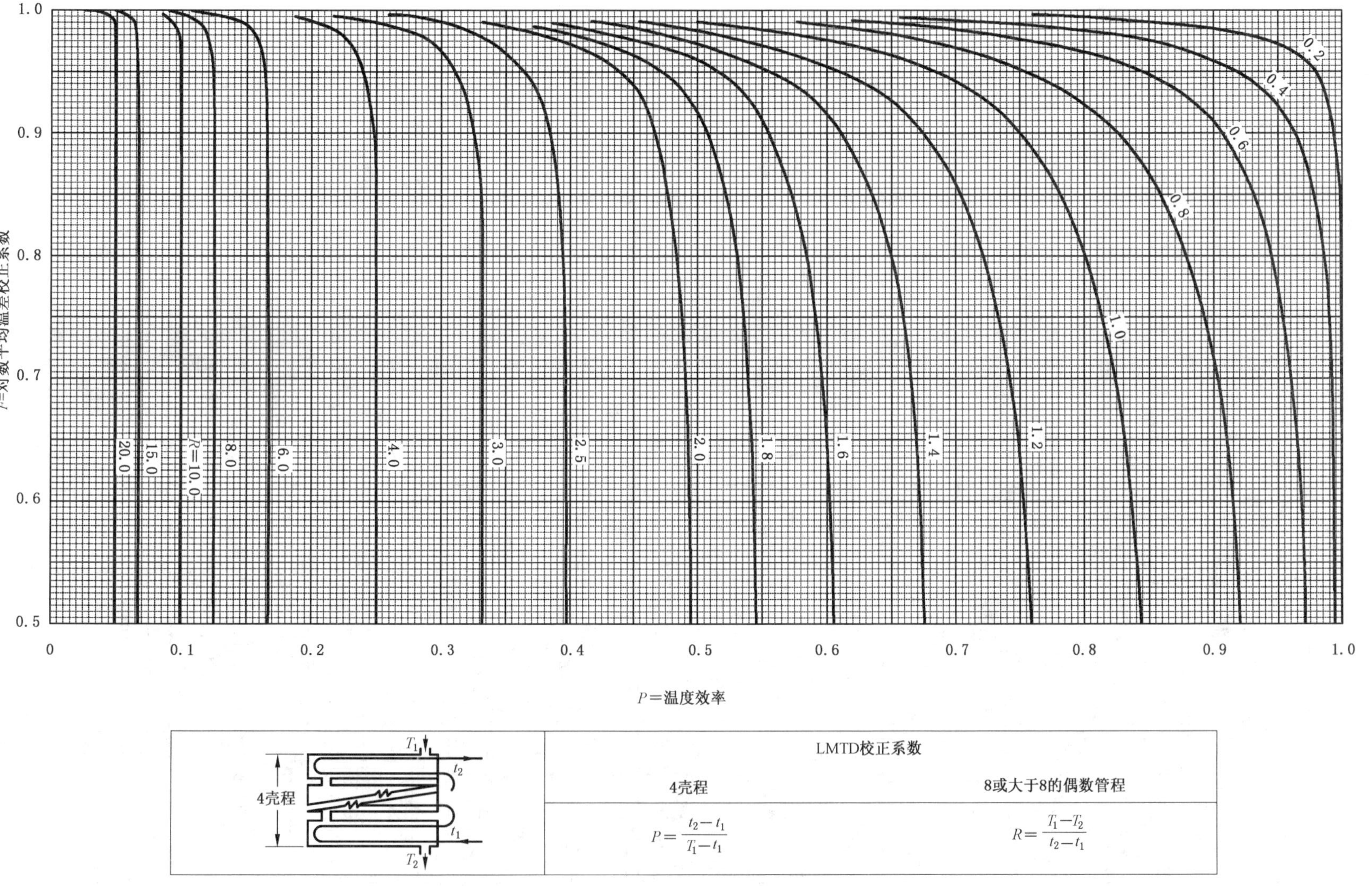

图 B.6 对数平均温差校正系数(四壳程)

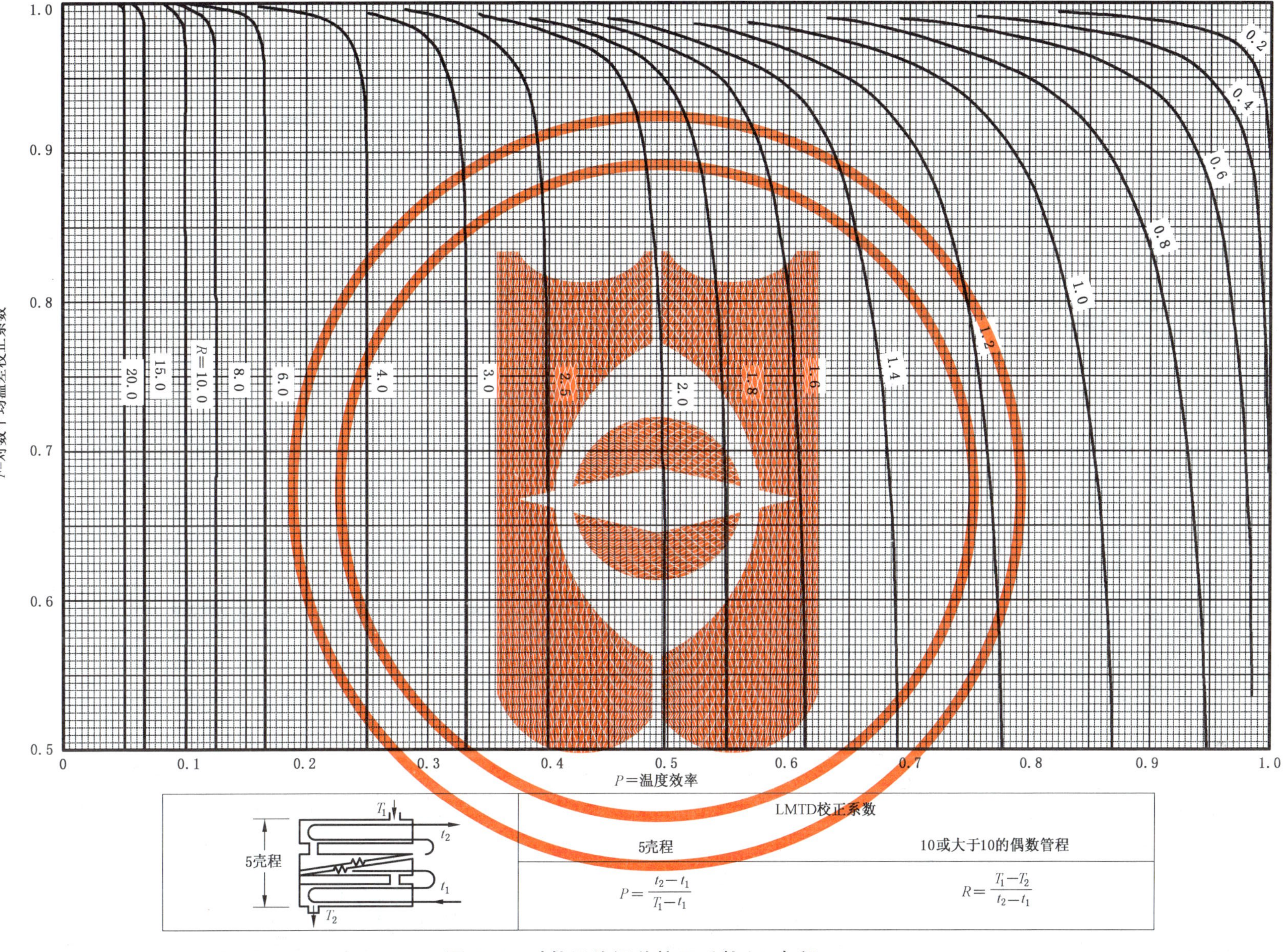

图 B.7 对数平均温差校正系数(五壳程)

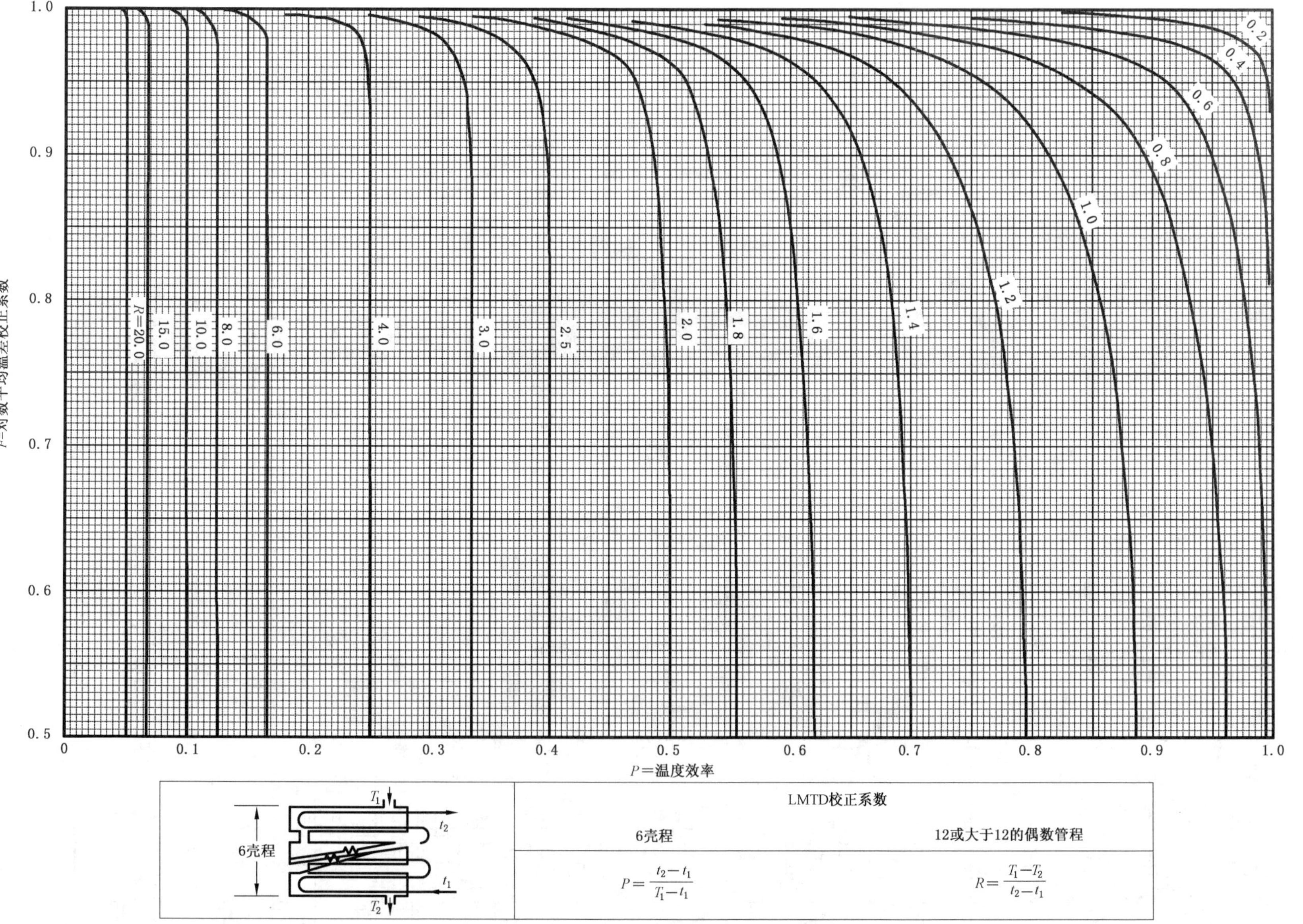

图 B.8 对数平均温差校正系数(六壳程)

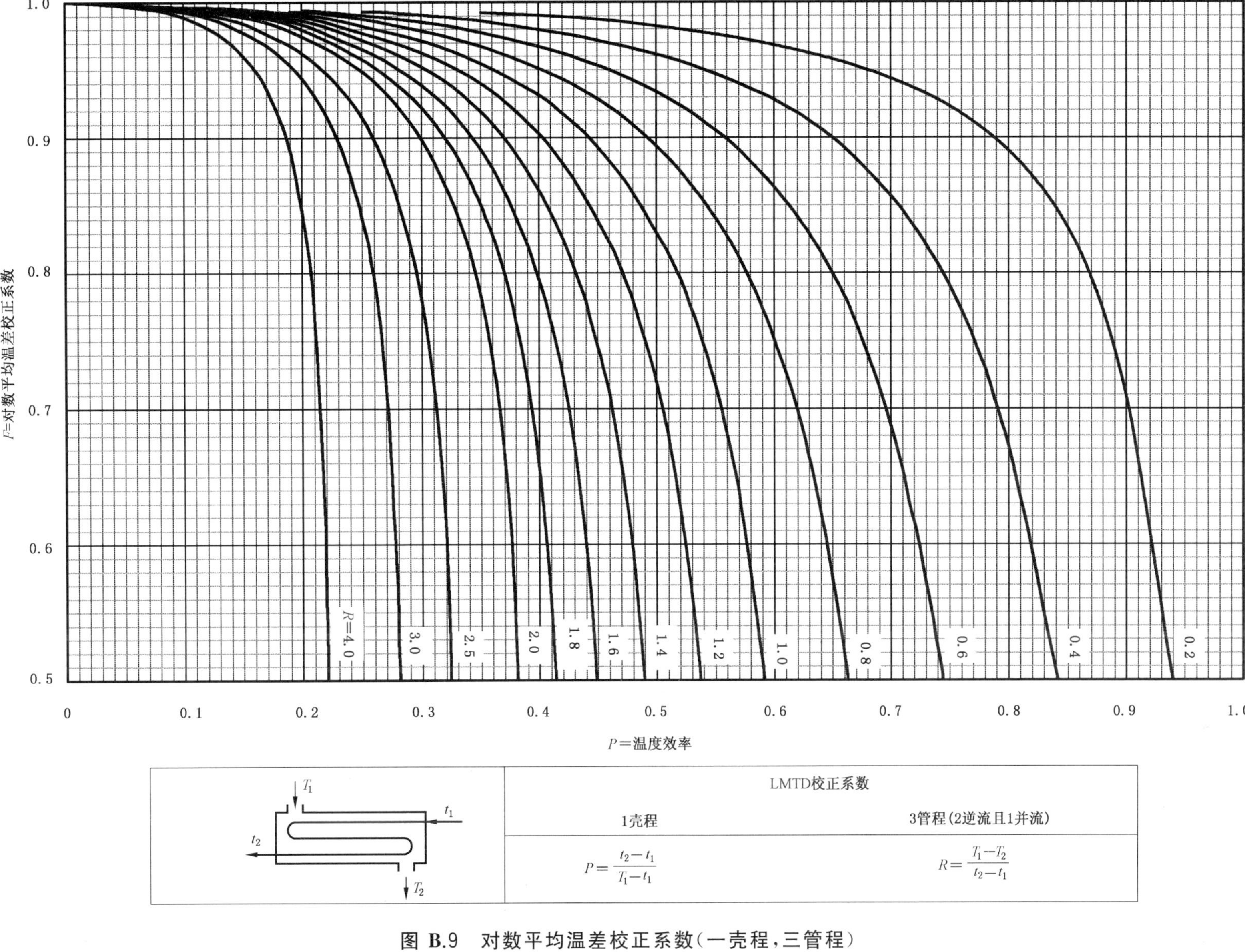

图 B.9 对数平均温差校正系数(一壳程,三管程)

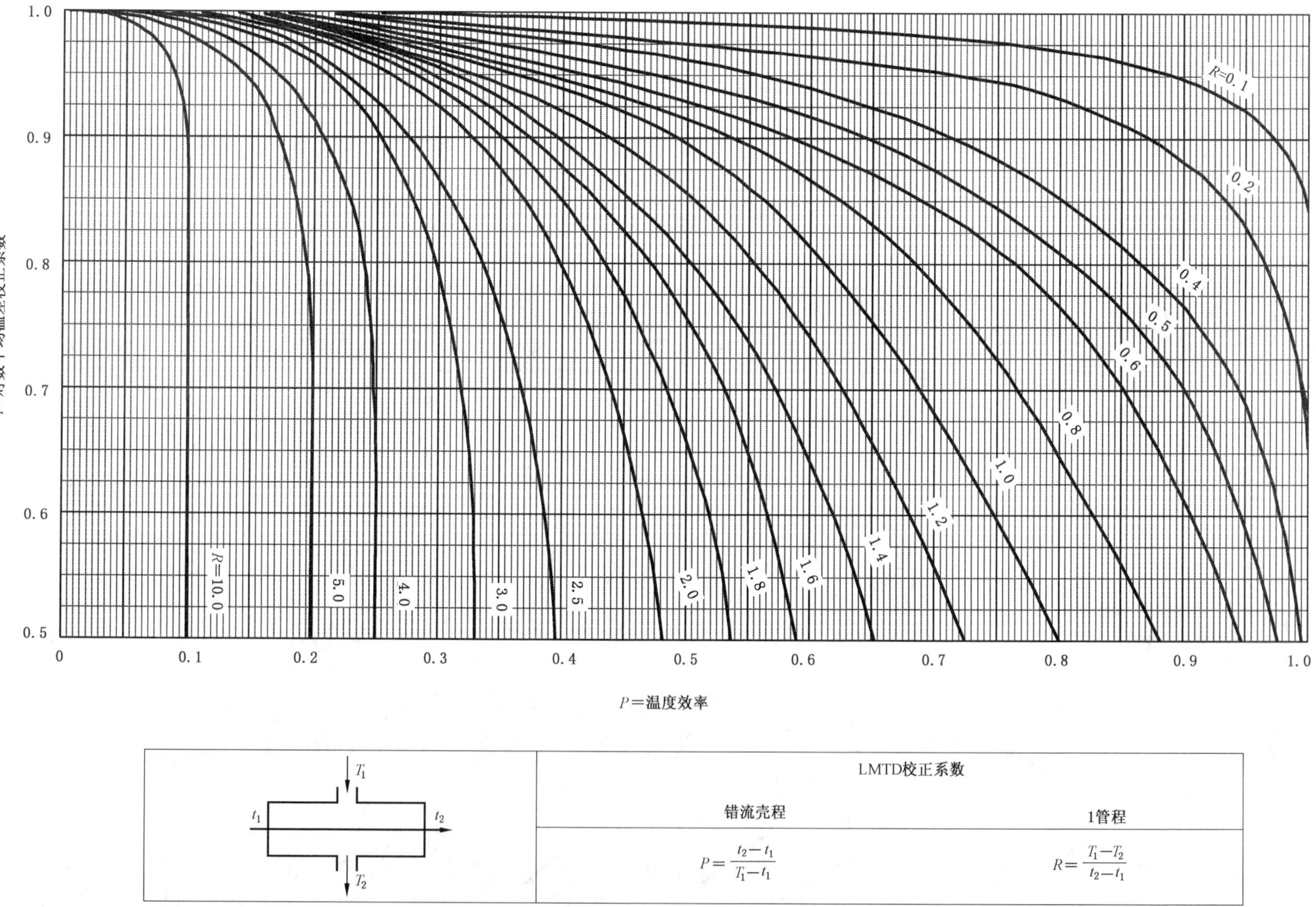

图 B.10 对数平均温差校正系数(错流壳程)

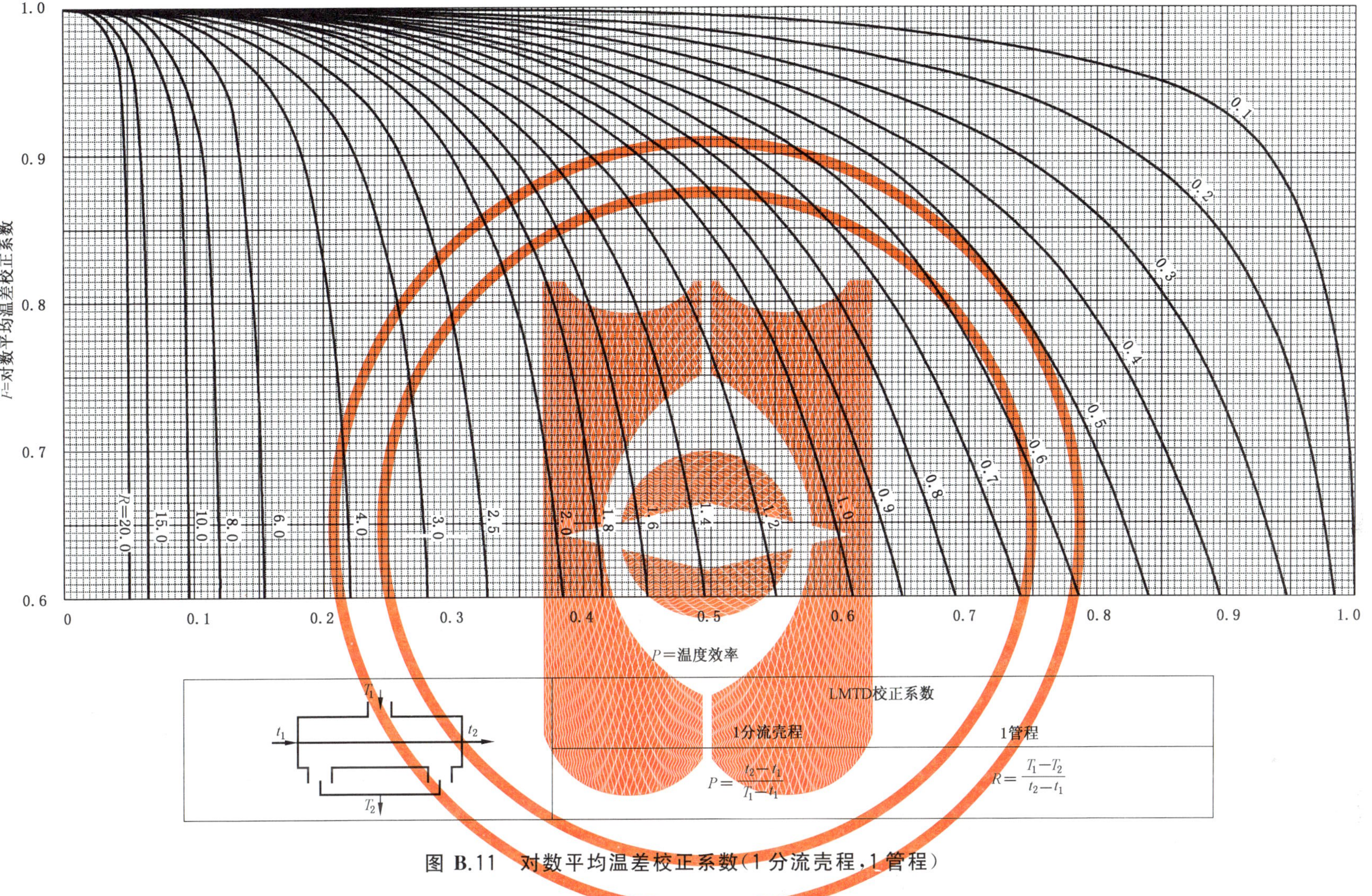

图 B.11 对数平均温差校正系数(1分流壳程,1管程)

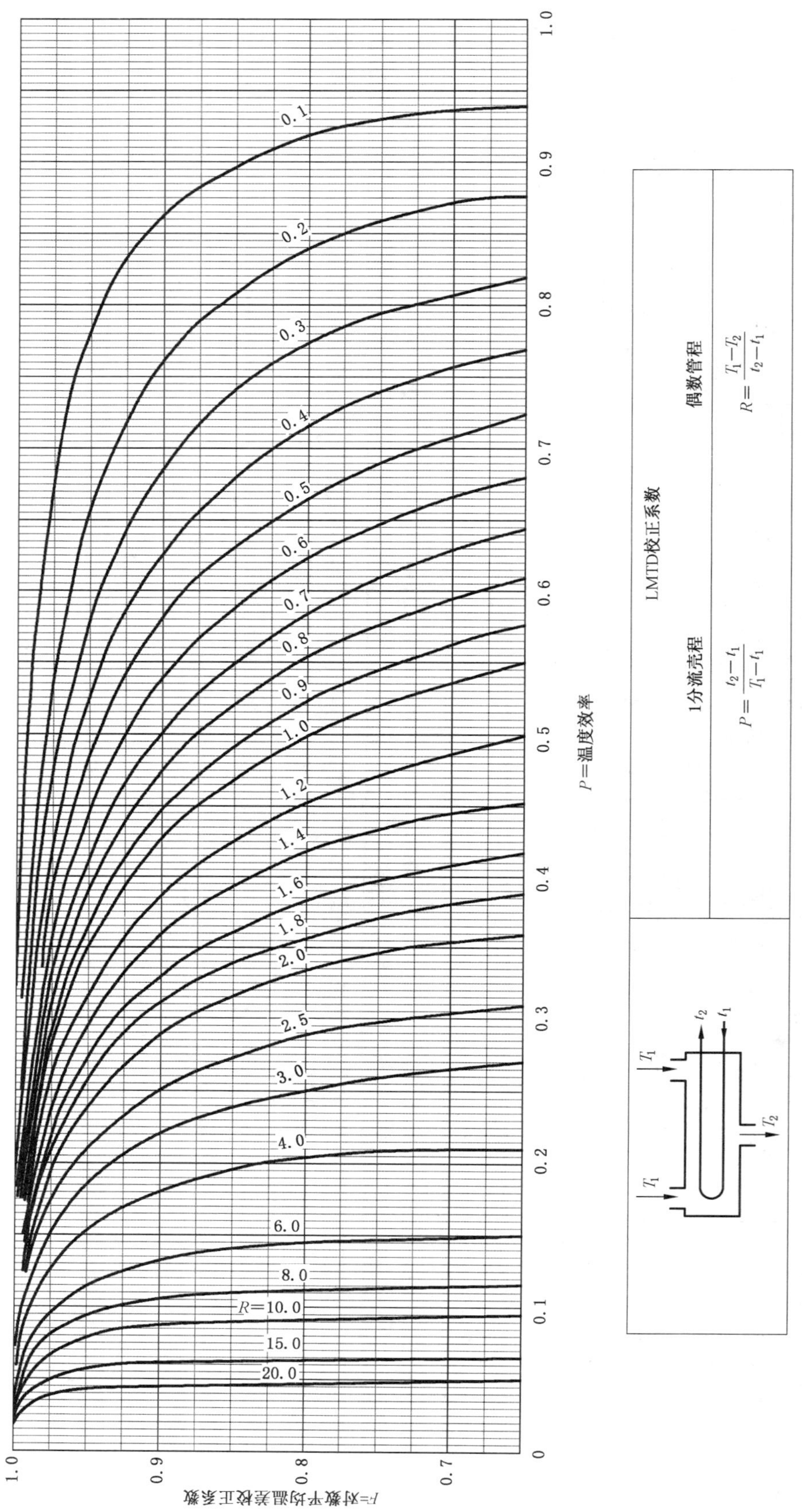

图 B.12 对数平均温差校正系数(1分流壳程,偶数管程)

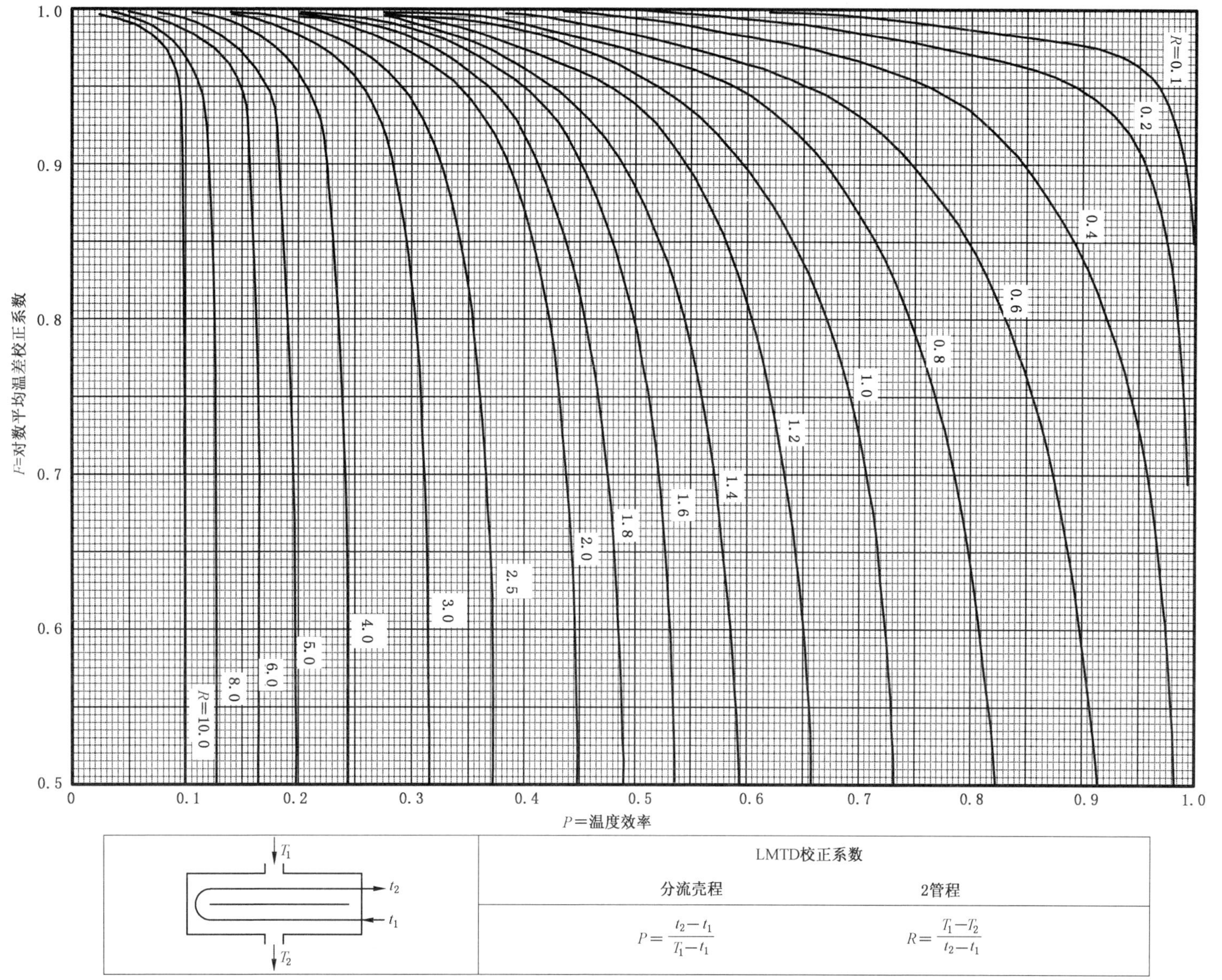

图 B.13 对数平均温差校正系数(有隔板分流壳程,2管程)

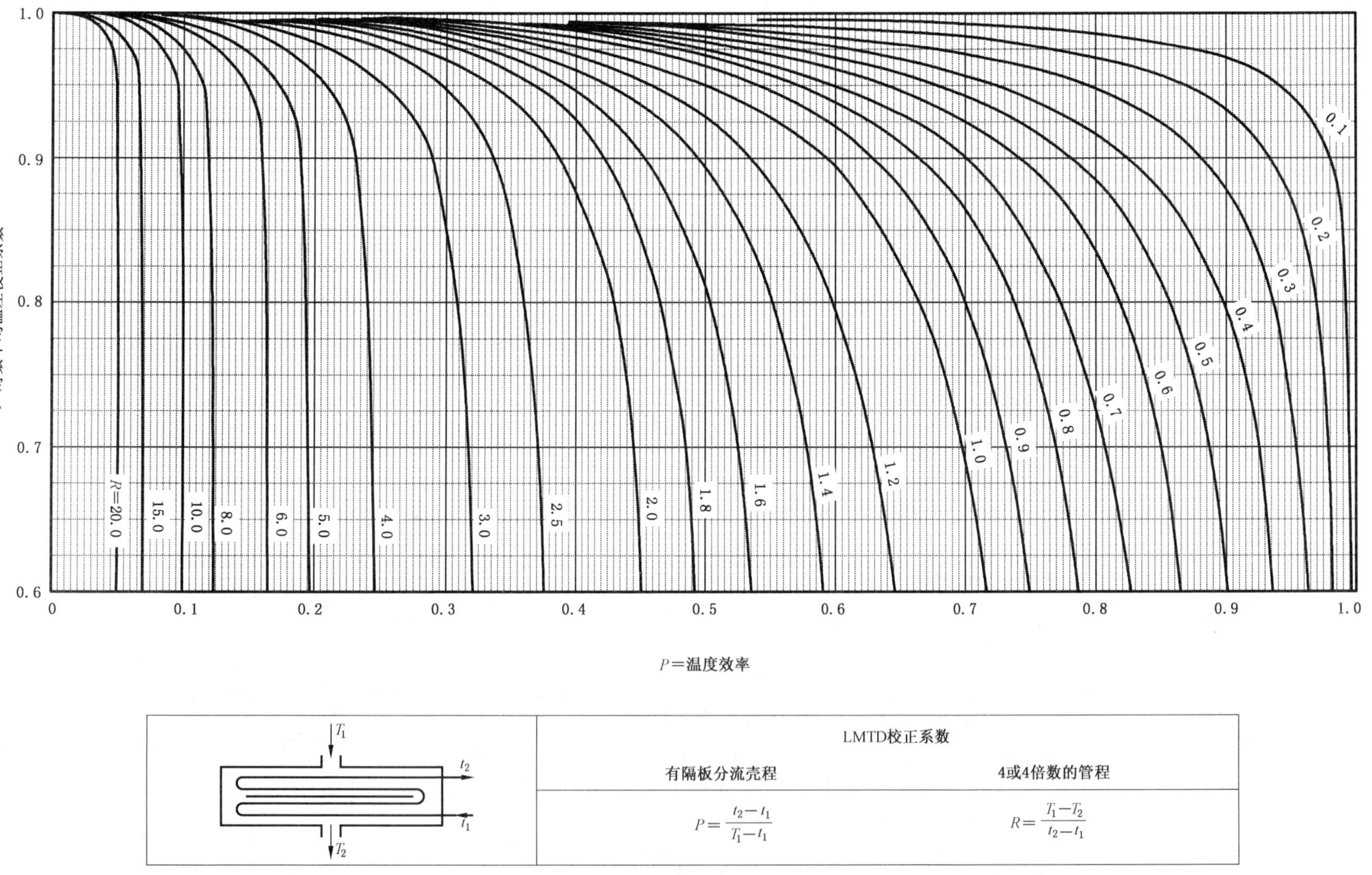

LMTD校正系数	
有隔板分流壳程	4或4倍数的管程
$P=\frac{t_2-t_1}{T_1-t_1}$	$R=\frac{T_1-T_2}{t_2-t_1}$

图 B.14 对数平均温差校正系数(有隔板分流壳程,4管程)

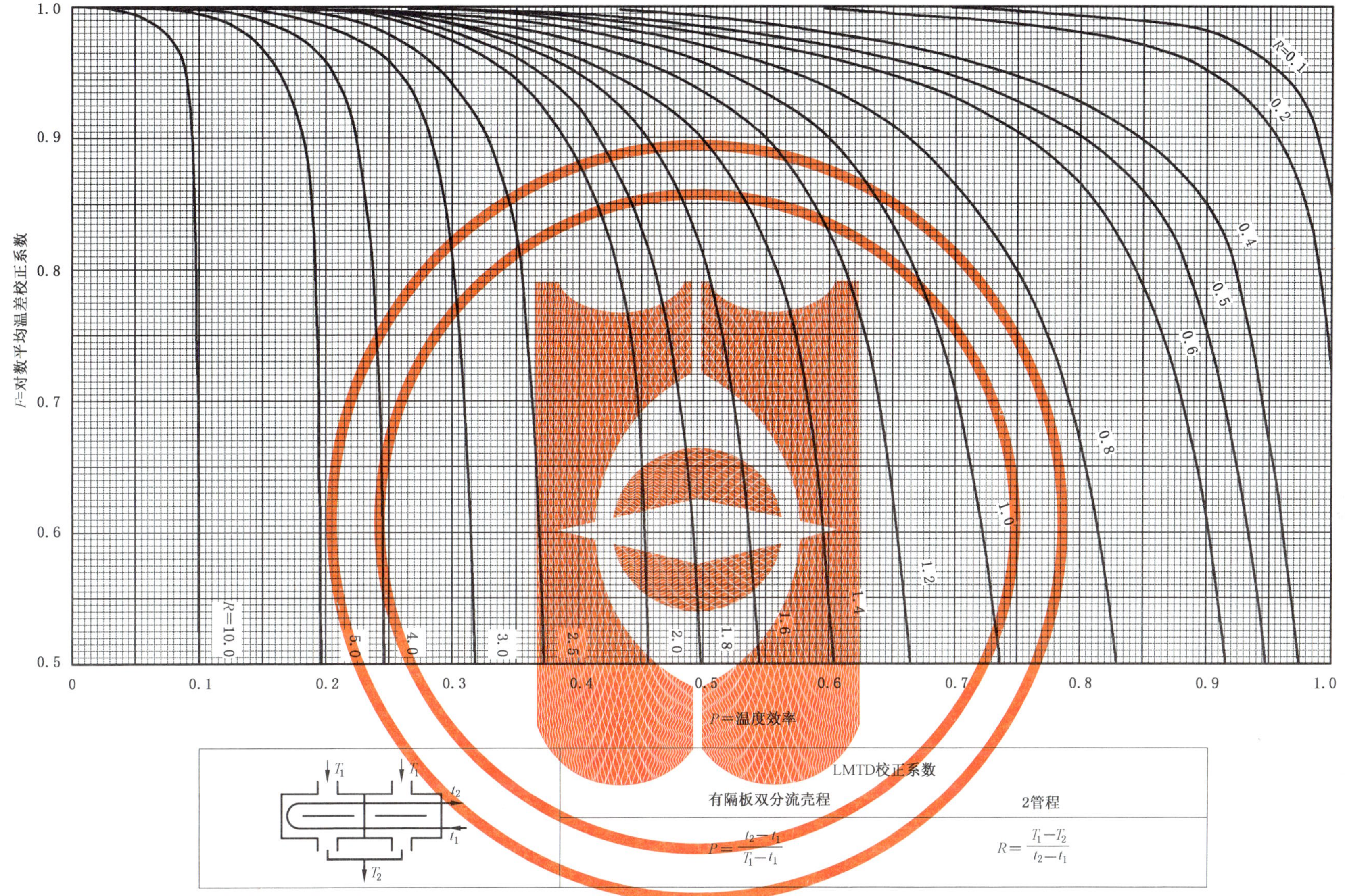

图 B.15 对数平均温差校正系数(有隔板双分流壳程,2管程)

附 录 C
（资料性附录）
流体诱发振动

C.1 流体诱发振动的计算

C.1.1 流体诱发振动的成因

在管壳式热交换器的壳程中，流体横向流过管束时，流体诱发振动的主要成因：

a) 卡门旋涡激振(有声振动或无声振动)；

b) 湍流抖振(有声振动或无声振动)；

c) 流体弹性不稳定。

C.1.2 卡门旋涡频率

卡门旋涡频率按式(C.1)确定：

$$f_V = St\frac{V}{d_o} \qquad \cdots\cdots(C.1)$$

式中：

d_o——换热管外径，m；

f_V——卡门旋涡频率，Hz；

S ——换热管中心距，m；

St ——斯特罗哈数，无因次，对于按正三角形与正方形排列的管束，可根据节径比 S/d_o，由图 C.1 查得；

V ——横流速度，根据管间的最小自由截面计算，m/s。

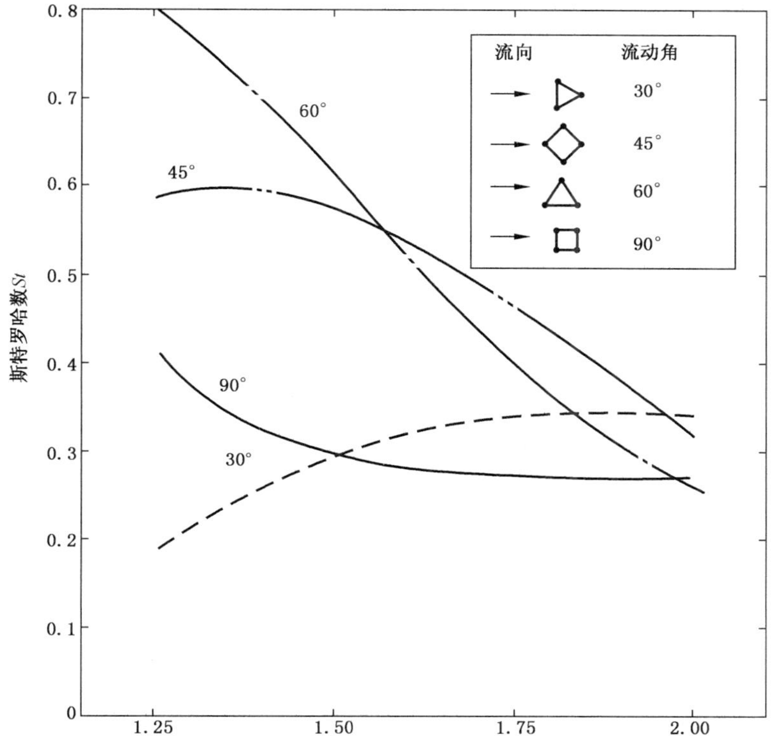

图 C.1 换热管节径比 S/d_o

C.1.3 湍流抖振主频率

湍流抖振主频率 f_t 按式(C.2)计算，且只在流体为气体时予以计算：

$$f_t = \frac{Vd_o}{lT}\left[3.05\left(1-\frac{d_o}{T}\right)^2 + 0.28\right] \quad \cdots\cdots\cdots\cdots\cdots\cdots\text{(C.2)}$$

式中：

l ——纵向的换热管中心距[如图 C.2 b)所示]，m；对顺排管束，取 $l=L$；

T ——横向的换热管中心距(如图 C.2 所示)，m。

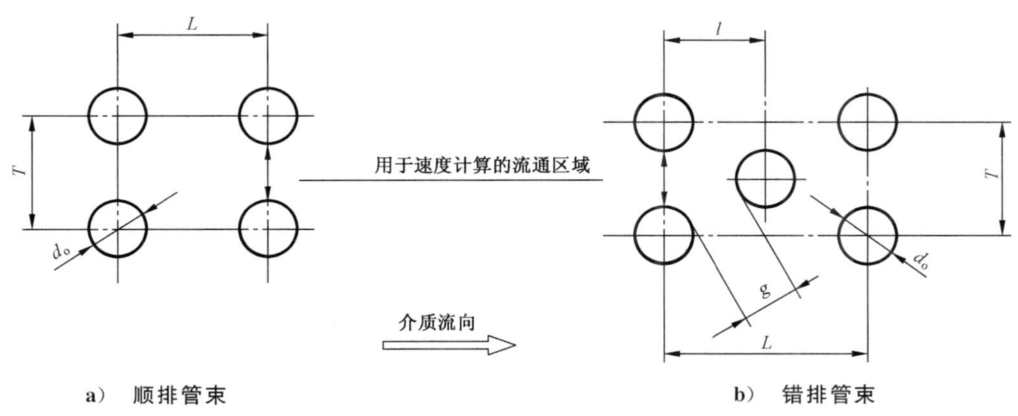

图 C.2 管束中的几何尺寸符号

C.1.4 声学驻波频率

气体或蒸汽进入壳程后，将在与流动方向和换热管轴线都垂直的方向上形成声学驻波(见图 C.3)。当声学驻波频率与卡门旋涡频率或湍流抖振主频率一致时，便发生声共振。

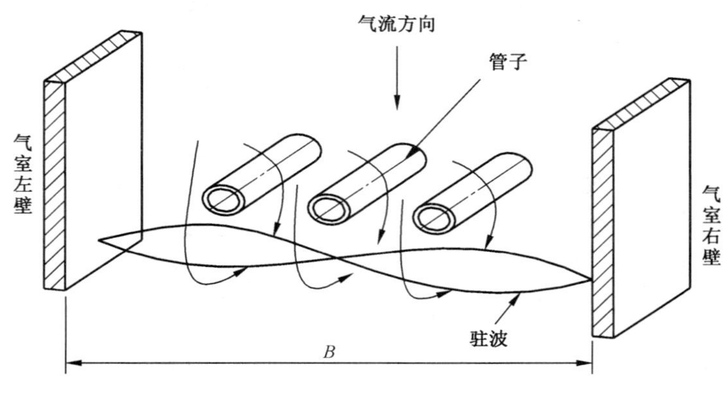

图 C.3 声学驻波

C.1.4.1 声速

在气体中声波的传播速度 c 按式(C.3)计算：

$$c=1\,000\sqrt{\frac{p_s Z\gamma}{\rho_o\left(1+k\dfrac{d_o^2}{S^2}\right)}} \qquad \text{(C.3)}$$

式中：

c ——声速，m/s；

k ——系数，对正方形、转角正方形排列的管束(流动角为 90°与 45°)，取 0.785；对正三角形、转角正三角形排列的管束(流动角为 30°与 60°)，取 0.907；

p_s——壳程设计压力(绝对压力)，MPa；

Z ——压缩系数，对理想气体取 $Z=1$；

γ ——定压比热容与定容比热容的比值；

ρ_o——壳程流体密度，kg/m^3。

C.1.4.2 声频

声频 f_a按式(C.4)计算：

$$f_a=\frac{nc}{2D} \qquad \text{(C.4)}$$

式中：

c ——声速，m/s。

D ——特性长度，m。对矩形气室(见图 C.3)，取气室的宽度 B；对圆柱形壳体则取内径；在正方形排列的管束中，有可能形成如图 C.4 a)所示的内接正方形的驻波，此时 D 值取壳体内径的 0.707 倍。

n ——振型数，指半波的整数倍，无因次，见图 C.4 b)。

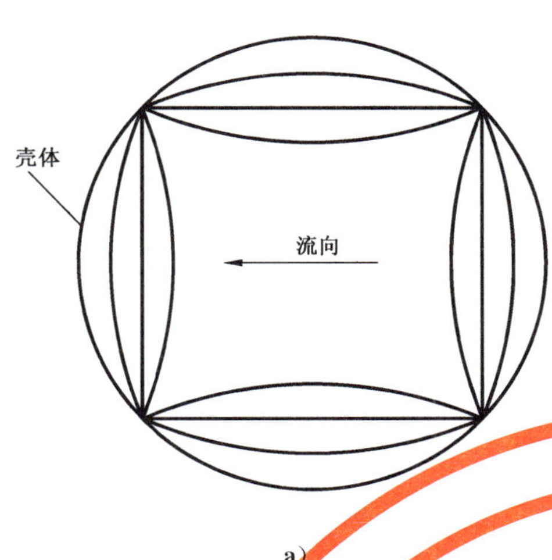

a)

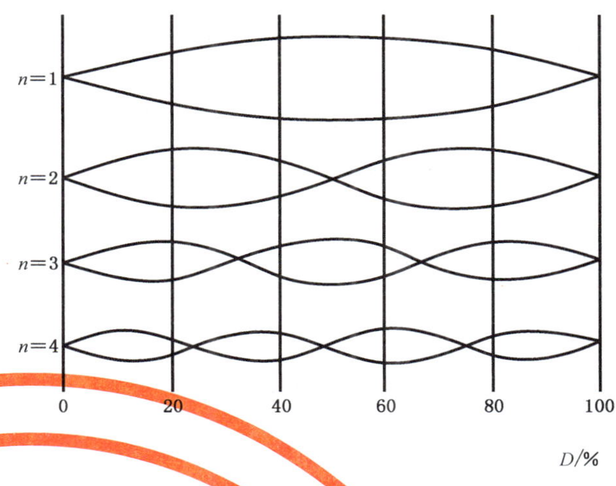

b)

图 C.4

C.1.5 临界横流速度

管束发生流体弹性不稳定时的临界横流速度 V_c 按式(C.5)计算：

$$V_c = K_c f_n d_o \delta_s^b \qquad \cdots\cdots(C.5)$$

式中：

δ_s——质量阻尼参数，无因次，按式(C.6)计算：

$$\delta_s = m\delta/(\rho_o d_o^2) \qquad \cdots\cdots(C.6)$$

b ——指数，其值由表 C.1 给出；

d_o——换热管的外径，m；

f_n——换热管的固有频率，Hz，计算方法见 C.2；

K_c——比例系数，根据换热管的排列形式、节径比、质量阻尼参数等用表 C.1 所列的关系式确定；关系式中的符号 S 为换热管中心距，m；

m ——单位管长的质量，kg/m，计算方法见 C.2；

δ ——换热管的对数衰减率，无因次，计算方法见 C.3；

ρ_o ——壳程流体的密度，kg/m³。

表 C.1 不同情况下的 K_c 与 b 值

换热管排列形式(流动角)	δ_s 的范围	K_c	b
正三角形(30°)	0.1～2 >2～300	$3.58(S/d_o-0.9)$ $6.53(S/d_o-0.9)$	0.1 0.5
转角正方形(45°)	0.1～300	$3.54(S/d_o-0.5)$	0.5
转角三角形(60°)	0.01～1 >1～300	2.8 2.8	0.17 0.5
正方形(90°)	0.03～0.7 >0.7～300	2.1 2.35	0.15 0.5

C.2 换热管的固有频率

C.2.1 符号说明

C_M——附加质量系数，根据节径比 S/d_o 由图 C.5 查得；
d_i——换热管内径，m；
d_o——换热管外径，m；
E——材料的弹性模量，MPa；
l——跨距，m；
m——换热管单位长度的质量，且 $m=m_i+m_o+m_t$，kg/m；
m_i——换热管内的流体质量，$m_i=\pi d_i^2\rho_i/4$，kg/m；
m_o——被振动管排开的、虚拟的管外流体质量，$m_o=\pi d_o^2\rho_o C_M/4$，kg/m；
m_t——空管质量，kg/m；
ρ_i——管内的流体密度，kg/m³；
ρ_o——管外的流体密度，kg/m³。

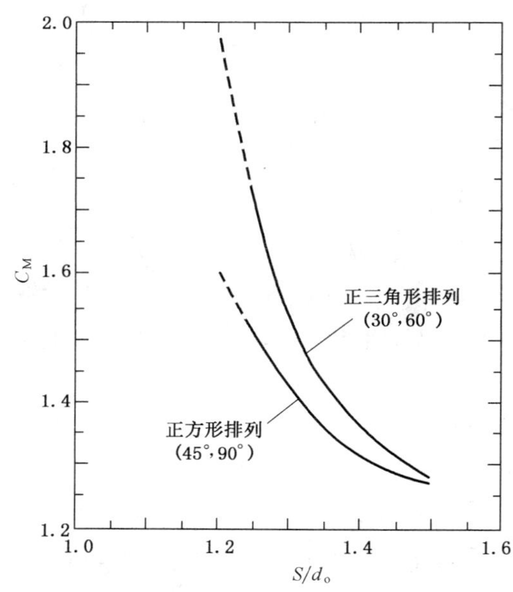

图 C.5 附加质量系数(静止流体)

C.2.2 支承条件

一般情况下换热管的支承条件是：在管板端为固定支承，在折流板处为简支。

C.2.3 等跨直管的固有频率

等跨直管(见图 C.6)的固有频率 f_n 按式(C.7)计算：

$$f_n=35.3\lambda_n\sqrt{\frac{E(d_o^4-d_i^4)}{ml^4}} \qquad \text{(C.7)}$$

式中：

λ_n——频率常数，rad。下标 n 为振型的阶数。其值根据管端固定条件、跨数与振型确定，可利用表 C.2 或图 C.11～图 C.17 查得。查图时，取 $K=1$。

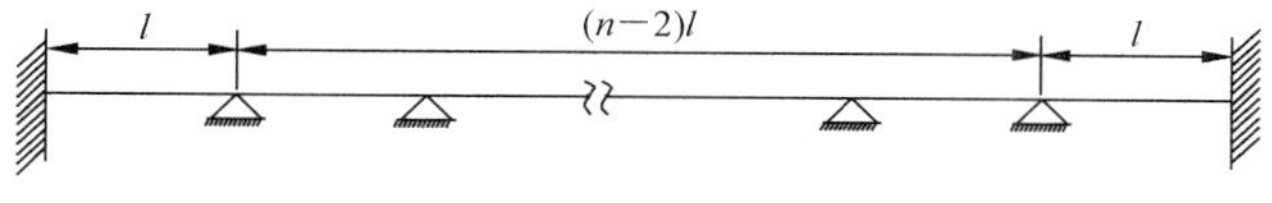

图 C.6

表 C.2　等跨直管的频率常数 λ_n

跨数	两端固定		两端简支		一端固定，一端简支	
	一阶	二阶	一阶	二阶	一阶	二阶
1	22.396	61.737	9.870	39.520	15.434	50.017
2	15.418	22.373	9.870	15.418	11.514	19.921
3	12.648	18.469	9.870	12.648	10.631	15.418
4	11.514	15.418	9.870	11.514	10.305	13.289
5	10.950	13.693	9.870	10.950	10.150	12.169
6	10.631	12.648	9.870	10.631	10.065	11.514
7	10.434	11.973	9.870	10.434	10.014	11.101
8	10.305	11.514	9.870	10.305	9.980	10.825
9	10.215	11.188	9.870	10.215	9.957	10.631
10	10.150	10.950	9.870	10.150	9.940	10.491
20	9.941	10.150	9.870	10.005	9.887	10.028

C.2.4　非等跨直管的固有频率

C.2.4.1　各跨间距不相等时，直管的固有频率 f_n 按式(C.8)计算：

$$f_n = 35.3k^2\sqrt{\frac{E(d_o^4 - d_i^4)}{m}} \quad \cdots\cdots\cdots\cdots(\text{C.8})$$

式中：

k——弯曲系数，$rad^{1/2}/m$。各跨管均为同一数值。对于两端固定条件各异，其他支承均为简支的直管可通过求解表 C.3 所列的频率方程得出。

表 C.3　两端固定条件不同时非等跨直管的频率方程

两端固定条件	两端固定	两端简支	一端固定，一端简支
频率方程	$\alpha_n\beta_0+\beta_n\delta_0=0$	$\alpha_n\gamma_0+\gamma_n\alpha_0=0$	$\alpha_n\delta_0+\gamma_n\beta_0=0$

α_n、β_n、γ_n、α_0、β_0、γ_0、δ_0 分别按式(C.9)～式(C.11)计算：

$$\left.\begin{aligned}\alpha_n&=S_n-\frac{T_nU_n}{V_n}\\ \beta_n&=T_n-\frac{U_n^2}{V_n}\\ \gamma_n&=V_n-\frac{T_n^2}{V_n}\end{aligned}\right\}\quad\cdots\cdots(C.9)$$

$$\left.\begin{aligned}S_n&=\frac{1}{2}[ch(kl_n)+\cos(kl_n)]\\ T_n&=\frac{1}{2}[sh(kl_n)+\sin(kl_n)]\\ U_n&=\frac{1}{2}[ch(kl_n)-\cos(kl_n)]\\ V_n&=\frac{1}{2}[sh(kl_n)-\sin(kl_n)]\end{aligned}\right\}\quad\cdots\cdots(C.10)$$

$$\begin{bmatrix}\alpha_0&\beta_0\\ \gamma_0&\delta_0\end{bmatrix}=\begin{bmatrix}\alpha_{n-1}&\beta_{n-1}\\ \gamma_{n-1}&\delta_{n-1}\end{bmatrix}\begin{bmatrix}\alpha_{n-2}&\beta_{n-2}\\ \gamma_{n-2}&\delta_{n-2}\end{bmatrix}\cdots\cdots\begin{bmatrix}\alpha_2&\beta_2\\ \gamma_2&\delta_2\end{bmatrix}\begin{bmatrix}\alpha_1&\beta_1\\ \gamma_1&\delta_1\end{bmatrix}\quad\cdots\cdots(C.11)$$

式中：

n ——总跨数；

l_n ——第 n 跨的间距，m。

C.2.4.2 端跨距为 l_1，其他跨距均为 l 时(见图 C.7)，直管的固有频率按式(C.12)计算：

$$f_n=35.3\lambda_n\sqrt{\frac{E(d_o^4-d_i^4)}{ml^4}}\quad\cdots\cdots(C.12)$$

式中的频率常数 λ_n 可根据不同的端部固定条件由图 C.11～图 C.17 查得，图中的跨距比 $K=l_1/l$。

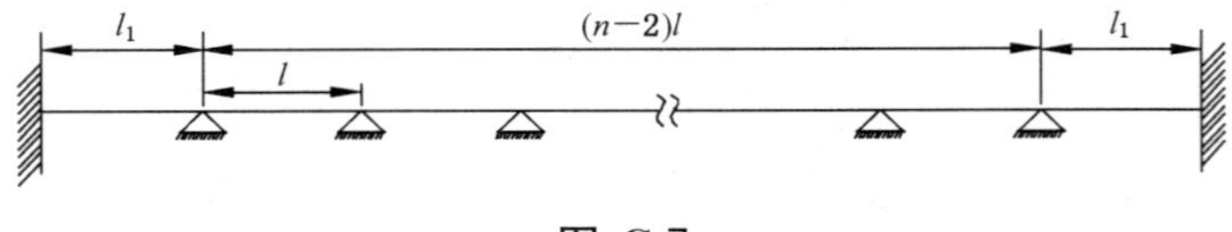

图 C.7

C.2.4.3 两端跨距分别为 l_1 与 l_2，其他跨距均为 l 时，直管的固有频率按式(C.8)计算。但当跨数 $n\geqslant4$，跨距比 $K_1=l_1/l$ 和 $K_2=l_2/l$ 均小于 2.5 时，对于两端固定或两端简支，其他支承都是简支的直管，可利用式(C.12)来估算其第一振型的固有频率。频率常数 λ_1 由图 C.12、图 C.14 查得，但跨距比应按 K_1、K_2 中的较大值。

C.2.5 有轴向力作用时直管的固有频率

两端固定的直管在轴向力作用下固有频率按式(C.13)计算：

$$f_{na}=f_a\sqrt{1+\frac{64Fl^2}{\pi E(d_o^4-d_i^4)K_r^2}\times10^{-6}}\quad\cdots\cdots(C.13)$$

式中：

F ——轴向力，拉伸时取正值，压缩时取负值，N；

K_r ——与管端固定条件有关的系数；

两端固定时，$K_r=2\pi$；

两端简支时，$K_r=\pi$；

一端固定，一端简支时，$K_r=4.49$；

f_a ——未受轴向力时换热管的固有频率，Hz；

f_{na}——轴向力作用下换热管的固有频率，Hz。

C.2.6 U形管的固有频率

C.2.6.1 直管段设置折流板时，U形管的最低固有频率 f_{nU} 按式(C.14)计算：

$$f_{nU}=35.3\lambda_U\sqrt{\frac{E(d_o^4-d_i^4)}{ml^4}} \quad \cdots\cdots(C.14)$$

式中：

E ——U形管材料的弹性模量，MPa；

f_{nU} ——U形管的最低固有频率，Hz；

l ——折流板间距，m；

m ——单位长度换热管质量，kg/m；

λ_U ——U形管的频率常数，rad，其值与振型、折流板布置方式、跨数 n 以及参数 l_1/l、l_2/l、R/l 有关，由图C.18～图C.22确定；对非对称支撑跨数为4的U形管，只可利用图C.21中 $l_2=l$ 的曲线；

R ——弯管中心线的半径，m；

l_1 ——半圆形弯管端部与相邻折流板间的距离，m；

l_2 ——管板与相邻折流板间的距离，m。

C.2.6.2 弯管段中部增设支承板或支承条时，U形管的最低固有频率仍按式(C.14)计算，频率常数由图C.22～图C.26确定。对非对称支撑跨数为4的U形管，只可利用图C.26中 $l_2=l$ 的曲线。

C.3 对数衰减率

换热管作衰减运动时，任意两相邻周期的振幅，其比值的自然对数即为对数衰减率，以 δ 表示。以下所列的均为在理论分析与实验基础上获得的公式，可用来估算第一振型时的对数衰减率。

C.3.1 壳程介质为气体时，$\delta=\delta_V$ 且按式(C.15)计算：

$$\delta_V=0.314\frac{n-1}{n}\left(\frac{t_b}{l_m}\right)^{0.5} \quad \cdots\cdots(C.15)$$

式中：

t_b ——折流板厚度，m；

n ——总跨数；

l_m ——换热管的跨距，m；取3个最长跨距的平均值。

C.3.2 壳程介质为液体时，$\delta=\delta_{l_1}+\delta_{l_2}$，此处：

$$\delta_{l_1}=5.57\left(\frac{d_o}{m}\right)\left(\frac{\rho_1^2\nu_1}{f_1}\right)^{0.5}C_e \quad \cdots\cdots(C.16)$$

$$\delta_{l_2}=138.2\left(\frac{n-1}{n}\right)\left(\frac{\rho_1 d_o^2}{f_1 m}\right)\left(\frac{t_b}{l_m}\right)^{0.6} \quad \cdots\cdots(C.17)$$

式中：

f_1 ——换热管的基频，Hz；

C_e ——界限函数，由表C.4确定；

m ——换热管单位长度的质量，kg/m。由C.2.1确定；

ν_1 ——液体的运动黏度，m^2/s；

ρ_1 ——液体的密度，kg/m^3。

如果由式(C.16)、式(C.17)计算得出的 δ_{l_1}、δ_{l_2} 之和小于 0.037 7，建议取值为 0.037 7。

表 C.4 界限函数 C_e

S/d_o	C_e	
	三角形排列(30°,60°)	方形排列(45°,90°)
1.20	2.25	1.87
1.25	2.03	1.73
1.26	1.99	1.70
1.27	1.96	1.68
1.28	1.93	1.66
1.32	1.81	1.58
1.40	1.63	1.46
1.50	1.47	1.35

C.3.3 壳程介质为两相流体时，$\delta=\delta_{TP}$。先按式(C.18)、式(C.19)分别计算出 δ_{TP1}、δ_{TP2}：

$$\delta_{TP1}=5.57\left(\frac{d_o}{m}\right)\left(\frac{\rho_{TP}^2\nu_{TP}}{f_1}\right)^{0.5}C_e \qquad \text{(C.18)}$$

$$\delta_{TP2}=0.314\left(\frac{\rho_1 d_o^2}{m}\right)[f(\varepsilon_g)]C_e\left(\frac{\sigma_t}{\sigma_{20}}\right) \qquad \text{(C.19)}$$

总的对数衰减率见式(C.20)：

$$\delta_{TP}=\delta_{TP1}+\delta_{TP2}+\delta_V \qquad \text{(C.20)}$$

式中：

$f(\varepsilon_g)$——体积含气率函数；

ε_g ——体积含气率，按式(C.21)计算：

$$\varepsilon_g=\frac{V_g}{V_g+V_l} \qquad \text{(C.21)}$$

当 $\varepsilon_g<0.4$ 时，$f(\varepsilon_g)=\varepsilon_g/0.4$；

$0.4\leqslant\varepsilon_g\leqslant0.7$ 时，$f(\varepsilon_g)=1$；

$\varepsilon_g>0.7$ 时，$f(\varepsilon_g)=1-\left(\frac{\varepsilon_g-0.7}{0.3}\right)$；

V_g ——通过流道截面时气相流体的体积流量，m^3/s；

V_l ——通过流道截面时液相流体的体积流量，m^3/s；

ν_{TP} ——两相流体的运动黏度，m^2/s；

σ_t、σ_{20}——依次为液体在 t ℃和 20 ℃的表面张力，N/m；

ρ_{TP} ——两相流体的密度，kg/m^3。

ρ_{TP}按式(C. 22)计算，ν_{TP}按式(C. 23)计算：

$$\rho_{TP}=\rho_l(1-\varepsilon_g)+\rho_g\varepsilon_g \qquad \text{(C.22)}$$

$$\nu_{TP}=\frac{1}{\dfrac{(1-\varepsilon_g)}{\nu_l}+\dfrac{\varepsilon_g}{\nu_g}} \qquad \text{(C.23)}$$

式中：

ν_g、ν_l——依次为气相和液相流体的运动黏度，m^2/s；

ρ_g、ρ_l——依次为气相和液相流体的密度，kg/m^3。

C.4 振幅

当卡门旋涡频率或湍流抖振主频率与换热管的固有频率一致，且 f_n 小于 $2f_V$ 或 $2f_t$ 时，应按式(C.24)或式(C.25)计算换热管的振幅。

C.4.1 卡门旋涡激振时换热管的振幅：

$$y_V = \frac{C_L \rho_o d_o V^2}{2\pi^2 \delta f_1^2 m} \quad \cdots\cdots\cdots\cdots (C.24)$$

式中：

C_L——升力系数，由表 C.5 确定；

y_V——壳程流体为单相且在换热管第一振型时，中部管跨的最大振幅，m；

f_1——换热管的基频，Hz；

m——换热管单位长度的质量，kg/m(参见 C.2.1)；

δ——对数衰减率(参见 C.3)；

ρ_o——壳程流体的密度，kg/m^3。

符号 d_o、V 与 C.1.2 的说明相同。

C.4.2 湍流抖振时换热管的振幅：

$$y_t = \frac{C_F \rho_o d_o V^2}{8\pi \delta^{1/2} f_1^{3/2} m} \quad \cdots\cdots\cdots\cdots (C.25)$$

式中：

C_F——流体力系数，由表 C.6 确定；

y_t——壳程流体为单相，换热管的最大振幅，m。

C.4.3 推荐的最大振幅见式(C.26)：

$$\begin{aligned} y_V &\leqslant 0.02 d_o \\ y_t &\leqslant 0.02 d_o \end{aligned} \quad \cdots\cdots\cdots\cdots (C.26)$$

表 C.5 升力系数 C_L

S/d_o	流动角(参见表 C.1)			
	30°	45°	60°	90°
1.20	0.090	0.070	0.090	0.070
1.25	0.091	0.070	0.091	0.070
1.33	0.065	0.010	0.017	0.070
1.50	0.025	0.049	0.047	0.068

表 C.6　流体力系数 C_F

位　　置	f_1	C_F
管束入口处换热管	≤40	0.022
	>40,<88	$-0.000\ 45f_1+0.04$
	≥88	0
离入口较远处换热管	≤40	0.012
	>40,<88	$-0.000\ 25f_1+0.022$
	≥88	0

C.5　振动的判据

C.5.1　壳程流体为气体或液体时,当符合下列条件中的任何一条,管束可能发生振动和破坏:

a)　卡门旋涡频率 f_V 与换热管最低固有频率 f_1 之比大于 0.5;

b)　湍流抖振主频率 f_t 与换热管最低固有频率 f_1 之比大于 0.5;

c)　换热管的最大振幅 $y_{max}>0.02d_o$;

d)　横流速度 V 大于临界横流速度 V_c。

C.5.2　壳程流体为气体或蒸汽时,当符合下列条件中的任何一条,有可能发生声振动:

a)　前几阶振型,尤其是一、二阶振型的声频在下列范围内,见式(C.27):

$$\left.\begin{aligned} &0.8f_V < f_a < 1.2f_V \\ \text{或}\quad &0.8f_t < f_a < 1.2f_t \end{aligned}\right\} \qquad \cdots\cdots(\text{C.27})$$

b)　对顺排管束按式(C.28)计算的无因次声共振参数 ψ_1 在下列范围内:

$$8\ 200\left(\frac{d_o}{L}\right)-3\ 000<\psi_1<8\ 200\left(\frac{d_o}{L}\right)-700 \qquad \cdots\cdots(\text{C.28})$$

其中 ψ_1 按式(C.29)计算:

$$\psi_1=\frac{Re^{1/2}}{2MSt\left(\dfrac{L}{d_o}-1\right)\dfrac{T}{d_o}} \qquad \cdots\cdots(\text{C.29})$$

式中:

L ——纵向的换热管中心距[(参见图 C.2 a)],m;

M ——马赫数,无因次,为横流速度与声速之比;

Re——雷诺数,无因次,其值等于 Vd_o/ν;

T ——横向的换热管中心距[(参见图 C.2 a)],m;

V ——横流速度,m/s,根据管间最小的自由截面计算;

ν ——壳程气体的运动黏度,m^2/s。

c)　对错排管束,按式(C.30)计算的无因次声共振参数 ψ_2 值处于图 C.8 的共振区内:

$$\psi_2=\sqrt{\frac{Vd_o}{\nu}}\left[\frac{\sqrt{L(T-d_o)}}{L-d_o}\right]\frac{\nu}{cd_o} \qquad \cdots\cdots(\text{C.30})$$

式(C.30)与图 C.8 中的符号:

L ——纵向的换热管中心距[(参见图 C.2 b)],m;

T ——横向的换热管中心距[(参见图 C.2 b)],m;

c ——声速,m/s;

g ——管间隙[(参见图 C.2 b)],m;

h ——管束中气体喷射的最小宽度,m;

$g>(T-d_o)/2$ 时,$h=(T-d_o)/2$;

$g<(T-d_o)/2$ 时,$h=g$。

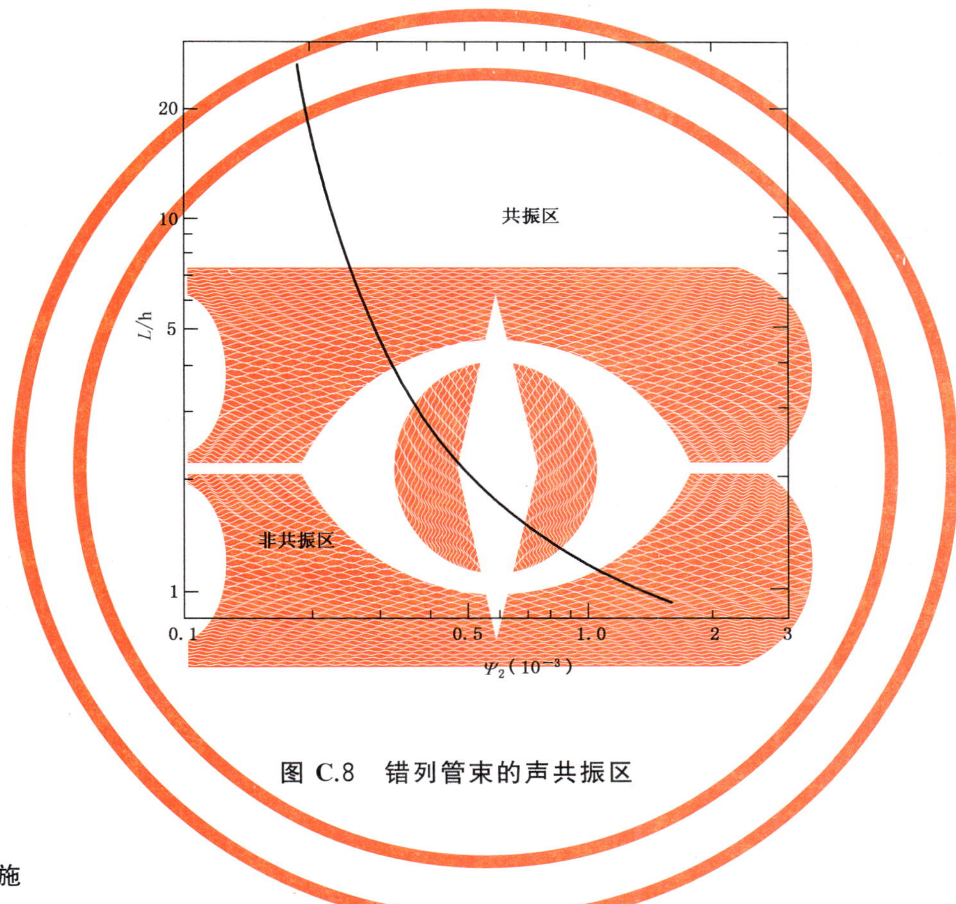

图 C.8 错列管束的声共振区

C.6 防振措施

C.6.1 改变流速

a) 用分流壳程代替单壳程(参见图 6-7);

b) 用双弓形折流板、三弓形折流板代替单弓形折流板。

C.6.2 改变换热管的固有频率

a) 改变折流板的形式与布置,减小换热管的无支撑跨距;

b) 在换热管二阶振型的节点处增设支承件;

c) U 形弯管段设置支承板或支承条。

C.6.3 在壳程沿平行于气流的方向插入纵向隔板,以减小式(C.4)中的特性长度 D,可提高声频,防止声振动。纵向隔板位置应错开驻波的节点而靠近波腹,如图 C.9 所示。

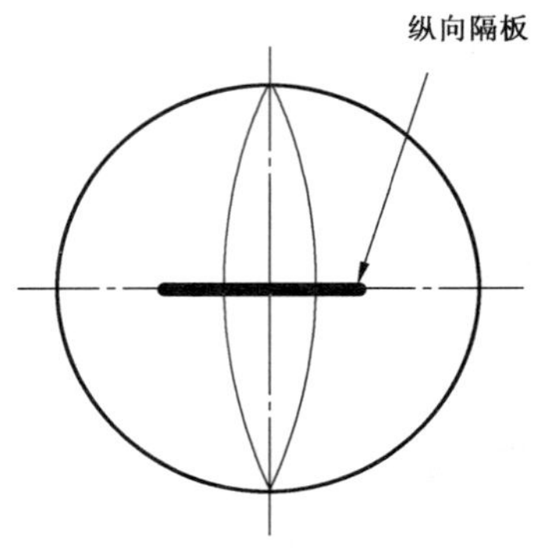

a） 第 1 振型时

b） 第 2 振型时

图 C.9 消除声振动的纵向隔板位置

C.6.4 采用杆状或条状支承，代替折流板。

C.6.5 在换热管外表面沿周向缠绕金属丝或沿轴向安装金属条，可抑制周期性旋涡的形成。

C.7 例题

一台型号为 BEM1000$-\frac{0.54}{0.88}-343-\frac{6}{25}-$2I 钢制固定管板式热交换器。

已知：热交换器壳体内径 $D=1$ m，换热管外径 $d_o=0.025$ m，壁厚 0.002 5 m，管孔中心距 $S=0.032$ m，正三角形排列，管长 6 m，两管板内侧间距为 5.89 m，折流板厚 $t_b=0.01$ m。折流板布置见图 C.10 a)，布管图见图 C.10 b)。

操作条件见表 C.7，换热管的对数衰减率为 0.03。预测管束振动情况。

表 C.7

	管　　程	壳　　程
介质	水	乙烯
工作压力(绝压)/MPa	0.539 6	0.882 9
工作温度/℃	37	46
密度/(kg/m^3)	1 000	9.64
流量 Q/(kg/h)		30 000
运动黏度 ν/(m^2/s)		1.1×10^{-6}

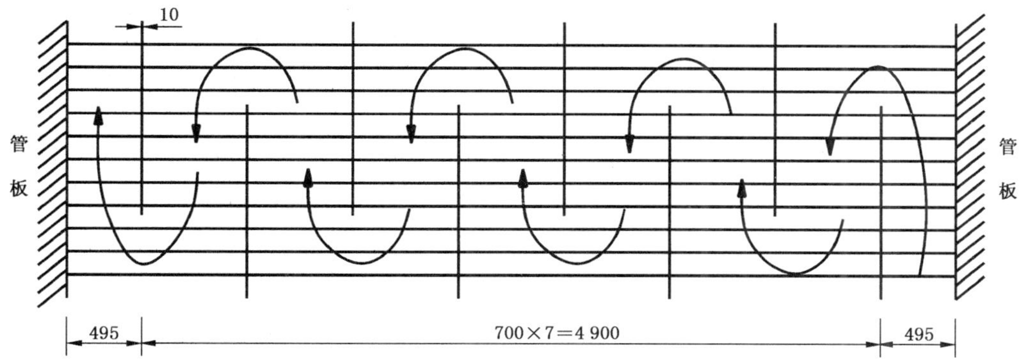

a） 折流板布置图

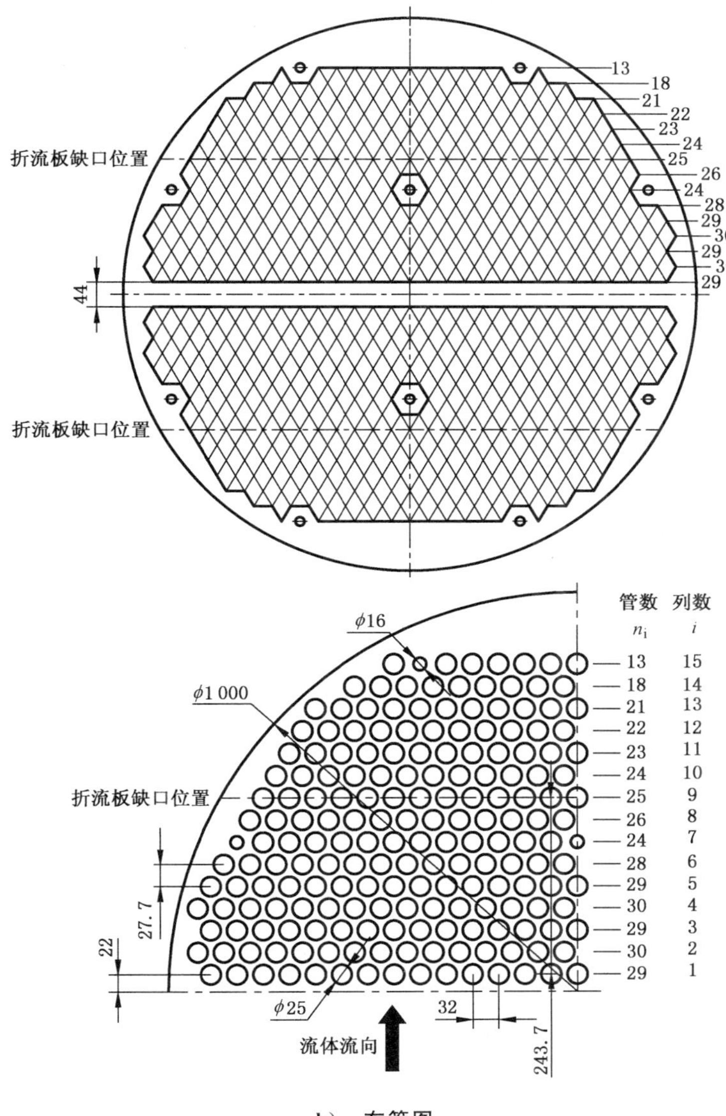

管数 n_i	列数 i
13	15
18	14
21	13
22	12
23	11
24	10
25	9
26	8
24	7
28	6
29	5
30	4
29	3
30	2
29	1

b） 布管图

图 C.10 管束结构参数

C.7.1 计算横流速度

在图 C.10 b)中已知流动角为 30°，$l=0.027\ 7$ m，$T=0.032$ m，各列换热管之间的间隙总和 b_i 按式(C.31)计算：

$$b_i=2\sqrt{(D/2)^2-[(i-1)l+0.022]^2}-n_id_o-n_rd_r \qquad \cdots\cdots\cdots\cdots\cdots(C.31)$$

式中：

d_r——拉杆直径，m；

n_i——第 i 列管排的管数；

n_r——第 i 列管排的拉杆数。

计算结果列于表 C.8。

表 C.8 各列换热管之间的间隙总和 b_i

列数 i	1	2	3	4	5	6	7	8
管数 n_i	29	30	29	30	29	28	24	26
总间隙 b_i/m	0.274	0.245	0.263	0.228	0.239	0.247	0.278	0.252
列数 i	9	10	11	12	13	14	15	
管数 n_i	25	24	23	22	21	18	13	
总间隙 b_i/m	0.248	0.240	0.226	0.207	0.180	0.195	0.216	

由表 C.8 看出，第 13 列总间隙 b_{min} 最小，该处的横流速度最大。热交换器进、出口处的横流速度 V_1：

$$V_1=\frac{Q_o}{3\ 600b_{min}(l_1-0.5t_b)\rho_o}=\frac{30\ 000}{3\ 600\times0.18\times(0.495-0.005)\times9.64}=9.8\ \text{m/s}$$

折流板间的横流速度 V_2：

$$V_2=\frac{Q_o}{3\ 600b_{min}(l-t_b)\rho_o}=\frac{30\ 000}{3\ 600\times0.18\times(0.7-0.01)\times9.64}=6.96\ \text{m/s}$$

C.7.2 计算卡门旋涡频率

节径比 $\frac{S}{d_o}=\frac{0.032}{0.025}=1.28$；排列角为 30°，由图 C.1 查得 $St=0.19$。

进、出口处的卡门旋涡频率为：

$$f_{V_1}=St\frac{V_1}{d_o}=0.19\times\frac{9.8}{0.025}=74.48\ \text{Hz}$$

折流板间的卡门旋涡频率为：

$$f_{V_2}=St\frac{V_2}{d_o}=0.19\times\frac{6.96}{0.025}=52.90\ \text{Hz}$$

C.7.3 计算湍流抖振主频率

$T=S=0.032$ m，$l=S\cdot\sin60°=0.027\ 7$ m，由式(C.2)知进、出口处的湍流抖振主频率为：

$$f_{t_1}=\frac{9.8\times0.025}{0.027\ 7\times0.032}\left[3.05\left(1-\frac{0.025}{0.032}\right)^2+0.28\right]=117.73\ \text{Hz}$$

折流板间的湍流抖振主频率为：

$$f_{t_2}=\frac{6.96\times 0.025}{0.027\ 7\times 0.032}\left[3.05\left(1-\frac{0.025}{0.032}\right)^2+0.28\right]=83.61\ \text{Hz}$$

C.7.4 计算声频

乙烯的定压比热容与定容比热容的比值 $\gamma=1.25$。

取乙烯的压缩系数 $Z=1$。用式(C.3)得声速为：

$$c=1\ 000\sqrt{\frac{0.882\ 9\times 1.25\times 1}{9.64\times\left(1+0.907\dfrac{0.025^2}{0.032^2}\right)}}=271.46\ \text{m/s}$$

声频为：

$$f_a=\frac{nc}{2D}=\frac{1\times 271.46}{2\times 1}=135.73\ \text{Hz}$$

C.7.5 换热管的固有频率

由图 C.10 a)知换热管刚性较差的部位在折流板缺口区，故：

跨数：$n=5$；

折流板缺口区跨距：$l=1.4$ m；

管板与相邻折流板间距：$l_1=0.495$ m，$l_2=1.195$ m；

换热管材料的弹性模量：$E=2.03\times 10^5$ MPa；

由附录 G 查得单位长度换热管质量：$m_t=1.39$ kg/m；

单位长度换热管内流体质量：$m_i=\pi d_i^2\rho_i/4=3.14\times 0.02^2\times 1\ 000/4=0.314$ kg/m；

由图 C.5 查得附加质量系数：$C_M=1.57$。

单位长度换热管外流体虚拟质量：

$$m_o=\pi d_o^2\rho_o C_M/4=3.14\times 0.025^2\times 9.64\times 1.57/4=0.007\ 4\ \text{kg/m}$$

单位管长质量：$m=m_t+m_i+m_o=1.71$ kg/m

对于两端固定的换热管，用式(C.8)～式(C.11)给出的关系式编制计算机程序进行计算可以确定换热管一、二阶固有频率。其值为：

$$f_1=34.36\ \text{Hz}$$

$$f_2=46.09\ \text{Hz}$$

也可用 C.2.4.3 的方法估算换热管一阶固有频率。

因 $K_2=l_2/l=1.195/1.4=0.854>K_1$，$n=5$，查图 C.12，知 $\lambda_1=11.4$

根据 C.2.4.3 知：

$$f'_1=35.3\times 11.4\sqrt{\frac{2.03\times 10^5(0.025^4-0.02^4)}{1.71\times 1.4^4}}=34.0\ \text{Hz}$$

电算与估算法得出的结果相差仅为 1.05%。

C.7.6 临界横流速度

流动角为 30°，节径比为 1.28 的管束，其 K_c 值与 b 值可根据表 C.1 确定。已知换热管的对数衰减率 $\delta=0.03$，故：

$$\delta_s=m\delta/\rho_o d_o^2=1.71\times 0.03/(9.64\times 0.025^2)=8.51$$

则：

$$K_c=6.53\left(\frac{S}{d_o}-0.9\right)=6.53(1.28-0.9)=2.48$$

$$b=0.5$$

$$V_{c1}=K_c f_1 d_o \delta_s^b=2.48\times 34.36\times 0.025\times 8.51^{0.5}=6.21\ \mathrm{m/s}$$

$$V_{c2}=K_c f_2 d_o \delta_s^b=2.48\times 46.09\times 0.025\times 8.51^{0.5}=8.34\ \mathrm{m/s}$$

C.7.7 计算振幅

C.7.7.1 计算 y_V

由表 C.6 知 $S/d_o=1.28$ 时，$C_L=0.081$，由式(C.24)得：

$$y_{V1}=\frac{0.081\times 9.64\times 0.025\times 9.8^2}{2\pi^2\times 0.03\times 34.36^2\times 1.71}=15.68\times 10^{-4}\ \mathrm{m}$$

$$y_{V2}=\frac{0.081\times 9.64\times 0.025\times 6.96^2}{2\pi^2\times 0.03\times 34.36^2\times 1.71}=7.91\times 10^{-4}\ \mathrm{m}$$

C.7.7.2 计算 y_t

由表 C.5 知 $f_1=34.36$ Hz 时，壳程入口处，$C_F=0.022$，离入口较远处的管束 $C_F=0.012$，由式(C.25)得：

$$y_{t1}=\frac{0.022\times 9.64\times 0.025\times 9.8^2}{8\pi\times 0.03^{1/2}\times 34.36^{3/2}\times 1.71}=3.40\times 10^{-4}\ \mathrm{m}$$

$$y_{t2}=\frac{0.012\times 9.64\times 0.025\times 6.96^2}{8\pi\times 0.03^{1/2}\times 34.36^{3/2}\times 1.71}=0.94\times 10^{-4}\ \mathrm{m}$$

C.7.8 结论

1)由于

$$f_{V_1}/f_1=74.48/34.36=2.17>0.5$$

$$f_{V_2}/f_1=52.90/34.36=1.54>0.5$$

$$f_{t_1}/f_1=117.73/34.36=3.43>0.5$$

$$f_{t_2}/f_1=83.61/34.36=2.43>0.5$$

故在壳程流体进、出口处及折流板缺口区，可能因卡门旋涡或极度湍流激发换热管的振动，需进一步计算换热管振幅是否超过推荐值。

由于

$$0.02d_o=0.02\times 0.025=5.0\times 10^{-4}\ \mathrm{m}$$

$$y_{V_1}=15.68\times 10^{-4}\ \mathrm{m}>0.02d_o$$

$$y_{V_2}=7.91\times 10^{-4}\ \mathrm{m}>0.02d_o$$

$$y_{t_1}=3.40\times 10^{-4}\ \mathrm{m}<0.02d_o$$

$$y_{t_2}=0.94\times 10^{-4}\ \mathrm{m}<0.02d_o$$

故只有卡门旋涡激振时振幅超过推荐值。

2)由于

$$V_1=9.8\ \mathrm{m/s}>V_{c1}$$

$$V_2=6.96\ \mathrm{m/s}>V_{c1}$$

故在壳程流体进、出口处及折流板缺口区将发生流体弹性振动。

3)由于

$$f_{V_1}/f_a=74.48/135.73=0.549<0.8$$

$$f_{V_2}/f_a=52.90/135.73=0.390<0.8$$

$$f_{t_1}/f_a=117.73/135.73=0.867>0.8$$

$$f_{t_2}/f_a=83.61/135.73=0.616<0.8$$

在进、出口处将因极度湍流诱发声振动。故需按式(C.30)计算声共振参数 ψ_2：

$$\psi_2=\sqrt{\frac{9.8\times 0.025}{1.1\times 10^{-6}}}\times\left[\frac{\sqrt{0.055\ 4\times(0.032-0.025)}}{0.055\ 4-0.025}\right]\times\frac{1.1\times 10^{-6}}{271.46\times 0.025}=0.05\times 10^{-3}$$

由图 C.8 可看出无论 L/h 值为何值，坐标点(ψ_2，L/h)均落在非共振区。故壳程不会发生声振动。

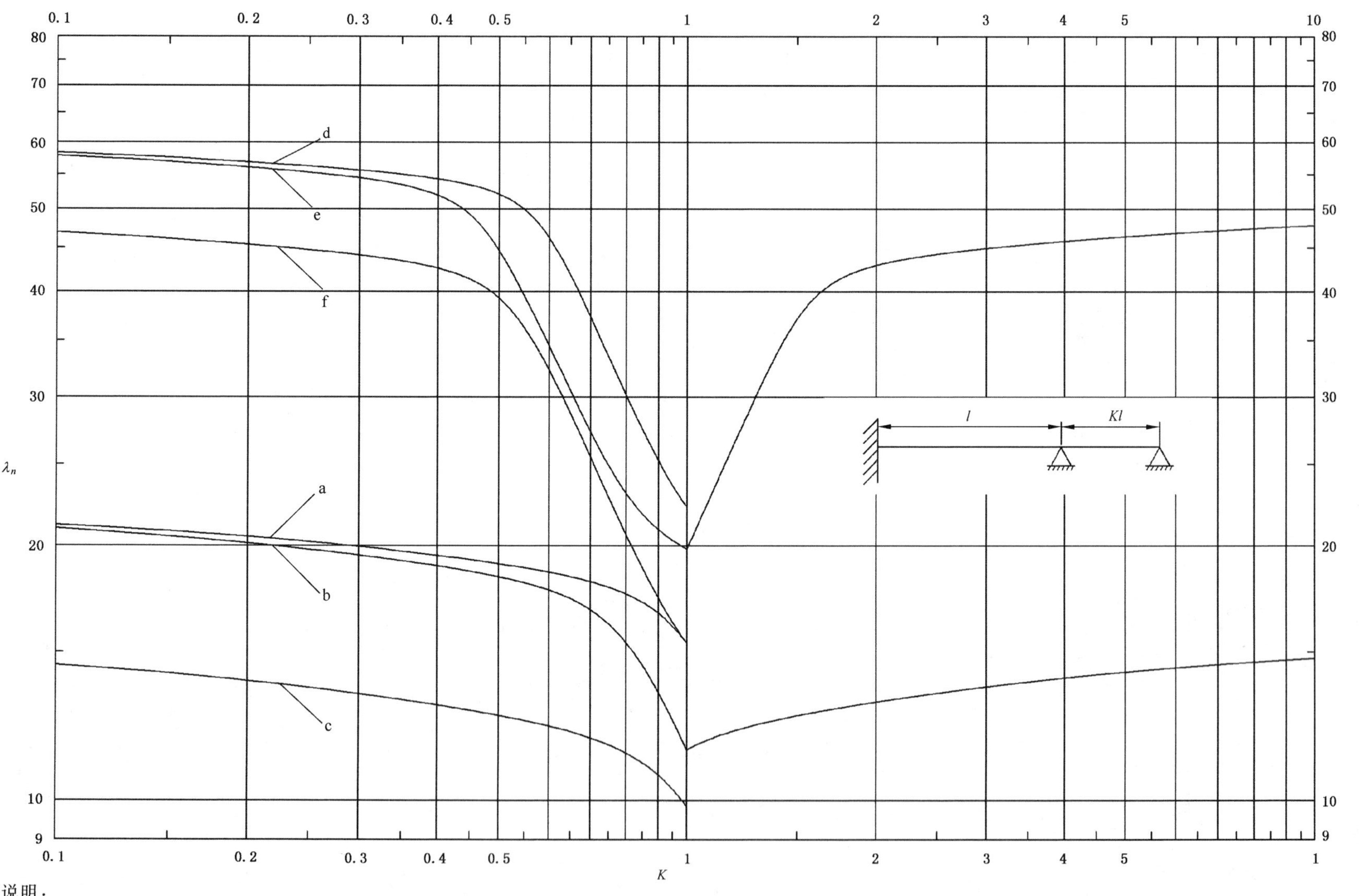

说明：

a、d——两端固定时的一、二阶曲线；

b、e——一端固定、一端简支时的一、二阶曲线；

c、f——两端简支时的一、二阶曲线。

图 C.11　二跨管频率常数图

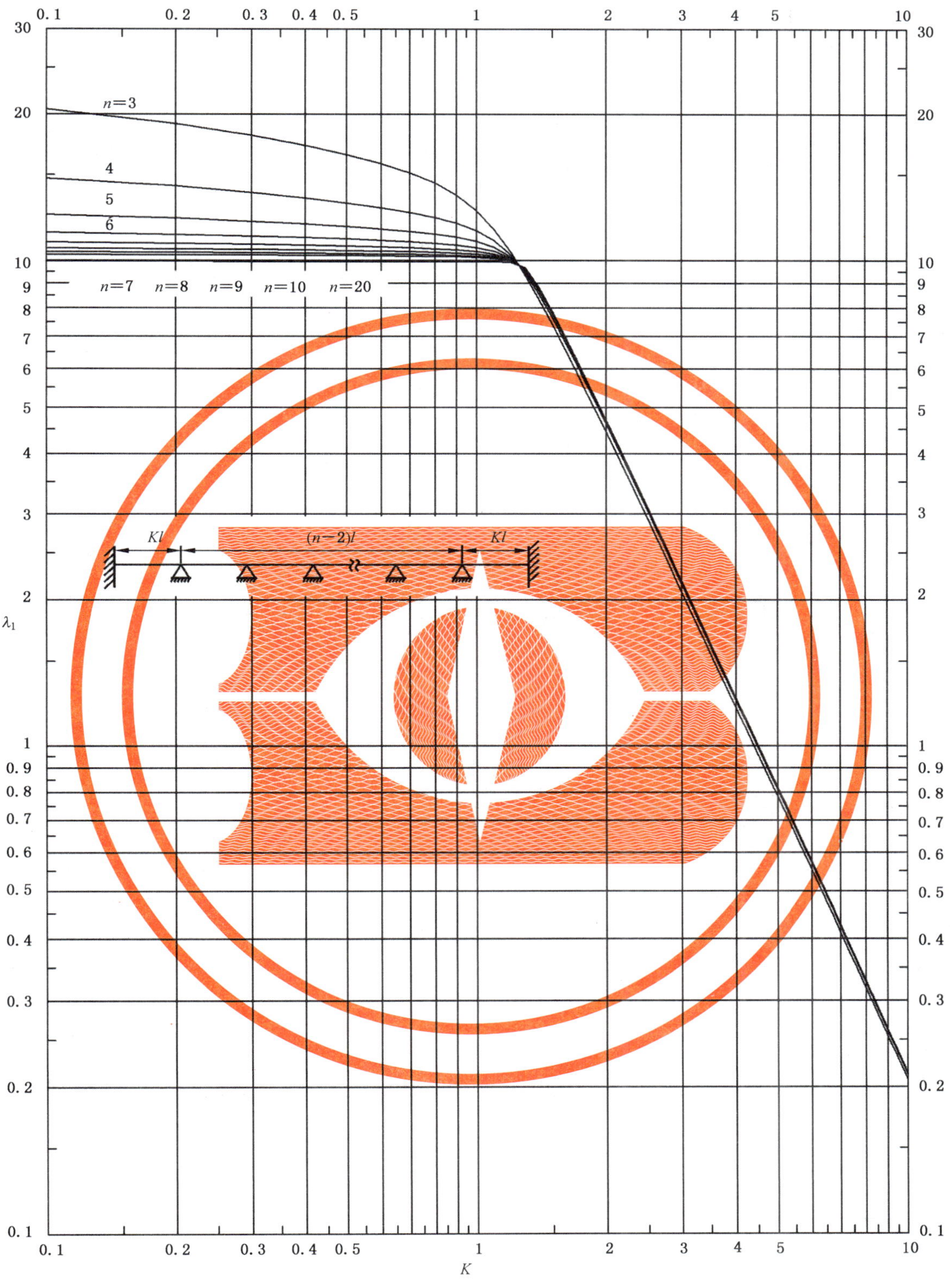

图 C.12 多跨管频率常数图(两端固定、一阶)

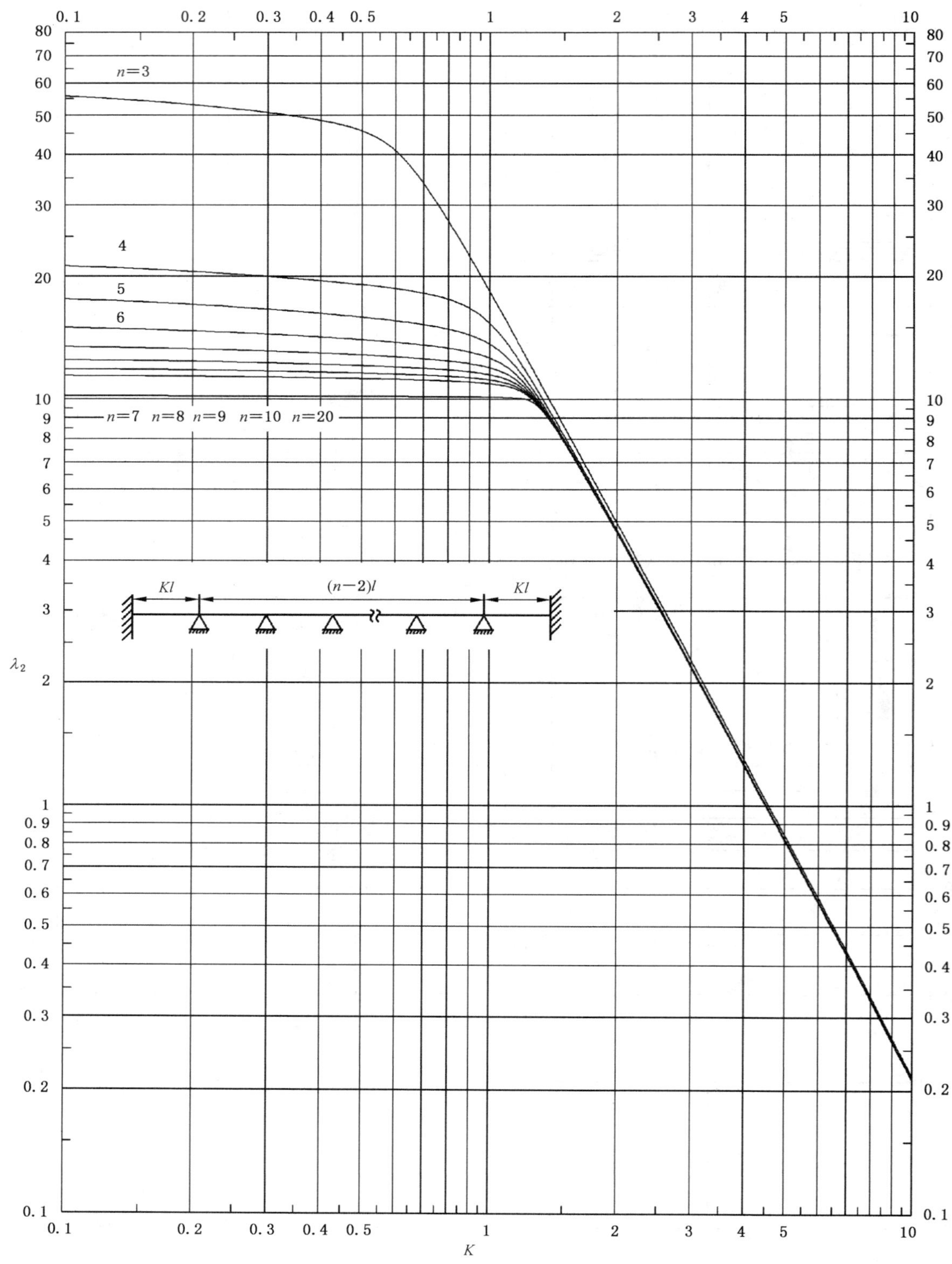

图 C.13 多跨管频率常数图(两端固定、二阶)

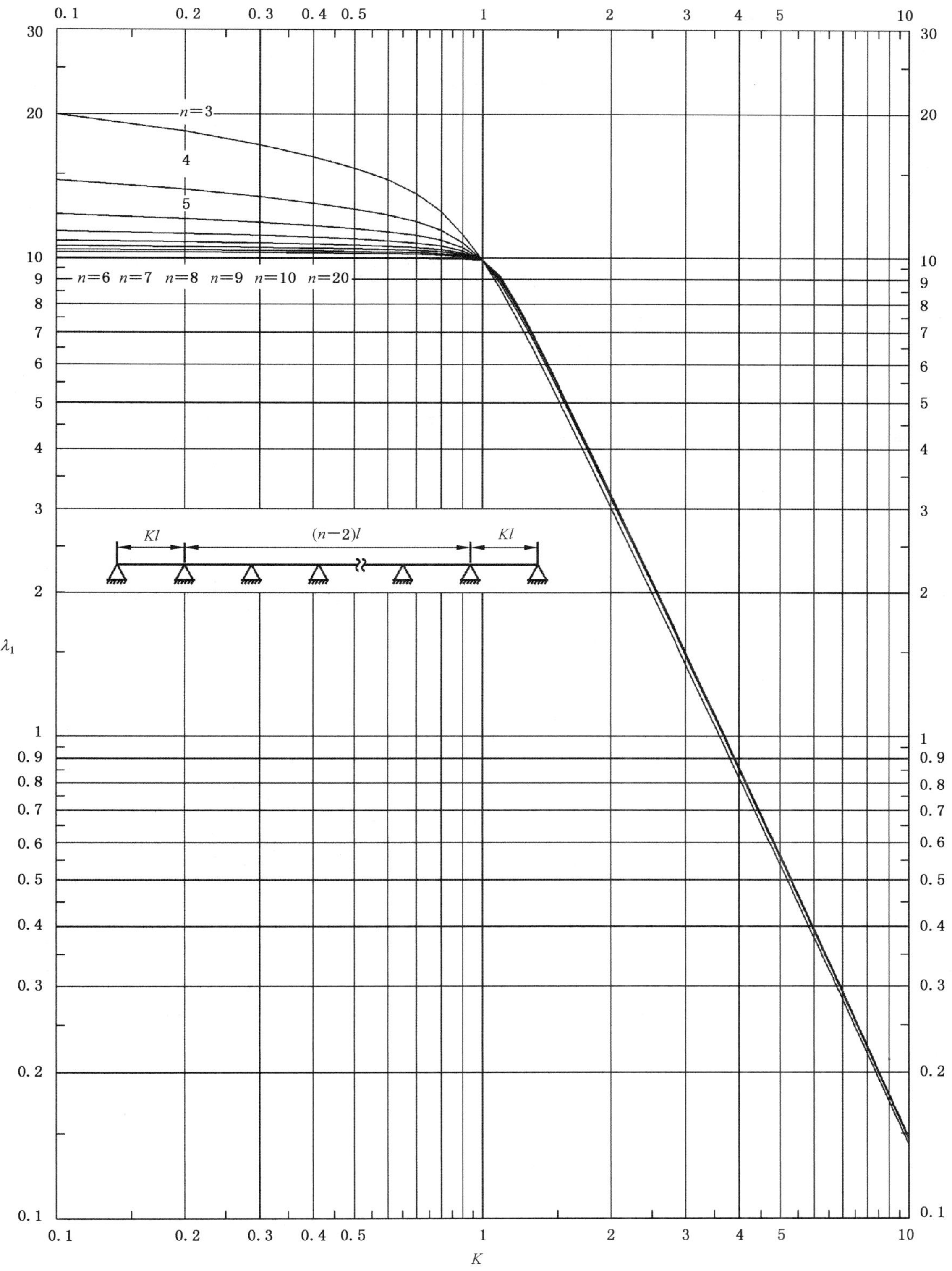

图 C.14 多跨管频率常数图(两端简支、一阶)

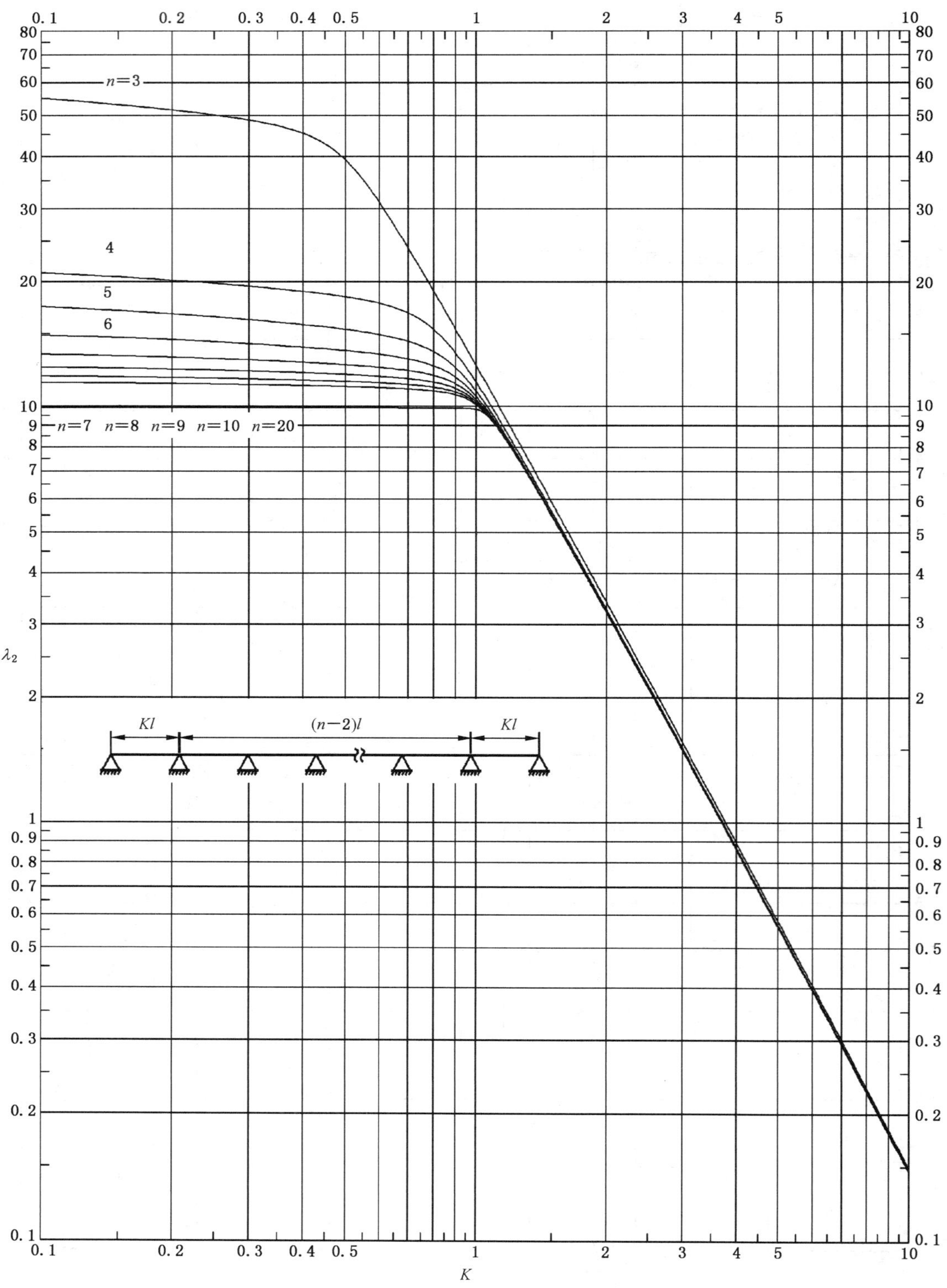

图 C.15 多跨管频率常数图(两端简支、二阶)

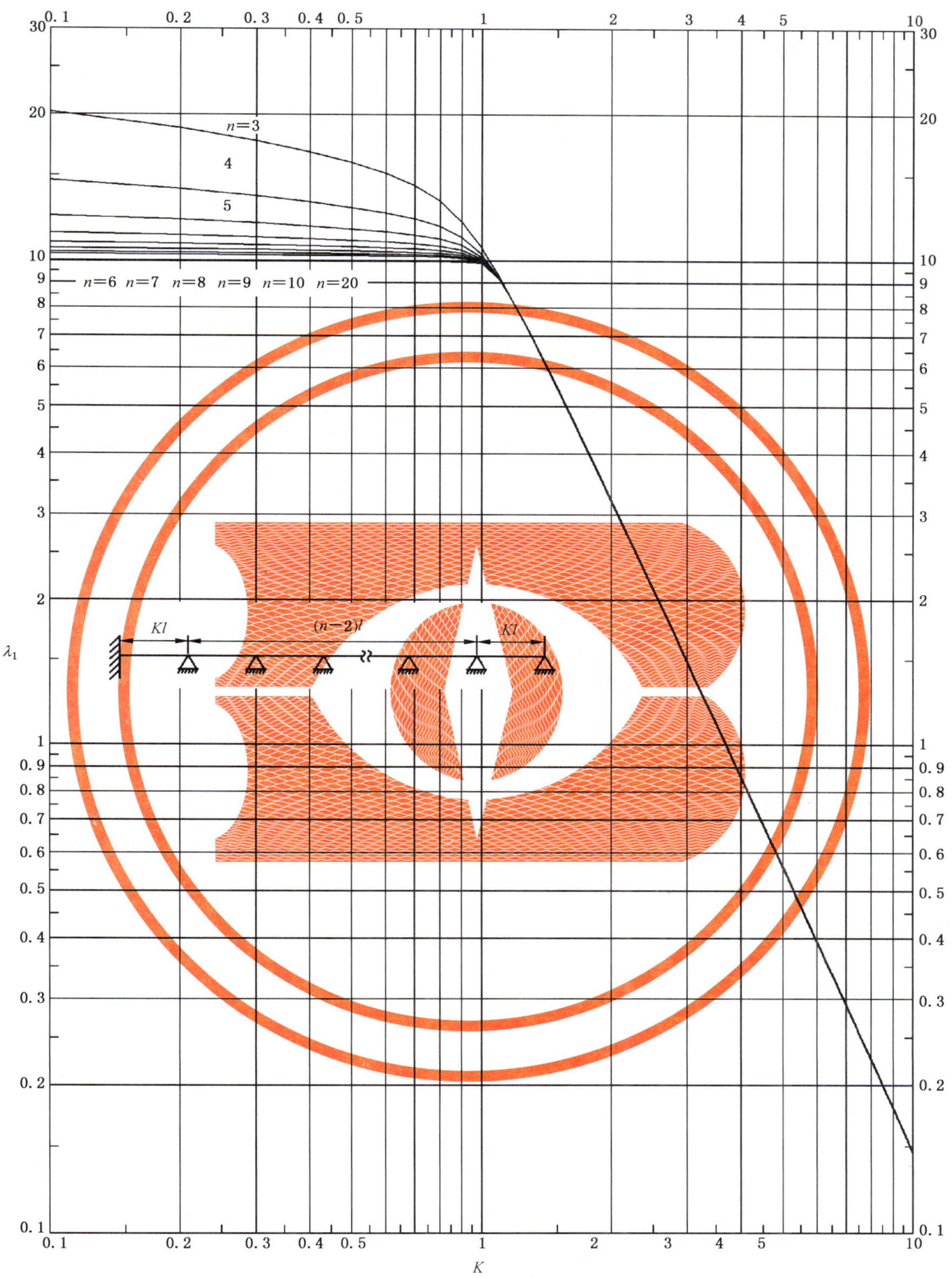

图 C.16 多跨管频率常数图(一端固定、一端简支、一阶)

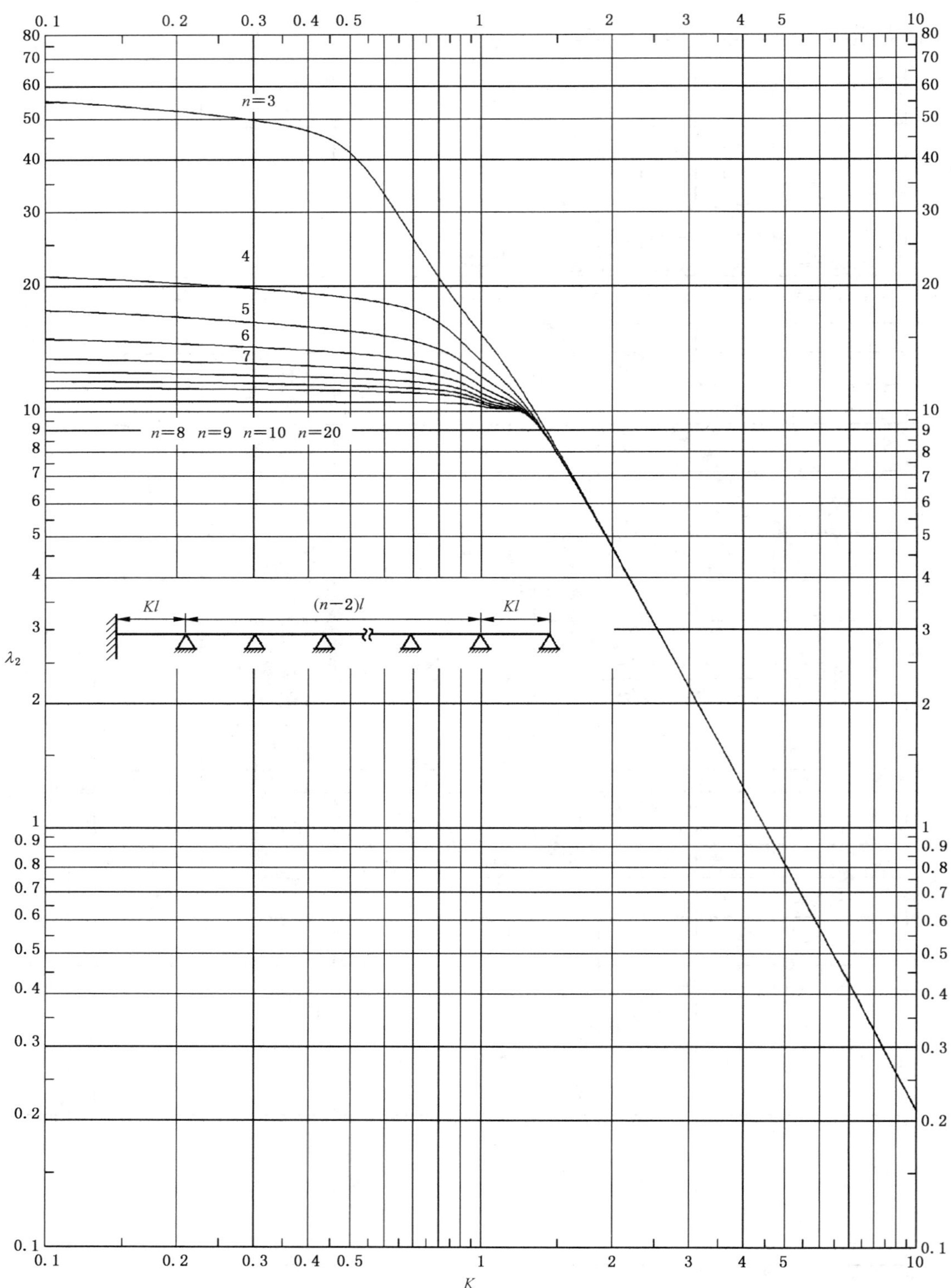

图 C.17 多跨管频率常数图(一端固定、一端简支、二阶)

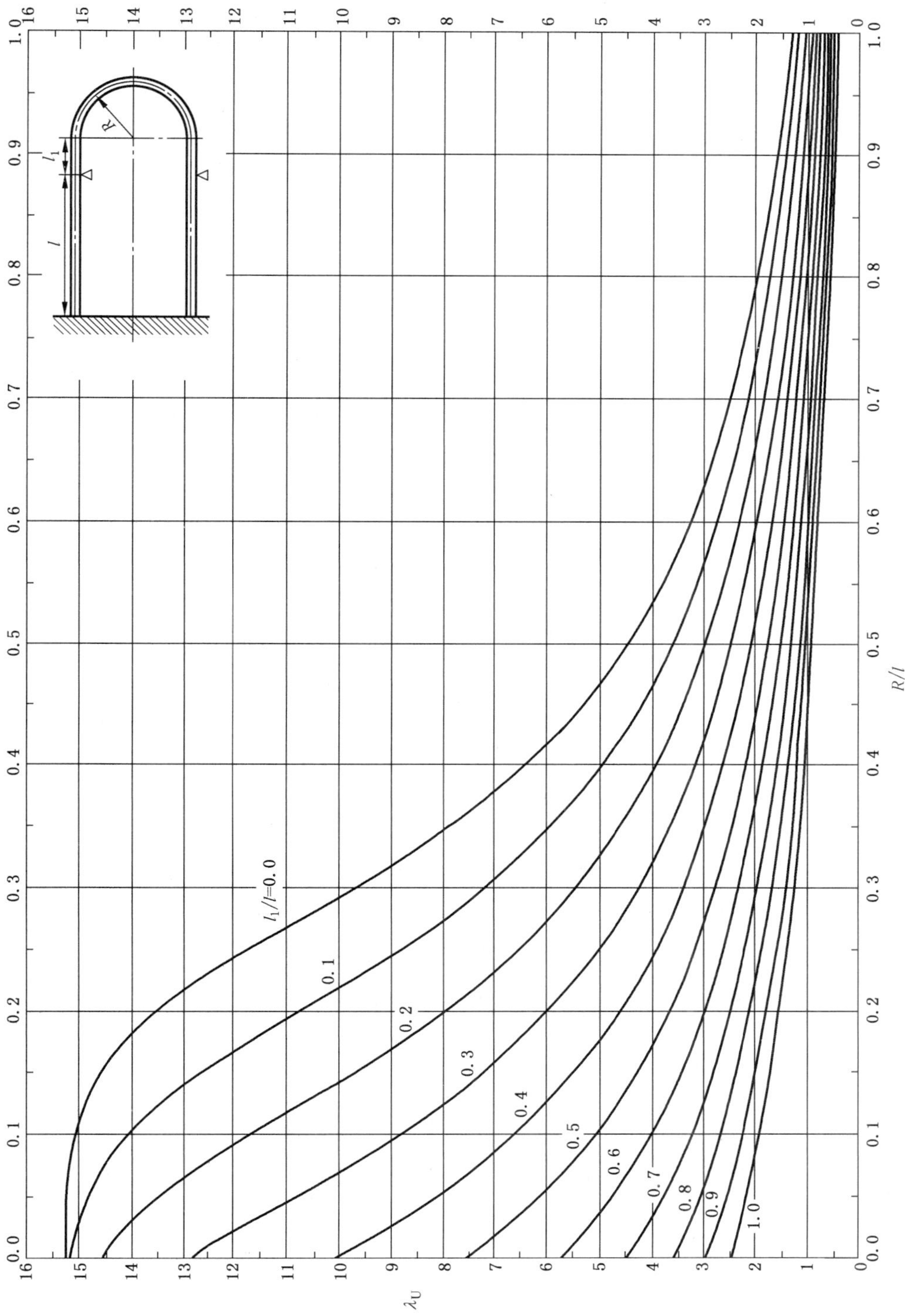

图 C.18　对称支承跨数 $n=3$ 时 U 形管频率常数图

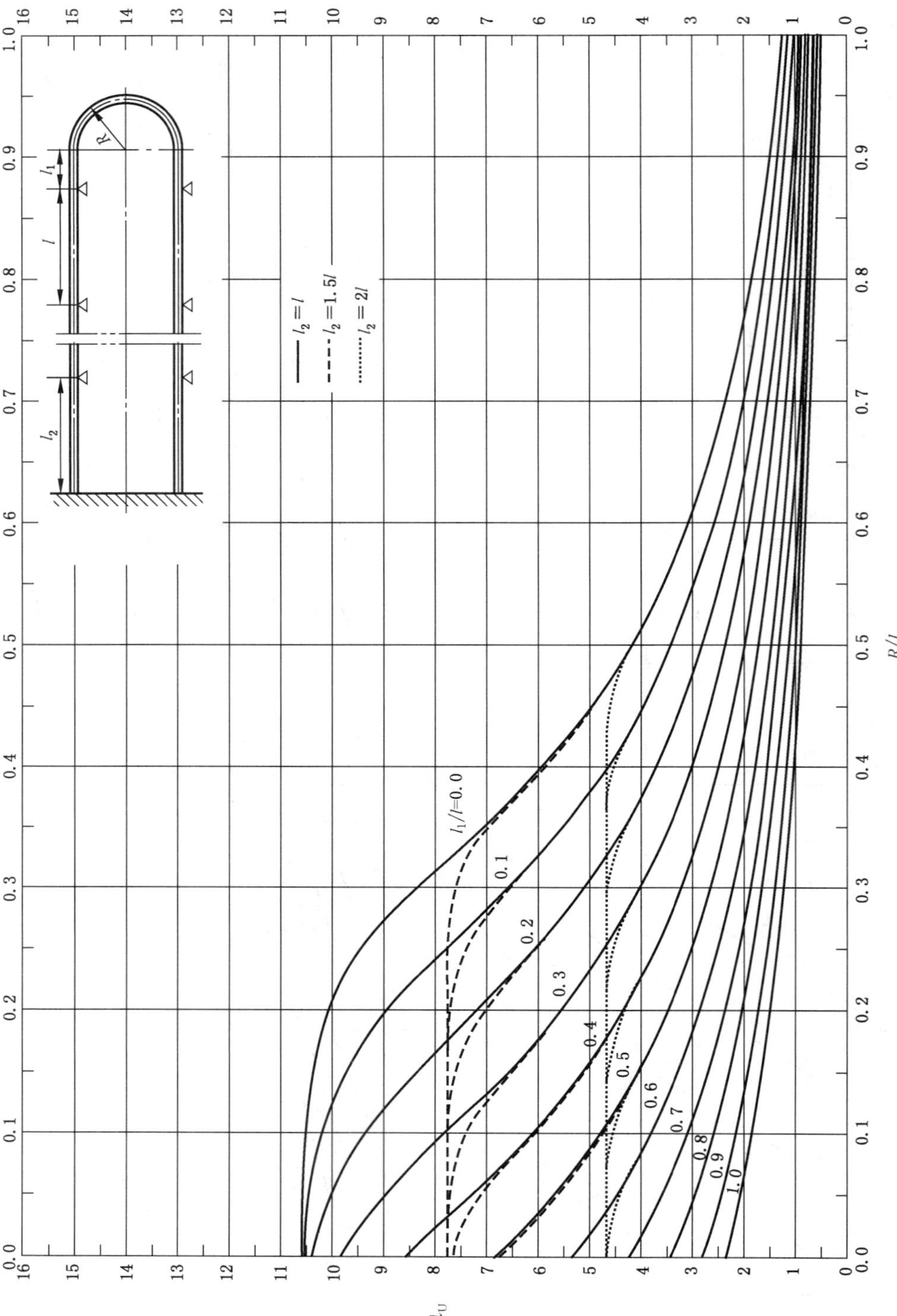

图 C.19 对称支承跨数 $n=5\sim21$ 时 U 形管频率常数图

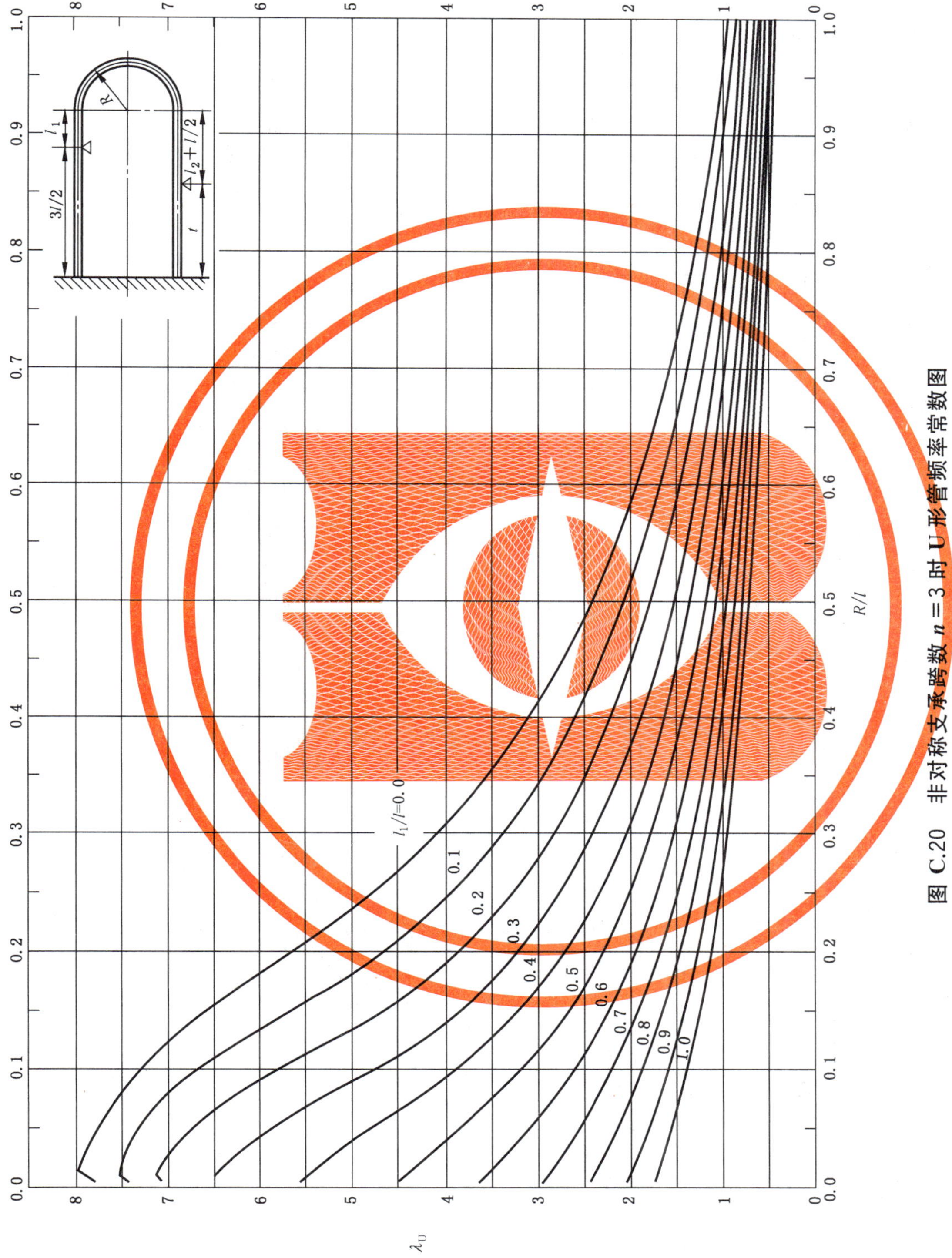

图 C.20 非对称支承跨数 $n=3$ 时 U 形管频率常数图

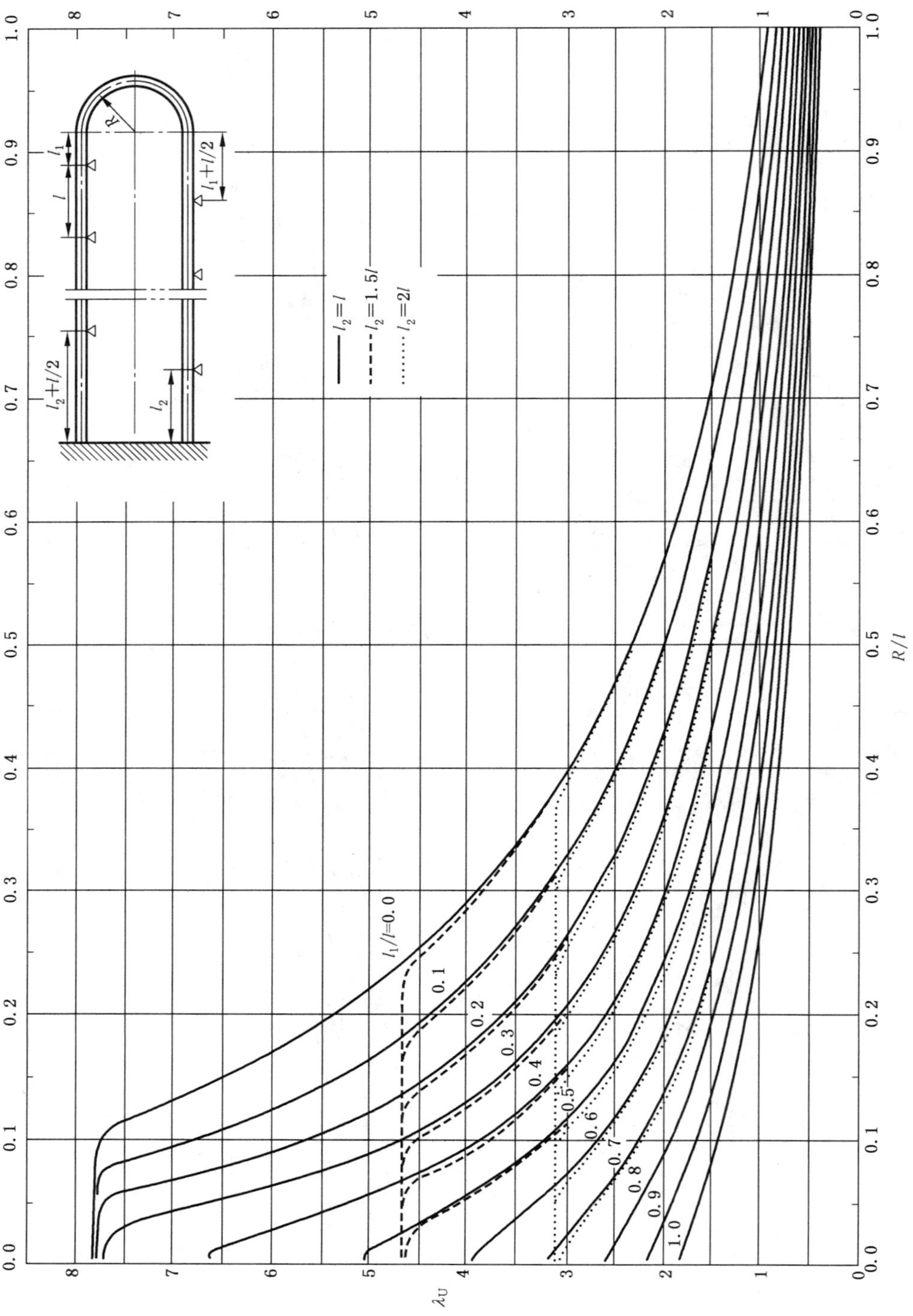

图 C.21　非对称支承跨数 $n=4\sim12$ 时 U 形管频率常数图

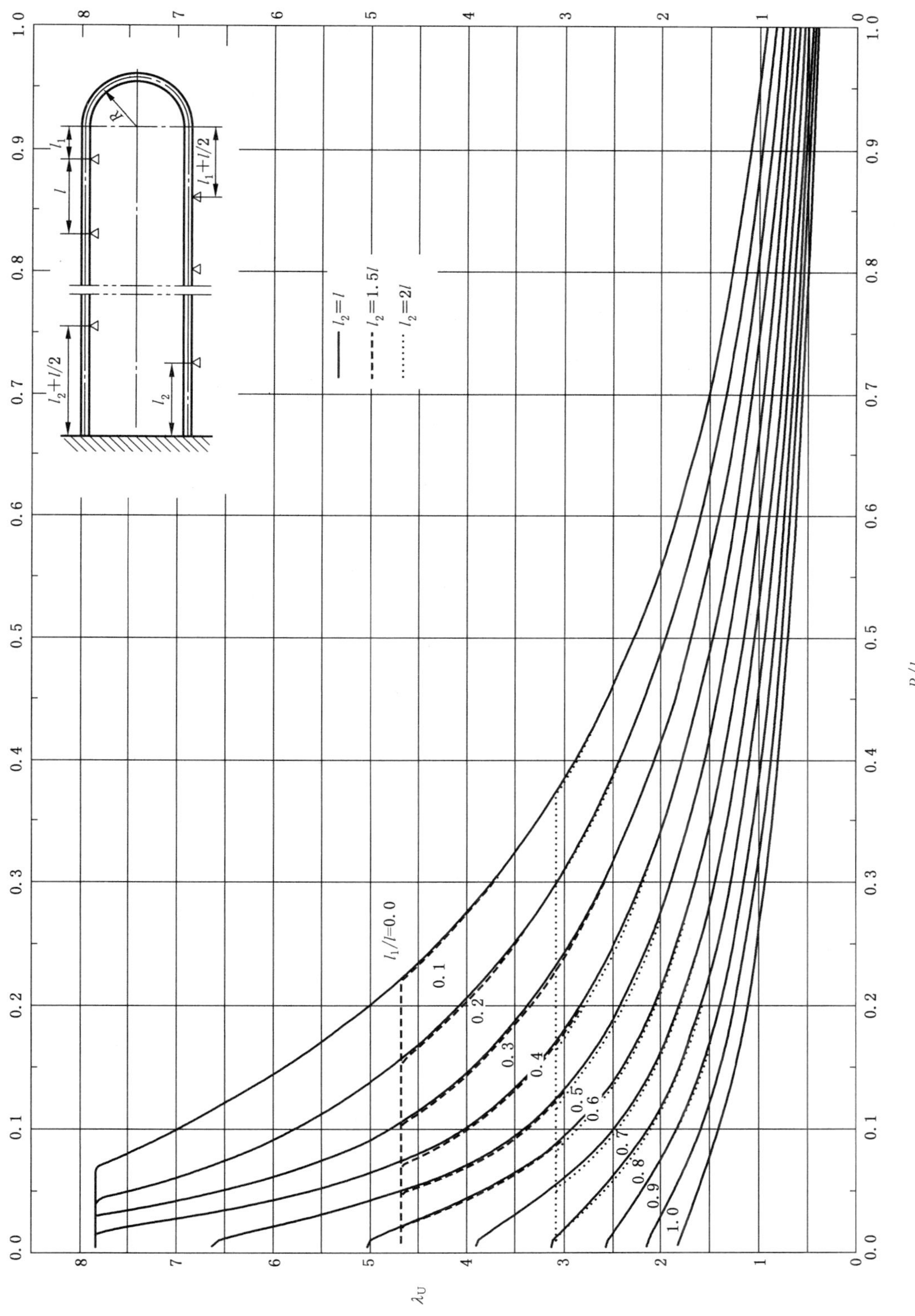

图 C.22 非对称支承跨数 $n=13\sim21$ 时 U 形管频率常数图

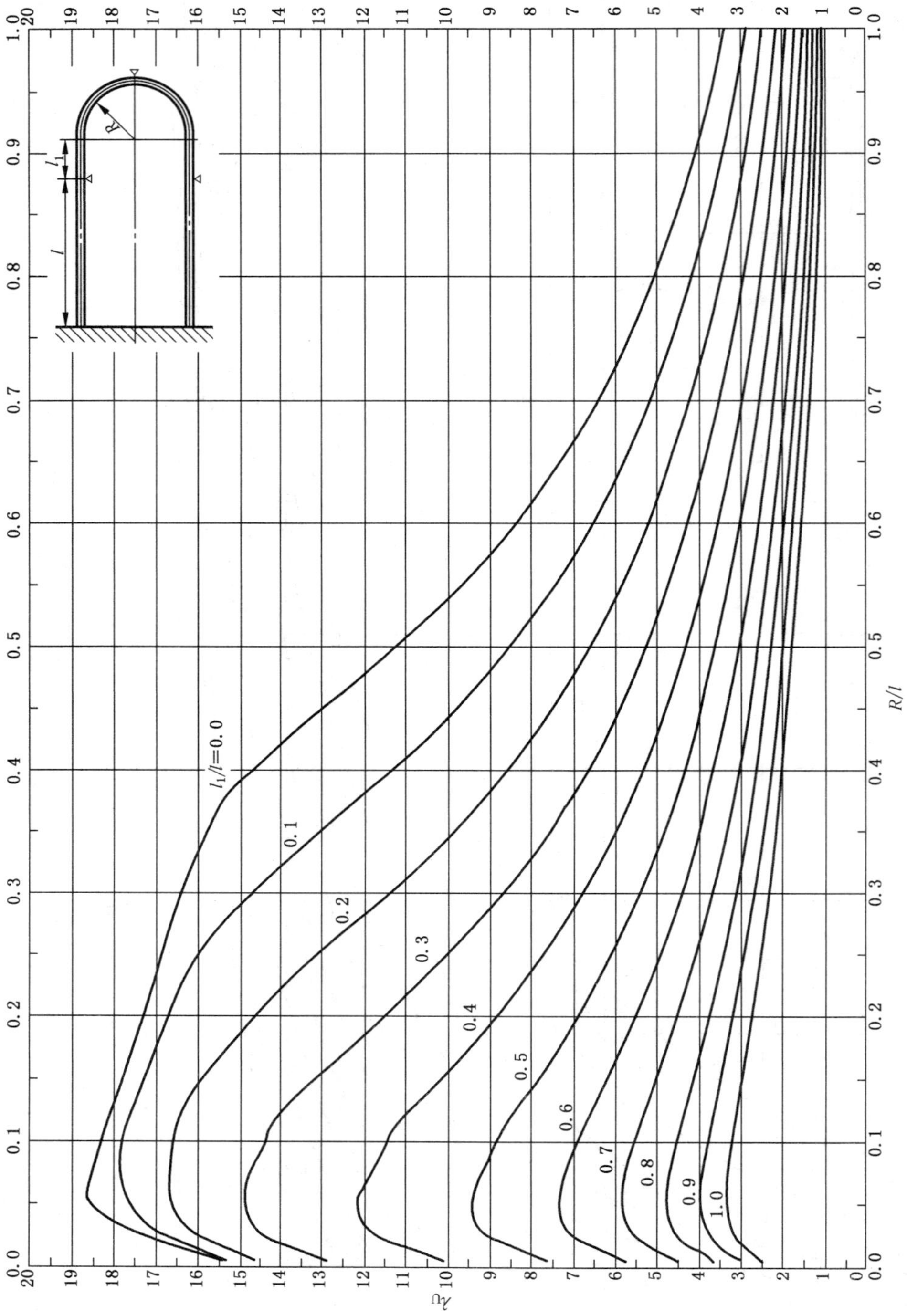

图 C.23 对称支承跨数 $n=3$ 时 U 形管频率常数图

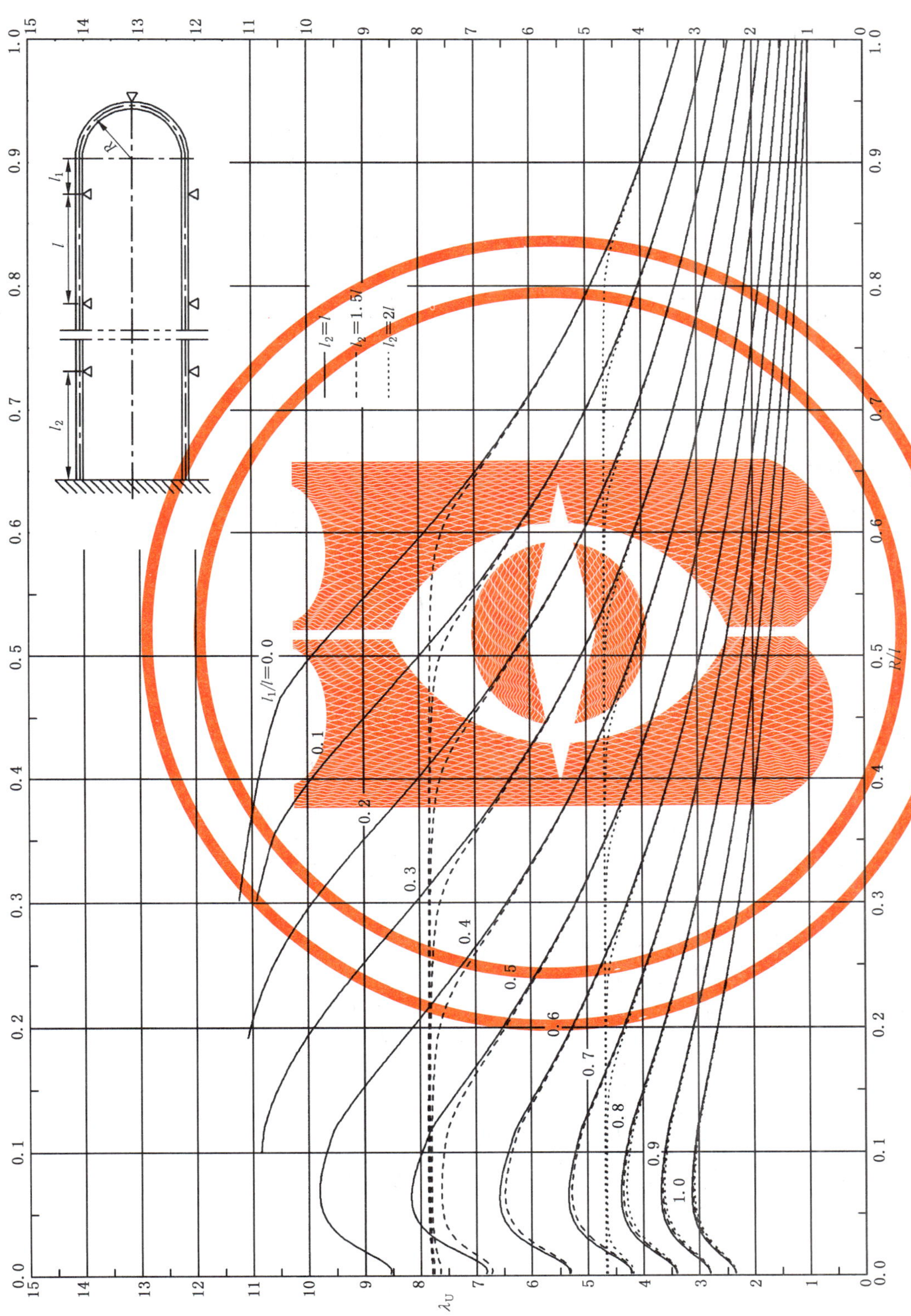

图 C.24 对称支承跨数 $n=5\sim21$ 时 U 形管频率常数图

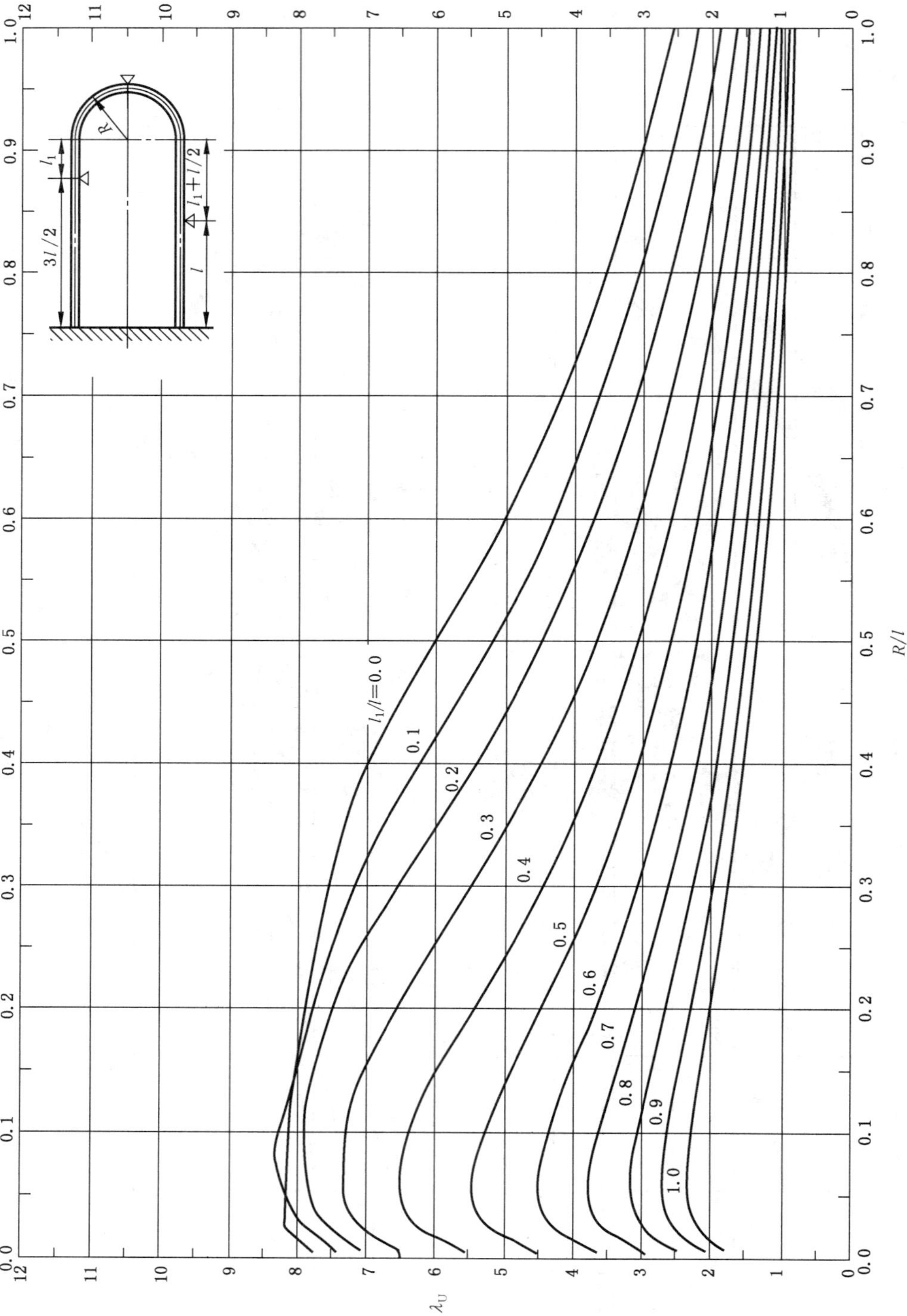

图 C.25 非对称支承跨数 $n=3$ 时 U 形管频率常数图

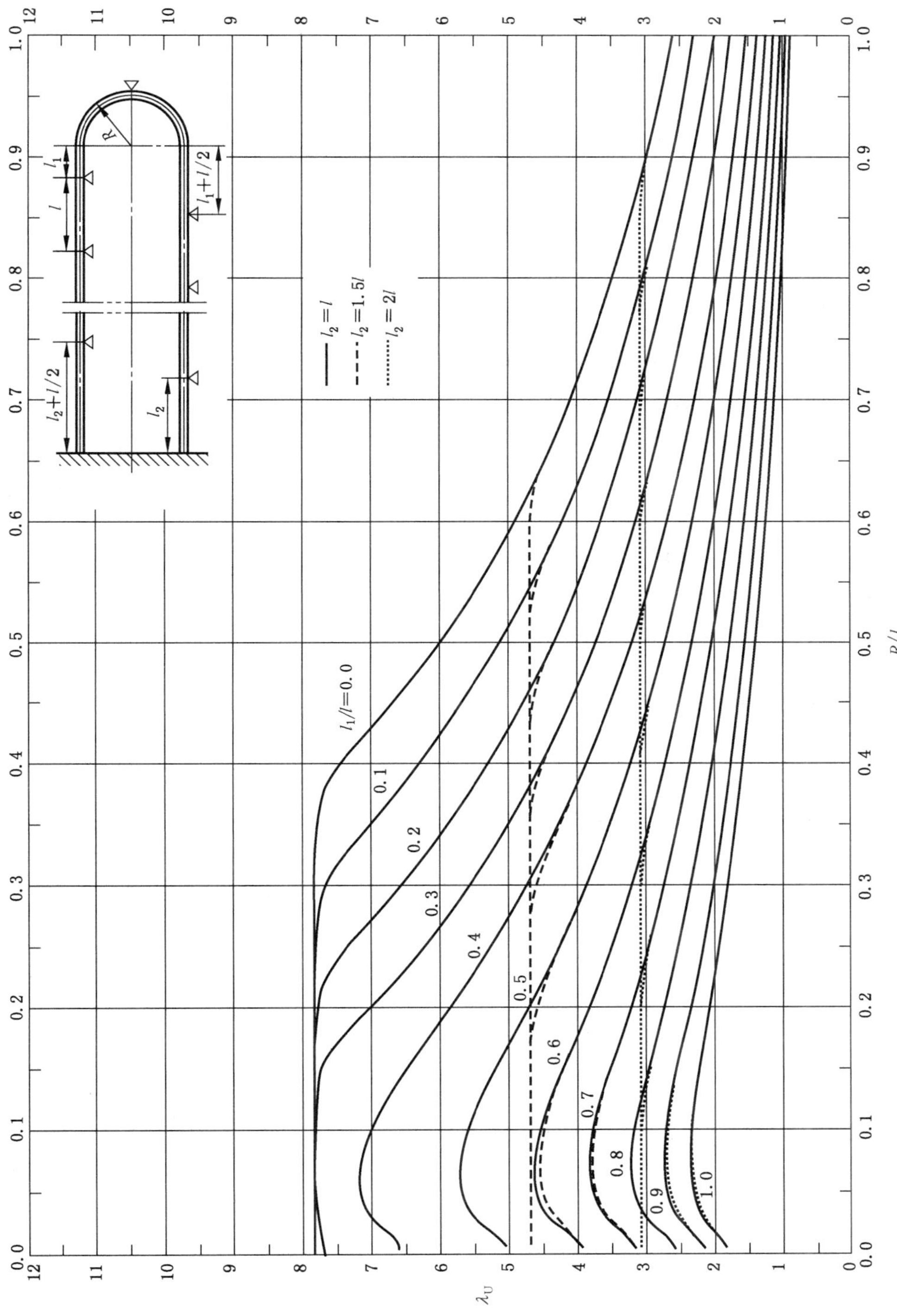

图 C.26　非对称支承跨数 $n=4\sim21$ 时 U 形管频率常数图

附　录　D
（资料性附录）
常见流体的物理性质数据

D.1　流体密度

D.1.1　液态石油馏分的相对密度

液态石油馏分和饱和轻烃的相对密度见图 D.1。

D.1.2　有机液体的密度

已知两个不同温度下的密度，可用图 D.2 的通用密度共线图近似地求取在 −100 ℃～260 ℃之间各温度下有机液体的密度。表 D.1 列出了 65 种化合物在共线图网格上参考点的坐标值。已知某一物质在两个不同温度下的密度，可通过温度与相应密度连线的交点，确定参考点。

D.1.3　气体和蒸汽的压缩因子

气体和蒸汽的 p-v-T 关系，可用式(D.1)描述：

$$pv = ZR_g T \qquad \text{(D.1)}$$

式中：

p ——绝对压力，Pa；

R_g——气体常数，J/(kg・K)；

T ——绝对温度，K；

v ——比容，m^3/kg；

Z ——压缩因子，对于理想气体，$Z=1$。

图 D.3～图 D.5，是以对比压力 p_r 和对比温度 T_r 为函数的通用压缩因子图。虚线代表虚拟对比比体积 $v_r = v/(R_g T_c/p_c)$ 的各常数值，T_c 指临界温度，p_c 指临界压力，临界性质数据见 D.6。当温度(或压力)和比容已知时，这些曲线可用于计算压力(或温度)。

D.2　比热

D.2.1　液态石油馏分

不同 API 比重的液态石油馏分的比热，作为温度的函数，见图 D.6。

D.2.2　石油蒸气

不同特性因数的石油蒸气的比热，作为温度的函数，见图 D.7。

D.2.3　纯烃气体

低压纯烃类的比热，作为温度的函数，见图 D.8～图 D.10。

D.2.4　其他液体和气体

其他液体和其他低压气体在不同温度下的比热，查图 D.11 与表 D.2 和图 D.12 与表 D.3。

D.2.5 压力对气体和蒸气比热的影响

任何气体高压下比热对低压下的近似校正值，查图 D.13。图 D.13 范围之外，可用式(D.2)和式(D.3)计算：

对于 $T_r>1.2$ 和 $\Delta c_p<2$：

$$\Delta c_p = 5.03 p_r / T_r^3 \qquad \cdots\cdots(D.2)$$

对于 $T_r<1.2$ 和 $\Delta c_p<2.5$：

$$\Delta c_p = 9 p_r / T_r^6 \qquad \cdots\cdots(D.3)$$

临界性质数据见 D.6.1 和 D.6.2。

D.3 焓

石油馏分焓值，见图 D.14。

不同液体的汽化潜热，查图 D.15 与表 D.4。

不同气体的定压比热与定容比热的比值(c_p/c_V)，见表 D.5。

D.4 导热系数

D.4.1 液态烃类

液态直链烷烃的导热系数见图 D.16。

D.4.2 其他液体和气体

大气压下其他液体和气体的导热系数，查表 D.6 和表 D.7。

D.4.3 压力对气体和液体导热系数的影响

气体导热系数由图 D.17 校正。

压力大于 3.4 MPa、对比温度(T/T_c)小于 0.95 的液体导热系数，由图 D.18 校正。

D.5 黏度

D.5.1 石油油品

不同黏度表示方法之间的换算见图 D.19。

特性因数为 10.0、11.0、11.8 和 12.5 的石油油品的黏度与温度关系曲线，见图 D.20～图 D.23。

D.5.2 液态石油馏分

典型石油馏分的黏度数据见图 D.24 和图 D.25。

D.5.3 其他液体和气体

其他液体的黏度见图 D.26 和表 D.8。

标准大气压下，其他气体和蒸气的黏度见图 D.27 和表 D.9。

D.5.4 压力对气体黏度的影响

已知临界温度、临界压力和低压下的黏度时，高压气体和蒸汽的黏度由图 D.28 确定。图中 μ_p/μ_{atm}

为高压下与常压下黏度比。

D.6 临界温度与临界压力

D.6.1 单一物质

单一物质的分子量、临界温度和临界压力见表 D.10。

计算压缩因子时，宜将氢、氦和氖的临界温度和临界压力分别增加 8 K 和 0.8 MPa。

D.6.2 气体和蒸气混合物

气体和蒸气混合物的临界温度和临界压力按式(D.4)、式(D.5)计算：

$$T_{p.c}=Y_1T_{C1}+Y_2T_{C2}+\cdots+Y_nT_{Cn} \quad\cdots\cdots\cdots(D.4)$$

$$P_{p.c}=Y_1p_{C1}+Y_2p_{C2}+\cdots+Y_np_{Cn} \quad\cdots\cdots\cdots(D.5)$$

式中：

$Y_1,Y_2,\cdots,Y_n$ ——单一物质的摩尔分数；

$T_{C1},T_{C2},\cdots,T_{Cn}$ ——单一物质的临界温度，K；

$p_{C1},p_{C2},\cdots,p_{Cn}$ ——单一物质的临界压力，Pa。

D.7 气体和蒸气混合物的性质

已知各单一物质的质量分数和摩尔分数及性质时，气体和蒸气混合物的性质按式(D.6)～式(D.8)计算。

D.7.1 比热

$$c_{pmix}=X_1c_{p1}+X_2c_{p2}+\cdots+X_nc_{pn} \quad\cdots\cdots\cdots(D.6)$$

D.7.2 导热系数

$$k_{mix}=\frac{k_1Y_1(M_1)^{\frac{1}{3}}+k_2Y_2(M_2)^{\frac{1}{3}}+\cdots+k_nY_n(M_n)^{\frac{1}{3}}}{Y_1(M_1)^{\frac{1}{3}}+Y_2(M_2)^{\frac{1}{3}}+\cdots+Y_n(M_n)^{\frac{1}{3}}} \quad\cdots\cdots\cdots(D.7)$$

D.7.3 黏度

$$\mu_{mix}=\frac{\mu_1Y_1(M_1)^{\frac{1}{2}}+\mu_2Y_2(M_2)^{\frac{1}{2}}+\cdots+\mu_nY_n(M_n)^{\frac{1}{2}}}{Y_1(M_1)^{\frac{1}{2}}+Y_2(M_2)^{\frac{1}{2}}+\cdots+Y_n(M_n)^{\frac{1}{2}}} \quad\cdots\cdots\cdots(D.8)$$

式中，对于组分“n”：

X_n ——质量分数；

Y_n ——摩尔分数；

M_n ——相对分子质量；

c_{pn} ——定压比热，J/(kg·K)；

k_n ——导热系数，W/(m·℃)；

μ_n ——黏度，mPa·s。

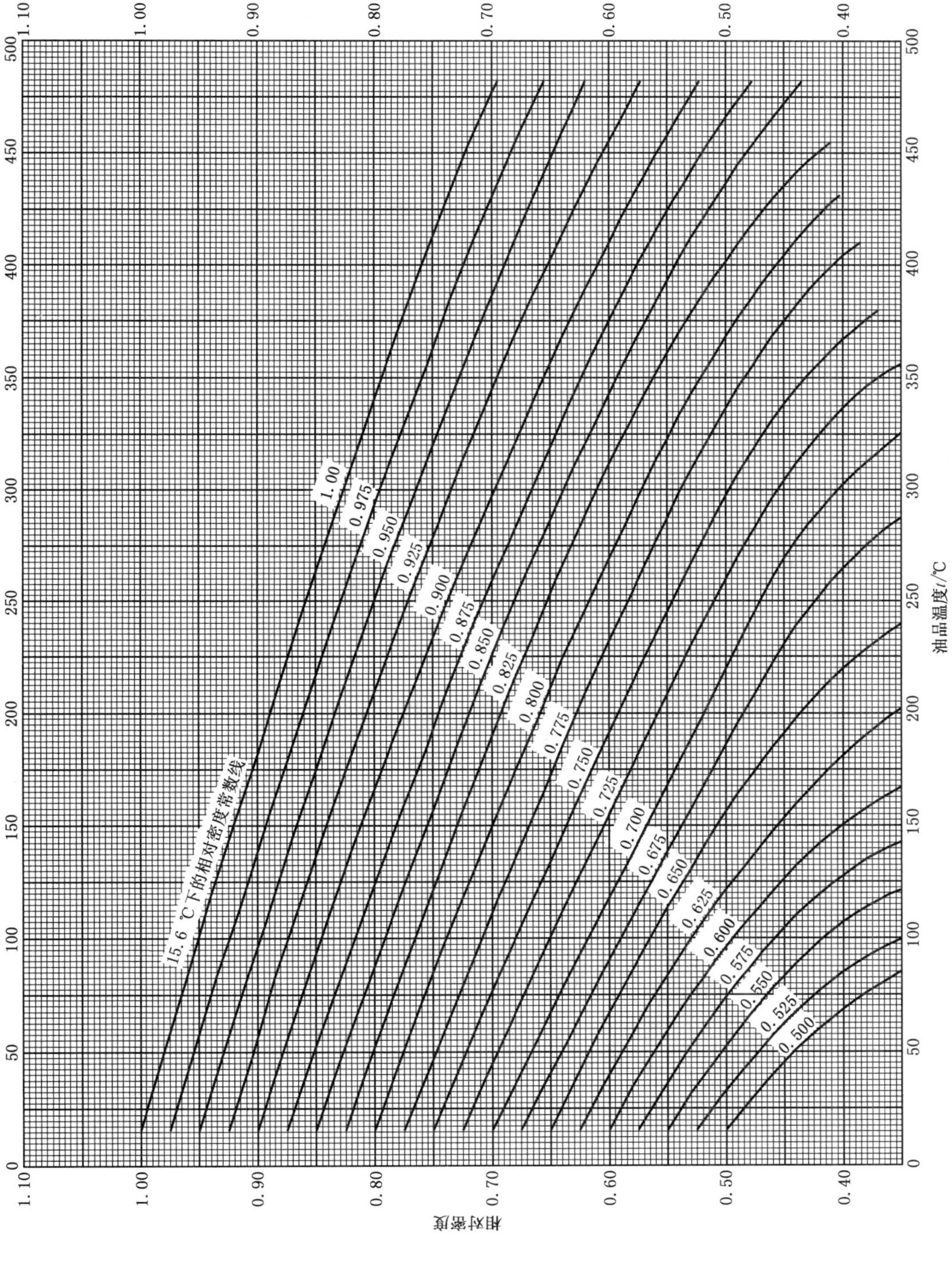

图 D.1 石油馏分在高温下的近似相对密度

注 1：精确度±10%。

注 2：特性因数 $K=11.8$。

密度/(kg/m³)
1 100
1 000
900
800
700
600
500
温度/℃
250
200
150
100
50
0
-50
-100
120
110
100
90
80
70
60
50
40
30
20
10
0
Y
0
10
20
30
40
50
60
70
80
X

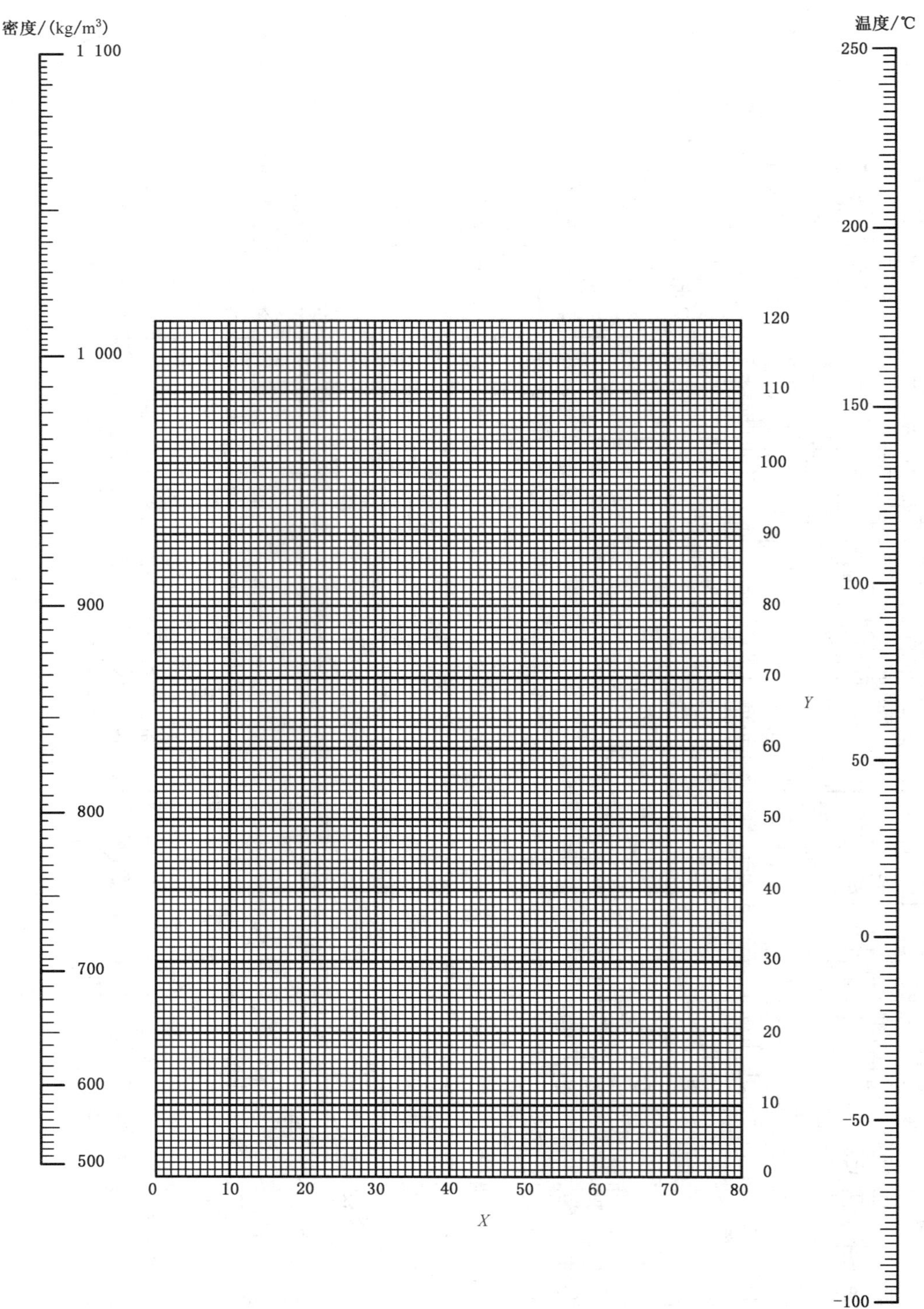

图 D.2 通用密度诺谟图

表 D.1 密度共线图的 *X* 和 *Y* 值

化合物	*X*	*Y*	化合物	*X*	*Y*
醋酸	40.6	93.5	正十五烷	15.8	44.2
丙酮	26.1	47.8	正戊烷	12.6	22.6
乙腈	21.8	44.9	正二十烷	14.8	47.5
乙炔	20.8	10.1	乙烷	10.8	4.4
氨	22.4	24.6	乙硫醇	32.0	55.5
异戊醇	20.5	52.0	醋酸乙酯	35.0	95.0
氨络物	33.5	92.5	乙醇	24.2	48.6
苯	32.7	63.0	乙基氯	42.7	62.4
正丁酸	31.3	78.7	乙烯	17.0	3.5
异丁烷	13.7	16.5	乙醚	22.6	35.8
异丁酸	31.5	75.9	甲酸乙酯	37.6	68.4
二氧化碳	78.6	45.4	丙酸异酯	32.1	63.9
氯苯	41.7	105.0	乙基-丙基醚	20.0	37.0
环己烷	19.6	44.0	氟苯	41.9	87.6
正癸烷	16.0	38.2	正十七烷	15.6	45.7
正十二烷	14.3	41.4	正庚烷	12.6	29.8
二乙胺	17.8	33.5	正十六烷	15.8	45.0
正己烷	13.5	27.0	正十九烷	14.9	47.0
甲硫醇	37.3	59.5	异戊烷	13.5	22.5
醋酸甲酯	40.1	70.3	酚	36.7	103.8
甲醇	25.8	49.1	磷化氢	28.0	22.1
正丁酸甲酯	31.5	65.5	丙烷	14.2	12.2
异丁酸甲酯	33.0	64.1	丙酸	35.0	83.5
甲基氯	52.3	62.9	哌啶	27.5	60.0
甲醚	27.2	30.1	丙腈	20.1	44.6
甲基-丁基醚	25.0	34.4	醋酸丙酯	33.0	65.5
甲酸甲酯	46.4	74.6	丙醇	23.8	50.8
丙酸甲酯	36.5	68.3	甲酸丙酯	33.8	66.7
二甲硫	31.9	57.4	正十四烷	15.8	43.3
正壬烷	16.2	36.5	正十三烷	15.3	42.4
正十八烷	16.2	46.5	三乙胺	17.9	37.0
正辛烷	12.7	32.5	正十一烷	14.4	39.2

压缩因子$Z=pv/(R_gT)$
对比压力p_r
注：T_r=2.50，Z=1.00
T_r=5.00≈T_r=3.00
误差＞1.0%
通用压缩因子图
对比压力：$p_r=p/p_c$
对比温度：$T_r=T/T_c$
对比比体积：$v_r=v/(R_gT_c/p_c)$
低压范围
T_r=5.00
T_r=1.00
v_r=0.70

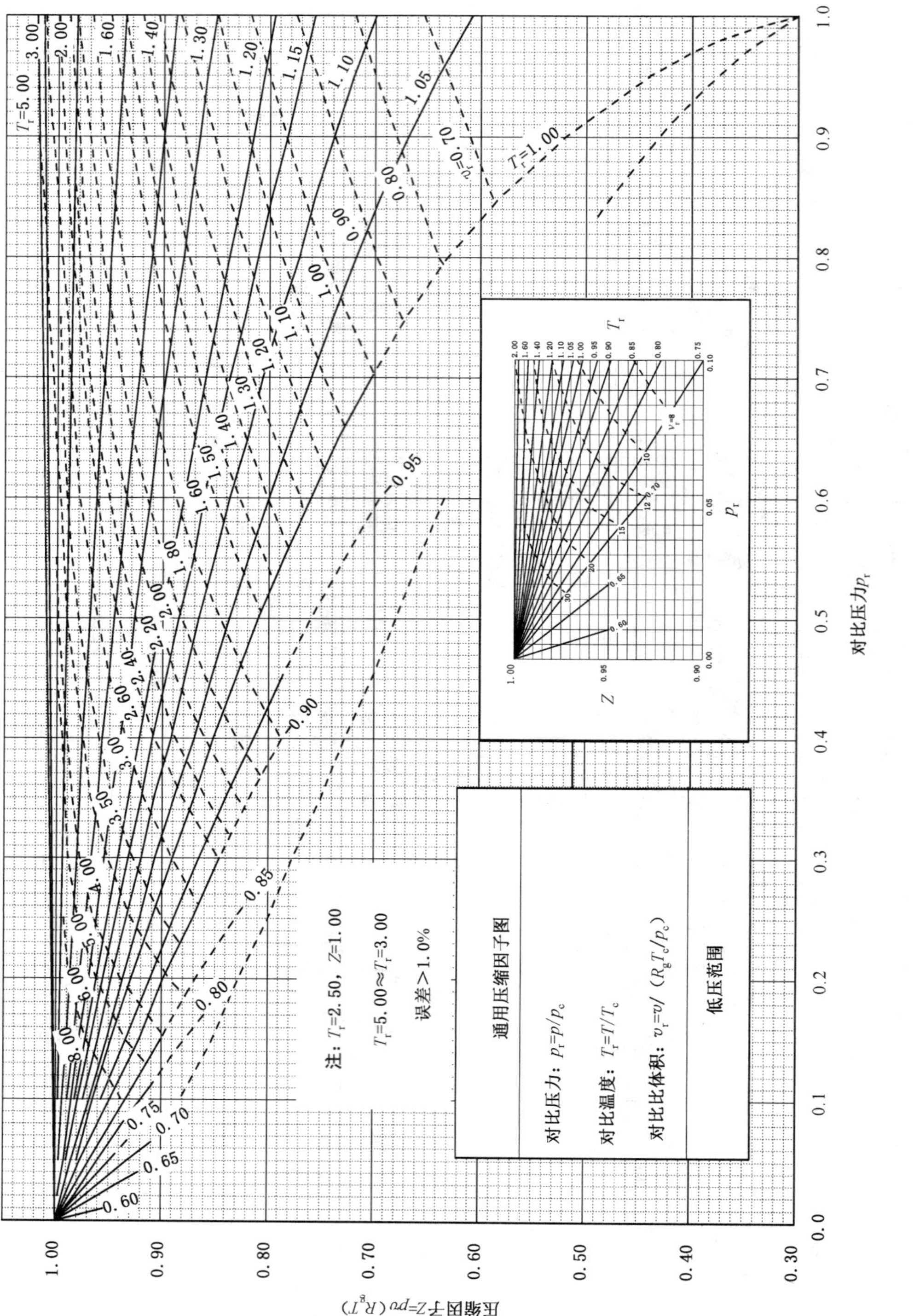

图 D.3

通用压缩因子图
对比压力：$p_r=p/p_c$
对比温度：$T_r=T/T_c$
对比比体积：$v_r=v/(R_gT_c/p_c)$
中压范围
对比压力p_r
压缩因子$Z=pv/(R_gT)$
0.0
0.5
1.0
1.5
2.0
2.5
3.0
3.5
4.0
4.5
5.0
5.5
6.0
6.5
7.0
1.10
1.00
0.90
0.80
0.70
0.60
0.50
0.40
0.30
0.20
5.00
7.00
10.0
T_r=1.50
T_r=3.50
2.50
2.00
1.80
1.60
1.50
1.40
1.30
1.20
1.15
1.10
1.05
T_r=1.00
v_r=0.50
0.45
0.40
0.35
0.30
0.25
v_r=0.20
0.60
0.70
0.80
0.90
1.00
1.20
1.40
1.60
2.00
3.00

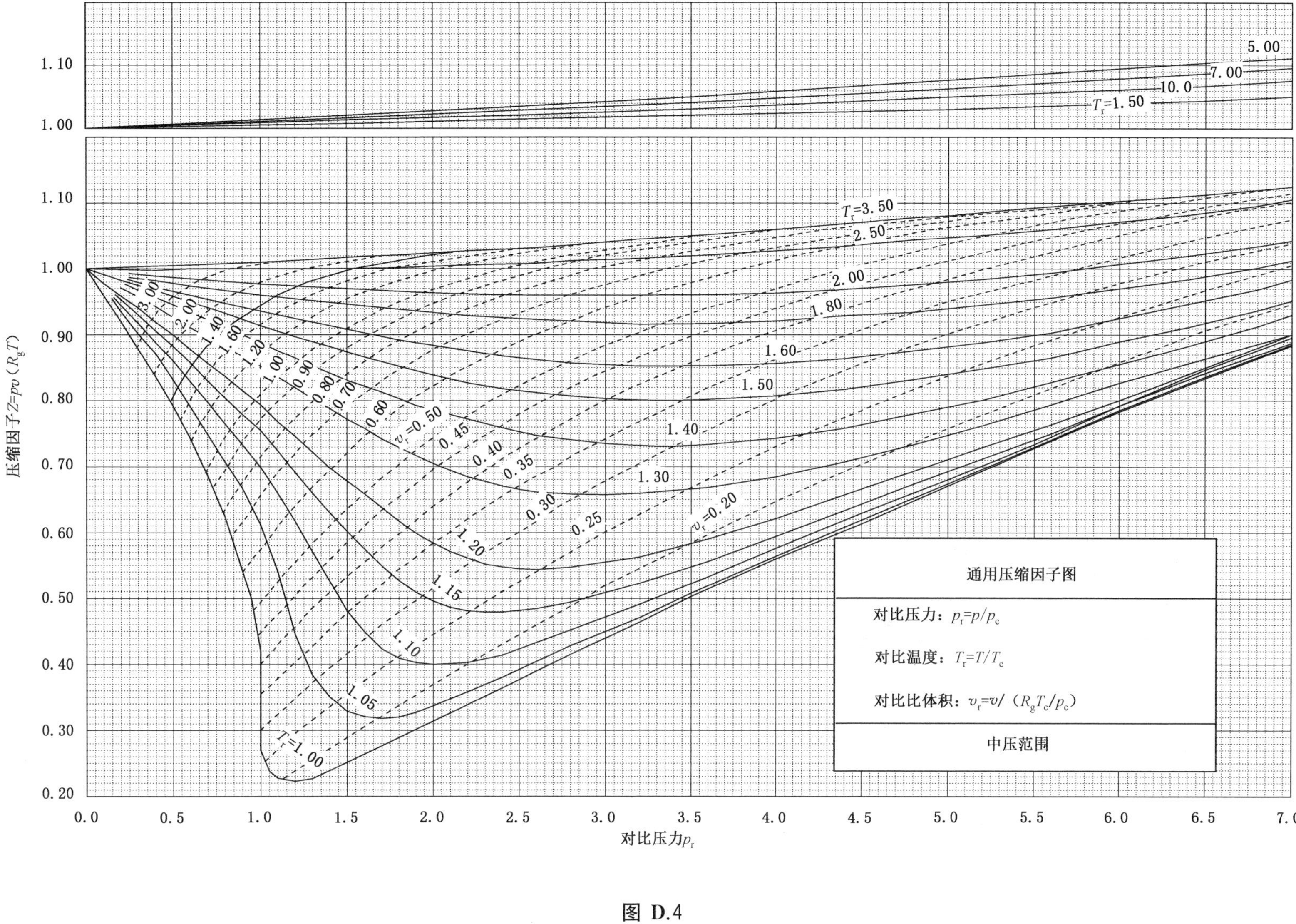

图 D.4

通用压缩因子
对比压力：$p_r=p/p_c$
对比温度：$T_r=T/T_c$
对比比体积：$v_r=v/(R_gT_c/p_c)$
高压范围
压缩因子$Z=pv/(R_gT)$
对比压力p_r
0.0
1.0
2.0
3.0
4.0
0
5
10
15
20
25
30
35
40
T_r=1.00
1.05
1.10
1.15
1.20
1.30
1.40
1.50
1.60
1.80
2.00
2.50
3.00
3.50
4.00
5.00
6.00
8.00
10.00
15.00
0.105
0.110
0.115
0.12
0.13
0.14
0.16
0.20
0.30
v_r=0.60
T_r=5.00
1.20
T_r=1.00

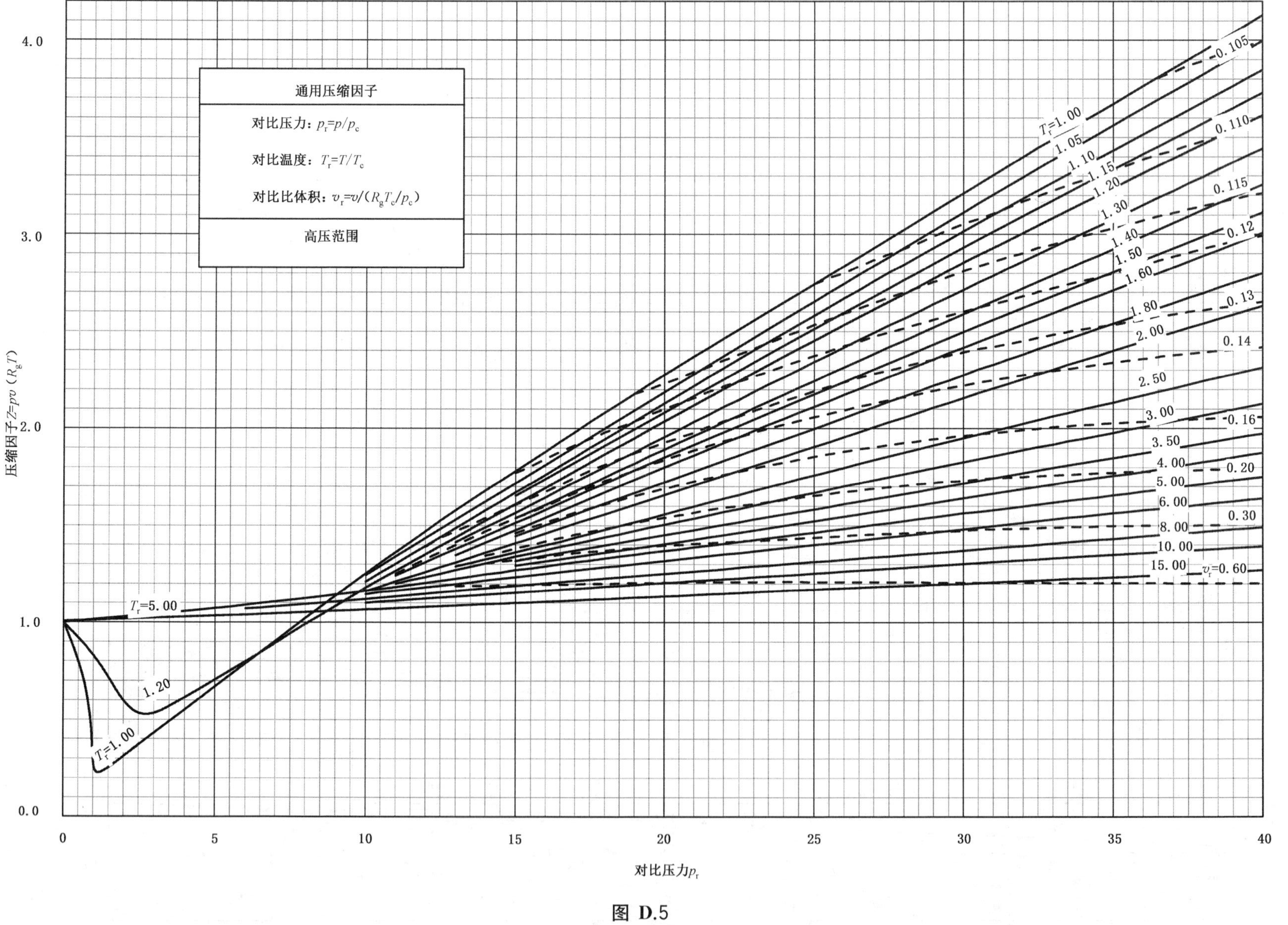

图 D.5

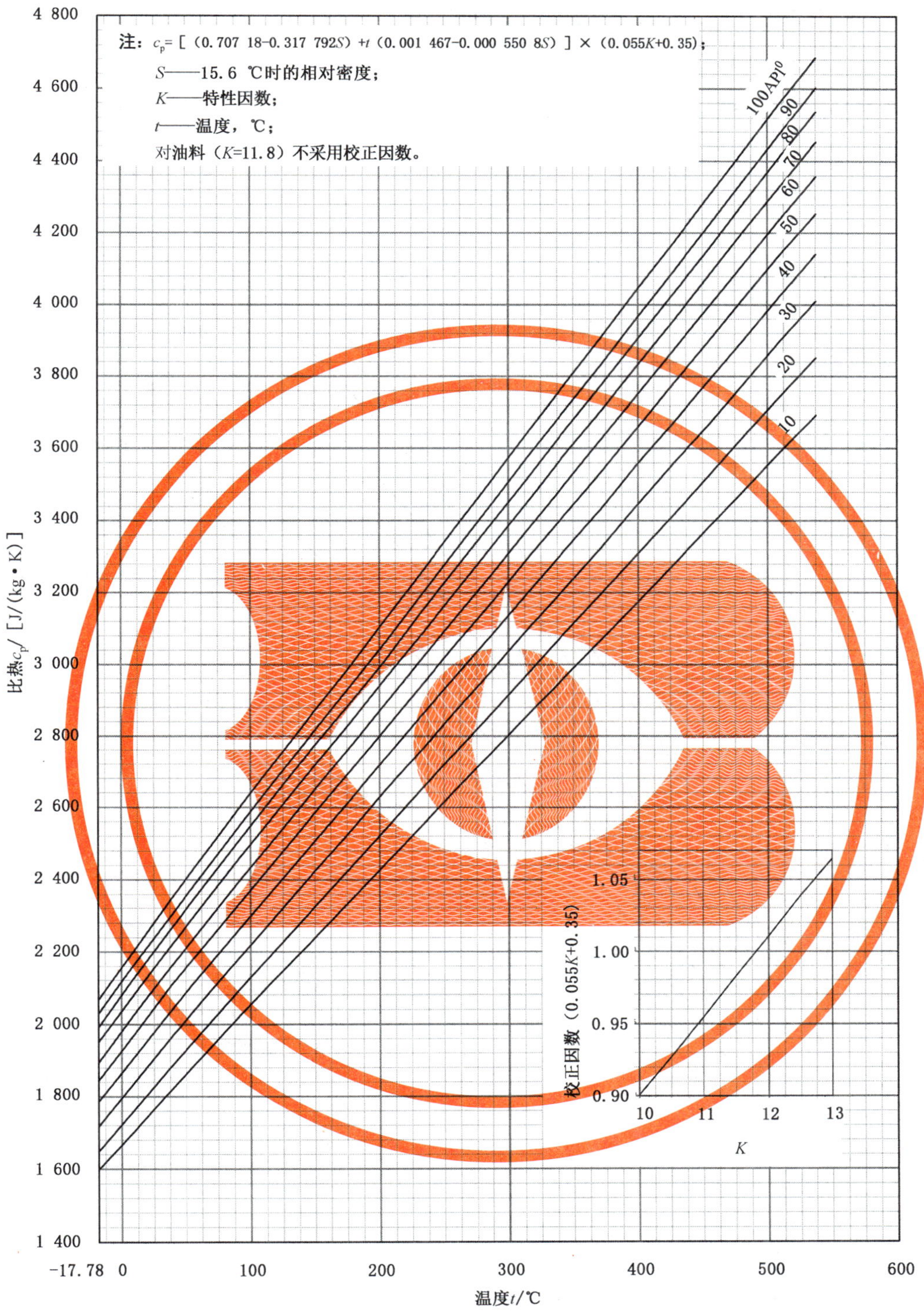

图 D.6　液态石油馏分的比热

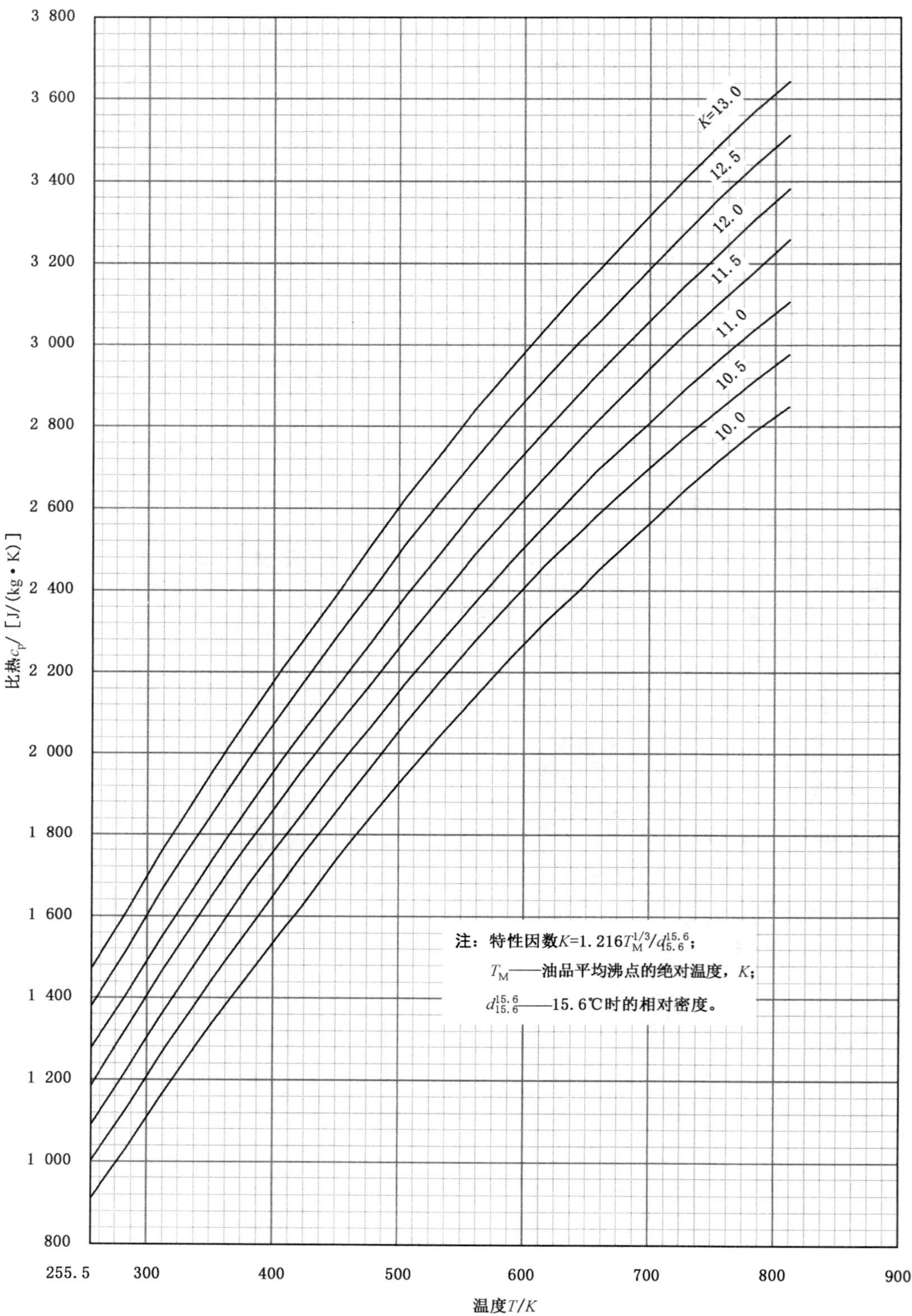

图 D.7　气相石油馏分的比热

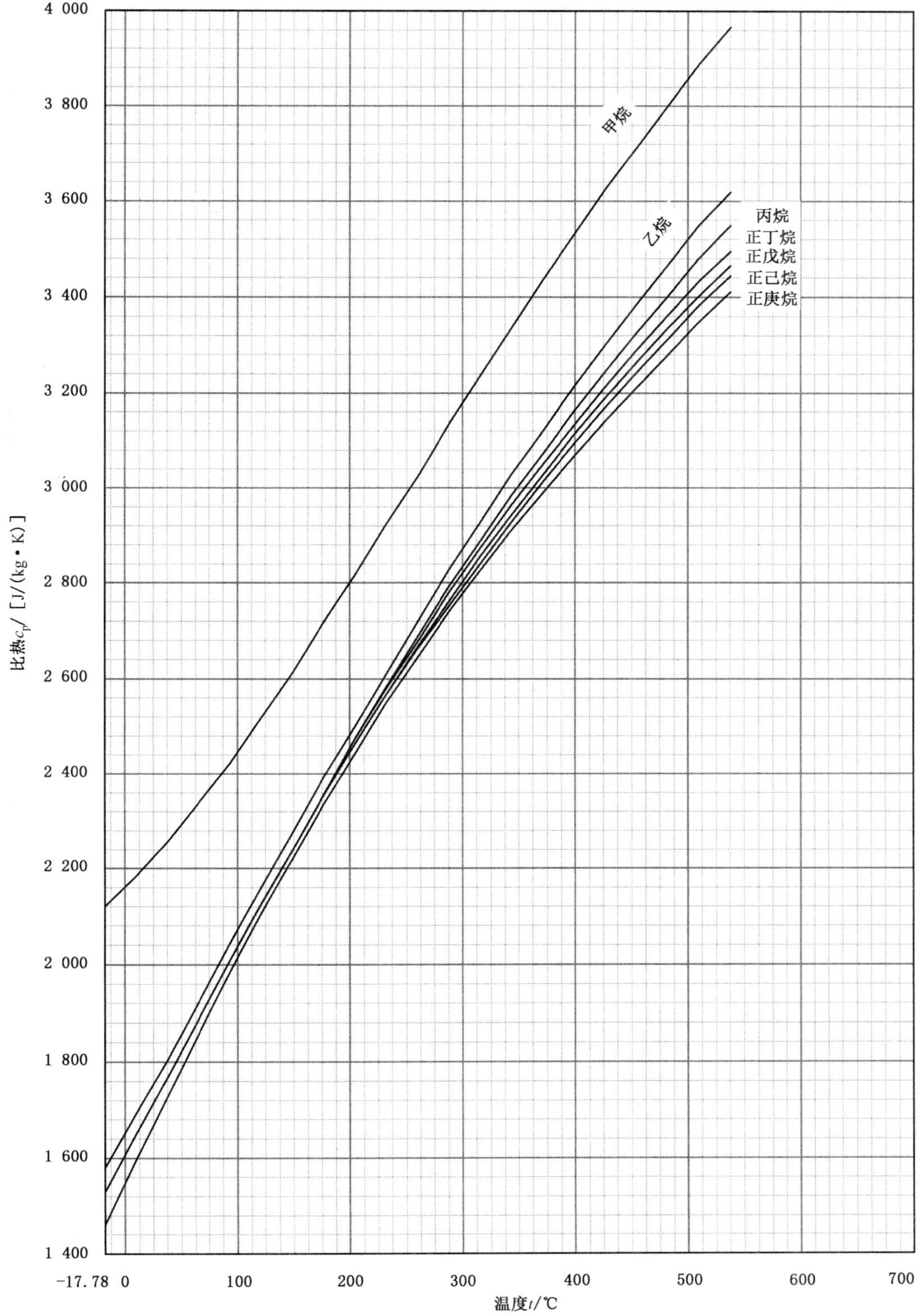

图 D.8 正构烷烃气体比热

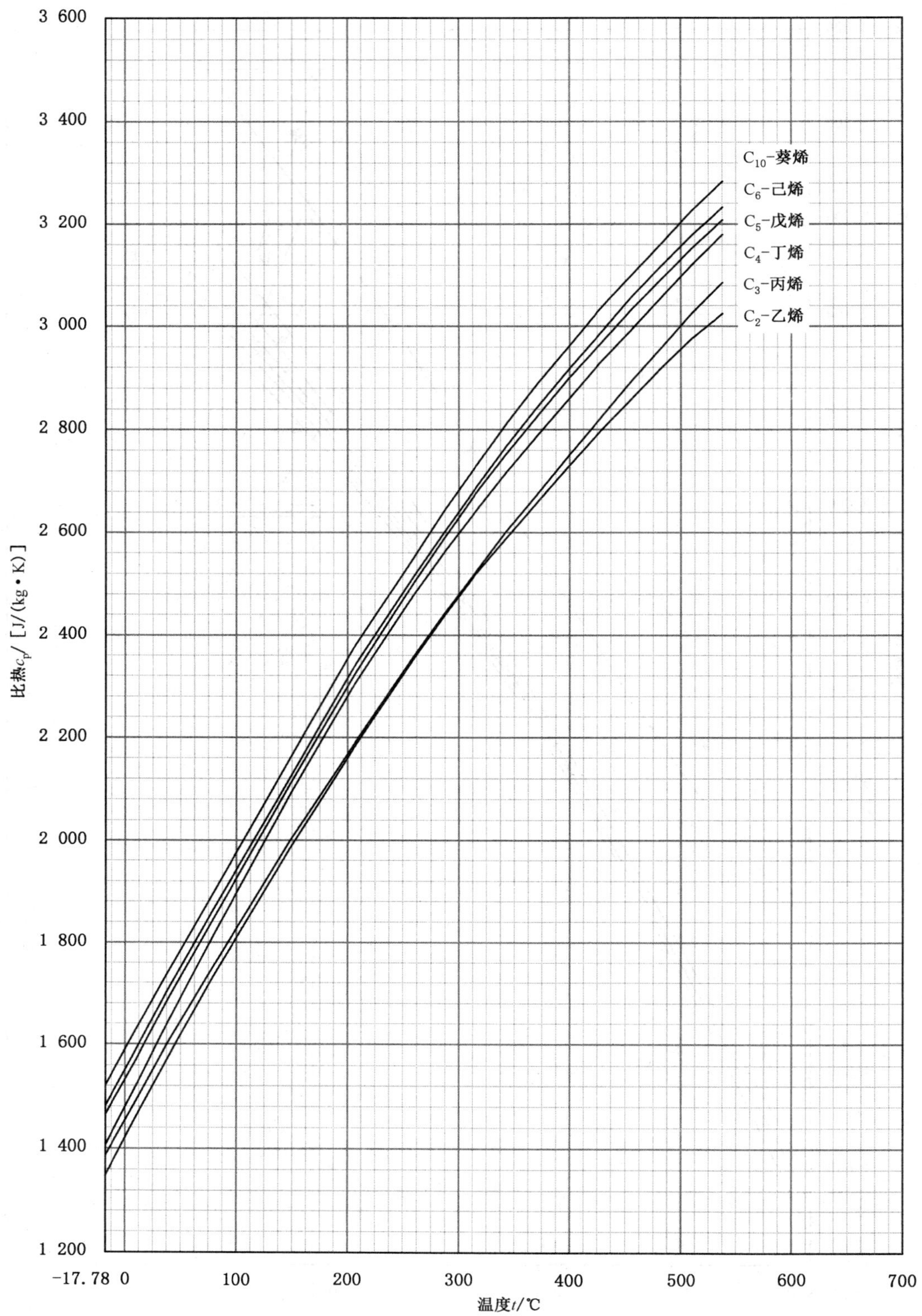

图 D.9 正单烯烃气体比热

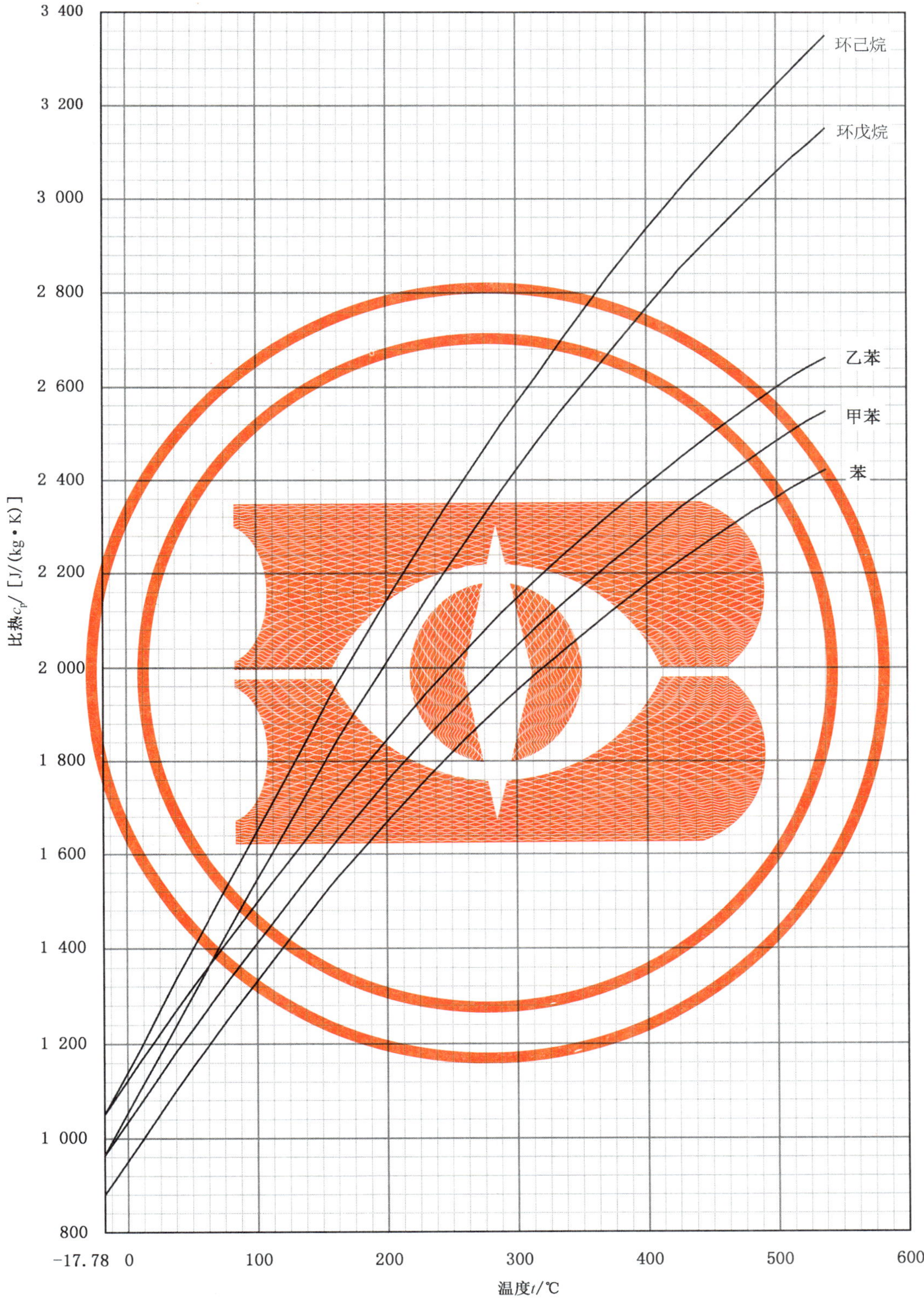

图 D.10 芳香烃和环烷烃气体比热

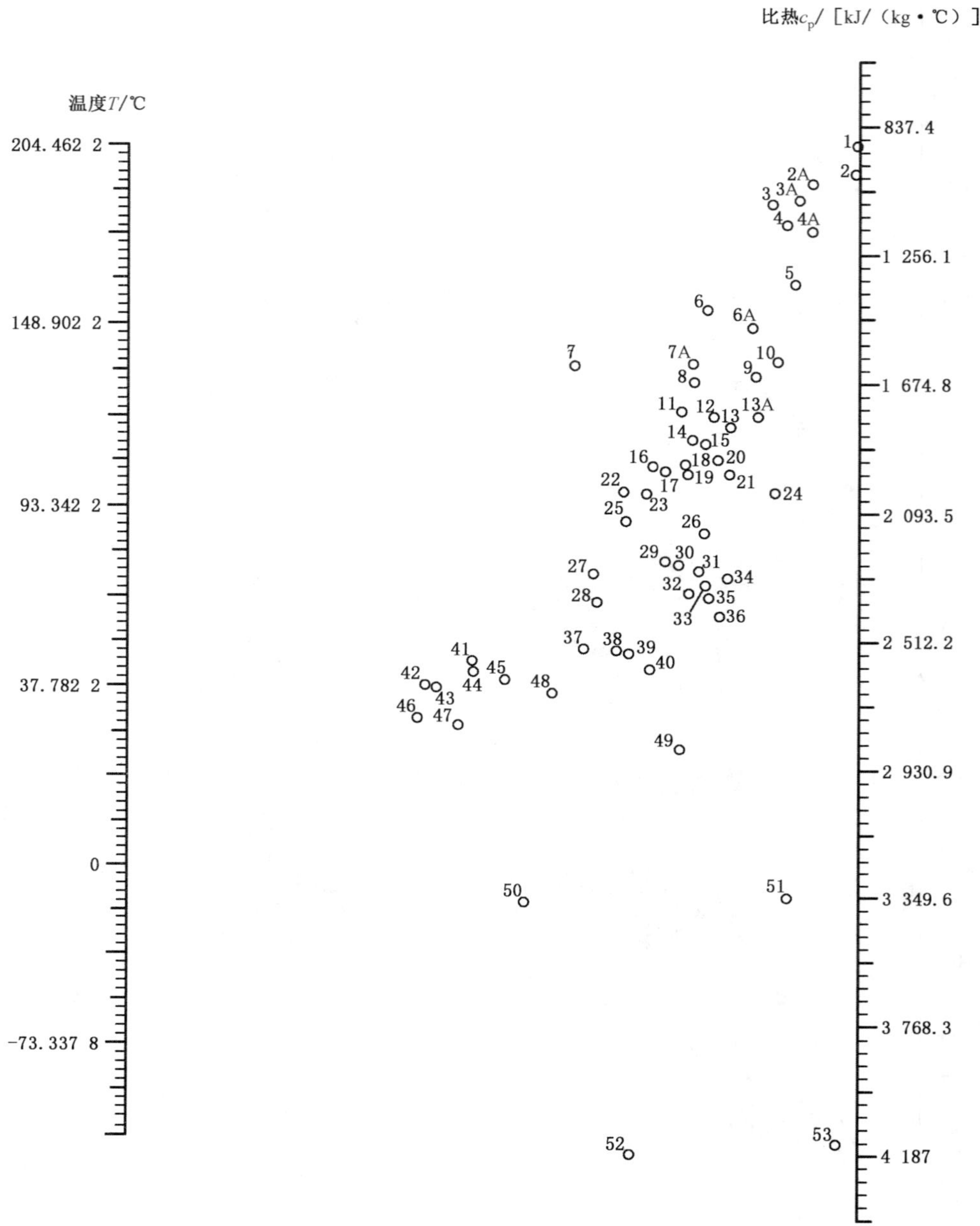

图 D.11 液体的比热共线图

表 D.2

编号	液　　体	温度范围/℃	编 号	液　　体	温度范围/℃
1	乙基溴	5～25	23	苯	10～80
2	二硫化碳	－100～25	24	醋酸乙酯	－50～25
2A	氟里昂-11	－20～70	25	乙苯	0～100
3	四氯化碳	10～60	26	醋酸戊酯	0～100
3	全氯乙烯	－30～140	27	苄醇	－20～30
3A	氟里昂-113	－20～70	28	庚烷	0～60
4	氯仿	0～50	29	醋酸,100%	0～80
4A	氟里昂-21	－20～70	30	苯胺	0～130
5	二氯甲烷	－40～50	31	异丙醚	－80～20
6	二氯乙烷	－40～15	32	丙酮	20～50
6A	氟里昂-12	－30～60	33	辛烷	－50～25
7	乙基碘	0～100	34	壬烷	－50～25
7A	氟里昂-22	－20～60	35	己烷	－80～20
8	氯苯	0～100	36	乙醚	－100～25
9	硫酸,98%	10～45	37	戊醇	－50～25
10	苄基氯	－30～30	38	甘油	－40～20
11	二氧化硫	－20～100	39	乙二醇	－40～200
12	硝基苯	0～100	40	甲醇	－40～20
13	乙基氯	－30～40	41	异戊醇	10～100
13A	甲基氯	－80～20	42	乙醇,100%	30～80
14	萘	90～200	43	异丁醇	0～100
15	联苯	80～120	44	丁醇	0～100
16	苯醚	0～200	45	丙醇	－20～100
16	导热姆 A	0～200	46	乙醇,95%	20～80
17	对二甲苯	0～100	47	异丙醇	－20～50
18	间二甲苯	0～100	48	盐酸,30%	20～100
19	邻二甲苯	0～100	49	盐水,25% $CaCl_2$	－40～20
20	吡啶	－50～25	50	乙醇,50%	20～80
21	癸烷	－80～25	51	盐水,25% NaCl	－40～20
22	二苯甲烷	30～100	52	氮	－70～50
23	甲苯	0～60	53	水	10～200

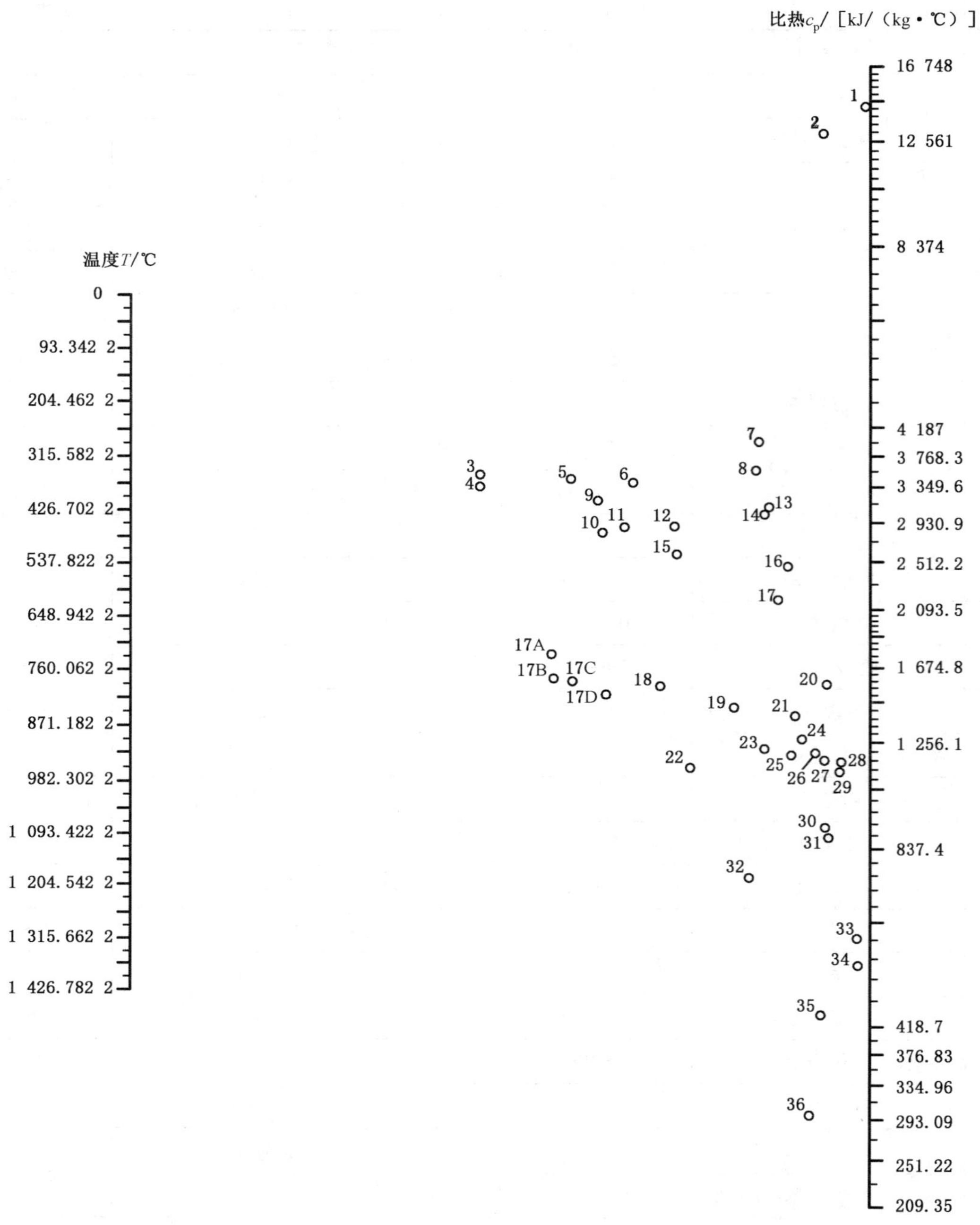

图 D.12　气体在一个大气压下的比热共线图

表 D.3

编号	气　体	温度范围/℃	编号	气　体	温度范围/℃
1	氢	0～598.9	18	二氧化碳	0～398.9
2	氢	598.9～1 398.9	19	硫化氢	0～698.9
3	乙烷	0～198.9	20	氟化氢	0～1 398.9
4	乙烯	0～198.9	21	硫化氢	698.9～1 398.9
5	甲烷	0～298.9	22	二氧化硫	0～398.9
6	甲烷	298.9～698.9	23	氧	0～498.9
7	甲烷	698.9～1 371.1	24	二氧化碳	398.9～1 398.9
8	乙烷	598.9～1 398.9	25	氧化氮	0～698.9
9	乙烷	198.9～598.9	26	氮	0～1 398.9
10	乙炔	0～198.9	26	一氧化碳	0～1 398.9
11	乙烯	198.9～598.9	27	空气	0～1 398.9
12	氨	0～598.9	28	氧化氮	698.9～1 398.9
13	乙烯	598.9～1 398.9	29	氧	498.9～1 398.9
14	氨	598.9～1 398.9	30	氯化氢	0～1 398.9
15	乙炔	198.9～398.9	31	二氧化硫	398.9～1 398.9
16	乙炔	398.9～1 398.9	32	氯	0～198.9
17	水	0～1 398.9	33	硫	298.9～1 398.9
17A	氟里昂-22	0～148.9	34	氯	198.9～1 398.9
17B	氟里昂-11	0～148.9	35	溴化氢	0～1 398.9
17C	氟里昂-21	0～148.9	36	碘化氢	0～1 398.9
17D	氟里昂-113	0～148.9			

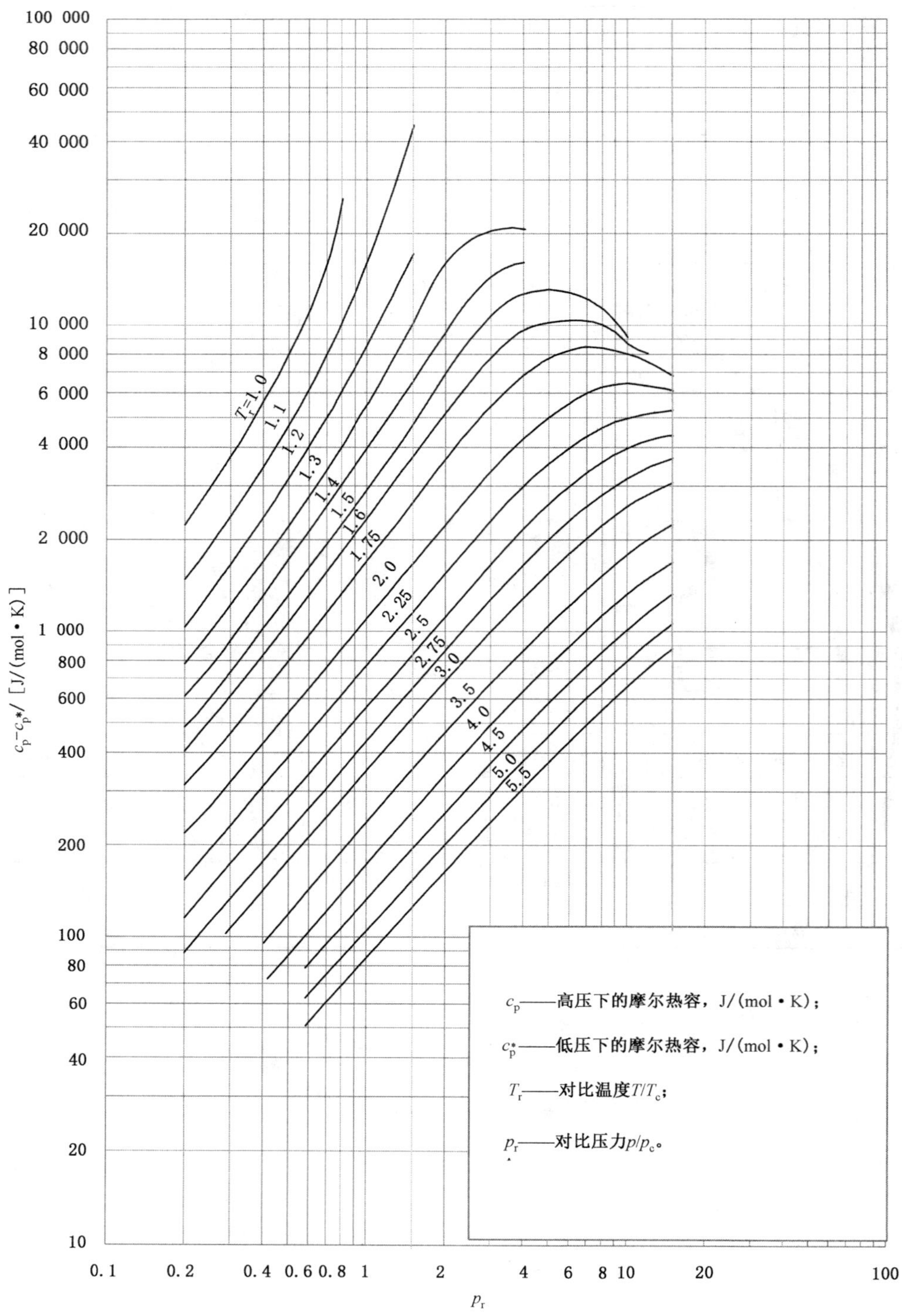

图 D.13 摩尔气体比热等温压力校正通用曲线图

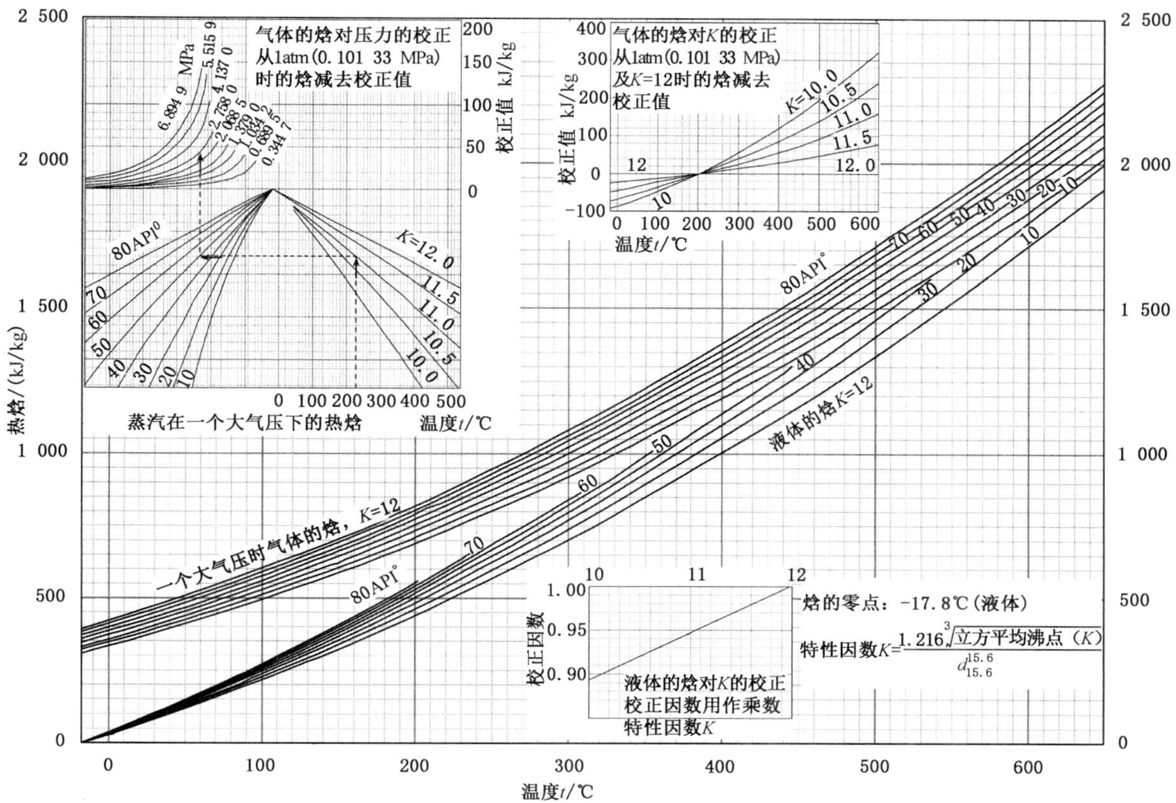

图 D.14　石油馏分的热焓

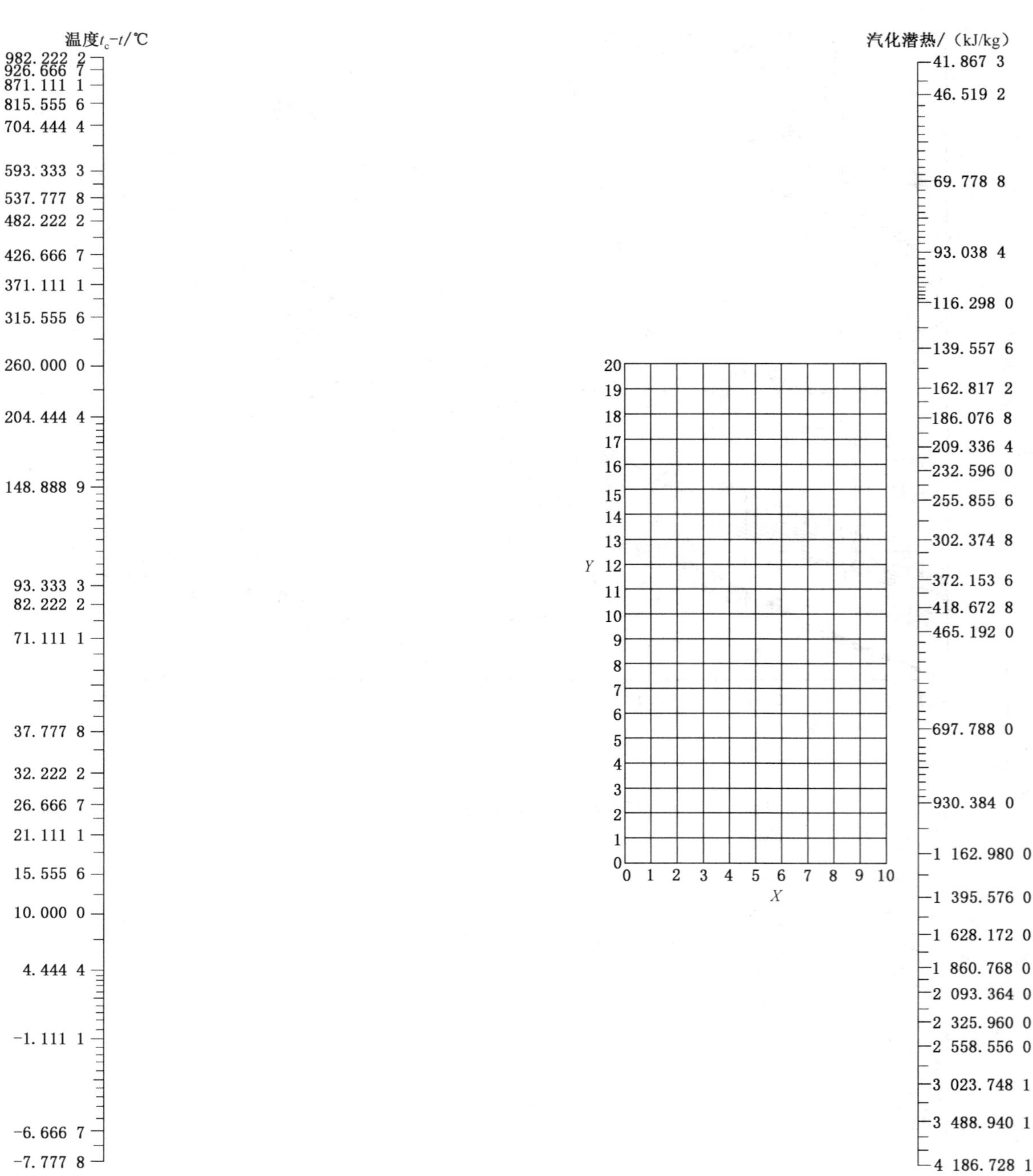

示例：如水在 100 ℃，$t_c-t=375-100=275$ ℃，从而得到水的潜热为 2 256 kJ/kg。

图 D.15　各种液体的气化潜热

表 D.4

液体	t_c/℃	t_c-t/℃	X	Y	液体	t_c/℃	t_c-t/℃	X	Y
醋酸	320.6	100.0～200.0	5.6	11.9	乙醚	194.4	15.0～130.0	3.1	12.7
丙酮	235.0	140.0～240.0	4.0	10.3	乙醚	194.4	130.0～240.0	1.8	12.7
氨	133.3	80.0～200.0	3.2	3.8	氟里昂-11	197.8	70.0～250.0	3.6	17.3
戊醇	307.2	200.0～300.0	6.0	9.4	氟里昂-12	111.1	60.0～150.0	3.9	17.2
苯	288.9	10.0～300.0	3.6	12.5	氟里昂-21	162.8	80.0～219.4	3.3	15.4
正丁烷	152.8	40.0～70.0	2.6	11.6	氟里昂-22	96.1	50.0～160.0	4.0	15.1
丁烷	152.8	70.0～200.0	3.6	11.7	氟里昂-113	213.9	90.0～250.0	3.5	18.7
异丁烷	133.9	75.0～173.9	3.4	12.1	氟里昂-114	145.0	45.0～200.0	3.5	18.7
正丁醇	286.7	169.4～300.0	2.0	9.8	正庚烷	266.7	10.0～269.4	3.4	13.5
异丁醇	264.4	150.0～200.0	1.7	9.7	正已烷	235.6	55.0～240.0	3.4	13.2
丁醇	264.4	200.0～269.4	6.9	7.7	甲烷	46.7	10.0～90.0	5.2	8.3
另丁醇	264.4	169.4～269.4	5.6	8.8	甲醇	240.0	20.0～140.6	3.3	5.3
特丁醇	235.0	150.0～200.0	3.9	9.5	甲醇	240.0	139.4～240.0	3.6	4.7
二氧化碳	32.8	10.0～100.0	3.3	11.1	甲胺	157.2	100.0～200.0	4.1	6.5
二硫化碳	272.2	140.0～275.0	3.5	13.7	甲基氯	142.8	16.1～110.0	2.6	11.1
四氯化碳	283.3	10.0～300.0	3.6	17.3	甲基氯	142.8	110.0～119.4	5.2	11.2
氯	143.9	100.0～200.0	1.5	14.5	甲酸甲酯	213.9	150.0～250.0	1.9	11.3
氯仿	263.3	173.9～264.4	3.7	15.7	二氯甲烷	216.1	150.0～250.0	1.0	13.7
顺二氯乙烯	242.2	200.0～300.0	9.4	13.3	一氧化二氮	36.1	6.1～25.0	1.2	9.2
二甲氨	165.0	124.4～200.0	4.8	8.8	一氧化二氮	36.1	25.0～124.4	5.6	12.3
联苯	527.8	10.0～32.2	2.2	15.2	正辛烷	296.1	16.1～300.0	3.6	13.8
联苯	527.8	32.2～150.0	3.8	15.2	正戊烷	196.7	15.0～250.0	3.3	12.7
联苯	527.8	150.0～400.0	0.8	12.8	异戊烷	187.8	10.0～200.0	3.2	12.7
苯醚	511.1	80.0～339.4	3.1	15.5	丙烷	96.1	15.0～250.0	4.3	11.0
苯醚	511.1	339.4～500.0	6.2	14.5	正丙醇	263.9	25.0～269.4	2.1	8.8
乙烷	479.4	10.0～130.0	4.0	9.8	异丙醇	235.6	150.0～250.0	3.5	8.3
乙醇	243.3	10.0～140.0	3.1	7.0	吡啶	344.4	230.0～349.4	2.3	12.5
乙醇	243.3	140.6～250.0	4.7	6.3	二氧化硫	156.7	100.0～200.0	2.0	12.3
乙胺	183.3	130.0～230.0	3.9	9.0	甲苯	321.7	100.0～300.0	1.5	13.7
乙基氯	187.2	150.0～230.0	4.1	12.2	三氯乙烯	271.1	179.4～305.6	6.0	15.9
乙烯	10.0	10.0～50.0	3.0	9.3	水	375.0	10.0～357.2	3.0	1.0
乙烯	10.0	50.0～124.4	4.0	0.6					

表 D.5 定压比热与定容比热比(c_p/c_v)

物质	c_p/c_v	物质	c_p/c_v
乙炔	1.26	乙烯	1.255
空气	1.403	氦	1.660(−180 ℃)
氨	1.310	正己烷	1.08(80 ℃)
氩	1.688	氢	1.410
苯	1.10(93.3 ℃)	甲烷	1.31
二氧化碳	1.304	甲醇	1.203(77.2 ℃)
氯	1.355	氮	1.404
二氯二氟甲烷	1.139(25 ℃)	氧	1.401
乙烷	1.22	正戊烷	1.086(87.2 ℃)
乙醇	1.13(93.3 ℃)	二氧化硫	1.29
乙醚	1.08(35 ℃)		
注：除上述注明外，其余均为 15.6 ℃一个大气压下的数值。			

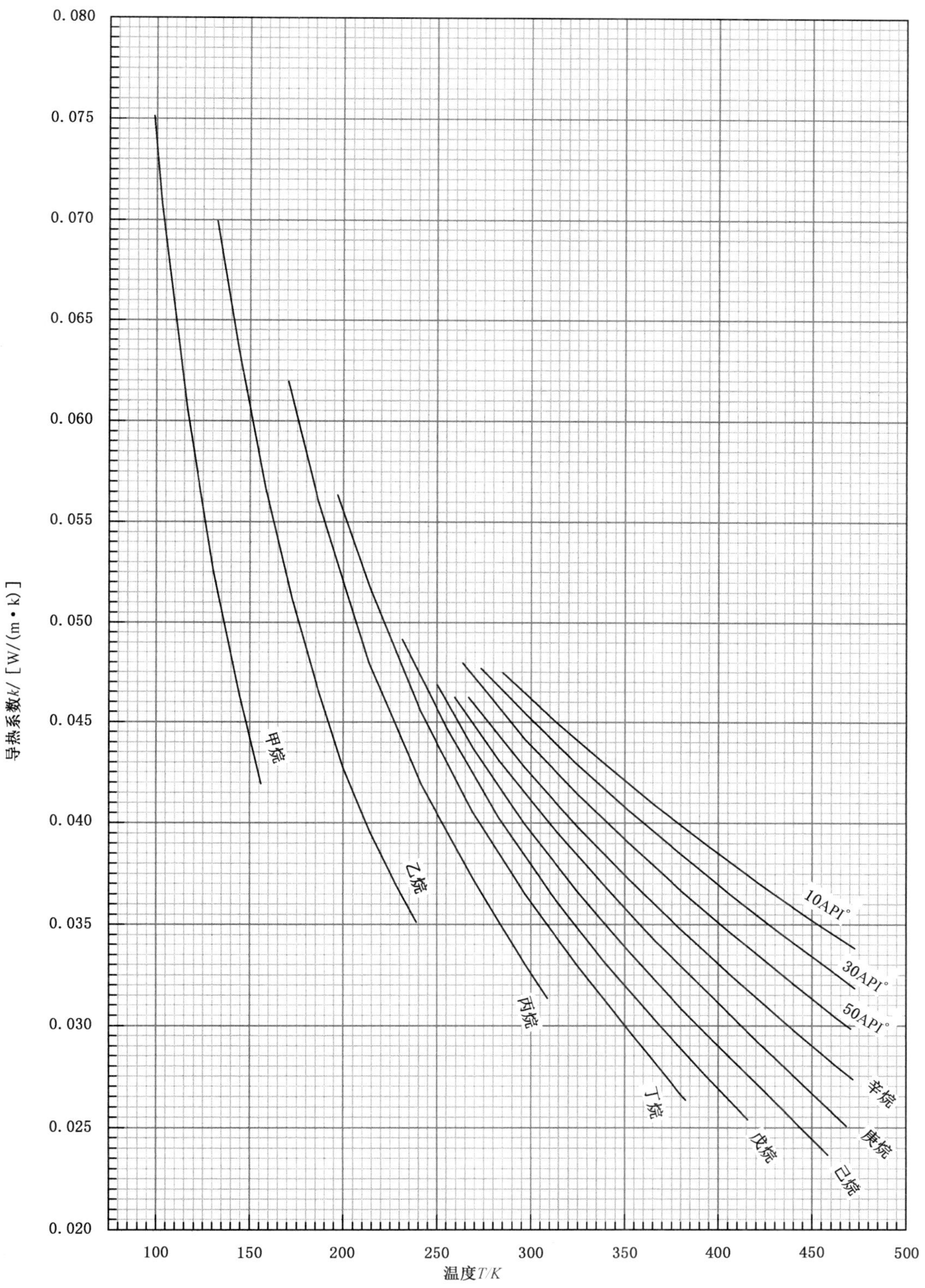

图 D.16　液态直链烷烃导热系数

表 D.6 液体的导热系数

液体	T/K	k/[W/(m·K)]
醋酸	293.2	0.159 3
	422.0	0.135 0
丙酮	255.4	0.161 0
	349.8	0.131 6
乙炔	133.2	0.237 1
	194.3	0.154 1
	273.2	0.098 7
丙烯酸	273.2	0.249 3
	310.9	0.214 6
	433.2	0.148 9
丙烯醇	293.2	0.164 4
	373.2	0.159 3
戊醇	293.2	0.154 1
	373.2	0.147 1
苯胺	293.2	0.230 2
	422.0	0.154 1
苯	293.2	0.147 1
	433.2	0.102 1
溴苯	273.2	0.112 5
	472.0	0.102 1
正醋酸丙酯	273.2	0.141 9
	433.2	0.096 9
异丁醇	233.2	0.173 1
	283.2	0.150 6
	344.3	0.133 3
	422.0	0.129 8
正丁醇	233.2	0.180 0
	422.0	0.110 8
二硫化碳	193.2	0.145 4
	293.2	0.124 6
四氯化碳	193.2	0.122 9
	373.2	0.090 0
氯苯	273.2	0.129 8
	472.0	0.117 7
氯仿	199.8	0.143 7
	373.2	0.096 9
异丙苯	273.2	0.129 8
	472.0	0.086 6

液体	T/K	k/[W/(m·K)]
甲醛	194.3	0.320 2
	255.4	0.228 5
	293.2	0.200 8
甘油	293.2	0.278 7
	472.0	0.313 3
正庚烷	283.2	0.128 1
	422.0	0.086 6
正己烷	283.2	0.124 6
	422.0	0.079 6
庚醇	293.2	0.133 3
	410.9	0.122 9
己醇	293.2	0.133 3
	394.3	0.128 1
甲乙酮	255.4	0.154 1
	394.3	0.116 0
甲醇	243.2	0.228 5
	422.0	0.166 2
正壬烷	283.2	0.133 3
	422.0	0.096 9
辛烷	283.2	0.131 6
	422.0	0.093 5
对二甲苯	293.2	0.131 6
	353.2	0.112 5
	472.0	0.081 4
戊烷	283.2	0.119 4
	394.3	0.083 1
正丙醇	233.2	0.183 5
	422.0	0.124 6
异丙醇	233.2	0.159 3
	333.2	0.129 8
	422.0	0.124 6
甲苯	273.2	0.143 7
	472.0	0.086 6
三氯乙烯	233.2	0.145 4
	303.2	0.112 5
	422.0	0.079 6
醋酸乙烯	273.2	0.152 3
	383.2	0.112 5

表 D.6（续）

液　　体	T/K	k/[W/(m·K)]	液　　体	T/K	k/[W/(m·K)]
环己烷	277.6	0.154 1	水	273.2	0.593 7
	310.9	0.140 2		310.9	0.628 4
	394.3	0.103 9		366.5	0.663 0
二氯二氟甲烷	210.9	0.114 2		422.0	0.683 7
	283.2	0.109 1		488.7	0.650 9
	333.2	0.100 4		599.8	0.476 0
乙酸乙酯	273.2	0.152 3	邻二甲苯	273.2	0.150 6
	383.2	0.112 5		353.2	0.117 7
乙醇	233.2	0.190 4		472.0	0.083 1
	422.0	0.138 5	间二甲苯	273.2	0.138 5
乙苯	273.2	0.138 5		353.2	0.107 3
	472.0	0.077 9		472.0	0.076 2

注：假定导热系数随温度呈线性变化，在表中温度区间内，导热系数用插值法计算。

表 D.7　气体和蒸气的导热系数 k

W/(m·K)

气体(蒸气)	温度 T/K							
	73.2	173.2	273.2	323.2	373.2	473.2	573.2	673.2
丙酮			0.009 9	0.013 2	0.017 1	0.027 2		
乙炔		0.009 7	0.018 7	0.024 2	0.029 8			
空气	0.006 9	0.015 8	0.024 2		0.031 9	0.038 8	0.045 0	
氨		0.016 8*	0.021 8		0.033 2	0.048 5	0.066 6	0.088 1
氩		0.010 9	0.016 4		0.021 3	0.025 6	0.029 6	
苯			0.009 0	0.013 0	0.017 8	0.028 7		
正丁烷			0.013 5		0.023 4			
己丁烷			0.013 8		0.024 1			
二氧化碳		0.011 1*	0.014 5		0.022 2	0.030 6	0.039 6	
二硫化碳			0.006 9					
一氧化碳	0.006 4	0.015 2	0.023 2		0.030 5			
四氯化碳				0.007 3	0.009 0	0.011 8		
氯			0.007 4					
氯仿			0.006 6	0.008 1	0.010 0	0.014 0		
环己烷					0.016 3			
二氯二氟甲烷			0.008 3	0.011 1	0.013 8	0.019 9		
己烷		0.009 5	0.018 3		0.030 3			
醋酸乙酯				0.012 8	0.016 6	0.026 0		

表 D.7（续）

W/(m·K)

气体(蒸气)	温度 T/K							
	73.2	173.2	273.2	323.2	373.2	473.2	573.2	673.2
乙醇			0.014 0		0.021 5			
乙基氯			0.009 5		0.016 4	0.025 1		
乙醚			0.013 3	0.017 5	0.022 7	0.034 6		
乙烯		0.008 8	0.017 5	0.022 7	0.027 9			
氦	0.058 5	0.105 9	0.141 6		0.171 0			
正庚烷					0.017 8	0.019 4		
正己烷			0.012 5	0.0138 +				
乙烯			0.010 6		0.018 9			
氢	0.050 7	0.112 9	0.167 2		0.214 6	0.256 9	0.295 1	
硫化氢			0.013 2					
汞						0.034 1		
甲烷	0.007 8	0.018 9	0.030 5		0.044 1	0.062 0	0.084 8	
醋酸甲酯			0.010 2	0.0118 +				
甲醇			0.014 4		0.022 2			
甲基氯			0.009 2	0.012 8	0.016 3	0.024 2		
二氯甲烷			0.006 8	0.008 7	0.010 9	0.015 8		
氖			0.004 5					
一氧化氮		0.015 4	0.023 9	0.027 9				
氮	0.006 9	0.015 8	0.024 1		0.031 3	0.038 1	0.044 1	0.049 7
氧化亚氮		0.008 1	0.015 2		0.023 9			
氧	0.006 6	0.015 8	0.024 6	0.028 7	0.032 5			
正戊烷			0.012 8	0.014 4+				
异戊烷			0.012 5		0.022 0			
丙烷			0.015 1		0.026 1			
二氧化硫			0.008 7		0.011 9			
水蒸气					0.023 5	0.031 5	0.039 8	0.048 3

注：[a] 287.6 K 时的数值，+293.2 K 时的数值。

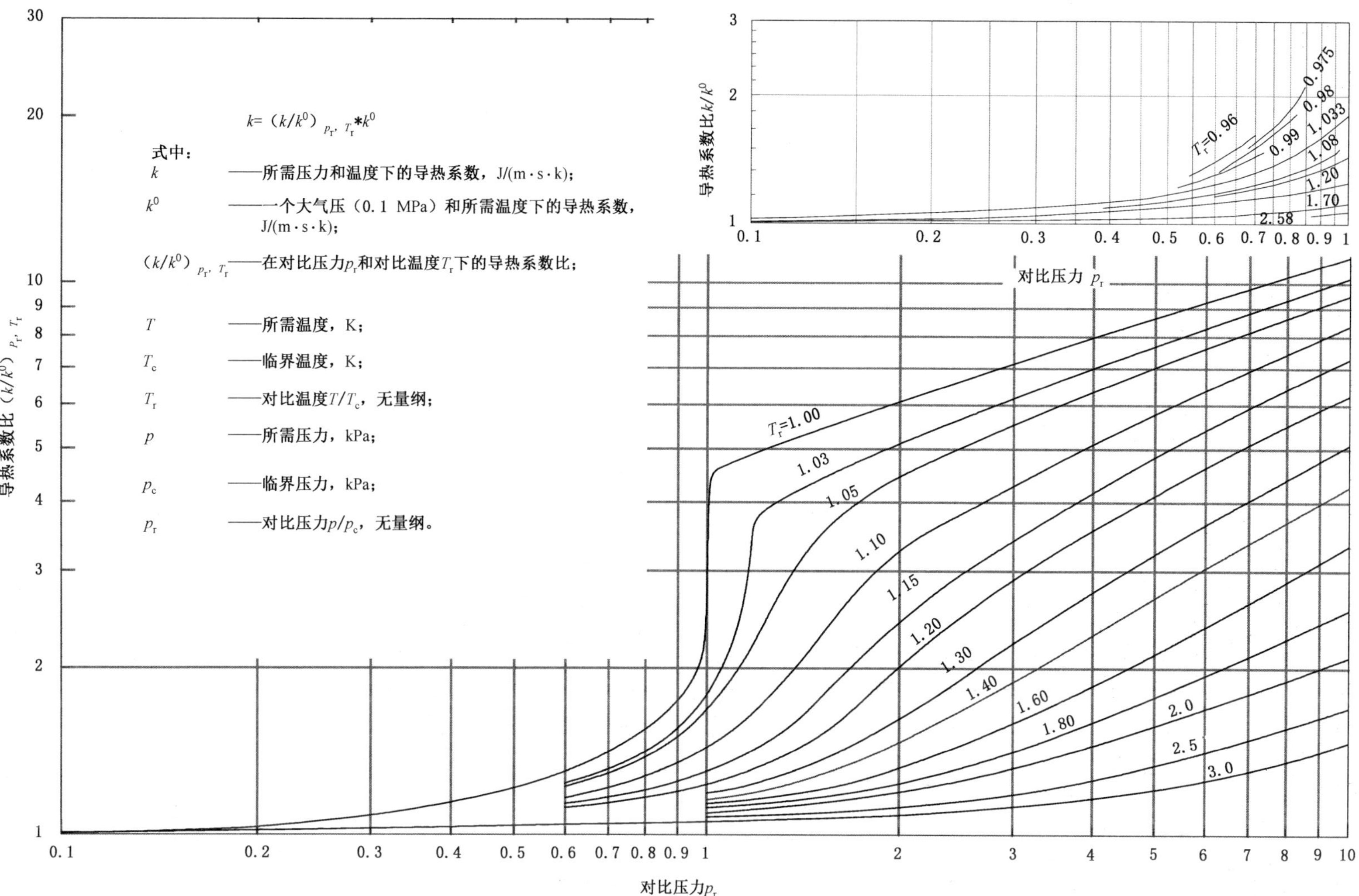

图 D.17 气体导热系数压力校正通用关联图

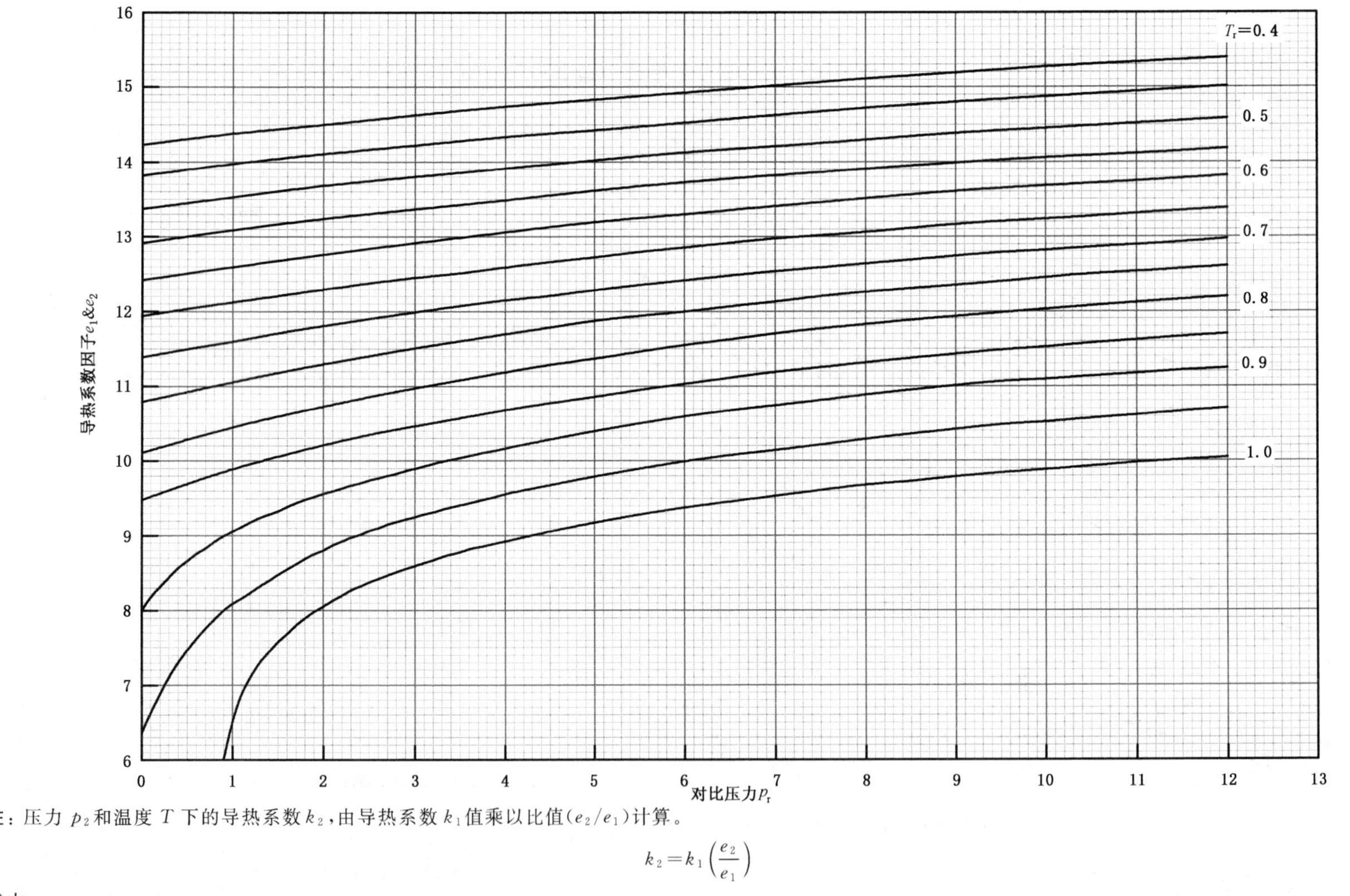

注：压力 p_2 和温度 T 下的导热系数 k_2，由导热系数 k_1 值乘以比值(e_2/e_1)计算。

$$k_2=k_1\left(\frac{e_2}{e_1}\right)$$

式中：

k_1——p_1 和 T 下的导热系数；

k_2——p_2 和 T 下的导热系数；

e_1——p_{r1} 和 T_r 下的导热系数因子；

e_2——p_{r2} 和 T_r 下的导热系数因子；

p_1，p_2——压力(绝压)，Pa；

p_c——临界压力(绝压)，Pa；

$p_{r1}=p_1/p_c$，无因次；

$p_{r2}=p_2/p_c$，无因次；

T——温度，K；

T_c——临界温度，K；

$T_r=T/T_c$，无量纲。

图 D.18　液体导热系数压力校正通用关联图

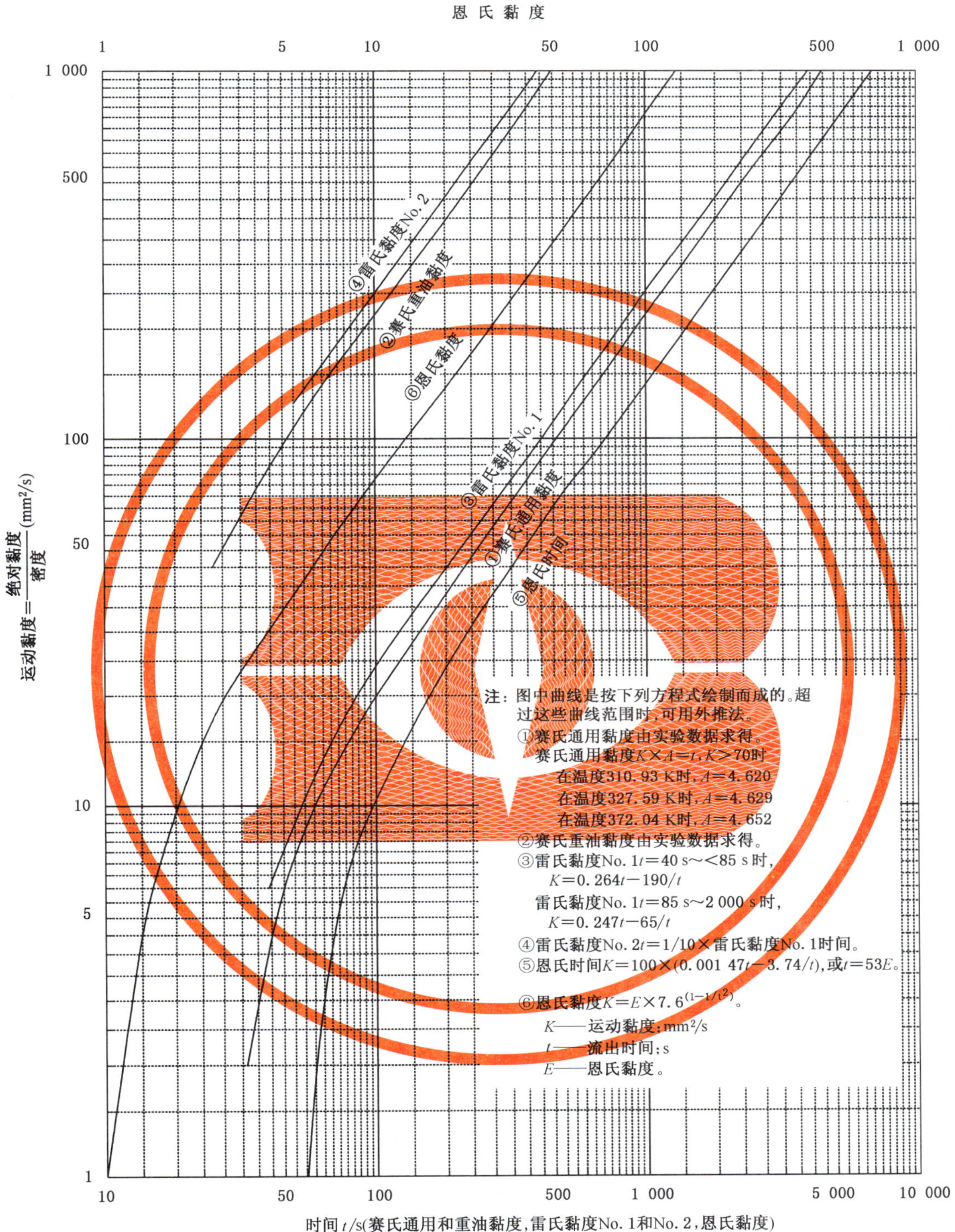

图 D.19 石油油品的黏度-温度关系

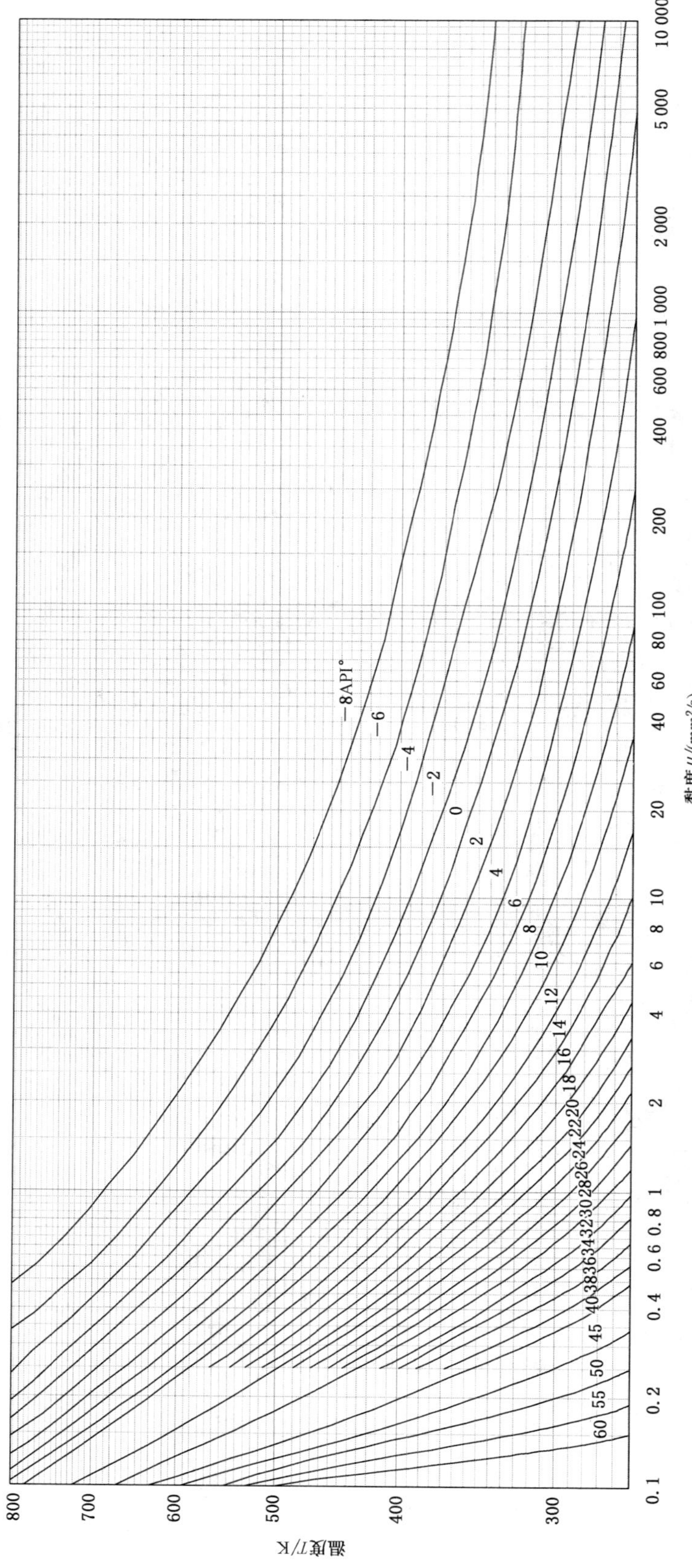

图 D.20 特性因数 $K=10.0$ 石油油品的黏度-温度关系

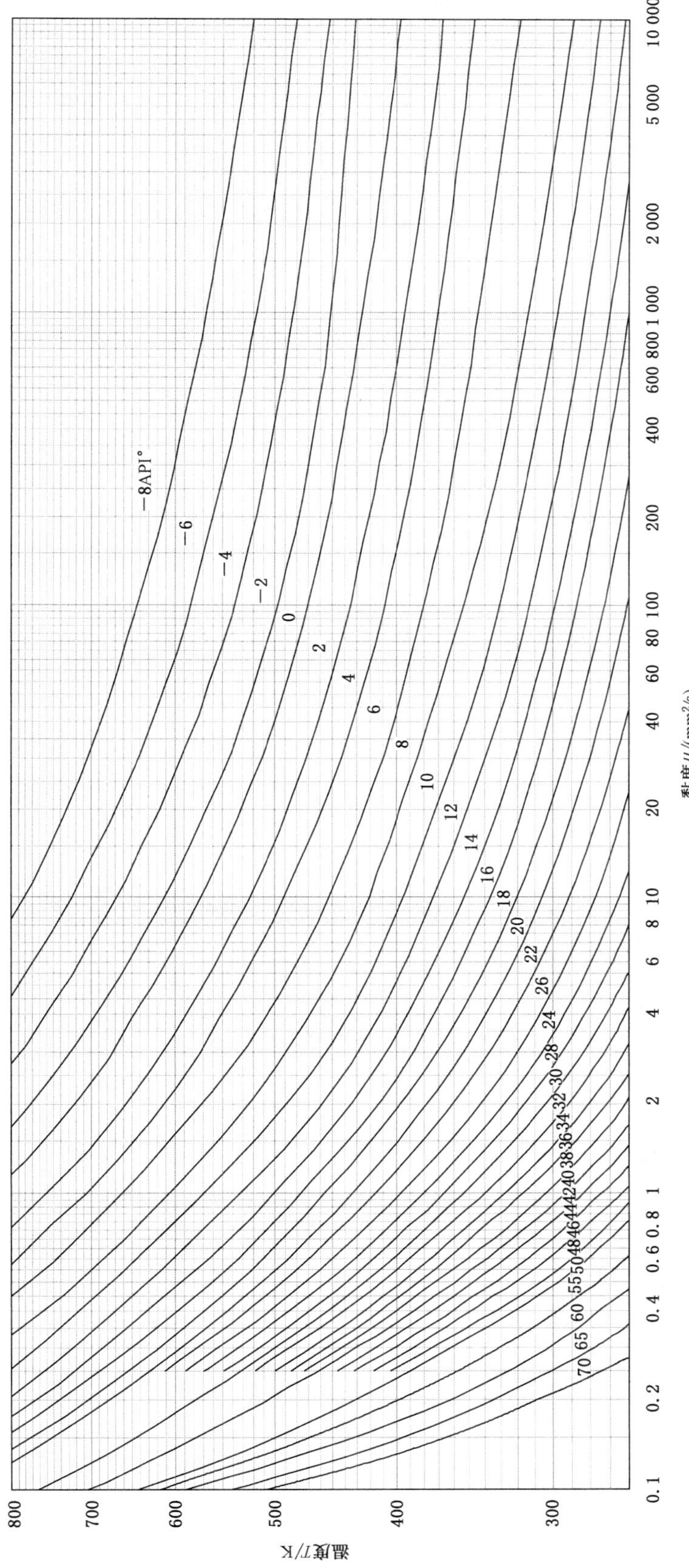

图 D.21 特性因数 $K = 11.0$ 石油油品的黏度-温度关系

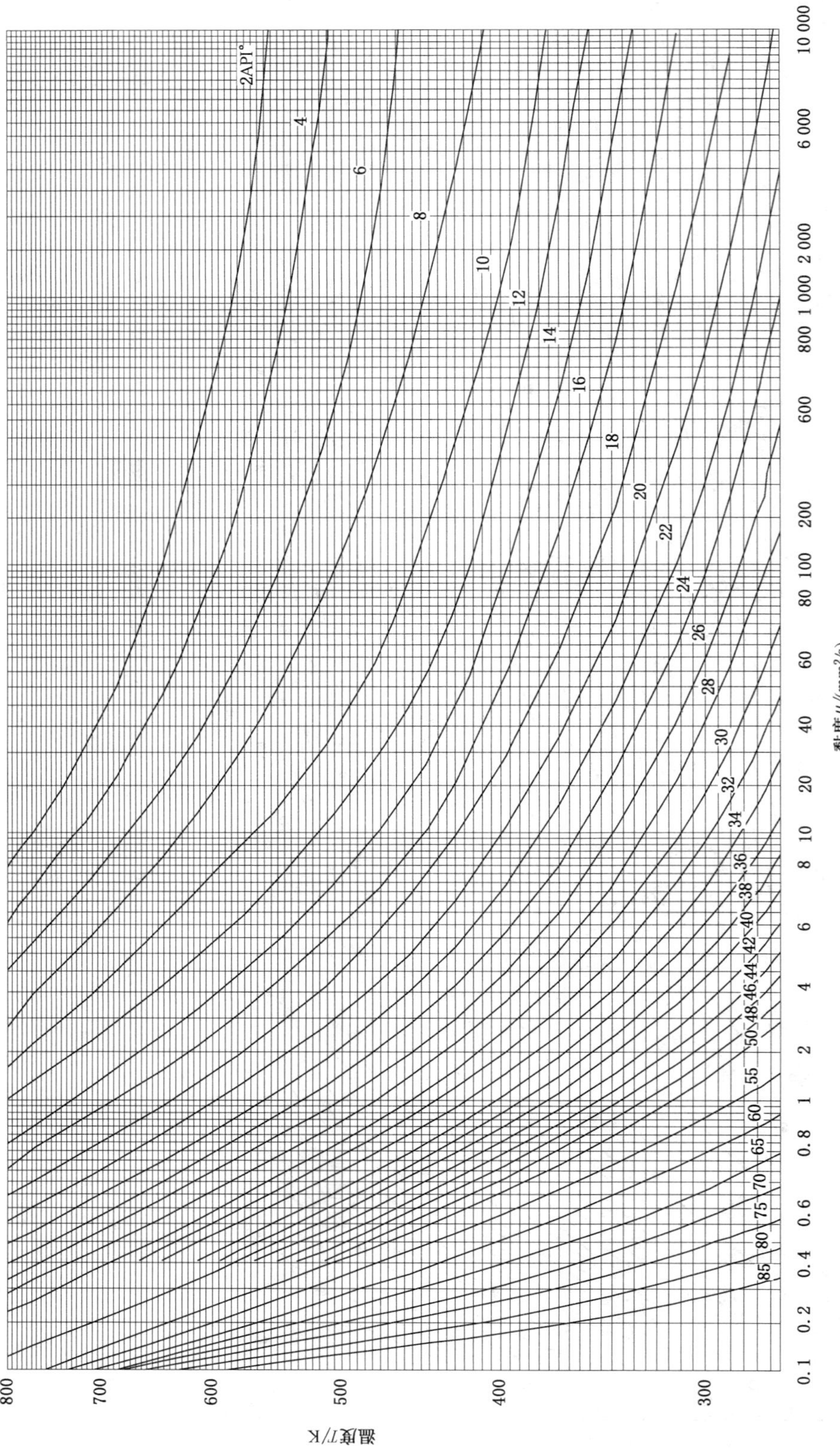

图 D.22 特性因数 $K=11.8$ 石油油品的黏度-温度关系

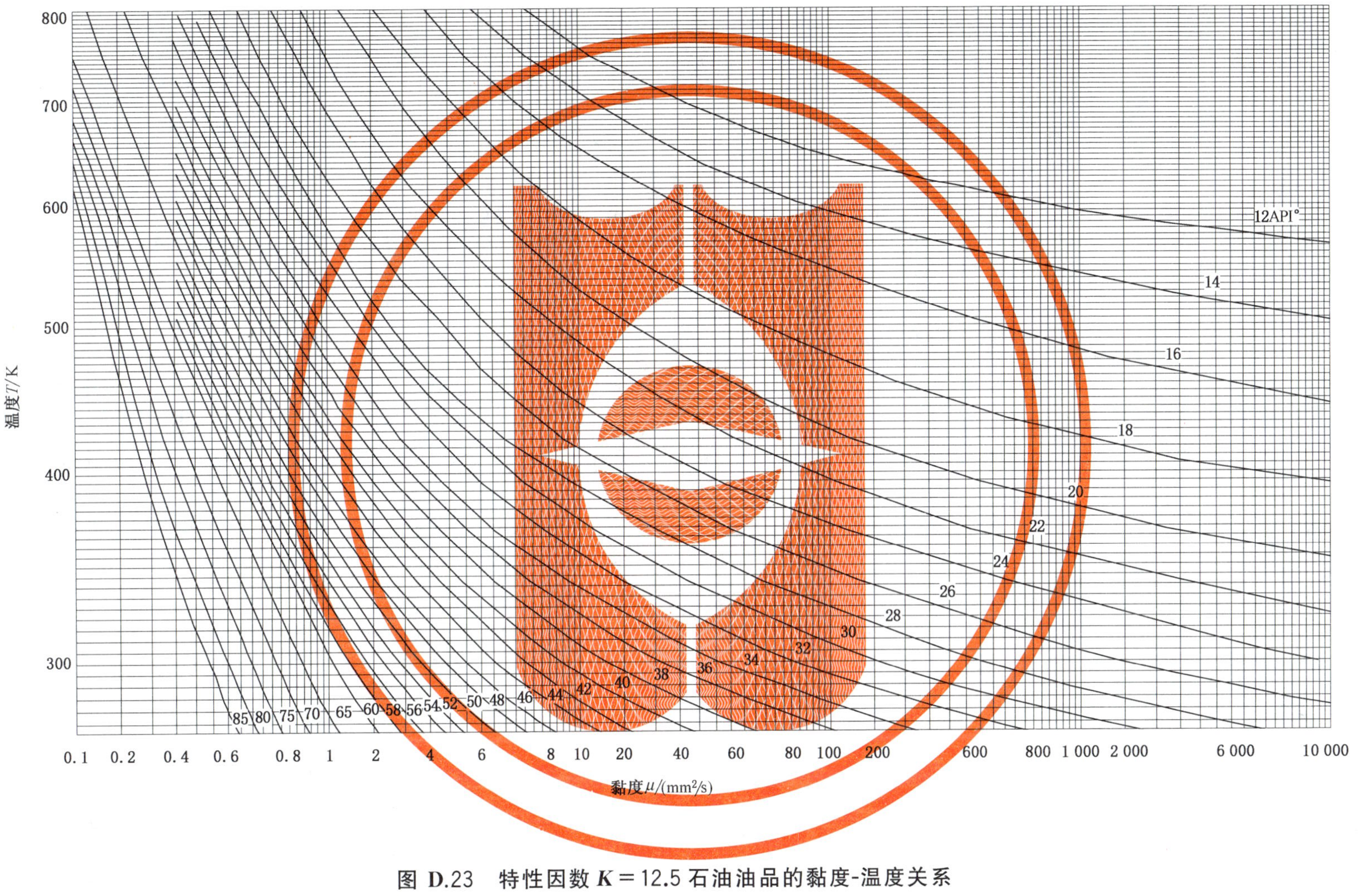

图 D.23 特性因数 $K=12.5$ 石油油品的黏度-温度关系

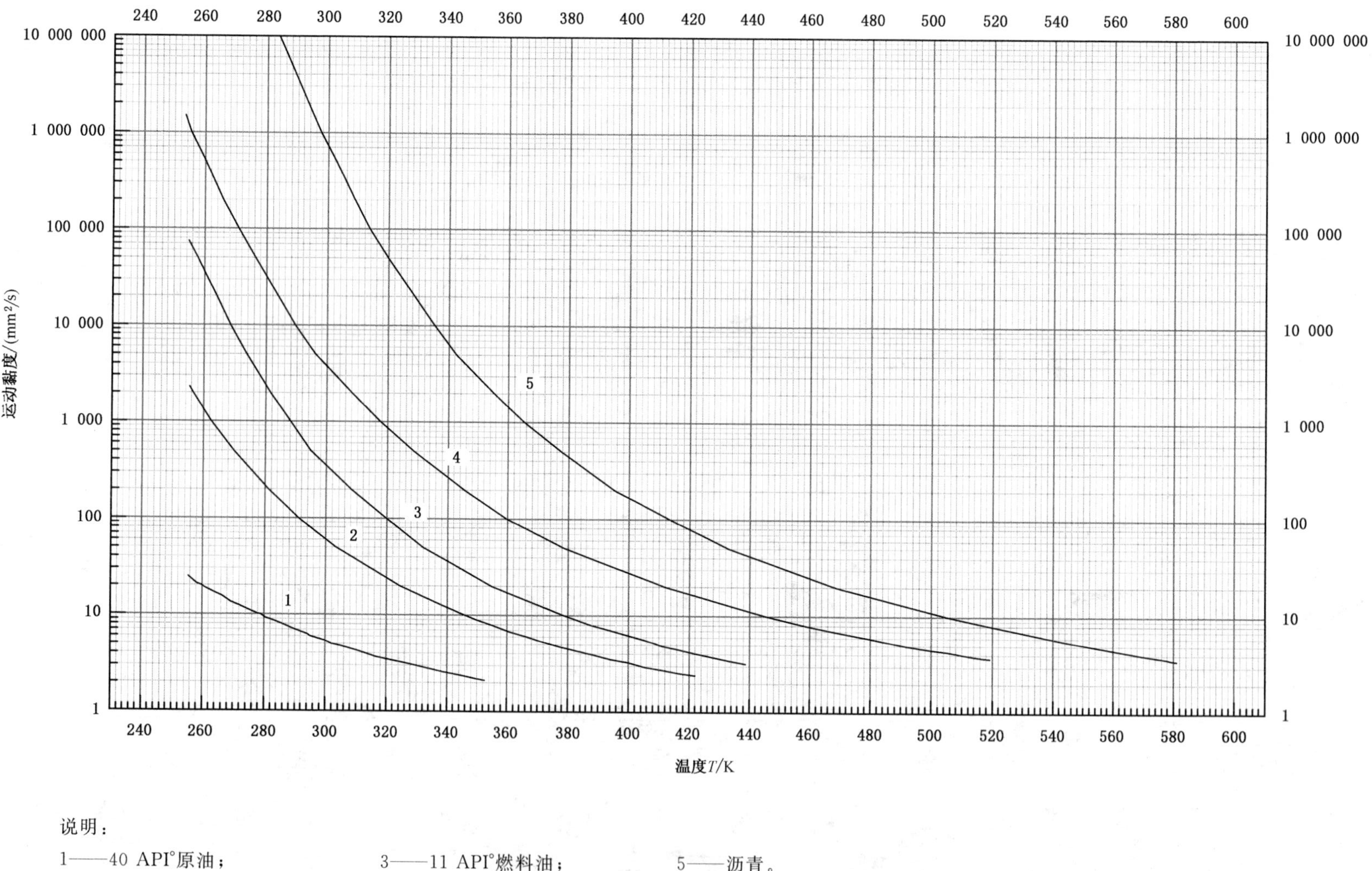

说明：

1——40 API°原油；

2——30 API°润滑油；

3——11 API°燃料油；

4——20 API°残渣油；

5——沥青。

图 D.24 烃类和石油馏分(高黏度)黏度-温度图

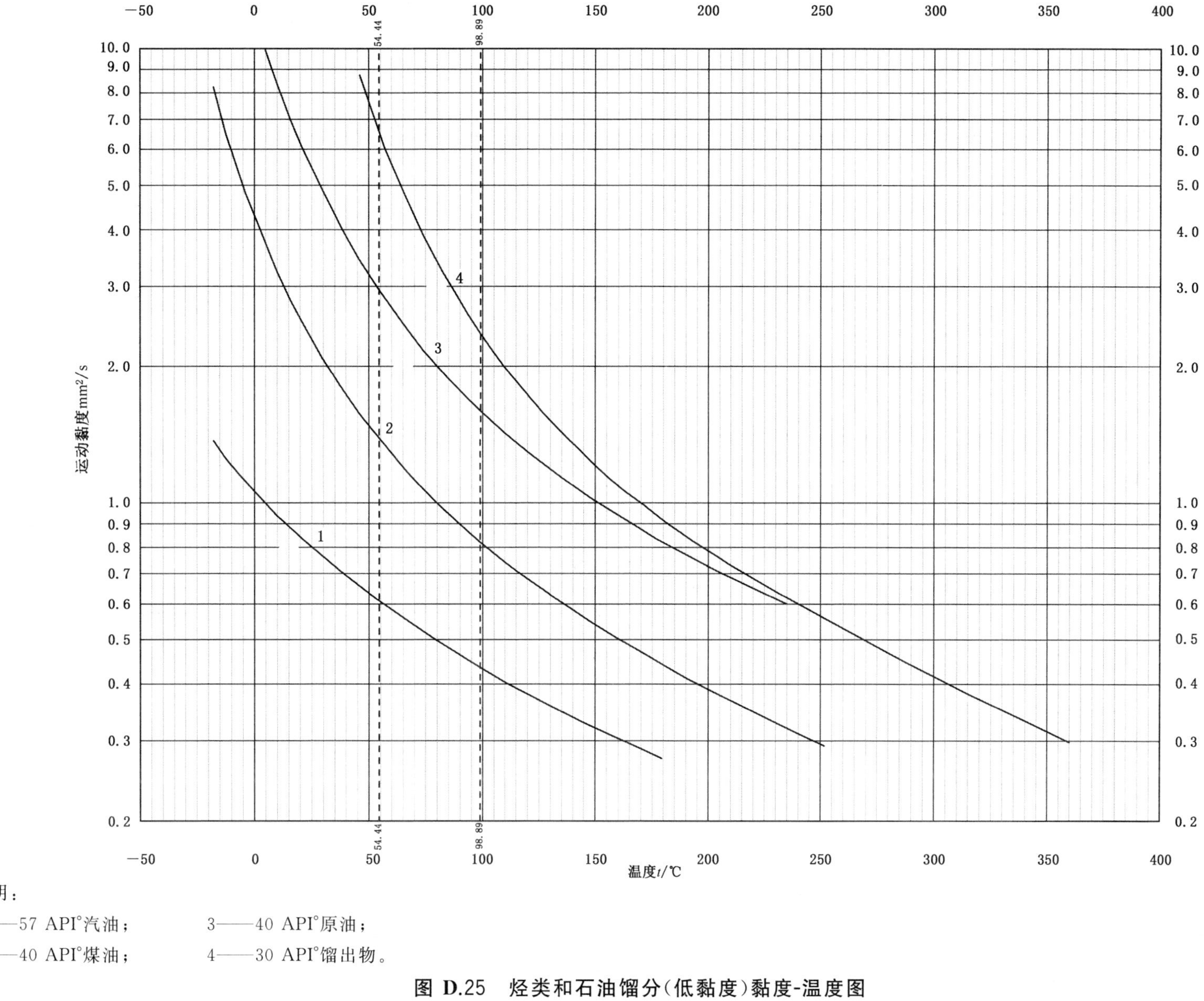

说明：

1——57 API°汽油；

2——40 API°煤油；

3——40 API°原油；

4——30 API°馏出物。

图 D.25 烃类和石油馏分(低黏度)黏度-温度图

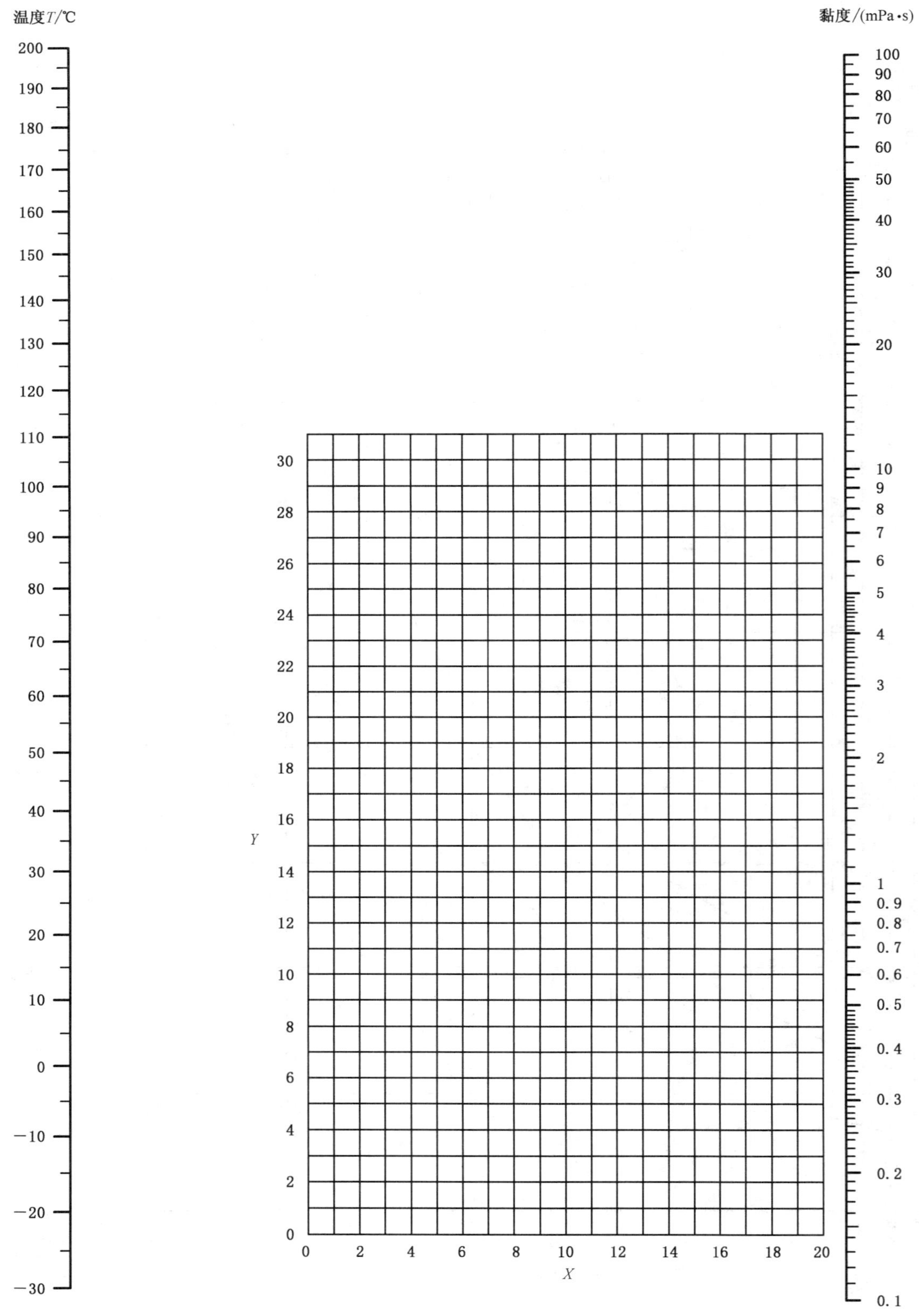

图 D.26 液体黏度共线图

表 D.8

编号	液　　体	X	Y	编号	液　　体	X	Y
1	乙醛	15.2	4.8	31	氟里昂-22	17.2	4.7
2	醋酸,100%	12.1	14.2	32	氟里昂-113	12.5	11.4
3	醋酸,70%	9.5	17.0	33	甘油,100%	2.0	30.0
4	醋酸酐	12.7	12.8	34	甘油,50%	6.9	19.6
5	丙酮,100%	14.5	7.2	35	庚烯	14.1	8.4
6	丙酮,35%	7.9	15.0	36	己烷	14.7	7.0
7	烯丙醇	10.2	14.3	37	盐酸,31.5%	13.0	16.6
8	氨,100%	12.6	2.0	38	异丁醇	7.1	18.0
9	氨,26%	10.1	13.9	39	异丁酸	12.2	14.4
10	醋酸戊酯	11.8	12.5	40	异丙醇	8.2	16.0
11	戊醇	7.5	18.4	41	煤油	10.2	16.9
12	苯胺	8.1	18.7	42	生亚麻籽油	7.5	27.2
13	茴香醚	12.3	13.5	43	汞	18.4	16.4
14	三氯化砷	13.9	14.5	44	甲醇,100%	12.4	10.5
15	苯	12.5	10.9	45	甲醇,90%	12.3	11.8
16	盐水,$CaCl_2$,25%	6.6	15.9	46	甲醇,40%	7.8	15.5
17	盐水,NaCl,25%	10.2	16.6	47	醋酸甲酯	14.2	8.2
18	溴	14.2	13.2	48	甲基氯	15.0	3.8
19	溴甲苯	20.0	15.9	49	丁酮	13.9	8.6
20	醋酸丁酯	12.3	11.0	50	萘	7.9	18.1
21	丁醇	8.6	17.2	51	硝酸,95%	12.8	13.8
22	丁酸	12.1	15.3	52	硝酸,60%	10.8	17.0
23	二氧化碳	11.6	0.3	53	硝酸苯	10.6	16.2
24	二硫化碳	16.1	7.5	54	硝基甲苯	11.0	17.0
25	四氯化碳	12.7	13.1	55	辛烷	13.7	10.0
26	氯苯	12.3	12.4	56	辛醇	6.6	21.1
27	氯仿	14.4	10.2	57	五氯乙烷	10.9	17.3
28	氯磺酸	11.2	18.1	58	戊酚	14.9	5.2
29	邻氯甲苯	13.0	13.3	59	酚	6.9	20.8
30	间氯甲苯	13.3	12.5	60	三溴化磷	13.8	16.7

表 D.8（续）

编号	液　体	X	Y	编号	液　体	X	Y
61	对氯甲苯	13.3	12.5	86	三氯化磷	16.2	10.9
62	间甲酚	2.5	20.8	87	丙酸	12.8	13.8
63	环己醇	2.9	24.3	88	丙醇	9.1	16.5
64	二溴乙烷	12.7	15.8	89	丙基溴	14.5	9.6
65	二氯乙烷	13.2	12.2	90	丙基氯	14.4	7.5
66	二氯甲烷	14.6	8.9	91	丙基碘	14.1	11.6
67	草酸二乙酯	11.0	16.4	92	钠	16.4	13.9
68	草酸二甲酯	12.3	15.8	93	氢氧化钠	3.2	25.8
69	联苯	12.0	18.3	94	氯化锡	13.5	12.8
70	草酸二丙酯	10.3	17.7	95	二氧化硫	15.2	7.1
71	醋酸乙酯	13.7	9.1	96	硫酸,110%	7.2	27.4
72	乙醇,100%	10.5	13.8	97	硫酸,98%	7.0	24.8
73	乙醇,95%	9.8	14.3	98	硫酸,60%	10.2	21.3
74	乙醇,40%	6.5	16.6	99	硫酰氯	15.2	12.4
75	乙苯	13.2	11.5	100	四氯乙烷	11.9	15.7
76	乙基溴	14.5	8.1	101	四氯乙烯	14.2	12.7
77	乙基氯	14.8	6.0	102	四氯化钛	14.4	12.3
78	乙醚	14.5	5.3	103	甲苯	13.7	10.4
79	甲酸乙酯	14.2	8.4	104	三氯乙烯	14.8	10.5
80	乙基碘	14.7	10.3	105	松节油	11.5	14.9
81	乙二醇	6.0	23.6	106	醋酸乙烯酯	14.0	8.8
82	甲酸	10.7	15.8	107	水	10.2	13.0
83	氟里昂-11	14.4	9.0	108	邻二甲苯	13.5	12.1
84	氟里昂-12	16.8	5.6	109	间二甲苯	13.9	10.6
85	氟里昂-21	15.7	7.5	110	对二甲苯	13.9	10.9

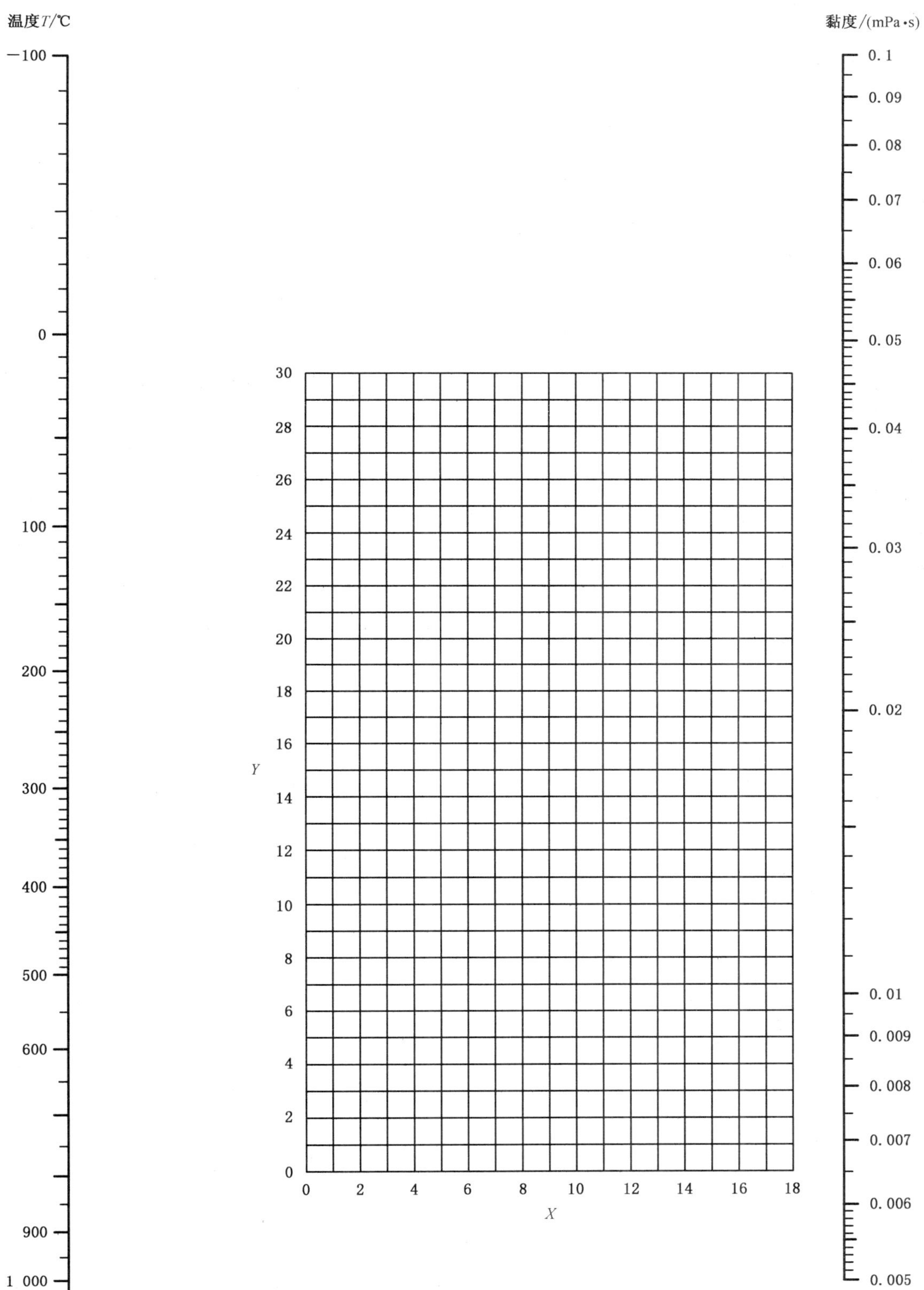

图 D.27　一个大气压下气体和蒸气的黏度

表 D.9

编号	气　　体	X	Y	编号	气　　体	X	Y
1	醋酸	7.7	14.3	29	氟里昂-113	11.3	14.0
2	丙酮	8.9	13.0	30	氦	10.9	20.5
3	乙炔	9.8	14.9	31	乙烷	8.6	11.8
4	空气	11.0	20.0	32	氢	11.2	12.4
5	氨	8.4	16.0	33	$3H_2+1N_2$	11.2	17.2
6	氩	10.5	22.4	34	溴化氢	8.8	20.9
7	苯	8.5	13.2	35	氯化氢	8.8	18.7
8	溴	8.9	19.2	36	氰化氢	9.8	14.9
9	丁烯(Butene)	9.2	13.7	37	碘化氢	9.0	21.3
10	丁烯(Butylene)	8.9	13.0	38	硫化氢	8.6	18.0
11	二氧化碳	9.5	18.7	39	碘	9.0	18.4
12	二硫化碳	8.0	16.0	40	汞	5.3	22.9
13	一氧化碳	11.0	20.0	41	甲烷	9.9	15.5
14	氯	9.0	18.4	42	甲醇	8.5	15.6
15	氯仿	8.9	15.7	43	氧化氮	10.9	20.5
16	氰	9.2	15.2	44	氮	10.6	20.0
17	环己烷	9.2	12.0	45	亚硝酸氯	8.0	17.6
18	乙烷	9.1	14.5	46	一氧化二氮	8.8	19.0
19	醋酸乙酯	8.5	13.2	47	氧	11.0	21.3
20	乙醇	9.2	14.2	48	戊烷	7.0	12.8
21	乙基氯	8.5	15.6	49	丙烷	9.7	12.9
22	乙醚	8.9	13.0	50	丙醇	8.4	13.4
23	乙烯	9.5	15.1	51	丙烯	9.0	13.8
24	氟	7.3	23.8	52	二氧化硫	9.6	17.0
25	氟里昂-11	10.6	15.1	53	甲苯	8.6	12.4
26	氟里昂-12	11.1	16.0	54	2,3,3-三甲基丁烷	9.5	10.5
27	氟里昂-21	10.8	15.3	55	水	8.0	16.0
28	氟里昂-22	10.1	17.0	56	氙	9.3	23.0

对比温度 $T_r=T/T_c$
黏度比 μ_p/μ_{atm}
对比压力 $p_r=p/p_c$
T_r=1.00
1.02
1.05
1.10
1.20
1.30
1.40
1.60
2.00
3.00
0.9
0.8

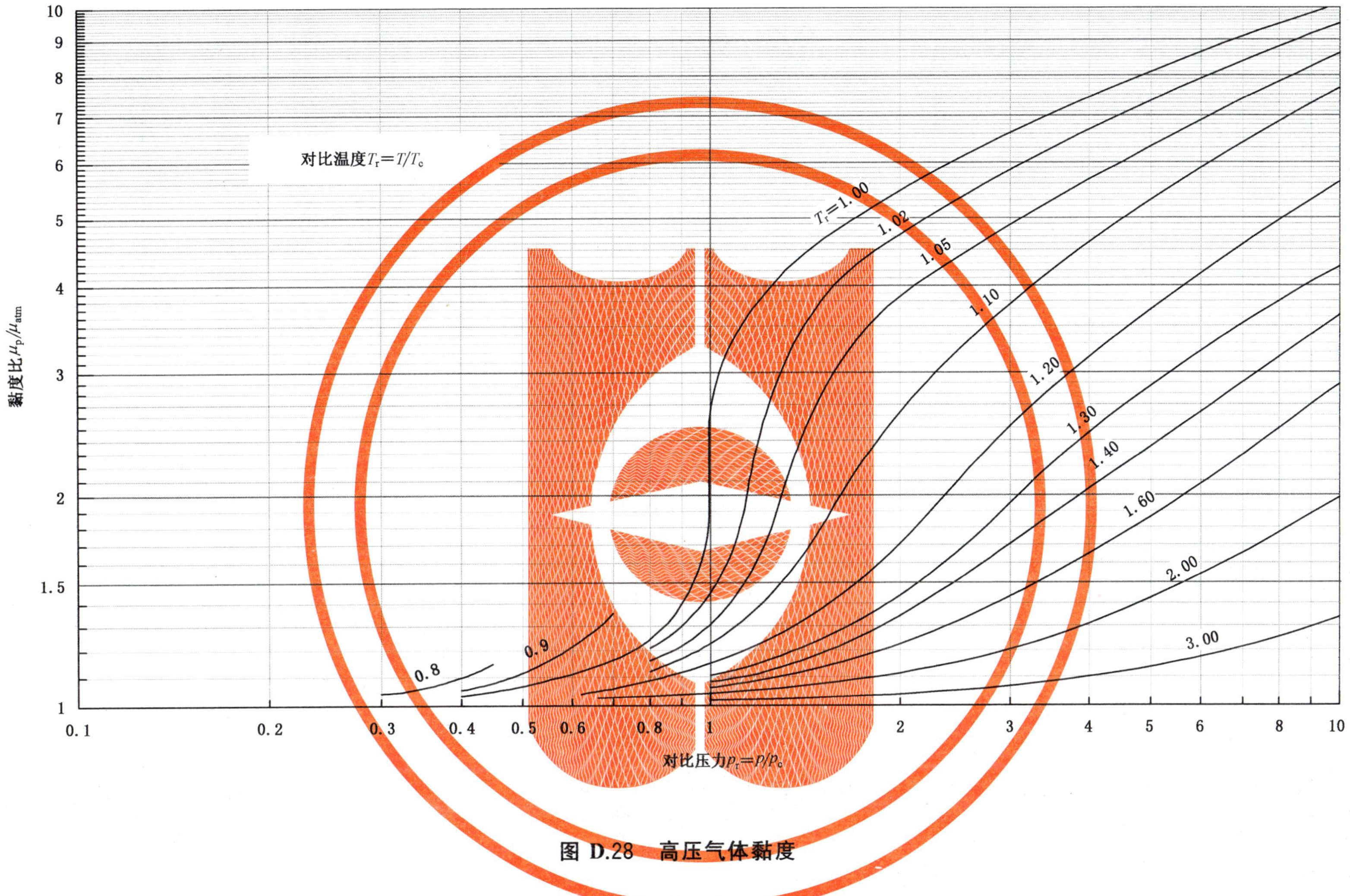

图 D.28 高压气体黏度

表 D.10 临界性质数据

编号	物　　质	分　子　量	临界温度/K	临界压力/Pa
1	醋酸	60.5	595.0	5 791 632.00
2	丙酮	58.1	510.0	4 784 991.20
3	乙炔	26.04	309.4	6 136 372.00
4	丙烯酸	72.03	653.3	5 060 783.20
5	丙烯醇	58.08	545.6	5 729 578.80
6	氨	17.03	405.6	11 300 577.20
7	苯胺	93.06	699.4	5 302 101.20
8	氩	40	151.1	4 867 728.80
9	苯	78.1	562.8	4 922 887.20
10	溴苯	157.02	670.6	4 516 094.00
11	1,3-丁二烯	54.1	425.0	4 329 934.40
12	正丁烷	58.1	425.0	3 799 034.80
13	丁烯	56.1	419.4	4 019 668.40
14	醋酸丁酯	116.16	579.4	3 047 501.60
15	正丁醇	74.1	563.3	4 412 672.00
16	异丁醇	74.1	536.1	4 192 038.40
17	二氧化碳	44.0	303.9	7 377 436.00
18	二硫化碳	76.14	546.1	7 618 754.00
19	一氧化碳	28.01	132.8	3 516 348.00
20	四氯化碳	153.8	556.1	4 550 568.00
21	氯气	70.9	417.2	7 715 281.20
22	氯苯	112.56	632.2	4 516 094.00
23	氯仿	119.4	533.3	5 550 314.00
24	异丙苯	120.19	631.1	3 219 871.60
25	环己烷	84.2	554.4	4 054 142.40
26	正癸烷	142.3	617.8	2 096 019.20
27	二氯二氟甲烷	120.9	385.6	4 116 195.60
28	乙烷	30.07	305.6	4 881 518.40
29	乙烯	28.05	283.3	5 033 204.00
30	乙醇	46.1	516.7	6 377 690.00
31	醋酸乙酯	88.1	523.3	3 840 403.60
32	乙苯	106.16	617.2	3 695 612.80
33	氟	38	144.4	5 570 998.40
34	甲醛	30.02	410.6	6 784 483.20
35	氦	4.003	5.6	228 907.36
36	正庚烷	100.2	540.0	2 737 235.60

表 D.10（续）

编号	物　　质	分　子　量	临界温度/K	临界压力/Pa
37	庚醇	116.2	606.1	3 006 132.80
38	正己烷	86.2	507.8	3 033 712.00
39	己醇	102.2	586.1	3 378 452.00
40	氢	2.016	33.3	1 296 222.40
41	氯化氢	36.46	324.4	8 266 865.20
42	氟化氢	20.01	461.1	6 488 006.80
43	碘化氢	128	423.9	8 211 706.80
44	硫化氢	34.08	373.3	9 011 503.60
45	异丁烷	58.1	408.3	3 647 349.20
46	异丁烯	56.1	417.8	3 998 984.00
47	异戊烷	72.1	461.1	3 330 188.40
48	氪	83.8	208.9	5 495 155.60
49	甲烷	16.04	190.6	4 640 200.40
50	甲醇	32	514.4	8 094 495.20
51	甲乙酮	72.1	535.6	4 157 564.40
52	氖	20.18	44.4	2 723 446.00
53	氮	28.02	126.1	3 392 241.60
54	氧化氮	30.01	180.6	6 550 060.00
55	正壬烷	128.3	595.0	2 289 073.60
56	正辛烷	114.2	569.4	2 495 917.60
57	氧	32	154.4	5 081 467.60
58	正戊烷	72.1	470.0	3 378 452.00
59	苯酚	94.1	694.4	6 136 372.00
60	丙烷	44.1	370.0	4 254 091.60
61	丙烯	42.1	365.0	4 598 831.60
62	正丙醇	60.1	536.7	5 171 100.00
63	异丙醇	60.1	508.3	4 764 306.80
64	四亚甲砜	120.2	801.1	5 288 311.60
65	二氧化硫	64.1	430.6	7 873 861.60
66	甲苯	92.1	593.9	4 067 932.00
67	三氯乙烯	131.4	430.0	5 577 893.20
68	醋酸乙烯	86.1	525.6	4 198 933.20
69	氯乙烯	62.5	571.1	4 895 308.00
70	水	18.02	647.2	22 104 728.80

附　录　E
（资料性附录）
污垢热阻

用户或设计委托方未提供污垢热阻时，常见流体的污垢热阻可选用以下推荐数据。

E.1　水的污垢热阻

水的污垢热阻见表E.1。

表 E.1　　10^{-5} $m^2 \cdot K/W$

<table>
<tr><td colspan="2">加热介质温度</td><td colspan="2">≤115 ℃</td><td colspan="2">116 ℃～205 ℃</td></tr>
<tr><td colspan="2">水的温度</td><td colspan="2">≤52 ℃</td><td colspan="2">>52 ℃</td></tr>
<tr><td colspan="2" rowspan="2">水的种类</td><td colspan="2">水速/(m/s)</td><td colspan="2">水速/(m/s)</td></tr>
<tr><td>≤1</td><td>>1</td><td>≤1</td><td>>1</td></tr>
<tr><td colspan="2">海水
微咸水</td><td>8.8
35.2</td><td>8.8
17.6</td><td>17.6
52.8</td><td>17.6
35.2</td></tr>
<tr><td>冷却塔和人工
喷淋池</td><td>处理过的补给水
未处理的补给水</td><td>17.6
52.8</td><td>17.6
52.8</td><td>35.2
88.0</td><td>35.2
70.4</td></tr>
<tr><td colspan="2">自来水、地下水、湖水</td><td>17.6</td><td>17.6</td><td>35.2</td><td>35.2</td></tr>
<tr><td>河水</td><td>最小值
平均值</td><td>35.2
52.8</td><td>17.6
35.2</td><td>52.8
70.4</td><td>35.2
52.8</td></tr>
<tr><td colspan="2">泥水
硬水(>257 mg/L)
发动机夹套水
蒸馏水
处理过的锅炉给水
锅炉排污水</td><td>52.8
52.8
17.6
8.8
17.6
35.2</td><td>35.2
52.8
17.6
8.8
8.8
35.2</td><td>70.4
88.0
17.6
8.8
17.6
35.2</td><td>52.8
88.0
17.6
8.8
17.6
35.2</td></tr>
<tr><td colspan="6">**注**：加热介质温度超过205 ℃，且冷介质会结垢时，表中数值应作相应修改。</td></tr>
</table>

E.2　工业流体的污垢热阻（10^{-5} $m^2 \cdot K/W$）

a）　油类

燃料油：88.0；

淬火油：70.4；

变压器油：17.6；

发动机润滑油：17.6。

b）　气体和蒸气

工厂废气（高炉燃烧气）：176.1；

发动机排气：176.1；

水蒸气(不带油):8.8;
废水蒸气(带油):17.6;
制冷剂蒸气(带油):35.2;
工业用有机载热体蒸气:17.6;
压缩空气:35.2;
干燥气体(如 H_2、N_2):8.8;
潮湿空气:26.4;
常压空气:8.8～17.6。

c) 液体
制冷剂液体:17.6;
液压流体:17.6;
工业用有机载热体液体:17.6;
传热用的熔融盐:8.8。

E.3 化工过程流体的污垢热阻(10^{-5} $m^2 \cdot K/W$)

a) 气体和蒸气
酸性气体:17.6;
溶剂蒸气:17.6;
稳定塔顶馏出物蒸气:17.6;
乙烯:35.2;
HCl 气:52.8;
含饱和水蒸气的氢:35.2;
氯化碳氢化合物蒸气:17.6;
乙醇蒸气:0;
带触媒的气体:52.8;
可聚合蒸气(含有缓蚀剂):52.8。

b) 液体
一乙醇胺和二乙醇胺溶液:35.2;
二甘醇和三甘醇溶液:35.2;
稳定塔侧线塔底物料:17.6;
苛性碱溶液:35.2;
植物油:52.8;
盐酸:0;
乙醇:17.6;
轻有机化合物:17.6;
氯化碳氢化合物:17.6～35.2;
一般稀无机物溶液:88.0。

E.4 天然气-汽油加工流体的污垢热阻(10^{-5} $m^2 \cdot K/W$)

a) 气体和蒸气
天然气:17.6;

塔顶蒸气:17.6。

b) 液体

贫油:35.2;

富油:17.6;

天然汽油和液化石油气:17.6。

E.5 石油炼制过程液体的污垢热阻(10^{-5} m^2·K/W)

a) 常减压装置中的气体和蒸气

常压精馏塔塔顶蒸气:17.6;

轻质石脑油蒸气:17.6;

减压精馏塔塔顶蒸气:35.2。

b) 常减压装置中的液体

汽油:17.6;

石脑油和轻馏分:17.6;

重质柴油:52.8;

重质燃料油:88.0;

煤油:17.6;

轻质柴油:35.2;

沥青和残渣油:176.1;

原油:见表 E.2。

表 E.2

10^{-5} m^2·K/W

介　质	温度/℃	流速/(m/s)		
		<0.6	0.6~1.2	>1.2
脱水原油	0~92	52.8	35.2	35.2
含盐原油		52.8	35.2	35.2
脱水原油	93~148	52.8	35.2	35.2
含盐原油		88.0	70.4	70.4
脱水原油	149~259	70.4	52.8	35.2
含盐原油		105.7	88.0	70.4
脱水原油	>260	88.0	70.4	52.8
含盐原油		123.3	105.7	88.0

c) 裂化和焦化装置中的流体

塔顶蒸气:35.2;

轻质循环油:35.2;

重质循环油:52.8;

轻质焦化瓦斯油:52.8;

重质焦化瓦斯油:70.4;

塔底油浆(最小流速 1.4 m/s):52.8;

轻质液态产品:35.2。

d） 催化重整和加氢脱硫装置中的流体

重整炉进料:35.2;

重整炉出料:17.6;

加氢脱硫进料和出料:35.2;

塔顶蒸气:17.6;

50 ℃以上 API 的液态产品:17.6;

30 ℃～50 ℃API 的液态产品:35.2。

e） 轻馏分加工物料

塔顶蒸气及气体:17.6;

液态产品:17.6;

吸收油:35.2;

微酸烷基化物料:35.2;

再沸器物料:52.8。

f） 润滑油加工物料

进料:35.2;

混合溶剂进料:35.2;

溶剂:17.6;

提取物:52.8;

提余液:17.6;

沥青:88.0;

蜡膏:52.8;

精制滑油:17.6。

附 录 F
（资料性附录）
金属导热系数

F.1 铁基金属导热系数

铁基金属导热系数见表F.1。

表 F.1 W/(m·K)

材料	温度/℃													
	100	150	200	250	300	350	400	450	500	550	600	650	700	750
碳素钢	51.8	50.2	48.6	47.1	45.5	44.0	42.5	40.9	—	—	—	—	—	—
锰钼钢	50.0	48.5	46.8	45.3	43.8	43.4	42.4	40.9	—	—	—	—	—	—
15CrMo	46.8	46.8	45.1	44.3	42.1	41.6	40.7	38.4	36.4	—	—	—	—	—
12Cr2Mo1	43.2	41.6	40.0	39.9	38.6	38.1	37.2	36.4	35.9	34.7	—	—	—	—
06Cr13	24.5	26.1	26.1	27.2	27.2	27.2	27.7	27.7	28.2	29.4	29.4	31.2	—	—
06Cr19Ni10	16.3	17.0	17.3	18.8	19.1	20.2	20.8	21.6	22.6	23.0	24.3	24.3	25.8	26.1

F.2 其他金属导热系数

F.2.1 铝和铝合金导热系数见表F.2。

表 F.2 铝和铝合金导热系数 W/(m·K)

牌号	1070A、1060A、1050A、8A06	5A02	5A03、5A05	3A21
导热系数	281	166	151	232
注：表中为20 ℃～100 ℃的值。				

F.2.2 纯铜导热系数见表F.3。

表 F.3 纯铜导热系数 W/(m·K)

牌号	温度/℃						
	−256	−160	−79	0	20	100	150
T2、T3	～5 024	450	400	391	390	380	374

F.2.3 铜合金导热系数见表 F.4。

表 F.4 铜合金导热系数 W/(m·K)

牌号	HSn70-1	HAl77-2	H68A	BFe30-1-1	BFe10-1-1
导热系数	91.3	100.4	117.2	35	36
注：表中为 0 ℃～100 ℃的值。					

F.2.4 钛和钛合金导热系数见表 F.5。

表 F.5 钛和钛合金导热系数 W/(m·K)

<table>
<tr><th rowspan="2">牌号</th><th colspan="5">温度/℃</th></tr>
<tr><th>常温</th><th>100</th><th>200</th><th>300</th><th>350</th></tr>
<tr><td>工业纯钛</td><td colspan="3" rowspan="3">16.3</td><td rowspan="3">16.7</td><td rowspan="3">17.2</td></tr>
<tr><td>TA1</td></tr>
<tr><td>TA2</td></tr>
</table>

附 录 G
（资料性附录）
换热管特性表

G.1 换热管几何特性见表 G.1。

表 G.1 换热管几何特性

换热管外径 d mm	换热管壁厚 δ mm	每毫米管长外表面积 mm^2/mm	每毫米管长内表面积 mm^2/mm	惯性矩 $I=\frac{\pi}{64}(d^4-d_i^4)mm^4$	截面模量 $W=\frac{\pi(d^4-d_i^4)}{32d}mm^3$	回转半径 $i=\frac{1}{4}\sqrt{d^2+d_i^2}$ mm	金属横截面积 $a=\frac{\pi}{4}(d^2-d_i^2)mm^2$	换热管内径横截面积 $f=\frac{\pi}{4}d_i^2 mm^2$
10	1.5	31.4	22.0	373	74.6	3.052	40.06	38.48
14	2	44.0	31.4	1 395	199.3	4.301	75.40	78.54
19	2	59.7	47.1	3 912	411.8	6.052	106.81	176.71
25	2	78.5	66.0	9 628	770.3	8.162	144.51	346.36
	2.5		62.8	11 321	905.7	8.004	176.71	314.16
32	2	100.5	88.0	21 300	1 331.2	10.630	188.50	615.75
	3		81.7	29 040	1 815.0	10.308	273.32	530.93
38	2.5	119.4	103.7	44 140	2 323.2	12.582	278.82	855.30
	3		100.5	50 882	2 678.0	12.420	329.87	804.25
45	2.5	141.4	125.7	75 625	3 361.1	15.052	333.78	1 256.64
	3		122.5	87 728	3 899.0	14.887	395.84	1 194.59
57	2.5	179.1	163.4	159 258	5 588.0	19.289	428.04	2 123.72
	3.5		157.1	211 370	7 416.5	18.956	588.26	1 963.50

注：d——换热管外径，mm；d_i——换热管内径，mm。

G.2 换热管单位长度的质量见表 G.2。

表 G.2 换热管单位长度的质量

kg/m

外径/mm		10	14	19	25		32		38		45		57	
壁厚/mm		1.5	2	2	2	2.5	2	3	2.5	3	2.5	3	2.5	3.5
碳素钢、低合金钢		0.314	0.592	0.838	1.134	1.387	1.480	2.146	2.189	2.589	2.620	3.107	3.360	4.618
高合金钢		0.317	0.597	0.846	1.145	1.400	1.493	2.165	2.208	2.613	2.644	3.135	3.390	4.659
其他金属	铝	0.108	0.204	0.288	0.390	0.477	0.509	0.738	0.753	0.891	0.901	1.069	1.156	1.588
	铜	0.356	0.671	0.951	1.286	1.573	1.678	2.433	2.481	2.936	2.971	3.523	3.810	5.236
	钛	0.181	0.340	0.482	0.652	0.797	0.850	1.233	1.257	1.488	1.505	1.785	1.930	2.653
	镍	0.356	0.671	0.951	1.286	1.573	1.678	2.433	2.481	2.936	2.971	3.523	3.810	5.236
	锆	0.260	0.489	0.692	0.936	1.145	1.221	1.771	1.807	2.138	2.163	2.565	2.774	3.812

注：本表分别按碳素钢、低合金钢 7.85×10^3、高合金钢 7.92×10^3、铝 2.70×10^3、铜 8.90×10^3、钛 4.51×10^3、镍 8.90×10^3、锆 6.48×10^3 的密度（kg/m^3）计算质量。

附　录　H
（资料性附录）
换热管与管板焊接接头的焊缝形式

本附录给出了其他的换热管与管板焊接接头的焊缝形式，见图 H.1。

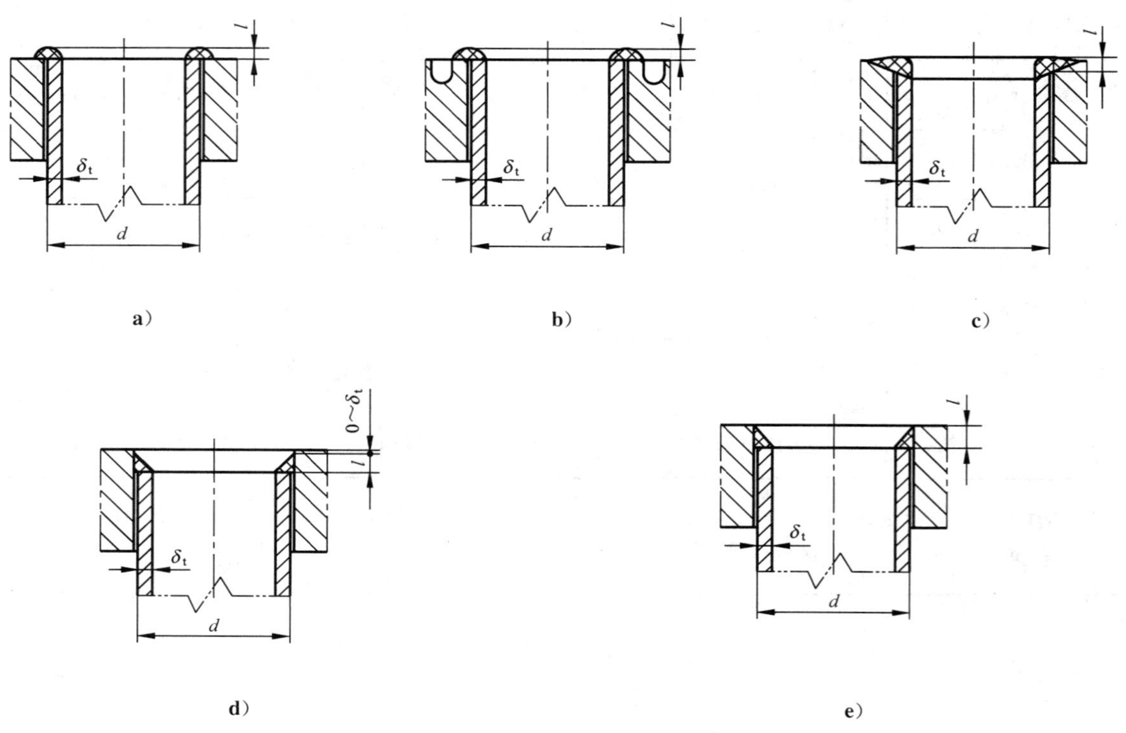

注：图 d)、e)可用于立式热交换器的上管板不允许有积液的场合。

图 H.1　换热管与管板焊接接头的焊缝形式

附 录 I
（资料性附录）
管板与管箱、壳体的焊接连接

管板与管箱、壳体的焊接连接可根据设计条件、设备结构等因素选用本附录所示结构；也可采用其他可靠的连接结构。

I.1 延长部分兼作法兰的管板

延长部分兼作法兰的管板与筒体连接可采用图 I.1 所示的结构。

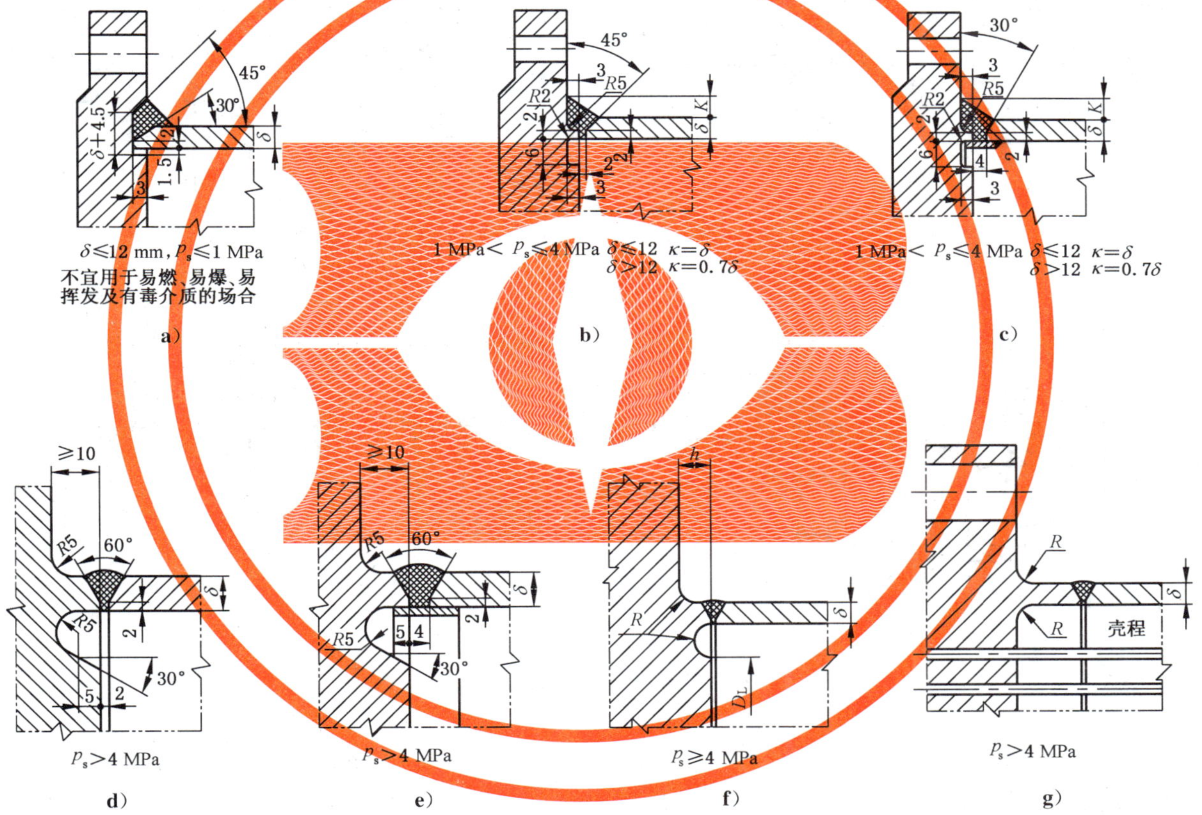

a) $\delta \leqslant 12$ mm，$p_s \leqslant 1$ MPa 不宜用于易燃、易爆、易挥发及有毒介质的场合

b) 1 MPa＜ $p_s \leqslant 4$ MPa $\delta \leqslant 12$ $K=\delta$；$\delta > 12$ $K=0.7\delta$

c) 1 MPa＜ $p_s \leqslant 4$ MPa $\delta \leqslant 12$ $K=\delta$；$\delta > 12$ $K=0.7\delta$

d) $p_s > 4$ MPa

e) $p_s > 4$ MPa

f) $p_s \geqslant 4$ MPa

g) $p_s > 4$ MPa

图 I.1 延长部分兼作法兰的管板与筒体连接

I.2 不兼作法兰的管板

不兼作法兰的管板与筒体连接可采用图 I.2 所示的结构。

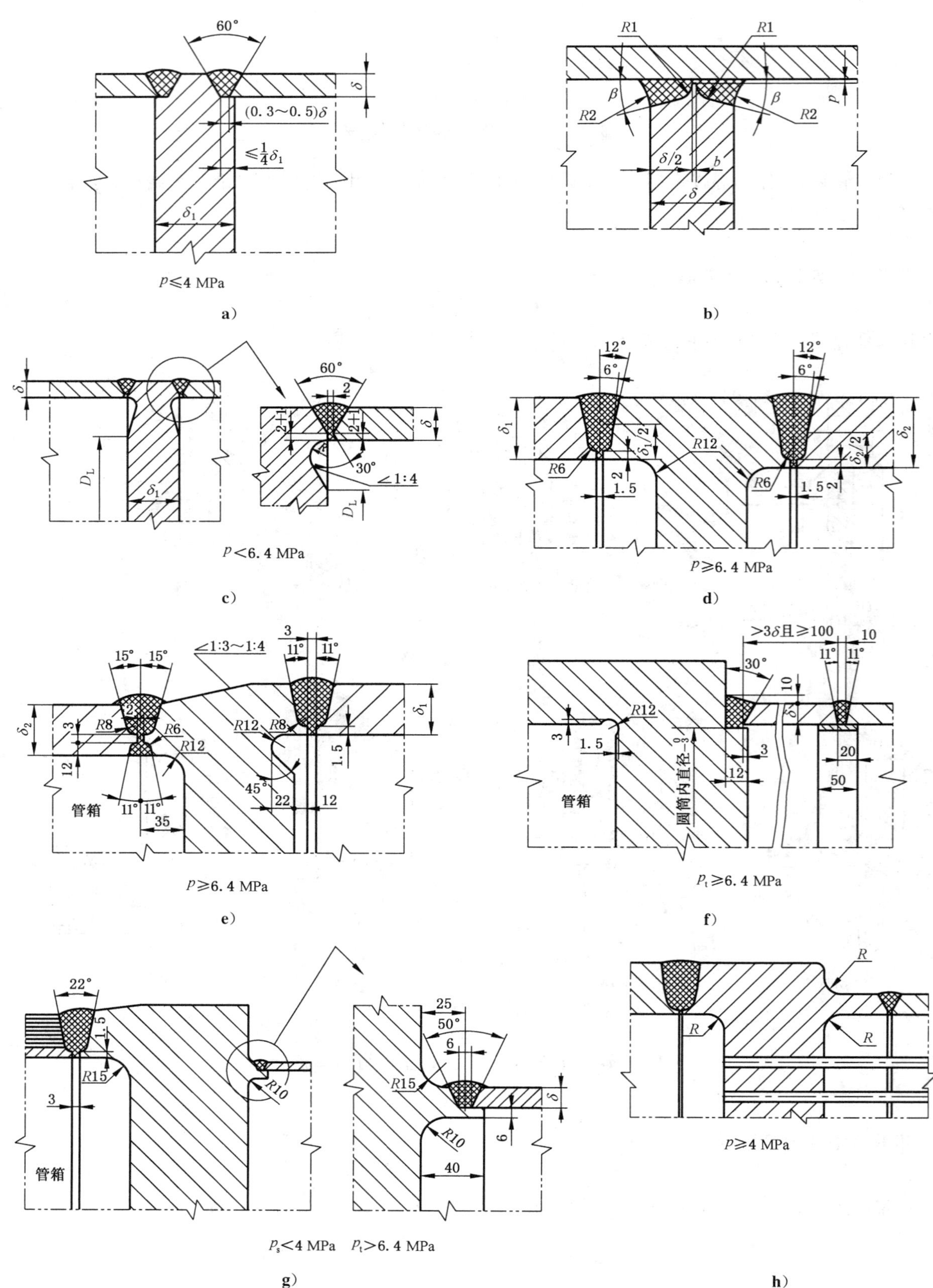

图 I.2 不兼作法兰的管板与筒体连接

I.3 双管板与筒体的连接

双管板与筒体的连接可采用图 I.3 中所示的结构。

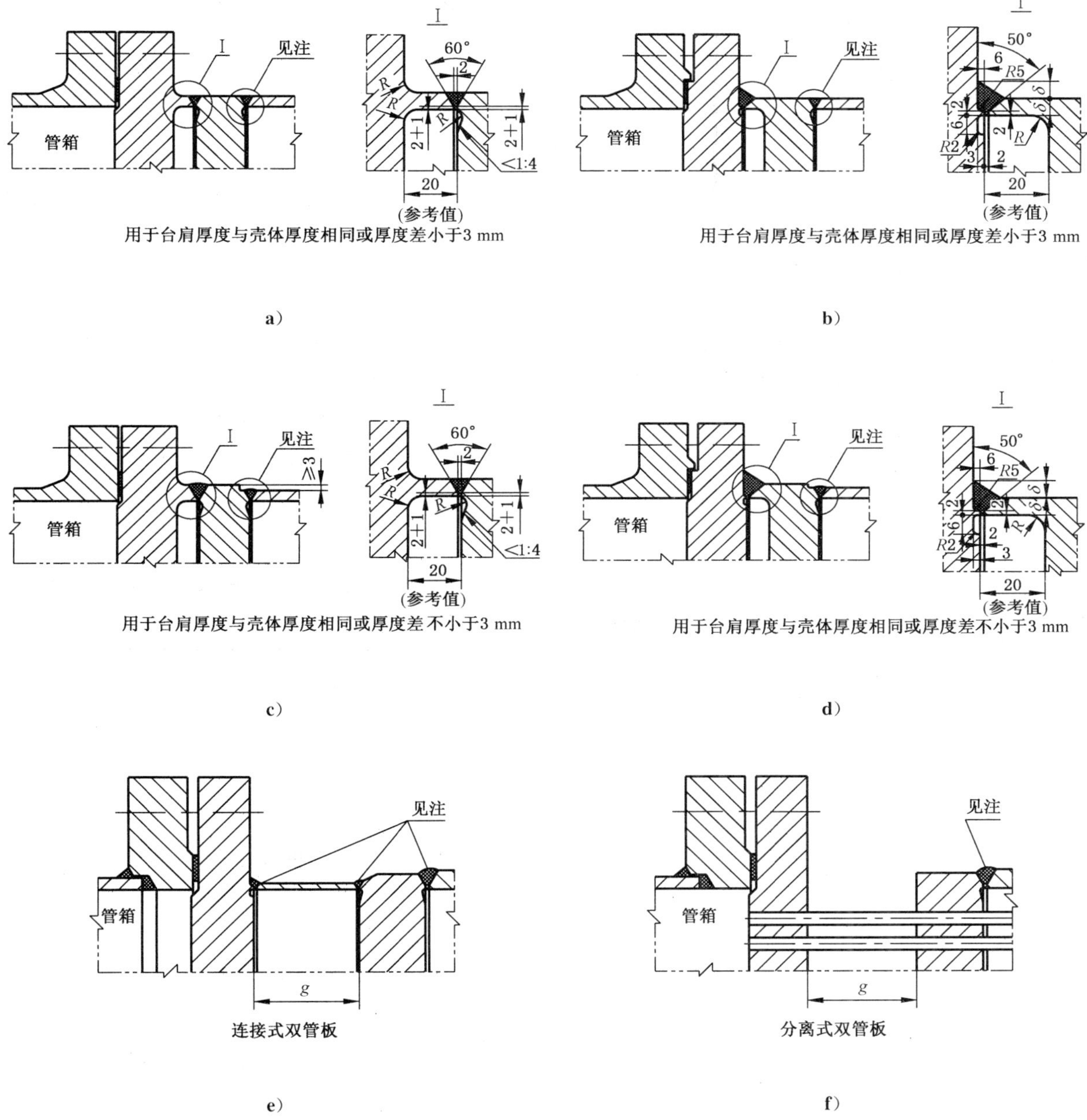

注：焊接接头见图 I.1～图 I.2。

图 I.3　双管板与筒体的连接

附 录 J
（资料性附录）
壳体和管束的进口或出口面积计算

本附录给出了如图 J.1～图 J.6 的普通结构的壳体和管束的进口或出口面积的近似计算方法。

J.1 壳体进口或出口面积 A_S

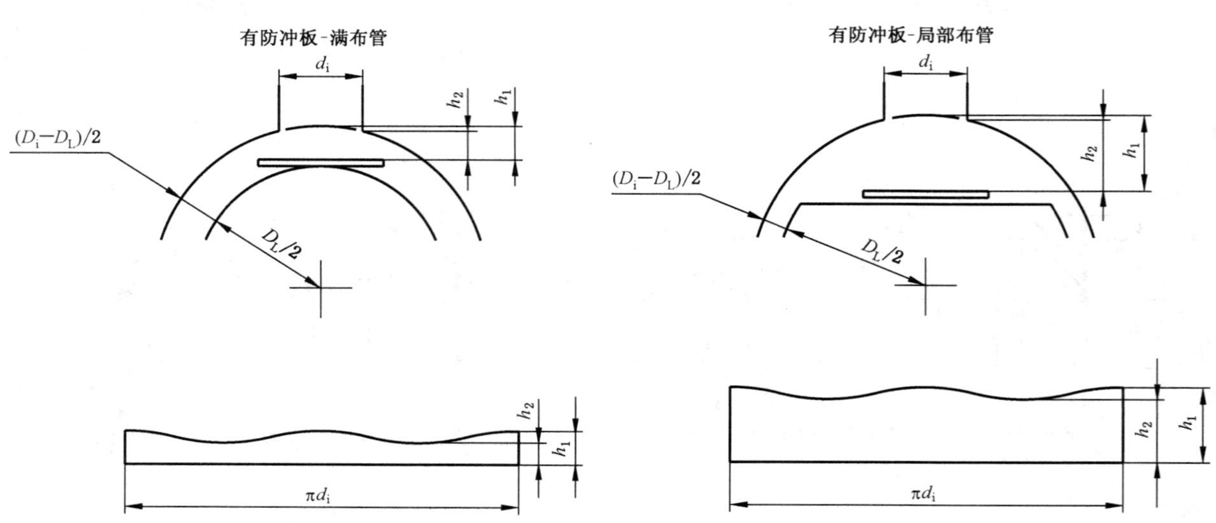

图 J.1　　图 J.2

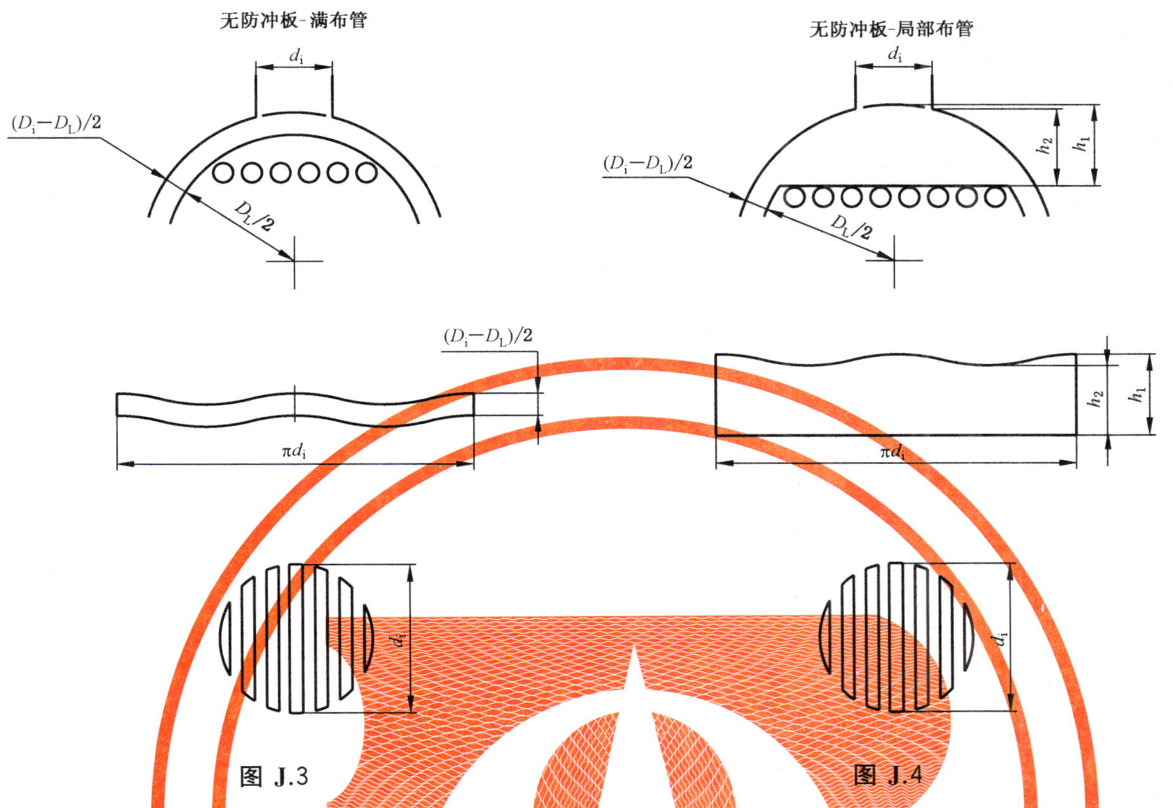

图 J.3　　　　图 J.4

图 J.1～图 J.4 所示壳体进口或出口的最小面积可按式(J.1)进行近似计算：

$$A_S=\pi d_i h+F_1\left(\frac{\pi d_i^2}{4}\right)\frac{(S-d)}{F_2 S} \qquad (J.1)$$

式中：

A_S——壳体进口或出口的最小面积，mm^2；

d_i——接管内径，mm；

d——换热管外径，mm；

F_1——系数；

　有防冲板时，$F_1=0$；

　无防冲板时，$F_1=1$；

F_2——换热管排列形式和流体流动方向的相对位置系数；

　$F_2=1.0$　用于—□→和—▷→；

　$F_2=0.866$　用于—△→；

　$F_2=0.707$　用于—◇→；

h——管束上方或防冲板上方自由高度的平均值，mm；

　对于图 J.1、图 J.2 及图 J.4，$h=0.5(h_1+h_2)$，mm；

　对于图 J.3，$h=0.5(D_i-D_L)$，mm；

　D_i——壳体内径，mm；

　D_L——布管限定圆直径，mm；

　h_1——最大自由高度(在接管中心线处)，mm；

　h_2——最小自由高度(在接管边缘处)，mm，

$$h_2=h_1-0.5\left[D_i-\sqrt{D_i^2-d_i^2}\right],mm;$$

S——换热管中心距，mm。

J.2 管束的进口或出口面积 A_t

图 J.5、图 J.6 所示管束进口或出口的最小面积，可按式(J.2)近似计算。

$$A_t = B_s(D_i - D_L) + (B_s K - A_P)\frac{(S-d)}{F_2 S} + A_L \quad \cdots\cdots\cdots\cdots (\text{J.2})$$

式中：

A_t ——管束进口或出口的最小面积，mm^2；

B_s ——进口或出口处折流板间距，mm；

K ——横过管束的有效弦长，见图 J.5，mm；

对图 J.6　$K=d_i$；

A_P——防冲板的面积，mm^2；

$A_P=0$ 用于无防冲板时，mm^2；

$A_P=\frac{\pi L_P^2}{4}$ 用于圆形防冲板，mm^2；

$A_P=L_P^2$ 用于正方形防冲板，mm^2；

L_P——防冲板直径或边长，mm；

A_L——无限制的纵向流动面积，mm^2；

$A_L=0$ 用于折流板切口垂直于接管中心线，mm^2；

$A_L=0.5ab$ 用于折流板切口平行于接管中心线(如图 J.5)，mm^2；

$A_L=0.5(D_i-D_L)c$ 用于折流板切口平行于接管中心线(如图 J.6)，mm^2；

a、b 见图 J.5，mm；

c 见图 J.6，mm。

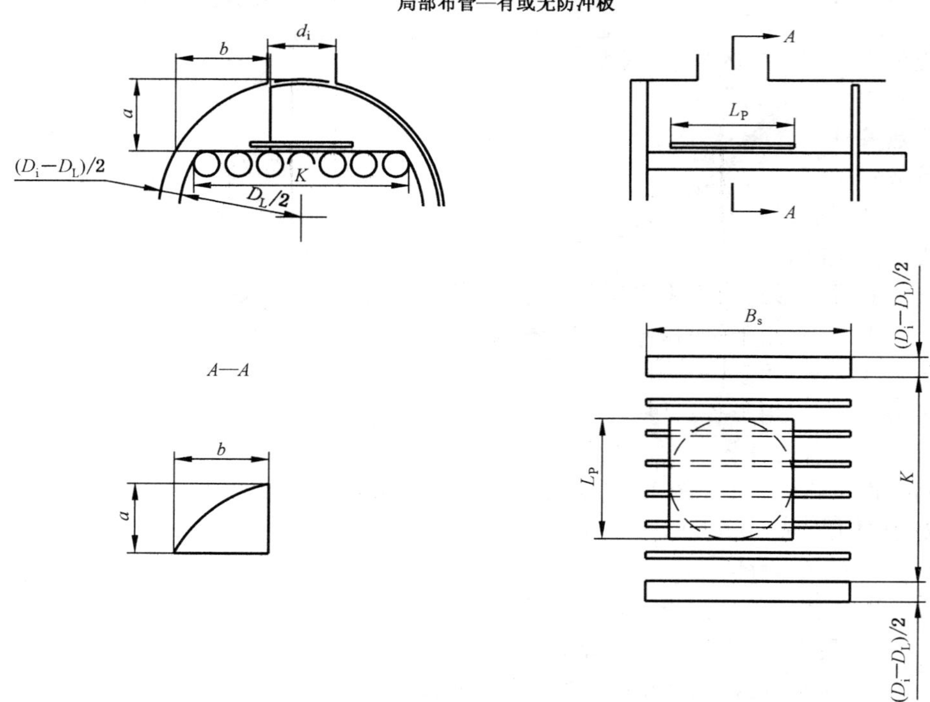

图 J.5

满布管—无防冲板

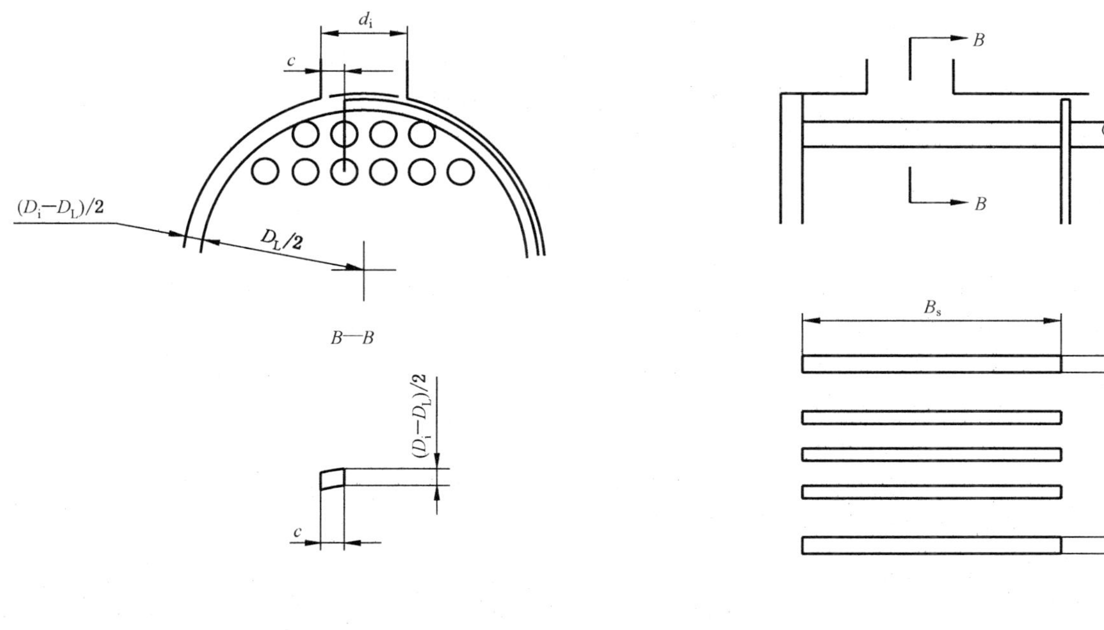

图 J.6

附　录　K
（资料性附录）
波纹换热管热交换器的管板

K.1　总则

K.1.1　本附录适用于奥氏体型不锈钢波纹换热管（以下简称“波纹管”）热交换器管板的设计。

K.1.2　本附录适用的参数范围：

a)　设计压力不大于 4.0 MPa；

b)　设计温度不大于 300 ℃；

c)　公称直径不大于 2 000 mm；

d)　公称直径（mm）和设计压力（MPa）的乘积不大于 4 000。

K.1.3　波纹管热交换器不适用于下列场合：

a)　毒性程度为极度或高度危害的介质；

b)　易燃或易爆介质；

c)　存在应力腐蚀倾向的场合。

K.1.4　本附录未作规定者应符合本标准有关章节的规定。

K.2　结构设计

K.2.1　折流板最大间距为波纹管波谷外径的 25 倍；

K.2.2　波纹管用作 U 形换热管时除满足 6.4.3 的规定外，尚应满足以下要求：

a)　弯管段不允许制造波纹；

b)　波纹管直管段与弯管段之间应保留光管过渡段，光管过渡段长度应满足 50 mm～100 mm。

K.2.3　波纹管的形状和结构尺寸见图 K.1。

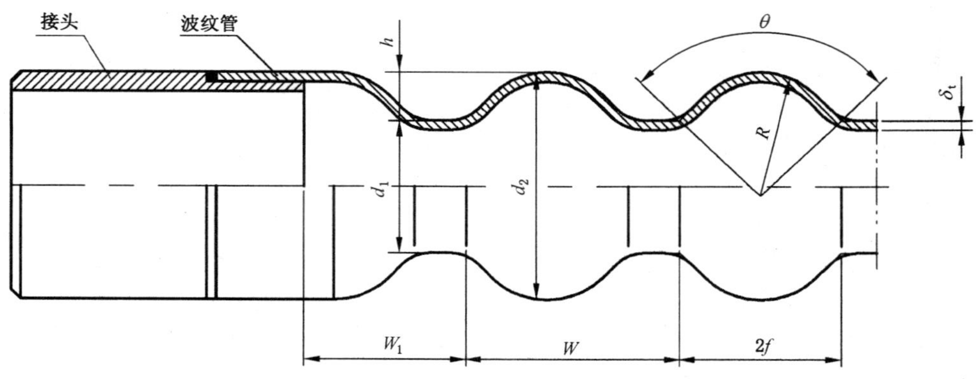

图 K.1　波纹管形状和结构尺寸

K.3 符号

A_s ——圆筒壳壁金属横截面积，mm^2；
A_l ——管板开孔后的面积，mm^2；
a ——1 根波纹管波谷处金属横截面积，mm^2；
C_p ——许用内压系数，$C_p=0.675$；
D_i ——壳程圆筒和管箱圆筒内径，mm；
d_1 ——波谷外径（管坯外径），mm；
d_2 ——波峰外径，mm；
E_s ——设计温度下壳程圆筒材料的弹性模量，MPa；
h ——波纹管的波高，mm；
f ——波纹圆弧弦长之半（半波宽），$2f=(0.6\sim0.65)d_1$，mm；
i ——波纹管波谷处截面的回转半径，mm；
K ——换热管加强系数；
K_1 ——波纹管轴向单波刚度，N/mm；
K_{b1} ——长度为 l_{cr} 的波纹管刚度，N/mm；
K_{b2} ——长度为 L 的单根波纹管刚度，N/mm；
K_{ex} ——壳体波形膨胀节轴向刚度，按 GB 16749 进行计算，N/mm，其他膨胀节轴向刚度可通过拉伸试验确定；
K_t ——管束模数，MPa；
L ——换热管有效长度（两管板内侧间距），mm；
l_{cr} ——换热管受压失稳当量长度，按图 7-2 确定，mm；
n ——换热管根数；
p_a ——有效组合压力，MPa；
$[p]_i$ ——波纹管的许用内压力，MPa；
$[p]_o$ ——波纹管的许用外压力，MPa；
Q ——壳体不带波形膨胀节时，换热管束与圆筒刚度比；
Q_{ex} ——壳体带波形膨胀节时，换热管束与壳体刚度比；
R ——波纹圆弧半径，$R=(f^2+h^2)/2h$，mm；
$R_{p0.2}^t$ ——设计温度下换热管材料的 0.2%非比例延伸强度，MPa；
W ——波距（波纹管波宽与波节直边之和），$W=(0.8\sim0.9)d_1$，mm；
W_1 ——波纹管管端直边计算长度，mm；
δ ——管板计算厚度，mm；
δ_t ——波纹管厚度，mm；
γ ——波纹管与壳程圆筒的热膨胀变形差；
η ——管板刚度削弱系数，如无特别指定，一般可取 0.4；
θ ——波纹圆弧圆心角，$\theta=2\arcsin(f/R)$，弧度；
$\sum_s$ ——系数；
$\sum_t$ ——系数；
$[\sigma]_{cr}^t$ ——波纹管在设计温度下的稳定许用压应力，MPa；
$[\sigma]_t^t$ ——波纹管在设计温度下的许用应力，MPa。

其他符号同单管板计算。

K.4 波纹管轴向刚度

波纹管的轴向单波刚度 K_1 应通过拉伸试验来确定，常用波纹管的轴向单波刚度可按表 K.1 查取。

表 K.1 波纹管单波刚度 K_1

波纹管公称直径(波峰/波谷外径)	波纹管厚度 δ_t/mm		
	0.5	0.8	1.0
	轴向单波刚度 K_1/(kN/mm)		
ϕ32/25	14.4	56.3	84.4
ϕ42/33	6.1	40.0	54.5
注：本表适用范围为波宽与波距之比 $2f/W=0.65\sim0.85$。			

K.5 波纹管的许用压力

K.5.1 波纹管许用内压力按式(K.1)计算：

$$[p]_i=\frac{C_p[\sigma]_t^t\delta_t}{d_1-\delta_t} \qquad \cdots\cdots(K.1)$$

K.5.2 波纹管许用外压力按式(K.2)计算：

$$[p]_o=\frac{B\delta_t}{d_1} \qquad \cdots\cdots(K.2)$$

式中 B 值按 GB 150.3—2011 中第 4 章方法确定，其计算长度取单根波纹管中波距 W 和管端直边计算长度 W_1(见图 K.1)中的较大值。

K.5.3 波纹管的设计压力应满足下列条件：

a) 管程设计压力 p_t 不得大于波纹管的许用内压力，即：$p_t\leqslant[p]_i$；

b) 壳程设计压力 p_s 不得大于波纹管的许用外压力，即：$p_s\leqslant[p]_o$。

K.6 波纹管稳定许用压应力

K.6.1 波纹管的稳定许用压应力应按式(K.6)或式(K.7)进行计算，K_{b1}、C_r、i 分别按式(K.3)、式(K.4)、式(K.5)计算：

$$K_{b1}=\frac{W\cdot K_1}{l_{cr}} \qquad \cdots\cdots(K.3)$$

$$C_r=\pi\sqrt{\frac{2l_{cr}K_{b1}}{aR_{p0.2}^t}} \qquad \cdots\cdots(K.4)$$

$$i=0.25\sqrt{d_1^2+(d_1-2\delta_t)^2} \qquad \cdots\cdots(K.5)$$

当 $C_r\leqslant l_{cr}/i$ 时：

$$[\sigma]_{cr}^t=\frac{R_{p0.2}^tC_r^2}{3(l_{cr}/i)^2}=\frac{1}{1.5}\cdot\frac{\pi^2\cdot i^2\cdot K_{b1}}{a\cdot l_{cr}} \qquad \cdots\cdots(K.6)$$

当 $C_r>l_{cr}/i$ 时：

$$[\sigma]_{cr}^t=\frac{R_{p0.2}^t}{1.5}\cdot\left[1-\frac{l_{cr}/i}{2C_r}\right] \qquad \cdots\cdots(K.7)$$

K.6.2 波纹管的稳定许用压应力$[\sigma]_{cr}^{t}$值不应大于设计温度下的换热管材料许用应力$[\sigma]_{t}^{t}$。

K.7 管板计算

当换热管采用本附录规定的波纹管时，U 形管式热交换器管板计算方法与 7.4.4 相同，对于浮头式、填料函式和固定管板式热交换器，与换热管刚度有关的参数应按本附录予以调整。

a) 换热管加强系数 K 按式(K.8)计算：

$$K=\left[1.32\frac{D_{i}}{\delta}\sqrt{\frac{K_{b2}n}{E_{p}\eta\delta}}\right]^{1/2} \qquad \cdots\cdots(K.8)$$

式中：

$$K_{b2}=\frac{W\cdot K_{1}}{L}$$

b) 管束模数 K_{t} 按式(K.9)计算：

$$K_{t}=\frac{n\cdot K_{b2}}{D_{i}} \qquad \cdots\cdots(K.9)$$

c) 管束与壳体刚度比 Q_{ex} 按式(K.10)计算：

$$Q_{ex}=\begin{cases}Q+\dfrac{nK_{b2}}{K_{ex}} & \text{（壳体带膨胀节）}\\ Q & \text{（壳体不带膨胀节）}\end{cases} \qquad \cdots\cdots(K.10)$$

式中：

$$Q=\frac{nK_{b2}L}{E_{s}A_{s}}$$

d) 有效组合压力 p_{a} 按式(K.11)计算：

$$p_{a}=\sum_{s}p_{s}-\sum_{t}p_{t}+\frac{\gamma nK_{b2}L}{A_{1}} \qquad \cdots\cdots(K.11)$$

将上述各参数修正后，代入 7.4 各式进行波纹管热交换器的管板计算。

附 录 L
（资料性附录）
拉撑管板

L.1 总则

L.1.1 本附录适用于壳体不带膨胀节的管壳式热交换器的拉撑管板（以下简称“管板”）设计，两端管板结构应相同；其中一端结构见图 L.1。

L.1.2 本附录适用的参数范围：

a） 设计压力：管程和壳程分别不大于 1.0 MPa；

b） 温度范围：管程和壳程的设计温度范围 0 ℃～300 ℃；换热管与壳体平均壁温差不超过 30 ℃；

c） 直径范围：壳体内径不大于 1 200 mm；

d） 换热管长度：不超过 6 000 mm。

L.1.3 换热管应采用光管，且与壳体材料的线膨胀系数接近（两者的数值相差不大于 10%）。

L.1.4 本附录未作规定者，应符合本标准有关章节的规定。

L.2 结构设计

L.2.1 管板结构分为搭焊式和角焊式。搭焊式的结构及部件名称见图 L.1 a)；角焊式的结构及部件名称见图 L.1 b)，图中 $L_1 \geqslant \sqrt{D_i \delta_s / 2}$。

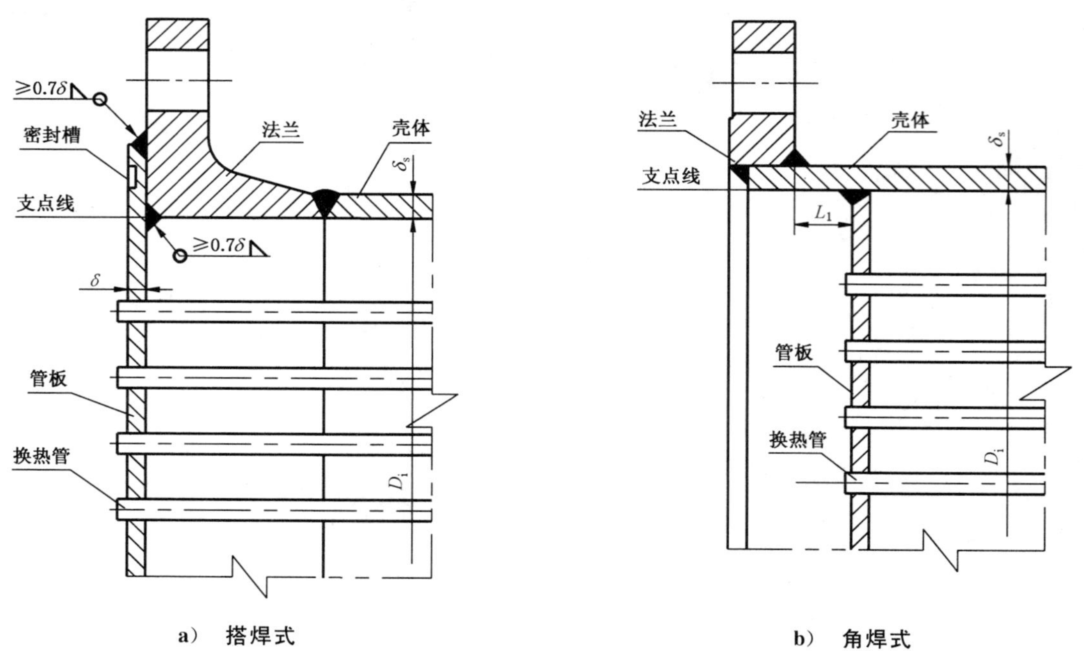

a） 搭焊式　　　b） 角焊式

图 L.1 管板结构

L.2.2 管板最小厚度见表 L.1。

表 L.1 管板最小厚度

mm

换热管外径	换热管与管板的连接		
	强度焊接	强度焊接+贴胀	全焊透
≤51	12		10
>51～57	14		

L.2.3 布管除应满足 6.3.1 的规定外，换热管中心距不应小于 1.3 倍的换热管外径，换热管与管板连接接头的焊缝边缘不得相互重叠。

L.2.4 换热管与管板的连接应符合下述要求：

a) 换热管与管板的连接接头形式可采用强度焊接、强度焊接加贴胀或全焊透，见图 L.2；其中图 L.2 a)不适用于壳程存在缝隙腐蚀倾向的场合。

b) 外伸焊脚高度 $a_f \leqslant 1$ mm，α 宜为 6°～10°。

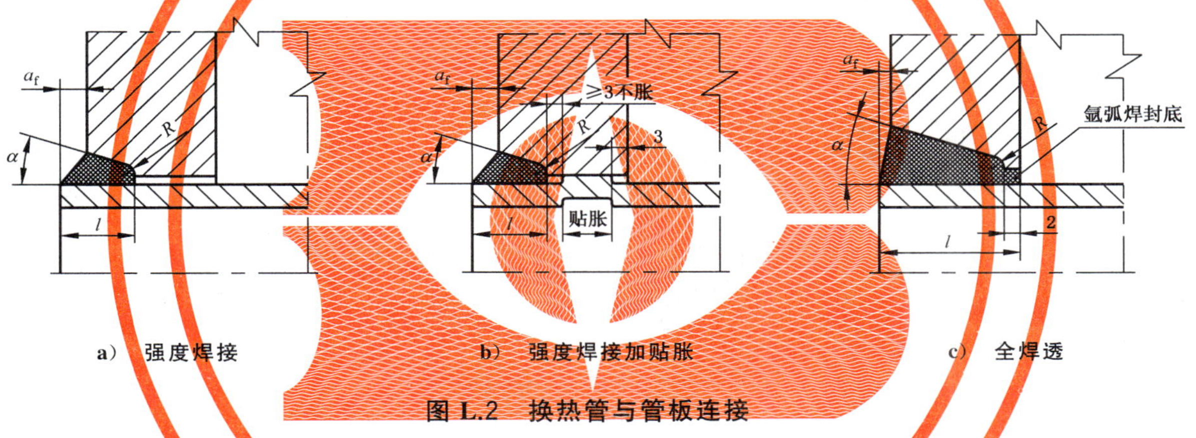

图 L.2 换热管与管板连接

L.2.5 搭焊式管板与法兰的焊接应牢固可靠；角焊式管板与壳体的焊接应采用全焊透结构，当采用单面焊时，应氩弧焊打底。

L.2.6 管板组装及焊接时，应采取有效措施防止管板变形，焊接后其平面度不应大于 4 mm。

L.2.7 管束周边换热管外表面至壳体内壁的最小距离 b_3 不宜小于 40 mm。

L.3 设计计算

L.3.1 符号

A_{bmax}——在布管区周边围绕单根换热管画假想圆的中心点连线所包围面积的最大值，见图 L.4，mm²；

A_Z ——换热管与管板连接的拉脱力计算时，单根换热管支撑面积，mm²；

A_ω ——换热管轴向稳定性校核时，单根换热管支撑的面积，mm²；

a ——1 根换热管壁金属的横截面积，mm²；

d_i ——换热管内径，mm；

d_J ——假想圆直径(见图 L.3)，mm；

d ——换热管外径，mm；

F_k ——由压力引起的换热管轴向力，N；

K ——结构特征系数；

l ——换热管与管板连接的焊脚高度，$l \geqslant 4$ mm；

p_c ——计算压力，取管程和壳程设计压力的较大值，MPa；

p_t ——管程设计压力，MPa；

S ——换热管中心距，mm；

δ ——管板计算厚度，mm；

δ_t ——换热管计算壁厚，mm；

η_g ——管板材料的许用应力修正系数，取 0.85；

η_h ——换热管许用应力修正系数，取 0.6；

q ——换热管与管板连接的拉脱力，MPa；

$[q]$ ——许用拉脱力，MPa；

σ_k ——换热管轴向压应力，MPa；

$[\sigma]_r^t$ ——设计温度下管板材料的许用应力，MPa；

$[\sigma]_t^t$ ——设计温度下换热管材料的许用应力，MPa；

$[\sigma]_{cr}$ ——换热管稳定许用压应力，见 7.3.2，MPa；

ϕ ——换热管与管板连接接头系数，取 0.8。

L.3.2 管板厚度

L.3.2.1 管板计算厚度按式(L.1)计算：

$$\delta = K d_J \sqrt{\frac{p_c}{[\sigma]_r^t \eta_g}} \qquad \cdots\cdots(L.1)$$

按 L.3.2.3、L.3.2.4 和 L.3.2.6 分别确定 K 和 d_J，并按相应的假想圆分别计算 δ 值，取大者。

L.3.2.2 管板厚度不应小于表 L.1 的最小厚度，同时还应考虑制造、运输和安装等要求。

L.3.2.3 结构特征系数 K 按以下确定：

a) 通过 3 个支撑点(支点线)画假想圆 d_J 时，按表 L.2 确定；

b) 通过 3 个以上支撑点(支点线)画假想圆 d_J 时，按表 L.2 规定的 K 值降低 10%取值。

表 L.2 结构特征系数

支撑型式		K
支点线	管板与壳体连线	0.50
支撑点	换热管中心点	0.45

L.3.2.4 支点线位置按图 L.1 确定，即为壳体内壁。如一个假想圆的支撑形式不同时，则结构特征系数 K 取各支撑点(支点线)的算术平均值。

L.3.2.5 每根换热管的中心点均视为支撑点。

L.3.2.6 假想圆画法如图 L.3，假想圆内不应有支撑点，假想圆直径 d_J 应符合以下规定：

a) 如经过 3 个支撑点(支点线)画圆时，支撑点(支点线)不应同时位于半圆周上；

b) 特殊情况下，假想圆直径 d_J 如为经过 3 个以上支撑点(支点线)画圆时，支撑点(支点线)不应同时位于半圆周上。

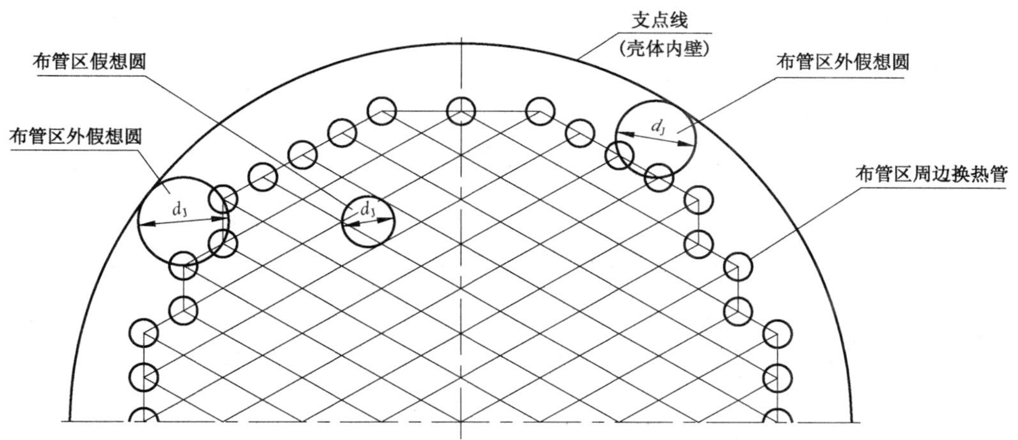

图 L.3　假想圆画法

L.3.3　换热管与管板连接接头的拉脱力校核

L.3.3.1　换热管支撑面积按如下方法确定：

a)　布管区周边单根换热管支撑面积 A_Z 按式(L.2)计算：

$$A_Z = A_{bmax} - \pi d^2/4 \quad \cdots\cdots (L.2)$$

b)　布管区单根换热管支撑面积 A_Z：

三角形排列时，A_Z 按式(L.3)计算：

$$A_Z = 0.866S^2 - \pi d^2/4 \quad \cdots\cdots (L.3)$$

正方形排列时，A_Z 按式(L.4)计算：

$$A_Z = S^2 - \pi d^2/4 \quad \cdots\cdots (L.4)$$

c)　换热管支撑面积画法见图 L.4。

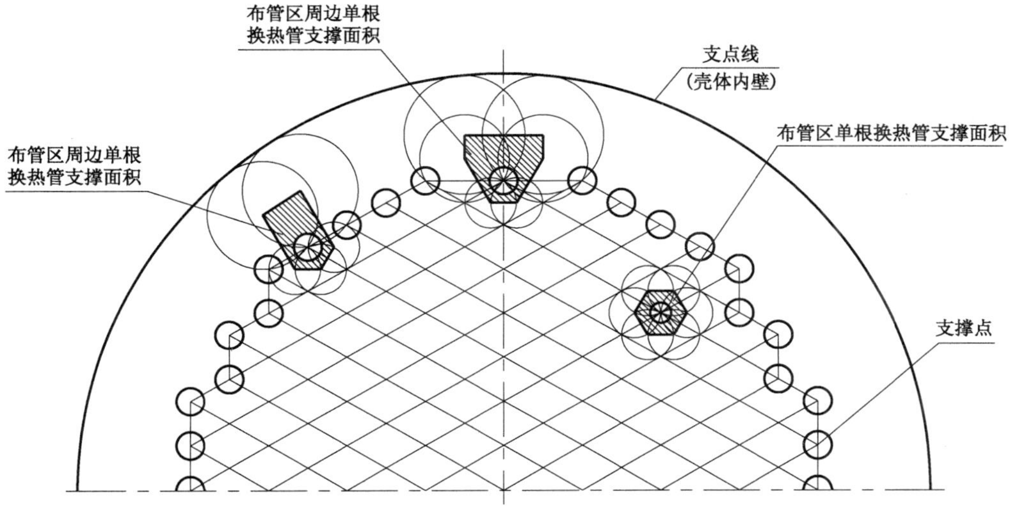

图 L.4　换热管支撑面积画法

L.3.3.2　拉脱力按式(L.5)计算，A_Z 取式(L.2)、式(L.3)或式(L.2)、式(L.4)两者的大值。

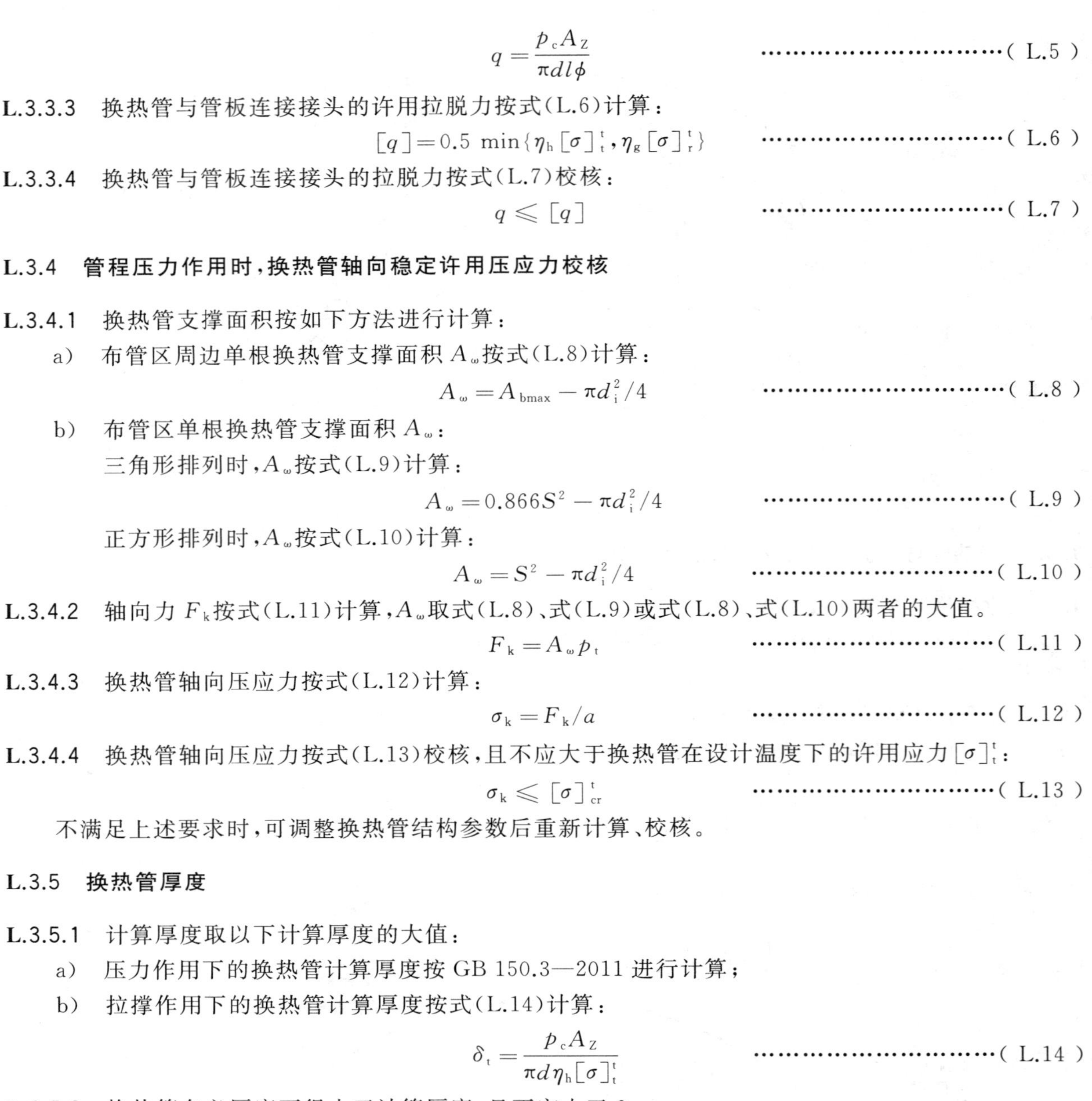

$$q=\frac{p_c A_Z}{\pi d l \phi} \qquad \cdots\cdots(L.5)$$

L.3.3.3 换热管与管板连接接头的许用拉脱力按式(L.6)计算：

$$[q]=0.5\ \min\{\eta_h[\sigma]_t^t,\eta_g[\sigma]_r^t\} \qquad \cdots\cdots(L.6)$$

L.3.3.4 换热管与管板连接接头的拉脱力按式(L.7)校核：

$$q\leqslant[q] \qquad \cdots\cdots(L.7)$$

L.3.4 管程压力作用时，换热管轴向稳定许用压应力校核

L.3.4.1 换热管支撑面积按如下方法进行计算：

a) 布管区周边单根换热管支撑面积 A_ω 按式(L.8)计算：

$$A_\omega=A_{bmax}-\pi d_i^2/4 \qquad \cdots\cdots(L.8)$$

b) 布管区单根换热管支撑面积 A_ω：

三角形排列时，A_ω 按式(L.9)计算：

$$A_\omega=0.866S^2-\pi d_i^2/4 \qquad \cdots\cdots(L.9)$$

正方形排列时，A_ω 按式(L.10)计算：

$$A_\omega=S^2-\pi d_i^2/4 \qquad \cdots\cdots(L.10)$$

L.3.4.2 轴向力 F_k 按式(L.11)计算，A_ω 取式(L.8)、式(L.9)或式(L.8)、式(L.10)两者的大值。

$$F_k=A_\omega p_t \qquad \cdots\cdots(L.11)$$

L.3.4.3 换热管轴向压应力按式(L.12)计算：

$$\sigma_k=F_k/a \qquad \cdots\cdots(L.12)$$

L.3.4.4 换热管轴向压应力按式(L.13)校核，且不应大于换热管在设计温度下的许用应力 $[\sigma]_t^t$：

$$\sigma_k\leqslant[\sigma]_{cr}^t \qquad \cdots\cdots(L.13)$$

不满足上述要求时，可调整换热管结构参数后重新计算、校核。

L.3.5 换热管厚度

L.3.5.1 计算厚度取以下计算厚度的大值：

a) 压力作用下的换热管计算厚度按 GB 150.3—2011 进行计算；

b) 拉撑作用下的换热管计算厚度按式(L.14)计算：

$$\delta_t=\frac{p_c A_Z}{\pi d \eta_h [\sigma]_t^t} \qquad \cdots\cdots(L.14)$$

L.3.5.2 换热管名义厚度不得小于计算厚度，且不宜小于 2 mm。

附 录 M
（资料性附录）
挠性管板

M.1 总则

M.1.1 本附录适用于管程介质为气体、壳程产饱和水蒸气的卧式管壳式余热锅炉的挠性管板（以下简称“管板”）设计。

M.1.2 本附录适用的参数范围：

a) 设计压力：管程不大于 1.0 MPa，壳程不大于 5.0 MPa，且壳程压力应大于管程压力；

b) 壳体直径：内径不大于 2 500 mm；

c) 换热管长度：不超过 7 000 mm。

M.1.3 超出 M.1.2 范围时，应符合 4.1.6 的规定。

M.1.4 管程介质温度大于 550 ℃时，应在换热管高温端设置保护套管，并应在管板端面设置耐高温隔热衬里。

M.1.5 本附录未作规定者，应符合本标准各有关章节的规定。

M.2 材料

M.2.1 换热管应采用光管，且与壳体材料的线膨胀系数接近（两者的数值相差不应大于 10%）。

M.2.2 换热管和中心管应采用 5.4 规定的无缝钢管，且不允许拼接。

M.2.3 管板布管区不允许拼接。

M.2.4 保护套管材料的选取见表 M.1。

表 M.1 保护套管材料

管程介质温度/℃	材 料
≤700	奥氏体不锈钢，如 S30408、S32168 等
>700～1 050	高铬镍奥氏体钢，如 S31008 等，或刚玉陶瓷
>1 050	刚玉陶瓷

M.2.5 管板端面的耐高温隔热衬里宜采用高强度耐火浇注料，衬里的厚度可通过计算确定。

M.2.6 设计时应考虑管程介质对保护套管和耐高温隔热衬里的腐蚀和冲蚀。

M.3 结构设计

M.3.1 管板及其相连接的主要零部件

管板及其相连接的主要零部件名称见图 M.1。

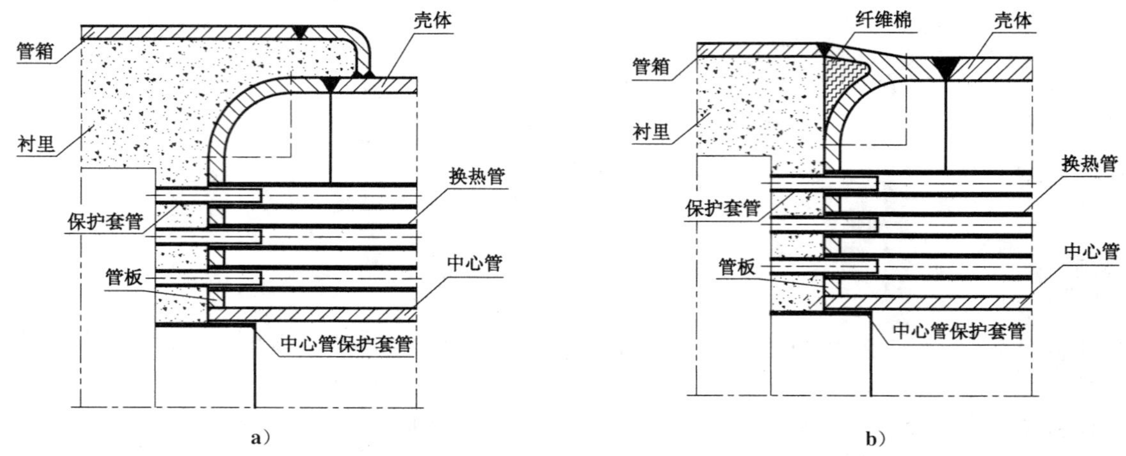

图 M.1 挠性管板的主要零部件

M.3.2 管板结构

M.3.2.1 管板结构分为Ⅰ型(见图 M.2)和Ⅱ型(见图 M.3):

a) Ⅰ型:管程设计压力小于或等于 0.6 MPa;

b) Ⅱ型:管程设计压力小于或等于 1.0 MPa。

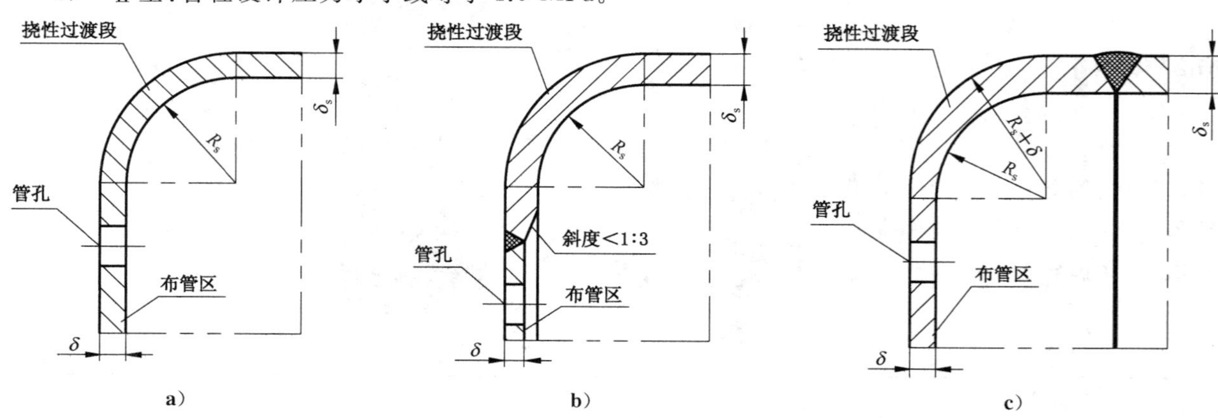

图 M.2 Ⅰ型管板

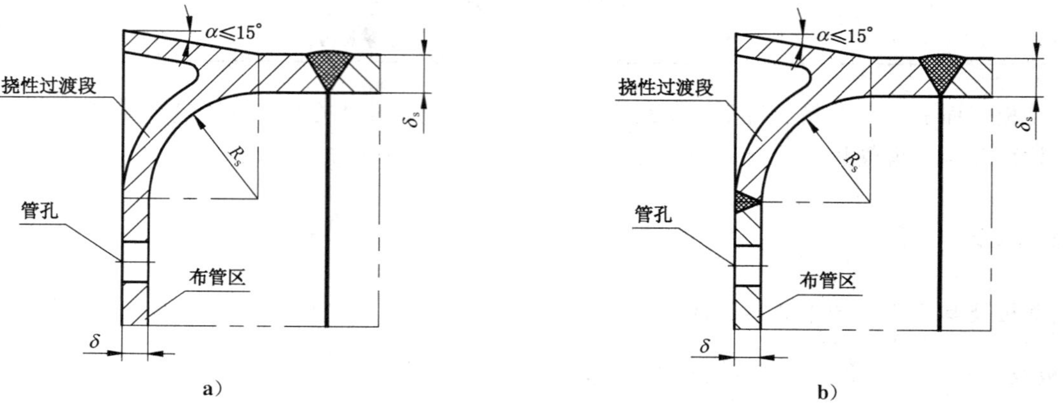

图 M.3 Ⅱ型管板

M.3.2.2 挠性过渡段折边内半径 R_s 尺寸见表 M.2。

表 M.2 挠性过渡段折边内半径

mm

结构	R_s
Ⅰ型	$2\delta \leqslant R_s \leqslant 6\delta$ 且不小于 38 mm
Ⅱ型	$2\delta \leqslant R_s \leqslant 8\delta$ 且不小于 38 mm

M.3.2.3 管板最小厚度见表 M.3。

表 M.3 管板最小厚度

mm

换热管外径	换热管与管板的连接	
	强度焊接+贴胀	全焊透
≤51	12	10
>51	14	

M.3.2.4 布管除应满足 6.3.1 的规定外，还应同时符合以下要求：

a) 管孔中心距不应小于 1.3 倍的换热管外径，且相邻管头焊缝边缘的净距离不小于 6 mm；

b) 管孔焊缝边缘至过渡段折边起点的距离不小于 6 mm，与管板焊缝边缘的净距离不小于 6 mm；

c) 管孔焊缝边缘至中心管孔折边起点的距离不小于 12 mm，与无折边的中心管孔焊缝边缘净距离不小于 50 mm。

M.3.3 换热管与管板的连接

换热管与管板的连接有强度焊接加贴胀[见图 M.4 a)]和全焊透[见图 M.4 b)]两种结构，图中外伸焊脚高度 $a_f \leqslant 1$ mm，α 宜为 6°～10°。

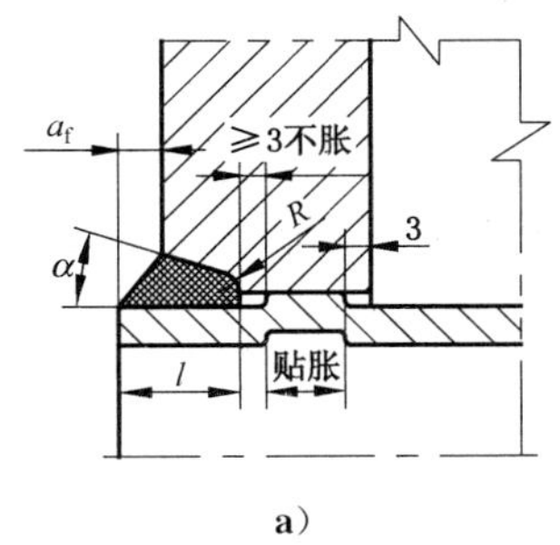

a)

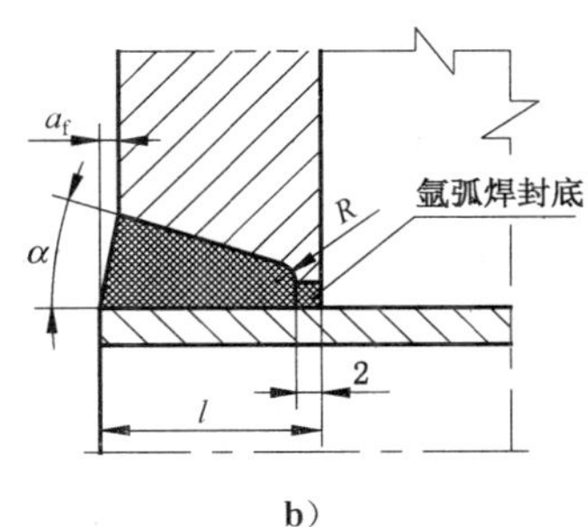

b)

图 M.4 换热管与管板的连接

M.3.4 中心管与管板的连接

M.3.4.1 当管程介质入口温度大于或等于 900 ℃时，中心管与管板的连接宜采用图 M.5 a)的对接全焊透结构，其中折边内半径 R_s 应符合 M.3.2.2 的规定。

M.3.4.2 当管程介质入口温度小于 900 ℃时，中心管与管板的连接可采用图 M.5 b)的全焊透结构，焊缝根部应氩弧焊打底。图中外伸焊脚高度 $a_f \leqslant 1$ mm，α 宜为 6°～10°。焊接时应采取有效措施防止管板变形。

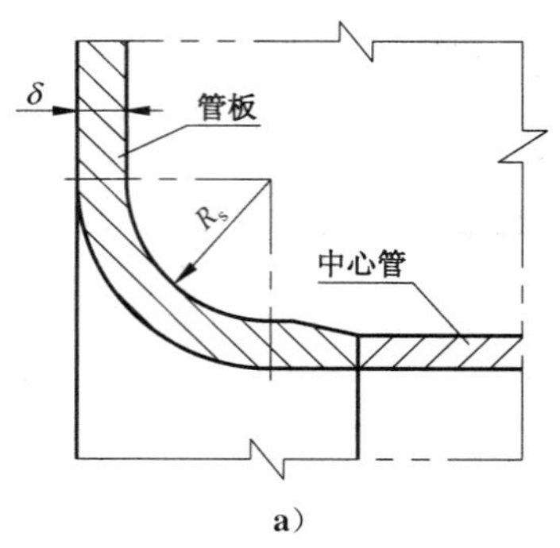

a)

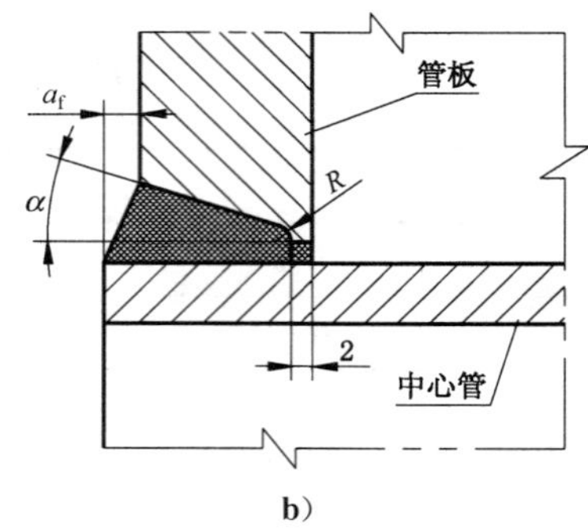

b)

图 M.5 中心管与管板的连接

M.3.5 管板与管箱、壳体的连接

Ⅰ型管板与管箱、壳体的连接宜采用图 M.6 a)的结构，Ⅱ型管板与壳体(管箱)的连接采用图 M.6 b)的结构。管板与管箱、壳体的连接应采用全焊透结构，当采用单面焊时应氩弧焊打底。焊接时应采取有效措施防止管板变形。

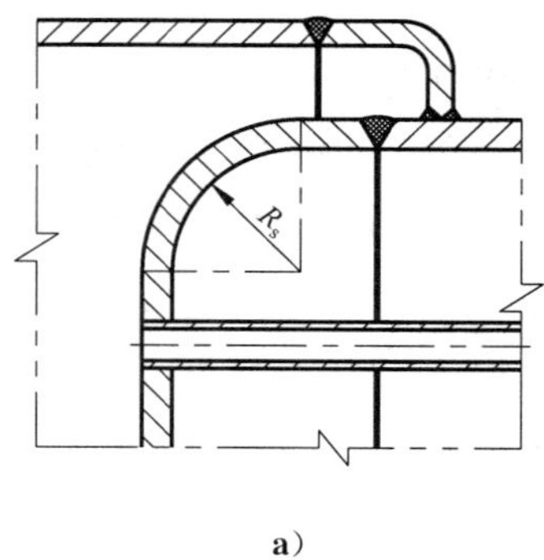

a)

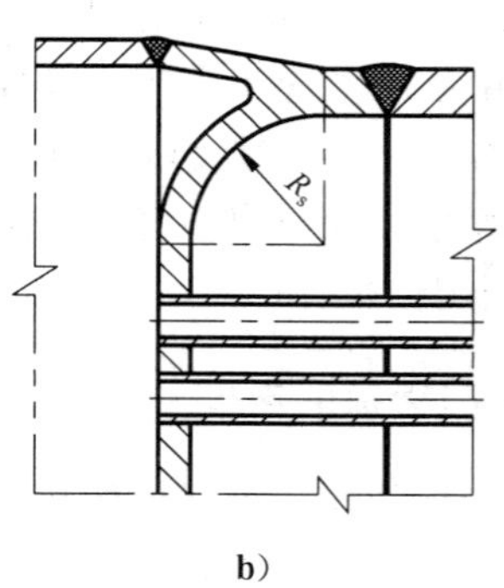

b)

图 M.6 管板与壳体(管箱)的连接

M.3.6 管板平面度偏差

管板组装及焊接时，应采取有效措施防止管板变形，焊接后其平面度偏差应不大于 4 mm。

M.3.7 支持板

M.3.7.1 支持板间距除满足结构强度设计外，还应满足水循环计算的相关要求。

M.3.7.2 支持板与壳体的连接可采用螺栓连接或焊接连接，见图 M.7。

M.3.7.3 支持板管孔直径及允许偏差按表 M.4 确定。

表 M.4 支持板管孔直径及允许偏差

mm

换热管外径 d	管孔直径	允许偏差
$d \leqslant 51$	d +0.80	$^{+0.45}_{0}$
$d > 51$	d +1.0	$^{+0.5}_{0}$

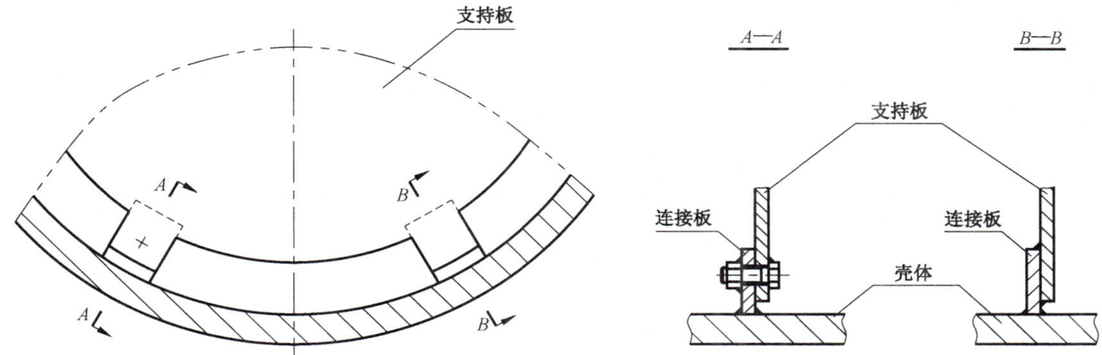

图 M.7 支持板与壳体连接结构

M.4 设计计算

M.4.1 符号

A_{bmax}——在布管区周边围绕单根换热管画假想圆的中心点连线所包围面积的最大值(见图M.10),mm^2;

A_Z——换热管与管板连接的拉脱力计算时,单根换热管支撑的面积,mm^2;

A_{ω}——换热管轴向稳定性校核计算时,单根换热管支撑的面积,mm^2;

a——1 根换热管管壁金属的横截面积,mm^2;

d_i——换热管内径,mm;

d_J——假想圆直径(见图 M.9),mm;

d——换热管外径,mm;

F_k——由压力引起的换热管轴向力,N;

K——结构特征系数;

l——换热管与管板连接的焊脚高度,≥6 mm;

p_c——计算压力,MPa;

p_t——管程设计压力,MPa;

R_s——管板挠性过渡段折边内半径,mm;

S——换热管中心距,mm;

t_J——对应壳程设计压力下介质(水)的饱和温度,℃;

δ——管板计算厚度,mm;

δ_t——换热管计算厚度,mm;

η_g——管板许用应力修正系数,取 0.85;

η_h——换热管许用应力修正系数,取 0.6;

q——换热管与管板连接的拉脱力,MPa;

$[q]$——许用拉脱力,MPa;

σ_k——换热管轴向压应力,MPa;

$[\sigma]_r^t$——设计温度下管板材料的许用应力,MPa;

$[\sigma]_t^t$——设计温度下换热管材料的许用应力,MPa;

$[\sigma]_{cr}^t$——设计温度下换热管稳定许用压应力见 7.3.2,MPa;

ϕ——换热管与管板连接接头系数,取 0.8。

M.4.2 设计温度

管板、换热管及中心管的设计温度按表 M.5 确定，但在任何情况下设计温度不应小于 250 ℃。

表 M.5 设计温度

℃

受压元件及工作条件		设计温度
管板	管程介质温度 900 ℃以上	t_J+70
	管程介质温度 600 ℃～900 ℃	t_J+50
	管程介质温度 600 ℃以下	t_J+25
换热管、中心管		t_J+50

M.4.3 管板厚度

M.4.3.1 管板计算厚度按式(M.1)计算：

$$\delta = K d_J \sqrt{\frac{p_c}{[\sigma]_r^t \eta_g}} \qquad \cdots\cdots\cdots\cdots (M.1)$$

按 M.4.3.3、M.4.3.4 和 M.4.3.6 分别确定 K 和 d_J，并按相应的假想圆分别计算 δ 值，取大者。

M.4.3.2 管板名义厚度不应小于表 M.3 的最小厚度，同时还应考虑制造、运输和安装等要求。

M.4.3.3 结构特征系数 K 按以下确定：

a) 通过 3 个支撑点(支点线)画假想圆 d_J 时，按表 M.6 确定；

b) 通过 3 个以上支撑点(支点线)画假想圆 d_J 时，按表 M.6 规定的 K 值降低 10%取值。

表 M.6 结构特征系数

支撑型式		K
支点线	管板与壳体、中心管挠性连接[图 M.8 a)、图 M.8 b)、图 M.8 d)] 管板与中心管焊接连接[图 M.8 c)]	0.35 0.5
支撑点	换热管中心点	0.45

M.4.3.4 支点线位置按图 M.8 确定。如一个假想圆的支撑型式不同时，则结构特征系数 K 取各支撑点(支点线)的算术平均值。

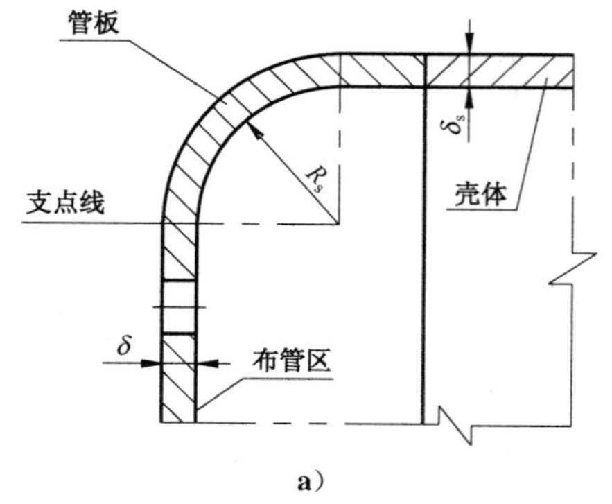

a)

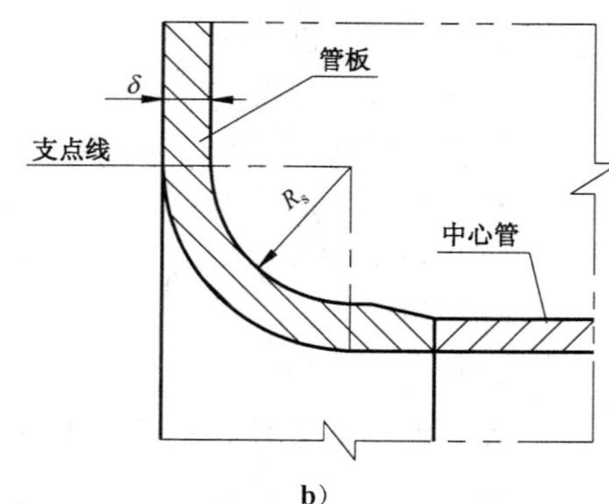

b)

图 M.8 支点线位置

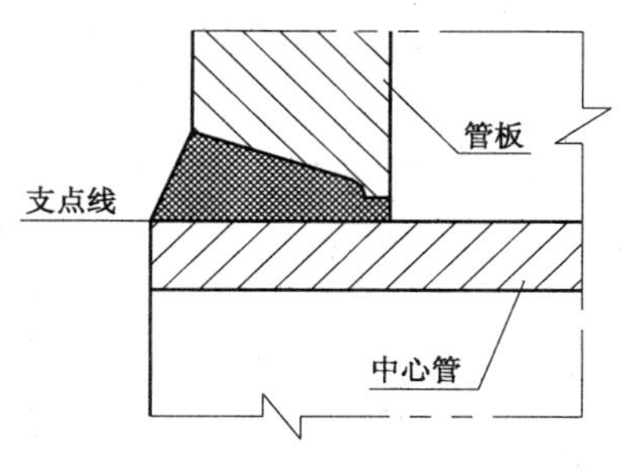

c)

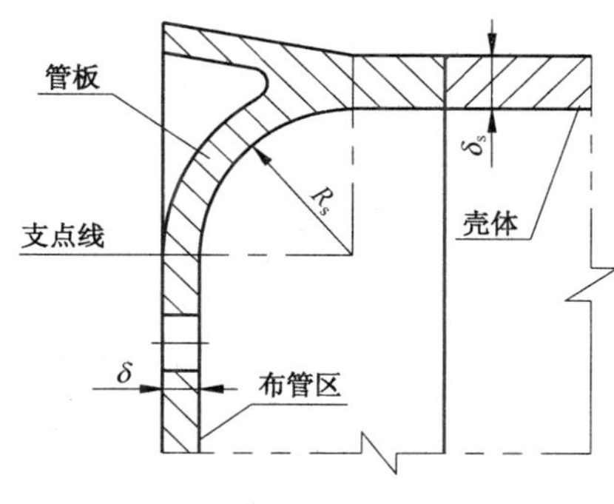

d)

图 M.8（续）

M.4.3.5 每根换热管的中心点均视为支撑点。

M.4.3.6 假想圆画法如图 M.9，假想圆内不应有支撑点，假想圆直径 d_J 应符合以下规定：

a) 如为经过 3 个支撑点（支点线）画圆时，支撑点（支点线）不应同时位于半圆周上；

b) 特殊情况下，假想圆直径 d_J 如为经过 3 个以上支撑点（支点线）画圆时，支撑点（支点线）不应同时位于半圆周上。

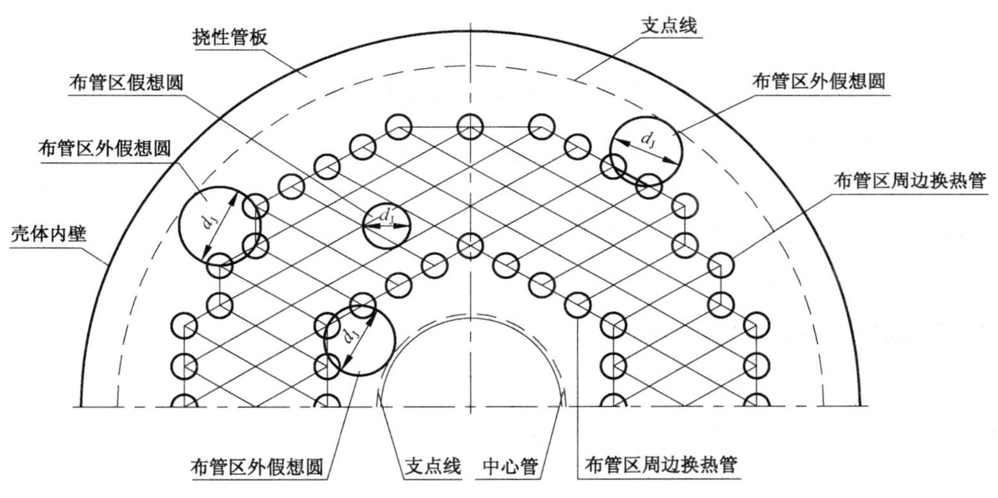

图 M.9 假想圆画法

M.4.4 换热管与管板连接的拉脱力

M.4.4.1 拉脱力按式（M.2）计算：

$$q=\frac{p_c A_Z}{\pi d l \phi} \quad \cdots\cdots(\text{M.2})$$

M.4.4.2 换热管支撑面积按如下方法确定：

a) 布管区周边单根换热管支撑面积 A_Z 按式（M.3）计算：

$$A_Z=A_{\text{bmax}}-\pi d^2/4 \quad \cdots\cdots(\text{M.3})$$

b) 布管区内单根换热管支撑面积 A_Z：

三角形排列时，A_Z 按式(M.4)计算：

$$A_Z = 0.866S^2 - \pi d^2/4 \qquad \text{(M.4)}$$

正方形排列时，A_Z 按式(M.5)计算：

$$A_Z = S^2 - \pi d^2/4 \qquad \text{(M.5)}$$

c) 换热管支撑面积画法如图 M.10。

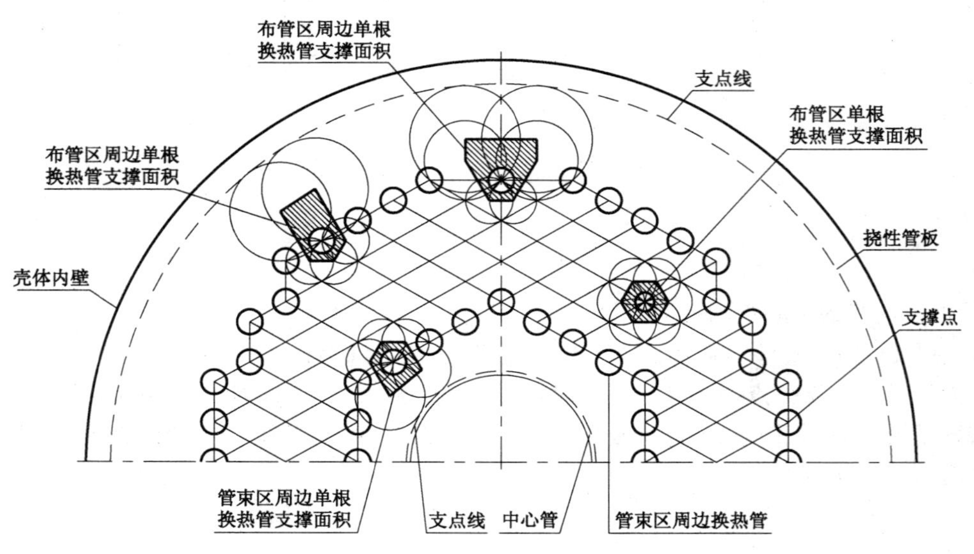

图 M.10 换热管支撑面积画法

M.4.4.3 换热管与管板连接接头的许用拉脱力按式(M.6)计算：

$$[q] = 0.5\ \min\{\eta_h[\sigma]_t^t, \eta_g[\sigma]_r^t\} \qquad \text{(M.6)}$$

M.4.4.4 换热管与管板连接的拉脱力按式(M.7)校核：

$$q \leqslant [q] \qquad \text{(M.7)}$$

M.4.5 换热管轴向稳定许用压应力校核

M.4.5.1 换热管支撑面积按如下方法计算：

a) 布管区周边单根换热管支撑面积 A_ω 按式(M.8)计算：

$$A_\omega = A_{bmax} - \pi d_i^2/4 \qquad \text{(M.8)}$$

b) 布管区单根换热管支撑面积 A_ω：

三角形排列时，A_ω 按式(M.9)计算：

$$A_\omega = 0.866S^2 - \pi d_i^2/4 \qquad \text{(M.9)}$$

正方形排列时，A_ω 按式(M.10)计算：

$$A_\omega = S^2 - \pi d_i^2/4 \qquad \text{(M.10)}$$

M.4.5.2 轴向力 F_k 按式(M.11)计算，A_ω 取式(M.8)、式(M.9)或式(M.8)、式(M.10)两者的大值：

$$F_k = A_\omega p_t \qquad \text{(M.11)}$$

M.4.5.3 换热管轴向压应力按式(M.12)计算：

$$\sigma_k = F_k/a \qquad \text{(M.12)}$$

M.4.5.4 换热管轴向压应力按式(M.13)校核，且不应大于换热管在设计温度下的许用应力 $[\sigma]_t^t$：

$$\sigma_k \leqslant [\sigma]_{cr}^t \qquad \text{(M.13)}$$

M.4.6 换热管壁厚

M.4.6.1 计算厚度取以下大值：

a) 压力作用下的换热管计算厚度按 GB 150.3—2011 进行计算；

b) 拉撑作用下的换热管计算厚度按式(M.14)计算：

$$\delta_{t}=\frac{p_{c}A_{Z}}{\pi d\eta_{h}[\sigma]_{t}^{t}} \qquad \cdots\cdots(\text{M.14})$$

M.4.6.2 换热管名义厚度不得小于计算厚度，且不宜小于 3.5 mm。

ICS 21.060.10
J 13

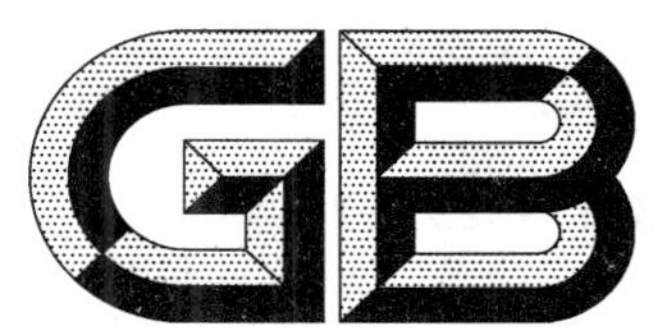

中华人民共和国国家标准

GB/T 152.2—2014
部分代替 GB/T 152.2—1988

紧固件 沉头螺钉用沉孔

Fasteners—Countersinks for countersunk head screws

(ISO 15065:2005,Countersinks for countersunk head screws with head configuration in accordance with ISO 7721,MOD)

2014-06-24 发布　　　　2015-03-01 实施

中华人民共和国国家质量监督检验检疫总局
中国国家标准化管理委员会　发布

前　　言

GB/T 152 的本部分是“紧固件通孔及沉孔”系列国家标准之一，该系列标准包括：

——GB/T 152.1　紧固件　铆钉用通孔；

——GB/T 152.2　紧固件　沉头螺钉用沉孔；

——GB/T 152.3　紧固件　圆柱头用沉孔；

——GB/T 152.4　紧固件　六角头螺栓和六角螺母用沉孔；

——GB/T 152.5　紧固件　沉头木螺钉用沉孔；

——GB/T 5277　紧固件　螺栓和螺钉通孔。

本部分是 GB/T 152 的第 2 部分。

本部分按照 GB/T 1.1—2009 给出的规则起草。

本部分部分代替 GB/T 152.2—1988《紧固件　沉头用沉孔》。

本部分与 GB/T 152.2—1988 相比主要变化如下：

——作为独立标准、修改了标准名称；

——增加引用标准；

——取消 M12、M14、M16 和 M20，增加 5.5 mm 的规格(见表 1)；

——不包含沉头木螺钉及半沉头木螺钉用沉孔的内容(见 GB/T 152.2—1988 表 3)；

——增加了标记方法和图纸表示方法(第 4 章和第 5 章)。

本部分修改采用 ISO 15065:2005《头部形状符合 ISO 7721 的沉头螺钉用沉孔》(英文版)。主要修改如下：

——修改了标准名称；

——在引用文件中，用我国标准代替国际标准(第 2 章)；

——取消与引用标准重复的参考文献。

本部分由中国机械工业联合会提出。

本部分由全国紧固件标准化技术委员会(SAC/TC 85)归口。

本部分负责起草单位：中机生产力促进中心。

本部分所代替标准的历次版本发布情况为：

——GB 152—1959、GB 152—1976；

——GB/T 152.2—1988。

紧固件　沉头螺钉用沉孔

1　范围

GB/T 152 的本部分规定了头部形状符合 GB/T 5279 的沉头螺钉、半沉头螺钉、沉头自攻螺钉及半沉头自攻螺钉用沉孔的型式、尺寸与标记。

2　规范性引用文件

下列文件对于本文件的应用是必不可少的。凡是注日期的引用文件，仅注日期的版本适用于本文件。凡是不注日期的引用文件，其最新版本(包括所有的修改单)适用于本文件。

GB/T 5277　紧固件　螺栓和螺钉通孔(GB/T 5277—1985，eqv ISO 273:1979)

GB/T 5279　沉头螺钉　头部形状和测量(GB/T 5279—1985，idt ISO 7721:1983)

3　尺寸

沉孔的型式尺寸见图 1 和表 1。

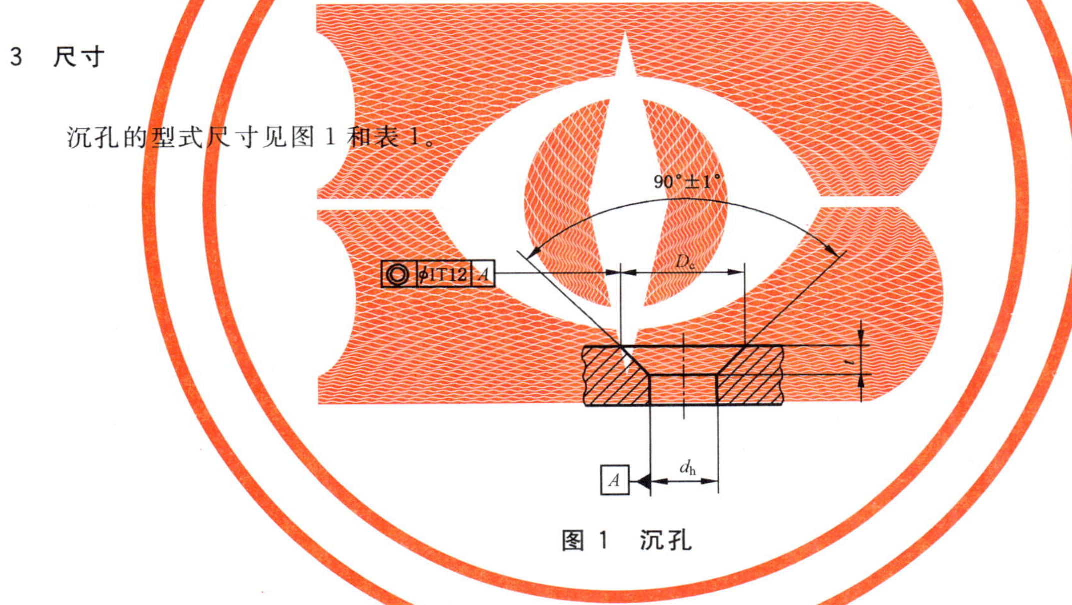

图 1　沉孔

表 1　尺寸

单位为毫米

公称规格	螺纹规格		d_h[a]		D_c		t
			min(公称)	max	min(公称)	max	≈
1.6	M1.6	—	1.80	1.94	3.6	3.7	0.95
2	M2	ST2.2	2.40	2.54	4.4	4.5	1.05
2.5	M2.5	—	2.90	3.04	5.5	5.6	1.35
3	M3	ST2.9	3.40	3.58	6.3	6.5	1.55
3.5	M3.5	ST3.5	3.90	4.08	8.2	8.4	2.25
4	M4	ST4.2	4.50	4.68	9.4	9.6	2.55

表 1（续）

单位为毫米

公称规格	螺纹规格		d_h[a]		D_c		t
			min(公称)	max	min(公称)	max	≈
5	M5	ST4.8	5.50	5.68	10.40	10.65	2.58
5.5	—	ST5.5	6.00[b]	6.18	11.50	11.75	2.88
6	M6	ST6.3	6.60	6.82	12.60	12.85	3.13
8	M8	ST8	9.00	9.22	17.30	17.55	4.28
10	M10	ST9.5	11.00	11.27	20.0	20.3	4.65

[a] 按 GB/T 5277 中等装配系列的规定，公差带为 H13；

[b] GB/T 5277 中无此尺寸。

4 标记

4.1 标记方法

头部形状符合 GB/T 5279 沉头螺钉用沉孔的标记，应由本部分编号和公称规格组成。

4.2 标记示例

头部形状符合 GB/T 5279、螺纹规格为 M4 的沉头螺钉，或螺纹规格为 ST4.2 的自攻螺钉用公称规格为 4 mm 沉孔的标记：

沉孔 GB/T 152.2-4

5 图纸表示方法

在技术图纸上，沉孔表示方法见图 2。

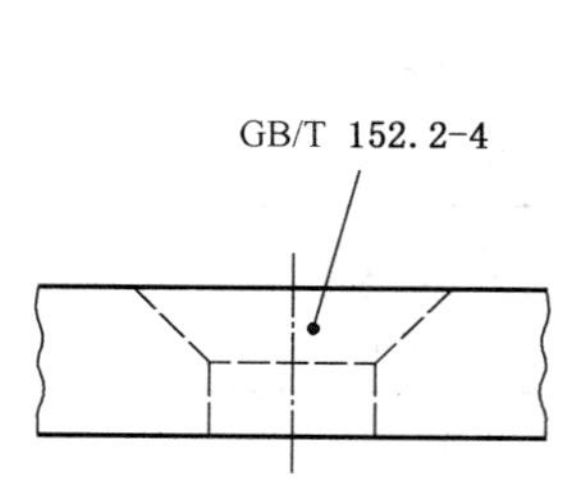

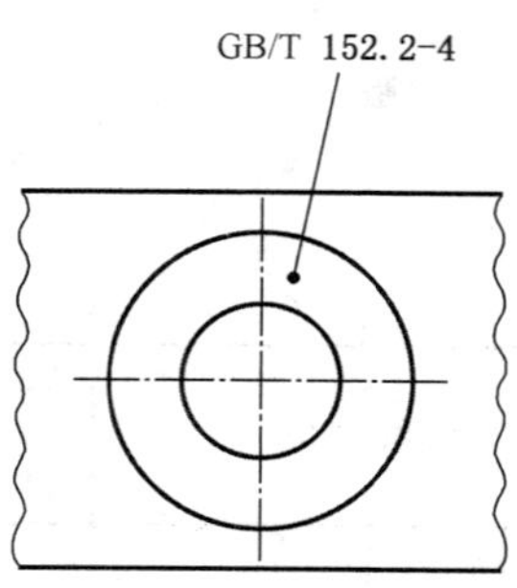

图 2 图纸表示方法

ICS 21.060.10
J 13

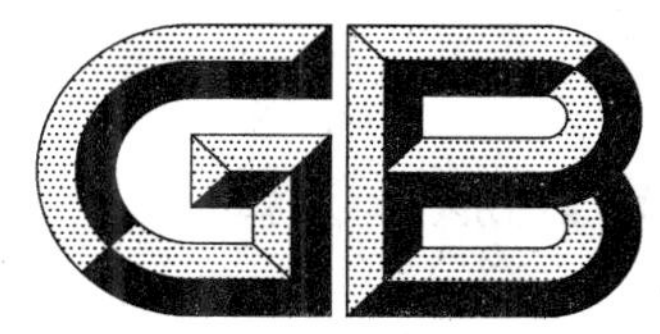

中华人民共和国国家标准

GB/T 152.5—2014
部分代替 GB/T 152.2—1988

紧固件　沉头木螺钉用沉孔

Fasteners—Countersinks for countersunk head wood screws

2014-06-24 发布　　　　2015-03-01 实施

中华人民共和国国家质量监督检验检疫总局
中国国家标准化管理委员会　发布

前　言

GB/T 152的本部分是"紧固件通孔及沉孔"系列国家标准之一，该系列标准包括：

——GB/T 152.1　紧固件　铆钉用通孔；

——GB/T 152.2　紧固件　沉头螺钉用沉孔；

——GB/T 152.3　紧固件　圆柱头用沉孔；

——GB/T 152.4　紧固件　六角头螺栓和六角螺母用沉孔；

——GB/T 152.5　紧固件　沉头木螺钉用沉孔；

——GB/T 5277　紧固件　螺栓和螺钉通孔。

本部分是GB/T 152的第5部分。

本部分按照GB/T 1.1—2009给出的规则起草。

本部分部分代替GB/T 152.2—1988《紧固件　沉头用沉孔》。

本部分与GB/T 152.2—1988相比主要变化如下：

——作为独立标准、修改了标准名称；

——不包含沉头螺钉、半沉头螺钉、沉头自攻螺钉及半沉头自攻螺钉用沉孔的内容(见GB/T 152.2—1988表1、表2)；

——增加了标记方法和图纸表示方法(第3章和第4章)。

本标准由中国机械工业联合会提出。

本标准由全国紧固件标准化技术委员会(SAC/TC 85)归口。

本标准负责起草单位：中机生产力促进中心。

本标准所代替标准的历次版本发布情况为：

——GB 152—1959、GB 152—1976；

——GB/T 152.2—1988。

紧固件　沉头木螺钉用沉孔

1　范围

GB/T 152 的本部分规定了符合国家标准沉头木螺钉及半沉头木螺钉用沉头沉孔的型式尺寸与标记。

2　尺寸

沉孔的型式尺寸见图 1 和表 1。

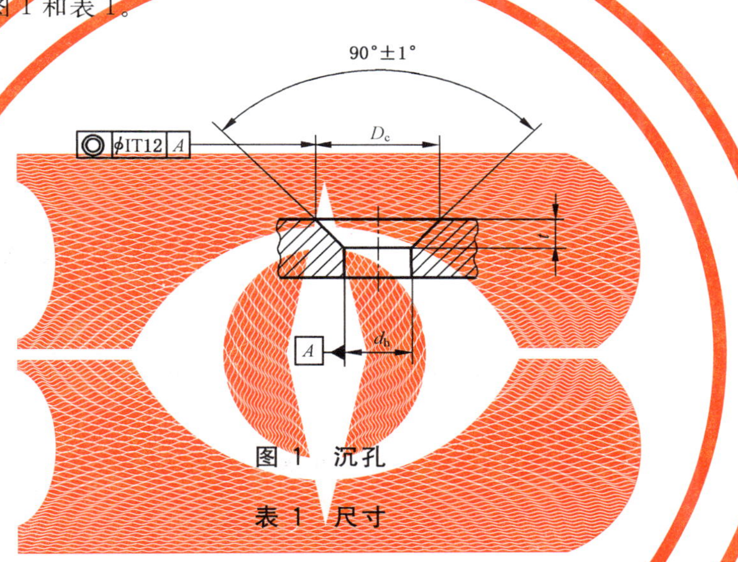

图 1　沉孔

表 1　尺寸

单位为毫米

公称规格	d_h[a]		D_c		t
	min(公称)	max	min(公称)	max	≈
1.6	1.8	1.94	3.7	3.88	1.0
2	2.4	2.54	4.5	4.68	1.2
2.5	2.9	3.04	5.4	5.58	1.4
3	3.4	3.58	6.6	6.82	1.7
3.5	3.9	4.08	7.7	7.92	2.0
4	4.5	4.68	8.6	8.82	2.2
4.5	5.0	5.18	10.1	10.37	2.7
5	5.5	5.68	11.2	11.47	3.0
5.5	6.0	6.18	12.1	12.37	3.2
6	6.6	6.82	13.2	13.47	3.5
7	7.6	7.82	15.3	15.57	4.0
8	9.0	9.22	17.3	17.57	4.5
10	11.0	11.27	21.9	22.23	5.8

[a] 公差带为 H13。

3 标记

3.1 标记方法

头部形状符合国家标准沉头木螺钉及半沉头木螺钉用沉孔的标记，应由本部分编号和公称规格组成。

3.2 标记示例

头部形状符合 GB/T 100、d＝4 mm 的开槽沉头木螺钉用公称规格为 4 mm 沉孔的标记：

沉孔 GB/T 152.5-4

4 图纸表示方法

在技术图纸上，沉孔表示方法见图 2。

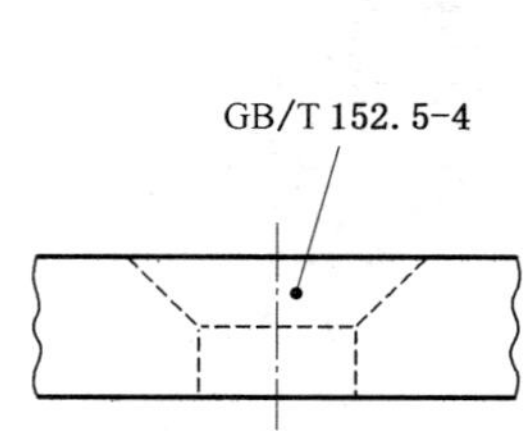

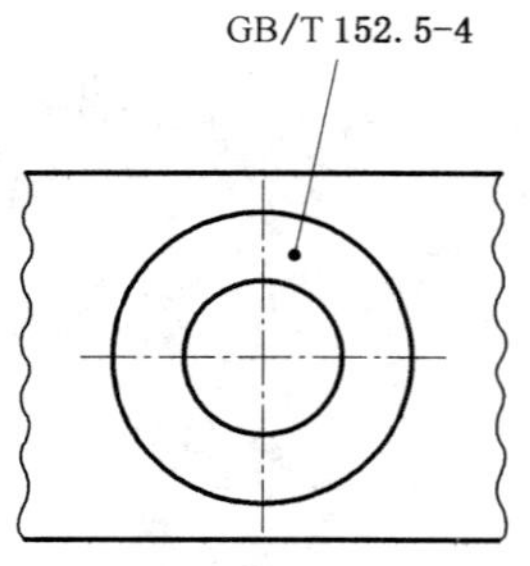

图 2 图纸表示方法

ICS 91.100.10
Q 11

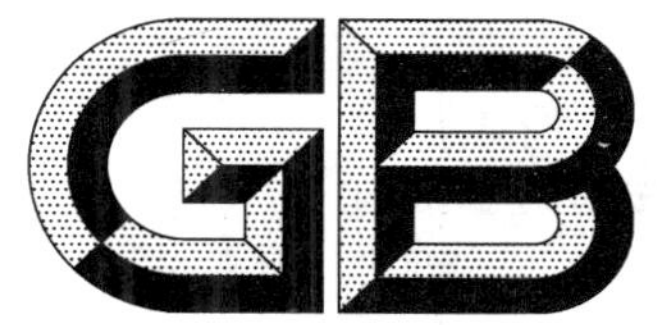

中华人民共和国国家标准

GB/T 208—2014
代替 GB/T 208—1994

水泥密度测定方法

Test method for determinging cement density

2014-06-09 发布 2014-12-01 实施

中华人民共和国国家质量监督检验检疫总局
中国国家标准化管理委员会 发布

前　言

本标准按照 GB/T 1.1—2009 给出的规则起草。

本标准代替 GB/T 208—1994《水泥密度测定方法》。

本标准与 GB/T 208—1994 相比主要变化如下：

——液体介质增加了“不与水泥发生反应的其他液体”(1994 版的第 4 章，本版第 4 章)；

——增加了对恒温水槽的要求，“恒温水槽应有足够大的容积，使水温可以稳定控制在 20 ℃±1 ℃”(1994 版第 5.3 条，本版第 5.3 条)；

——气泡排出方式增加了“可以使用磁力搅拌排出气泡”(1994 版第 6.4 条，本版第 6.4 条)。

本标准由中国建筑材料联合会提出。

本标准由全国水泥标准化委员会(SAC/TC 184)归口。

本标准负责起草单位：中国建筑材料科学研究总院、浙江城建建设集团有限公司、厦门艾思欧标准砂有限公司、北京新奥混凝土集团有限公司。

本标准参加起草单位：新疆天山水泥股份有限公司、山东丛林集团有限公司、嘉兴天拓建筑材料有限公司、牡丹江北方水泥有限公司、曲阜中联水泥有限公司、株洲宏信特种建材有限公司、辽宁天宝佳华建材有限公司、贵州瑞溪水泥发展有限公司、山东省水泥质量监督检验站、贵州建材产品质量监督检验院。

本标准主要起草人：宋立春、江丽珍、刘晨、马兆模、厉天数、黄清林、陈萍、王宇行、安学利、盛勇、李长江、刘龙、王小平、谢安琴、方旭、邓民慧、尚百雨、贺疆芳。

本标准所代替标准的历次版本发布情况为：

——GB 208—1963、GB/T 208—1994。

水泥密度测定方法

1 范围

本标准规定了水泥密度测定的方法原理、仪器及材料、测定步骤和结果计算等。

本标准适用于测定水泥的密度，也适用于指定采用本方法的其他粉体物料密度的测定。

2 规范性引用文件

下列文件对于本文件的应用是必不可少的。凡是注日期的引用文件，仅注日期的版本适用于本文件。凡是不注日期的引用文件，其最新版本(包括所有的修改单)适用于本文件。

GB 253 煤油

3 术语和定义

下列术语和定义适用于本文件。

3.1

水泥密度 cement density

水泥单位体积的质量。

4 方法原理

将一定质量的水泥倒入装有足够量液体介质的李氏瓶内，液体的体积应可以充分浸润水泥颗粒。根据阿基米德定律，水泥颗粒的体积等于它所排开的液体体积，从而算出水泥单位体积的质量即为密度。试验中，液体介质采用无水煤油或不与水泥发生反应的其他液体。

5 仪器及材料

5.1 李氏瓶

李氏瓶由优质玻璃制成，透明无条纹，具有抗化学侵蚀性且热滞后性小，要有足够的厚度以确保良好的耐裂性。李氏瓶横截面形状为圆形，外形尺寸如图 1 所示。

瓶颈刻度由 0 mL～1 mL 和 18 mL～24 mL 两段刻度组成，且 0 mL～1 mL 和18 mL～24 mL 以 0.1 mL 为分度值，任何标明的容量误差都不大于 0.05 mL。

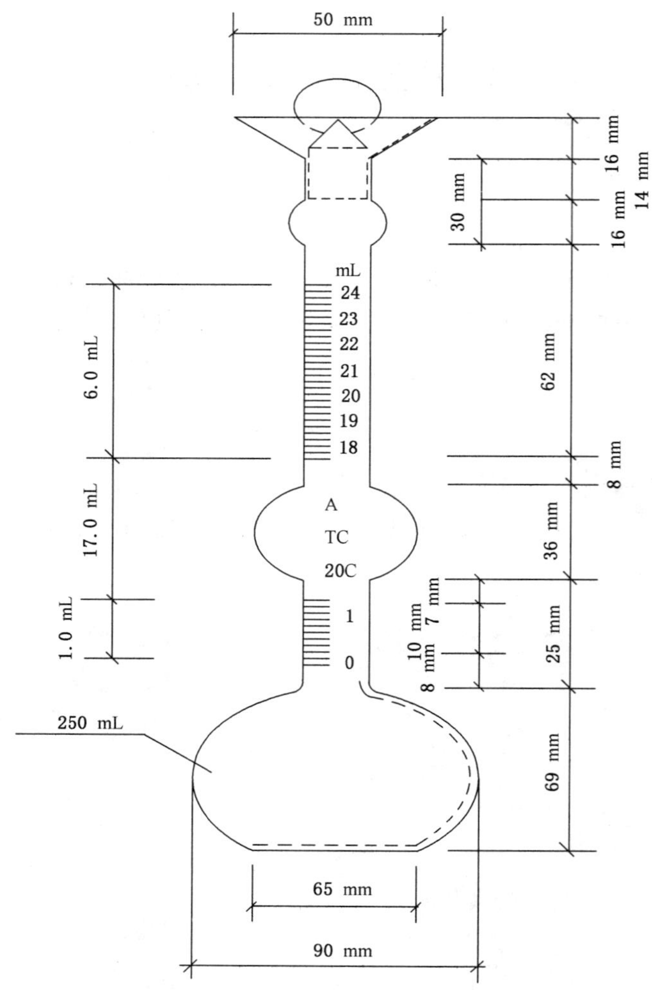

图 1 李氏瓶示意图

5.2 无水煤油

符合 GB 253 的要求。

5.3 恒温水槽

应有足够大的容积，使水温可以稳定控制在 20 ℃±1 ℃。

5.4 天平

量程不小于 100 g，分度值不大于 0.01 g。

5.5 温度计

量程包含 0 ℃～50 ℃，分度值不大于 0.1 ℃。

6 测定步骤

6.1 水泥试样应预先通过 0.90 mm 方孔筛，在 110 ℃±5 ℃温度下烘干 1 h，并在干燥器内冷却至室温（室温应控制在 20 ℃±1 ℃）。

6.2 称取水泥 60 g(m)，精确至 0.01 g。在测试其他材料密度时，可按实际情况增减称量材料质量，以便读取刻度值。

6.3 将无水煤油注入李氏瓶中至"0 mL"到"1 mL"之间刻度线后（选用磁力搅拌此时应加入磁力棒），盖上瓶塞放入恒温水槽内，使刻度部分浸入水中（水温应控制在 20 ℃±1 ℃），恒温至少 30 min，记下无水煤油的初始（第一次）读数（V_1）。

6.4 从恒温水槽中取出李氏瓶，用滤纸将李氏瓶细长颈内没有煤油的部分仔细擦干净。

6.5 用小匙将水泥样品一点点地装入李氏瓶中，反复摇动（亦可用超声波震动或磁力搅拌等），直至没有气泡排出，再次将李氏瓶静置于恒温水槽，使刻度部分浸入水中，恒温至少 30 min，记下第二次读数（V_2）。

6.6 第一次读数和第二次读数时，恒温水槽的温度差不大于 0.2 ℃。

7 结果计算

水泥密度 ρ 按式(1)计算，结果精确至 0.01 g/cm^3，试验结果取两次测定结果的算术平均值，两次测定结果之差不大于 0.02 g/cm^3。

$$\rho = m / (V_2 - V_1) \qquad \cdots\cdots(1)$$

式中：

ρ ——水泥密度，单位为克每立方厘米，(g/cm^3)；

m ——水泥质量，单位为克，(g)；

V_2 ——李氏瓶第二次读数(mL)；

V_1 ——李氏瓶第一次读数(mL)。

ICS 71.060.30
G 11

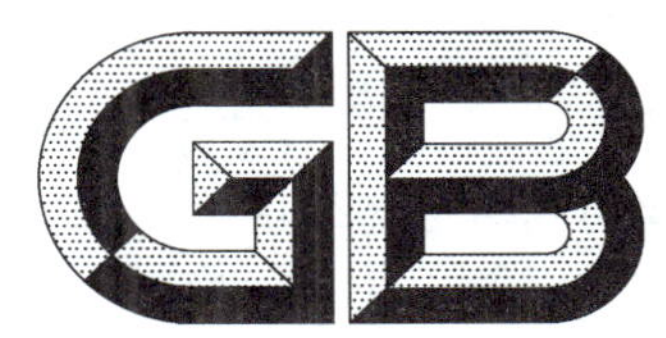

中华人民共和国国家标准

GB/T 337.1—2014
代替 GB/T 337.1—2002

工业硝酸　浓硝酸

Concentrated nitric acid for industrial use

2014-07-08 发布　　2014-12-01 实施

中华人民共和国国家质量监督检验检疫总局
中国国家标准化管理委员会　发布

前　言

GB/T 337《工业硝酸》分为两个部分：

——第1部分：工业硝酸　浓硝酸；

——第2部分：工业硝酸　稀硝酸。

本部分为GB/T 337的第1部分。

本部分按照GB/T 1.1—2009给出的规则起草。

本部分代替GB/T 337.1—2002《工业硝酸　浓硝酸》。与GB/T 337.1—2002相比，除编辑性修改外主要技术变化如下：

——增加了产品分型（见第4章）；

——97酸亚硝酸含量由1.0%调整为0.50%（见5.2，2002年版的3.2）；

——修改了硝酸含量的测定步骤（见6.3，2002年版的4.1）；

——修改了亚硝酸含量的测定步骤（见6.4，2002年版的4.2）；

——修改了灼烧残渣的测定步骤（见6.6，2002年版的4.4）；

——修改了产品的检验规则（见第7章，2002版的第5章）。

本部分由中国石油和化学工业联合会提出。

本部分由全国化学标准化技术委员会无机化工分会（SAC/TC 63/SC 1）归口。

本部分起草单位：杭州龙山化工有限公司、中海油天津化工研究设计院、河北冀衡赛瑞化工有限公司、大化集团有限责任公司、江苏银珠化工集团有限公司、国家盐化工产品质量监督检验中心（江苏）。

本部分主要起草人：何肖廉、杨裴、范国强、邓乐平、李庆青、徐峰、吕宇、卢金华、熊金龙。

本部分所代替标准的历次版本发布情况为：

——GB 337—1964、GB 337—1984；

——GB/T 337.1—2002。

工业硝酸 浓硝酸

警告:本部分中的浓硝酸试样是腐蚀性物质,可引起灼伤;其蒸气有刺激性,可引起黏膜和上呼吸道的刺激症状;同时它也是一种强氧化剂,能与多种物质、金属和金属氧化物发生化学反应。操作时应小心谨慎并在通风良好的通风橱中进行。在试验方法中使用的部分试剂具有腐蚀性,如溅到皮肤上应立即用水冲洗,严重者应立即就医。

1 范围

GB/T 337的本部分规定了工业用浓硝酸的分型、要求、试验方法、检验规则、以及标志、标签、包装、运输、贮存和安全。

本部分适用于工业用浓硝酸。该产品主要用于火药、炸药、染料、油漆等行业。

2 规范性引用文件

下列文件对于本文件的应用是必不可少的。凡是注日期的引用文件,仅注日期的版本适用于本文件。凡是不注日期的引用文件,其最新版本(包括所有的修改单)适用于本文件。

GB 190—2009 危险货物包装标志

GB/T 6678 化工产品采样总则

GB/T 6680 液体化工产品采样通则

GB/T 6682—2008 分析实验室用水规格和试验方法

GB/T 8170 数值修约规则与极限数值的表示和判定

HG/T 3696.1 无机化工产品 化学分析用标准溶液、制剂及制品的制备 第1部分:标准滴定溶液的制备

HG/T 3696.3 无机化工产品 化学分析用标准溶液、制剂及制品的制备 第3部分:制剂及制品的制备

3 分子式和相对分子质量

分子式:HNO_3。

相对分子质量:63.00(按2011年国际相对原子质量)。

4 分型

浓硝酸按含量不同分为两个规格:98酸、97酸。

5 要求

5.1 外观:淡黄色或黄色透明液体。

5.2 浓硝酸按本部分规定的试验方法检测并应符合表1技术要求。

表 1 技术要求

项目		指标	
		98 酸	97 酸
硝酸(HNO_3)w/%	≥	98.0	97.0
亚硝酸(HNO_2)w/%	≤	0.50	
硫酸[a](H_2SO_4)w/%	≤	0.08	0.10
灼烧残渣 w/%	≤	0.02	
[a]硫酸浓缩法制得的浓硝酸应控制硫酸的含量,其他工艺可不控制。			

6 试验方法

6.1 一般规定

本部分所用的试剂和水,在没有注明其他要求时,均指分析纯试剂和 GB/T 6682—2008 中规定的三级水。试验中所用的标准滴定溶液、制剂和制品,在没有注明其他规定时,均按 HG/T 3696.1、HG/T 3696.3的规定制备。

6.2 外观检验

在自然光下,于玻璃烧杯中用目视法判定外观。

6.3 硝酸含量的测定

6.3.1 方法提要

将试样加入到过量的氢氧化钠标准滴定溶液中,用硫酸标准滴定溶液返滴定。

6.3.2 试剂和材料

6.3.2.1 氢氧化钠标准滴定溶液:c(NaOH)≈1 mol/L。

6.3.2.2 硫酸标准滴定溶液:$c(1/2H_2SO_4)$≈1 mol/L。

6.3.2.3 甲基橙指示液:1 g/L。

6.3.3 仪器和设备

6.3.3.1 安瓿球(见图 1):直径约 20 mm,毛细管端长约 60 mm。

6.3.3.2 锥形瓶:容量 500 mL,带有磨口玻璃塞,颈部内径约为 30 mm。

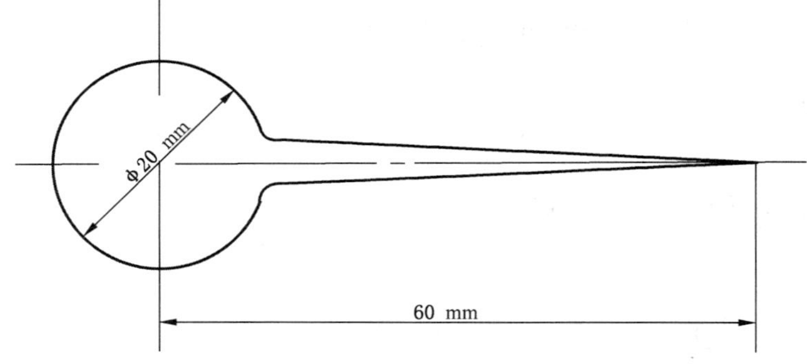

图 1 安瓿球

6.3.4 分析步骤

称量安瓿球,精确至 0.000 2 g,然后在火焰上微微加热安瓿球的球泡。将安瓿球的毛细管端浸入盛有试样的瓶中,冷却,待试样充至约 1.5 mL 时,取出安瓿球。用滤纸仔细擦净毛细管端,在火焰上使毛细管端密封,不使玻璃损失。

称量含有试样的安瓿球,精确至 0.000 2 g,并根据差值计算试料质量。

将盛有试样的安瓿球,小心置于预先盛有 100 mL 水和用移液管移入 50 mL 氢氧化钠标准滴定溶液的锥形瓶中,塞紧磨口塞,剧烈振荡,使安瓿球破裂,并冷却至室温,摇动锥形瓶,直至酸雾全部吸收为止。

取下塞子,用水洗涤,洗液收集于同一锥形瓶内,用玻璃棒捣碎安瓿球,研碎毛细管,取出玻璃棒,用水洗涤,将洗液收集在同一锥形瓶内。

加 1 滴～2 滴甲基橙指示液,用硫酸标准滴定溶液滴定溶液至橙色即为终点。

6.3.5 结果计算

浓硝酸的含量以硝酸(HNO_3)的质量分数 w_1 计,按式(1)计算:

$$w_1 = \frac{(c_1V_1 - c_2V_2)M \times 10^{-3}}{m} \times 100\% - 1.340w_2 - 1.285w_3 \qquad \cdots\cdots(1)$$

注:仅硫酸浓缩法需减去 w_3,其他生产方法 w_3 视为 0。

式中:

c_1 ——氢氧化钠标准滴定溶液浓度的准确数值,单位为摩尔每升(mol/L);

c_2 ——硫酸标准滴定溶液浓度的准确数值,单位为摩尔每升(mol/L);

V_1 ——加入氢氧化钠标准滴定溶液的体积的数值,单位为毫升(mL);

V_2 ——滴定所消耗的硫酸标准滴定溶液的体积的数值,单位为毫升(mL);

m ——试料质量的数值,单位为克(g);

M ——硝酸(HNO_3)的摩尔质量的数值(M=63.00),单位为克每摩尔(g/mol);

w_2 ——由 6.4 测得亚硝酸的质量分数;

w_3 ——由 6.5 测得硫酸的质量分数;

1.340——亚硝酸换算成硝酸的系数;

1.285——硫酸换算成硝酸的系数。

取平行测定结果的算术平均值为测定结果,两次平行测定结果的绝对差值不大于 0.2%。

6.4 亚硝酸含量的测定

6.4.1 方法提要

用高锰酸钾标准滴定溶液氧化试样中的亚硝酸化合物,再加入过量的硫酸亚铁铵溶液,然后用高锰酸钾标准滴定溶液滴定过量的硫酸亚铁铵溶液。

6.4.2 试剂和材料

6.4.2.1 硫酸溶液:1+8。

6.4.2.2 硫酸亚铁铵溶液:40 g/L。

6.4.2.3 高锰酸钾标准滴定溶液:$c(1/5KMnO_4) \approx 0.1$ mol/L。

6.4.3 仪器

锥形瓶:容量 500 mL,带磨口玻璃塞。

6.4.4 分析步骤

于 500 mL 锥形瓶中，加入 100 mL 低于 25 ℃的水，20 mL 低于 25 ℃的硫酸溶液，再用滴定管加入一定体积(V_0)的高锰酸钾标准滴定溶液。该体积(V_0)比测定试样消耗高锰酸钾标准滴定溶液的体积过量 10 mL。

移取约 5 mL～10 mL 试样，迅速加入锥形瓶，立即塞紧锥形瓶，用水冷却至室温，立即摇动至酸雾完全消失为止(约 5 min)，用移液管加入 20 mL 硫酸亚铁铵溶液，以高锰酸钾标准滴定溶液滴定，直至呈现粉红色于 30 s 内不消失为止，记录滴定的高锰酸钾标准滴定溶液的体积(V_1)。

为了确定在测定条件下，两种溶液的相当值，用移液管加入 20 mL 硫酸亚铁铵溶液，以高锰酸钾标准滴定溶液滴定，直至溶液呈现粉红色于 30 s 内不消失为止，记录滴定的高锰酸钾标准滴定溶液的体积(V_2)。

6.4.5 结果计算

亚硝酸的含量以亚硝酸(HNO_2)质量分数 w_2 计，按式(2)计算：

$$w_2 = \frac{[(V_0 + V_1) - V_2]cM \times 10^{-3}}{\rho V} \times 100\% \quad \cdots\cdots\cdots\cdots(2)$$

式中：

c ——高锰酸钾标准滴定溶液浓度的准确数值，单位为摩尔每升(mol/L)；

V_0——开始加入高锰酸钾标准滴定溶液的体积的数值，单位为毫升(mL)；

V_1——第一次滴定消耗高锰酸钾标准滴定溶液的体积的数值，单位为毫升(mL)；

V_2——第二次滴定消耗高锰酸钾标准滴定溶液的体积的数值，单位为毫升(mL)；

V ——移取试料的体积的数值，单位为毫升(mL)；

ρ ——试料的密度的数值(98 酸、97 酸 $\rho=1.500$)，单位为克每毫升(g/mL)；

M ——亚硝酸摩尔质量的数值($M=23.50$)，单位为克每摩尔(g/mol)。

取平行测定结果的算术平均值为测定结果，两次平行测定结果的绝对差值不大于 0.01%。

6.5 硫酸含量的测定

6.5.1 方法提要

试样蒸发后，剩余硫酸在指示剂存在下，用氢氧化钠标准滴定溶液滴定。

6.5.2 试剂和材料

6.5.2.1 甲醛溶液：250 g/L，用氢氧化钠溶液调节至酚酞指示液变色。

6.5.2.2 氢氧化钠标准滴定溶液：$c(NaOH) \approx 0.1$ mol/L。

6.5.2.3 甲基红-亚甲基蓝混合指示液。

6.5.3 仪器和设备

瓷蒸发皿：容量 100 mL。

6.5.4 分析步骤

用移液管移取 25 mL 试样置于瓷蒸发皿中并置于沸水浴上，蒸发到硝酸除尽(直到获得油状残渣为止)，为使硝酸全部除尽，加 2 滴～3 滴甲醛溶液，继续蒸发至干，待蒸发皿冷却后，用水冲洗蒸发皿内的油状物，定量移入 250 mL 锥形瓶中，加 2 滴甲基红-亚甲基蓝混合指示液，用氢氧化钠标准滴定溶液滴定至溶液呈现灰色为终点。

6.5.5 结果计算

硫酸的含量以硫酸(H_2SO_4)的质量分数 w_3 计,按式(3)计算:

$$w_3 = \frac{cV_1M \times 10^{-3}}{\rho V} \times 100\% \qquad \cdots\cdots(3)$$

式中:

c ——滴定试验溶液所消耗的氢氧化钠标准滴定溶液浓度的准确数值,单位为摩尔每升(mol/L);

V_1——滴定试验溶液所消耗的氢氧化钠标准滴定溶液的体积的数值,单位为毫升(mL);

ρ ——试料的密度的数值(98 酸、97 酸 $\rho=1.500$),单位为克每毫升(g/mL);

V ——移取试样体积的数值($V=25$),单位为毫升(mL);

M——硫酸($1/2H_2SO_4$)的摩尔质量的数值($M=49.03$),单位为克每摩尔(g/mol)。

取平行测定结果的算术平均值为测定结果,两次平行测定结果的绝对差值不大于 0.01%。

6.6 灼烧残渣的测定

6.6.1 方法提要

试样蒸发后,残渣经高温灼烧至质量恒定。

6.6.2 仪器和设备

6.6.2.1 蒸发皿:瓷皿,容量 100 mL~125 mL。

6.6.2.2 高温炉:温度能控制在 800 ℃±25 ℃。

6.6.3 分析步骤

量取 50 mL 试样,置于预先在 800 ℃±25 ℃高温炉灼烧至质量恒定的蒸发皿中,将蒸发皿置于砂浴上蒸干,然后将蒸发皿移入高温炉内,于 800 ℃±25 ℃灼烧至质量恒定。

6.6.4 结果计算

灼烧残渣以质量分数 w_4 计,按式(4)计算:

$$w_4 = \frac{m_2 - m_1}{\rho V} \times 100\% \qquad \cdots\cdots(4)$$

式中:

m_1——蒸发皿的质量的数值,单位为克(g);

m_2——盛有灼烧残渣蒸发皿的质量的数值,单位为克(g);

ρ ——试料的密度的数值(98 酸、97 酸 $\rho=1.500$),单位为克每毫升(g/mL);

V ——量取试样体积的数值($V=50$),单位为毫升(mL)。

取平行测定结果的算术平均值为测定结果,平行测定结果的绝对差值不大于 0.002%。

7 检验规则

7.1 检验采用出厂检验和型式检验。

7.2 所有项目均为型式检验项目,正常生产情况下每 6 个月进行一次型式检验。在下列情况下应进行型式检验:

a） 更新关键设备和生产工艺；

b） 主要原料有变化；

c） 停产又恢复生产；

d） 与上次型式检验有较大的差异；

e） 合同规定。

7.3 本部分规定的硝酸含量、亚硝酸含量、硫酸含量三项指标为出厂检验项目，应逐批检验。

7.4 连续生产或同一班组生产同等质量的产品为一批，也可按产品贮罐组批。

7.5 按照 GB/T 6678 和 GB/T 6680 的规定确定采样单元数和液体采样设备。采样时可用玻璃制采样管、铝制采样管或加重型采样器取样。从容器的上、中、下部采取均匀试样，取样量不少于 500 mL。将所采的试样收集于清洁干燥、棕色玻璃瓶或聚四氟乙烯瓶中，密封。瓶上粘贴标签，注明生产厂名、产品名称、批号、采样日期和采样者姓名。一份作为实验室试样，另一份保存备查，保留时间由生产企业根据实际需要确定，建议不超过一周。

7.6 检验结果如有指标不符合本部分要求，应重新取两倍量的试样进行复验，复验结果即使只有一项指标不符合本部分要求时，则整批产品为不合格。

7.7 按 GB/T 8170 规定的修约值比较法判定检验结果是否符合本部分。

8 标志和标签

8.1 浓硝酸包装上应有牢固清晰的标志，内容包括生产厂名、产品名称以及 GB 190—2009 中规定的“腐蚀性物质”和“氧化性物质”的标签。

8.2 每批出厂的浓硝酸都应附有质量证明书。内容包括生产厂名、厂址、产品名称、生产工艺、规格、净含量、批号（或生产日期）和本部分编号。

9 包装、运输和贮存

9.1 浓硝酸应装在铝制或 C4 钢等耐浓硝酸腐蚀的容器中。

9.2 浓硝酸在运输中应防止曝晒和猛烈撞击，并经常检查，确保容器严密不漏。

9.3 浓硝酸宜单独存放在低温干燥通风的二级耐火等级库区。防止日光直晒，不得与各种酸、碱、有机物、氧化剂、可燃物、有毒物品混贮。

10 安全

10.1 浓硝酸为强氧化剂，遇有机物能起火燃烧，严禁与木屑、稻草、纸张、木材等有机物接触。

10.2 浓硝酸具有强腐蚀性，凡接触浓硝酸的人员，应使用必要的防护用品，如过滤式防毒面具、耐酸手套及工作服等防止灼伤。取样时应有人监护。

10.3 凡因浓硝酸引起的燃烧应用砂土、二氧化碳扑灭，并用大量水冲洗，同时应防止氧化氮气体中毒。

10.4 如被浓硝酸灼伤皮肤应立即用大量水冲洗，然后用小苏打水清洗，并立即就医。

ICS 71.060.30
G 11

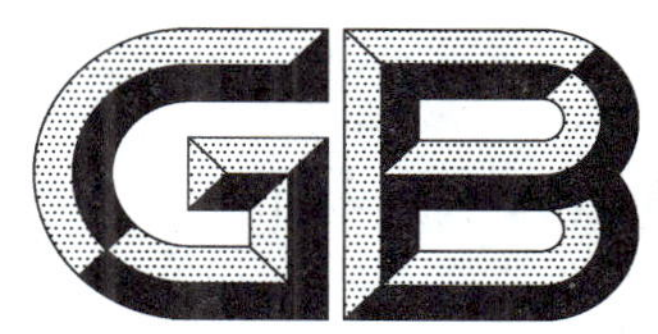

中华人民共和国国家标准

GB/T 337.2—2014
代替 GB/T 337.2—2002

工业硝酸 稀硝酸

Dilute nitric acid for industrial use

2014-07-08 发布 2014-12-01 实施

中华人民共和国国家质量监督检验检疫总局
中国国家标准化管理委员会 发布

前　　言

GB/T 337《工业硝酸》分为两个部分：

——第 1 部分：工业硝酸　浓硝酸；

——第 2 部分：工业硝酸　稀硝酸。

本部分为 GB/T 337 的第 2 部分。

本部分按照 GB/T 1.1—2009 给出的规则起草。

本部分代替 GB/T 337.2—2002《工业硝酸　稀硝酸》。与 GB/T 337.2—2002 相比，除编辑性修改外主要技术变化如下：

——增加了产品分型（见第 4 章）；

——删去 62 酸，增加 60 酸、55 酸的产品规格（见 5.2，2002 年版的 3.2）；

——亚硝酸含量由 0.20％调整为 0.10％，灼烧残渣由 0.02％调整为 0.01％（见 5.2，2002 年版的 3.2）；

——修改了硝酸含量的测定步骤（见 6.3，2002 年版的 4.1）；

——修改了亚硝酸含量的测定步骤（见 6.4，2002 年版的 4.2）；

——修改了灼烧残渣的测定步骤（见 6.5，2002 年版的 4.3）；

——修改了产品的检验规则（见第 7 章，2002 年版的第 5 章）。

本部分由中国石油和化学工业联合会提出。

本部分由全国化学标准化技术委员会无机化工分会（SAC/TC 63/SC 1）归口。

本部分起草单位：杭州龙山化工有限公司、中海油天津化工研究设计院、天脊煤化工集团股份有限公司、大化集团有限责任公司、钟祥凯龙楚兴化工有限责任公司、江苏银珠化工集团有限公司、国家盐化工产品质量监督检验中心（江苏）。

本部分主要起草人：何肖廉、杨裴、范国强、邓乐平、马爱枝、王宏、杨国富、徐睿、陈长毅。

本部分所代替标准的历次版本发布情况为：

——GB/T 337.2—2002。

工业硝酸　稀硝酸

警告:本部分中的稀硝酸试样具有腐蚀性,可引起灼伤;同时它也是一种氧化剂,能与多种物质、金属和金属氧化物发生化学反应,操作时应小心谨慎。在试验方法中使用的部分试剂具有腐蚀性,如溅到皮肤上应立即用水冲洗,严重者应立即就医。

1　范围

GB/T 337的本部分规定了工业用稀硝酸的分型、要求、试验方法、检验规则、标志、标签、包装、运输、贮存和安全。

本部分适用于工业用稀硝酸。该产品主要用于制取浓硝酸、硝酸盐、硝态氮肥等的原料。

2　规范性引用文件

下列文件对于本文件的应用是必不可少的。凡是注日期的引用文件,仅注日期的版本适用于本文件。凡是不注日期的引用文件,其最新版本(包括所有的修改单)适用于本文件。

GB 190—2009　危险货物包装标志

GB/T 337.1—2014　工业硝酸　浓硝酸

GB/T 6678　化工产品采样总则

GB/T 6680　液体化工产品采样通则

GB/T 6682—2008　分析实验室用水规格和试验方法

GB/T 8170　数值修约规则与极限数值的表示和判定

HG/T 3696.1　无机化工产品　化学分析用标准溶液、制剂及制品的制备　第1部分:标准滴定溶液的制备

HG/T 3696.3　无机化工产品　化学分析用标准溶液、制剂及制品的制备　第3部分:制剂及制品的制备

3　分子式和相对分子质量

分子式:HNO_3。

相对分子质量:63.00(按2011年国际相对原子质量)。

4　分型

稀硝酸按含量不同分为五个规格:68酸、60酸、55酸、50酸、40酸。

5　要求

5.1　外观:无色或浅黄色液体。

5.2　稀硝酸按本部分规定的试验方法检测并应符合表1技术要求。

表1 技术要求

项目		指标				
		68酸	60酸	55酸	50酸	40酸
硝酸(HNO_3)w/%	≥	68.0	60.0	55.0	50.0	40.0
亚硝酸(HNO_2)w/%	≤	0.10				
灼烧残渣 w/%	≤	0.01				

6 试验方法

6.1 一般规定

本部分所用的试剂和水在没有注明其他要求时,均指分析纯试剂和 GB/T 6682—2008 中规定的三级水。试验中所用的标准滴定溶液、制剂和制品,在没有注明其他规定时,均按 HG/T 3696.1、HG/T 3696.3 的规定制备。

6.2 外观检验

在自然光下,于玻璃烧杯中用目视法判定外观。

6.3 硝酸含量的测定

6.3.1 方法提要

称取一定量的试样,用氢氧化钠标准滴定溶液滴定,根据氢氧化钠标准滴定溶液的消耗量计算硝酸的含量。

6.3.2 试剂和材料

6.3.2.1 氢氧化钠标准滴定溶液:c(NaOH)≈1.0 mol/L。

6.3.2.2 酚酞指示液:10 g/L。

6.3.3 分析步骤

取约 15 mL 水注入 250 mL 具塞的玻璃锥形瓶中,称重,精确到 0.000 2 g。打开塞子,快速移入一定量的试样(根据表 2 列出的硝酸规格),立刻盖上瓶塞,并重新准确称重。打开瓶塞,加入 50 mL 水和 4 滴酚酞指示液,摇匀,用氢氧化钠标准滴定溶液滴定溶液至浅粉色即为终点。

同时进行空白试验,空白试验溶液除不加试样外,其他操作和加入的试剂与试验溶液相同。

表2 分析稀硝酸所需移取试样量

硝酸规格	试样体积/mL	试样量/g
68酸	2.8±0.2	3.9
60酸	3.1±0.2	4.3
55酸	3.4±0.2	4.6
50酸	3.8±0.2	5.0
40酸	4.2±0.2	5.5

6.3.4 结果计算

稀硝酸的含量以硝酸(HNO_3)的质量分数 w_1 计,按式(1)计算:

$$w_1 = \frac{(V_1 - V_0)cM \times 10^{-3}}{m} \times 100\% - 1.340w_2 \qquad \cdots\cdots(1)$$

式中:

V_1 ——滴定试验溶液所消耗的氢氧化钠标准滴定溶液的体积的数值,单位为毫升(mL);

V_0 ——滴定空白试验溶液所消耗的氢氧化钠标准滴定溶液的体积的数值,单位为毫升(mL);

c ——氢氧化钠标准滴定溶液的浓度的准确数值,单位为摩尔每升(mol/L);

m ——试料质量的数值,单位为克(g);

M ——硝酸(HNO_3)的摩尔质量的数值,单位为克每摩尔(g/mol)($M=63.00$);

w_2 ——由 6.4 测得的亚硝酸的质量分数;

1.340——亚硝酸换算成硝酸的系数。

取平行测定结果的算术平均值为测定结果,两次平行测定结果的绝对差值不大于 0.2%。

6.4 亚硝酸含量的测定

按照 GB/T 337.1—2014 中 6.4 亚硝酸含量测定,其中密度按照下列数值带入计算:68 酸 $\rho=1.405$;60 酸 $\rho=1.367$;55 酸 $\rho=1.339$;50 酸 $\rho=1.310$;40 酸 $\rho=1.246$。

6.5 灼烧残渣的测定

同 GB/T 337.1—2014 中 6.6 的规定。

7 检验规则

7.1 检验采用出厂检验和型式检验。

7.2 所有项目均为型式检验项目,正常生产情况下每 6 个月进行一次型式检验。在下列情况下应进行型式检验:

a) 更新关键设备和生产工艺;

b) 主要原料有变化;

c) 停产又恢复生产;

d) 与上次型式检验有较大的差异;

e) 合同规定。

7.3 本部分规定的硝酸含量、亚硝酸含量指标为出厂检验项目,应逐批检验。

7.4 连续生产或同一班组生产同等质量的产品为一批,也可按产品贮罐组批。

7.5 按照 GB/T 6678 和 GB/T 6680 的规定确定采样单元数和液体采样设备。采样时可用玻璃制采样管、不锈钢采样管取样。从容器的上、中、下部采取均匀试样,取样量不少于 500 mL。将所采集的样品收集于清洁干燥、具塞的棕色玻璃瓶或硬塑料瓶中,密封。瓶上粘贴标签,注明生产厂名、产品名称、批号、采样日期和采样者姓名。一份作为实验室样品,另一份保存备查,保留时间由生产企业根据实际需要确定,建议不超过一周。

7.6 检验结果如有指标不符合本部分要求,应重新取两倍量的试样进行复验,复验结果即使只有一项指标不符合本部分要求时,则整批产品为不合格。

7.7 按 GB/T 8170 规定的修约值比较法判定检验结果是否符合本部分。

8 标志和标签

8.1 稀硝酸包装上应有牢固清晰的标志，内容包括生产厂名、产品名称以及 GB 190—2009 中规定的“腐蚀性物质”和“氧化性物质”的标签。

8.2 每批出厂的稀硝酸都应附有质量证明书。内容包括生产厂名、厂址、产品名称、规格、净含量、批号（或生产日期）和本部分编号。

9 包装、运输和贮存

9.1 稀硝酸应用硬塑料、不锈钢等耐稀硝酸腐蚀容器包装。

9.2 稀硝酸在运输中应防止烈日暴晒和猛烈撞击，并经常检查，确保容器不泄漏。

9.3 稀硝酸应贮存在通风、避光、干燥的库区内，与酸、碱、有机物、易燃物隔离存放。

10 安全

10.1 稀硝酸严禁与木屑、稻草、纸张、木材等有机物接触。

10.2 稀硝酸具有腐蚀性，凡接触稀硝酸的人员，应使用必要的防护用品，如耐酸手套及工作服等，防止灼伤。

10.3 如被稀硝酸灼伤皮肤应立即用大量水或小苏打水清洗，严重时应立即就医。

ICS 75.100
E 30

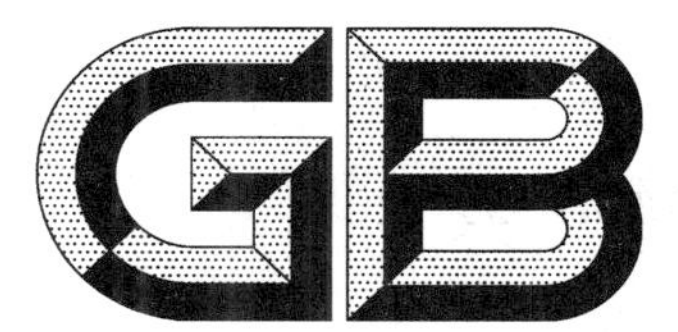

中华人民共和国国家标准

GB/T 498—2014
代替 GB/T 498—1987

石油产品及润滑剂
分类方法和类别的确定

Petroleum products and lubricants—Method of classification—Definition of classes

(ISO 8681:1986,Petroleum products and lubricants—Method of classification—Definition of classes,MOD)

2014-02-19 发布　　　2014-06-01 实施

中华人民共和国国家质量监督检验检疫总局
中国国家标准化管理委员会　发布

前　言

本标准按照 GB/T 1.1—2009 给出的规则起草。

本标准代替 GB/T 498—1987《石油产品和润滑剂的总分组》,与 GB/T 498—1987 相比主要技术变化如下:

——删除石油产品总分类中的 C 类 焦(见 1987 版的第 2 章);

——增加"范围"和"规范性引用文件"章节(见第 1 章和第 2 章);

——删除附录 A。

本标准使用重新起草法修改采用 ISO 8681:1986《石油产品及润滑剂的分类方法和类别的确定》。

本标准与 ISO 8681:1986 相比,技术性差异如下:

——根据我国情况,用等同采用国际标准的我国标准 GB/T 7631.1 代替 ISO 6743-99(见第 2 章);

——根据我国情况,用等同采用国际标准的我国标准 GB/T 12692.1 代替 ISO 8216-99(见第 2 章)。

本标准由全国石油产品和润滑剂标准化技术委员会(SAC/TC 280)提出。

本标准由全国石油产品和润滑剂标准化技术委员会石油燃料和润滑剂分技术委员会(SAC/TC 280/SC 1)归口。

本标准起草单位:中国石油化工股份有限公司石油化工科学研究院。

本标准主要起草人:梁红。

本标准于 1987 年首次发布,本次为第一次修订。

石油产品及润滑剂
分类方法和类别的确定

1 范围

本标准建立了石油产品、润滑剂及相关产品的通用分类体系。

本标准定义了石油产品、润滑剂及相关产品的类别及名称。

该分类体系的准则适用于各类产品,所涉及的各类产品的分类将在有关标准中规定。

2 规范性引用文件

下列文件对于本文件的应用是必不可少的。凡是注日期的引用文件,仅注日期的版本适用于本文件。凡是不注日期的引用文件,其最新版本(包括所有的修改单)适用于本文件。

GB/T 7631.1 润滑剂、工业用油和有关产品(L类)的分类 第1部分:总分组(GB/T 7631.1—2008,ISO 6743-99:2002,IDT)

GB/T 12692.1 石油产品 燃料(F类)分类 第1部分:总则(GB/T 12692.1—2010,ISO 8216-99:2002,IDT)

3 总分类体系和所用符号的说明

3.1 尽可能选择"应用场合"这一准则来制定一个分类,该准则被大多数润滑剂所采用(见GB/T 7631.1)。在某些情况下可不采用该准则。这种情况下,可以根据产品的类型来分类,燃料的分类首先根据类型,其次考虑最终应用(见GB/T 12692.1)。

3.2 本分类的原则是基于石油产品的主要类别特征的英文名称的一个前缀字母而确定的。

在本分类体系中产品是用统一的方式命名,产品的整体名称组成如下:

——词首为ISO。

——石油产品或有关产品的类别用一个字母表示(见表1),该前缀字母应和其他符号用短横"-"相隔。

——品种,由一组英文字母(1个~4个)所组成,其首字母总是表示组别,任何后面所跟的字母单独存在时可有或无含义,但都将给予定义。在所有情况下,应在有关组或品种的详细分类标准中给予明确规定。

——数字,位于产品名称的最后,其含义应在相应的标准中规定。

产品代号的一般形式如下所示:

I S O-类-品种-数字

或用简式:

类-品种-数字

3.3 产品分类举例:

例1:

ISO	L	G	68
	润滑剂	导轨油 G=导轨油组	ISO 粘度等级

例 2：

ISO	L	HL	32
	润滑剂	抗氧防锈型精制矿油 H=液压系统用润滑剂组	ISO 粘度等级

例 3：

ISO	F	DST	2
	燃料	低闪点石油馏分瓦斯油 D=馏分型燃料组	等级

例 4：

ISO	F	RMB	10
	燃料	船用残渣燃料油 R=残渣燃料油组	100 ℃时最大 运动粘度（mm^2/s）

4 石油产品和有关产品的总分类

石油产品和有关产品的总分类见表 1。

表 1 石油产品和有关产品的总分类

类别	类别的含义
F	燃料
S	溶剂和化工原料
L	润滑剂、工业润滑油和有关产品
W	蜡
B	沥青

ICS 71.060.30
G 11

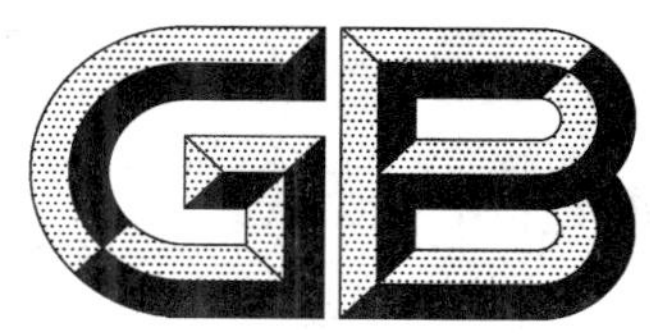

中华人民共和国国家标准

GB/T 534—2014
代替 GB/T 534—2002

工 业 硫 酸

Sulphuric acid for industrial use

2014-07-08 发布 2014-12-01 实施

中华人民共和国国家质量监督检验检疫总局
中国国家标准化管理委员会 发布

前　言

本标准按照 GB/T 1.1—2009 给出的规则起草。

本标准代替 GB/T 534—2002《工业硫酸》，与 GB/T 534—2002 相比，主要技术变化如下：

——增加了对游离三氧化硫的质量分数为 65.0％的发烟硫酸的要求，修改了一等品和合格品浓硫酸中砷的要求，修改了色度指标的表示方法(见第 4 章，2002 年版的第 4 章)；

——修改了测定灰分质量分数的允许差的要求(见 5.4，2002 年版的 5.2)；

——修改了铁、砷、铅的试验方法(见 5.5.2、5.6.1、5.7，2002 年版的 5.3.2、5.4.1 和 5.5)；

——修改了检验规则的部分内容(见第 6 章，2002 年版的第 6 章)；

——修改了包装、标志、运输和贮存的部分内容(见第 7 章，2002 年版的第 7 章)；

——删除了原标准的附录 A，将原标准的附录 B 改为附录 A(见附录 A，2002 年版的附录 A、附录 B)。

本标准由中国石油和化学工业联合会提出。

本标准由全国化学标准化技术委员会硫和硫酸分技术委员会(SAC/TC 63/SC 7)归口。

本标准起草单位：南化集团研究院、山东省产品质量监督检验研究院、云南云天化国际化工股份有限公司、浙江巨化股份有限公司硫酸厂、山东阳谷祥光铜业有限责任公司、吉林吉恩镍业股份有限公司、浙江吉华集团股份有限公司、江苏省产品质量监督检验研究院、瓮福(集团)有限责任公司瓮福磷肥厂、双狮(张家港)精细化工有限公司、南京云泰化工总厂、淄博建龙化工有限公司、中国有色金属工业协会。

本标准主要起草人：邱爱玲、冯俊婷、张应虎、邹惠玲、郑学根、范晓明、周松林、袁凤艳、顾林建、张晓强、杨毅、朱玉君、张化刚、李周、周怒海、胡长平、刘勤学、舒仕涛。

本标准所代替标准的历次版本发布情况为：

——GB 534—1965、GB 534—1982、GB 534—1989、GB/T 534—2002；

——GB/T 11198.1～GB/T 11198.10—1989、GB/T 11198.14～GB/T 11198.15—1989。

工 业 硫 酸

警告：本标准中使用的部分试剂具有毒性或腐蚀性，部分操作具有危险性。本标准并未揭示所有可能的安全问题，使用者应严格按照有关规定正确使用，并有责任采取适当的安全和健康措施。

1 范围

本标准规定了工业硫酸的分类、要求、试验方法、检验规则及标志、运输、贮存和安全。

本标准适用于由硫铁矿、硫磺、冶炼烟气或其他含硫原料制取的工业硫酸。

2 规范性引用文件

下列文件对于本文件的应用是必不可少的。凡是注日期的引用文件，仅注日期的版本适用于本文件。凡是不注日期的引用文件，其最新版本（包括所有的修改单）适用于本文件。

GB 190—2009 危险货物包装标志

GB/T 601 化学试剂 标准滴定溶液的制备

GB/T 602 化学试剂 杂质测定用标准溶液的制备

GB/T 603 化学试剂 试验方法中所用制剂及制品的制备

GB/T 610 化学试剂 砷测定通用方法

GB/T 6680 液体化工产品采样通则

GB/T 6682—2008 分析实验室用水规格和试验方法

GB/T 8170 数值修约规则与极限数值的表示和判定

3 产品分类

工业硫酸分为浓硫酸和发烟硫酸两类。

4 要求

浓硫酸应符合表1的要求，发烟硫酸应符合表2的要求。

表 1 浓硫酸的技术要求

项 目		指 标		
		优等品	一等品	合格品
硫酸(H_2SO_4)w/%	≥	92.5 或 98.0	92.5 或 98.0	92.5 或 98.0
灰分 w/%	≤	0.02	0.03	0.10
铁(Fe)w/%	≤	0.005	0.010	—
砷(As)w/%	≤	0.000 1	0.001	0.01
铅(Pb)w/%	≤	0.005	0.02	—

表 1（续）

项　　目	指　　标		
	优等品	一等品	合格品
汞(Hg)w/%　≤	0.001	0.01	—
透明度/mm　≥	80	50	—
色度	不深于标准色度	不深于标准色度	—
注：指标中的“—”表示该类别产品的技术要求中没有此项目。			

表 2　发烟硫酸的技术要求

项　　目	指　　标		
	优等品	一等品	合格品
游离三氧化硫(SO_3)w/%　≥	20.0 或 25.0	20.0 或 25.0	20.0 或 25.0 或 65.0
灰分 w/%　≤	0.02	0.03	0.10
铁(Fe)w/%　≤	0.005	0.010	0.030
砷(As)w/%　≤	0.000 1	0.000 1	—
铅(Pb)w/%　≤	0.005	—	—
注：指标中的“—”表示该类别产品的技术要求中没有此项目。			

5　试验方法

5.1　一般规定

本标准中所用的试剂和水，在没有注明其他要求时，均指分析纯试剂和符合 GB/T 6682—2008 规定的三级水。试验中所用标准滴定溶液、制剂及制品，在没有注明其他要求时，均按 GB/T 601、GB/T 602、GB/T 603 的规定制备。

5.2　浓硫酸中硫酸质量分数的测定

5.2.1　原理

以甲基红-亚甲基蓝为指示剂，用氢氧化钠标准滴定溶液中和滴定，测得硫酸的质量分数。

5.2.2　试剂

5.2.2.1　氢氧化钠标准滴定溶液：c(NaOH)=0.5 mol/L。

5.2.2.2　甲基红-亚甲基蓝混合指示剂。

5.2.3　分析步骤

用已称量的带磨口盖的小称量瓶称取约 0.7 g 试样，精确到 0.000 1 g，将称量瓶和试料一起小心移入盛有 50 mL 水的 250 mL 锥形瓶中，冷却至室温。向试液中加入 2 滴～3 滴甲基红-亚甲基蓝混合指示剂(5.2.2.2)，用氢氧化钠标准滴定溶液(5.2.2.1)滴定至溶液呈灰绿色为终点。

5.2.4 结果计算

浓硫酸中硫酸(H_2SO_4)的质量分数 w_1 按式(1)计算:

$$w_1 = \frac{VcM}{2\,000m} \times 100\% \quad \cdots\cdots(1)$$

式中:

V ——滴定时耗用氢氧化钠标准滴定溶液(5.2.2.1)的体积的数值,单位为毫升(mL);

c ——氢氧化钠标准滴定溶液的浓度的准确数值,单位为摩尔每升(mol/L);

M——硫酸的摩尔质量的数值(M=98.08),单位为克每摩尔(g/mol);

m ——试料的质量的数值,单位为克(g)。

取平行测定结果的算术平均值为测定结果,平行测定结果的绝对差值应不大于0.20%。

5.3 发烟硫酸中游离三氧化硫质量分数的测定

5.3.1 原理

以甲基红-亚甲基蓝为指示剂,用氢氧化钠标准滴定溶液中和滴定测得硫酸的质量分数,然后换算为游离三氧化硫的质量分数。

5.3.2 试剂

5.3.2.1 氢氧化钠标准滴定溶液:c(NaOH)=0.5 mol/L。

5.3.2.2 甲基红-亚甲基蓝混合指示剂。

5.3.3 仪器

玻璃安瓿球:容积2 mL~3 mL,球部直径约为15 mm,毛细管长度约为45 mm。

5.3.4 分析步骤

取一干燥安瓿球称量,精确到0.000 1 g。在微火上小心将球部烤热,迅速将该球之毛细管插入试样中,吸取0.4 g~0.7 g试样,立即用火焰熔封毛细管的尖端,并用小火将毛细管外壁沾附的酸液烤干,冷却后称量,精确到0.000 1 g。

将安瓿球置于盛有100 mL水的具磨口塞的500 mL锥形瓶中,塞紧瓶塞,强烈振荡使安瓿球破碎,继续振摇至雾状三氧化硫气体消失,打开瓶塞,用水冲洗瓶塞,再用玻璃棒轻轻压碎安瓿球的毛细管,用水冲洗瓶颈及玻璃棒,将溶液摇匀。

向试液中加入2~3滴甲基红-亚甲基蓝混合指示剂(5.3.2.2),用氢氧化钠标准滴定溶液(5.3.2.1)滴定至溶液呈灰绿色为终点。

5.3.5 结果计算

发烟硫酸中游离三氧化硫(SO_3)的质量分数 w_2 按式(2)计算:

$$w_2 = 4.444 \times \left(\frac{VcM}{2\,000m} - 1\right) \times 100\% \quad \cdots\cdots(2)$$

式中:

V ——滴定时耗用氢氧化钠标准滴定溶液(5.3.2.1)的体积的数值,单位为毫升(mL);

c ——氢氧化钠标准滴定溶液的浓度的准确数值,单位为摩尔每升(mol/L);

M ——硫酸的摩尔质量的数值(M=98.08),单位为克每摩尔(g/mol);

m ——试料的质量的数值,单位为克(g);

4.444——硫酸换算为游离三氧化硫的系数。

取平行测定结果的算术平均值为测定结果，平行测定结果的绝对差值应不大于 0.60%。

5.4 灰分质量分数的测定

5.4.1 原理

试料蒸发至干，灼烧，冷却后称量。

5.4.2 仪器

5.4.2.1 石英皿(或铂皿)：容量 60 mL～100 mL。

5.4.2.2 高温电炉：可控制温度 800 ℃±50 ℃。

5.4.3 分析步骤

称取 25 g～50 g 试样，置于已于 800 ℃±50 ℃灼烧至恒量的石英皿(5.4.2.1)中，精确到 0.01 g，在沙浴或可调温电炉上小心加热蒸发至干，移入高温电炉(5.4.2.2)内，在 800 ℃±50 ℃下灼烧 15 min。取出石英皿，稍冷后置于干燥器中，冷却至室温后称量，精确到 0.000 1 g。

5.4.4 结果计算

灰分的质量分数 w_3 按式(3)计算：

$$w_3=\frac{m_2-m_1}{m}\times 100\% \qquad \cdots\cdots(3)$$

式中：

m_2——石英皿和灰分的质量的数值，单位为克(g)；

m_1——石英皿的质量的数值，单位为克(g)；

m——试料的质量的数值，单位为克(g)。

取平行测定结果的算术平均值为测定结果，平行测定结果的相对偏差应不大于 15%。

5.5 铁质量分数的测定

5.5.1 邻菲啰啉分光光度法(仲裁法)

5.5.1.1 原理

试料蒸干后，残渣溶解于盐酸中，用盐酸羟胺还原溶液中的铁，在 pH 值为 2～9 的条件下，二价铁离子与邻菲啰啉反应生成橙色络合物，对此络合物作吸光度测定。

5.5.1.2 试剂

5.5.1.2.1 硫酸溶液：1+1。

5.5.1.2.2 盐酸溶液：1+10。

5.5.1.2.3 盐酸羟胺溶液：10 g/L。

5.5.1.2.4 乙酸-乙酸钠缓冲溶液：pH≈4.5。

5.5.1.2.5 邻菲啰啉盐酸溶液：1 g/L。

称取 0.1 g 邻菲啰啉溶于少量水中，加入 0.5 mL 盐酸溶液(5.5.1.2.2)，溶解后用水稀释至 100 mL，避光保存。

5.5.1.2.6 铁(Fe)标准溶液：0.1 mg/mL。

5.5.1.2.7　铁(Fe)标准溶液:10 μg/mL。

量取 10.00 mL 铁标准溶液(5.5.1.2.6)置于 100 mL 容量瓶中,用水稀释至刻度,摇匀。此溶液使用时现配。

5.5.1.3　仪器

分光光度计:具有 1 cm 比色皿。

5.5.1.4　分析步骤

5.5.1.4.1　工作曲线的绘制

取 5 只 50 mL 容量瓶,分别加入铁标准溶液(5.5.1.2.7)0 mL、2.50 mL、5.00 mL、7.50 mL、10.00 mL。对每只容量瓶中的溶液做下述处理:加水至约 25 mL,加入 2.5 mL 盐酸羟胺溶液(5.5.1.2.3)和 5 mL 乙酸-乙酸钠缓冲溶液(5.5.1.2.4),5 min 后加 5 mL 邻菲啰啉盐酸溶液(5.5.1.2.5),用水稀释至刻度,摇匀,放置 15 min～30 min,显色。

在 510 nm 波长处,用 1 cm 比色皿,以不加铁标准溶液的空白溶液作参比,用分光光度计测定上述溶液的吸光度。

以上述溶液中铁的质量(单位为微克)为横坐标,对应的吸光度值为纵坐标,绘制工作曲线或根据所得吸光度值计算出线性回归方程。

5.5.1.4.2　测定

称取 10 g～20 g 试样,精确到 0.01 g,置于 50 mL 烧杯中,在沙浴(或可调温电炉)上蒸发至干,冷却,加 2 mL 盐酸溶液(5.5.1.2.2)和 25 mL 水,加热使盐类溶解,移入 100 mL 容量瓶中,用水稀释至刻度,摇匀。

用移液管量取一定体积的试液置于 50 mL 容量瓶中,使其相应的铁质量在 10 μg～100 μg 之间,加水稀释至约 25 mL。然后按 5.5.1.4.1 中"加入 2.5 mL 盐酸羟胺溶液……显色"的步骤进行。

在 510 nm 波长处,用 1 cm 比色皿,以不加铁标准溶液的空白溶液作参比,用分光光度计测定试液的吸光度。

根据试液的吸光度值从工作曲线上查得相应的铁的质量或用线性回归方程计算出铁的质量。

5.5.1.5　结果计算

铁(Fe)的质量分数 w_4 按式(4)计算:

$$w_4 = \frac{m_1 \times 10^{-6}}{m} \times 100\% \qquad \cdots\cdots(4)$$

式中:

m_1——从工作曲线上查得的或用线性回归方程计算出的铁的质量的数值,单位为微克(μg);

m——试料的质量的数值,单位为克(g)。

取平行测定结果的算术平均值为测定结果。铁的质量分数>0.005%时,平行测定结果的相对偏差应不大于 10%;铁的质量分数≤0.005%时,平行测定结果的相对偏差应不大于 20%。

5.5.2　原子吸收分光光度法

5.5.2.1　原理

将硫酸试料蒸干后,残渣溶解于稀硝酸中,用原子吸收分光光度计在波长 248.3 nm 处,以空气-乙炔火焰测定溶液的吸光度,用标准曲线法计算测定结果。

5.5.2.2 通则

本方法所用的水全部为符合 GB/T 6682—2008 规定的二级水。

5.5.2.3 试剂

5.5.2.3.1 硝酸溶液：1+2。

5.5.2.3.2 铁(Fe)标准溶液：1 mg/mL。

称取 8.635 g 硫酸铁铵，溶解于 600 mL 水中，加 65 mL 硝酸溶液(5.5.2.3.1)，移入 1 000 mL 容量瓶中，用水稀释至刻度，摇匀。

5.5.2.3.3 铁(Fe)标准溶液：100 μg/mL。

量取 10.00 mL 铁标准溶液(5.5.2.3.2)置于 100 mL 容量瓶中，用水稀释至刻度，摇匀。此溶液使用时现配。

5.5.2.4 仪器

5.5.2.4.1 滴瓶：容量约 30 mL。

5.5.2.4.2 原子吸收分光光度计(附有铁空心阴极灯)。

5.5.2.5 分析步骤

5.5.2.5.1 工作曲线的绘制

取 5 只 50 mL 容量瓶，分别加入铁标准溶液(5.5.2.3.3)0 mL、1.00 mL、2.00 mL、3.00 mL、4.00 mL，各加入 25 mL 硝酸溶液(5.5.2.3.1)，用水稀释至刻度，摇匀。

在原子吸收分光光度计上，按仪器工作条件，用空气-乙炔火焰，以不加入铁标准溶液的空白溶液调零，于波长 248.3 nm 处测定溶液的吸光度。

以上述溶液中铁的质量(单位为微克)为横坐标，对应的吸光度值为纵坐标，绘制工作曲线，或根据所得吸光度值计算出线性回归方程。

5.5.2.5.2 测定

用装满试样的滴瓶，以差减法称取 4 g～10 g 试样，精确到 0.01 g，置于 50 mL 烧杯中，在沙浴(或可调温电炉)上缓慢蒸发至干，冷却，加 25 mL 硝酸溶液(5.5.2.3.1)，加热溶解残渣，再蒸发至干，冷却，加 25 mL 硝酸溶液溶解残渣，移入 50 mL 容量瓶中，用水稀释至刻度，摇匀。

在原子吸收分光光度计上，按仪器工作条件，用空气-乙炔火焰，以不加入铁标准溶液的空白溶液调零，于波长 248.3 nm 处测定溶液的吸光度。根据试液的吸光度值从工作曲线上查出或根据线性回归方程计算出被测溶液中铁的质量。

5.5.2.6 结果计算

铁(Fe)的质量分数 w_5 按式(5)计算：

$$w_5 = \frac{m_1 \times 10^{-6}}{m} \times 100\% \qquad \cdots\cdots(5)$$

式中：

m_1——从工作曲线上查得的或用线性回归方程计算出的铁的质量的数值，单位为微克(μg)；

m ——试料的质量的数值，单位为克(g)。

取平行测定结果的算术平均值为测定结果。铁的质量分数＞0.005%时，平行测定结果的相对偏差应不大于10%;铁的质量分数≤0.005%时,平行测定结果的相对偏差应不大于20%。

5.6 砷质量分数的测定

5.6.1 原子荧光光度法(仲裁法)

5.6.1.1 原理

在硫脲-抗坏血酸存在下,试液中的五价砷预还原为三价砷。在酸性介质中,硼氢化钾将砷还原生成砷化氢,由氩气作载气将其导入原子化器中分解为原子态砷。以空心阴极灯作激发光源,基态砷原子被激发至高能态,在去活化回到基态时,发射出特征波长的荧光,其荧光强度在一定范围内与被测溶液中的砷浓度成正比,与标准系列比较可测出样品中含砷量。

5.6.1.2 通则

本方法所用的水全部为电阻率值≥18 MΩ·cm的超纯水,所使用的玻璃器皿均需用(1+1)硝酸溶液浸泡12 h以上或用(1+3)硝酸溶液浸泡24 h以上,使用前用自来水反复冲洗后,再用超纯水冲洗干净。

5.6.1.3 试剂和材料

5.6.1.3.1 盐酸:优级纯。

5.6.1.3.2 盐酸溶液:5+95。使用优级纯盐酸配制。

5.6.1.3.3 硼氢化钾溶液:15 g/L。

称取0.5 g氢氧化钾置于150 mL烧杯中,加入约50 mL水使其完全溶解。向其中加入称好的1.5 g硼氢化钾[$w(KBH_4)$≥95%],用水稀释至100 mL,摇匀。此溶液应避光保存,现用现配。

5.6.1.3.4 硫脲-抗坏血酸溶液:50 g/L。

分别称取5 g硫脲和抗坏血酸,用水微热溶解并稀释至100 mL。

5.6.1.3.5 砷(As)标准溶液:0.1 mg/mL。

5.6.1.3.6 砷(As)标准溶液:1 μg/mL。

量取1.00 mL砷标准溶液(5.6.1.3.5)置于100 mL容量瓶中,用水稀释至刻度,摇匀。此溶液使用时现配。

5.6.1.3.7 砷(As)标准溶液:0.1 μg/mL。

量取10.00 mL砷标准溶液(5.6.1.3.6)置于100 mL容量瓶中,加入20 mL硫脲-抗坏血酸溶液(5.6.1.3.4)和5 mL盐酸(5.6.1.3.1),用水稀释至刻度,摇匀。此溶液使用时现配。

5.6.1.3.8 氩气:纯度达到99.99%以上。

5.6.1.4 仪器

原子荧光光度计(附有砷空心阴极灯)。

5.6.1.5 分析步骤

5.6.1.5.1 工作曲线的绘制

根据试样中含砷量的多少,选作下列两曲线之一:含砷量0 μg~0.5 μg,或含砷量0 μg~5 μg。

取5只50 mL容量瓶,按表3分别加入砷标准溶液(5.6.1.3.6或5.6.1.3.7),再依次加入2.5 mL盐酸(5.6.1.3.1)、10 mL硫脲-抗坏血酸溶液(5.6.1.3.4),用水稀释至刻度,摇匀。

表 3　加入砷标准溶液的体积及相应的砷浓度

标准曲线的含砷量 μg	砷标准溶液的浓度 μg/mL	砷标准溶液的体积 mL	相应的砷浓度 μg/L
0～0.5	0.1	0.50	1
		1.00	2
		2.00	4
		4.00	8
		5.00	10
0～5	1	0.50	10
		1.00	20
		2.00	40
		4.00	80
		5.00	100

将原子荧光光度计调至最佳工作条件，用盐酸溶液(5.6.1.3.2)作载流液、硼氢化钾溶液(5.6.1.3.3)作还原剂，以载流溶液为空白溶液，测定溶液的荧光强度。

注：仪器的最佳工作条件因仪器型号或其他因素不同而有差异，因此未作具体规定。

以上述溶液中砷的浓度(单位为微克每升)为横坐标，对应的荧光强度值为纵坐标，绘制工作曲线或根据所得吸光度值计算出线性回归方程。

5.6.1.5.2　测定

若试样为浓硫酸，称取 2 g～5 g 试样，精确到 0.01 g，小心缓慢地移入盛有少量水的 50 mL 烧杯中，冷却后转移至 50 mL 容量瓶中，加入 10 mL 硫脲-抗坏血酸溶液(5.6.1.3.4)，用水稀释至刻度，摇匀，放置 30 min 以上。

若试样为发烟硫酸，称取 2 g～5 g 试样，精确到 0.01 g，置于 50 mL 烧杯中，在沙浴(或可调温电炉)上缓慢蒸发至干，冷却，加入 2.5 mL 盐酸(5.6.1.3.1)和 25 mL 水，加热溶解残渣，移入 50 mL 容量瓶中，加入 10 mL 硫脲-抗坏血酸溶液，用水稀释至刻度，摇匀，放置 30 min 以上。

如果试样中的砷含量较高，可将试液用盐酸溶液(5.6.1.3.2)做适当稀释后进行测定。

在与标准溶液系列相同的测定条件下，用原子荧光光度计测定试液的荧光强度。

根据试液和空白试验溶液的荧光强度值从工作曲线上查出或用线性回归方程计算出砷的浓度。

5.6.1.6　结果计算

砷(As)的质量分数 w_6 按式(6)计算：

$$w_6=\frac{(\rho_1-\rho_0)V\times10^{-9}}{m}\times100\% \qquad \cdots\cdots(6)$$

式中：

ρ_1——试液中砷的浓度的数值，单位为微克每升(μg/L)；

ρ_0——空白试验溶液中砷的浓度的数值，单位为微克每升(μg/L)；

V——被测溶液的体积的数值，单位为毫升(mL)；

m——试料的质量的数值，单位为克(g)。

取平行测定结果的算术平均值为测定结果。砷的质量分数＞0.000 05%时，平行测定结果的相对偏差应不大于20%；砷的质量分数≤0.000 05%时，平行测定结果的相对偏差应不大于30%。

5.6.2 砷斑法

5.6.2.1 原理

在硫酸介质中，金属锌将砷还原为砷化氢，砷化氢与溴化汞反应生成棕色砷斑，与标准色斑比较。

5.6.2.2 试剂和材料

5.6.2.2.1 硫酸溶液：2+3。

5.6.2.2.2 碘化钾溶液：150 g/L。

5.6.2.2.3 氯化亚锡盐酸溶液：400 g/L。

溶解40 g氯化亚锡于100 mL(3+1)盐酸溶液中。

5.6.2.2.4 无砷金属锌：粒径0.5 mm～1 mm或5 mm。粒径5 mm者使用前需用(1+1)盐酸溶液处理，然后用蒸馏水洗净。

5.6.2.2.5 溴化汞试纸。

5.6.2.2.6 砷标准溶液：0.1 mg/mL。

5.6.2.2.7 砷标准溶液：2 μg/mL。

量取2.00 mL砷标准溶液(5.6.2.2.6)置于100 mL容量瓶中，用水稀释至刻度，摇匀。此溶液使用时现配。

5.6.2.2.8 乙酸铅棉花：用200 g/L的乙酸铅溶液将脱脂棉浸透，取出在室温下晾干，保存在密闭容器中。

5.6.2.3 仪器

定砷仪：规格和装置应符合GB/T 610的规定。

5.6.2.4 分析步骤

5.6.2.4.1 标准色斑的制作

取7个定砷用的锥形瓶，分别加入砷标准溶液(5.6.2.2.7)0 mL、0.25 mL、0.50 mL、0.75 mL、1.00 mL、1.50 mL、2.00 mL，加入10 mL硫酸溶液(5.6.2.2.1)和一定量的水，使体积约为50 mL，再分别加入2 mL碘化钾溶液(5.6.2.2.2)和2 mL氯化亚锡盐酸溶液(5.6.2.2.3)，摇匀，静置15 min。加入5 g无砷金属锌(5.6.2.2.4)，立即按GB/T 610中的定砷装置图所示连接好仪器，使反应进行45 min，取出溴化汞试纸并注明相应的砷质量，用熔融石蜡浸透，贮于干燥器中。

5.6.2.4.2 测定

称取20 g～30 g试样(可根据试样中的含砷量酌情增减称样量，每份试液含砷量应不大于4 μg)，精确到0.01 g，置于50 mL烧杯中，在沙浴(或可调温电炉)上缓慢加热，蒸发至约5 mL，冷却后，将其转移至盛有适量水的定砷用锥形瓶中，加水使体积约为50 mL，再分别加入2 mL碘化钾溶液和2 mL氯化亚锡盐酸溶液，摇匀，静置15 min。加入5 g无砷金属锌，立即按GB/T 610中的定砷装置图所示连接好仪器，使反应进行45 min，取出溴化汞试纸与标准色斑(5.6.2.4.1)比较，查出试样中的砷质量。

5.6.2.5 结果计算

砷(As)的质量分数w_7按式(7)计算：

$$w_7 = \frac{m_1 \times 10^{-6}}{m} \times 100\% \qquad \cdots\cdots (7)$$

式中：

m_1——与标准色斑比较，试料中的砷的质量的数值，单位为微克(μg)；

m ——试料的质量的数值，单位为克(g)。

取平行测定结果的算术平均值为测定结果，平行测定结果的相对偏差应不大于20%。

5.7 铅质量分数的测定

5.7.1 原理

试料蒸干后，残渣溶解于稀硝酸中，在原子吸收分光光度计上，于波长283.3 nm处，用空气-乙炔火焰测定含铅溶液的吸光度，用标准曲线法计算测定结果。硫酸中的杂质不干扰测定。

5.7.2 试剂

5.7.2.1 硝酸溶液：1+2。

5.7.2.2 铅(Pb)标准溶液：0.1 mg/mL。

5.7.3 仪器

5.7.3.1.1 滴瓶：容量约30 mL。

5.7.3.1.2 原子吸收分光光度计(附有铅空心阴极灯)。

5.7.4 分析步骤

5.7.4.1 工作曲线的绘制

取5只50 mL容量瓶，分别加入铅标准溶液(5.7.2.2)0 mL、1.00 mL、2.00 mL、3.00 mL、4.00 mL，各加入25 mL硝酸溶液(5.7.2.1)，用水稀释至刻度，摇匀。

在原子吸收分光光度计上，按仪器工作条件，用空气-乙炔火焰，以不加入铅标准溶液的空白溶液调零，于波长283.3 nm处测定溶液的吸光度。

以上述溶液中铅的质量(单位为微克)为横坐标，对应的吸光度值为纵坐标，绘制工作曲线，或根据所得吸光度值计算出线性回归方程。

5.7.4.2 测定

用装满试样的滴瓶，以差减法称取约10 g～30 g试样，精确到0.01 g，置于50 mL烧杯中，在沙浴(或可调温电炉)上缓慢蒸发至干，冷却，加5 mL硝酸溶液(5.7.2.1)和25 mL水，加热溶解残渣，再蒸发至干，冷却，加5 mL硝酸溶液低温加热溶解残渣，冷却后移入10 mL容量瓶中，用水稀释至刻度，摇匀。

在原子吸收分光光度计上，按仪器工作条件，用空气-乙炔火焰，以不加入铅标准溶液的空白溶液调零，于波长283.3 nm处测定溶液的吸光度。根据试液的吸光度值从工作曲线上查出或根据线性回归方程计算出被测溶液中铅的质量。

5.7.5 结果计算

铅(Pb)的质量分数w_8按式(8)计算：

$$w_8 = \frac{m_1 \times 10^{-6}}{m} \times 100\% \qquad \cdots\cdots (8)$$

式中：

m_1——从工作曲线上查得的或用线性回归方程计算出的铅的质量的数值，单位为微克(μg)；

m ——试料的质量的数值，单位为克(g)。

取平行测定结果的算术平均值为测定结果。铅的质量分数>0.005%时，平行测定结果的相对偏差应不大于20%；铅的质量分数≤0.005%时，平行测定结果的相对偏差应不大于25%。

5.8 汞质量分数的测定

5.8.1 双硫腙分光光度法(仲裁法)

5.8.1.1 原理

试料中的汞，用高锰酸钾氧化成二价汞离子。用盐酸羟胺还原过量的氧化剂，加入盐酸羟胺和乙二胺四乙酸二钠消除铜和铁的干扰。在pH值为0～2范围内，双硫腙与汞离子反应生成橙色螯合物，用三氯甲烷溶液萃取后，在490 nm处测定萃取溶液的吸光度。

5.8.1.2 试剂

5.8.1.2.1 硫酸溶液：490 g/L。

5.8.1.2.2 乙酸溶液：360 g/L，用密度约为1.05 g/mL的无水乙酸(冰醋酸)配制。

5.8.1.2.3 乙二胺四乙酸二钠溶液：7.45 g/L。

5.8.1.2.4 高锰酸钾溶液：40 g/L。

5.8.1.2.5 盐酸羟胺溶液：100 g/L。

5.8.1.2.6 双硫腙三氯甲烷溶液：150 mg/L。

用三氯甲烷配制该溶液，并储存于密封、干燥的棕色瓶中，保存于25 ℃以下的避光处，两周内有效。

注：双硫腙试剂的提纯参见附录A。

5.8.1.2.7 双硫腙三氯甲烷溶液：3 mg/L。

量取5.00 mL双硫腙三氯甲烷溶液(5.8.1.2.6)置于干燥的250 mL容量瓶中，用三氯甲烷稀释至刻度，摇匀。该溶液使用时现配，置于避光、阴凉处。

5.8.1.2.8 汞标准溶液：1 mg/mL。

称取1.354 g氯化汞，溶解于25 mL盐酸中，然后转移至1 000 mL容量瓶中，用水稀释至刻度，摇匀。该溶液置于阴凉处，两个月内有效。

5.8.1.2.9 汞标准溶液：20 μg/mL。

量取5.00 mL汞标准溶液(5.8.1.2.8)置于250 mL容量瓶中，加入5 mL盐酸，用水稀释至刻度，摇匀。此溶液使用时现配。

5.8.1.2.10 汞标准溶液：1 μg/mL。

量取5.00 mL汞标准溶液(5.8.1.2.9)置于100 mL容量瓶中，加入2.5 mL盐酸，用水稀释至刻度，摇匀。此溶液使用时现配。

5.8.1.3 仪器

5.8.1.3.1 试验用常规仪器：凡未曾用于汞含量测定的仪器，包括盛放试剂和试样的玻璃瓶，在使用前应按下列方法顺序洗涤：

a) 器壁上如有油污，则用肥皂和刷子刷洗；

b) 用(1+1)硝酸溶液浸泡12 h以上或用(1+3)硝酸溶液浸泡24 h以上，用自来水冲洗干净；

c) 用4体积浓度为100 g/L的硫酸溶液与1体积高锰酸钾溶液(5.8.1.2.4)混合配制的高锰酸钾

洗液洗涤，用自来水反复冲洗后，再用蒸馏水冲洗干净。

5.8.1.3.2 分光光度计：具有 3 cm 比色皿。

5.8.1.4 分析步骤

5.8.1.4.1 工作曲线的绘制

取 6 个 500 mL 分液漏斗，用棉花或滤纸擦干其颈部，并塞入一小团脱脂棉，向漏斗中分别加入汞标准溶液(5.8.1.2.10)0 mL、2.00 mL、4.00 mL、6.00 mL、8.00 mL，然后对每一分液漏斗中的溶液作下述处理：加入 20 mL 硫酸溶液(5.8.1.2.1)，用水稀释至约 200 mL，依次加入 1 mL 盐酸羟胺溶液(5.8.1.2.5)、10 mL 乙酸溶液(5.8.1.2.2)、10 mL 乙二胺四乙酸二钠溶液(5.8.1.2.3)和 20.0 mL 双硫腙三氯甲烷溶液(5.8.1.2.7)，剧烈振荡 1 min，静置 10 min，使两相分层。

放出部分有机相，置于 3 cm 的比色皿中，在分光光度计 490 nm 波长处，以不加汞标准溶液的空白溶液作参比，测定溶液的吸光度。

以上述溶液中汞的质量(单位为微克)为横坐标，对应的吸光度值为纵坐标，绘制工作曲线或根据所得吸光度值计算出线性回归方程。

5.8.1.4.2 测定

称取约 10 g 试样，精确到 0.01 g，小心缓慢地移入盛有 15 mL 水的 100 mL 烧杯中，冷却至室温。滴加高锰酸钾溶液(5.8.1.2.4)使溶液呈紫红色。盖上表面皿，在 60 ℃水浴中放置 30 min。冷却至室温，逐滴加入盐酸羟胺溶液使紫红色褪尽。

将试液移入颈部已预先擦干、并塞入一小团脱脂棉的 500 mL 分液漏斗中，加水至约 200 mL，然后按 5.8.1.4.1 中"加入 1 mL 盐酸羟胺溶液……测定溶液的吸光度"步骤进行。根据试液的吸光度值从工作曲线上查得相应的汞的质量或用线性回归方程计算出汞的质量。

若试样中的汞含量大于 10 μg，应适当减少取样量，在将试液移入 500 mL 分液漏斗后，添加硫酸溶液使硫酸总量约为 10 g 后再按上述步骤进行测定。

5.8.1.5 结果计算

汞(Hg)的质量分数 w_9 按式(9)计算：

$$w_9=\frac{m_1\times 10^{-6}}{m}\times 100\% \qquad \cdots\cdots(9)$$

式中：

m_1——从工作曲线上查得的或用线性回归方程计算出的汞的质量的数值，单位为微克(μg)；

m ——试料的质量的数值，单位为克(g)。

取平行测定结果的算术平均值为测定结果。汞的质量分数＞0.005％时，平行测定结果的相对偏差应不大于 20％；汞的质量分数≤0.005％时，平行测定结果的相对偏差应不大于 25％。

5.8.2 冷原子吸收分光光度法

5.8.2.1 原理

试料中的汞，用高锰酸钾氧化成二价汞离子。过量的氧化剂用盐酸羟胺还原，二价汞离子由氯化亚锡还原成汞，用空气或氮气作载气携带汞蒸气通过测量池，用原子吸收分光光度计或紫外吸收式测汞仪，在 253.7 nm 波长处测定其吸光度。

5.8.2.2 **试剂**

5.8.2.2.1 硫酸溶液:490 g/L。

5.8.2.2.2 高锰酸钾溶液:40 g/L。

5.8.2.2.3 盐酸羟胺溶液:100 g/L。

5.8.2.2.4 氯化亚锡盐酸溶液:100 g/L。

称取 25 g 氯化亚锡溶于 50 mL 热的盐酸中,冷却后移至 250 mL 容量瓶中,用水稀释至刻度。

5.8.2.2.5 碘溶液:2.5 g/L。

5.8.2.2.6 汞标准溶液:1 mg/mL,配制方法同 5.8.1.2.8。

5.8.2.2.7 汞标准溶液:10 μg/mL。

量取 5.00 mL 汞标准溶液(5.8.2.2.6)置于 500 mL 容量瓶中,加入 5 mL 盐酸,用水稀释至刻度,摇匀。1 mL 该溶液中含有 10 μg 汞。此溶液使用时现配。

5.8.2.2.8 汞标准溶液:1 μg/mL 或 0.1 μg/mL。根据试样中含汞量的多少,决定采用哪种浓度的汞标准溶液。此溶液使用时现配。

用移液管量取一定量的汞标准溶液(5.8.2.2.7),用(1+105)盐酸溶液准确稀释至相应的体积,摇匀。

5.8.2.3 **仪器**

5.8.2.3.1 试验用常规仪器:同 5.8.1.3.1。

5.8.2.3.2 滴瓶:容量约 30 mL。

5.8.2.3.3 原子吸收分光光度计或紫外吸收式测汞仪:具低压汞灯或空心阴极灯。

5.8.2.3.4 吹气(或吸气)测定系统装置:如图 1 所示。

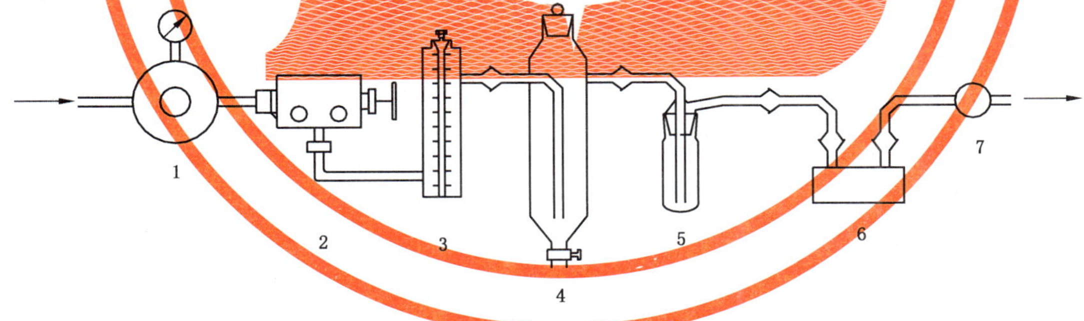

说明:

1——稳压器;

2——针形阀;

3——流量计:0 L/min~2.5 L/min;

4——洗气瓶:容积约为 100 mL,标示有 50 mL 容积的刻度,且具有磨口塞和底端排液管,尺寸如图 2 所示;

5——安全瓶:容积为 100 mL。也可用装有高氯酸镁的干燥管更换此安全瓶,此时,测量池无需用灯泡或径向加热器加热;

6——测量池:长度应适当(1 cm 或 10 cm),两端窗口应为石英玻璃,用以透过波长约 253.7 nm 的紫外光。为防止蒸气凝结,必要时可用灯泡或径向加热器稍微加热测量池;

7——吸收器:内盛碘溶液(5.8.2.2.5),用以吸收排出气中的汞蒸气。

图 1 吹气(或吸气)测定系统装置示意图

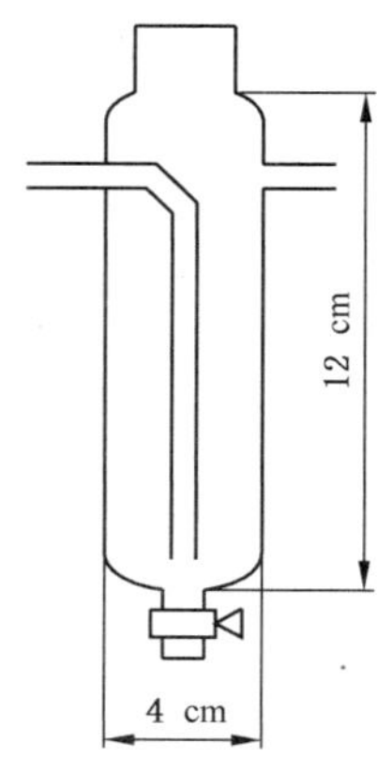

图 2 洗气瓶

5.8.2.4 分析步骤

5.8.2.4.1 工作曲线的绘制

根据含汞量的多少，选作下列两曲线之一：含汞量 0 μg～1 μg，或含汞量 0 μg～10 μg。

取 6 个 50 mL 烧杯，按表 4 分别加入汞标准溶液(5.8.2.2.8)，再分别依次加入 20 mL 水、1 mL 硫酸溶液(5.8.2.2.1)和 0.5 mL 高锰酸钾溶液(5.8.2.2.2)。盖上表面皿，加热煮沸数秒钟，冷却至室温。逐滴加入盐酸羟胺溶液(5.8.2.2.3)，使紫红色褪尽。

表 4 加入汞标准溶液的体积及相应的汞质量

标准曲线的含汞量 μg	汞标准溶液的浓度 μg/mL	汞标准溶液的体积 mL	相应的汞质量 μg
0～1	0.1	0	0
		2.0	0.2
		4.0	0.4
		6.0	0.6
		8.0	0.8
		10.0	1.0
0～10	1	0	0
		2.0	2.0
		4.0	4.0
		6.0	6.0
		8.0	8.0
		10.0	10.0

按图 1 所示，连接整套测汞装置，如使用原子吸收分光光度计，则把测量池置于光路中。依原子吸收分光光度计或紫外吸收式测汞仪的使用说明，将仪器调整至最佳工作状态，通入空气或氮气，调节其流量为 1 L/min。

将每一标准溶液做如下处理：将溶液全部移入洗气瓶中，用水准确稀释至 50 mL 标线处，加入 2 mL 氯化亚锡盐酸溶液(5.8.2.2.4)，迅速盖上瓶塞，测定溶液的吸光度。

从每一标准溶液的吸光度值减去不加汞标准溶液的空白溶液的吸光度值，得到相应的吸光度值差。以上述溶液中汞的质量(单位为微克)为横坐标，相应的吸光度值差为纵坐标，绘制工作曲线，或根据所得吸光度值计算出线性回归方程。

5.8.2.4.2 测定

用装满试样的滴瓶，以差减法称取约 2 g 试样，精确到 0.01 g，小心缓慢地移入盛有 20 mL 水的 50 mL 烧杯中，加入 0.5 mL 高锰酸钾溶液(5.8.2.2.2)，盖上表面皿，加热煮沸数秒钟，冷却至室温。

注：如果试样中的汞含量较高，应作适当稀释，取部分稀释液添加 1 mL 硫酸溶液作汞含量的测定。

按照与测定标准溶液相同的仪器条件与操作步骤，测定试液的吸光度。

根据试液的吸光度值从工作曲线上查出或根据线性回归方程计算出被测溶液中汞的质量。

5.8.2.5 结果计算

汞(Hg)的质量分数 w_{10} 按式(10)计算：

$$w_{10}=\frac{m_1\times10^{-6}}{m}\times100\% \qquad (10)$$

式中：

m_1——从工作曲线上查得的或用线性回归方程计算出的汞的质量的数值，单位为微克(μg)；

m ——分取试料的质量的数值，单位为克(g)。

取平行测定结果的算术平均值为测定结果。汞的质量分数＞0.005%时，平行测定结果的相对偏差应不大于 20%；汞的质量分数≤0.005%时，平行测定结果的相对偏差应不大于 25%。

5.9 透明度的测定

5.9.1 仪器

5.9.1.1 玻璃透视管：如图 3 所示。

5.9.1.2 方格色板：于 40 mm×40 mm×3 mm 毛玻璃上，用黑油漆或黑色贴纸绘制 4 mm×4 mm 的小格，如图 4 所示。

5.9.1.3 光源：于 160 mm×160 mm 木匣内装 220 V、60 W 灯泡一只，上盖开口，紧密地装上方格色板，色板与灯泡距离约为 10 mm。

单位为毫米

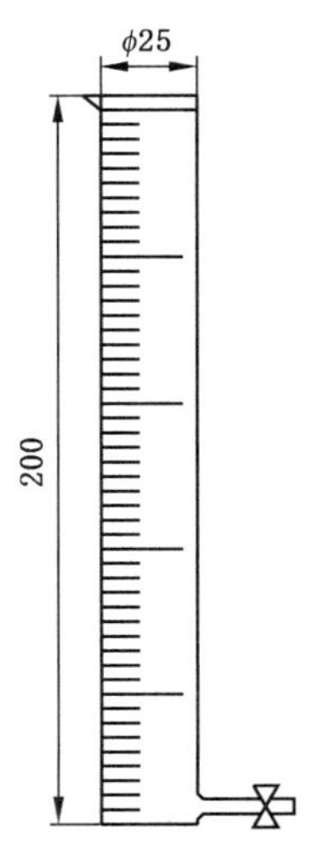

图 3 玻璃透视管

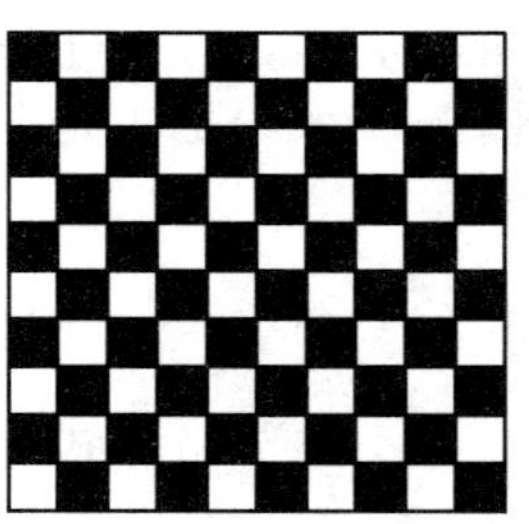

图 4　方格色板

5.9.2　分析步骤

将盛满试样的透视管置于光源的方格色板上，从液面上方观察方格的轮廓，并从排液口小心放出试样，直至能清晰辨别方格并黑白分明，停止排放，记录试样的液面高度值。

取测得的试样液面的高度值为透明度的测定结果。

5.10　色度的测定

5.10.1　试剂

5.10.1.1　氨水。

5.10.1.2　硫化钠溶液：20 g/L。

5.10.1.3　明胶溶液：10 g/L。

5.10.1.4　铅标准溶液：0.1 mg/mL。

称取 0.183 1 g 乙酸铅，用水溶解，移入 1 000 mL 容量瓶中，如果浑浊可加几滴乙酸，然后用水稀释至刻度。

5.10.2　分析步骤

5.10.2.1　标准色度的制备

向 50 mL 比色管中依次加入 10 mL 水、3 mL 明胶溶液(5.10.1.3)、2 滴～3 滴氨水(5.10.1.1)、3 mL 硫化钠溶液(5.10.1.2)及 2.0 mL 铅标准溶液(5.10.1.4)，再用水稀释至 20 mL，摇匀。

5.10.2.2　测定

向另一支 50 mL 比色管中加入 20 mL 试样，目视比较试样和标准溶液比色管的色度，试样色度不深于标准色度为合格。

6　检验规则

6.1　工业硫酸应由生产企业的质量监督检验部门负责按批检验，生产厂应保证每批出厂的产品符合本标准的要求。每批出厂的产品都应附有质量证明书或产品合格证，内容包括：生产企业名称、地址、产品名称、产品等级、生产日期或批号、本标准编号等。

6.2　对由冶炼烟气为原料生产的工业硫酸，本标准所列的全部项目均为出厂检验项目。

对由其他原料生产的工业硫酸，本标准所列的全部项目均为型式检验项目，其中硫酸或游离三氧化硫的质量分数、灰分的质量分数、铁的质量分数、透明度和色度为出厂检验项目。在正常生产情况下，每季度至少进行一次型式检验。

检验项目中的砷、铅和汞的质量分数可委托有资质的检验机构进行检验。

6.3 产品按批检验，以每一贮罐或日产量为一批。按 GB/T 6680 的规定进行采样，取样总量不得少于 500 mL。将取得的试样混合均匀后，立即装入两个清洁、干燥、具磨口塞的玻璃瓶中，瓶上应贴有标签，注明生产企业名称、产品名称、等级、批号、采样日期、采样者姓名等。一瓶用于检验，另一瓶应保存不少于 15 d，以备查用。

6.4 检验结果按 GB/T 8170 中规定的修约值比较法判定是否符合本标准。若检验结果有一项指标不符合本标准的要求，应重新自贮罐中取两倍量样品进行复验，复验结果即使有一项指标不符合本标准的要求，则整批产品为不合格。

6.5 使用单位有权按照本标准的规定对收到的工业硫酸进行验收，核准其质量是否符合本标准的要求。当供需双方对产品质量发生异议时，应由有资质的第三方检验机构仲裁检验。

7 标志、运输和贮存

7.1 每批出厂硫酸的包装容器上应有清晰的符合 GB 190—2009 规定的“腐蚀性物质”标志。

7.2 工业硫酸应装于专用的槽车（船）内运输，槽车（船）应定期清理。工业硫酸也可装于其他耐酸包装容器（如塑料桶）内运输，其容器大小视需要而定，容器应用耐酸材料的盖密封。

7.3 工业硫酸应与易燃和可燃物、还原剂、碱类、金属粉末等分开存放，不可混贮。

8 安全

8.1 硫酸是一种强酸，具有强腐蚀性、灼伤性，操作时应穿戴防护眼镜、手套和防护服，工作现场应备有应急水源。

8.2 严格遵守国家有关消防、危险品的安全条例。

8.3 硫酸应避免与有机物、金属粉末等接触。当用槽车（船）运输时，禁止在容器附近抽烟或动用明火。

附 录 A
（资料性附录）
双硫腙试剂的提纯

溶解 1 g 双硫腙于 75 mL 三氯甲烷中，过滤，滤液收集于 250 mL 分液漏斗中。向盛有滤液的分液漏斗中加入 100 mL 氨水溶液（1+75），剧烈振荡，静置分层，排出有机相，收集水相于另一分液漏斗中。重复此操作 3 次，每次使用 100 mL 氨水溶液。双硫腙进入碱性水相中呈橙色，而氧化产物留在有机相中不同程度地呈现深红黄色。

弃去有机相，合并橙色萃取水相，过滤并移入 1 000 mL 烧杯中，用二氧化硫饱和溶液稍加酸化，使双硫腙沉淀，用烧结玻璃坩埚过滤，以水洗涤沉淀至无酸性反应。将沉淀放入盛有浓硫酸的真空干燥器中，真空避光干燥 3 d～4 d。迅速研磨经干燥的双硫腙，立即置于棕色小瓶中。经过这样提纯且避光贮藏的双硫腙可以保存至少 6 个月。

ICS 77.140.50
H 46

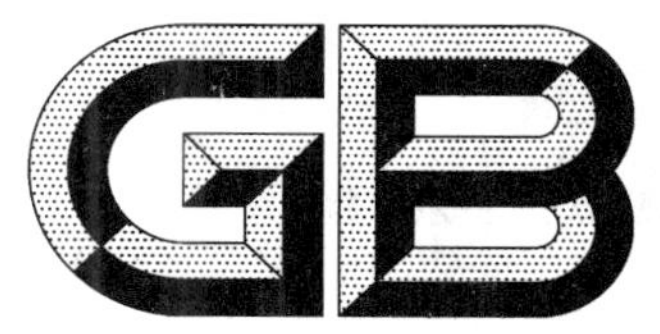

中华人民共和国国家标准

GB 713—2014
代替 GB 713—2008

锅炉和压力容器用钢板

Steel plates for boilers and pressure vessels

(ISO 9328-2:2011,Steel flat products for pressure purposes—Technical delivery conditions—Part 2:Non-alloy and alloy steels with specified elevated temperature properties,NEQ)

2014-06-24 发布　　2015-04-01 实施

中华人民共和国国家质量监督检验检疫总局
中国国家标准化管理委员会　发布

前　言

本标准中6.4.3、6.4.4、6.8、8.3、8.4为推荐性的，其余为强制性的。

本标准按照GB/T 1.1—2009给出的规则起草。

本标准代替GB 713—2008《锅炉和压力容器用钢板》。

本标准与GB 713—2008相比，主要变化如下：

——扩大钢板厚度范围；

——纳入Q420R、07Cr2AlMoR、12Cr2Mo1VR；

——降低各牌号的S、P含量上限；

——提高各牌号的夏比V型冲击吸收能量指标；

——规定钢锭、电渣重熔坯压缩比；

——规定大单重钢板组批原则。

本标准使用重新起草法参考ISO 9328-2：2011《压力容器用钢板和钢带　供货技术条件　第2部分：规定室温和高温性能的非合金钢和低合金钢》编制，与ISO 9328-2：2011的一致性程度为非等效。

本标准由中国钢铁工业协会提出。

本标准由全国钢标准化技术委员会(SAC/TC 183)归口。

本标准主要起草单位：武汉钢铁(集团)公司、冶金工业信息标准研究院、江苏沙钢集团有限公司、中国通用机械工程总公司、济钢集团有限公司、湖南华菱湘潭钢铁有限公司、南阳汉冶特钢有限公司、福建省三钢(集团)有限责任公司、新余钢铁集团有限公司、重庆钢铁股份有限公司、合肥通用机械研究院、中国特种设备检测研究院。

本标准主要起草人：李书瑞、丁庆丰、王晓虎、秦晓钟、任翠英、黄正玉、孙根领、刘建兵、许少普、罗志文、杨帆、杜大松、章小浒、张政权、李小莉、邵正伟、刘志芳、李晓波、廖琳琳、杨云清。

本标准所代替标准的历次版本发布情况为：

——GB 713—1963、GB 713—1972、GB 713—1986、GB 713—1997、GB 713—2008；

——GB 6654—1996。

锅炉和压力容器用钢板

1 范围

本标准规定了锅炉和压力容器用钢板的订货内容、牌号表示方法、尺寸、外形、重量及允许偏差、技术要求、试验方法、检验规则、包装、标志和质量证明书等。

本标准适用于锅炉和中常温压力容器的受压元件用厚度为 3 mm～250 mm 的钢板。

2 规范性引用文件

下列文件对于本文件的应用是必不可少的。凡是注日期的引用文件，仅注日期的版本适用于本文件。凡是不注日期的引用文件，其最新版本(包括所有的修改单)适用于本文件。

GB/T 222 钢的成品化学成分允许偏差

GB/T 223.3 钢铁及合金化学分析方法 二安替比林甲烷磷钼酸重量法测定磷量

GB/T 223.9 钢铁及合金 铝含量的测定 铬天青 S 分光光度法

GB/T 223.11 钢铁及合金 铬含量的测定 可视滴定或电位滴定法(GB/T 223.11—2008，ISO 4937:1986，MOD)

GB/T 223.14 钢铁及合金化学分析方法 钽试剂萃取光度法测定钒含量

GB/T 223.17 钢铁及合金化学分析方法 二安替比林甲烷光度法测定钛量

GB/T 223.18 钢铁及合金化学分析方法 硫代硫酸钠分离-碘量法测定铜量

GB/T 223.23 钢铁及合金 镍含量的测定 丁二酮肟分光光度法

GB/T 223.26 钢铁及合金 钼含量的测定 硫氰酸盐分光光度法

GB/T 223.40 钢铁及合金 铌含量的测定 氯磺酚 S 分光光度法

GB/T 223.60 钢铁及合金化学分析方法 高氯酸脱水重量法测定硅含量

GB/T 223.63 钢铁及合金化学分析方法 高碘酸钠(钾)光度法测定锰量

GB/T 223.68 钢铁及合金化学分析方法 管式炉内燃烧后碘酸钾滴定法测定硫含量

GB/T 223.69 钢铁及合金 碳含量的测定 管式炉内燃烧后气体容量法

GB/T 223.75 钢铁及合金 硼含量的测定 甲醇蒸馏-姜黄素光度法

GB/T 223.76 钢铁及合金化学分析方法 火焰原子吸收光谱法测定钒量

GB/T 223.77 钢铁及合金化学分析方法 火焰原子吸收光谱法测定钙量

GB/T 228.1 金属材料 拉伸试验 第 1 部分：室温试验方法(GB/T 228.1—2010，ISO 6892-1:2009 MOD)

GB/T 229 金属材料 夏比摆锤冲击试验方法(GB/T 229—2007，ISO 148-1:2006，MOD)

GB/T 232 金属材料 弯曲试验方法(GB/T 232—2010，ISO 7438:2005，MOD)

GB/T 247 钢板和钢带包装、标志及质量证明书的一般规定

GB/T 709—2006 热轧钢板和钢带的尺寸、外形、重量及允许偏差(GB/T 709—2006，ISO 7452:2002，ISO 16160:2000，NEQ)

GB/T 2970 厚钢板超声波检验方法

GB/T 2975 钢及钢产品 力学性能试验取样位置及试样制备(GB/T 2975—1998，eqv ISO 377:1997)

GB/T 4336 碳素钢和中低合金钢 火花源原子发射光谱分析方法(常规法)

GB/T 4338 金属材料 高温拉伸试验方法(GB/T 4338—2006,ISO 783:1999,MOD)

GB/T 5313 厚度方向性能钢板

GB/T 6803 铁素体钢的无塑性转变温度落锤试验方法

GB/T 8170 数值修约规则与极限数值的表示和判定

GB/T 8650—2006 管线钢和压力容器钢抗氢致开裂评定方法

GB/T 17505 钢及钢产品交货一般技术要求(GB/T 17505—1998,eqv ISO 404:1992)

GB/T 20066 钢和铁 化学成分测定用试样的取样和制样方法(GB/T 20066—2006,ISO 14284:1996,IDT)

GB/T 20123 钢铁 总碳硫含量的测定 高频感应炉燃烧后红外吸收法(常规方法)(GB/T 20123—2006,ISO 15350:2000,IDT)

GB/T 20125 低合金钢 多元素的测定 电感耦合等离子体发射光谱法

GB/T 28297 厚钢板超声自动检测方法

JB/T 4730.3 承压设备无损检测 第3部分:超声检测

3 订货内容

按本标准订货的合同或订单应包括下列内容:

a) 标准编号;

b) 产品名称;

c) 牌号;

d) 尺寸;

e) 交货状态;

f) 重量;

g) 附加技术要求(如降低磷、硫含量,提高冲击吸收能量指标,超声检测等)。

4 牌号表示方法

碳素钢和低合金高强度钢的牌号用屈服强度值和“屈”字、压力容器“容”字的汉语拼音首位字母表示。例如:Q345R。

钼钢、铬-钼钢的牌号,用平均含碳量和合金元素字母,压力容器“容”字的汉语拼音首位字母表示。例如:15CrMoR。

5 尺寸、外形、重量及允许偏差

5.1 钢板的尺寸、外形及允许偏差应符合 GB/T 709—2006 的规定。

5.1.1 钢板的厚度允许偏差应符合 GB/T 709—2006 的 B 类偏差。根据需方要求,可供应符合 GB/T 709—2006 的 C 类偏差的钢板。

5.1.2 根据需方要求,经供需双方协议,可供应偏差更严格的钢板。

5.2 钢板按理论重量交货,理论计重采用的厚度为钢板允许的最大厚度和最小厚度的算术平均值。计算用钢板密度为 7.85 g/cm^3。

6 技术要求

6.1 牌号与化学成分

6.1.1 钢的牌号和化学成分(熔炼分析)应符合表1的规定。

表1 化学成分

牌号	化学成分(质量分数)/%													
	C[a]	Si	Mn	Cu	Ni	Cr	Mo	Nb	V	Ti	Alt[b]	P	S	其他
Q245R	≤0.20	≤0.35	0.50~1.10	≤0.30	≤0.30	≤0.30	≤0.08	≤0.050	≤0.050	≤0.030	≥0.020	≤0.025	≤0.010	Cu+Ni+Cr+Mo≤0.70
Q345R	≤0.20	≤0.55	1.20~1.70	≤0.30	≤0.30	≤0.30	≤0.08	≤0.050	≤0.050	≤0.030	≥0.020	≤0.025	≤0.010	
Q370R	≤0.18	≤0.55	1.20~1.70	≤0.30	≤0.30	≤0.30	≤0.08	0.015~0.050	≤0.050	≤0.030	—	≤0.020	≤0.010	
Q420R	≤0.20	≤0.55	1.30~1.70	≤0.30	0.20~0.50	≤0.30	≤0.08	0.015~0.050	≤0.100	≤0.030	—	≤0.020	≤0.010	—
18MnMoNbR	≤0.21	0.15~0.50	1.20~1.60	≤0.30	≤0.30	≤0.30	0.45~0.65	0.025~0.050	—	—	—	≤0.020	≤0.010	—
13MnNiMoR	≤0.15	0.15~0.50	1.20~1.60	≤0.30	0.60~1.00	0.20~0.40	0.20~0.40	0.005~0.020	—	—	—	≤0.020	≤0.010	—
15CrMoR	0.08~0.18	0.15~0.40	0.40~0.70	≤0.30	≤0.30	0.80~1.20	0.45~0.60	—	—	—	—	≤0.025	≤0.010	—
14Cr1MoR	≤0.17	0.50~0.80	0.40~0.65	≤0.30	≤0.30	1.15~1.50	0.45~0.65	—	—	—	—	≤0.020	≤0.010	—
12Cr2Mo1R	0.08~0.15	≤0.50	0.30~0.60	≤0.20	≤0.30	2.00~2.50	0.90~1.10	—	—	—	—	≤0.020	≤0.010	—
12Cr1MoVR	0.08~0.15	0.15~0.40	0.40~0.70	≤0.30	≤0.30	0.90~1.20	0.25~0.35	—	0.15~0.30	—	—	≤0.025	≤0.010	—
12Cr2Mo1VR	0.11~0.15	≤0.10	0.30~0.60	≤0.20	≤0.25	2.00~2.50	0.90~1.10	≤0.07	0.25~0.35	≤0.030	—	≤0.010	≤0.005	B≤0.002 0 Ca≤0.015
07Cr2AlMoR	≤0.09	0.20~0.50	0.40~0.90	≤0.30	≤0.30	2.00~2.40	0.30~0.50	—	—	—	0.30~0.50	≤0.020	≤0.010	—

[a] 经供需双方协议,并在合同中注明,C含量下限可不作要求。

[b] 未注明的不作要求。

6.1.1.1　厚度大于 60 mm 的 Q345R 和 Q370R 钢板，碳含量上限可分别提高至 0.22%和 0.20%；厚度大于 60 mm 的 Q245R 钢板，锰含量上限可提高至 1.20%。

6.1.1.2　根据需方要求，07Cr2AlMoR 钢可添加适量稀土元素。

6.1.1.3　Q245R 和 Q345R 钢中可添加微量铌、钒、钛元素，其含量应填写在质量证明书中，上述 3 个元素含量总和应分别不大于 0.050%、0.12%。

6.1.1.4　作为残余元素的铬、镍、铜含量应各不大于 0.30%，钼含量应不大于 0.080%，这些元素的总含量应不大于 0.70%。供方若能保证可不做分析。

6.1.1.5　根据需方要求，Q245R、Q345R、Q370R、Q420R 等牌号可以规定碳当量，其数值由双方商定。碳当量按式(1)计算：

$$CEV(\%) = C + Mn/6 + (Cr + Mo + V)/5 + (Ni + Cu)/15 \quad \cdots\cdots(1)$$

6.1.2　成品钢板的化学成分允许偏差应符合 GB/T 222 的规定，其中 12Cr2Mo1VR 钢成品化学分析允许偏差：P+0.003%，S+0.002%。

6.2　制造方法

6.2.1　钢由氧气转炉或电炉冶炼，并应经炉外精炼。

6.2.2　连铸坯、钢锭压缩比不小于 3；电渣重熔坯压缩比不小于 2。

6.3　交货状态

6.3.1　钢板交货状态按表 2 规定。

表 2　力学性能和工艺性能

牌号	交货状态	钢板厚度 mm	拉伸试验			冲击试验		弯曲试验[b]
			R_m MPa	R_{eL}[a] MPa	断后伸长率 A %	温度 ℃	冲击吸收能量 KV_2 J	180° $b=2a$
				不小于			不小于	
Q245R	热轧、控轧或正火	3～16	400～520	245	25	0	34	$D=1.5a$
		>16～36		235				
		>36～60		225				
		>60～100	390～510	205	24			$D=2a$
		>100～150	380～500	185				
		>150～250	370～490	175				
Q345R		3～16	510～640	345	21	0	41	$D=2a$
		>16～36	500～630	325				$D=3a$
		>36～60	490～620	315				
		>60～100	490～620	305	20			
		>100～150	480～610	285				
		>150～250	470～600	265				

表 2（续）

牌号	交货状态	钢板厚度 mm	拉伸试验			冲击试验		弯曲试验[b]
			R_m MPa	R_{eL}[a] MPa	断后伸长率 A %	温度 ℃	冲击吸收能量 KV_2 J	180° $b=2a$
				不小于			不小于	
Q370R	正火	10～16	530～630	370	20	−20	47	$D=2a$
		>16～36		360				$D=3a$
		>36～60	520～620	340				
		>60～100	510～610	330				
Q420R		10～20	590～720	420	18	−20	60	$D=3a$
		>20～30	570～700	400				
18MnMoNbR	正火加回火	30～60	570～720	400	18	0	47	$D=3a$
		>60～100		390				
13MnNiMoR		30～100	570～720	390	18	0	47	$D=3a$
		>100～150		380				
15CrMoR		6～60	450～590	295	19	20	47	$D=3a$
		>60～100		275				
		>100～200	440～580	255				
14Cr1MoR		6～100	520～680	310	19	20	47	$D=3a$
		>100～200	510～670	300				
12Cr2Mo1R		6～200	520～680	310	19	20	47	$D=3a$
12Cr1MoVR	正火加回火	6～60	440～590	245	19	20	47	$D=3a$
		>60～100	430～580	235				
12Cr2Mo1VR		6～200	590～760	415	17	−20	60	$D=3a$
07Cr2AlMoR	正火加回火	6～36	420～580	260	21	20	47	$D=3a$
		>36～60	410～570	250				

[a] 如屈服现象不明显，可测量 $R_{p0.2}$ 代替 R_{eL}；

[b] a 为试样厚度；D 为弯曲压头直径。

6.3.2　18MnMoNbR、13MnNiMoR 钢板的回火温度应不低于 620 ℃；15CrMoR、14Cr1MoR 钢板的回火温度应不低于 650 ℃；12Cr2Mo1R、12Cr1MoVR、12Cr2Mo1VR 和 07Cr2AlMoR 钢板的回火温度应不低于 680 ℃。

6.3.3　经需方同意，厚度大于 60 mm 的 18MnMoNbR、13MnNiMoR、15CrMoR、14Cr1MoR、12Cr2Mo1R、12Cr1MoVR、12Cr2Mo1VR 钢板可以退火或回火状态交货。此时，这些牌号的试验用样坯应按表 2 交货状态进行热处理，性能按表 2 规定。样坯尺寸（宽度×厚度×长度）应不小于 $3t \times t \times 3t$（t 为钢板厚度）。

6.3.4　经需方同意，厚度大于 60 mm 的铬钼钢板可以正火后加速冷却加回火状态交货。

6.3.5　钢板应以剪切或用火焰切割状态交货。受设备能力限制时，经需方同意，并在合同中注明，允许以毛边状态交货。

6.4　力学和工艺性能

6.4.1　钢板的拉伸试验、夏比（V 型缺口）冲击试验和弯曲试验结果应符合表 2 的规定。

6.4.1.1　厚度大于 60 mm 的钢板，经供需双方协议，并在合同中注明，可不做弯曲试验。

6.4.1.2　根据需方要求，Q245R、Q345R 和 13MnNiMoR 钢板可进行 −20 ℃冲击试验，代替表 2 中的 0 ℃冲击试验，其冲击吸收能量值应符合表 2 的规定。

6.4.1.3　夏比（V 型缺口）冲击吸收能量，按 3 个试样的算术平均值计算，允许其中 1 个试样的单个值比表 2 规定值低，但不得低于规定值的 70%。

6.4.1.4　对厚度小于 12 mm 钢板的夏比（V 型缺口）冲击试验应采用辅助试样，>8 mm～<12 mm 钢板辅助试样尺寸为 10 mm×7.5 mm×55 mm，其试验结果应不小于表 2 规定值的 75%；6 mm～8 mm 钢板辅助试样尺寸为 10 mm×5 mm×55 mm，其试验结果应不小于表 2 规定值的 50%；厚度小于 6 mm 的钢板不做冲击试验。

6.4.2　根据需方要求，对厚度大于 20 mm 的钢板可进行高温拉伸试验，试验温度应在合同中注明。高温下的规定塑性延伸强度 $R_{p0.2}$ 或下屈服强度 R_{eL} 值应符合表 3 的规定。

表 3　高温力学性能

牌号	厚度 mm	试验温度/℃						
		200	250	300	350	400	450	500
		R_{eL}[a]（或 $R_{p0.2}$）/MPa　不小于						
Q245R	>20～36	186	167	153	139	129	121	—
	>36～60	178	161	147	133	123	116	—
	>60～100	164	147	135	123	113	106	—
	>100～150	150	135	120	110	105	95	—
	>150～250	145	130	115	105	100	90	—
Q345R	>20～36	255	235	215	200	190	180	—
	>36～60	240	220	200	185	175	165	—
	>60～100	225	205	185	175	165	155	—
	>100～150	220	200	180	170	160	150	—
	>150～250	215	195	175	165	155	145	—
Q370R	>20～36	290	275	260	245	230	—	—
	>36～60	275	260	250	235	220	—	—
	>60～100	265	250	245	230	215	—	—
18MnMoNbR	30～60	360	355	350	340	310	275	—
	>60～100	355	350	345	335	305	270	—
13MnNiMoR	30～100	355	350	345	335	305	—	—
	>100～150	345	340	335	325	300	—	—

表 3（续）

牌　号	厚度 mm	试验温度/℃						
		200	250	300	350	400	450	500
		R_{eL}[a]（或 $R_{p0.2}$）/MPa　不小于						
15CrMoR	＞20～60	240	225	210	200	189	179	174
	＞60～100	220	210	196	186	176	167	162
	＞100～200	210	199	185	175	165	156	150
14Cr1MoR	＞20～200	255	245	230	220	210	195	176
12Cr2Mo1R	＞20～200	260	255	250	245	240	230	215
12Cr1MoVR	＞20～100	200	190	176	167	157	150	142
12Cr2Mo1VR	＞20～200	370	365	360	355	350	340	325
07Cr2AlMoR	＞20～60	195	185	175	—	—	—	—
[a] 如屈服现象不明显，屈服强度取 $R_{p0.2}$。								

6.4.3　根据需方要求，可进行厚度方向的拉伸试验，在合同中注明技术要求。

6.4.4　根据需方要求，可进行落锤试验，在合同中注明技术要求。

6.5　抗氢致开裂试验

根据需方要求，可规定抗氢致开裂 HIC 用途的碳素钢和低合金钢的附加技术要求（见附录 A），合同中注明合格等级。

6.6　超声检测

根据需方要求，钢板应逐张进行超声检测，检测方法按 JB/T 4730.3、GB/T 2970 或 GB/T 28297 的规定，检测标准和合格级别应在合同中注明。

6.7　表面质量

6.7.1　钢板表面不允许存在裂纹、气泡、结疤、折叠和夹杂等对使用有害的缺陷。钢板侧面不得有分层。

如有上述表面缺陷，允许清理，清理深度从钢板实际尺寸算起，不得超过钢板厚度公差之半，并应保证钢板的最小厚度。缺陷清理处应平滑无棱角。

6.7.2　其他缺陷允许存在，其深度从钢板实际尺寸算起，不得超过厚度允许公差之半，并应保证缺陷处钢板厚度不小于钢板允许最小厚度。

6.8　其他附加要求

根据需方要求，经供需双方协议并在合同中注明，可规定临氢用途铬钼钢板的附加技术要求。

7　试验方法

钢板的检验项目、取样数量、取样方法、试验方法应符合表 4 的规定。

表4 检验项目、取样数量及试验方法

序号	检验项目	取样数量	取样方法	取样方向	试验方法
1	化学成分	1个/炉	GB/T 20066	—	GB/T 223、GB/T 4336、GB/T 20123、GB/T 20125
2	拉伸试验	1个/批	GB/T 2975	横向	GB/T 228.1
3	Z向拉伸	3个/批	GB/T 5313	—	GB/T 5313
4	弯曲试验	1个/批	GB/T 2975	横向	GB/T 232
5	冲击试验	3个/批	GB/T 2975	横向	GB/T 229
6	高温拉伸	1个/炉	GB/T 2975	横向	GB/T 4338
7	落锤试验	—	GB/T 6803	—	GB/T 6803
8	抗氢致开裂试验	—	GB/T 8650—2006	—	GB/T 8650—2006
9	超声检测	逐张	—	—	JB/T 4730.3、GB/T 2970或GB/T 28297
10	尺寸、外形	逐张	—	—	符合精度要求的适宜量具
11	表面	逐张	—	—	目视

8 检验规则

8.1 钢板检验由供方质量检验部门进行。

8.2 钢板应成批验收，每批钢板由同一牌号、同一炉号、同一厚度、同一轧制或热处理制度的钢板组成，每批重量不大于30 t。

单张重量超过30 t的钢板按轧制张组批。

正火后加速冷却加回火状态交货的钢板，按热处理张组批。

8.3 根据需方要求，经供需双方协商，厚度大于16 mm的钢板可逐轧制张进行力学性能检验。

8.4 力学性能试验取样位置按GB/T 2975的规定。对于厚度大于40 mm的钢板，冲击试样的轴线应位于厚度1/4处。

根据需方要求，经供需双方协议，冲击试样的轴线可位于厚度1/2处。

8.5 冲击试验结果不符合本标准6.4.1.3规定时，应从同一张钢板(或同一样坯)上再取3个试样进行试验，前后两组6个试样冲击吸收能量的算术平均值不得低于规定值，允许有2个试样小于规定值，但其中小于规定值70%的试样只允许有1个。

8.6 其他检验项目的复验和判定按GB/T 17505的有关规定执行。

8.7 本标准按修约值比较法，修约规则按GB/T 8170的规定。

9 包装、标志和质量证明书

钢板的包装、标志和质量证明书应符合GB/T 247的规定。

附 录 A
（规范性附录）
抗氢致开裂(HIC)试验

钢板抗氢致开裂试验及评定方法按GB/T 8650—2006,采用标准溶液A。

钢板抗氢致开裂HIC试验结果等级（溶液A)见表A.1。

表A.1 钢板抗氢致开裂HIC试验结果等级（溶液A)

等级	CLR/%	CTR/%	CSR/%
Ⅰ	≤5	≤1.5	≤0.5
Ⅱ	≤10	≤3	≤1
Ⅲ	≤15	≤5	≤2

注：CLR——裂纹长度率；
CTR——裂纹厚度率；
CSR——裂纹敏感率。

ICS 77.140.35
H 40

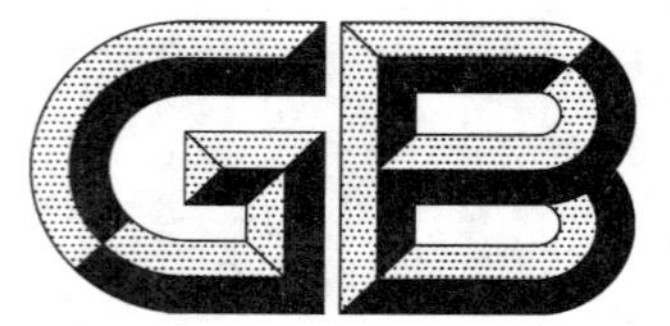

中华人民共和国国家标准

GB/T 1299—2014
代替 GB/T 1299—2000,GB/T 1298—2008

工模具钢

Tool and mould steels

2014-12-05 发布　　2015-09-01 实施

中华人民共和国国家质量监督检验检疫总局
中国国家标准化管理委员会　发布

前　言

本标准按照 GB/T 1.1—2009 给出的规则起草。

本标准代替 GB/T 1299—2000《合金工具钢》和 GB/T 1298—2008《碳素工具钢》。

本标准与 GB/T 1299—2000 相比主要变化如下：

——标准名称修改为《工模具钢》；

——锻制圆钢、方钢最大直径或边长扩大至 800 mm；热轧扁钢最大规格扩大至 200 mm(厚度)×850 mm(宽度)；锻制扁钢最大规格扩大至 1 000 mm(厚度)×1 500 mm(宽度)；

——修改了热轧圆钢、方钢交货长度及允许偏差规定；

——修改了热轧扁钢尺寸、外形及允许偏差规定；

——修改了锻制圆钢、方钢、扁钢尺寸外形及允许偏差规定；

——增加了热轧盘条、银亮钢棒、机加工交货的钢材尺寸、外形及允许偏差规定；

——增加了交货重量规定；

——增加了刃具模具钢用非合金钢和轧辊用钢两个钢类；

——增加了 55 个牌号及相关技术要求，包括：T7、T8、T8Mn、T9、T10、T11、T12、T13 等 8 个刃具模具钢用非合金钢（即原 GB/T 1298—2008 标准中牌号），6CrW2SiV 耐冲击工具用钢，9Cr2V、9Cr2Mo、9Cr2MoV、8Cr3NiMoV、9Cr5NiMoV 等 5 个轧辊用钢，MnCrWV、7CrMn2Mo、5Cr8MoVSi、Cr8Mo2VSi、W6Mo5Cr4V2、Cr8、Cr12W、7Cr7Mo2V2Si 等 8 个冷作模具用钢，4CrNi4Mo、4Cr2NiMoV、5CrNi2MoV、5Cr2NiMoVSi、4Cr5MoWVSi、5Cr5WMoSi、4Cr5Mo2V、3Cr3Mo3V、4Cr5Mo3V、3Cr3Mo3VCo3 等 10 个热作模具用钢；SM45、SM50、SM55、4Cr2Mn1MoS、8Cr2MnWMoVS、5CrNiMnMoVSCa、2CrNiMoMnV、06Ni6CrMoVTiAl、2CrNi3MoAl、1Ni3MnCuMoAl、00Ni18Co8Mo5TiAl、2Cr13、4Cr13、4Cr13NiVSi、2Cr17Ni2、3Cr17Mo、3Cr17NiMoV、9Cr18、9Cr18MoV 等 19 个塑料模具钢，2Cr25Ni20Si2、0Cr17Ni4Cu4Nb、Ni25Cr15Ti2MoMn、Ni53Cr19Mo3TiNb 等 4 个特殊用途模具钢；

——取消了成品钢材化学成分允许偏差；

——修改了钢中磷、硫及其他残余元素的规定；

——修改了钢材交货状态规定；

——修改了钢材低倍组织合格级别，并增加了电渣重熔钢低倍组织检验方法；

——加严了圆钢和方钢共晶碳化物合格级别；

——增加了非金属夹杂物检验规定；

——增加了超声检检测规定；

——加严了钢材表面质量的要求，并增加了银亮钢棒及机加工钢棒表面质量要求；

——附录 A(规范性附录)中增加了非合金钢“珠光体组织标准评级图和网状碳化物标准评级图”(即 GB/T 1298—2008 中附录 A)；

——修改了“工模具钢国内外标准牌号对照表”，并由附录 B(资料性附录)调整为附录 D(资料性附录)；

——增加了附录 B(规范性附录)“工具钢淬透性试验方法”（即 GB/T 1298—2008 中附录 B，同时规定试样取样位置按 GB/T 225 规定)；

——增加了附录 C(资料性附录)“各牌号的主要特点及用途”。

本标准由中国钢铁工业协会提出。

本标准由全国钢标准化技术委员会(SAC/TC 183)归口。

本标准主要起草单位:东北特钢集团抚顺特殊钢股份有限公司、钢铁研究总院、冶金工业标准信息研究院。

本标准主要参加起草单位:攀钢集团江油长城特殊钢有限公司、宝钢特钢有限公司、浙江伟晟控股有限公司。

本标准主要起草人:康爱军、马党参、谷强、栾燕、迟宏宵、刘振天、董学东、戴强。

本标准主要参加起草人:褚艳丽、邹莲娣、信东辉、缪志刚、冯春雨。

本标准历次版本发布情况为:

——GB/T 1299—1977,GB/T 1299—1985,GB/T 1299—2000;

——GB/T 1298—1977,GB/T 1298—1986,GB/T 1298—2008。

工模具钢

1 范围

本标准规定了工模具钢的分类、订货内容、尺寸、外形、重量及其允许偏差、技术要求、试验方法、检验规则、包装、标志及质量证明书。

本标准适用于工模具钢热轧、锻制、冷拉、银亮条钢及机加工交货钢材，其化学成分同样适用于锭、坯及其制品。

2 规范性引用文件

下列文件对于本文件的应用是必不可少的。凡是注日期的引用文件，仅注日期的版本适用于本文件。凡是不注日期的引用文件，其最新版本(包括所有的修改单)适用于本文件。

GB/T 223.5 钢铁 酸溶硅和全硅含量的测定 还原型硅钼酸盐分光光度法

GB/T 223.8 钢铁及合金化学分析方法 氟化钠分离-EDTA滴定法测定铝含量

GB/T 223.11 钢铁及合金 铬含量的测定 可视滴定或电位滴定法

GB/T 223.13 钢铁及合金化学分析方法 硫酸亚铁铵滴定法测定钒含量

GB/T 223.14 钢铁及合金化学分析方法 钽试剂萃取光度法测定钒含量

GB/T 223.18 钢铁及合金化学分析方法 硫代硫酸钠分离-碘量法测定铜量

GB/T 223.19 钢铁及合金化学分析方法 新亚铜灵-三氯甲烷萃取光度法测定铜量

GB/T 223.22 钢铁及合金化学分析方法 亚硝基R盐分光光度法测定钴量

GB/T 223.23 钢铁及合金 镍含量的测定 丁二酮肟分光光度法

GB/T 223.26 钢铁及合金 钼含量的测定 硫氰酸盐分光光度法

GB/T 223.28 钢铁及合金化学分析方法 α-安息香肟重量法测定钼量

GB/T 223.29 钢铁及合金 铅含量的测定 载体沉淀-二甲酚橙分光光度法

GB/T 223.31 钢铁及合金 砷含量的测定 蒸馏分离-钼蓝分光光度法

GB/T 223.43 钢铁及合金 钨含量的测定 重量法和分光光度法

GB/T 223.47 钢铁及合金化学分析方法 载体沉淀-钼蓝光度法测定锑量

GB/T 223.48 钢铁及合金化学分析方法 半二甲酚橙光度法测定铋量

GB/T 223.50 钢铁及合金化学分析方法 苯基荧光酮-溴化十六烷基三甲基胺直接光度法测定锡量

GB/T 223.53 钢铁及合金化学分析方法 火焰原子吸收分光光度法测定铜量

GB/T 223.54 钢铁及合金化学分析方法 火焰原子吸收分光光度法测定镍量

GB/T 223.58 钢铁及合金化学分析方法 亚砷酸钠-亚硝酸钠滴定法测定锰量

GB/T 223.59 钢铁及合金 磷含量的测定 铋磷钼蓝分光光度法和锑磷钼蓝分光光度法

GB/T 223.60 钢铁及合金化学分析方法 高氯酸脱水重量法测定硅含量

GB/T 223.61 钢铁及合金化学分析方法 磷钼酸铵容量法测定磷量

GB/T 223.62 钢铁及合金化学分析方法 乙酸丁酯萃取光度法测定磷量

GB/T 223.63 钢铁及合金化学分析方法 高碘酸钠(钾)光度法测定锰量

GB/T 223.64 钢铁及合金 锰含量的测定 火焰原子吸收光谱法

GB/T 223.67 钢铁及合金 硫含量的测定 次甲基蓝分光光度法

GB/T 223.68 钢铁及合金化学分析方法 管式炉内燃烧后碘酸钾滴定法测定硫含量

GB/T 223.69 钢铁及合金 碳含量的测定 管式炉内燃烧后气体容量法

GB/T 223.71 钢铁及合金化学分析方法 管式炉内燃烧后重量法测定碳含量

GB/T 223.72 钢铁及合金 硫含量的测定 重量法

GB/T 223.76 钢铁及合金化学分析方法 火焰原子吸收光谱法测定钒量

GB/T 223.82 钢铁 氢含量的测定 惰气脉冲熔融热导法

GB/T 223.85 钢铁及合金 硫含量的测定 感应炉燃烧后红外吸收法

GB/T 223.86 钢铁及合金 总碳含量的测定 感应炉燃烧后红外吸收法

GB/T 224 钢的脱碳层深度测定法

GB/T 225 钢 淬透性的末端淬火试验方法(Jominy 试验)

GB/T 226 钢的低倍组织及缺陷酸蚀检验法

GB/T 230.1 金属材料 洛氏硬度试验 第1部分:试验方法(A、B、C、D、E、F、G、H、K、N、T 标尺)

GB/T 231.1 金属材料 布氏硬度试验 第1部分:试验方法

GB/T 702—2008 热轧钢棒尺寸、外形、重量及允许偏差

GB/T 905—1994 冷拉圆钢、方钢、六角钢尺寸、外形、重量及允许偏差

GB/T 908—2008 锻制钢棒尺寸、外形、重量及允许偏差

GB/T 1979—2001 结构钢低倍组织缺陷评级图

GB/T 2101 型钢验收、包装、标志及质量证明书的一般规定

GB/T 3207—2008 银亮钢

GB/T 4336 碳素钢和中低合金钢 火花源原子发射光谱分析方法(常规法)

GB/T 6402—2008 钢锻件超声检测方法

GB/T 6394 金属平均晶粒度测定法

GB/T 10561—2005 钢中非金属夹杂物含量的测定—标准评级图显微检验法

GB/T 11261 钢铁 氧含量的测定 脉冲加热惰气熔融—红外线吸收法

GB/T 13298 金属显微组织检验方法

GB/T 14979—1994 钢的共晶碳化物不均匀度评定法

GB/T 14981 热轧圆盘条尺寸、外形、重量及允许偏差

GB/T 17505 钢及钢产品交货一般技术要求

GB/T 20066 钢和铁 化学成分测定用试样的取样和制样方法

GB/T 20123 钢铁 总碳硫含量的测定 高频感应炉燃烧后红外吸收法(常规方法)

GB/T 20124 钢铁 氮含量的测定 惰性气体熔融热导法(常规方法)

GJB 937—1990 弱磁材料磁导率的测量方法

ASTM A604 自耗电极重熔的钢棒和钢坯酸浸低倍试验方法(Standard test method for macroetch testing of consumable electrode remelted steel bars and billets)

3 分类

3.1 钢按用途分为八类:

a) 刃具模具用非合金钢;

b) 量具刃具用钢;

c) 耐冲击工具用钢;

d） 轧辊用钢；

e） 冷作模具用钢；

f） 热作模具用钢；

g） 塑料模具用钢；

h） 特殊用途模具用钢。

3.2 钢按使用加工方法分为两类：

a） 压力加工用钢 UP：

1） 热压力加工 UHP；

2） 冷压力加工 UCP。

b） 切削加工用钢 UC。

钢材的使用加工方法应在合同中注明。

3.3 钢按化学成分分为四类：

a） 非合金工具钢（牌号头带“T”）；

b） 合金工具钢；

c） 非合金模具钢（牌号头带“SM”）；

d） 合金模具钢。

注：非合金工具钢即为原碳素工具钢。

4 订货内容

按本标准订购的钢材的合同或订单至少应包括下列内容：

a） 标准编号；

b） 产品名称；

c） 牌号；

d） 冶炼方法（见 6.2）；

e） 交货状态；

f） 尺寸及允许偏差组别（见第 5 章）；

g） 使用加工方法（见 3.2）；

h） 其他特殊要求（见 6.12）。

5 尺寸、外形、重量

5.1 热轧钢棒及盘条的尺寸、外形及允许偏差

5.1.1 热轧圆钢和方钢

5.1.1.1 热轧圆钢和方钢的尺寸、外形及其允许偏差应符合 GB/T 702—2008 中 2 组规定。需方如要求其他组别尺寸允许偏差应在合同中注明。

5.1.1.2 热轧圆钢和方钢的通常长度应为 2 000 mm～7 000 mm，允许搭交不超过总重 10%、长度不小于1 000 mm 的短尺料。定尺或倍尺交货时，长度应在合同中注明，长度允许偏差为 $^{+60}_{0}$ mm。

5.1.2 热轧扁钢

5.1.2.1 尺寸及允许偏差

5.1.2.1.1 公称宽度 10 mm～310 mm 热轧扁钢的尺寸及其允许偏差应符合表 1 规定。

5.1.2.1.2 公称宽度大于 310 mm～850 mm 热轧扁钢的尺寸及其允许偏差应符合表 2 的规定，尺寸允许偏差组别应在合同中注明。

表 1 公称宽度 10 mm～310 mm 热轧扁钢的尺寸及其允许偏差

单位为毫米

公称宽度	允许偏差，不大于	公称厚度	允许偏差，不大于
10	+0.70	≥4～6	+0.40
>10～18	+0.80	>6～10	+0.50
>18～30	+1.20	>10～14	+0.60
>30～50	+1.60	>14～25	+0.80
>50～80	+2.30	>25～30	+1.20
>80～160	+2.50	>30～60	+1.40
>160～200	+2.80	>60～100	+1.60
>200～250	+3.00	—	—
>250～310	+3.20	—	—

表 2 公称宽度大于 310 mm～850 mm 热轧扁钢的尺寸及其允许偏差

单位为毫米

<table>
<tr><th rowspan="4">公称厚度</th><th colspan="8">尺寸允许偏差</th></tr>
<tr><th colspan="4">1 组</th><th colspan="2">2 组</th><th colspan="2">3 组</th></tr>
<tr><th colspan="2">公称宽度>300～455</th><th colspan="2">公称宽度>455～850</th><th colspan="2">公称宽度>300～850</th><th colspan="2">公称宽度 510～850</th></tr>
<tr><th>厚度允许偏差</th><th>宽度允许偏差</th><th>厚度允许偏差</th><th>宽度允许偏差</th><th>厚度允许偏差</th><th>宽度允许偏差</th><th>厚度允许偏差</th><th>宽度允许偏差</th></tr>
<tr><td>6～12</td><td>+1.2
0</td><td>+5.0
0</td><td>+1.5
0</td><td>+7.0
0</td><td>+1.5
0</td><td rowspan="6">+15.0
0</td><td rowspan="4">协议</td><td rowspan="4">协议</td></tr>
<tr><td>>12～20</td><td>+1.2
0</td><td>+6.0
−2.0</td><td>+1.5
0</td><td>+7.0
−3.0</td><td>+1.6
0</td></tr>
<tr><td>>20～70</td><td rowspan="2">+1.4
0</td><td rowspan="2">+6.0
−2.0</td><td rowspan="2">+1.7
0</td><td rowspan="2">+7.0
−3.0</td><td>+1.8
0</td></tr>
<tr><td>>70～90</td><td rowspan="3">+3.0
0</td></tr>
<tr><td>>90～100</td><td rowspan="2">+2.0
0</td><td rowspan="2">+7.0
−3.0</td><td rowspan="2">+2.0
0</td><td rowspan="2">+10.0
−3.0</td><td rowspan="2">+6.0
0</td><td rowspan="2">+15.0
0</td></tr>
<tr><td>>100～200</td></tr>
</table>

5.1.2.2 **交货长度**

5.1.2.2.1 热轧扁钢的通常交货长度应符合表 3 的规定。

表 3 热轧扁钢的通常交货长度

单位为毫米

公称宽度	通常长度	短尺长度	短尺搭交率
10～310	2 000～6 000	≥1 000	短尺长度的交货量应不超过该批钢材总重量的 10%
>310～850	1 000～6 000	≥500	

5.1.2.2.2 定尺或倍尺交货时，长度应在合同中注明，长度允许偏差为$^{+60}_{0}$ mm。

5.1.2.3 **外形**

5.1.2.3.1 热轧扁钢的弯曲度应符合表 4 的规定。

表 4 热轧扁钢的弯曲度

单位为毫米

公称宽度	尺寸允许偏差组别	弯曲度(平面、侧面)	
		每米弯曲度	总弯曲度
		不大于	
10～310	—	4.0	钢材长度的 0.40%
>310～850	1 组	3.0	钢材长度的 0.30%
	2 组、3 组	4.0	钢材长度的 0.40%

5.1.2.3.2 热轧扁钢的截面形状不正见 GB/T 702—2008 的图 4，其最大允许尺寸(或侧边鼓形)C 值应符合下列规定：

a) 公称宽度 10 mm～310 mm 热轧扁钢的 C 值应符合 GB/T 702—2008 中表 12 的规定；

b) 公称宽度大于 310 mm～850 mm 热轧扁钢的 C 值应符合表 5 的规定；

c) 如果 C 值超差，可通过机加工清理，供方如能保证 C 值合格可不检测。

表 5 公称宽度大于 310 mm～850 mm 热轧扁钢允许的截面不正 C 值

单位为毫米

1 组			2 组		3 组	
公称厚度	公称宽度 >310～455	公称宽度 >455～850	公称厚度	公称宽度 >310～850	公称厚度	公称宽度 >510～850
	不大于			不大于		不大于
6～40	2.5	3.0	6～13	8.0	100～200	10.0
>40～70	2.0	2.5	>13～50	3.0		
>70～90	1.5	2.0	>50～200	8.0		
>90～200	2.0	2.5				

5.1.2.3.3 热轧扁钢的圆角半径 R 应符合表 6 的规定。

表 6　热轧扁钢的圆角半径　　单位为毫米

公称宽度	尺寸允许偏差组别	圆角半径 R，不大于
10～310	—	允许稍带钝角
＞310～850	1 组	4.0
	2 组、3 组	10.0

5.1.2.3.4　热轧扁钢的端头应剪切正直。两端的毛刺应清除，但允许有不大于 5.0 mm 的毛刺存在。用压力机剪切的热轧扁钢，其两端允许有局部变形。热轧扁钢的切斜度应符合表 7 规定。

表 7　热轧扁钢的切斜度　　单位为毫米

公称宽度	切斜度	
10～310	宽度≤100	≤6.0
	宽度＞100	≤8.0
＞310～850	厚度	≤厚度的 8%
	宽度	≤宽度的 4%

5.1.2.3.5　热轧扁钢不允许有明显的扭转。在同一截面上两对角线长度差应不大于扁钢的公称宽度公差。

5.1.3　热轧盘条

热轧盘条的尺寸、外形及允许偏差应符合 GB/T 14981 的规定。

5.2　锻制钢棒的尺寸、外形及允许偏差

5.2.1　锻制圆钢和方钢

5.2.1.1　公称直径或边长 90 mm～400 mm 的锻制圆钢和方钢的尺寸及其允许偏差应符合 GB/T 908—2008 表 3 中 2 组规定，需方如要求其他组别尺寸允许偏差应在合同中注明。

5.2.1.2　公称直径或边长大于 400 mm～800 mm 的锻制圆钢和方钢的尺寸允许偏差应符合表 8 的规定。

表 8　公称直径或边长大于 400 mm～800 mm 的锻制圆钢和方钢的尺寸允许偏差　　单位为毫米

公称直径或边长	尺寸允许偏差
＞400～500	+12.0 −3.0
＞500～800	+13.0 −3.0

5.2.1.3　锻制圆钢和方钢的交货长度应不小于 1 000 mm，允许搭交不超过总重 10%、长度不小于 500 mm的短尺料。定尺或倍尺交货时，长度应在合同中注明，长度允许偏差为 $^{+80}_{0}$ mm。

5.2.1.4　锻制圆钢的弯曲度应每米不大于 5.0 mm，总弯曲度应不大于总长度的 0.50%；圆钢的不圆度应不大于公称直径公差的 0.7 倍。

5.2.1.5 锻制方钢的弯曲度应每米不大于5.0 mm,总弯曲度应不大于总长度的0.5%;方钢在同一截面的对角线长度之差应不大于公称边长公差的0.7倍;边长不大于300 mm的方钢,棱角处圆角半径 R 应不大于5.0 mm,边长大于300 mm的方钢,棱角处圆角半径应不大于10.0 mm,但其相对圆角之间的距离(对角线)应不小于公称边长的1.3倍;方钢不允许有显著的扭转。

5.2.1.6 锻制圆钢和方钢的两端应锯切平直。

5.2.2 锻制扁钢

5.2.2.1 公称宽度40 mm~300 mm锻制扁钢的尺寸及其允许偏差应符合GB/T 908—2008中表4中2组的规定。需方如要求其他组别尺寸允许偏差应在合同中注明。

5.2.2.2 公称宽度大于300 mm~1 500 mm锻制扁钢的尺寸及其允许偏差应符合表9的规定。

表9 公称宽度大于300 mm~1 500 mm锻制扁钢的尺寸及其允许偏差 单位为毫米

公称厚度	厚度允许偏差	公称宽度	宽度允许偏差
>160~200	+8.0 0	>300~400	+15.0 0
>200~400	+10.0 0	>400~600	+20.0 0
>400~1 000	+15.0 0	>600~1 500	+25.0 0
锻制扁钢的截面积≤1 200 000 mm^2,宽:厚≤6:1。			

5.2.2.3 锻制扁钢的交货长度应不小于1 000 mm,允许搭交不超过总重10%、长度不小于500 mm的短尺料。定尺或倍尺交货时,长度应在合同中注明,长度允许偏差为$^{+80}_{0}$ mm。

5.2.2.4 锻制扁钢的平面弯曲度应每米不大于5.0 mm,总平面弯曲度应不大于总长度的0.50%;扁钢的侧面弯曲度(镰刀弯)应每米不大于5.0 mm,总侧面弯曲度(镰刀弯)应不大于总长度的0.50%。

5.2.2.5 公称厚度或宽度不大于300 mm的扁钢,棱角处圆角半径 R 应不大于5.0 mm;公称厚度或宽度大于300 mm的扁钢,棱角处圆角半径 R 应不大于10.0 mm,但扁钢在同一截面上两对角线长度差应不大于其公称宽度公差。扁钢不允许有显著的扭转。

5.2.2.6 锻制扁钢两端应锯切平直。

5.3 冷拉钢棒尺寸、外形及允许偏差

冷拉钢棒的尺寸、外形及其允许偏差应符合GB/T 905—1994的h11级规定。需方如要求其他组别尺寸允许偏差应在合同中注明。

5.4 银亮钢棒的尺寸、外形及允许偏差

银亮钢棒的尺寸、外形及其允许偏差应符合GB/T 3207—2008的h11级规定。需方如要求其他组别尺寸允许偏差应在合同中注明。

5.5 机加工交货钢材尺寸、外形及允许偏差

5.5.1 机加工钢材的尺寸允许偏差应符合表10的规定。需方如要求其他尺寸允许偏差应在合同中注明。

表 10　机加工钢材的尺寸允许偏差

单位为毫米

公称尺寸(直径、边长或宽度、厚度)	允许偏差
≤200	+1.5 0
>200～400	+2.0 0
>400	+3.0 0

5.5.2　机加工钢材的弯曲度应每米不大于 2.5 mm;方钢和扁钢的圆角半径 R 应不大于 2.0 mm。其他要求按相应标准执行。

5.6　重量

钢材一般按实际重量交货。

6　技术要求

6.1　牌号及化学成分

6.1.1　钢的牌号及化学成分(成品分析)应符合表 11～表 18 的规定。

表 11　刃具模具用非合金钢的牌号及化学成分

序号	统一数字代号	牌　号	化学成分(质量分数)/%		
			C	Si	Mn
1-1	T00070	T7	0.65～0.74	≤0.35	≤0.40
1-2	T00080	T8	0.75～0.84	≤0.35	≤0.40
1-3	T01080	T8Mn	0.80～0.90	≤0.35	0.40～0.60
1-4	T00090	T9	0.85～0.94	≤0.35	≤0.40
1-5	T00100	T10	0.95～1.04	≤0.35	≤0.40
1-6	T00110	T11	1.05～1.14	≤0.35	≤0.40
1-7	T00120	T12	1.15～1.24	≤0.35	≤0.40
1-8	T00130	T13	1.25～1.35	≤0.35	≤0.40
表中钢可供应高级优质钢，此时牌号后加“A”。					

表 12　量具刃具用钢的牌号及化学成分

序号	统一数字代号	牌　号	化学成分(质量分数)/%				
			C	Si	Mn	Cr	W
2-1	T31219	9SiCr	0.85～0.95	1.20～1.60	0.30～0.60	0.95～1.25	—
2-2	T30108	8MnSi	0.75～0.85	0.30～0.60	0.80～1.10	—	—
2-3	T30200	Cr06	1.30～1.45	≤0.40	≤0.40	0.50～0.70	—
2-4	T31200	Cr2	0.95～1.10	≤0.40	≤0.40	1.30～1.65	—
2-5	T31209	9Cr2	0.80～0.95	≤0.40	≤0.40	1.30～1.70	—
2-6	T30800	W	1.05～1.25	≤0.40	≤0.40	0.10～0.30	0.80～1.20

表 13　耐冲击工具用钢的牌号及化学成分

序号	统一数字代号	牌　号	化学成分(质量分数)/%						
			C	Si	Mn	Cr	W	Mo	V
3-1	T40294	4CrW2Si	0.35～0.45	0.80～1.10	≤0.40	1.00～1.30	2.00～2.50	—	—
3-2	T40295	5CrW2Si	0.45～0.55	0.50～0.80	≤0.40	1.00～1.30	2.00～2.50	—	—
3-3	T40296	6CrW2Si	0.55～0.65	0.50～0.80	≤0.40	1.10～1.30	2.20～2.70	—	—
3-4	T40356	6CrMnSi2Mo1V	0.50～0.65	1.75～2.25	0.60～1.00	0.10～0.50	—	0.20～1.35	0.15～0.35
3-5	T40355	5Cr3MnSiMo1	0.45～0.55	0.20～1.00	0.20～0.90	3.00～3.50	—	1.30～1.80	≤0.35
3-6	T40376	6CrW2SiV	0.55～0.65	0.70～1.00	0.15～0.45	0.90～1.20	1.70～2.20	—	0.10～0.20

表 14　轧辊用钢的牌号及化学成分

序号	统一数字代号	牌　号	化学成分(质量分数)/%									
			C	Si	Mn	P	S	Cr	W	Mo	Ni	V
4-1	T42239	9Cr2V	0.85～0.95	0.20～0.40	0.20～0.45	[a]	[a]	1.40～1.70	—	—	—	0.10～0.25
4-2	T42309	9Cr2Mo	0.85～0.95	0.25～0.45	0.20～0.35	[a]	[a]	1.70～2.10	—	0.20～0.40	—	—
4-3	T42319	9Cr2MoV	0.80～0.90	0.15～0.40	0.25～0.55	[a]	[a]	1.80～2.40	—	0.20～0.40	—	0.05～0.15
4-4	T42518	8Cr3NiMoV	0.82～0.90	0.30～0.50	0.20～0.45	≤0.020	≤0.015	2.80～3.20	—	0.20～0.40	0.60～0.80	0.05～0.15
4-5	T42519	9Cr5NiMoV	0.82～0.90	0.50～0.80	0.20～0.50	≤0.020	≤0.015	4.80～5.20	—	0.20～0.40	0.30～0.50	0.10～0.20
[a] 见表 19。												

表 15　冷作模具用钢的牌号及化学成分

序号	统一数字代号	牌　号	化学成分(质量分数)/%										
			C	Si	Mn	P	S	Cr	W	Mo	V	Nb	Co
5-1	T20019	9Mn2V	0.85～0.95	≤0.40	1.70～2.00	a	a	—	—	—	0.10～0.25	—	—
5-2	T20299	9CrWMn	0.85～0.95	≤0.40	0.90～1.20	a	a	0.50～0.80	0.50～0.80	—	—	—	—
5-3	T21290	CrWMn	0.90～1.05	≤0.40	0.80～1.10	a	a	0.90～1.20	1.20～1.60	—	—	—	—
5-4	T20250	MnCrWV	0.90～1.05	0.10～0.40	1.05～1.35	a	a	0.50～0.70	0.50～0.70	—	0.05～0.15	—	—
5-5	T21347	7CrMn2Mo	0.65～0.75	0.10～0.50	1.80～2.50	a	a	0.90～1.20	—	0.90～1.40	—	—	—
5-6	T21355	5Cr8MoVSi	0.48～0.53	0.75～1.05	0.35～0.50	≤0.030	≤0.015	8.00～9.00	—	1.25～1.70	0.30～0.55	—	—
5-7	T21357	7CrSiMnMoV	0.65～0.75	0.85～1.15	0.65～1.05	a	a	0.90～1.20	—	0.20～0.50	0.15～0.30	—	—
5-8	T21350	Cr8Mo2SiV	0.95～1.03	0.80～1.20	0.20～0.50	a	a	7.80～8.30	—	2.00～2.80	0.25～0.40	—	—
5-9	T21320	Cr4W2MoV	1.12～1.25	0.40～0.70	≤0.40	a	a	3.50～4.00	1.90～2.60	0.80～1.20	0.80～1.10	—	—
5-10	T21386	6Cr4W3Mo2VNb	0.60～0.70	≤0.40	≤0.40	a	a	3.80～4.40	2.50～3.50	1.80～2.50	0.80～1.20	0.20～0.35	—
5-11	T21836	6W6Mo5Cr4V	0.55～0.65	≤0.40	≤0.60	a	a	3.70～4.30	6.00～7.00	4.50～5.50	0.70～1.10	—	—
5-12	T21830	W6Mo5Cr4V2	0.80～0.90	0.15～0.40	0.20～0.45	a	a	3.80～4.40	5.50～6.75	4.50～5.50	1.75～2.20	—	—
5-13	T21209	Cr8	1.60～1.90	0.20～0.60	0.20～0.60	a	a	7.50～8.50	—	—	—	—	—
5-14	T21200	Cr12	2.00～2.30	≤0.40	≤0.40	a	a	11.50～13.00	—	—	—	—	—
5-15	T21290	Cr12W	2.00～2.30	0.10～0.40	0.30～0.60	a	a	11.00～13.00	0.60～0.80	—	—	—	—
5-16	T21317	7Cr7Mo2V2Si	0.68～0.78	0.70～1.20	≤0.40	a	a	6.50～7.50	—	1.90～2.30	1.80～2.20	—	—
5-17	T21318	Cr5Mo1V	0.95～1.05	≤0.50	≤1.00	a	a	4.75～5.50	—	0.90～1.40	0.15～0.50	—	—
5-18	T21319	Cr12MoV	1.45～1.70	≤0.40	≤0.40	a	a	11.00～12.50	—	0.40～0.60	0.15～0.30	—	—
5-19	T21310	Cr12Mo1V1	1.40～1.60	≤0.60	≤0.60	a	a	11.00～13.00	—	0.70～1.20	0.50～1.10	—	≤1.00

[a] 见表 19。

表 16 热作模具用钢的牌号及化学成分

序号	统一数字代号	牌　号	化学成分(质量分数)/%											
			C	Si	Mn	P	S	Cr	W	Mo	Ni	V	Al	Co
6-1	T22345	5CrMnMo	0.50～0.60	0.25～0.60	1.20～1.60	a	a	0.60～0.90	—	0.15～0.30	—	—	—	—
6-2	T22505	5CrNiMo[b]	0.50～0.60	≤0.40	0.50～0.80	a	a	0.50～0.80	—	0.15～0.30	1.40～1.80	—	—	—
6-3	T23504	4CrNi4Mo	0.40～0.50	0.10～0.40	0.20～0.50	a	a	1.20～1.50	—	0.15～0.35	3.80～4.30	—	—	—
6-4	T23514	4Cr2NiMoV	0.35～0.45	≤0.40	≤0.40	a	a	1.80～2.20	—	0.45～0.60	1.10～1.50	0.10～0.30	—	—
6-5	T23515	5CrNi2MoV	0.50～0.60	0.10～0.40	0.60～0.90	a	a	0.80～1.20	—	0.35～0.55	1.50～1.80	0.05～0.15	—	—
6-6	T23535	5Cr2NiMoVSi	0.46～0.54	0.60～0.90	0.40～0.60	a	a	1.50～2.00	—	0.80～1.20	0.80～1.20	0.30～0.50	—	—
6-7	T23208	8Cr3	0.75～0.85	≤0.40	≤0.40	a	a	3.20～3.80	—	—	—	—	—	—
6-8	T23274	4Cr5W2VSi	0.32～0.42	0.80～1.20	≤0.40	a	a	4.50～5.50	1.60～2.40	—	—	0.60～1.00	—	—
6-9	T23273	3Cr2W8V	0.30～0.40	≤0.40	≤0.40	a	a	2.20～2.70	7.50～9.00	—	—	0.20～0.50	—	—
6-10	T23352	4Cr5MoSiV	0.33～0.43	0.80～1.20	0.20～0.50	a	a	4.75～5.50	—	1.10～1.60	—	0.30～0.60	—	—
6-11	T23353	4Cr5MoSiV1	0.32～0.45	0.80～1.20	0.20～0.50	a	a	4.75～5.50	—	1.10～1.75	—	0.80～1.20	—	—
6-12	T23354	4Cr3Mo3SiV	0.35～0.45	0.80～1.20	0.25～0.70	a	a	3.00～3.75	—	2.00～3.00	—	0.25～0.75	—	—
6-13	T23355	5Cr4Mo3SiMnVA1	0.47～0.57	0.80～1.10	0.80～1.10	a	a	3.80～4.30	—	2.80～3.40	—	0.80～1.20	0.30～0.70	—
6-14	T23364	4CrMnSiMoV	0.35～0.45	0.80～1.10	0.80～1.10	a	a	1.30～1.50	—	0.40～0.60	—	0.20～0.40	—	—
6-15	T23375	5Cr5WMoSi	0.50～0.60	0.75～1.10	0.20～0.50	a	a	4.75～5.50	1.00～1.50	1.15～1.65	—	—	—	—
6-16	T23324	4Cr5MoWVSi	0.32～0.40	0.80～1.20	0.20～0.50	a	a	4.75～5.50	1.10～1.60	1.25～1.60	—	0.20～0.50	—	
6-17	T23323	3Cr3Mo3W2V	0.32～0.42	0.60～0.90	≤0.65	a	a	2.80～3.30	1.20～1.80	2.50～3.00	—	0.80～1.20	—	—
6-18	T23325	5Cr4W5Mo2V	0.40～0.50	≤0.40	≤0.40	a	a	3.40～4.40	4.50～5.30	1.50～2.10	—	0.70～1.10	—	—
6-19	T23314	4Cr5Mo2V	0.35～0.42	0.25～0.50	0.40～0.60	≤0.020	≤0.008	5.00～5.50	—	2.30～2.60	—	0.60～0.80	—	—
6-20	T23313	3Cr3Mo3V	0.28～0.35	0.10～0.40	0.15～0.45	≤0.030	≤0.020	2.70～3.20	—	2.50～3.00	—	0.40～0.70	—	—
6-21	T23314	4Cr5Mo3V	0.35～0.40	0.30～0.50	0.30～0.50	≤0.030	≤0.020	4.80～5.20	—	2.70～3.20	—	0.40～0.60	—	—
6-22	T23393	3Cr3Mo3VCo3	0.28～0.35	0.10～0.40	0.15～0.45	≤0.030	≤0.020	2.70～3.20	—	2.60～3.00	—	0.40～0.70	—	2.50～3.00

[a] 见表 19。

[b] 经供需双方同意允许钒含量小于 0.20%。

表 17　塑料模具用钢的牌号及化学成分

序号	统一数字代号	牌　号	化学成分(质量分数)/%												
			C	Si	Mn	P	S	Cr	W	Mo	Ni	V	Al	Co	其他
7-1	T10450	SM45	0.42～0.48	0.17～0.37	0.50～0.80	a	a	—	—	—	—	—	—	—	—
7-2	T10500	SM50	0.47～0.53	0.17～0.37	0.50～0.80	a	a	—	—	—	—	—	—	—	—
7-3	T10550	SM55	0.52～0.58	0.17～0.37	0.50～0.80	a	a	—	—	—	—	—	—	—	—
7-4	T25303	3Cr2Mo	0.28～0.40	0.20～0.80	0.60～1.00	a	a	1.40～2.00	—	0.30～0.55	—	—	—	—	—
7-5	T25553	3Cr2MnNiMo	0.32～0.40	0.20～0.40	1.10～1.50	a	a	1.70～2.00	—	0.25～0.40	0.85～1.15	—	—	—	—
7-6	T25344	4Cr2Mn1MoS	0.35～0.45	0.30～0.50	1.40～1.60	≤0.030	0.05～0.10	1.80～2.00	—	0.15～0.25	—	—	—	—	—
7-7	T25378	8Cr2MnWMoVS	0.75～0.85	≤0.40	1.30～1.70	≤0.030	0.08～0.15	2.30～2.60	0.70～1.10	0.50～0.80	—	0.10～0.25	—	—	—
7-8	T25515	5CrNiMnMoVSCa	0.50～0.60	≤0.45	0.80～1.20	≤0.030	0.06～0.15	0.80～1.20	—	0.30～0.60	0.80～1.20	0.15～0.30	—	—	Ca:0.002～0.008
7-9	T25512	2CrNiMoMnV	0.24～0.30	≤0.30	1.40～1.60	≤0.025	≤0.015	1.25～1.45	—	0.45～0.60	0.80～1.20	0.10～0.20	—	—	—
7-10	T25572	2CrNi3MoAl	0.20～0.30	0.20～0.50	0.50～0.80	a	a	1.20～1.80	—	0.20～0.40	3.00～4.00	—	1.00～1.60	—	—
7-11	T25611	1Ni3MnCuMoAl	0.10～0.20	≤0.45	1.40～2.00	≤0.030	≤0.015	—	—	0.20～0.50	2.90～3.40	—	0.70～1.20	—	Cu:0.80～1.20
7-12	A64060	06Ni6CrMoVTiAl	≤0.06	≤0.50	≤0.50	a	a	1.30～1.60	—	0.90～1.20	5.50～6.50	0.08～0.16	0.50～0.90	—	Ti:0.90～1.30
7-13	A64000	00Ni18Co8Mo5TiAl	≤0.03	≤0.10	≤0.15	≤0.010	≤0.010	≤0.60	—	4.50～5.00	17.5～18.5	—	0.05～0.15	8.50～10.0	Ti:0.80～1.10
7-14	S42023	2Cr13	0.16～0.25	≤1.00	≤1.00	a	a	12.00～14.00	—	—	≤0.60	—	—	—	—
7-15	S42043	4Cr13	0.36～0.45	≤0.60	≤0.80	a	a	12.00～14.00	—	—	≤0.60	—	—	—	—
7-16	T25444	4Cr13NiVSi	0.36～0.45	0.90～1.20	0.40～0.70	≤0.010	≤0.003	13.00～14.00	—	—	0.15～0.30	0.25～0.35	—	—	—
7-17	T25402	2Cr17Ni2	0.12～0.22	≤1.00	≤1.50	a	a	15.00～17.00	—	—	1.50～2.50	—	—	—	—
7-18	T25303	3Cr17Mo	0.33～0.45	≤1.00	≤1.50	a	a	15.50～17.50	—	0.80～1.30	≤1.00	—	—	—	—
7-19	T25513	3Cr17NiMoV	0.32～0.40	0.30～0.60	0.60～0.80	≤0.025	≤0.005	16.00～18.00	—	1.00～1.30	0.60～1.00	0.15～0.35	—	—	—
7-20	S44093	9Cr18	0.90～1.00	≤0.80	≤0.80	a	a	17.00～19.00	—	—	≤0.60	—	—	—	—
7-21	S46993	9Cr18MoV	0.85～0.95	≤0.80	≤0.80	a	a	17.00～19.00	—	1.00～1.30	≤0.60	0.07～0.12	—	—	—

[a] 见表 19。

表 18 特殊用途模具用钢的牌号及化学成分

序号	统一数字代号	牌号	化学成分(质量分数)/%													
			C	Si	Mn	P	S	Cr	W	Mo	Ni	V	Al	Nb	Co	其他
8-1	T26377	7Mn15Cr2Al3V2WMo	0.65～0.75	≤0.80	14.50～16.50	a	a	2.00～2.50	0.50～0.80	0.50～0.80	—	1.50～2.00	2.30～3.30	—	—	—
8-2	S31049	2Cr25Ni20Si2	≤0.25	1.50～2.50	≤1.50	a	a	24.00～27.00	—	—	18.00～21.00	—	—	—	—	—
8-3	S51740	0Cr17Ni4Cu4Nb	≤0.07	≤1.00	≤1.00	a	a	15.00～17.00	—	—	3.00～5.00	—	—	Nb:0.15～0.45	—	Cu:3.00～5.00
8-4	H21231	Ni25Cr15Ti2MoMn	≤0.08	≤1.00	≤2.00	≤0.030	≤0.020	13.50～17.00	—	1.00～1.50	22.00～26.00	0.10～0.50	≤0.40	—	—	Ti:1.80～2.50 B:0.001～0.010
8-5	H07718	Ni53Cr19Mo3TiNb	≤0.08	≤0.35	≤0.35	≤0.015	≤0.015	17.00～21.00	—	2.80～3.30	50.00～55.00	—	0.20～0.80	Nb+Ta[b]:4.75～5.50	≤1.00	Ti:0.65～1.15 B≤0.006

[a] 见表 19。

[b] 除非特殊要求,允许仅分析 Nb 。

6.1.2 钢中残余元素含量应符合表19的规定。

表19 钢中残余元素含量

<table>
<tr><th rowspan="2">组别</th><th rowspan="2">冶炼方法</th><th colspan="7">化学成分(质量分数)/%,不大于</th></tr>
<tr><th colspan="2">P</th><th colspan="2">S</th><th>Cu</th><th>Cr</th><th>Ni</th></tr>
<tr><td rowspan="2">1</td><td rowspan="2">电弧炉</td><td>高级优质非合金工具钢</td><td>0.030</td><td>高级优质非合金工具钢</td><td>0.020</td><td rowspan="5">0.25</td><td rowspan="5">0.25</td><td rowspan="5">0.25</td></tr>
<tr><td>其他钢类</td><td>0.030</td><td>其他钢类</td><td>0.030</td></tr>
<tr><td rowspan="2">2</td><td rowspan="2">电弧炉+真空脱气</td><td>冷作模具用钢
高级优质非合金工具钢</td><td>0.030</td><td>冷作模具用钢
高级优质非合金工具钢</td><td>0.020</td></tr>
<tr><td>其他钢类</td><td>0.025</td><td>其他钢类</td><td>0.025</td></tr>
<tr><td>3</td><td>电弧炉+电渣重熔
真空电弧重熔(VAR)</td><td colspan="2">0.025</td><td colspan="2">0.010</td></tr>
<tr><td colspan="9">供制造铅浴淬火非合金工具钢丝时,钢中残余铬含量不大于0.10%,镍含量不大于0.12%,铜含量不大于0.20%,三者之和不大于0.40%。</td></tr>
</table>

6.1.3 经供需双方协商,可对铅、砷、锡、锑、铋、氢、氧、氮等元素进行检测,具体要求合同注明。

6.2 冶炼方法

钢应采用电弧炉、电弧炉+真空脱气、电弧炉+电渣重熔、真空电弧重熔(VAR)及其他满足要求的方法冶炼,具体冶炼方法应在合同注明。

6.3 交货状态

6.3.1 工具钢材一般以退火状态交货,但SM45、SM50、SM55、2Cr25Ni20Si2及7Mn15Cr2Al3V2Mo钢一般以热轧或热锻状态交货,非合金工具钢可退火后冷拉交货。

6.3.2 根据需方要求,并在合同中注明,塑料模具钢材、热作模具钢材、冷作模具钢材及特殊用途模具钢材可以预硬化状态交货。

6.4 交货硬度

6.4.1 交货状态钢材的硬度值和试样的淬火硬度值应符合表20~表27的规定。供方若能保证试样淬火硬度值符合表20~表27的规定时可不作检验。

6.4.2 截面尺寸小于5 mm的退火钢材不作硬度试验。根据需方要求,可作拉伸或其他试验,技术指标由供需双方协商规定。

表20 刃具模具用非合金钢交货状态的硬度值和试样的淬火硬度值

序号	统一数字代号	牌号	退火交货状态的钢材硬度 HBW,不大于	试样淬火硬度		
				淬火温度 ℃	冷却剂	洛氏硬度 HRC 不小于
1-1	T00070	T7	187	800~820	水	62
1-2	T00080	T8	187	780~800	水	62
1-3	T01080	T8Mn	187	780~800	水	62
1-4	T00090	T9	192	760~780	水	62

表 20（续）

序号	统一数字代号	牌号	退火交货状态的钢材硬度HBW,不大于	试样淬火硬度		
				淬火温度℃	冷却剂	洛氏硬度HRC不小于
1-5	T00100	T10	197	760～780	水	62
1-6	T00110	T11	207	760～780	水	62
1-7	T00120	T12	207	760～780	水	62
1-8	T00130	T13	217	760～780	水	62
非合金工具钢材退火后冷拉交货的布氏硬度应不大于 HBW241。						

表 21 量具刃具用钢交货状态的硬度值和试样的淬火硬度值

序号	统一数字代号	牌号	退火交货状态的钢材硬度HBW	试样淬火硬度		
				淬火温度℃	冷却剂	洛氏硬度HRC不小于
2-1	T31219	9SiCr	197～241[a]	820～860	油	62
2-2	T30108	8MnSi	≤229	800～820	油	60
2-3	T30200	Cr06	187～241	780～810	水	64
2-4	T31200	Cr2	179～229	830～860	油	62
2-5	T31209	9Cr2	179～217	820～850	油	62
2-6	T30800	W	187～229	800～830	水	62
[a] 根据需方要求,并在合同中注明,制造螺纹刃具用钢为 HBW187～HBW229。						

表 22 耐冲击工具用钢交货状态的硬度值和试样的淬火硬度值

序号	统一数字代号	牌号	退火交货状态的钢材硬度HBW	试样淬火硬度		
				淬火温度℃	冷却剂	洛氏硬度HRC不小于
3-1	T40294	4CrW2Si	179～217	860～900	油	53
3-2	T40295	5CrW2Si	207～255	860～900	油	55
3-3	T40296	6CrW2Si	229～285	860～900	油	57
3-4	T40356	6CrMnSi2Mo1V[a]	≤229	667 ℃±15 ℃预热,885 ℃(盐浴)或900 ℃(炉控气氛)±6 ℃加热,保温5 min～15 min油冷,58 ℃～204 ℃回火		58
3-5	T40355	5Cr3MnSiMo1V[a]	≤235	667 ℃±15 ℃预热,941 ℃(盐浴)或955 ℃(炉控气氛)±6 ℃加热,保温5 min～15 min油冷,56 ℃～204 ℃回火		56
3-6	T40376	6CrW2SiV	≤225	870～910	油	58
注:保温时间指试样达到加热温度后保持的时间。						
[a] 试样在盐浴中保持时间为 5 min,在炉控气氛中保持时间为 5 min～15 min。						

表 23　轧辊用钢交货状态的硬度值和试样的淬火硬度值

序号	统一数字代号	牌号	退火交货状态的钢材硬度 HBW	试样淬火硬度		
				淬火温度 ℃	冷却剂	洛氏硬度 HRC 不小于
4-1	T42239	9Cr2V	≤229	830～900	空气	64
4-2	T42309	9Cr2Mo	≤229	830～900	空气	64
4-3	T42319	9Cr2MoV	≤229	880～900	空气	64
4-4	T42518	8Cr3NiMoV	≤269	900～920	空气	64
4-5	T42519	9Cr5NiMoV	≤269	930～950	空气	64

表 24　冷作模具用钢交货状态的硬度值和试样的淬火硬度值

序号	统一数字代号	牌号	退火交货状态的钢材硬度 HBW	试样淬火硬度		
				淬火温度 ℃	冷却剂	洛氏硬度 HRC 不小于
5-1	T20019	9Mn2V	≤229	780～810	油	62
5-2	T20299	9CrWMn	197～241	800～830	油	62
5-3	T21290	CrWMn	207～255	800～830	油	62
5-4	T20250	MnCrWV	≤255	790～820	油	62
5-5	T21347	7CrMn2Mo	≤235	820～870	空气	61
5-6	T21355	5Cr8MoVSi	≤229	1 000～1 050	油	59
5-7	T21357	7CrSiMnMoV	≤235	870 ℃～900 ℃油冷或空冷，150 ℃±10 ℃回火空冷		60
5-8	T21350	Cr8Mo2SiV	≤255	1 020～1 040	油或空气	62
5-9	T21320	Cr4W2MoV	≤269	960～980 或 1 020～1 040	油	60
5-10	T21386	6Cr4W3Mo2VNb[b]	≤255	1 100～1 160	油	60
5-11	T21836	6W6Mo5Cr4V	≤269	1 180～1 200	油	60
5-12	T21830	W6Mo5Cr4V2[a]	≤255	730 ℃～840 ℃预热，1 210 ℃～1 230 ℃(盐浴或控制气氛)加热，保温 5 min～15 min 油冷，540 ℃～560 ℃回火两次(盐浴或控制气氛)，每次 2 h		64(盐浴) 63(炉控气氛)
5-13	T21209	Cr8	≤255	920～980	油	63
5-14	T21200	Cr12	217～269	950～1 000	油	60
5-15	T21290	Cr12W	≤255	950～980	油	60
5-16	T21317	7Cr7Mo2V2Si	≤255	1 100～1 150	油或空气	60
5-17	T21318	Cr5Mo1V[a]	≤255	790 ℃±15 ℃预热，940 ℃(盐浴)或 950 ℃(炉控气氛)±6 ℃加热，保温 5 min～15 min 油冷；200 ℃±6 ℃回火一次，2 h		60
5-18	T21319	Cr12MoV	207～255	950～1 000	油	58

表 24（续）

序号	统一数字代号	牌号	退火交货状态的钢材硬度 HBW	试样淬火硬度		
				淬火温度 ℃	冷却剂	洛氏硬度 HRC 不小于
5-19	T21310	Cr12Mo1V1[b]	≤255	820 ℃±15 ℃预热，1 000 ℃（盐浴）±6 ℃或 1 010 ℃（炉控气氛）±6 ℃加热，保温 10 min～20 min 空冷，200 ℃±6 ℃回火一次，2 h		59

注：保温时间指试样达到加热温度后保持的时间。

[a] 试样在盐浴中保持时间为 5 min，在炉控气氛中保持时间为 5 min～15 min。

[b] 试样在盐浴中保持时间为 10 min；在炉控气氛中保持时间为 10 min～20 min。

表 25 热作模具用钢交货状态的硬度值和试样的淬火硬度值

序号	统一数字代号	牌号	退火交货状态的钢材硬度 HBW	试样淬火硬度		
				淬火温度 ℃	冷却剂	洛氏硬度 HRC
6-1	T22345	5CrMnMo	197～241	820～850	油	[b]
6-2	T22505	5CrNiMo	197～241	830～860	油	[b]
6-3	T23504	4CrNi4Mo	≤285	840～870	油或空气	[b]
6-4	T23514	4Cr2NiMoV	≤220	910～960	油	[b]
6-5	T23515	5CrNi2MoV	≤255	850～880	油	[b]
6-6	T23535	5Cr2NiMoVSi	≤255	960～1 010	油	[b]
6-7	T42208	8Cr3	207～255	850～880	油	[b]
6-8	T23274	4Cr5W2VSi	≤229	1 030～1 050	油或空气	[b]
6-9	T23273	3Cr2W8V	≤255	1 075～1 125	油	[b]
6-10	T23352	4Cr5MoSiV[a]	≤229	790 ℃±15 ℃预热，1 010 ℃（盐浴）或 1 020 ℃（炉控气氛）1 020 ℃±6 ℃加热，保温 5 min～15 min 油冷，550 ℃±6 ℃回火两次回火，每次 2 h		[b]
6-11	T23353	4Cr5MoSiV1[a]	≤229	790 ℃±15 ℃预热，1 000 ℃（盐浴）或 1 010 ℃（炉控气氛）±6 ℃加热，保温 5 min～15 min 油冷，550 ℃±6 ℃回火两次回火，每次 2 h		[b]
6-12	T23354	4Cr3Mo3SiV[a]	≤229	790 ℃±15 ℃预热，1 010 ℃（盐浴）或 1 020 ℃（炉控气氛）1 020 ℃±6 ℃加热，保温 5 min～15 min 油冷，550 ℃±6 ℃回火两次回火，每次 2 h		[b]
6-13	T23355	5Cr4Mo3SiMnVA1	≤255	1 090～1 120	[b]	[b]
6-14	T23364	4CrMnSiMoV	≤255	870～930	油	[b]
6-15	T23375	5Cr5WMoSi	≤248	990～1 020	油	[b]
6-16	T23324	4Cr5MoWVSi	≤235	1 000～1 030	油或空气	[b]
6-17	T23323	3Cr3Mo3W2V	≤255	1 060～1 130	油	[b]

表 25（续）

序号	统一数字代号	牌号	退火交货状态的钢材硬度 HBW	试样淬火硬度		
				淬火温度 ℃	冷却剂	洛氏硬度 HRC
6-18	T23325	5Cr4W5Mo2V	≤269	1 100～1 150	油	b
6-19	T23314	4Cr5Mo2V	≤220	1 000～1 030	油	b
6-20	T23313	3Cr3Mo3V	≤229	1 010～1 050	油	b
6-21	T23314	4Cr5Mo3V	≤229	1 000～1 030	油或空气	b
6-22	T23393	3Cr3Mo3VCo3	≤229	1 000～1 050	油	b

注：保温时间指试样达到加热温度后保持的时间。

a 试样在盐浴中保持时间为 5 min；在炉控气氛中保持时间为 5 min～15 min。

b 根据需方要求，并在合同中注明，可提供实测值。

表 26 塑料模具用钢交货状态的硬度值和试样的淬火硬度值

序号	统一数字代号	牌号	交货状态的钢材硬度		试样淬火硬度		
			退火硬度 HBW，不大于	预硬化硬度 HRC	淬火温度 ℃	冷却剂	洛氏硬度 HRC 不小于
7-1	T10450	SM45	热轧交货状态硬度 155～215		—	—	—
7-2	T10500	SM50	热轧交货状态硬度 165～225		—	—	—
7-3	T10550	SM55	热轧交货状态硬度 170～230		—	—	—
7-4	T25303	3Cr2Mo	235	28～36	850～880	油	52
7-5	T25553	3Cr2MnNiMo	235	30～36	830～870	油或空气	48
7-6	T25344	4Cr2Mn1MoS	235	28～36	830～870	油	51
7-7	T25378	8Cr2MnWMoVS	235	40～48	860～900	空气	62
7-8	T25515	5CrNiMnMoVSCa	255	35～45	860～920	油	62
7-9	T25512	2CrNiMoMnV	235	30～38	850～930	油或空气	48
7-10	T25572	2CrNi3MoAl	—	38～43	—	—	—
7-11	T25611	1Ni3MnCuMoAl	—	38～42	—	—	—
7-12	A64060	06Ni6CrMoVTiAl	255	43～48	850 ℃～880 ℃固溶，油或空冷 500 ℃～540 ℃时效，空冷		实测
7-13	A64000	00Ni18Co8Mo5TiAl	协议	协议	805 ℃～825 ℃固溶，空冷 460 ℃～530 ℃时效，空冷		协议
7-14	S42023	2Cr13	220	30～36	1 000～1 050	油	45
7-15	S42043	4Cr13	235	30～36	1 050～1 100	油	50
7-16	T25444	4Cr13NiVSi	235	30～36	1 000～1 030	油	50
7-17	T25402	2Cr17Ni2	285	28～32	1 000～1 050	油	49
7-18	T25303	3Cr17Mo	285	33～38	1 000～1 040	油	46

表 26（续）

序号	统一数字代号	牌　号	交货状态的钢材硬度		试样淬火硬度		
			退火硬度 HBW，不大于	预硬化硬度 HRC	淬火温度 ℃	冷却剂	洛氏硬度 HRC 不小于
7-19	T25513	3Cr17NiMoV	285	33～38	1 030～1 070	油	50
7-20	S44093	9Cr18	255	协议	1 000～1 050	油	55
7-21	S46993	9Cr18MoV	269	协议	1 050～1 075	油	55

表 27　特殊用途模具用钢交货状态的硬度值和试样的淬火硬度值

序号	统一数字代号	牌　号	交货状态的钢材硬度	试样淬火硬度	
			退火硬度 HBW	热处理制度	洛氏硬度 HRC 不小于
8-1	T26377	7Mn15Cr2Al3V2WMo	—	1 170 ℃～1 190 ℃固溶，水冷 650 ℃～700 ℃时效，空冷	45
8-2	S31049	2Cr25Ni20Si2	—	1 040 ℃～1 150 ℃固溶，水或空冷	a
8-3	S51740	0Cr17Ni4Cu4Nb	协议	1 020 ℃～1 060 ℃固溶，空冷 470 ℃～630 ℃时效，空冷	a
8-4	H21231	Ni25Cr15Ti2MoMn	≤300	950 ℃～980 ℃固溶，水或空冷 720 ℃+620 ℃时效，空冷	a
8-5	H07718	Ni53Cr19Mo3TiNb	≤300	980 ℃～1 000 ℃固溶，水、油或空冷 710 ℃～730 ℃时效，空冷	a

[a] 根据需方要求，并在合同中注明，可提供实测值。

6.5　低倍组织

6.5.1　钢材应检验酸浸低倍组织，在酸浸低倍试片上不得有目视可见的缩孔、夹杂、分层、裂纹、气泡和白点，中心疏松和锭型偏析分别按附录 A 中图 A.1 和图 A.2 评定，其合格级别应符合下列要求：

a）圆钢及方钢的中心疏松及锭型偏析按表 28 中 2 组规定；

b）扁钢中心的疏松及锭型偏析按表 29 中 2 组规定；

c）根据需方要求，经供需双方协议，并在合同中注明，可按表 28 或表 29 中 1 组供货。

表 28　圆钢及方钢的低倍缺陷及其合格级别

钢材直径或边长 mm	1 组		2 组	
	中心疏松	锭型偏析	中心疏松	锭型偏析
	级，不大于			
≤80	2.0	2.0	3.0	3.0
>80～150	2.5	3.0	3.5	3.0
>150～250	3.0	3.0	4.0	4.0
>250～400	3.5	3.0	4.5	4.0
>400	协议	协议	协议	协议

表 29　扁钢的低倍缺陷及其合格级别

钢材厚度 mm		1组		2组	
		中心疏松	锭型偏析	中心疏松	锭型偏析
		级,不大于			
热轧扁钢	≤60	3.0	3.0	4.0	4.0
	60～120	3.5	3.0	4.5	4.0
	>120	协议	协议	协议	协议
锻制扁钢	160～250	3.0	3.0	4.0	4.0
	>250～400	3.5	3.0	4.5	4.0
	>400	协议	协议	协议	协议

6.5.2　经供需双方协议，并在合同中注明，钢材低倍组织可按 GB/T 1979 检验，合格级别由供需双方协商确定。

6.5.3　经供需双方协议，并在合同中注明，电渣重熔钢低倍组织可按 ASTM A604 检验，合格级别由供需双方协商确定。

6.6　显微组织

6.6.1　珠光体组织

6.6.1.1　退火状态交货的 9SiCr、Cr2、Cr06、9Cr2、W、9CrWMn、CrWMn 和 7CrMn2Mo 钢应检验珠光体组织，按图 A.3 评定，其合格级别为 1 级～5 级。根据需方要求，并在合同中注明，制造螺纹刃具用的 9SiCr 退火钢材珠光体组织合格级别为 2 级～4 级。

6.6.1.2　退火状态交货的截面尺寸不大于 60 mm 的非合金工具钢应检验珠光体组织，按图 A.4 评定，其合格级别应符合表 30 的规定。根据需方要求，截面尺寸大于 60 mm 的非合金工具钢可检验珠光体组织，其合格级别由供需双方协商确定。

表 30　非合金工具钢珠光体组织合格级别

牌　号	合格级别,级
T7、T8、T8Mn、T9	1～5
T10、T11、T12、T13	2～4

6.6.1.3　热压力加工用钢不检验珠光体组织。

6.6.2　网状碳化物

6.6.2.1　退火状态交货的 9SiCr、Cr06、Cr2 和 CrWMn 钢应检验网状碳化物，按图 A.5 评定，其合格级别应符合下列规定：

a)　截面尺寸不大于 60 mm 的钢材不大于 3 级；根据需方要求，并在合同中注明，制造螺纹刃具用的 9SiCr 钢材不大于 2 级；

b)　扁钢、截面尺寸大于 60 mm 的钢材由供需双方协商确定。

6.6.2.2　退火状态交货的非合金工具钢(T7、T8 除外)应检验网状碳化物，按图 A.6 评定，其合格级别应符合表 31 的规定。

表 31　非合金工具钢网状碳化物合格级别

钢材公称尺寸/mm	合格级别,不大于/级
≤60	2
>60～100	3
>100	协议

6.6.2.3　T7、T8 非合金工具钢和热压力加工用钢不检验网状碳化物。

6.6.3　共晶碳化物不均匀度

6.6.3.1　退火状态交货的 Cr8Mo2VSi、6Cr4W3Mo2VNb、6W6Mo5Cr4V、W6Mo5Cr4V2、Cr8、Cr12、Cr12W、Cr12MoV 和 Cr12Mo1V1 钢应检验共晶碳化物不均匀度,按 GB/T 14979—1994 标准中第四评级图评定,其合格级别应符合表 32 中 2 组规定。根据需方要求,并在合同中注明,可按 1 组供应。

表 32　冷作模具钢共晶碳化物不均匀度合格级别[a]

钢材直径或边长 mm	共晶碳化物不均匀度合格级别	
	1 组	2 组
	级,不大于	
≤50	3	4
>50～70	4	5
>70～120	5	6
>120～400	6	协议
>400	协议	协议
[a] 扁钢的合格级别由供需双方协商确定。		

6.6.3.2　6Cr4W3Mo2VNb 钢当供方保证满足此项要求时,可不作检验。

6.7　非金属夹杂物

6.7.1　电渣重熔钢非金属夹杂物应按 GB/T 10561—2005 的 A 法检验与评级,其结果应符合表 33 中 1 组规定。

6.7.2　真空脱气钢非金属夹杂物应按 GB/T 10561—2005 的 A 法检验与评级,其结果应符合表 33 中 2 组规定。

6.7.3　根据需方要求,其他钢可进行非金属夹杂物检验,其合格级别由供需双方协商确定。

表 33　非金属夹杂物合格级别

非金属夹杂物类别	1 组		2 组	
	细系	粗系	细系	粗系
	级,不大于			
A[a]	1.5	1.5	2.5	2.0
B	1.5	1.5	2.5	2.0

表 33（续）

非金属夹杂物类别	1组		2组	
	细系	粗系	细系	粗系
	级，不大于			
C	1.0	1.0	1.5	1.5
D	2.0	1.5	2.5	2.0
根据需方要求，可检验DS类非金属夹杂物，其合格级别由供需双方协商确定。				
[a] 4Cr2Mn1MoS、8Cr2MnWMoVS 和 5CrNiMnMoVSCa 等易切削塑料模具钢不检验 A 类夹杂物。				

6.8 脱碳层

6.8.1 热轧和锻制钢材一边总脱碳层(铁素体＋过渡层)应符合表 34 中 2 组规定。根据需方要求，经供需双方协议，并在合同中注明可按 1 组供应。

表 34 热轧和锻制钢材总脱碳层深度

单位为毫米

钢材直径或边长	总脱碳层深度，不大于	
	1组	2组
5～150	0.25＋1%D	0.20＋2%D
＞150	双方协议	
注：D 为钢材截面公称尺寸。		

6.8.2 冷拉钢材一边总脱碳层深度应符合表 35 的规定。

表 35 冷拉钢材总脱碳层深度

单位为毫米

钢 类	分 组	总脱碳层深度，不大于
非合金工具钢	≤16 mm	1.5%D
	＞16 mm	1.3%D
	高频淬火用	1.0%D
其 他	不含硅钢	公称尺寸的 1.5%
	含硅钢	公称尺寸的 2.0%
注：D 为钢材截面公称尺寸。		

6.8.3 根据需方要求，可检验扁钢的脱碳层，具体要求由供需双方协商确定。

6.8.4 银亮钢表面不允许有脱碳层。

6.8.5 6W6Mo5Cr4V、4Cr3Mo3SiV 和 3Cr3Mo3W2V 钢的脱碳层由供需双方协商确定。

6.8.6 7Mn15Cr2Al3V2WMo 无磁模具用钢不检验脱碳层。

6.9 相对磁导率

7Mn15Cr2Al3V2WMo 无磁模具用钢相对磁导率应小于 1.01。当供方保证满足此项要求时，可不作检验。

6.10 超声检测

6.10.1 钢材应按 GB/T 6402 进行超声检测，其内部不允许白点、夹渣、分层、内裂、缩孔等冶金缺陷存在。

6.10.2 超声检测允许极限值的大小分级和数量级别分别按表 36 和表 37 规定，其合格级别应符合表 38 中 2 组的规定，但电渣重熔钢等高质量钢应符合 1 组的规定。

6.10.3 特殊用途模具钢超声检测的合格级别由供需双方协商确定。

表 36 超声检测允许缺陷尺寸的极限值

缺陷尺寸级别	单个缺陷平底孔直径[a] mm	连续缺陷平底孔直径[b] mm	连续缺陷最大长度[c] mm
A	14	10	80
B	10	7	60
C	7	5	40
D	5	3	30
E	3	2	30

[a] 根据订货所要求的缺陷尺寸级别，单个缺陷直径的距离应大于或等于所要求的平底孔直径的 5 倍，否则，该缺陷被视为连续缺陷。

[b] 平底孔缺陷尺寸的级差应为 6 dB 的振幅。

[c] 如果最大连续缺陷长度超过标准级别，可考虑增加数量等级。例如：缺陷连续长度为 160 mm A 级，则数量等级为 160：80＝2。

表 37 超声检测允许缺陷数量的极限值

缺陷数量级别	单个缺陷数量	连续缺陷数量
	个数，不大于	
a	32	16
b	16	8
c	8	4
d	4	2
e	2	1

表 38 超声检测的合格级别

钢材直径、边长或厚度 mm	合格级别	
	1 组	2 组
≤150[a]	E/e	E/d
＞150～250	E/d	D/d
＞250～400	D/d	C/c
＞400	C/c	B/b

[a] 在供方满足要求的前提下，可以坯代材或不作超声检测。

6.11 表面质量

6.11.1 供压力加工用的热轧和锻制钢材，表面不应有目视可见的裂缝、折叠、结疤和夹杂。如有上述缺陷应清除，清除深度从钢材实际尺寸算起应符合表39的规定，清除宽度不小于深度的5倍。深度在公差之半范围内的其他轻微表面缺陷可不清除。

表39 压力加工用钢材的表面质量要求

单位为毫米

钢材直径、边长、厚度或宽度	允许缺陷清除深度 不大于
<80	公差之半
80～140	公差
>140	钢材截面尺寸的4%

6.11.2 供切削加工用的热轧和锻制钢材，表面允许有从钢材公称尺寸算起深度符合表40规定的局部缺陷存在，但应保证钢材的最小尺寸。

表40 切削加工用钢材的表面质量要求

单位为毫米

钢材直径、边长、厚度或宽度	局部缺陷允许深度，不大于
<80	公差之半
≥80	公差

6.11.3 冷拉钢材表面应洁净、光滑，不应有裂纹、折叠、结疤、夹杂和氧化铁皮，并应符合下列规定：

a) 尺寸精度为h9级和h10级的冷拉钢材，表面不允许有任何缺陷；

b) 尺寸精度为h11级和h12级的冷拉钢材，表面允许有从实际尺寸算起深度不大于该公称尺寸公差的麻点、个别划痕、发纹、凹面、黑斑、拉裂和润滑剂痕迹等轻微表面缺陷；根据需方要求，并在合同中注明，缺陷允许深度可不大于该公称尺寸公差之半；

c) 经热处理的冷拉钢材，表面允许有氧化色或轻微氧化层。

6.11.4 银亮钢表面应符合GB/T 3207—2008的规定。

6.11.5 机加工交货的钢材表面应洁净、光滑，不应有裂纹、折叠、结疤和氧化铁皮，若有上述缺陷存在，允许局部修磨，但最大修磨处应保证钢材的最小尺寸。

6.12 特殊要求

根据需方要求，经供需双方协议，并在合同中注明，可增加下列检验项目：

a) 特殊化学成分；

b) 特殊硬度值；

c) 特殊尺寸及其允许偏差；

d) 晶粒度；

e) 淬透性；

f) 其他要求。

7 试验方法

每批钢材的检验项目和试验方法应符合表41的规定。

8 检验规则

8.1 检查与验收

钢材的质量由供方技术质量监督部门进行检查和验收。需方有权对本标准或合同中所规定的任一检验项目进行检查和验收。

8.2 组批规则

8.2.1 钢材应成批验收。每批钢材应由同一炉号、同一加工用途、同一交货状态、同一规格和同一热处理炉次的钢材组成。

8.2.2 电渣重熔钢每批应由同一子炉号、同一加工用途、同一交货状态、同一规格和同一热处理炉次的钢材组成。在工艺稳定且能保证本标准各项要求的条件下,允许以电渣重熔的母炉号组批,但化学成分应按每个子炉号取 1 个,其他项目按电弧炉钢取样规定执行。

8.3 取样数量和取样部位

钢材的取样数量和取样部位应符合表 41 规定。

表 41 钢材的检验项目、取样部位和取样数量、试验方法明细

<table>
<tr><th rowspan="2">序号</th><th rowspan="2">检验项目</th><th colspan="2">取样数量[a]</th><th rowspan="2">取样部位</th><th rowspan="2">试验方法</th></tr>
<tr><th>电弧炉钢
真空脱气钢</th><th>电渣重熔钢真空
电弧重熔(VAR)钢</th></tr>
<tr><td>1</td><td>化学成分</td><td>每炉 1 个</td><td>每炉 1 个</td><td>GB/T 20066</td><td>GB/T 223(见第 2 章)、GB/T 4336、GB/T 11261、GB/T 20123、GB/T 20124</td></tr>
<tr><td>2</td><td>交货硬度</td><td colspan="2">5%,且不少于 5 支</td><td>不同根钢材上</td><td>GB/T 231.1</td></tr>
<tr><td>3</td><td>试样硬度</td><td>2</td><td>1</td><td>电弧炉钢或真空脱气钢:不同根钢材
电渣重熔钢或真空电弧重熔钢:任一根钢材</td><td>GB/T 230.1</td></tr>
<tr><td>4</td><td>低倍组织</td><td>2</td><td>1</td><td>电弧炉钢或真空脱气钢:相当于钢锭头部的不同根钢坯或钢材上
电渣重熔钢或真空电弧重熔钢:相当于钢锭头部的钢坯或钢材上</td><td>GB/T 226,附录 A
GB/T 1979 或
ASTM A604</td></tr>
<tr><td>5</td><td>珠光体组织</td><td>2</td><td>1</td><td rowspan="5">电弧炉钢或真空脱气钢:不同根钢材
电渣重熔钢或真空电弧重熔钢:任一根钢材</td><td>GB/T 13298,附录 A</td></tr>
<tr><td>6</td><td>网状碳化物</td><td>2</td><td>1</td><td>GB/T 13298,附录 A</td></tr>
<tr><td>7</td><td>共晶碳化物不均匀度</td><td>2</td><td>1</td><td>GB/T 13298
GB/T 14979—1994</td></tr>
<tr><td>8</td><td>非金属夹杂物[b]</td><td>2</td><td>1</td><td>GB/T 10561—2005</td></tr>
<tr><td>9</td><td>脱碳层</td><td>2</td><td>1</td><td>GB/T 224</td></tr>
</table>

表 41（续）

序号	检验项目	取样数量[a]		取样部位	试验方法
		电弧炉钢 真空脱气钢	电渣重熔钢真空 电弧重熔(VAR)钢		
10	相对磁导率	1	1	任一根钢材上	GJB 937—1990
11	晶粒度	—	1	任一根钢材上	GB/T 6394
12	淬透性	1	1	任一根钢材上	GB/T 225 或附录 B
13	超声检测	逐根	逐根	整根钢材上	GB/T 6402
14	表面质量	逐根	逐根	整根钢材上	目视
15	尺寸	逐根	逐根	整根钢材上	卡尺、千分尺

[a] 交货数量少于取样数量时，逐支取样。

[b] 对大规格钢材，非金属夹杂物可在改锻成直径或边长为 90 mm～120 mm 样坯上进行检验；经供需双方协商并在合同中注明钢材，也可另行规定检验方法。

8.4 复验和判定规则

8.4.1 钢材复验与判定规则按 GB/T 17505 的规定。

8.4.2 供方若能保证钢材合格时，对同一炉号的钢材或钢坯的低倍组织、非金属夹杂物、试样淬火硬度的检验结果允许以坯代材，以大代小。

9 包装、标志和质量证明书

钢材的包装、标志和质量证明书应符合 GB/T 2101 的规定。

附　录　A
（规范性附录）
标准评级图

A.1　第一级别图 低倍组织

A.1.1　中心疏松标准评级图见图 A.1。

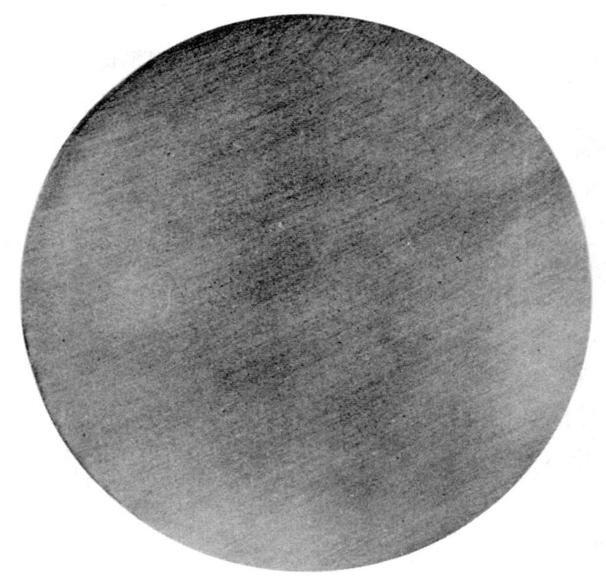

1 级

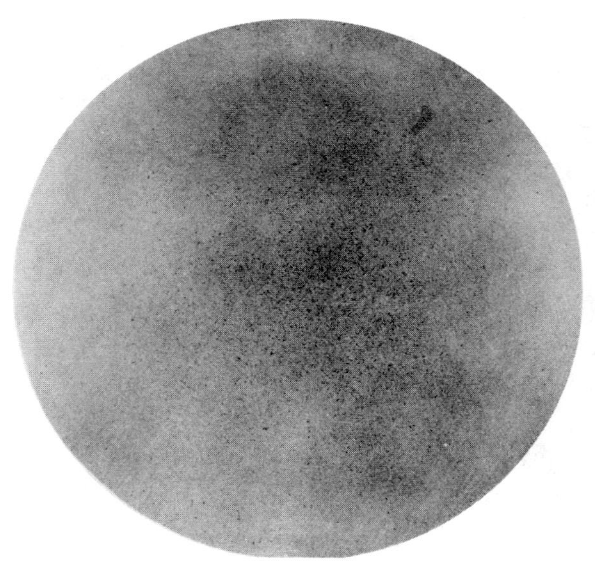

2 级

图 A.1　中心疏松标准评级图

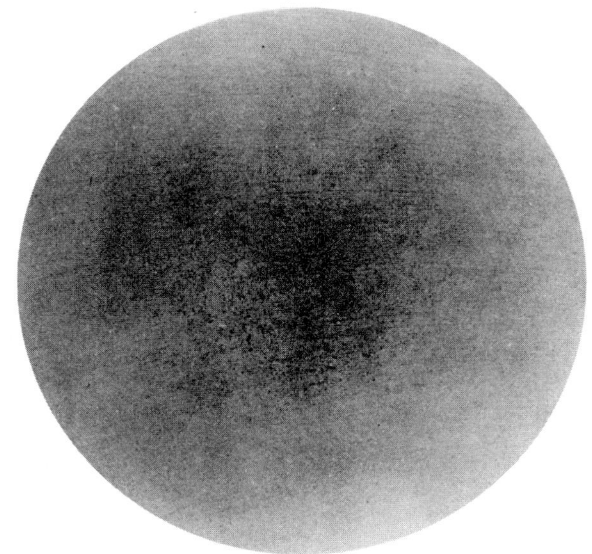

3 级

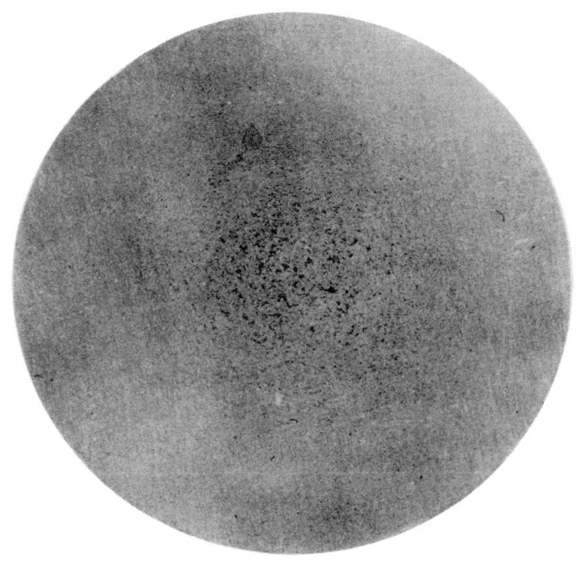

4 级

图 A.1（续）

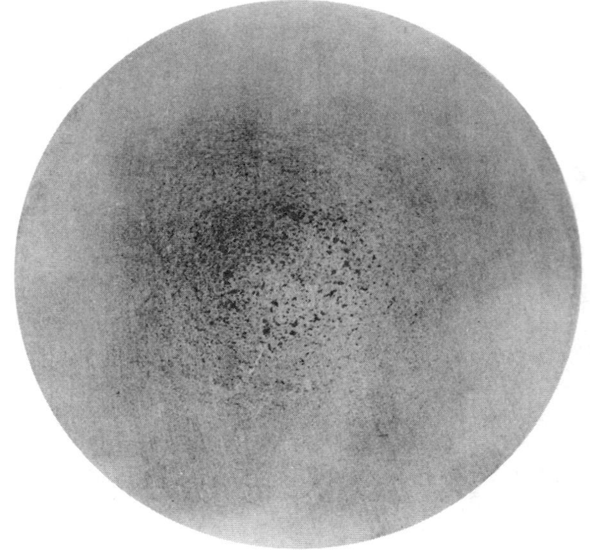

5 级

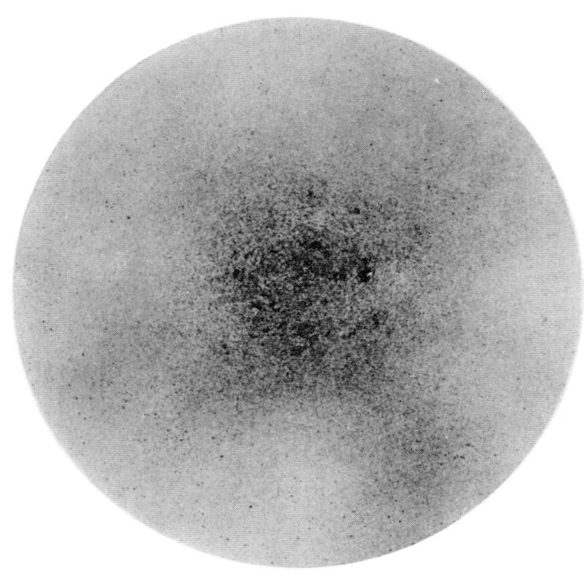

6 级

图 A.1（续）

A.1.2 锭型偏析标准评级图见图 A.2。

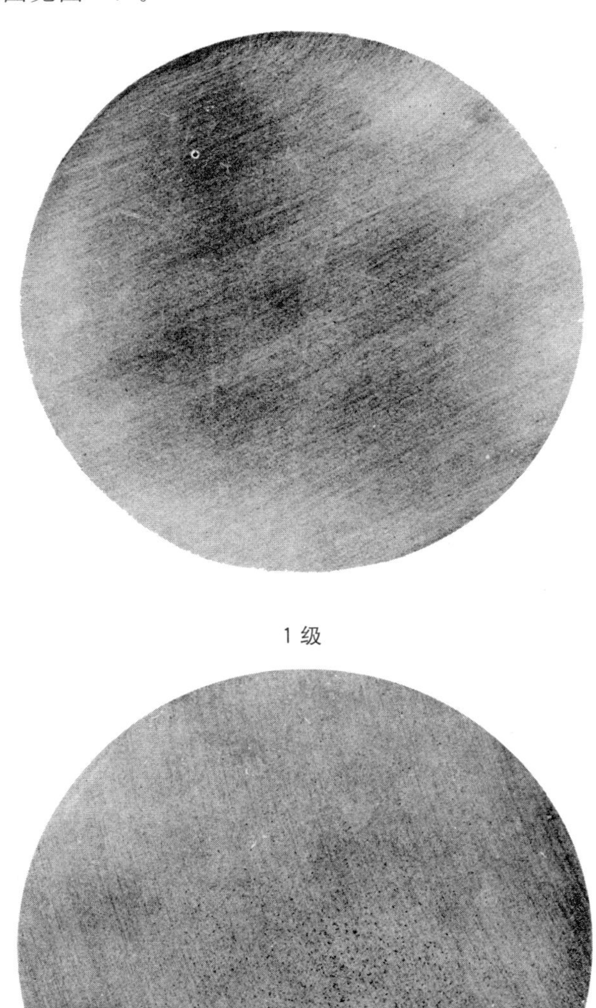

1 级

2 级

图 A.2 锭型偏析标准评级图

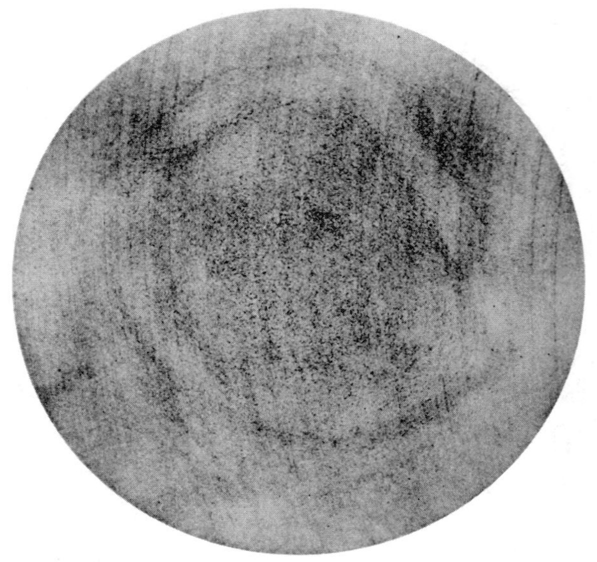

3 级

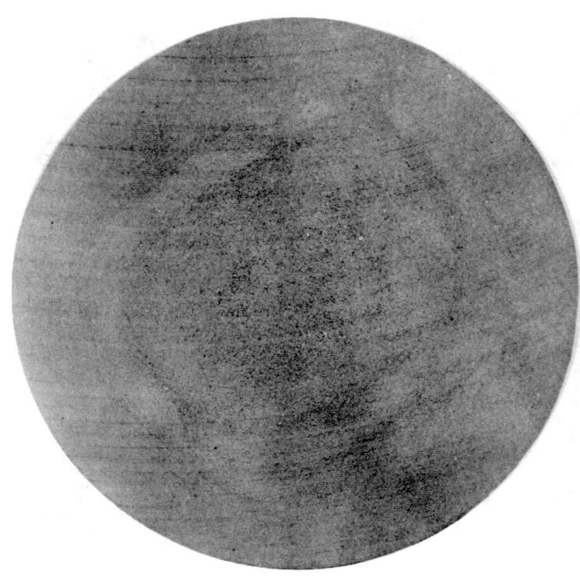

4 级

图 A.2（续）

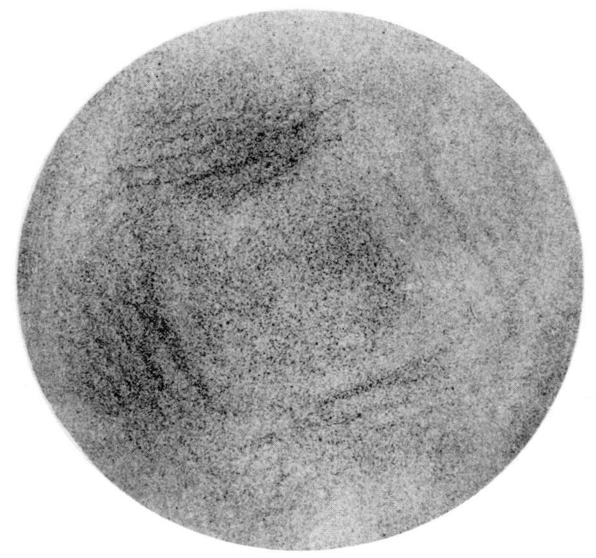

5 级

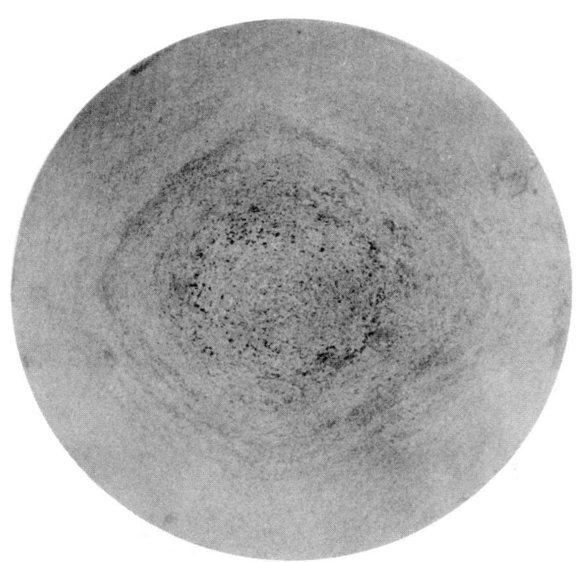

6 级

图 A.2（续）

A.2 第二级别图 珠光体组织

A.2.1 合金工具钢珠光体组织标准评级图见图 A.3。

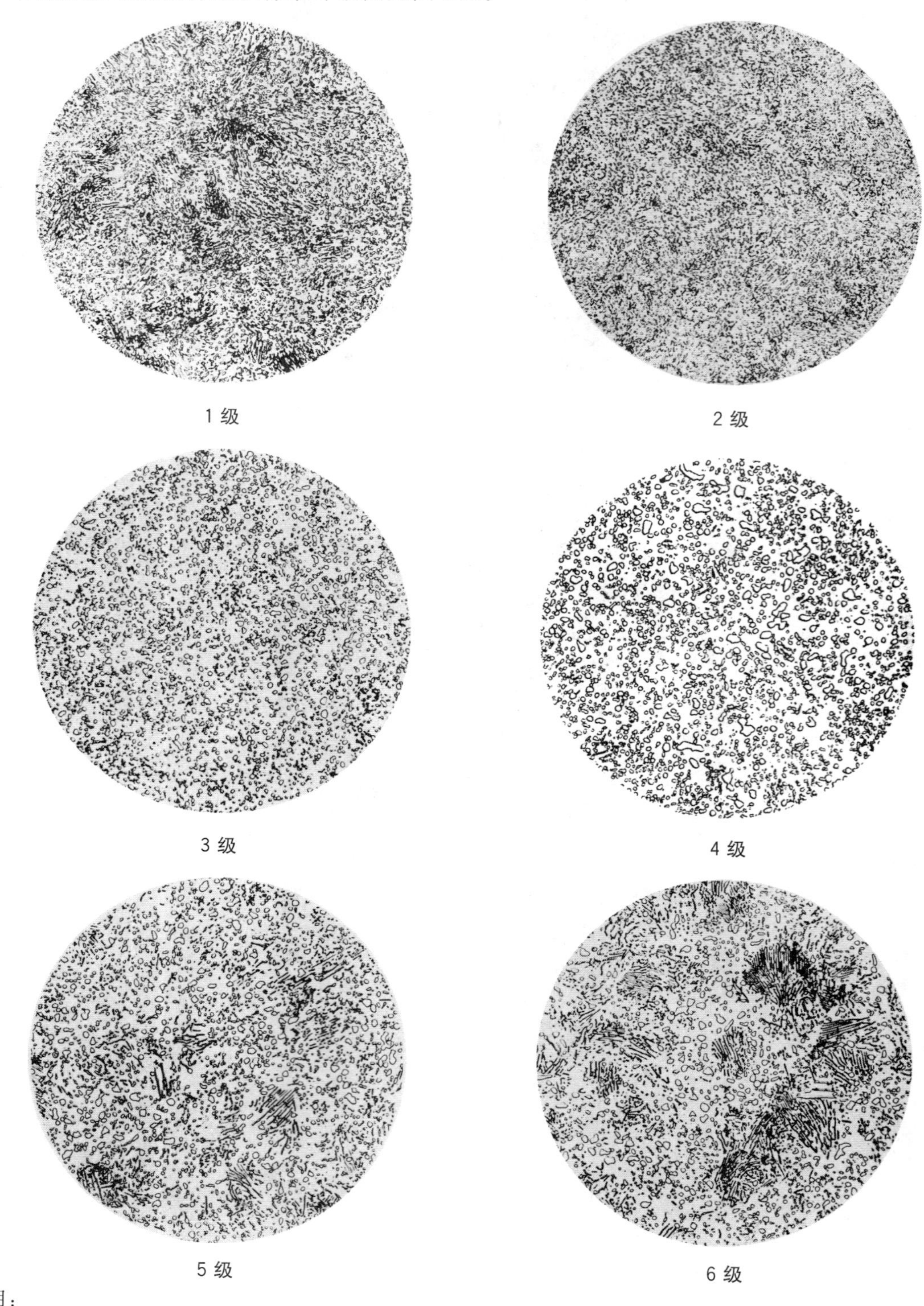

1 级　2 级　3 级　4 级　5 级　6 级

说明：

视场直径为 80 mm，100 μm 代表 10 mm。

图 A.3 合金工具钢珠光体组织标准评级图

A.2.2 非合金工具钢珠光体组织标准评级图见图 A.4。

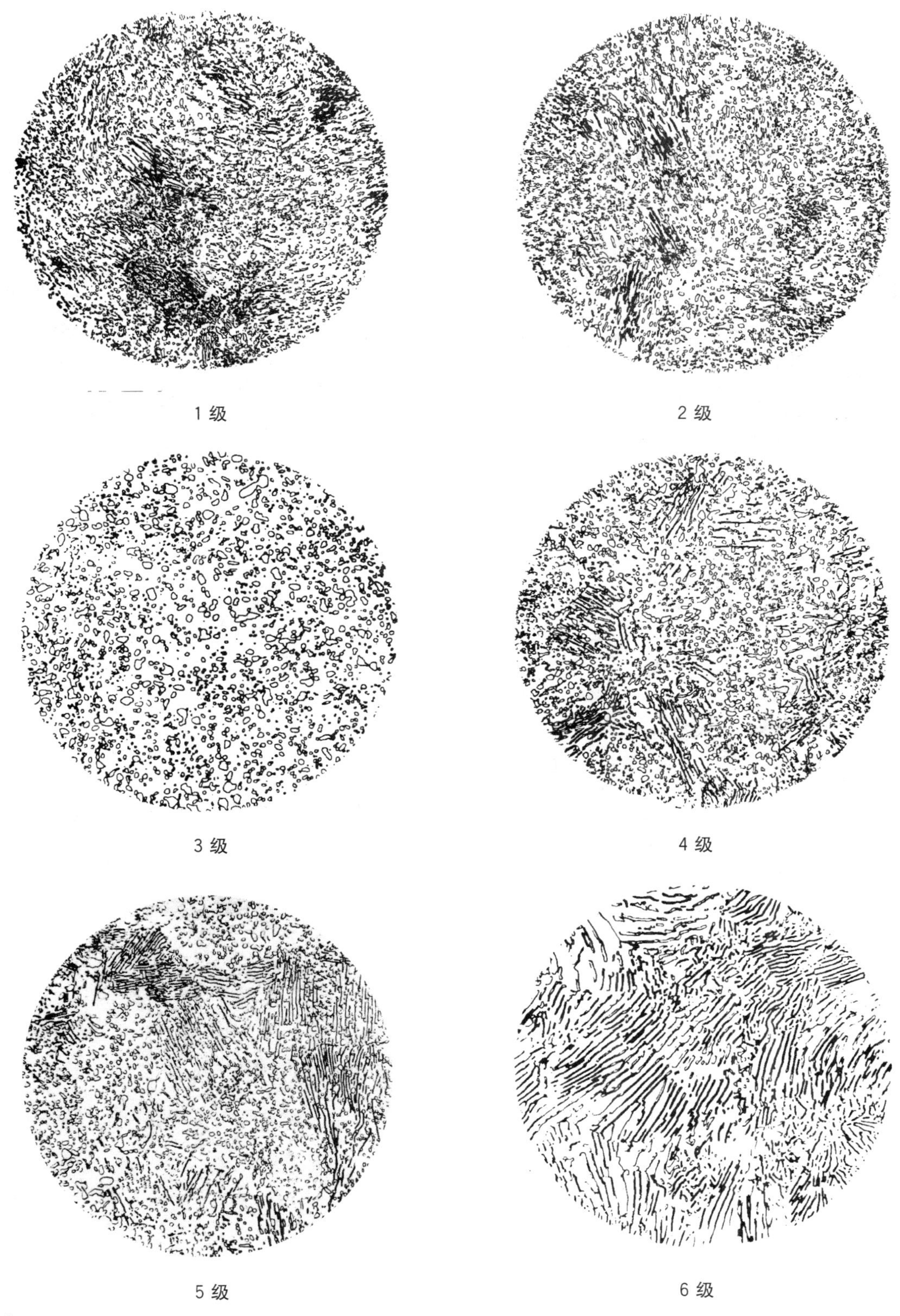

说明：

视场直径为 65 mm，100 μm 代表 10 mm。

图 A.4 非合金工具钢珠光体组织标准评级图

A.3 第三级别图 网状碳化物

A.3.1 合金工具钢网状碳化物标准评级图见图 A.5。

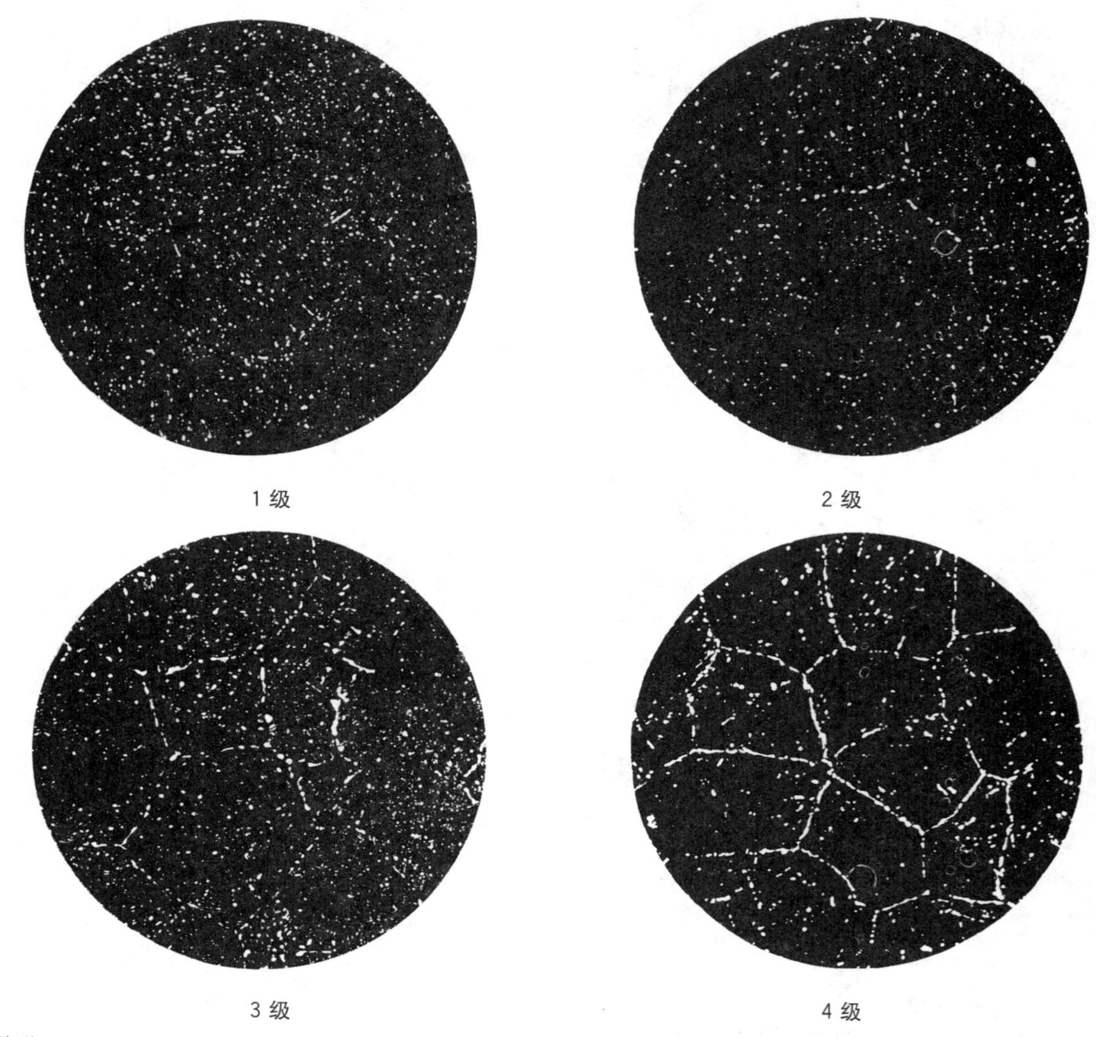

1 级　　2 级

3 级　　4 级

说明：

视场直径为 80 mm，100 μm 代表 10 mm。

图 A.5 合金工具钢网状碳化物标准评级图

A.3.2 非合金工具钢网状碳化物标准评级图见图 A.6。

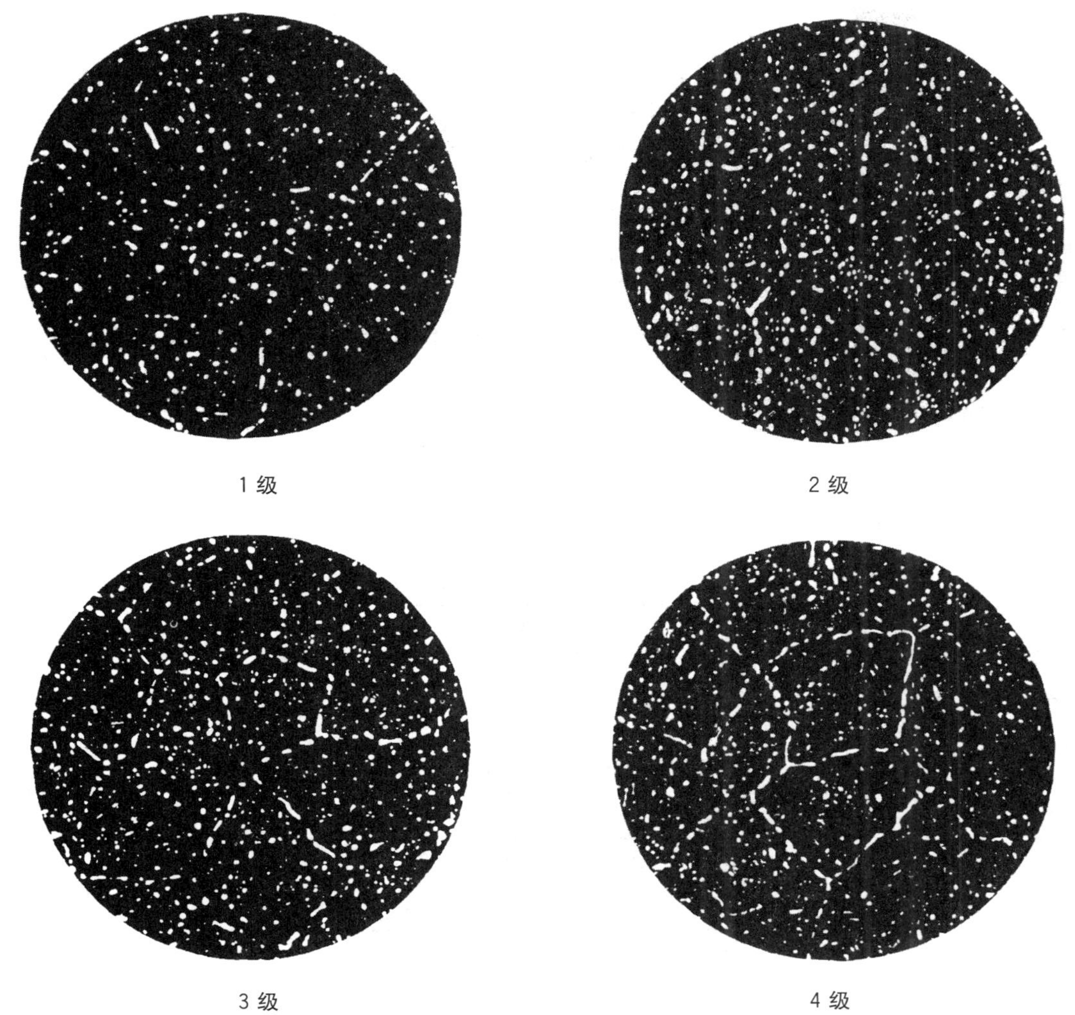

说明：

视场直径为 65 mm，100 μm 代表 10 mm。

图 A.6　非合金工具钢网状碳化物标准评级图

附 录 B
（规范性附录）
非合金工具钢淬透性试验方法

B.1 原理

试样加热到淬火温度，经保温后淬火，再将试样从中间打断，测其横断面上的淬透深度。

B.2 符号和说明

符号说明见表 B.1。

表 B.1 符号说明

符 号	说 明	单 位
L	试样总长度	mm
D	试样直径	mm
H	试样的槽深度	mm
T	淬火介质温度	℃
e_1 e_2 e_3 e_4	腐蚀后端面上的黑色区深度	mm
e	淬透深度	mm

B.3 试样

B.3.1 样坯的制取

试样应能显示出钢锭、钢坯和钢材的完整截面。必要时可锻轧成直径为 25 mm 的样坯。样坯的取样位置按 GB/T 225 规定执行。

B.3.2 样坯的预处理

B.3.2.1 正火或退火交货的钢材，作样坯时可不进行预处理。

B.3.2.2 锻造或轧制的样坯可进行正火或退火处理，处理条件按相应产品推荐工艺而定。

B.3.2.3 样坯也可进行调质处理，淬火温度为 870 ℃±10 ℃，保温后淬入油中。然后在 625 ℃～650 ℃保温 1 h，在静止的空气中冷却。

B.3.3 试样的制备

样坯经车床加工成直径为 20 mm±0.5 mm、长度为 75 mm±0.5 mm 圆棒试样（见图 B.1）。如果由于钢材尺寸所限制不能加工成标准试样，则可以制成小规格试样，并需注明试样尺寸。

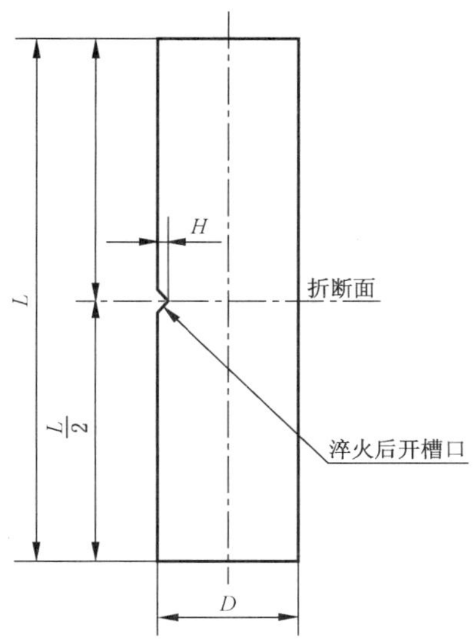

图 B.1　试样示意图

B.4　试验方法

B.4.1　试样的加热淬火

加热最好在盐浴、铅浴或有控制气氛的炉内进行，以防止试样表面脱碳及氧化。也可在箱式电炉中进行。

淬火后保温时间根据炉型确定，应保证加热均匀，一般为 10 min～30 min。

淬火介质为10％氯化钠水溶液，溶液不少于 200 L，温度为 20 ℃±10 ℃。

试样加热后应迅速放入介质中，不停搅拌，保证淬火均匀，直至完全冷却为止。

B.4.2　试样截面的制备

将清洗并干燥后的试样开槽，槽深为 1.5 mm～2 mm，在槽口的背面通过弯曲或冲撞将试样折断，也可采用其他物理方法折断试样，但不应产生热影响。

断口经磨制或抛光后在 80 ℃～85 ℃含有 50％的盐酸水溶液中浸泡 3 min。然后用热水冲洗，吹干。

B.4.3　淬透深度的测定

通过测量试样抛光面在腐蚀后黑色区域的深度来确定钢的淬透层深度。沿两个对称于槽口成直角的直径进行测量(见图 B.2)。读数精确到 0.25 mm，取四个数的平均值：

$$e=\frac{e_1+e_2+e_3+e_4}{4}$$

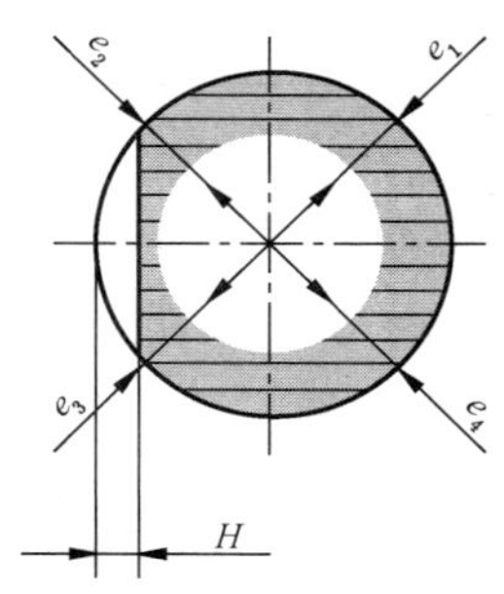

图 B.2 淬透深度的测定示意图

当所测量到的值与四个测量值的平均值相差大于 1 mm，读数视为不规则，需重新磨制断面或重新取样。

B.5 结果表示

淬透深度结果表示单位为毫米，精确到 0.5 mm。对于在不同淬火温度下进行的试验，其结果表示要有温度指数填在括号中。

示例：3.5(780 ℃)表示淬火温度为 780 ℃，淬透深度为 3.5 mm。
4.0(840 ℃)表示淬火温度为 840 ℃，淬透深度为 4.0 mm。

附 录 C
（资料性附录）
各牌号的主要特点及用途

各牌号的主要特点及用途见表 C.1～表 C.7。

表 C.1 刃具模具用钢非合金的主要特点及用途

序号	统一数字代号	牌 号	主要特点及用途
1-1	T00070	T7	亚共析钢，具有较好的塑性、韧性和强度，以及一定的硬度，能承受震动和冲击负荷，但切削性能力差。用于制造承受冲击负荷不大，且要求具有适当硬度和耐磨性极较好韧性的工具
1-2	T00080	T8	淬透性、韧性均优于 T10 钢，耐磨性也较高，但淬火加热容易过热，变形也大，塑性和强度比较低，大、中截面模具易残存网状碳化物，适用于制作小型拉拔、拉伸、挤压模具
1-3	T01080	T8Mn	共析钢，具有较高的淬透性和硬度，但塑性和强度较低。用于制造断面较大的木工工具、手锯锯条、刻印工具、铆钉冲模、煤矿用凿等
1-4	T00090	T9	过共析钢，具有较高的强度，但塑性和强度较低。用于制造要求较高硬度且有一定韧性的各种工具，如刻印工具、铆钉冲模、冲头、木工工具、凿岩工具等
1-5	T00100	T10	性能较好的非合金工具钢，耐磨性也较高，淬火时过热敏感性小，经适当热处理可得到较高强度和一定韧性，适合制作要求耐磨性较高而受冲击载荷较小的模具
1-6	T00110	T11	过共析钢，具有较好的综合力学性能（如硬度、耐磨性和韧性等），在加热时对晶粒长大和形成碳化物网的敏感性小。用于制造在工作时切削刃口不变热的工具，如锯、丝锥、锉刀、刮刀、扩孔钻、板牙、尺寸不大和断面无急剧变化的冷冲模及木工刀具等
1-7	T00120	T12	过共析钢，由于含碳量高，淬火后仍有较多的过剩碳化物，所以硬度和耐磨性高，但韧性低，且淬火变形大。不适于制造切削速度高和受冲击负荷的工具，用于制造不受冲击负荷、切削速度不高、切削刃口不变热的工具，如车刀、铣刀、钻头、丝锥、锉刀、刮刀、扩孔钻、板牙、及断面尺寸小的冷切边模和冲孔模等
1-8	T00130	T13	过共析钢，由于含碳量高，淬火后有更多的过剩碳化物，所以硬度更高，但韧性更差，又由于碳化物数量增加且分布不均匀，故力学性能较差，不适于制造切削速度较高和受冲击负荷的工具，用于制造不受冲击负荷，但要求极高硬度的金属切削工具，如剃刀、刮刀、拉丝工具、锉刀、刻纹用工具，以及坚硬岩石加工用工具和雕刻用工具等

表 C.2 量具刃具用钢的主要特点及用途

序号	统一数字代号	牌 号	主要特点及用途
2-1	T31219	9SiCr	比铬钢具有更高的淬透性和淬硬性，且回火稳定性好。适宜制造形状复杂、变形小、耐磨性要求高的低速切削刃具，如钻头、螺纹工具、手动铰刀、搓丝板及滚丝轮等；也可以制作冷作模具（如冲模、打印模等），冷轧辊，矫正辊以及细长杆件
2-2	T30108	8MnSi	在 T8 钢基础上同时加入 Si、Mn 元素形成的低合金工具钢，具有较高的回火稳定性、较高的淬透性和耐磨性，热处理变形也较非合金工具钢小。适宜制造木工工具、冷冲模及冲头；也可制造冷加工用的模具

表 C.2（续）

序号	统一数字代号	牌 号	主要特点及用途
2-3	T30200	Cr06	在非合金工具钢基础上添加一定量的Cr，淬透性和耐磨性较非合金工具钢高，冷加工塑性变形和切削加工性能较好，适宜制造木工工具，也可制造简单冷加工模具，如冲孔模、冷压模等
2-4	T31200	Cr2	在T10的基础上添加一定量的Cr，淬透性提高，硬度、耐磨性也比非合金工具钢高，接触疲劳强度也高，淬火变形小。适宜制造木工工具、冷冲模及冲头，也用于制作中小尺寸冷作模具
2-5	T31209	9Cr2	与Cr2钢性能基本相似，但韧性好于Cr2钢。适宜制造木工工具、冷轧辊、冷冲模及冲头、钢印冲孔模等
2-6	T30800	W	在非合金工具钢基础上添加一定量的W，热处理后具有更高的硬度和耐磨性，且过热敏感性小，热处理变形小，回火稳定性好等特点。适宜制造小型麻花钻头，也可用于制造丝锥、锉刀、板牙，以及温度不高、切削速度不快的工具

表 C.3　耐冲击工具用钢的主要特点及用途

序号	统一数字代号	牌 号	主要特点及用途
3-1	T40294	4CrW2Si	在铬硅钢的基础上添加一定量的钨，具有一定的淬透性和高温强度。适宜制造高冲击载荷下操作的工具，如风动工具、冲裁切边复合模、冲模、冷切用的剪刀等冲剪工具，以及部分小型热作模具
3-2	T40295	5CrW2Si	在铬硅钢的基础上添加一定量的钨，具有一定的淬透性和高温强度。适宜制造冷剪金属的刀片、铲搓丝板的铲刀、冷冲裁和切边的凹模，以及长期工作的木工工具等
3-3	T40296	6CrW2Si	在铬硅钢的基础上添加一定量的钨，淬火硬度较高，有一定的高温强度。适宜制造承受冲击载荷而有要求耐磨性高的工具，如风动工具、凿子和模具，冷剪机刀片，冲裁切边用凹槽，空气锤用工具等
3-4	T40356	6CrMnSi2Mo1V	相当于ASTM A681中S5钢。具有较高的淬透性和耐磨性、回火稳定性，钢种淬火温度较低，模具使用过程很少发生崩刃和断裂，适宜制造在高冲击载荷下操作的工具、冲模、冷冲裁切边用凹模等
3-5	T40355	5Cr3MnSiMo1	相当于ASTM A681中S7钢。淬透性较好，有较高的强度和回火稳定性，综合性能良好。适宜制造在较高温度、高冲击载荷下工作的工具、冲模，也可用于制造锤锻模具
3-6	T40376	6CrW2SiV	中碳油淬型耐冲击冷作工具钢，具有良好的耐冲击和耐磨损性能的配合。同时具有良好的抗疲劳性能和高的尺寸稳定性。适宜制作刀片、冷成型工具和精密冲裁模以及热冲孔工具等

表 C.4 轧辊用钢的主要特点及用途

序号	统一数字代号	牌 号	主要特点及用途
4-1	T42239	9Cr2V	2%Cr 系列,高碳含量保证轧辊有高硬度;加铬,可增加钢的淬透性;加钒,可提高钢的耐磨性和细化钢的晶粒。适宜制作冷轧工作辊、支承辊等
4-2	T42309	9Cr2Mo	2%Cr 系列,高碳含量保证轧辊有高硬度,加铬、钼可增加钢的淬透性和耐磨性。该类钢锻造性能良好,控制较低的终锻温度与合适的变形量可细化晶粒,消除沿晶界分布的网状碳化物,并使其均匀分布。适宜制作冷轧工作辊、支承辊和矫正辊
4-3	T42319	9Cr2MoV	2%Cr 系列,但综合性能优于 9Cr2 系列钢。若采用电渣重熔工艺生产,其辊坯的性能更优良。适宜制造冷轧工作辊、支承辊和矫正辊
4-4	T42518	8Cr3NiMoV	3%Cr 系列,经淬火及冷处理后的淬硬层深度可达 30 mm 左右。用于制作冷轧工作辊,使用寿命高于含 2%铬钢
4-5	T42519	9Cr5NiMoV	即 MC5 钢,淬透性高,其成品轧辊单边的淬硬层可达 35 mm～40 mm(≥HSD85),耐磨性好,适宜制造要求淬硬层深,轧制条件恶劣,抗事故性高的冷轧辊

表 C.5 冷作模具用钢的主要特点及用途

序号	统一数字代号	牌 号	主要特点及用途
5-1	T20019	9Mn2V	具有较高的硬度和耐磨性,淬火时变形较小,淬透性好。适宜制造各种精密量具、样板,也可用于制造尺寸较小的冲模及冷压模、雕刻模、落料模等,以及机床的丝杆等结构件
5-2	T20299	9CrWMn	具有一定的淬透性和耐磨性,淬火变形较小,碳化物分布均匀且颗粒细小,适宜制作截面不大而变形复杂的冷冲模
5-3	T21290	CrWMn	油淬钢。由于钨形成碳化物,在淬火和低温回火后比 9SiCr 钢具有更多的过剩碳化物,更高的硬度和耐磨性和较好的韧性。但该钢对形成碳化物网较敏感,若有网状碳化物的存在,工模具的刃部有剥落的危险,从而降低工模具的使用寿命。有碳化物网的钢必须根据其严重程度进行锻造或正火。适宜制作丝锥、板牙、铰刀、小型冲模等
5-4	T20250	MnCrWV	国际广泛采用的高碳低合金油淬钢,具有较高的淬透性,热处理变形小,硬度高,耐磨性较好。适宜制作钢板冲裁模,剪切刀,落料模,量具和热固性塑料成型模等
5-5	T21347	7CrMn2Mo	空淬钢,热处理变形小,适宜制作需要接近尺寸公差的制品如修边模、塑料模、压弯工具、冲切模和精压模等
5-6	T21355	5Cr8MoVSi	ASTM A681 中 A8 钢的改良钢种,具有良好淬透性、韧性、热处理尺寸稳定性。适宜制作硬度在 HRC55～HRC60 的冲头和冷锻模具。也可用于制作非金属刀具材料
5-7	T21357	7CrSiMnMoV	火焰淬火钢,淬火温度范围宽,淬透性良好,空冷即可淬硬,硬度达到 HRC62～HRC64,具有淬火操作方便,成本低,过热敏感性小,空冷变形小等优点,适宜制作汽车冷弯模具
5-8	T21350	Cr8Mo2SiV	高韧性、高耐磨性钢,具有高的淬透性和耐磨性,淬火时尺寸变化小等特点,适宜制作冷剪切模、切边模、滚边模、量规、拉丝模、搓丝板、冷冲模等

表 C.5（续）

序号	统一数字代号	牌号	主要特点及用途
5-9	T21320	Cr4W2MoV	具有较高的淬透性、淬硬性、耐磨性和尺寸稳定性，适宜制作各种冲模、冷镦模、落料模、冷挤凹模及搓丝板等工模具
5-10	T21386	6Cr4W3Mo2VNb	即 65Nb 钢。加入铌以提高钢的强韧性和改善工艺性。适宜制作冷挤压、厚板冷冲、冷镦等承受较大载荷的冷作模具，也可用于制作温热挤压模具
5-11	T21836	6W6Mo5Cr4V	低碳型高速钢，较 W6Mo5Cr4V2 的碳、钒含量均低，具有较高的韧性，用于冷作模具钢，主要用于制作钢铁材料冷挤压模具
5-12	T21830	W6Mo5Cr4V2	钨钼系高速钢的代表牌号。具有韧性高，热塑好，耐磨性、红硬性高等特点。用于冷作模具钢，适宜制作各种类型的工具，大型热塑成型的刀具；还可以制作高负荷下耐磨性零件，如冷挤压模具，温挤压模具等
5-13	T21209	Cr8	具有较好的淬透性和高的耐磨性，适宜制作要求耐磨性较高的各类冷作模具钢，与 Cr12 相比具有较好的韧性
5-14	T21200	Cr12	相当于 ASTM A681 中 D3 钢，具有良好的耐磨性，适宜制作受冲击负荷较小的要求较高耐磨的冷冲模及冲头、冷剪切刀、钻套、量规、拉丝模等
5-15	T21290	Cr12W	莱氏体钢。具有较高的耐磨性和淬透性，但塑性、韧性较低。适宜制作高强度、高耐磨性，且受热不大于 300 ℃～400 ℃的工模具，如钢板深拉伸模、拉丝模，螺纹搓丝板、冷冲模、剪切刀、锯条等
5-16	T21317	7Cr7Mo2V2Si	比 Cr12 钢和 W6Mo5Cr4V2 钢具有更高的强度和韧性，更好地耐磨性，且冷热加工的工艺性能优良，热处理变形小，通用性强，适宜制作承受高负荷的冷挤压模具，冷镦模具、冷冲模具等
5-17	T21318	Cr5Mo1V	空淬钢，具有良好的空淬特性，耐磨性介于高碳油淬模具钢和高碳高铬耐磨型模具钢之间，但其韧性较好，通用性强，特别适宜制作既要求好的耐磨性又要求好的韧性工模具，如下料模和成型模、轧辊、冲头、压延模和滚丝模等
5-18	T21319	Cr12MoV	莱氏体钢。具有高的淬透性和耐磨性，淬火时尺寸变化小，比 Cr12 钢的碳化物分布均匀和较高的韧性。适宜制作形状复杂的冲孔模、冷剪切刀、拉伸模、拉丝模、搓丝板、冷挤压模、量具等
5-19	T21310	Cr12Mo1V1	莱氏体钢。具有高的淬透性、淬硬性和高的耐磨性；高温抗氧化性能好，热处理变形小；适宜制作各种高精度、长寿命的冷作模具、刃具和量具，如形状复杂的冲孔凹模、冷挤压模、滚丝轮、搓丝板、冷剪切刀和精密量具等

表 C.6　热作模具用钢的主要特点及用途

序号	统一数字代号	牌号	主要特点及用途
6-1	T22345	5CrMnMo	具有与 5CrNiMo 相似的性能，淬透性较 5CrNiMo 略差，在高温下工作，耐热疲劳性逊于 5CrNiMo，适宜制作要求具有较高强度和高耐磨性的各种类型的锻模
6-2	T22505	5CrNiMo	具有良好的韧性、强度和较高的耐磨性，在加热到 500 ℃时仍能保持硬度在 HBW300 左右。由于含有 Mo 元素，钢对回火脆性不敏感，适宜制作各种大、中型锻模
6-3	T23504	4CrNi4Mo	具有良好的淬透性、韧性和抛光性能，可空冷硬化。适宜制作热作模具和塑料模具，也可用于制作部分冷作模具

表 C.6（续）

序号	统一数字代号	牌号	主要特点及用途
6-4	T23514	4Cr2NiMoV	5CrMnMo 钢的改进型，具有较高的室温强度及韧性，较好的回火稳定性、淬透性及抗热疲劳性能。适宜制作热锻模具
6-5	T23515	5CrNi2MoV	与 5CrNiMo 钢类似，具有良好的淬透性和热稳定性。适宜制作大型锻压模具和热剪
6-6	T23535	5Cr2NiMoVSi	具有良好的淬透性和热稳定性。适宜制作各种大型热锻模
6-7	T23208	8Cr3	具有一定的室温、高温力学性能。适宜制作热冲孔模的冲头，热切边模的凹模镶块，热顶锻模、热弯曲模，以及工作温度低于 500 ℃、受冲击较小且要求耐磨的工作零件，如热剪刀片等。也可用于制作冷轧工作辊
6-8	T23274	4Cr5W2VSi	压铸模用钢，在中温下具有较高的热强度、硬度、耐磨性、韧性和较好的热疲劳性能，可空冷硬化。适宜制作热挤压用的模具和芯棒，铝、锌等轻金属的压铸模，热顶锻结构钢和耐热钢用的工具，以及成型某些零件用的高速锤锻模
6-9	T23273	3Cr2W8V	在高温下具有高的强度和硬度(650 ℃时硬度 HBW300 左右)，抗冷热交变疲劳性能较好，但韧性较差。适宜制作高温下高应力，但不受冲击载荷的凸模、凹模，如平锻机上用的凸凹模、镶块、铜合金挤压模、压铸用模具；也可用来制作同时承受大压应力、弯应力、拉应力的模具，如反挤压模具等；还可以制作高温下受力的热金属切刀等
6-10	T23352	4Cr5MoSiV	具有良好的韧性、热强性和热疲劳性能，可空冷硬化。在较低的奥氏体化温度下空淬，热处理变形小，空淬时产生的氧化皮倾向较小，且可以抵抗熔融铝的冲蚀作用。适宜制作铝压铸模、热挤压模和穿孔芯棒、塑料模等
6-11	T23353	4Cr5MoSiV1	压铸模用钢，相当于 ASTM A681 中 H13 钢，具有良好的韧性和较好的热强性、热疲劳性能和一定的耐磨性。可空冷淬硬，热处理变形小。适宜制作铝、铜及其合金铸件用的压铸模，热挤压模、穿孔用的工具、芯棒、压机锻模、塑料模等
6-12	T22354	4Cr3Mo3SiV	相当于 ASTM A681 中 H10 钢，具有非常好的淬透性、很高的韧性和高温强度。适宜制作热挤压模、热冲模、热锻模、压铸模等
6-13	T23355	5Cr4Mo3SiMnVAl	热作、冷作兼用的模具钢。具有较高的热强性、高温硬度、抗回火稳定性，并具有较好的耐磨性、抗热疲劳性、韧性和热加工塑性。模具工作温度可达 700 ℃，抗氧化性好。用于热作模具钢时，其高温强度和热疲劳性能优于 3Cr2W8V 钢。用于冷作模具钢时，比 Cr12 型和低合金模具钢具有较高的韧性。主要用于轴承行业的热挤压模和标准件行业的冷镦模
6-14	T23364	4CrMnSiMoV	低合金大截面热锻模用钢，具有良好的淬透性、较高的热强性、耐热疲劳性能、耐磨性和韧性，较好抗回火性能和冷热加工性能等特点。主要用于制作 5CrNiMo 钢不能满足要求的、大型锤锻模和机锻模
6-15	T23375	5Cr5WMoSi	具有良好淬透性和韧性、热处理尺寸稳定性好和中等的耐磨性。适宜制作硬度在 HRC55～HRC60 的冲头。也适宜制作冷作模具、非金属刀具材料
6-16	T23324	4Cr5MoWVSi	具有良好的韧性和热强性。可空冷硬化，热处理变形小，空淬时产生的氧化皮倾向较小，而且可以抵抗熔融铝的冲蚀作用。适宜制作铝压铸模、锻压模、热挤压模和穿孔芯棒等
6-17	T23323	3Cr3Mo3W2V	ASTM A681 中 H10 改进型钢种，具有高的强韧性和抗冷热疲劳性能，热稳定性好。适宜制作热挤压模、热冲模、热锻模、压铸模等

表 C.6（续）

序号	统一数字代号	牌 号	主要特点及用途
6-18	T23325	5Cr4W5Mo2V	具有较高的回火抗力和热稳定性，高的热强性、高温硬度和耐磨性，但其韧性和抗热疲劳性能低于4Cr5MoSiV1钢。适宜制作对高温强度和抗磨损性能有较高要求的热作模具，可替代3Cr2W8V
6-19	T23314	4Cr5Mo2V	4Cr5MoSiV1改进型钢，具有良好的淬透性、韧性、热强性、耐热疲劳性，热处理变形小等特点。适宜制作铝、铜及其合金的压铸模具，热挤压模、穿孔用的工具、芯棒
6-20	T23313	3Cr3Mo3V	具有较高热强性和韧性，良好的抗回火稳定性和疲劳性能。适宜制作镦锻模、热挤压模和压铸模等
6-21	T23314	4Cr5Mo3V	具有良好的高温强度、良好的抗回火稳定性和高抗热疲劳性。适宜制作热挤压模、温锻模和压铸模具和其他的热成型模具
6-22	T23393	3Cr3Mo3VCo3	具有高的热强性、良好的回火稳定性和耐抗热疲劳性等特点。适宜制作热挤压模、温锻模和压铸模具

表 C.7 塑料模具用钢的主要特点及用途

序号	统一数字代号	牌 号	主要特点及用途
7-1	T10450	SM45	非合金塑料模具钢，切削加工性能好，淬火后具有较高的硬度，调质处理后具有良好的强韧性和一定的耐磨性，适宜制作中、小型的中、低档次的塑料模具
7-2	T10500	SM50	非合金塑料模具钢，切削加工性能好，适宜制作形状简单的小型塑料模具或精度要求不高、使用寿命不需要很长的塑料模具等，但焊接性能、冷变形性能差
7-3	T10550	SM55	非合金塑料模具钢，切削加工性能中等。适宜制作成形状简单的小型塑料模具或精度要求不高、使用寿命较短的塑料模具
7-4	T25303	3Cr2Mo	预硬型钢，相当于ASTM A681中的P20钢，其综合性能好，淬透性高，较大的截面钢材也可获得均匀的硬度，并且同时具有很好的抛光性能，模具表面光洁度高
7-5	T25553	3Cr2MnNiMo	预硬型钢，相当于瑞典ASSAB公司的718钢，其综合力学性能好，淬透性高，大截面钢材在调质处理后具有较均匀的硬度分布，有很好的抛光性能
7-6	T25344	4Cr2Mn1MoS	易切削预硬化型钢，其使用性能与3Cr2MnNiMo相似，但具有更优良的机械加工性能
7-7	T25378	8Cr2MnWMoVS	预硬化型易切削钢，适宜制作各种类型的塑料模、胶木模、陶土瓷料模以及印制板的冲孔模。由于淬火硬度高，耐磨性好，综合力学性能好，热处理变形小，也可用于制作精密的冷冲模具等
7-8	T25515	5CrNiMnMoVSCa	预硬化型易切削钢，钢中加入S元素改善钢的切削加工工艺性能，加入Ca元素主要是改善硫化物的组织形态，改善钢的力学性能，降低钢的各向异性。适宜制作各种类型的精密注塑模具、压塑模具和橡胶模具
7-9	T25512	2CrNiMoMnV	预硬化型镜面塑料模具钢，是3Cr2MnNiMo钢的改进型，其淬透性高、硬度均匀，并具有良好的抛光性能、电火花加工性能和蚀花（皮纹加工）性能，适用于渗氮处理，适宜制作大中型镜面塑料模具

表 C.7（续）

序号	统一数字代号	牌 号	主要特点及用途
7-10	T25572	2CrNi3MoAl	时效硬化钢。由于固溶处理工序是在切削加工制成模具之前进行的，从而避免了模具的淬火变形，因而模具的热处理变形小，综合力学性能好，适宜制作复杂、精密的塑料模具
7-11	T25611	1Ni3MnCuMoAl	即 10Ni3MnCuAl，一种镍铜铝系时效硬化型钢，其淬透性好，热处理变形小，镜面加工性能好，适宜制作高镜面的塑料模具、高外观质量的家用电器塑料模具
7-12	A64060	06Ni6CrMoVTiAl	低合金马氏体时效钢，简称 06Ni 钢，经固溶处理（也可在粗加工后进行）后，硬度为 HRC25～HRC28。在机械加工成所需要的模具形状和经钳工修整及抛光后，再进行时效处理。使硬度明显增加，模具变形小，可直接使用，保证模具有高的精度和使用寿命
7-13	A64000	00Ni18Co8Mo5TiAl	沉淀硬化型超高强度钢，简称 18Ni(250)钢，具有高强韧性，低硬化指数，良好成形性和焊接性。适宜制作铝合金挤压模和铸件模、精密模具及冷冲模等工模具等
7-14	S42023	2Cr13	耐腐蚀型钢，属于 Cr13 型不锈钢，机械加工性能较好，经热处理后具有优良的耐腐蚀性能，较好的强韧性，适宜制作承受高负荷并在腐蚀介质作用下的塑料模具钢和透明塑料制品模具等
7-15	S42043	4Cr13	耐腐蚀型钢，属于 Cr13 型不锈钢，力学性能较好，经热处理（淬火及回火）后，具有优良的耐腐蚀性能、抛光性能、较高的强度和耐磨性，适宜制作承受高负荷并在腐蚀介质作用下的塑料模具钢和透明塑料制品模具等
7-16	T25444	4Cr13NiVSi	耐腐蚀预硬化型钢，属于 Cr13 型不锈钢，淬回火硬度高，有超镜面加工性，可预硬至 HRC31～HRC35，镜面加工性好。适宜制作要求高精度、高耐磨、高耐蚀塑料模具；也用于制作透明塑料制品模具
7-17	T25402	2Cr17Ni2	耐腐蚀预硬化型钢，具有好的抛光性能；在玻璃模具的应用中具有好的抗氧化性。适宜制作耐腐蚀塑料模具，并且不用采用 Cr、Ni 涂层
7-18	T25303	3Cr17Mo	耐腐蚀预硬化型钢，属于 Cr17 型不锈钢，具有优良的强韧性和较高的耐蚀性，适宜制作各种类型的要求高精度、高耐磨，又要求耐蚀性的塑料模具和透明塑料制品模具
7-19	T25513	3Cr17NiMoV	耐腐蚀预硬化型钢，属于 Cr17 型不锈钢，具有优良的强韧性和较高的耐蚀性，适宜制作各种要求高精度、高耐磨，又要求耐蚀的塑料模具和压制透明的塑料制品模具
7-20	S44093	9Cr18	耐腐蚀、耐磨型钢，属于高碳马氏体钢，淬火后具有很高的硬度和耐磨性，较 Cr17 型马氏体钢的耐蚀性能有所改善，在大气、水及某些酸类和盐类的水溶液中有优良的不锈耐蚀性。适宜制作要求耐蚀、高强度和耐磨损的零部件，如轴、杆类、弹簧、紧固件等
7-21	S46993	9Cr18MoV	耐腐蚀、耐磨型钢，属于高碳铬不锈钢，基本性能和用途与 9Cr18 钢相近，但热强性和抗回火性能更好。适宜制作承受摩擦并在腐蚀介质中工作的零件，如量具、不锈切片机械刃具及剪切工具、手术刀片、高耐磨设备零件等

表 C.8 特殊用模具用钢的主要特点及用途

序号	统一数字代号	牌 号	主要特点及用途
8-1	T26377	7Mn15Cr2Al3V2WMo	一种高 Mn-V 系无磁钢。在各种状态下都能保持稳定的奥氏体，具有非常低的导磁系数，高的硬度、强度，较好的耐磨性。适宜制作无磁模具、无磁轴承及其他要求在强磁场中不产生磁感应的结构零件。也可以用来制造在 700 ℃～800 ℃下使用的热作模具
8-2	S31049	2Cr25Ni20Si2	奥氏体型耐热钢，具有较好的抗一般耐蚀性能。最高使用温度可达 1 200 ℃。连续使用最高温度为 1 150 ℃；间歇使用最高温度为 1 050 ℃～1 100 ℃。适宜制作加热炉的各种构件，也用于制造玻璃模具等
8-3	S51740	0Cr17Ni4Cu4Nb	马氏体沉淀硬化不锈钢。含碳量低，其抗腐蚀性和可焊性比一般马氏体不锈钢好。此钢耐酸性能好、切削性好、热处理工艺简单。在 400 ℃以上长期使用时有脆化倾向，适宜制作工作温度 400 ℃以下，要求耐酸蚀性、高强度的部件；也适宜制作在腐蚀介质作用下要求高性能、高精密的塑料模具等
8-4	H21231	Ni25Cr15Ti2MoMn	即 GH2132B，Fe-25Ni-15Cr 基时效强化型高温合金，加入钼、钛、铝、钒和微量硼综合强化，特点是高温耐磨性好，高温抗变形能力强，高温抗氧化性能优良，无缺口敏感性，热疲劳性能优良。适宜制作在 650 ℃以下长期工作的高温承力部件和热作模具，如铜排模，热挤压模和内筒等
8-5	H07718	Ni53Cr19Mo3TiNb	即 In718 合金，以体心四方的 γ''相和面心立方的 γ'相沉淀强化的镍基高温合金，在合金中加入铝、钛以形成金属间化合物进行 γ'(Ni3AlTi)相沉淀强化。具有高温强度高，高温稳定性好，抗氧化性好，冷热疲劳性能及冲击韧性优异等特点，适宜制作 600 ℃以上使用的热锻模、冲头、热挤压模、压铸模等

附　录　D
（资料性附录）
工模具钢国内外标准牌号对照表

工模具钢国内外标准牌号对照表见表 D.1。

表 D.1　本标准牌号同 ASTM、JIS、ISO 标准牌号对照表

钢类	序号	本标准的牌号	ASTM A 686/ASTM A681	JIS G4401/JIS G4404	ISO 4957
刃具模具用非合金钢	1-1	T7	—	SK70	C70U
	1-2	T8	—	SK80	C80U
	1-3	T8Mn	W1-8	SK85	—
	1-4	T9	W1-8 1/2	SK90	C90U
	1-5	T10	W1-10	SK105	C105U
	1-6	T11	W1-11	—	—
	1-7	T12	W1-11 1/2	SK120	C120U
	1-8	T13	—	—	—
量具刃具用钢	2-1	9SiCr	—	—	—
	2-2	8MnSi	—	—	—
	2-3	Cr06	—	SKS8	—
	2-4	Cr2	L3	—	—
	2-5	9Cr2	—	—	—
	2-6	W	F1	SKS2	—
耐冲击工具用钢	3-1	4CrW2Si	—	SKS41	—
	3-2	5CrW2Si	S1	—	—
	3-3	6CrW2Si	—	—	—
	3-4	6CrMnSi2Mo1V	S5	—	—
	3-5	5Cr3MnSiMo1V	S7	—	—
	3-6	6CrW2SiV	—	—	60WCrV8
轧辊用钢	4-1	9Cr2V	—	—	—
	4-2	9Cr2Mo	—	—	—
	4-3	9Cr2MoV	—	—	—
	4-4	8Cr3NiMoV	—	—	—
	4-5	9Cr5NiMoV	—	—	—
冷作模具用钢	5-1	9Mn2V	02	—	—
	5-2	9CrWMn	01	SKS3	95MnCr5
	5-3	CrWMn	—	SKS31	—
	5-4	MnCrWV	—	—	95MnWCr5

表 D.1（续）

钢类	序号	本标准的牌号	ASTM A 686/ASTM A681	JIS G4401/JIS G4404	ISO 4957
冷作模具用钢	5-5	7CrMn2Mo	—	—	70MnMoCr8
	5-6	5Cr8MoVSi	—	—	—
	5-7	7CrSiMnMoV	—	—	—
	5-8	Cr8Mo2VSi	—	—	—
	5-9	Cr4W2MoV	—	—	—
	5-10	6Cr4W3Mo2VNb	—	—	—
	5-11	6W6Mo5Cr4V	—	—	—
	5-12	W6Mo5Cr4V2	—	—	—
	5-13	Cr8	—	—	—
	5-14	Cr12	D3	SKD1	X210Cr12
	5-15	Cr12W	—	SKD2	X210CrW12
	5-16	7Cr7Mo2V2Si	—	—	—
	5-17	Cr5Mo1V	A2	SKD12	X100CrMoV5
	5-18	Cr12MoV	—	—	—
	5-19	Cr12Mo1V1	D2	SKD10	X153CrMoV12
热作模具用钢	6-1	5CrMnMo	—	—	—
	6-2	5CrNiMo	L6	—	—
	6-3	4CrNi4Mo	—	SKT6	45CrNiMo16
	6-4	4Cr2NiMoV	—	—	—
	6-5	5CrNi2MoV	—	SKT4	55NiCrMoV7
	6-6	5Cr2NiMoVSi	—	—	—
	6-7	8Cr3	—	—	—
	6-8	4Cr5W2VSi	—	—	—
	6-9	3Cr2W8V	H21	SKD5	X30WCrV9-3
	6-10	4Cr5MoSiV	H11	SKD6	X37CrMoV5-1
	6-11	4Cr5MoSiV1	H13	SKD61	X40CrMoV5-1
	6-12	4Cr3Mo3SiV	H10	—	—
	6-13	5Cr4Mo3SiMnVA1	—	—	—
	6-14	4CrMnSiMoV	—	—	—
	6-15	5Cr5WMoSi	A8	—	—
	6-16	4Cr5MoWVSi	H12	—	X35CrWMoV5
	6-17	3Cr3Mo3W2V	—	—	—

表 D.1（续）

钢类	序号	本标准的牌号	ASTM A 686/ASTM A681	JIS G4401/JIS G4404	ISO 4957
热作模具用钢	6-18	5Cr4W5Mo2V	—	—	—
	6-19	4Cr5Mo2V	—	—	—
	6-20	3Cr3Mo3V	—	SKD7	32CrMoV12-28
	6-21	4Cr5Mo3V	—	—	—
	6-22	3Cr3Mo3VCo3	—	—	—
塑料模具钢	7-1	SM45	—	—	C45U
	7-2	SM50	—	—	—
	7-3	SM55	—	—	—
	7-4	3Cr2Mo	P20	—	35CrMo7
	7-5	3Cr2MnNiMo	—	—	40CrMnNiMo8-6-4
	7-6	4Cr2Mn1MoS	—	—	—
	7-7	8Cr2MnWMoVS	—	—	—
	7-8	5CrNiMnMoVSCa	—	—	—
	7-9	2CrNiMoMnV	—	—	—
	7-10	2CrNi3MoAl	—	—	—
	7-11	1Ni3MnCuAl	—	—	—
	7-12	06Ni6CrMoVTiAl	—	—	—
	7-13	00Ni18Co8Mo5TiAl	—	—	—
	7-14	2Cr13	—	—	—
	7-15	4Cr13	—	—	—
	7-16	4Cr13NiVSi	—	—	—
	7-17	2Cr17Ni2	—	—	—
	7-18	3Cr17Mo	—	—	X38CrMo16
	7-19	3Cr17NiMoV	—	—	—
	7-20	9Cr18	—	—	—
	7-21	9Cr18MoV	—	—	—
特殊用途模具钢	8-1	7Mn15Cr2Al3V2Mo	—	—	—
	8-2	2Cr25Ni20Si2	—	—	—
	8-3	0Cr17Ni4Cu4Nb	—	—	—
	8-4	Ni25Cr15Ti2MoMn	—	—	—
	8-5	Ni53Cr19Mo3TiNb	—	—	—

ICS 71.040.30
G 63

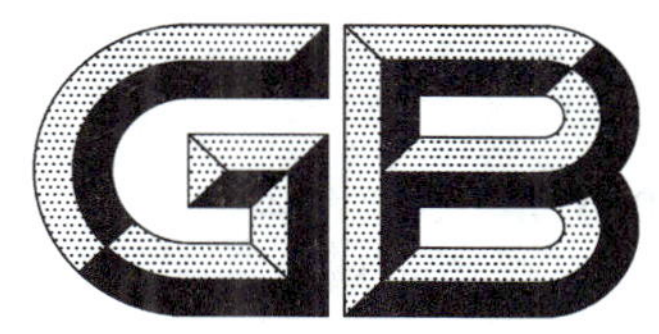

中华人民共和国国家标准

GB/T 1400—2014
代替 GB/T 1400—1993

化学试剂　六次甲基四胺

Chemical reagent—Hexamethylene tetramine

2014-09-03 发布　　2015-03-01 实施

中华人民共和国国家质量监督检验检疫总局
中国国家标准化管理委员会　发布

前　言

本标准按照 GB/T 1.1—2009 给出的规则起草。

本标准代替 GB/T 1400—1993《化学试剂　六次甲基四胺》，与 GB/T 1400—1993 相比，主要技术变化如下：

——澄清度试验的规格由“合格”调整为“2 号”、“5 号”(见第 4 章，1993 年版的 3.3)；

——增加了水分规格及测定方法(见第 4 章、5.8)；

——改进了含量的测定方法(见 5.3，1993 年版的 4.1)；

——调整了水不溶物测定方法的取样量(见 5.6，1993 年版的 4.3.2)；

——修改了氯化物、铵两项的测定方法(见 5.9、5.11，1993 年版的 4.3.4、4.3.6)；

——重金属的测定增加了硫化钠-丙三醇比色法(见 5.13，1993 年版的 4.3.8)；

——修改了包装及标志(见第 7 章，1993 年版的第 6 章)。

本标准由中国石油和化学工业联合会提出。

本标准由全国化学标准化技术委员会化学试剂分会(SAC/TC 63/SC 3)归口。

本标准负责起草单位：广东光华科技股份有限公司、北京化学试剂研究所。

本标准主要起草人：周一朗、王身连、张晓滨、张志斌、韩宝英、王玉华。

本标准所代替标准的历次版本发布情况为：

—— GB 1400—1978、GB/T 1400—1993。

化学试剂　六次甲基四胺

1　范围

本标准规定了化学试剂 六次甲基四胺的性状、规格、试验、检验规则和包装及标志。

本标准适用于化学试剂 六次甲基四胺的检验。

分子式：$C_6H_{12}N_4$

结构式：

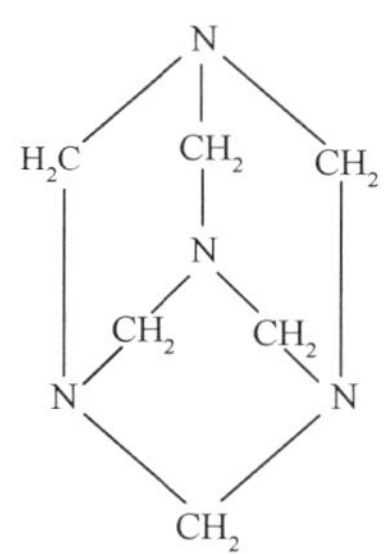

相对分子质量：140.19（根据 2007 年国际相对原子质量）

2　规范性引用文件

下列文件对于本文件的应用是必不可少的。凡是注日期的引用文件，仅注日期的版本适用于本文件。凡是不注日期的引用文件，其最新版本（包括所有的修改单）适用于本文件。

GB/T 601　化学试剂　标准滴定溶液的制备

GB/T 602　化学试剂　杂质测定用标准溶液的制备

GB/T 603　化学试剂　试验方法中所用制剂及制品的制备

GB/T 606　化学试剂　水分测定通用方法　卡尔·费休法

GB/T 6682　分析实验室用水规格和试验方法

GB/T 9724　化学试剂　pH 值测定通则

GB/T 9728　化学试剂　硫酸盐测定通用方法

GB/T 9729　化学试剂　氯化物测定通用方法

GB/T 9735　化学试剂　重金属测定通用方法

GB/T 9738—2008　化学试剂　水不溶物测定通用方法

GB/T 9739　化学试剂　铁测定通用方法

GB/T 9741—2008　化学试剂　灼烧残渣测定通用方法

GB 15346　化学试剂　包装及标志

HG/T 3484　化学试剂　标准玻璃乳浊液和澄清度标准

HG/T 3921　化学试剂　采样及验收规则

3　性状

本品为无色或白色结晶，溶于水、醇及醚中。

4 规格

六次甲基四胺的规格见表1。

表1 六次甲基四胺的规格

名称	分析纯	化学纯
含量($C_6H_{12}N_4$),w/%	≥99.0	≥98.0
pH值(100 g/L,25 ℃)	8.5～9.5	8.5～9.5
澄清度试验/号	≤2	≤5
水不溶物,w/%	≤0.002	≤0.005
灼烧残渣(以硫酸盐计),w/%	≤0.01	≤0.03
水分(H_2O),w/%	≤0.3	≤0.5
氯化物(Cl),w/%	≤0.001	≤0.005
硫酸盐(SO_4),w/%	≤0.001	≤0.003
铵(NH_4),w/%	≤0.001	≤0.003
铁(Fe),w/%	≤0.001	≤0.005
重金属(以Pb计),w/%	≤0.000 5	≤0.001

5 试验

5.1 安全提示

警告——本试验方法中使用的部分试剂具有毒性或腐蚀性,一些试验过程可能导致危险情况,操作者应采取适当的安全和健康措施。

5.2 一般规定

本章中除另有规定外,所用标准滴定溶液、标准溶液、制剂及制品,均按GB/T 601、GB/T 602、GB/T 603的规定制备,实验用水应符合GB/T 6682中三级水规格,样品均按精确至0.01 g称取,所用溶液以"%"表示的均为质量分数。

5.3 含量

称取1 g样品,精确至0.000 1 g,加50.00 mL硫酸标准滴定溶液[$c(\frac{1}{2}H_2SO_4)=1$ mol/L],在水浴上蒸发至近干,加50 mL水,再蒸发至近干,重复用20 mL水处理,直至无甲醛气味,冷却。加100 mL水,加2滴甲基红指示液(1 g/L),用氢氧化钠标准滴定溶液[$c(NaOH)=1$ mol/L]滴定至溶液由红色变为黄色。同时做空白试验。

六次甲基四胺的质量分数w,按式(1)计算:

$$w=\frac{(V_1-V_2)\times c\times M}{m\times 1\ 000}\times 100\% \quad \cdots\cdots(1)$$

式中：

V_1——空白试验消耗氢氧化钠标准滴定溶液体积的数值，单位为毫升(mL)；

V_2——氢氧化钠标准滴定溶液体积的数值，单位为毫升(mL)；

c ——氢氧化钠标准滴定溶液浓度的准确数值，单位为摩尔每升(mol/L)；

M——六次甲基四胺摩尔质量的数值，单位为克每摩尔(g/mol)[$M(\frac{1}{4}C_6H_{12}N_4)=35.05$]；

m ——样品质量的数值，单位为克(g)。

5.4 pH 值

称取 10 g 样品，溶于 100 mL 无二氧化碳水中，按 GB/T 9724 的规定测定。

5.5 澄清度试验

称取 8 g 样品，溶于 100 mL 水中，其浊度不应大于 HG/T 3484 规定的下列澄清度标准。

分析纯：2 号；化学纯：5 号。

5.6 水不溶物

称取 50 g 样品，溶于 500 mL 水中，用已在 105 ℃±2 ℃恒量的 4 号玻璃滤埚过滤，用水洗涤滤渣，于 105 ℃±2 ℃的电烘箱中干燥至恒量。结果按 GB/T 9738—2008 中第 7 章的规定计算。

5.7 灼烧残渣

称取 10 g 样品，按 GB/T 9741—2008 中 4.2 的规定测定，结果按第 5 章的规定计算。

5.8 水分

称取 1 g 样品，以 40 mL 甲醇为溶剂，按 GB/T 606 的规定测定。

5.9 氯化物

称取 1 g 样品，溶于水，用硝酸溶液(25%)调节至中性，稀释至 20 mL，按 GB/T 9729 的规定测定。溶液所呈浊度不应大于标准比浊溶液。

标准比浊溶液的制备是取含下列数量的氯化物(Cl)标准溶液，稀释至 20 mL，与同体积试液同时同样处理。

分析纯：0.01 mg；化学纯：0.05 mg。

5.10 硫酸盐

称取 1 g 样品，溶于水，加 1.5 mL 盐酸溶液(20%)，稀释至 20 mL，加 0.5 mL 盐酸溶液(20%)酸化后，按 GB/T 9728 的规定测定。溶液所呈浊度不应大于标准比浊溶液。

标准比浊溶液的制备是取含下列数量的硫酸盐(SO_4)标准溶液，稀释至 20 mL，与同体积试液同时同样处理。

分析纯：0.01 mg；化学纯：0.03 mg。

5.11 铵

称取 2 g 样品，溶于水，稀释至 20 mL。取 14 mL，稀释至 75 mL，加 5 mL 氢氧化钠溶液(320 g/L)，摇匀，加 2 mL 纳氏试剂，稀释至 100 mL，摇匀，放置 10 min。溶液所呈黄色不应深于标准比色溶液。

标准比色溶液的制备是取 4 mL 样品溶液及含下列数量的铵(NH_4)标准溶液,稀释至 75 mL,与同体积试液同时同样处理。

分析纯:0.01 mg;化学纯:0.03 mg。

5.12 铁

称取 0.5 g 样品,溶于 15 mL 水中,用盐酸溶液(15%)调节溶液的 pH 值至 2 后,按 GB/T 9739 的规定测定。溶液所呈红色不应深于标准比色溶液。

标准比色溶液的制备是取含下列数量的铁(Fe)标准溶液,与样品同时同样处理。

分析纯:0.005 mg;化学纯:0.025 mg。

5.13 重金属

称取 6 g 样品,溶于水,加 3 mL 盐酸中和,再用盐酸溶液(20%)调节溶液的 pH 值至 4,稀释至 30 mL。取 25 mL,按 GB/T 9735 的规定测定。溶液所呈暗色不应深于标准比色溶液。

标准比色溶液的制备是取剩余的 5 mL 试液及含下列数量的铅(Pb)标准溶液,稀释至 25 mL,与同体积试液同时同样处理。

分析纯:0.02 mg;化学纯:0.04 mg。

6 检验规则

按 HG/T 3921 的规定进行采样及验收。

7 包装及标志

按 GB 15346 的规定进行包装、贮存及运输,并给出标志,其中:

——包装单位:第 4 类;

——内包装形式:NB-4、NBY-4、NB-5、NBY-5、NB-7、NB-8、NB-10、NB-11、NB-13、NB-15;

——隔离材料:GC-2、GC-3、GC-4;

——外包装形式:WB-1、WB-2、WB-3。

ICS 77.120.60
H 62

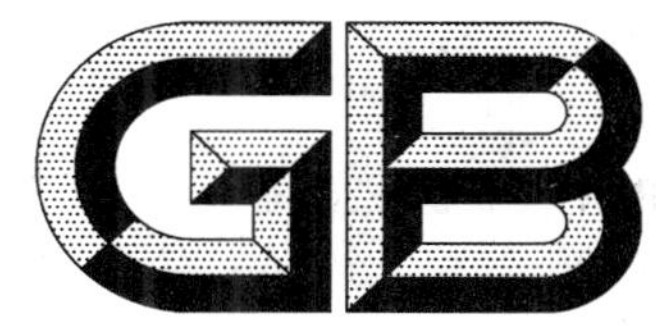

中华人民共和国国家标准

GB/T 1470—2014
代替 GB/T 1470—2005

铅及铅锑合金板

Lead and lead-antimony alloy plate

2014-12-05 发布　　2015-05-01 实施

中华人民共和国国家质量监督检验检疫总局
中国国家标准化管理委员会　发布

前　言

本标准按照 GB/T 1.1—2009 给出的规则起草。

本标准代替 GB/T 1470—2005《铅及铅锑合金板》。本标准与 GB/T 1470—2005 相比，主要变化如下：

——修改了板材厚度、宽度和长度允许偏差；

——对牌号 Pb1 其杂质含量 Bi 由原来的≤0.003%变为≤0.004%；

——将 PbSb0.5、PbSb1、PbSb2、PbSb4、PbSb6、PbSb8、PbSb1-0.1-0.05、PbSb2-0.1-0.05、PbSb3-0.1-0.05、PbSb4-0.1-0.05 、PbSb5-0.1-0.05、PbSb6-0.1-0.05、PbSb7-0.1-0.05、PbSb8-0.1-0.05、PbSb4-0.2-0.5、PbSb6-0.2-0.5、PbSb8-0.2-0.5 合金牌号中的杂质含量总和变为不大于 0.3%；

——厚度范围：Pb1、Pb2 板材由原来的 0.5 mm～110 mm 修订为 0.3 mm～120 mm，铅锑合金板材由原来的 1.0 mm～110 mm 修订为 1.0 mm～120 mm。

本标准由全国有色金属标准化技术委员会(SAC/TC 243)归口。

本标准起草单位：白银有色集团股份有限公司、白银有色西北铜加工有限公司、有色金属技术经济研究院。

本标准主要起草人：李双龙、陈晖、邓予生、刘生伟、张海滨、张晓龙、王军辉。

本标准所代替标准的历次版本发布情况为：

——GB/T 1470—1979、GB/T 1470—1988、GB/T 1470—2005。

铅及铅锑合金板

1 范围

本标准规定了铅及铅锑合金板的要求、试验方法、检验规则和标志、包装、运输、贮存、质量证明书及订货单(或合同)内容等。

本标准适用于医疗、核工业放射性防护和工业耐腐蚀用的铅及铅锑合金板。

2 规范性引用文件

下列文件对于本文件的应用是必不可少的。凡是注日期的引用文件,仅注日期的版本适用于本文件。凡是不注日期的引用文件,其最新版本(包括所有的修改单)适用于本文件。

GB/T 4103(所有部分) 铅及铅合金化学分析方法

GB/T 4340.1 金属材料 维氏硬度试验 第1部分:试验方法

GB/T 8888 重有色金属加工产品的包装、标志、运输和贮存

3 要求

3.1 产品分类

3.1.1 牌号、规格应符合表1的规定。

表1 牌号、规格

牌号	加工方式	规格/mm		
		厚度	宽度	长度
Pb1、Pb2	轧制	0.3～120.0	≤2 500	≥1 000
PbSb0.5、PbSb1、PbSb2、PbSb4、PbSb6、PbSb8、PbSb1-0.1-0.05、PbSb2-0.1-0.05、PbSb3-0.1-0.05、PbSb4-0.1-0.05、PbSb5-0.1-0.05、PbSb6-0.1-0.05、PbSb7-0.1-0.05、PbSb8-0.1-0.05、PbSb4-0.2-0.5、PbSb6-0.2-0.5、PbSb8-0.2-0.5		1.0～120.0		
注1:经供需双方协商,可供其他牌号和规格的板材。 注2:经供需双方协商厚度≤6 mm、长度≥2 000 mm的铅及铅锑合金板可供应卷材。				

3.1.2 产品标记按产品名称、标准编号、牌号和规格的顺序表示。标记示例如下:

示例1:用PbSb0.5制造的,厚度为3.0 mm、宽度为2 500 mm、长度5 000 mm的普通级板材,标记为:

板 GB/T 1470-PbSb0.5-3.0×2 500×5 000

示例2:用PbSb0.5制造的、厚度为3.0 mm、宽度为2 500 mm、长度5 000 mm的高精级的板材,标记为:

板 GB/T 1470- PbSb0.5 高-3.0×2 500×5 000

3.2 化学成分

化学成分应符合表2的规定。

表 2 化学成分

组别	牌号	化学成分/%																
		主成分						杂质含量 不大于										
		Pb[a]	Ag	Sb	Cu	Sn	Te	Sb	Cu	As	Sn	Bi	Fe	Zn	Mg+Ca	Se	Ag	杂质总和
纯铅	Pb1	≥99.992	—	—	—	—	—	0.001	0.001	0.0005	0.001	0.004	0.000 5	0.000 5	—	—	0.000 5	0.008
	Pb2	≥99.90	—	—	—	—	—	0.05	0.01	0.01	0.005	0.03	0.002	0.002	—	—	0.002	0.10
铅锑合金	PbSb0.5	余量	—	0.3～0.8	—	—	—	杂质总和≤0.3										
	PbSb1		—	0.8～1.3	—	—	—											
	PbSb2		—	1.5～2.5	—	—	—											
	PbSb4		—	3.5～4.5	—	—	—											
	PbSb6		—	5.5～6.5	—	—	—											
	PbSb8		—	7.5～8.5	—	—	—											
硬铅锑合金	PbSb4-0.2-0.5		—	3.5～4.5	0.05～0.2	0.05～0.5	—											
	PbSb6-0.2-0.5		—	5.5～6.5	0.05～0.2	0.05～0.5	—											
	PbSb8-0.2-0.5		—	7.5～8.5	0.05～0.2	0.05～0.5	—											
特硬铅锑合金	PbSb1-0.1-0.05		0.01～0.5	0.5～1.5	0.05～0.2	—	0.04～0.1											
	PbSb2-0.1-0.05		0.01～0.5	1.6～2.5	0.05～0.2	—	0.04～0.1											
	PbSb3-0.1-0.05		0.01～0.5	2.6～3.5	0.05～0.2	—	0.04～0.1											
	PbSb4-0.1-0.05		0.01～0.5	3.6～4.5	0.05～0.2	—	0.04～0.1											
	PbSb5-0.1-0.05		0.01～0.5	4.6～5.5	0.05～0.2	—	0.04～0.1											
	PbSb6-0.1-0.05		0.01～0.5	5.6～6.5	0.05～0.2	—	0.04～0.1											
	PbSb7-0.1-0.05		0.01～0.5	6.6～7.5	0.05～0.2	—	0.04～0.1											
	PbSb8-0.1-0.05		0.01～0.5	7.6～8.5	0.05～0.2	—	0.04～0.1											

注：杂质总和为表中所列杂质之和。

[a] 铅含量按 100%减去所列杂质含量的总和计算，所得结果不再进行修约。

3.3 外形尺寸及其允许偏差

3.3.1 板材的外形尺寸及其允许偏差应符合表 3 的规定。

表 3 外形尺寸及其允许偏差

单位为毫米

<table>
<tr><th rowspan="2">厚度</th><th colspan="2">厚度允许偏差[a]</th><th colspan="2">宽度允许偏差</th><th colspan="2">长度允许偏差</th></tr>
<tr><th>普通级</th><th>高精级</th><th>≤1 000</th><th>＞1 000～2 500</th><th>≤2 000</th><th>＞2 000</th></tr>
<tr><td>0.3</td><td>±0.05</td><td>±0.04</td><td rowspan="6">+10
0</td><td rowspan="6">+15
0</td><td rowspan="6">+30
0</td><td rowspan="6">+40
0</td></tr>
<tr><td>＞0.3～0.7</td><td>±0.06</td><td>±0.05</td></tr>
<tr><td>＞0.7～2.0</td><td>±0.10</td><td>±0.08</td></tr>
<tr><td>＞2.0～—5.0</td><td>±0.25</td><td>±0.15</td></tr>
<tr><td>＞5.0～10.0</td><td>±0.35</td><td>±0.25</td></tr>
<tr><td>＞10.0～15.0</td><td>±0.40</td><td>±0.30</td></tr>
<tr><td>＞15.0～30.0</td><td>±0.45</td><td>±0.40</td><td rowspan="2">+10
0</td><td rowspan="2">+15
0</td><td rowspan="2">+15
0</td><td rowspan="2">+20
0</td></tr>
<tr><td>＞30.0～60.0</td><td>±0.60</td><td>±0.50</td></tr>
<tr><td>＞60.0～120.0</td><td>±0.90</td><td>±0.60</td><td>+10
0</td><td>+15
0</td><td>+15
0</td><td>+25
0</td></tr>
<tr><td colspan="7">注：当需方对厚度、宽度、长度允许偏差有特殊要求时，由供需双方协商。</td></tr>
<tr><td colspan="7">[a] 当要求厚度允许偏差全为(＋)或(－)单向偏差时，其值应为表中对应数值的两倍。</td></tr>
</table>

3.3.2 板材端部和边部应切齐、无裂边。

3.4 硬度

PbSb2、PbSb4、PbSb6、PbSb8 的铅锑合金板材硬度应符合表 4 的规定，其他牌号的铅锑合金板材硬度由供需双方协商确定。

表 4 硬度

牌号	维氏硬度 HV 不小于
PbSb2	6.6
PbSb4	7.2
PbSb6	8.1
PbSb8	9.5

3.5 表面质量

板材表面应光洁，板材表面不允许有影响使用的缺陷。

4 试验方法

4.1 化学成分

化学成分分析按 GB/T 4103(所有部分)的规定进行。

4.2 外形尺寸

外形尺寸应用适宜的测量工具进行测量。板材厚度距顶角不小于100 mm和距边部不小于20 mm处测量,测量范围以外的厚度超差不做报废依据。

4.3 硬度

硬度试验按GB/T 4340.1的规定进行。

4.4 表面质量

板材的表面质量应用目视进行检查。

5 检验规则

5.1 检查和验收

5.1.1 产品应由供方技术监督部门进行检验,保证产品质量符合本标准及订货单(或合同)的规定,并填写质量证明书。

5.1.2 需方应对收到的产品按本标准及订货单(或合同)的规定进行复验。复验结果与本标准及订货单(或合同)的规定不符时,应以书面形式向供方提出,由供需双方协商解决。属于表面质量及尺寸偏差的异议,应在收到产品之日起一个月内提出,属于其他性能的异议,应在收到产品之日起三个月内提出。如需仲裁,仲裁取样应由供需双方共同进行。

5.2 组批

产品应成批提交验收,每批应由同一牌号、加工方式和规格组成。每批重量应不大于5 000 kg(如为同一熔次,可不限定组批量)。

5.3 检验项目

每批产品出厂前应进行化学成分、外形尺寸及其允许偏差、表面质量的检验。如需方要求,还应进行硬度试验。

5.4 取样

取样应符合表5的规定。

表5 取样

检验项目	取样规定	要求章条号	试验方法的章条号
化学成分	供方每炉(需方每批)取一个试样	3.2	4.1
外形尺寸及其允许偏差	逐张(卷)	3.3	4.2
硬度	每批任取2张(卷),每张(卷)取1个试样	3.4	4.3
表面质量	逐张(卷)	3.5	4.4

5.5 检验结果的判定

5.5.1 化学成分不合格时,判该批板材不合格。

5.5.2 外形尺寸偏差和表面质量不合格时，判该张(卷)不合格。

5.5.3 当硬度试验结果中有试样不合格时，应从该批板材中另取双倍数量的试样进行重复试验。重复试验结果全部合格，则判整批合格；若重复试验结果仍有试样不合格则判该批不合格或者由供方逐张(卷)检验，合格者交货。

6 标志、包装、运输、贮存和质量证明书

产品的标志、包装、运输、贮存和质量证明书应符合 GB/T 8888 的规定。

7 订货单(或合同)内容

订购本标准所列材料的订货单(或合同)内应包括下列内容：

a) 产品名称；

b) 牌号；

c) 规格；

d) 厚度允许偏差精度(未注明精度等级，则按普通精度供货)；

e) 重量或张(卷)数(参见附录 A)；

f) 硬度试验(有要求时)；

g) 本标准编号；

h) 其他。

附 录 A
（资料性附录）
板材部分牌号理论重量

板材部分牌号理论重量见表 A.1。

表 A.1 板材部分牌号理论重量

厚度/mm	理论重量/(kg/m²)					
	Pb1,Pb2	PbSb0.5	PbSb2	PbSb4	PbSb6	PbSb8
0.5	5.67	5.66	5.63	5.58	5.53	5.48
1.0	11.34	11.32	11.25	11.15	11.06	10.97
2.0	22.68	22.64	22.50	22.30	22.12	21.94
3.0	34.02	33.96	33.75	33.45	33.18	32.91
4.0	45.36	45.28	45.00	44.60	44.24	43.88
5.0	56.70	56.60	56.25	55.75	55.30	54.85
6.0	68.04	67.90	67.50	66.90	66.36	65.82
7.0	79.38	79.24	78.75	78.05	77.42	76.79
8.0	90.72	90.56	90.00	89.20	88.48	87.76
9.0	102.06	101.88	101.25	100.35	99.54	98.73
10.0	113.40	113.20	112.50	111.50	110.60	109.70
15.0	170.10	169.80	168.75	167.25	165.90	164.55
20.0	226.80	226.40	225.00	223.00	221.20	219.40
25.0	283.50	283.00	281.25	278.75	276.50	274.25
30.0	340.20	339.60	337.50	334.50	331.80	329.10
40.0	453.60	452.80	450.00	446.00	442.40	438.80
50.0	567.00	566.00	562.50	557.50	553.00	548.50
60.0	680.40	679.20	675.00	669.00	663.00	658.20
70.0	793.80	792.40	787.50	780.50	774.20	767.90
80.0	907.20	905.60	900.00	892.00	884.80	877.60
90.0	1 020.60	1 018.80	1 012.50	1 003.50	995.40	987.30
100.0	1 134.00	1 132.00	1 125.00	1 115.00	1 106.00	1 097.00
110.0	1 247.40	1 245.20	1 237.50	1 226.50	1 216.60	1 206.70

ICS 77.120.60
H 62

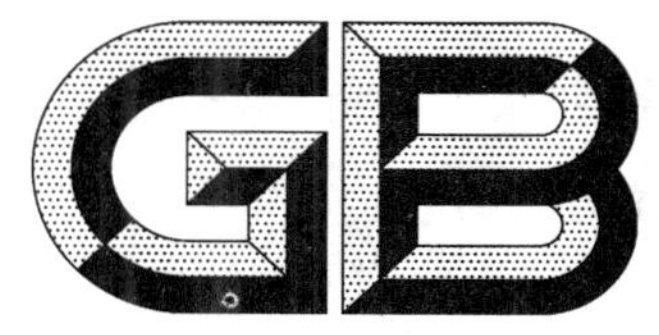

中华人民共和国国家标准

GB/T 1472—2014
代替 GB/T 1472—2005

铅及铅锑合金管

Lead and lead-antimony alloy tube

2014-12-05 发布

2015-05-01 实施

中华人民共和国国家质量监督检验检疫总局
中国国家标准化管理委员会 发布

前　言

本标准按照 GB/T 1.1—2009 给出的规则起草。

本标准代替 GB/T 1472—2005《铅及铅锑合金管》。本标准与 GB/T 1472—2005 相比，主要变化如下：

——对 Pb1 管材中的杂质含量 Bi 由原来的≤0.003%变为≤0.004%；

——将 PbSb0.5、PbSb2、PbSb4、PbSb6、PbSb8 合金中的杂质含量总和变为不大于 0.3%；

——修改了管材内径、壁厚允许偏差。

本标准由全国有色金属标准化技术委员会(SAC/TC 243)归口。

本标准起草单位：白银有色集团股份有限公司、白银有色西北铜加工有限公司、有色金属技术经济研究院。

本标准主要起草人：李双龙、邓予生、刘生伟、张海滨、张晓龙、陈晖、王军辉。

本标准所代替标准的历次版本发布情况为：

——GB/T 1472—1979、GB/T 1472—1988、GB/T 1472—2005。

铅及铅锑合金管

1 范围

本标准规定了挤制铅及铅锑合金管的要求、试验方法、检验规则、标志、包装、运输、贮存、质量证明书及订货单(或合同)内容等。

本标准适用于化工、制药及其他工业部门用作耐蚀材料的挤制铅及铅锑合金管。

2 规范性引用文件

下列文件对于本文件的应用是必不可少的。凡是注日期的引用文件,仅注日期的版本适用于本文件。凡是不注日期的引用文件,其最新版本(包括所有的修改单)适用于本文件。

GB/T 4103(所有部分) 铅及铅合金化学分析方法

GB/T 8888 重有色金属加工产品的包装、标志、运输和贮存

3 要求

3.1 产品分类

3.1.1 牌号、状态、规格

管材牌号、状态、规格应符合表1的规定。

表1 牌号、状态、规格

牌号	状态	规格/mm		
		内径	壁厚	长度
Pb1、Pb2	挤制(R)	5~230	2~12	直管:≤4 000 盘状管:≥2 500
PbSb0.5、PbSb2、PbSb4、PbSb6、PbSb8		10~200	3~14	
注:经供需双方协商,可供其他牌号、规格管材。				

3.1.2 标记示例

产品标记按产品名称、标准编号、牌号、状态、规格的顺序表示。标记示例如下:

示例1:用Pb2制造的、挤制状态、内径为50 mm,壁厚为6 mm,长度3 000 mm的铅管,标记为:

直管 GB/T 1472-Pb2 R-ϕ50×6×3 000

示例2:用PbSb0.5制造的、挤制状态、内径为50 mm,壁厚为6 mm的高精级盘状管,标记为:

盘状管 GB/T 1472-PbSb0.5 R 高-ϕ50×6

3.2 化学成分

纯铅牌号的化学成分应符合表2的规定。铅锑合金牌号的化学成分应符合表3的规定。

表 2　纯铅牌号的化学成分

牌号	化学成分/%									
	主要成分	杂质含量 不大于								
	Pb[a]	Ag	Cu	Sb	As	Bi	Sn	Zn	Fe	杂质总和
Pb1	≥99.992	0.000 5	0.001	0.001	0.000 5	0.004	0.001	0.000 5	0.000 5	0.008
Pb2	≥99.90	0.002	0.01	0.05	0.01	0.03	0.005	0.002	0.002	0.10

注：杂质总和为表中所列杂质之和。

[a] 铅含量按 100%减去所列杂质含量的总和计算，所得结果不再进行修约。

表 3　铅锑合金牌号的化学成分

牌号	化学成分/%									
	主要成分		杂质含量							
	Pb[a]	Sb	Ag	Cu	Sb	As	Bi	Sn	Zn	Fe
PbSb0.5	余量	0.3～0.8	杂质总和≤0.3							
PbSb2		1.5～2.5								
PbSb4		3.5～4.5								
PbSb6		5.5～6.5								
PbSb8		7.5～8.5								

注：杂质总和为表中所列杂质之和。

[a] 铅含量按 100%减去 Sb 含量和所列杂质含量的总和计算，所得结果不再进行修约。

3.3　外形尺寸及其允许偏差

3.3.1　纯铅管常用规格见表 4。

表 4　纯铅管的常用规格

单位为毫米

公称内径	公称壁厚									
	2	3	4	5	6	7	8	9	10	12
5、6、8、10、13、16、20	O	O	O	O	O	O	O	O	O	O
25、30、35、38、40、45、50	—	O	O	O	O	O	O	O	O	O
55、60、65、70、75、80、90、100	—	—	O	O	O	O	O	O	O	O
110	—	—	—	O	O	O	O	O	O	O
125、150	—	—	—	—	O	O	O	O	O	O
180、200、230	—	—	—	—	—	—	O	O	O	O

注 1："O"表示常用规格。

注 2：需要其他规格的产品由供需双方商定。

3.3.2 铅锑合金管常用规格见表5。

表5 铅锑合金管的常用规格

单位为毫米

公称内径	公称壁厚									
	3	4	5	6	7	8	9	10	12	14
10、15、17、20、25、30、35、40、45、50	O	O	O	O	O	O	O	O	O	O
55、60、65、70	—	O	O	O	O	O	O	O	O	O
75、80、90、100	—	—	O	O	O	O	O	O	O	O
110	—	—	—	O	O	O	O	O	O	O
125、150	—	—	—	—	O	O	O	O	O	O
180、200	—	—	—	—	—	—	O	O	O	O

注1:“O”表示常用规格。

注2:需要其他规格的产品由供需双方商定。

3.3.3 管材内径允许偏差应符合表6的规定。

表6 内径允许偏差

单位为毫米

精度等级	内径								
	5~10	>10~20	>20~30	>30~40	>40~55	>55~110	>110~150	>180~200	>200
普通级[a]	±0.50	±0.80	±1.20	±1.60	±2.20	±3.00	±5.00	±6.00	±8.00
高精级[a]	±0.30	±0.40	±0.60	±0.80	±1.20	±1.60	±2.50	±3.00	±4.00

[a] 当要求内径允许偏差全为(+)或(-)单向偏差时,其值应为表中对应数值的两倍。

3.3.4 管材壁厚允许偏差应符合表7的规定。

表7 壁厚允许偏差

单位为毫米

精度等级	内径	壁厚										
		2	3	4	5	6	7	8	9	10	12	14
普通级[a]	<100	±0.20	±0.25	±0.40	±0.50	±0.60	±0.65	±0.70	±0.75	±1.00	±1.20	±1.20
	≥100	—	—	±0.50	±0.60	±0.70	±0.75	±0.85	±0.85	±1.20	±1.30	±1.50
高精级[a]	5~230	±0.20	±0.20	±0.30	±0.30	±0.50	±0.50	±0.50	±0.50	±1.00	±1.00	±1.00

[a] 当要求壁厚允许偏差全为(+)或(-)单向偏差时,其值应为表中对应数值的两倍。

3.3.5 管材的定尺或倍尺长度应在供货合同中约定,其长度允许偏差+20 mm。倍尺长度应加入锯切分段时的锯切量,每一锯切量为5 mm。

3.3.6 管材端部应锯切平整。切口在不使管材长度超出偏差的条件下,内径不大于100 mm的管材,切斜不得超过5 mm;内径大于100 mm的管材,切斜不得超出10 mm。

3.3.7 管材圆度应满足使用要求。

3.4 气压试验

管材进行气压试验时,试验后管材应无裂、漏现象发生。

3.5 表面质量

管材表面应光洁,板材表面不允许有影响使用的缺陷。

4 试验方法

4.1 化学成分

化学成分分析方法按 GB/T 4103(所有部分)的规定进行。

4.2 外形尺寸

外形尺寸应用相应精度的测量工具进行测量。

4.3 气压试验

试验时,管材应与具有压力的气源保持连接,试验压力为 0.5 MPa,试验持续时间 5 min。将管材完全浸入水中,检查从管子中是否有气泡出现。

4.4 表面质量

管材的表面质量用目视进行检验。

5 检验规则

5.1 检查和验收

5.1.1 产品应由供方技术监督部门进行检验,保证产品质量符合本标准及订货单(或合同)的规定,并填写质量证明书。

5.1.2 需方应对收到的产品按本标准及订货单(或合同)的规定进行检验。检验结果与本标准及订货单(或合同)的规定不符时,应以书面形式向供方提出,由供需双方协商解决。属于表面质量及尺寸偏差的异议,应在收到产品之日起一个月内提出,属于其他性能的异议,应在收到产品之日起三个月内提出。如需仲裁,仲裁取样应由供需双方共同进行。

5.2 组批

管材应成批提交验收,每批应由同一牌号、规格组成。每批重量应不大于 5 000 kg(如为同一熔次,可不限定组批量)。

5.3 检验项目

每批产品出厂前应进行化学成分、外形尺寸及其允许偏差、表面质量的检验。如需方要求,还应进行气压试验。

5.4 取样

取样应符合表 8 的规定。

表 8 取样

检验项目	取样规定	要求章条号	试验方法的章条号
化学成分	供方每炉(需方每批)取一个式样	3.2	4.1
外形尺寸及其允许偏差	逐根	3.3	4.2
气压试验	2 根/批	3.4	4.3
表面质量	逐根	3.5	4.4

5.5 检验结果的判定

5.5.1 化学成分不合格时,判该批管材不合格。

5.5.2 外形尺寸偏差和表面质量不合格时,判该根不合格。

5.5.3 当气压试验结果中有试样不合格时,应从该批管材中另取双倍数量的试样进行重复试验。重复试验结果全部合格,则判整批合格;若重复试验结果仍有试样不合格,则判该批不合格或者供方逐根检验,合格者交货。

6 标志、包装、运输、贮存和质量证明书

产品的标志、包装、运输、贮存和质量证明书应符合 GB/T 8888 的规定。

7 订货单(或合同)内容

订购本标准所列材料的订货单(或合同)内应包括下列内容:

a) 产品名称;

b) 牌号;

c) 规格;

d) 内径和壁厚允许偏差精度(未注明精度等级,则按普通精度供货);

e) 重量或根数(管材的理论重量参见附录 A);

f) 气压试验(有要求时);

g) 本标准编号;

h) 其他。

附 录 A
（资料性附录）
铅及铅锑合金管理论重量

常用规格纯铅管理论重量见表 A.1，铅锑合金管与纯铅管之间每米理论重量换算关系见表 A.2。

表 A.1 常用规格纯铅管理论重量

内径/mm	管壁厚度/mm									
	2	3	4	5	6	7	8	9	10	12
	理论重量/(kg/m)(密度 11.34 g/cm^3)									
5	0.5	0.9	1.3	1.8	2.3	3.0	3.7	4.7	5.3	7.3
6	0.6	1.0	1.4	1.9	2.6	3.2	4.1	4.8	5.7	7.7
8	0.7	1.2	1.7	2.3	3.0	3.7	4.5	5.4	6.4	8.5
10	0.8	1.4	2.0	2.7	3.4	4.2	5.1	6.3	7.1	9.4
13	1.1	1.7	2.4	3.2	4.1	5.0	6.0	7.0	8.2	10.7
16	1.3	2.0	2.8	3.7	4.7	5.7	6.8	8.0	9.3	12.0
20	1.6	2.5	3.4	4.4	5.5	6.7	8.0	9.3	10.7	13.7
25	—	3.0	4.1	5.4	6.6	8.0	9.4	10.9	12.5	15.8
30	—	3.5	4.9	6.2	7.7	9.2	10.8	12.5	14.2	17.9
35	—	4.1	5.6	7.1	8.8	10.5	12.3	14.1	16.0	20.1
38	—	4.4	6.0	7.6	9.4	11.2	13.1	15.1	17.1	21.4
40	—	4.6	6.3	8.0	9.8	11.7	13.7	15.7	17.8	22.2
45	—	5.1	7.0	8.9	10.9	13.0	15.1	17.3	19.6	24.3
50	—	5.7	7.7	9.8	12.0	14.2	16.5	18.9	21.4	26.5
55	—	—	8.4	10.7	13.1	15.5	18.0	20.5	23.1	28.6
60	—	—	9.1	11.6	14.1	16.7	19.4	22.1	24.9	30.8
65	—	—	9.8	12.4	15.2	18.8	20.8	24.6	26.9	32.9
70	—	—	10.5	13.3	16.2	19.1	22.2	25.3	28.5	35.0
75	—	—	11.3	14.2	17.3	20.4	23.6	27.1	30.3	37.2
80	—	—	12.0	15.1	18.3	21.7	26.0	28.5	32.0	39.3
90	—	—	13.4	16.9	20.5	24.2	27.9	31.8	35.6	43.6
100	—	—	14.8	18.7	22.6	26.7	30.8	35.0	39.2	47.9
110	—	—	—	20.5	24.8	29.2	33.6	38.2	42.7	52.1
125	—	—	—	—	28.0	32.9	37.9	42.9	48.1	58.6
150	—	—	—	—	33.3	39.1	45.0	50.9	57.1	69.3
180	—	—	—	—	—	—	53.6	60.5	67.7	82.2
200	—	—	—	—	—	—	59.3	67.5	74.8	90.7
230	—	—	—	—	—	—	67.8	76.5	85.5	103.5

表 A.2 铅锑合金管与纯铅管之间每米理论重量换算关系

牌号	密度/(g/cm³)	换算系数
Pb1、Pb2	11.34	1.000 0
PbSb0.5	11.32	0.998 2
PbSb2	11.25	0.992 1
PbSb4	11.15	0.985 0
PbSb6	11.06	0.975 3
PbSb8	10.97	0.967 4

ICS 77.150.30
H 62

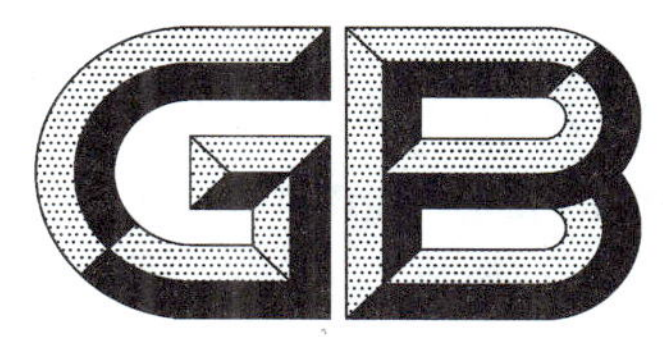

中华人民共和国国家标准

GB/T 1599—2014
代替 GB/T 1599—2002

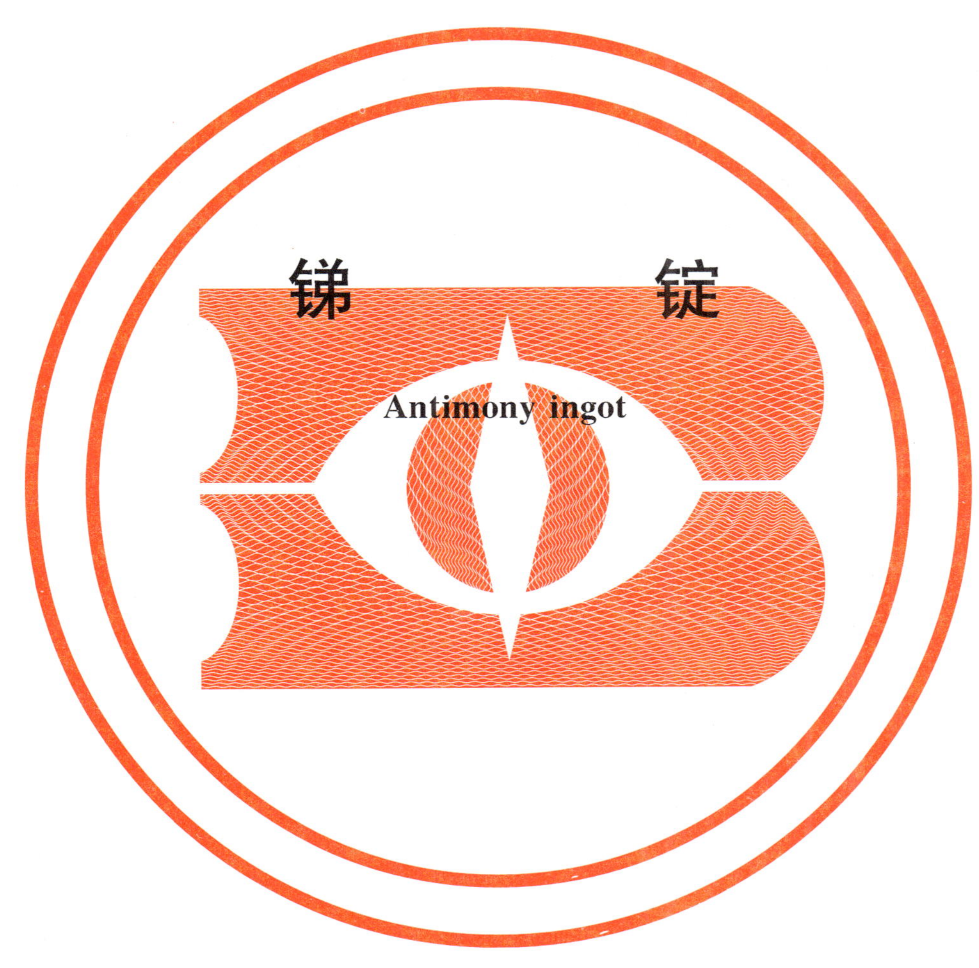

2014-12-05 发布　　2015-08-01 实施

中华人民共和国国家质量监督检验检疫总局
中国国家标准化管理委员会　发布

前　言

本标准按照GB/T 1.1—2009给出的规则起草。

本标准代替GB/T 1599—2002《锑锭》，本标准与GB/T 1599—2002相比，主要变化如下：

——本标准新增Sb99.70牌号。

——本标准取消Sb99.85牌号。

——锑锭的化学成分增加了铋和镉两项杂质要求。

——锑锭的化学成分提高了硒、铅等杂质的要求。

本标准由全国有色金属标准化技术委员会(SAC/TC 243)归口。

本标准起草单位：锡矿山闪星锑业有限责任公司、湖南辰州矿业股份有限公司。

本标准起草人：李志强、刘新春、宋应球、戴永俊、吴少波、廖光荣、曾庆彬、邓卫华、扬州、刘放云、王卫国、欧阳景权、龚福保、赵波。

本标准所代替标准的历次版本发布情况为：

——GB/T 1599—1979、GB/T 1599—2002。

锑　　锭

1　范围

本标准规定了锑锭的要求、试验方法、检验规则及标志、包装、运输、贮存、质量证明书和合同(或订货单)。

本标准适用于以锑精矿和铅锑精矿等为原料生产的锑锭,以锑精矿和铅锑精矿等为原料生产的锑珠标准也可参照本标准执行。

2　规范性引用文件

下列文件对于本文件的应用是必不可少的。凡是注日期的引用文件,仅注日期的版本适用于本文件。凡是不注日期的引用文件,其最新版本(包括所有的修改单)适用于本文件。

GB/T 8170　数值修约规则

GB/T 3253(所有部分)　锑及三氧化二锑化学分析方法

3　要求

3.1　产品分类

锑锭按化学成分分为Sb99.90、Sb99.70、Sb99.65、Sb99.50四个牌号。

3.2　锑锭的化学成分应符合表1的规定

表1　锑锭的化学成分

牌号	化学成分(质量分数)/%									
	Sb 不小于	杂质含量,不大于								
		As	Fe	S	Cu	Se	Pb	Bi	Cd	总和
Sb99.90	99.90	0.010	0.015	0.040	0.005 0	0.001 0	0.010	0.001 0	0.000 5	0.10
Sb99.70	99.70	0.050	0.020	0.040	0.010	0.003 0	0.150	0.003 0	0.001 0	0.30
Sb99.65	99.65	0.100	0.030	0.060	0.050	—	0.300	—	—	0.35
Sb99.50	99.50	0.150	0.050	0.080	0.080	—	—	—	—	0.50
注:锑的含量系指100%减去砷、铁、硫、铜、硒、铅、铋和镉杂质含量实测总和的值。										

3.3　各牌号锑锭的杂质,在表1中规定的最末位后出现的数字,按GB/T 8170的规定处理。

3.4　锑锭表面应平整、整洁,不允许有浮渣、夹层及外来夹杂物。

3.5　各牌号的锑锭结构为截角六面体,每锭质量不大于25 kg。如用户有其他规格要求时,由供需双方商定。

4 试验方法

4.1 锑锭的化学成分仲裁分析按GB/T 3253(所有部分)的规定进行。

4.2 锑锭的表面质量用目测法检验。

4.3 锑锭的重量用称量法检验。

5 检验规则

5.1 检查与验收

5.1.1 锑锭应由供方技术监督部门进行检验,保证产品质量符合本标准的规定,并填写质量证明书。

5.1.2 需方可对收到的产品按本标准的规定进行检验,如检验结果与本标准的规定不符时,应在收到产品之日起60天内向供方提出,由供需双方协商解决。如需仲裁,仲裁取样在需方处由供需双方共同进行。

5.2 组批

锑锭应成批提交检验。每批应由同一牌号的产品组成,每批重量不超过100 t。

5.3 检验项目

每批锑锭应进行化学成分、表面质量和重量的检验。

5.4 取样和制样

5.4.1 取样

锑锭取样在同一批外观检验合格的产品中,抽取不低于总量锑锭的5%为样品锑锭。然后用规格为$\phi 8$ mm～$\phi 12$ mm的钻头依次在所抽取样品锑锭的顶面或底面交替钻孔(如第一块钻顶面,则第二块钻底面),钻孔位置为任意对角线上等距离的三点处。钻孔深度不能少于锑锭厚度的一半。收集的钻屑即为试样。钻孔时不能使用润滑剂,并选择适当的转速和进给量(以不因过度发热而发生氧化现象为宜)。

5.4.2 制样

将试样破碎到粒度不大于5 mm,混匀,用四分法缩分至500 g～1 000 g,用磁铁除尽铁屑。然后分成四等份,一份做检验样,一至二份送交需方(需方需要时),另一份由供方保留备查。样品在分析检测前用乳钵磨至粒度不大于0.125 mm。样品保留十二个月。

5.5 检验结果判定

5.5.1 化学成分分析结果与本标准的规定不符合时,按批判不合格。

5.5.2 表面质量检验结果与本标准的规定不符合时,按锭判不合格。

6 标志、包装、运输、贮存、质量证明书

6.1 标志

锑锭的包装物上应涂刷不易脱落的标志标明:

a） 生产厂家；
b） 产品名称和牌号；
c） 商标；
d） 批号；
e） 净重。

6.2 包装

6.2.1 锑锭用木箱包装，用铁皮带加固。箱净重 100 kg 或 1 000 kg 。如需方需要，亦可采用捆扎包装。
6.2.2 经供需双方同意，可以改变包装重量和包装方式。

6.3 运输和贮存

6.3.1 产品装卸、运输时应有可靠的防护措施，防止产品和包装物的损坏。
6.3.2 产品运输车辆和贮存地点应保持清洁、干燥，不得接触酸、碱及其他污染物。

6.4 质量证明书

每批产品应附有质量证明书，注明：
a） 供方名称和商标；
b） 产品名称和牌号；
c） 批号；
d） 净重和件数；
e） 分析检验结果和技术监督部门印记；
f） 本标准编号；
g） 出厂日期。

7 合同（或订货单）内容

产品订货单或合同应包括下列内容：
a） 产品名称；
b） 牌号；
c） 对产品化学成分及规格的特殊要求；
d） 净重；
e） 包装形式；
f） 本标准编号；
g） 其他。

ICS 71.060.50
G 12

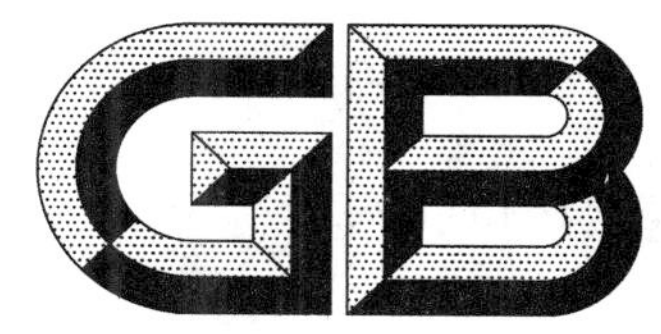

中华人民共和国国家标准

GB/T 1611—2014
代替 GB/T 1611—2003

工业重铬酸钠

Sodium dichromate for industrial use

2014-07-08 发布 2014-12-01 实施

中华人民共和国国家质量监督检验检疫总局
中国国家标准化管理委员会 发布

前　　言

本标准按照 GB/T 1.1—2009 给出的规则起草。

本标准代替 GB/T 1611—2003《工业重铬酸钠》，与 GB/T 1611—2003 相比，除编辑性修改外主要技术变化如下：

——要求中氯化物优等品指标由 0.07%调整为 0.05%、合格品由 0.20%调整为 0.15%；增加铁含量指标优等品设为 0.002%、一等品设为 0.006%、合格品设为 0.01%(见 4.2，2003 版的 3.2)；

——要求中以表注的形式对钒含量加以规定(见 4.2)；

——删除了光电比色法(见 2003 版的 4.5.2)；

——增加了电位滴定法测定重铬酸钠含量(见 5.3.2)；

——增加了电位滴定法测定氯化物含量(见 5.5)；

——增加了火焰原子吸收分光光度法测定铁含量(见 5.6.1)；

——增加了钒含量测定方法(见 5.7)；

——增加了离子色谱法测定硫酸盐、氯化物含量(见附录 A)。

本标准参考日本标准 JIS K1403:1992《重铬酸钠(二水物)》。

本标准由中国石油和化学工业联合会提出。

本标准由全国化学标准化技术委员会无机化工分会(SAC/TC 63/SC 1)归口。

本标准起草单位：四川省安县银河建化(集团)有限公司、中海油天津化工研究设计院、湖北振华化学股份有限公司、青海省博鸿化工科技股份有限公司、甘肃锦世化工有限责任公司、内蒙古黄河铬盐股份有限公司、湖南省产商品质量监督检验院、国家无机盐产品质量监督检验中心。

本标准主要起草人：李先荣、李霞、石义朗、王永全、张忠元、王卓琳、石鹏途、谢友才、范德平、宋锋。

本标准所代替标准的历次版本发布情况为：

——GB 1611—1979、GB/T 1611—1992、GB/T 1611—2003。

工 业 重 铬 酸 钠

1 范围

本标准规定了工业重铬酸钠的要求、试验方法、检验规则、标志、标签、包装、运输、贮存和安全。

本标准适用于工业重铬酸钠。该产品主要用于颜料、染料、制备其他铬盐产品、医药中间体的氧化剂、电镀等行业。

2 规范性引用文件

下列文件对于本文件的应用是必不可少的。凡是注日期的引用文件，仅注日期的版本适用于本文件。凡是不注日期的引用文件，其最新版本(包括所有的修改单)适用于本文件。

GB 190—2009 危险货物包装标志

GB/T 191—2008 包装储运图示标志

GB/T 3049—2006 工业用化工产品 铁含量测定的通用方法 1,10-菲啰啉分光光度法

GB/T 6678 化工产品采样总则

GB/T 6682—2008 分析实验室用水规格和试验方法

GB/T 8170 数值修约规则与极限数值的表示和判定

HG/T 3696.1 无机化工产品 化学分析用标准溶液、制剂及制品的制备 第1部分:标准滴定溶液的制备

HG/T 3696.2 无机化工产品 化学分析用标准溶液、制剂及制品的制备 第2部分:杂质标准溶液的制备

HG/T 3696.3 无机化工产品 化学分析用标准溶液、制剂及制品的制备 第3部分:制剂及制品的制备

3 分子式和相对分子质量

分子式:$Na_2Cr_2O_7 \cdot 2H_2O$。

相对分子质量:297.97(按2011年国际相对原子质量)。

4 要求

4.1 外观:鲜艳橙红色针状或小粒状结晶。

4.2 工业重铬酸钠按本标准规定的试验方法检测并应符合表1技术要求。

表 1 技术要求

项目		指标		
		优等品	一等品	合格品
重铬酸钠(以 $Na_2Cr_2O_7 \cdot 2H_2O$ 计)w/%	≥	99.5	98.3	98.0
硫酸盐(以 SO_4 计)w/%	≤	0.20	0.30	0.40
氯化物(以 Cl 计)w/%	≤	0.05	0.10	0.15
铁(Fe)w/%	≤	0.002	0.006	0.01
注：如用户对钒含量有要求，按本标准规定的方法进行测定。				

5 试验方法

警告：本试验方法中使用的部分试剂具有腐蚀性，操作时应小心谨慎！如溅到皮肤上应立即用水冲洗，严重者应立即治疗。

5.1 一般规定

试剂和水在没有注明其他要求时，均指分析纯试剂和 GB/T 6682—2008 中规定的三级水。试验中所用标准滴定溶液、杂质标准溶液、制剂及制品，在没有注明其他要求时，均按 HG/T 3696.1、HG/T 3696.2、HG/T 3696.3 的规定制备。

5.2 外观检验

在自然光下，于白色衬底的表面皿或白瓷板上用目视法判定外观。

5.3 重铬酸钠含量的测定

5.3.1 指示剂法(仲裁法)

5.3.1.1 方法提要

在酸性介质中，试样中的重铬酸根与二价铁离子发生氧化还原反应，以 N-苯基邻氨基苯甲酸为指示剂，用硫酸亚铁铵标准滴定溶液滴定。

5.3.1.2 试剂

5.3.1.2.1 磷酸

85%磷酸。

5.3.1.2.2 硫酸溶液(1+4)

量取 100 mL 硫酸，缓慢注入 400 mL 水中，冷却，混匀。

5.3.1.2.3 硫酸亚铁铵标准滴定溶液{$c[Fe(NH_4)_2(SO_4)_2 \cdot 6H_2O] \approx 0.2$ mol/L}

5.3.1.2.3.1 配制

称取约 80 g 硫酸亚铁铵 $[Fe(NH_4)_2(SO_4)_2 \cdot 6H_2O]$ 溶于 300 mL 硫酸溶液(1+7)中，用水稀释至

1 000 mL，摇匀。此溶液临用前标定。

5.3.1.2.3.2 标定

称取 0.37 g 研细并于 120 ℃±2 ℃下干燥至质量恒定的基准重铬酸钾，精确至 0.000 1 g，置于 500 mL 锥形瓶中，加入 150 mL 水溶解。加入 15 mL 硫酸溶液（1+4），5 mL 磷酸，用硫酸亚铁铵标准滴定溶液滴定至溶液呈黄绿色。加入 2 mL N-苯基邻氨基苯甲酸指示液，继续滴定至溶液由紫红色变为绿色为终点。

5.3.1.2.3.3 计算

硫酸亚铁铵标准滴定溶液的浓度 c，数值以 mol/L 表示，按式（1）计算：

$$c=\frac{m}{MV\times 10^{-3}} \qquad (1)$$

式中：

m ——基准重铬酸钾的质量的数值，单位为克（g）；

V ——滴定至终点时消耗硫酸亚铁铵标准滴定溶液的体积的数值，单位为毫升（mL）；

M ——重铬酸钾（$1/6\ K_2Cr_2O_7$）的摩尔质量的数值（M=49.03），单位为克每摩尔（g/mol）。

取平行测定结果的算术平均值为测定结果，三次平行标定结果的相对极差与平均值之比不应大于 0.2%。

5.3.1.2.4 N-苯基邻氨基苯甲酸指示液（1 g/L）

称取 0.2 g 无水碳酸钠溶于 100 mL 水中，再加入 0.1 g N-苯基邻氨基苯甲酸，搅拌至溶解。

5.3.1.3 分析步骤

5.3.1.3.1 试验溶液 A 的制备

称取约 5 g 试样，精确至 0.000 2 g。加水溶解后，转移至 500 mL（V_2）容量瓶中，用水稀释至刻度，摇匀。此溶液为试验溶液 A，用于重铬酸钠含量、硫酸盐含量（目视比浊法）的测定。

5.3.1.3.2 测定

用移液管移取 25 mL 试验溶液 A，置于 500 mL 锥形瓶中，加入 150 mL 水，15 mL 硫酸溶液，5 mL 磷酸，用硫酸亚铁铵标准滴定溶液滴定至溶液呈黄绿色。加入 2 mL N-苯基邻氨基苯甲酸指示液，继续滴定至溶液由紫红色变为绿色为终点。

5.3.2 电位滴定法

5.3.2.1 方法提要

在酸性介质中，重铬酸根与二价铁离子发生氧化还原反应，用硫酸亚铁铵标准滴定溶液滴定试验溶液，以二级微商法确定反应终点，求出重铬酸钠含量。

5.3.2.2 试剂

5.3.2.2.1 硫酸溶液（1+1）

量取 200 mL 硫酸，缓慢注入 200 mL 水中，冷却，混匀。

5.3.2.2.2 **硫酸亚铁铵标准滴定溶液{$c[(NH_4)_2Fe(SO_4)_2]\approx 0.2$ mol/L}**

5.3.2.2.2.1 **配制**

硫酸亚铁铵标准滴定溶液的配制按5.3.1.2.3.1的规定。

5.3.2.2.2.2 **标定**

称取约0.37 g研细并于120 ℃±2 ℃下干燥至质量恒定的基准重铬酸钾，精确至0.000 1 g，置于500 mL的烧杯中，加水至约400 mL，加入40 mL硫酸溶液。插入铂复合电极，并进行搅拌，控制搅拌速度避免溶液溅出。用硫酸亚铁铵标准滴定溶液滴定至黄色消失后，继续进行微量滴定。以二级微商法确定滴定终点。

5.3.2.2.2.3 **计算**

硫酸亚铁铵标准滴定溶液的浓度的计算按5.3.1.2.3.3的规定。

5.3.2.3 **仪器和设备**

5.3.2.3.1 铂复合电极。

5.3.2.3.2 自动电位滴定仪(附搅拌)。

5.3.2.4 **分析步骤**

用移液管移取25 mL(V_1)试验溶液A(见5.3.1.3.1)，置于500 mL的烧杯中，加水至约400 mL，加入40 mL硫酸溶液。插入铂复合电极，并进行搅拌，控制搅拌速度避免溶液溅出。用硫酸亚铁铵标准滴定溶液滴定至黄色消失后，继续进行微量滴定，以二级微商法确定滴定终点。

5.3.3 **结果计算**

重铬酸钠含量以重铬酸钠($Na_2Cr_2O_7 \cdot 2H_2O$)的质量分数w_1计，按式(2)计算：

$$w_1=\frac{cMV\times 10^{-3}}{m\times(V_1/V_2)}\times 100\% \qquad \cdots\cdots(2)$$

式中：

V ——滴定试验溶液消耗硫酸亚铁铵标准滴定溶液的体积的数值，单位为毫升(mL)；

c ——硫酸亚铁铵标准滴定溶液浓度的准确数值，单位为摩尔每升(mol/L)；

m ——试料质量的数值，单位为克(g)；

V_1——移取试验溶液A的体积的数值，单位为毫升(mL)；

V_2——5.3.1.3.1中试验溶液A的体积的数值，单位为毫升(mL)；

M ——重铬酸钠($1/6\ Na_2Cr_2O_7 \cdot 2H_2O$)的摩尔质量的数值($M$=49.66)，单位为克每摩尔(g/mol)。

取平行测定结果的算术平均值为测定结果，两次平行测定结果的绝对差值不大于0.3%。

5.4 **硫酸盐含量的测定**

5.4.1 **重量法(仲裁法)**

5.4.1.1 **方法提要**

在酸性介质中，用乙醇将试样中的重铬酸根还原为三价铬，再加入氯化钡溶液，钡离子与硫酸盐生成硫酸钡沉淀。将沉淀过滤、洗涤、灼烧、称重后确定硫酸盐含量。

5.4.1.2 试剂

5.4.1.2.1 硫酸。

5.4.1.2.2 95%乙醇。

5.4.1.2.3 基准重铬酸钾。

5.4.1.2.4 硫酸溶液:1+4。

5.4.1.2.5 盐酸溶液:3+7。

5.4.1.2.6 乙酸溶液:1+1。

5.4.1.2.7 氯化钡($BaCl_2 \cdot 2H_2O$)溶液:100 g/L。

5.4.1.2.8 硝酸银溶液:17 g/L。

5.4.1.2.9 硫酸盐标准溶液:1 mL溶液含硫酸盐(以SO_4计)1 mg。

5.4.1.2.10 二苯基碳酰二肼指示液:2 g/L,称取二苯基碳酰二肼0.2 g,溶于50 mL丙酮中,加水稀释至100 mL,摇匀,贮存于棕色瓶中,于低温下保存。颜色变深后,不能使用。

5.4.1.3 仪器和设备

高温炉:温度可控制在700 ℃±20 ℃。

5.4.1.4 分析步骤

称取约10 g试样,精确至0.01 g。置于500 mL烧杯中,加入100 mL水,搅拌至溶解。用移液管加入10 mL硫酸盐标准溶液,再加入100 mL盐酸溶液,加热至近沸,在搅拌下滴加约20 mL 95%乙醇,于沸水浴中保温30 min。如还原不完全,再补加95%乙醇至还原完全(取1滴试液,加入1滴硫酸溶液和1滴二苯基碳酰二肼指示剂,若出现紫红色则还原不完全)。用中速定性滤纸过滤,用热水洗涤至滤纸无绿色。滤液及洗水收集于500 mL烧杯中,用水稀释至约300 mL。将溶液加热至沸,在微沸状态下,边搅拌边慢慢加入50 mL氯化钡溶液,20 mL乙酸溶液及预先准备好的少许定量滤纸纸浆,充分搅拌约2 min。盖上表面皿,在水浴中加热30 min,于水浴中放置2 h或室温下放置8 h以上。用慢速定量滤纸过滤,沉淀以热水洗涤至滤液无氯离子为止(用硝酸银溶液检验)。

将沉淀连同滤纸置于预先于700 ℃±20 ℃灼烧至质量恒定的瓷坩埚中,于电炉上干燥、灰化。置于700 ℃±20 ℃高温炉中灼烧30 min。冷却后加1滴硫酸,润湿沉淀,在电炉上加热至白烟冒尽,移入700 ℃±20 ℃高温炉中灼烧至质量恒定。

同时做空白试验,称取10 g基准重铬酸钾,精确至0.01 g。其他加入的试剂种类和量与试验溶液的完全相同,并与试料同样处理。

5.4.1.5 结果计算

硫酸盐含量以硫酸根(SO_4)的质量分数w_2计,按式(3)计算:

$$w_2 = \frac{0.411\,6 \times (m_1 - m_0)}{m} \times 100\% \qquad \cdots\cdots(3)$$

式中:

m_1 ——试验溶液中生成沉淀的质量的数值,单位为克(g);

m_0 ——空白试验中生成沉淀的质量的数值,单位为克(g);

m ——试料质量的数值,单位为克(g);

0.411 6——硫酸钡换算为硫酸根(SO_4)的系数。

取平行测定结果的算术平均值为测定结果,两次平行测定结果的绝对差值不大于0.01%。

5.4.2 目视比浊法

5.4.2.1 方法提要

在酸性介质中,硫酸根与钡离子生成难溶的硫酸钡沉淀,当硫酸根含量较低时,在一定时间内硫酸钡呈悬浮体,使溶液混浊,与硫酸盐标准比浊溶液比较浊度。

5.4.2.2 试剂

5.4.2.2.1 95%乙醇。

5.4.2.2.2 盐酸溶液:1+1。

5.4.2.2.3 氯化钡($BaCl_2 \cdot 2H_2O$)溶液:100 g/L。

5.4.2.2.4 重铬酸钾(基准)溶液:10 g/L,称取 5.00 g±0.01 g 基准重铬酸钾,溶解于水中,转移至 500 mL 容量瓶中,用水稀释至刻度,摇匀。

5.4.2.2.5 硫酸盐标准溶液:1 mL 溶液含硫酸盐(以 SO_4 计)0.05 mg,用移液管移取 5 mL 按 HG/T 3696.2 配制的硫酸盐标准溶液,置于 100 mL 容量瓶中,用水稀释至刻度,摇匀。此溶液使用前配制。

5.4.2.3 分析步骤

5.4.2.3.1 标准比浊溶液的制备

用移液管移取 5 mL 重铬酸钾溶液,置于 50 mL 比色管中。移取加入 2.00 mL(优等品)或 3.00 mL(一等品)或 4.00 mL(合格品)硫酸盐标准溶液,加水至约 25 mL,加入 3 mL 盐酸溶液,5 mL 95%乙醇,摇匀后于沸水浴中还原 10 min,冷却至室温,加入 5 mL 氯化钡溶液,用水稀释至刻度,摇匀。于 30 ℃~40 ℃水浴中保温 20 min~30 min。

5.4.2.3.2 测定

用移液管移取 5 mL 试验溶液 A(见 5.3.1.3.1),置于 50 mL 比色管中,加水至约 25 mL,以下按 5.4.2.3.1 中所述从“加入 3 mL 盐酸溶液……”开始,至“……保温 20 min~30 min。”为止。与标准比浊溶液同时同样进行操作。其浊度不得大于标准比浊溶液。

注:离子色谱法测定硫酸盐含量参见附录 A。

5.5 氯化物含量的测定

5.5.1 电位滴定法(仲裁法)

5.5.1.1 方法提要

将试样溶于水中,用硝酸银标准滴定溶液进行滴定,以二级微商法确定反应终点,求出氯化物含量。

5.5.1.2 试剂

5.5.1.2.1 硝酸银标准滴定溶液[$c(AgNO_3)\approx 0.002$ mol/L]

5.5.1.2.1.1 配制

用移液管移取 5 mL 按 HG/T 3696.1 配制并标定的硝酸银标准滴定溶液,置于 250 mL 棕色容量瓶中,用水稀释至刻度,摇匀。此溶液使用前配制及标定。

5.5.1.2.1.2 标定

称取 5.844 g 于 550 ℃±50 ℃高温炉中灼烧至质量恒定的基准氯化钠,精确至 0.000 1 g,溶于水中，全部转移至 1 000 mL(V_2)容量瓶中，用水稀释至刻度，摇匀，此为氯化钠溶液 A。用移液管移取 5 mL(V_1)氯化钠溶液 A，置于 250 mL(V_4)容量瓶中，用水稀释至刻度，摇匀，此氯化钠溶液现用现配。再用移液管移取 10 mL(V_3)此氯化钠溶液，置于 150 mL 烧杯中，加水至约 70 mL，加淀粉溶液 10 mL。插入银环复合电极，并进行搅拌，控制搅拌速度避免溶液溅出，同时不产生气泡。用硝酸银标准滴定溶液滴定，以二级微商法确定滴定终点。

5.5.1.2.1.3 计算

硝酸银标准滴定溶液的浓度 c，数值以 mol/L 表示，按式(4)计算：

$$c=\frac{m\times(V_1/V_2)\times(V_3/V_4)}{MV\times10^{-3}} \qquad \cdots\cdots(4)$$

式中：

V ——滴定至终点时消耗硝酸银标准滴定溶液的体积，单位为毫升(mL)；

V_1——移取氯化钠溶液 A 的体积的数值，单位为毫升(mL)；

V_2——氯化钠溶液 A 的体积的数值，单位为毫升(mL)；

V_3——移取氯化钠溶液的体积的数值，单位为毫升(mL)；

V_4——氯化钠溶液的体积的数值，单位为毫升(mL)；

m ——称取的基准氯化钠的质量的数值，单位为克(g)；

M ——氯化钠(NaCl)摩尔质量的数值(M=58.44)，单位为克每摩尔(g/mol)。

取平行测定结果的算术平均值为测定结果，三次平行标定结果的相对极差与平均值之比不应大于 0.2%。

5.5.1.2.2 淀粉溶液(10 g/L)

称取 1.0 g 淀粉，加 5 mL 水使成糊状，在搅拌下将糊状物加到 90 mL 沸腾的水中，煮沸 1 min～2 min 冷却，稀释至 100 mL。使用期为 2 周。

5.5.1.3 仪器和设备

5.5.1.3.1 银环复合电极。

5.5.1.3.2 自动电位滴定仪(附搅拌)。

5.5.1.4 分析步骤

称取一定量试样(优等品约 2 g、一等品约 1 g、合格品约 0.5 g)，精确至 0.01 g。置于 150 mL 烧杯中，溶解于 70 mL 水中，加 10 mL 淀粉溶液。插入银环复合电极，并进行搅拌，控制搅拌速度避免溶液溅出，同时不产生气泡。用硝酸银标准滴定溶液滴定，以二级微商法确定滴定终点。

同时做空白试验，除不加试料外，其他加入的试剂种类和量与试验溶液的完全相同，并与试料同样处理。

5.5.1.5 结果计算

氯化物含量以氯(Cl)的质量分数 w_3 计，按式(5)计算：

$$w_3=\frac{cM(V_1-V_0)\times10^{-3}}{m}\times100\% \qquad \cdots\cdots(5)$$

式中：

V_1——滴定试验溶液消耗的硝酸银标准滴定溶液体积的数值，单位为毫升(mL)；

V_0——滴定空白试验溶液消耗的硝酸银标准滴定溶液体积的数值，单位为毫升(mL)；

c ——硝酸银标准滴定溶液浓度的准确数值，单位为摩尔每升(mol/L)；

m ——试料质量的数值，单位为克(g)；

M ——氯(Cl)的摩尔质量的数值(M=35.45)，单位为克每摩尔(g/mol)。

取平行测定结果的算术平均值为测定结果，两次平行测定结果的绝对差值不大于0.01%。

5.5.2 沉淀滴定法

5.5.2.1 方法提要

在微碱性介质中，用硝酸银标准滴定溶液滴定，试样中氯离子与银离子生成白色氯化银沉淀，以过量的硝酸银与铬酸根生成的微砖红色铬酸银沉淀指示终点。

5.5.2.2 试剂

5.5.2.2.1 碳酸钠饱和溶液

溶解45 g无水碳酸钠于100 mL水中。

5.5.2.2.2 硝酸银标准滴定溶液[$c(AgNO_3)\approx 0.05$ mol/L]

5.5.2.2.2.1 配制

称取17.5 g硝酸银，溶于2 000 mL水中，摇匀，保存于棕色瓶中。

5.5.2.2.2.2 标定

称取约0.1 g预先于500 ℃～600 ℃灼烧至质量恒定的基准氯化钠，精确至0.000 1 g，溶于70 mL水中，加淀粉溶液10 mL，插入银环复合电极，并进行搅拌，控制搅拌速度避免溶液溅出，同时不产生气泡。用硝酸银标准滴定溶液滴定，以二级微商法确定滴定终点。

5.5.2.2.2.3 计算

硝酸银标准滴定溶液的浓度 c，数值以mol/L表示，按式(6)计算：

$$c=\frac{m}{MV\times 10^{-3}} \qquad \cdots\cdots(6)$$

式中：

V ——滴定至终点时消耗硝酸银标准滴定溶液的体积，单位为毫升(mL)；

m ——基准氯化钠的质量的数值，单位为克(g)；

M ——氯化钠(NaCl)摩尔质量的数值(M=58.44)，单位为克每摩尔(g/mol)。

取平行测定结果的算术平均值为测定结果，三次平行标定结果的相对极差与平均值之比不应大于0.2%。

5.5.2.2.3 铬酸钾指示液(50 g/L)

称取5 g铬酸钾，溶于100 mL水中。

5.5.2.3 仪器和设备

微量滴定管：分度值为0.02 mL或0.05 mL。

5.5.2.4 分析步骤

称取约2 g试样，精确至0.01 g，置于250 mL锥形瓶中，加入50 mL水使试样溶解，小心滴加碳酸钠饱和溶液，至溶液 pH 约 7.5～8.0(用精密 pH 试纸检验)。然后用硝酸银标准滴定溶液滴定至溶液呈微砖红色为终点。

同时做空白试验，加入 50 mL 水，1 mL 铬酸钾指示液，用硝酸银标准滴定溶液滴定至溶液呈微砖红色为终点。

5.5.3 结果计算

氯化物含量以氯(Cl)的质量分数 w_3 计，按式(7)计算：

$$w_3 = \frac{cM(V_1 - V_0) \times 10^{-3}}{m} \times 100\% \qquad \cdots\cdots(7)$$

式中：

V_1——滴定试验溶液消耗的硝酸银标准滴定溶液体积的数值，单位为毫升(mL)；

V_0——滴定空白试验溶液消耗的硝酸银标准滴定溶液体积的数值，单位为毫升(mL)；

c ——硝酸银标准滴定溶液浓度的准确数值，单位为摩尔每升(mol/L)；

m ——试料质量的数值，单位为克(g)；

M——氯(Cl)的摩尔质量的数值(M=35.45)，单位为克每摩尔(g/mol)。

取平行测定结果的算术平均值为测定结果，两次平行测定结果的绝对差值不大于 0.01%。

注：离子色谱法测定氯化物含量参见附录 A。

5.6 铁含量的测定

5.6.1 火焰原子吸收分光光度法(仲裁法)

5.6.1.1 方法提要

将试样溶解，使用火焰原子吸收分光光度计，在 248.3 nm 波长处测定吸光度，用工作曲线法测定铁含量。

5.6.1.2 试剂

5.6.1.2.1 铁标准溶液：1 mL 溶液含铁(Fe)0.05 mg，用移液管移取 5 mL 按 HG/T 3696.2 配制的铁标准溶液，置于 100 mL 容量瓶中，用水稀释至刻度，摇匀。该溶液现用现配。

5.6.1.2.2 硝酸溶液：1+49。

5.6.1.2.3 水：GB/T 6682—2008 中规定的二级水。

5.6.1.3 仪器和设备

火焰原子吸收分光光度计：配有铁空心阴极灯。

5.6.1.4 分析步骤

5.6.1.4.1 工作曲线的绘制

分别移取 0 mL、0.50 mL、1.00 mL、2.00 mL 铁标准溶液，分别置于四支 50 mL 容量瓶中，浓度分别为 0 mg/L、0.5 mg/L、1 mg/L、2 mg/L。用硝酸溶液稀释至刻度，摇匀。在火焰原子吸收分光光度计上，于波长 248.3 nm 处，使用空气-乙炔火焰，用水调零，测定其吸光度。以铁的含量为横坐标，对应的吸光度为纵坐标，绘制工作曲线。

5.6.1.4.2 试验溶液 B 的制备

称取约 10 g 试样，精确至 0.01 g。加水溶解后，转移至 250 mL(V_2)容量瓶中，用水稀释至刻度，摇匀。此溶液为试样溶液 B,用于铁含量的测定。

5.6.1.4.3 测定

用移液管移取 25 mL(V_1)试验溶液 B,置于 50 mL(V)容量瓶中,用硝酸溶液稀释至刻度,摇匀。在火焰原子吸收分光光度计上,于波长 248.3 nm 处,使用空气-乙炔火焰,用水调零,测定其吸光度。从工作曲线上查得试验溶液中铁的浓度。

同时做空白试验,除不加试料外,其他加入的试剂种类和量与试验溶液的完全相同,并与试料同样处理。

5.6.1.5 结果计算

铁含量以铁(Fe)质量分数 w_4 计,按式(8)计算:

$$w_4=\frac{(\rho-\rho_0)\times V\times 10^{-6}}{m\times(V_1/V_2)}\times 100\% \qquad \cdots\cdots(8)$$

式中:

ρ ——由工作曲线上查得的试验溶液中铁的浓度的数值,单位为毫克每升(mg/L);

ρ_0——由工作曲线上查得的空白试验溶液中铁的浓度的数值,单位为毫克每升(mg/L);

V ——5.6.1.4.3 中试验溶液的体积的数值,单位为毫升(mL);

V_1——移取试验溶液 B 的体积的数值,单位为毫升(mL);

V_2——5.6.1.4.2 中试验溶液 B 体积的数值,单位为毫升(mL);

m ——试料的质量的数值,单位为克(g)。

取平行测定结果的算术平均值为测定结果,两次平行测定结果的绝对差值优等品不大于 0.000 3%、一等品和合格品不大于 0.000 6%。

5.6.2 分光光度法

5.6.2.1 方法提要

在碱性介质中,将试样中铁离子沉淀分离,生成的氢氧化铁用硫酸溶液溶解后,用抗坏血酸将 Fe^{3+} 还原为 Fe^{2+},在 pH 为 2~9 时,Fe^{2+} 与 1,10-菲啰啉生成橙红色络合物,在分光光度计上于 510 nm 处测定吸光度。

5.6.2.2 试剂

5.6.2.2.1 氨水溶液:1+1。

5.6.2.2.2 氨水溶液:1+99。

5.6.2.2.3 硫酸溶液:1+95。

5.6.2.2.4 其他试剂同 GB/T 3049—2006 中第 4 章。

5.6.2.3 仪器和设备

分光光度计:带有光程为 4 cm 的比色皿。

5.6.2.4 分析步骤

5.6.2.4.1 工作曲线的绘制

按照 GB/T 3049—2006 中 6.3 进行。使用光程为 4 cm 的比色皿及相应的铁标准溶液用量,绘制工作曲线。

5.6.2.4.2 测定

用移液管移取 25 mL(V_1)试验溶液 B(见 5.6.1.4.2),置于 250 mL 烧杯中,加 15 mL 氨水溶液(见 5.6.2.2.1),加热煮沸 5 min。冷却后,用慢速定量滤纸过滤,用氨水溶液(见 5.6.2.2.2)洗涤沉淀至滤液无色,再用热水洗涤 3 次～4 次。

沉淀用 10 mL 热硫酸溶液洗涤,使沉淀完全溶解,再用水洗涤 3 次～4 次,滤液及洗水不应超过 60 mL,并全部转移至 100 mL 容量瓶中,冷却至室温,以下按 GB/T 3049—2006 中 6.4 所述"用盐酸溶液调整 pH 为 2……"进行操作。

同时做空白试验,除不加试料外,其他加入的试剂种类和量与试验溶液的完全相同,并与试料同样处理。

5.6.2.4.3 结果计算

铁含量以铁(Fe)的质量分数 w_4 计,按式(9)计算:

$$w_4 = \frac{(m_1 - m_0) \times 10^{-3}}{m \times (V_1/V_2)} \times 100\% \qquad \cdots\cdots(9)$$

式中:

m_1——由工作曲线上查得的试验溶液中铁的质量的数值,单位为毫克(mg);

m_0——由工作曲线上查得的空白试验溶液中铁的质量的数值,单位为毫克(mg);

m ——5.6.1.4.2 中称取的试料质量的数值,单位为克(g);

V_1——移取试验溶液 B 的体积的数值,单位为毫升(mL);

V_2——5.6.1.4.2 中试验溶液 B 的体积的数值,单位为毫升(mL)。

取平行测定结果的算术平均值为测定结果,两次平行测定结果的绝对差值优等品不大于 0.000 3%、一等品和合格品不大于 0.000 6%。

5.7 钒含量的测定

5.7.1 方法提要

将试样溶解后,用电感耦合等离子体发射光谱仪于 292.464 nm 处测定发光强度,用工作曲线法测定钒含量。

5.7.2 试剂

5.7.2.1 盐酸溶液:1+1。

5.7.2.2 钒标准溶液:1 mL 溶液含钒(V)0.01 mg,用移液管移取 1 mL 按 HG/T 3696.2 配制的钒标准溶液,置于 100 mL 容量瓶中,用水稀释至刻度,摇匀。该溶液现用现配。

5.7.2.3 水:GB/T 6682—2008 中规定的二级水。

5.7.3 仪器和设备

电感耦合等离子体发射光谱仪。

5.7.4 分析步骤

5.7.4.1 工作曲线的绘制

分别移取 0 mL、2.50 mL、5.00 mL、10.00 mL、20.00 mL 钒标准溶液,分别置于五支 50 mL 容量瓶中,标准溶液浓度分别为 0 mg/L、0.5 mg/L、1.0 mg/L、2.0 mg/L、4.0 mg/L。分别加入 1 mL 盐酸溶

液,用水稀释至刻度,摇匀。在电感耦合等离子体发射光谱仪上,于292.464 nm处测定发光强度。以钒的浓度为横坐标,对应的发光强度为纵坐标,绘制工作曲线。

5.7.4.2 测定

称取约5 g试样,精确至0.01 g。加100 mL水使试样溶解,加入10 mL盐酸溶液,将溶液转移至500 mL(V)容量瓶中,用水稀释至刻度,摇匀。在电感耦合等离子体发射光谱仪上,于292.464 nm处测定试验溶液的发光强度。从工作曲线上查得试验溶液中钒的浓度。

同时做空白试验,除不加试料外,其他加入的试剂种类和量与试验溶液的完全相同,并与试料同样处理。

5.7.4.3 结果计算

钒含量以钒(V)质量分数 w_5 计,按式(10)计算:

$$w_5 = \frac{(\rho - \rho_0) \times V \times 10^{-6}}{m} \times 100\% \qquad \cdots\cdots(10)$$

式中:

ρ ——由工作曲线上查得的试验溶液中钒的浓度的数值,单位为毫克每升(mg/L);

ρ_0 ——由工作曲线上查得的空白试验溶液中钒的浓度的数值,单位为毫克每升(mg/L);

V ——5.7.4.2中试验溶液的体积的数值,单位为毫升(mL);

m ——试料质量的数值,单位为克(g)。

取平行测定结果的算术平均值为测定结果,两次平行测定结果的绝对差值不大于算术平均值的10%。

6 检验规则

6.1 检验采用型式检验和出厂检验。

a) 要求中规定的所有指标项目均为型式检验项目,在正常生产情况下,每三个月至少进行一次型式检验。在下列情况之一时,应进行型式检验:
   ——更新关键生产工艺;
   ——主要原料有变化;
   ——停产又恢复生产;
   ——与上次型式检验有较大差异;
   ——合同规定。

b) 要求中规定的重铬酸钠含量、硫酸盐含量、氯化物含量三项指标为出厂检验项目,应逐批检验。

6.2 生产企业用相同材料,基本相同的生产条件,连续生产或同一班组生产的同一级别的工业重铬酸钠为一批。每批产品不超过60 t。

6.3 按照GB/T 6678的规定确定采样单元数。采样时将采样器自包装袋的中心斜插入料层深度的3/4处采样。将所采样品混匀,用四分法缩分至不少于500 g,立即将样品装入两个清洁干燥带磨口塞的容器中,密封,并粘贴标签,注明生产厂名、产品名称、等级、批号、采样日期和采样者姓名。一份用于检验,另一份保存备查,保存时间由生产厂根据实际情况确定。

6.4 检验结果如有指标不符合本标准要求时,应重新自两倍量的包装中采样复验,复验结果有一项指标不符合本标准要求时,则整批产品为不合格品。

6.5 采用GB/T 8170规定的修约值比较法判定检验结果是否符合标准。

7 标志和标签

7.1 工业重铬酸钠包装铁桶或袋上应有牢固清晰的标志，内容包括生产厂名、厂址、产品名称、等级、净含量、批号(或生产日期)、保质期、本标准编号以及 GB 190—2009 中规定的“氧化性物质”“毒性物质”标志以及 GB/T 191—2008 中规定的“怕晒”“怕雨”标志。

7.2 每批出厂的工业重铬酸钠都应附有质量证明书。内容包括：生产厂名、厂址、产品名称、等级、净含量、批号(或生产日期)、保质期、产品质量符合本标准的证明和本标准编号。

8 包装、运输和贮存

8.1 工业重铬酸钠采用双层包装，内包装采用聚乙烯塑料薄膜袋，内袋包装时将空气排净后，袋口用维尼龙绳扎紧，或用与其相当的方式封口，应严密不漏；外包装采用塑料编织袋或直开口钢桶包装，外包装袋应牢固缝合，无漏缝和跳线，外包装桶应用卡紧圈卡紧，插好插销。包装容器的性能应符合相关规定。每桶净含量为 25 kg、50 kg 或在符合相关规定的条件下与用户协商确定包装净含量。

8.2 工业重铬酸钠在运输过程中应有遮盖物。防止猛烈撞击，包装不得破损，不得倒置。禁止与易(可)燃物、遇湿易燃物品、有机物、还原性物质、自燃物品、活性金属粉末等共运。

8.3 工业重铬酸钠应贮存在通风、干燥的库房内。防止日晒、受潮，防止猛烈撞击。禁止与易(可)燃物、遇湿易燃物品、有机物、还原性物质、自燃物品、活性金属粉末等同仓共贮。

8.4 工业重铬酸钠在符合本标准规定的包装、运输、贮存条件下，自生产之日起保质期不少于 18 个月。

9 安全

9.1 重铬酸钠是强氧化剂，有毒。遇有机物、易燃物会引起着火燃烧或爆炸。应远离火源、热源，远离易燃、可燃物。避免产生粉尘。避免与还原性物质、活性金属粉末接触。

9.2 重铬酸钠对眼睛、皮肤和呼吸道有刺激作用。吸入后应迅速脱离现场至空气新鲜处。保持呼吸道通畅。如呼吸困难，给输氧。与皮肤接触时应脱去污染的衣着，用肥皂水和清水彻底冲洗皮肤。与眼睛接触时应提起眼睑，用流动清水或生理盐水冲洗 15 min。严重者就医。

9.3 操作人员应经过专门培训，严格遵守操作规程。暴露操作人员应该佩戴自吸过滤式防尘口罩，戴化学安全防护眼镜，穿工作服，戴橡胶手套。遵守个人卫生规则，工作结束务必淋浴，皮肤上有破伤处，应涂敷防护药膏。

9.4 搬运时要轻装轻卸，防止包装及容器损坏。

附 录 A
（资料性附录）
离子色谱法测定硫酸盐含量、氯化物含量

A.1 方法提要

试样溶解后，用水合肼将重铬酸根还原为三价铬，将沉淀分离除去。试验溶液在色谱柱进行离子交换分离后进入电导检测池，电导率与样品中硫酸盐含量、氯化物含量成正比，由此测定试验溶液的硫酸盐含量和氯含量。

A.2 试剂和材料

A.2.1 水合肼溶液：1＋10，将 10 mL 水合肼（85％）加入 100 mL 水中，混匀。

A.2.2 硫酸盐、氯混合标准溶液：1 mL 溶液含硫酸盐（SO_4）0.5 mg、含氯（Cl）0.2 mg，用移液管移取50 mL，按 HG/T 3696.2 配制的硫酸盐标准溶液置于 100 mL 容量瓶中，再用移液管移取加入 20 mL 按 HG/T 3696.2 配制的氯标准溶液，用水稀释至刻度，摇匀。该溶液现用现配。

A.2.3 水：电导率（25 ℃）不大于 0.005 5 mS/m 的去离子水。

A.3 仪器、设备

A.3.1 电磁搅拌。

A.3.2 离子色谱仪。

A.3.3 0.22 μm 水性微孔滤膜过滤器。

A.3.4 高速离心机：配有离心管。

A.4 仪器参考条件

A.4.1 精密度要求：RSD＜3％。

A.4.2 色谱柱：被检测硫酸根、氯离子的分离度 R 不能低于 1.3。

A.4.3 抑制器：电解自再生阴离子膜抑制器。

A.4.4 检测器：电导检测器，若能确认有同样功能的其他检测器也可使用。

A.4.5 淋洗液：氢氧化钾梯度淋洗液（淋洗过程为初始浓度 5 mmol/L，终点浓度 40 mmol/L，淋洗时间为 40 min，淋洗流速为 1.0 mL/min）。种类和浓度不同的其他淋洗液，若能确认有上面同样功能，都可以使用。

A.4.6 进样器：25 μL。

A.5 分析步骤

A.5.1 工作曲线的绘制

分别移取 0.00 mL、1.00 mL、2.00 mL、3.00 mL、4.00 mL、5.00 mL 硫酸盐、氯化物混合标准溶液置于六支 100 mL 容量瓶中，加水至刻度，摇匀。标准溶液的硫酸盐的浓度分别为 0 mg/L、5 mg/L、

10 mg/L、15 mg/L、20 mg/L、25 mg/L，标准溶液的氯的浓度分别为 0 mg/L、2 mg/L、4 mg/L、6 mg/L、8 mg/L、10 mg/L，将此系列标准溶液分别经过 0.22 μm 的微孔滤膜过滤器，舍弃初始的 10 mL 滤液，注入离子色谱仪进行测定。以硫酸盐浓度、氯化物浓度为横坐标，对应的峰高或峰值面积为纵坐标绘制工作曲线。

A.5.2 测定

A.5.2.1 试验溶液的制备

称取约 2.5 g 试样，精确至 0.01 g。溶于 10 mL 水中，在电磁搅拌下逐滴加入 20 mL 水合肼溶液，继续搅拌 40 min 至重铬酸根还原完全，全部转移至 100 mL(V_2)容量瓶中，用水稀释至刻度，摇匀。取适量置于离心管中，高速离心 10 min，上清液为试验溶液。

A.5.2.2 测定

用移液管移取 10 mL(V_1)试验溶液，置于 50 mL(V)容量瓶中，用水稀释至刻度，摇匀，并经过 0.22 μm 的微孔滤膜过滤器后注入离子色谱仪进行测定。根据峰高或峰面积，在工作曲线上查出硫酸盐、氯化物浓度。

同时做空白试验，除不加试料外，其他加入的试剂量与试验溶液的完全相同，并与试料同时同样处理。

A.5.3 结果计算

A.5.3.1 硫酸盐含量以硫酸盐(SO_4)的质量分数 w_2 计，按式(A.1)计算：

$$w_2=\frac{(\rho_1-\rho_0)\times V\times 10^{-6}}{m\times (V_1/V_2)}\times 100\% \qquad \text{(A.1)}$$

式中：

ρ_1 ——由工作曲线上查得的试验溶液中硫酸盐的浓度的数值，单位为毫克每升(mg/L)；

ρ_0 ——由工作曲线上查得的空白试验溶液中硫酸盐的浓度的数值，单位为毫克每升(mg/L)；

V ——A.5.2.2 中试验溶液的体积的数值，单位为毫升(mL)；

V_1——移取试验溶液的体积的数值，单位为毫升(mL)；

V_2——A.5.2.1 中试验溶液的体积的数值，单位为毫升(mL)；

m ——试料质量的数值，单位为克(g)。

取平行测定结果的算术平均值为测定结果，两次平行测定结果的绝对差值不应大于 0.005%。

A.5.3.2 氯化物含量以氯(Cl)的质量分数 w_3 计，按式(A.2)计算：

$$w_3=\frac{(\rho_2-\rho_0)\times V\times 10^{-6}}{m\times (V_1/V_2)}\times 100\% \qquad \text{(A.2)}$$

式中：

ρ_2 ——由工作曲线上查得的试验溶液中氯化物的浓度的数值，单位为毫克每升(mg/L)；

ρ_0 ——由工作曲线上查得的空白试验溶液中氯化物的浓度的数值，单位为毫克每升(mg/L)；

V ——A.5.2.2 中试验溶液的体积的数值，单位为毫升(mL)；

V_1——移取试验溶液的体积的数值，单位为毫升(mL)；

V_2——A.5.2.1 中试验溶液的体积的数值，单位为毫升(mL)；

m ——试料的质量的数值，单位为克(g)。

取平行测定结果的算术平均值为测定结果，两次平行测定结果的绝对差值不应大于 0.005%。

ICS 71.060.20
G 13

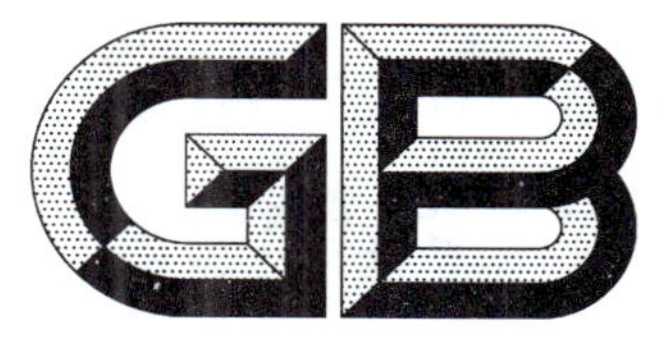

中华人民共和国国家标准

GB/T 1616—2014
代替 GB 1616—2003

工业过氧化氢

Hydrogen peroxide for industrial use

2014-07-08 发布　　2014-12-01 实施

中华人民共和国国家质量监督检验检疫总局
中国国家标准化管理委员会　发布

前　言

本标准按照 GB/T 1.1—2009 给出的规则起草。

本标准代替 GB 1616—2003《工业过氧化氢》，与 GB 1616—2003 相比，除编辑性修改外主要技术变化如下：

——标准属性由强制性变为推荐性；

——删除了 30%产品规格及对应指标（2003 年版的 3.2）；

——增设了 60%产品规格及对应指标（见 4.2）；

——调整了不挥发物指标要求（见 4.2）；

——增加了电感耦合等离子发射光谱法测定总碳含量（见 5.7.2）；

——增加了离子色谱法测定硝酸盐含量（见 5.8.1）。

本标准由中国石油和化学工业联合会提出。

本标准由全国化学标准化技术委员会无机化工分技术委员会（SAC/TC 63/SC 1）归口。

本标准负责起草单位：中海油天津化工研究设计院、苏州菱苏过氧化物有限公司、江苏扬农化工集团有限公司、福州一化化学品股份有限公司、福建省群盛集团有限公司。

本标准参加起草单位：柳州化工股份有限公司、浙江金科过氧化物股份有限公司、浙江新化化工股份有限公司、上海哈勃化学技术有限公司、湖南省产商品质量监督检验院。

本标准主要起草人：王彦、施福洲、丁珺、周沂、晏昭欣、范国强。

本标准所代替标准的历次版本发布情况为：

——GB 1616—1979、GB 1616—1988、GB 1616—2003。

工业过氧化氢

警告:本标准的试验中使用的过氧化氢样品、盐酸、硝酸和发烟硫酸等化学品具有强氧化性、腐蚀性或毒性,操作者应佩戴橡胶手套和护目镜小心谨慎操作!使用者应小心操作避免溅到皮肤上。一旦溅在皮肤上立即用大量水冲洗,严重者应立即治疗。

1 范围

本标准规定了工业过氧化氢的要求、试验方法、检验规则以及标志、标签、包装、运输和贮存。

本标准适用于工业过氧化氢。该产品主要用作氧化剂、漂白剂和清洗剂等,广泛用于纺织、化工、造纸、电子、环保、采矿、医药、航天及军工等行业。

2 规范性引用文件

下列文件对于本文件的应用是必不可少的。凡是注日期的引用文件,仅注日期的版本适用于本文件。凡是不注日期的引用文件,其最新版本(包括所有的修改单)适用于本文件。

GB 190—2009 危险货物包装标志

GB/T 191—2008 包装储运图示标志

GB/T 6678 化工产品采样总则

GB/T 6680 液体化工产品采样通则

GB/T 6682—2008 分析实验室用水规格和试验方法

GB/T 8170 数值修约规则与极限数值的表示和判定

GB 12463—2009 危险货物运输包装通用技术条件

GB 15603 常用危险化学品贮存通则

HG/T 3696.1 无机化工产品 化学分析用标准溶液、制剂及制品的制备 第1部分:标准滴定溶液的制备

HG/T 3696.2 无机化工产品 化学分析用标准溶液、制剂及制品的制备 第2部分:杂质标准溶液的制备

HG/T 3696.3 无机化工产品 化学分析用标准溶液、制剂及制品的制备 第3部分:制剂及制品的制备

3 分子式和相对分子质量

分子式:H_2O_2。

相对分子质量:34.01(按2011年国际相对原子质量)。

4 要求

4.1 外观:无色透明液体。

4.2 工业过氧化氢按本标准规定的试验方法检测,应符合表1技术要求。

表 1 技术要求

项目		指标					
		27.5%		35%	50%	60%	70%
		优等品	合格品				
过氧化氢(H_2O_2)w/%	≥	27.5	27.5	35.0	50.0	60.0	70.0
游离酸(以 H_2SO_4 计)w/%	≤	0.040	0.050	0.040	0.040	0.040	0.050
不挥发物 w/%	≤	0.06	0.10	0.08	0.08	0.06	0.06
稳定度 s/%	≥	97.0	90.0	97.0	97.0	97.0	97.0
总碳(以 C 计)w/%	≤	0.030	0.040	0.025	0.035	0.045	0.050
硝酸盐(以 NO_3 计)w/%	≤	0.020	0.020	0.020	0.025	0.028	0.030

5 试验方法

5.1 一般规定

本标准所用试剂和水，在没有注明其他要求时，均指分析纯试剂和 GB/T 6682—2008 中规定的三级水。试验中所需标准滴定溶液、杂质标准溶液、制剂及制品，在没有注明其他要求时，均按 HG/T 3696.1、HG/T 3696.2、HG/T 3696.3 之规定制备。

5.2 外观检验

用烧杯盛少许样品，于自然光下用目视法判定外观。

5.3 过氧化氢含量的测定

5.3.1 方法提要

在酸性介质中，过氧化氢与高锰酸钾发生氧化还原反应。根据高锰酸钾标准滴定溶液的消耗量，计算过氧化氢的含量。

5.3.2 试剂

5.3.2.1 硫酸溶液：1+15。

5.3.2.2 高锰酸钾标准滴定溶液：$c(1/5KMnO_4)$约为 0.1 mol/L。

5.3.3 分析步骤

27.5%～35%的过氧化氢试样的称取：用 10 mL～25 mL 的滴瓶以减量法称取约 0.16 g 试样，精确至 0.000 2 g，置于已加有 100 mL 硫酸溶液的 250 mL 锥形瓶中。

50%～70%的过氧化氢试样的称取：称取 0.8 g～0.9 g，精确至 0.000 2 g，置于 250 mL(V_0)容量瓶中用水稀释至刻度，摇匀。用移液管移取 25 mL(V_1)稀释后的溶液置于已加有 100 mL 硫酸溶液的 250 mL 锥形瓶中。

测定：用高锰酸钾标准滴定溶液滴定至溶液呈粉红色，并在 30 s 内不消失即为终点。

5.3.4 结果计算

27.5%～35%的过氧化氢含量以过氧化氢(H_2O_2)的质量分数 w_1 计，按式(1)计算：

$$w_1 = \frac{VcM \times 10^{-3}}{m} \times 100\% \qquad \cdots\cdots(1)$$

50%～70%的过氧化氢含量以过氧化氢(H_2O_2)的质量分数 w_1 计，按式(2)计算：

$$w_1 = \frac{VcM \times 10^{-3}}{m(V_1/V_0)} \times 100\% \qquad \cdots\cdots(2)$$

式中：

V ——滴定中消耗的高锰酸钾标准滴定溶液的体积的数值，单位为毫升(mL)；

c ——高锰酸钾标准滴定溶液浓度的准确数值，单位为摩尔每升(mol/L)；

M——过氧化氢($1/2\ H_2O_2$)的摩尔质量的数值($M=17.01$)，单位为克每摩尔(g/mol)；

m ——试料的质量的数值，单位为克(g)；

V_1——移取 50%～70%的过氧化氢试样稀释后的试验溶液的体积的数值，单位为毫升(mL)；

V_0——50%～70%的过氧化氢试样稀释后的试验溶液的体积的数值，单位为毫升(mL)。

取平行测定结果的算术平均值为测定结果，两次平行测定结果的绝对差值不大于 0.10%。

5.4 游离酸含量的测定

5.4.1 方法提要

以甲基红-亚甲基蓝为指示液，用氢氧化钠标准滴定溶液滴定试样中的游离酸，从而测定试样中游离酸的含量。

5.4.2 试剂

5.4.2.1 无二氧化碳的水。

5.4.2.2 氢氧化钠标准滴定溶液：c(NaOH)约为 0.1 mol/L。

5.4.2.3 甲基红-亚甲基蓝混合指示液。

5.4.3 仪器

微量滴定管：分度值为 0.02 mL 或 0.01 mL。

5.4.4 分析步骤

称取约 40 g 试样，精确至 0.01 g，用 50 mL 无二氧化碳的水将试样全部移入锥形瓶中，加入 2 滴～3 滴甲基红-亚甲基蓝混合指示液，用氢氧化钠标准滴定溶液滴定至溶液由紫红色变为暗蓝色即为终点。

5.4.5 结果计算

游离酸含量以硫酸(H_2SO_4)的质量分数 w_2 计，按式(3)计算：

$$w_2 = \frac{VcM \times 10^{-3}}{m} \times 100\% \qquad \cdots\cdots(3)$$

式中：

V ——滴定试验溶液所消耗的氢氧化钠标准滴定溶液的体积的数值，单位为毫升(mL)；

c ——氢氧化钠标准滴定溶液浓度的准确数值，单位为摩尔每升(mol/L)；

m ——试料的质量的数值，单位为克(g)；

M——硫酸($1/2H_2SO_4$)的摩尔质量的数值(M=49.04),单位为克每摩尔(g/mol)。

取平行测定结果的算术平均值为测定结果,两次平行测定结果的绝对差值不大于0.001%。

5.5 不挥发物含量的测定

5.5.1 方法提要

在一定温度下,将一定量的试样在水浴上蒸干后经烘干至质量恒定,从而测定不挥发物含量。

5.5.2 材料

铂片或铂丝:铂(Pt)含量不小于99.95%。

5.5.3 仪器

5.5.3.1 电热恒温干燥箱:可控温在105 ℃±2 ℃。

5.5.3.2 瓷蒸发皿:75 mL。

5.5.4 分析步骤

称取约20 g试样,精确至0.001 g,置于已于105 ℃±2 ℃下质量恒定的盛有1片铂片或1段铂丝的瓷蒸发皿中,在沸水浴上蒸干后,于105 ℃±2 ℃的电热恒温干燥箱内干燥至质量恒定。

5.5.5 结果计算

不挥发物含量以质量分数w_3计,按式(4)计算:

$$w_3=\frac{m_1-m_2}{m}\times 100\% \qquad (4)$$

式中:

m_1——瓷蒸发皿、铂片或铂丝和残渣的质量的数值,单位为克(g);

m_2——瓷蒸发皿、铂片或铂丝的质量的数值,单位为克(g);

m——试料的质量的数值,单位为克(g)。

取平行测定结果的算术平均值为测定结果,两次平行测定结果的绝对差值不大于0.005%。

5.6 稳定度的测定

5.6.1 方法提要

把一定量的试样置于沸水浴上,恒温一定时间,冷却后,加水至原体积,然后测定过氧化氢的含量。

5.6.2 试剂

5.6.2.1 氢氧化钠溶液:100 g/L。

5.6.2.2 硝酸溶液:3+5。

5.6.3 仪器

5.6.3.1 烧杯:5 mL或10 mL。

5.6.3.2 容量瓶:50 mL,硬质玻璃,带刻度。

5.6.4 分析步骤

5.6.4.1 容量瓶和烧杯的钝化处理:将洗净的容量瓶和烧杯注满氢氧化钠溶液,放置1 h,再用水充分洗净后，注满硝酸溶液，放置 3 h，然后用水充分洗净，最后用过氧化氢试样洗净。

5.6.4.2　测定：将试样加入到容量瓶中至刻度，瓶颈上部套上聚四氟乙烯脱脂生料带，用烧杯盖在瓶口上，然后置于沸水浴中（瓶内的液面应保持在水浴水面以下），加热 5 h。迅速冷却至室温，加水至刻度，摇匀。按 5.3 的规定测定过氧化氢含量。

5.6.5　结果计算

稳定度 s 按式(5)计算：

$$s = \frac{w'_1}{w_1} \times 100\% \qquad \cdots\cdots\cdots\cdots (5)$$

式中：

w'_1——5.6 中测定的过氧化氢含量的质量分数；

w_1 ——5.3 中测定的过氧化氢含量的质量分数。

取平行测定结果的算术平均值为测定结果，两次平行测定结果的绝对差值不大于 0.8%。

5.7　总碳含量的测定

5.7.1　燃烧氧化-非分散红外吸收法（仲裁法）

5.7.1.1　方法提要

将试样连同净化气体导入高温燃烧管中，经高温燃烧管的试样被高温催化氧化，其中的有机碳和无机碳均转化为二氧化碳，生成的二氧化碳被导入非分散红外检测器。在特定波长下，一定浓度范围内二氧化碳的红外线吸收强度与其浓度成正比，从而达到定量目的。

5.7.1.2　试剂

5.7.1.2.1　无二氧化碳的水。

5.7.1.2.2　碳标准溶液：ρ(C)＝2.0 g/L。准确称取预先在 110 ℃±2 ℃下干燥至质量恒定的邻苯二甲酸氢钾（$KHC_8H_4O_4$）2.125 g，精确至 0.000 2 g，置于烧杯中，加无二氧化碳的水溶解后，转移此溶液于 500 mL 容量瓶中，用无二氧化碳的水稀释至刻度，摇匀。

5.7.1.3　仪器

5.7.1.3.1　非分散红外 TOC 分析仪或同效分析仪器。

5.7.1.3.2　密度计。

5.7.1.4　分析步骤

5.7.1.4.1　试样密度的测定

将试样注入清洁、干燥的量筒内，将清洁、干燥的密度计缓缓地放入试样中，其下端应离筒底 2 cm 以上，不能与筒壁接触，密度计的上端露在液面外的部分所沾液体不得超过 2 分度～3 分度，待密度计在试样中稳定后，读出密度计弯月面下缘的刻度（标有弯月面上缘刻度的密度计除外），即为试样的密度 ρ。

5.7.1.4.2　总碳的测定

在一组 5 个 50 mL 容量瓶中，分别加入碳标准溶液 0.00 mL（空白溶液）、5.00 mL、10.00 mL、15.00 mL、20.00 mL，用无二氧化碳的水稀释至标线，摇匀，配制成碳工作曲线溶液，质量浓度为

0.0 mg/L、200.0 mg/L、400.0 mg/L、600.0 mg/L、800.0 mg/L。

将碳工作曲线溶液分别导入非分散红外 TOC 分析仪进行总碳测定，记录相应的响应值，从工作曲线溶液的响应值中减去空白试验溶液的响应值。同时测定试样的响应值。

以碳质量浓度(mg/L)为横坐标，响应值为纵坐标，绘制碳的工作曲线。在工作曲线上查出试样响应值对应的碳质量浓度。

5.7.1.5 结果计算

总碳含量以碳(C)的质量分数 w_4 计，按式(6)计算：

$$w_4 = \frac{T \times 10^{-6}}{\rho} \times 100\% \qquad \cdots\cdots(6)$$

式中：

T ——试样的响应值在工作曲线上查出的总碳质量浓度，单位为毫克每升(mg/L)；

ρ ——试样的密度，单位为克每毫升(g/mL)。

取平行测定结果的算术平均值为测定结果，两次平行测定结果的绝对差值不大于 0.005%。

5.7.2 电感耦合等离子发射光谱法

5.7.2.1 方法提要

试样采用电感耦合等离子发射光谱仪，以标准加入法进行测定。

5.7.2.2 试剂

5.7.2.2.1 水：用二级水按照 HG/T 3696.3 中规定的方法制备无二氧化碳的水。

5.7.2.2.2 碳标准溶液：ρ(C)=1.0 g/L。准确称取预先在 110 ℃±2 ℃下干燥至质量恒定的邻苯二甲酸氢钾($KHC_8H_4O_4$)2.125 g，精确至 0.000 2 g，置于烧杯中，加水溶解后，转移此溶液于 1 000 mL 容量瓶中，用水稀释至刻度，摇匀。

5.7.2.3 仪器

电感耦合等离子体发射光谱仪(ICP-OES)。

5.7.2.4 分析步骤

称取 3 份试样，各 5.00 g(精确至 0.02 g)分别置于 3 个 50 mL 容量瓶中，分别加入 0.00 mL、1.00 mL、2.00 mL 碳标准溶液，3 个容量瓶均用水稀释至刻度，摇匀。

按电感耦合等离子体发射光谱仪(ICP-OES)操作规程打开仪器，调试仪器至最佳测试条件，待仪器处于稳定状态后，以水为空白，对试验溶液进行测定，以碳的质量浓度为横坐标，对应的谱线强度为纵坐标绘制工作曲线，在工作曲线上查出试样含碳的质量浓度(μg/mL)。

5.7.2.5 结果计算

总碳含量以碳(C)的质量分数 w_4 计，按式(7)计算：

$$w_4 = \frac{TV \times 10^{-6}}{m} \times 100\% \qquad \cdots\cdots(7)$$

式中：

T ——试样含碳的质量浓度的准确数值，单位为微克每毫升(μg/mL)；

V ——配制工作曲线溶液定容体积的数值，单位为毫升(mL)；

m ——试样质量的数值，单位为克(g)。

取平行测定结果的算术平均值为测定结果，两次平行测定结果的绝对差值不大于0.005%。

5.8 硝酸盐含量的测定

5.8.1 离子色谱法(仲裁法)

5.8.1.1 方法提要

在碱性条件下，样品中的硝酸根离子在色谱柱进行离子交换分离后进入电导检测池，由于电导率与样品中硝酸根含量成正比，由此测定硝酸根含量。

5.8.1.2 试剂

5.8.1.2.1 水：电导率(25 ℃)≤0.005 5 mS/m。

5.8.1.2.2 硝酸盐标准溶液：1 mL溶液含硝酸盐(NO_3)0.010 mg。移取1.00 mL按HG/T 3696.2要求配制的硝酸盐标准溶液，置于100 mL容量瓶中，用水稀释至刻度，摇匀。

5.8.1.2.3 淋洗液：根据所用分析柱的特性，参考分析柱使用说明书，选择适合的淋洗液。

5.8.1.2.4 再生液：根据所用抑制器及其使用方式，参考抑制器使用说明书，选择适合的再生液。

5.8.1.3 仪器

5.8.1.3.1 离子色谱仪。

5.8.1.3.2 容量瓶：聚丙烯材质，各种规格。

5.8.1.3.3 0.45 μm一次性针筒微膜过滤器(水相)。

5.8.1.4 分析步骤

5.8.1.4.1 工作曲线溶液的制备

准确吸取硝酸盐标准溶液4.00 mL、8.00 mL、16.00 mL、20.00 mL，分别置于一系列100 mL容量瓶中，用水稀释至刻度。即得到浓度为0.4 mg/L、0.8 mg/L、1.6 mg/L、2.0 mg/L的硝酸盐工作曲线溶液。

5.8.1.4.2 工作曲线的绘制

将仪器调整至最佳工作状态，分别对各浓度的硝酸盐工作曲线溶液进行测定，得到以硝酸盐质量浓度(mg/L)为横坐标，标准溶液峰高或峰面积为纵坐标的工作曲线。

5.8.1.4.3 试样分析

在与分析工作曲线溶液相同的测试条件下，对试样进行分析测定，根据峰面积，由工作曲线确定硝酸根的质量浓度T(mg/L)。

5.8.1.5 结果计算

硝酸盐含量以硝酸根(NO_3)的质量分数w_5计，按式(8)计算：

$$w_5=\frac{T\times 10^{-6}}{\rho}\times 100\% \qquad (8)$$

式中：

T——试样测定显示的峰值或峰面积在工作曲线上查出对应的硝酸盐质量浓度，单位为毫克每升(mg/L)；

ρ ——按照 5.7.1.4.1 测定的试样密度，单位为克每毫升(g/mL)。

取平行测定结果的算术平均值为测定结果，两次平行测定结果的绝对差值不大于 0.001%。

5.8.2 分光光度法

5.8.2.1 方法提要

在碱性条件下，硝酸盐与 2,4-苯酚二磺酸显黄色，于 405 nm 波长处用分光光度计测定吸光度。

5.8.2.2 试剂和材料

5.8.2.2.1 碳酸钠溶液：10 g/L。

5.8.2.2.2 氨水溶液：2+1。

5.8.2.2.3 2,4-苯酚二磺酸溶液：在置于冰水浴中的 1 000 mL 烧杯中，用 350 g 硫酸溶解 50 g 苯酚，然后边搅拌边加入 102 mL 质量分数为 30%的发烟硫酸，再放入沸水浴里加热 2 h。

5.8.2.2.4 硝酸盐标准溶液：1 mL 溶液含硝酸盐(NO_3)0.050 mg。移取 5.00 mL 按 HG/T 3696.2 要求配制的硝酸盐标准溶液，置于 100 mL 容量瓶中，用水稀释至刻度，摇匀。

5.8.2.2.5 铂片或铂丝：铂(Pt)含量不小于 99.95%。

5.8.2.3 仪器

分光光度计：带有厚度为 1 cm 的比色皿。

5.8.2.4 分析步骤

5.8.2.4.1 试样的处理

用 10 mL～25 mL 的滴瓶以减量法称取试样约 1 g～2 g，精确至 0.01 g，置于 100 mL 烧杯中，滴加 1 mL 碳酸钠溶液，再加入 1 片铂片或 1 段铂丝，盖上表面皿，放入沸水浴中，加热大约 30 min 无飞溅后，用水冲洗表面皿及烧杯壁，再蒸发至干。加入 2 mL 2,4-苯酚二磺酸溶液，摇动烧杯使残渣溶解，再在沸水浴中加热 15 min～20 min，冷却，加适量水，搅拌下加入 7 mL 氨水溶液至黄色，再加 5 滴～10 滴氨水溶液。将试样处理液转移至 50 mL 容量瓶中，稀释至刻度。

5.8.2.4.2 工作曲线的绘制

在一系列的 100 mL 烧杯中分别加入 0.00 mL(空白试验)、0.05 mL、0.10 mL、0.15 mL、0.20 mL、0.25 mL、0.30 mL、0.40 mL、0.50 mL 硝酸盐标准溶液，与试样同时同样处理。在 405 nm 波长下，使用 1 cm 的比色皿，以水为对照，测量吸光度。从工作曲线溶液的吸光度中减去空白试验溶液的吸光度，以硝酸盐的质量为横坐标，对应的吸光度为纵坐标，绘制工作曲线。

5.8.2.4.3 测定

将试样溶液在 405 nm 波长下，使用 1 cm 的比色皿，以水为对照，测量吸光度，同时测定空白试验溶液的吸光度。根据测得的吸光度，从工作曲线查出试样溶液和空白试验溶液中的硝酸盐的质量。

5.8.2.5 结果计算

硝酸盐的含量以硝酸根(NO_3)的质量分数 w_5 计，按式(9)计算：

$$w_5=\frac{(m_1-m_2)\times 10^{-3}}{m}\times 100\% \qquad \cdots\cdots(9)$$

式中：

m_1——试验溶液中的硝酸盐的质量的数值，单位为毫克(mg)；

m_2——空白试验溶液中的硝酸盐的质量的数值，单位为毫克(mg)；

m ——试料的质量的数值，单位为克(g)。

取两次平行测定结果的算术平均值为测定结果，两次平行测定的绝对值不大于0.001%。

6 检验规则

6.1 本标准采用型式检验和出厂检验。

6.1.1 要求中规定的所有指标项目为型式检验项目。在正常生产情况下，每三个月至少进行一次型式检验。有下列情况之一时，应进行型式检验：

a) 更新关键生产工艺；

b) 主要原料有变化；

c) 停产又恢复生产；

d) 与上次型式检验有较大差异；

e) 合同规定。

6.1.2 过氧化氢含量、游离酸含量、不挥发物含量、稳定度四项指标为出厂检验项目，应逐批检验。

6.2 同一贮罐、质量均匀的产品为一批。每批产品不超过1 000 t。

6.3 工业过氧化氢用桶装、槽车装或贮罐采样时，按照GB/T 6678和GB/T 6680中规定进行。

6.4 用玻璃或聚乙烯塑料制成的采样管从每桶取样口采样，生产企业可以直接从贮罐、槽车中直接采样。共取出不少于500 mL试样，混匀后置于经钝化处理的清洁干燥的聚乙烯或硬质玻璃瓶中。瓶上粘贴标签，注明生产厂名称、产品名称、规格、等级、批号和生产日期。一瓶供分析检验用，另一瓶作为保留样品，保留时间由取样方根据实际需要确定。

6.5 当供需双方发生质量争议时，以出厂时产品中取样为准。

6.6 检验结果如有指标不符合本标准要求时，应重新自两倍量的包装中采样进行复验，复验的结果即使有一项指标不符合本标准要求时，则整批产品为不合格。

6.7 采用GB/T 8170规定的修约值比较法判断检验结果是否符合本标准。

7 标志、标签

7.1 工业过氧化氢产品包装上应有牢固清晰的标志，内容包括生产厂名、厂址、产品名称、规格、等级、净含量、批号或生产日期和本标准编号及GB 190—2009所规定的“氧化性物质”“腐蚀性物质”标志、GB/T 191—2008所规定的“向上”“怕晒”标志。

7.2 每批出厂的工业过氧化氢都应附有质量证明书，内容包括生产厂名、厂址、产品名称、规格、等级、净含量、批号或生产日期、产品质量符合本标准的证明和本标准编号。

8 包装、运输和贮存

8.1 工业过氧化氢的过氧化氢质量分数在60%以上的产品应采用符合GB 12463—2009中规定的Ⅰ类包装；过氧化氢的质量分数在60%以下(包括60%)的产品采用符合GB 12463—2009中规定的Ⅱ类包装。各种包装容器的盖上应有排气孔。每桶净含量25 kg、50 kg，或根据需求满足上述相应类别的其他规格。

8.2 工业过氧化氢在运输过程中应防止日光照射或受热，不能与易燃品和还原剂混运，如出现容器破裂或渗漏现象，应用大量水冲洗。

8.3 工业过氧化氢的贮存应符合 GB 15603 中规定的要求。

8.4 工业过氧化氢保质期为 6 个月，逾期检验合格，仍可继续使用。

ICS 71.060.50
G 12

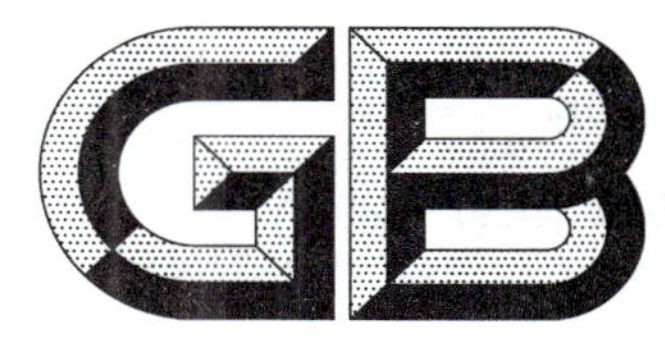

中华人民共和国国家标准

GB/T 1617—2014
代替 GB/T 1617—2002

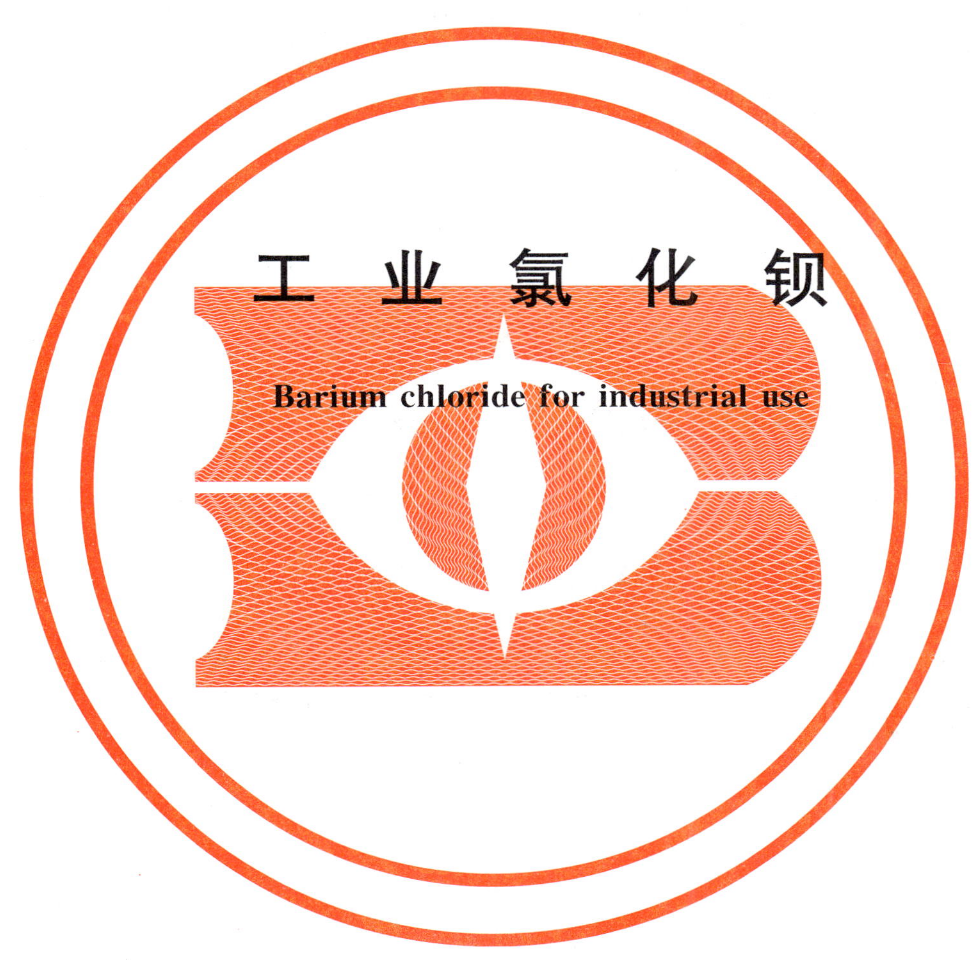

工业氯化钡

Barium chloride for industrial use

2014-07-08 发布　　　　2014-12-01 实施

中华人民共和国国家质量监督检验检疫总局
中国国家标准化管理委员会　发布

前　言

本标准按照 GB/T 1.1—2009 给出的规则起草。

本标准代替 GB/T 1617—2002《工业氯化钡》，与 GB/T 1617—2002 相比，除编辑性修改外主要技术变化如下：

——修改了Ⅰ类分类规格，由一个规格改为“优等品”“一等品”(见 5.2，2004 年版的 4.2)；

——修改了Ⅱ类分类规格，取消“合格品”(见 5.2，2004 年版的 4.2)；

——修改了锶含量指标，由“Ⅰ类不大于 0.05%”改为“优等品不大于 0.003%、一等品不大于 0.01%”；“Ⅱ类优等品不大于 0.45%、一等品不大于 0.90%”改为“优等品不大于 0.15%、一等品不大于 0.30%”；

——修改了钙含量指标，由“Ⅰ类不大于 0.03%”改为“优等品不大于 0.002%、一等品不大于 0.01%”；

——修改了硫化物含量指标，由“Ⅰ类不大于 0.002%”改为“优等品不大于 0.001%、一等品不大于 0.002%”；

——修改了铁含量指标，由“Ⅰ类不大于 0.001%”改为“优等品不大于 0.000 5%、一等品不大于 0.001%”；

——修改了水不溶物含量指标，由“Ⅰ类不大于 0.05%”改为“优等品不大于 0.02%、一等品不大于 0.05%”；

——修改了钠含量指标，由“Ⅰ类不大于 0.10%”改为“优等品不大于 0.005%、一等品不大于 0.050%”。

本标准由中国石油和化学工业联合会提出。

本标准由全国化学标准化技术委员会无机化工分会(SAC/TC 63/SC 1)归口。

本标准起草单位：中海油天津化工研究设计院、四川省危险化学品质量监督检验所、自贡鸿兴化工工业公司、山东信科环化有限责任公司、南风化工集团股份有限公司硫化碱分公司。

本标准主要起草人：弓创周、李肖锋、江超、赵杰、廉根旺、李华。

本标准所代替标准的历次版本发布情况为：

——GB/T 1617—1965、GB/T 1617—1979、GB/T 1617—1989、GB/T 1617—2002。

工 业 氯 化 钡

1 范围

本标准规定了工业氯化钡的分类、要求、试验方法、检验规则、标志、标签、包装、运输、贮存和安全。

本标准适用于工业氯化钡。该产品主要用于金属热处理、钡盐制造以及电子、仪表、冶金等行业,还可用作杀虫剂、脱水剂,广泛用于造纸、染料、橡胶、塑料、陶瓷、炼油、石油化工等行业以及氯碱工业除盐水中硫酸根等。

2 规范性引用文件

下列文件对于本文件的应用是必不可少的。凡是注日期的引用文件,仅注日期的版本适用于本文件。凡是不注日期的引用文件,其最新版本(包括所有的修改单)适用于本文件。

GB 190—2009 危险货物包装标志

GB/T 191—2008 包装储运图示标志

GB/T 3049—2006 工业用化工产品 铁含量测定的通用方法 1,10-菲啰啉分光光度法

GB/T 6678 化工产品采样总则

GB/T 6682—2008 分析实验室用水规格和试验方法

GB/T 8170 数值修约规则与极限数值的表示和判定

GB 12268—2012 危险货物品名表

GB 15258 化学品安全标签编写规定

HG/T 3696.1 无机化工产品 化学分析用标准溶液、制剂及制品的制备 第1部分:标准滴定溶液的制备

HG/T 3696.2 无机化工产品 化学分析用标准溶液、制剂及制品的制备 第2部分:杂质标准溶液的制备

HG/T 3696.3 无机化工产品 化学分析用标准溶液、制剂及制品的制备 第3部分:制剂及制品的制备

3 分子式和相对分子质量

分子式:$BaCl_2 \cdot 2H_2O$。

相对分子质量:244.24(按2011年国际相对原子质量)。

4 分类

按工业氯化钡的用途不同,将其分为两类,Ⅰ类为电子工业用,Ⅱ类为一般工业用。

5 要求

5.1 外观:白色片状或粉状结晶。

5.2　工业氯化钡按本标准的试验方法检测并应符合表1技术要求。

表1　技术要求

项　目		指　标			
		Ⅰ类		Ⅱ类	
		优等品	一等品	优等品	一等品
氯化钡($BaCl_2 \cdot 2H_2O$) w/%	≥	99.5	99.5	99.0	98.0
锶(Sr) w/%	≤	0.003	0.01	0.15	0.30
钙(Ca) w/%	≤	0.002	0.01	0.036	0.090
硫化物(以S计) w/%	≤	0.001	0.002	0.003	0.008
铁(Fe) w/%	≤	0.000 5	0.001	0.001	0.003
水不溶物 w/%	≤	0.02	0.05	0.05	0.10
钠(Na) w/%	≤	0.005	0.050	—	—

6　试验方法

警告：本试验方法中使用的部分试剂具有腐蚀性，操作时应小心谨慎！必要时，应在通风橱中进行。如溅到皮肤上应立即用水冲洗，严重者应立即就医。

6.1　一般规定

本标准所用的试剂和水，在没有注明其他要求时，均指分析纯试剂和蒸馏水或GB/T 6682—2008中规定的三级水。试验中所用的标准滴定溶液、杂质标准溶液、制剂和制品，在没有注明其他规定时，均按HG/T 3696.1、HG/T 3696.2和HG/T 3696.3的规定制备。

6.2　外观判别

在自然光下，于白色衬底的表面皿或白瓷板上用目视法判定外观。

6.3　氯化钡含量测定

6.3.1　方法提要

用乙酸铵调节溶液的pH值，在乙酸铵-氨水缓冲溶液中重铬酸钾与氯化钡均匀生成铬酸钡沉淀，根据铬酸钡沉淀的质量计算氯化钡的含量。

6.3.2　试剂

6.3.2.1　盐酸溶液：1+11。

6.3.2.2　重铬酸钾溶液：50 g/L。

6.3.2.3　乙酸铵溶液：75 g/L。

6.3.2.4　氨水溶液：1+27。

6.3.2.5　硝酸银溶液：10 g/L。

6.3.3 仪器和设备

6.3.3.1 玻璃砂坩埚:滤板孔径 5 μm~15 μm。

6.3.3.2 电热恒温干燥箱:控制温度 133 ℃±2 ℃。

6.3.4 分析步骤

称取约 7 g 试样,精确到 0.000 2 g,置于烧杯中,加水溶解,移入 500 mL 容量瓶中,用水稀释至刻度,摇匀,干过滤,弃去 10 mL 前滤液。用移液管移取 50 mL 滤液,置于 400 mL 烧杯中,加 5 mL 盐酸溶液,加入 100 mL 水和 15 mL 重铬酸钾溶液,加热煮沸,在微沸状态下一边搅拌一边缓慢滴加 10 mL 乙酸铵溶液(3 min~4 min 内滴完),保温 5 min,继续在微沸状态下一边搅拌一边滴加 15 mL 氨水(2 min~3 min 内滴完)。在约 80 ℃的水浴中静置 30 min 后,取出,迅速冷却至室温,用已于 133 ℃±2 ℃下烘至质量恒定的玻璃砂坩埚抽滤,用含少量氨水的蒸馏水(pH 为 7~8)洗涤沉淀至无氯离子反应(用硝酸银溶液检查),将玻璃砂坩埚和沉淀于 133 ℃±2 ℃下烘至质量恒定。

6.3.5 结果计算

氯化钡含量以氯化钡($BaCl_2 \cdot 2H_2O$)的质量分数 w_1 计,按式(1)计算:

$$w_1 = \frac{0.964\,2 \times (m_1 - m_0)}{m \times V/V_1} \times 100\% \qquad \cdots\cdots(1)$$

式中:

m_1 ——干燥后铬酸钡及玻璃砂坩埚质量的数值,单位为克(g);

m_0 ——玻璃砂坩埚质量的数值,单位为克(g);

m ——试料质量的数值,单位为克(g);

V ——移取试验溶液的体积的数值,单位为毫升(mL)(V=50);

V_1 ——试验溶液的体积的数值,单位为毫升(mL)(V_1=500);

0.964 2——铬酸钡($BaCrO_4$)换算成氯化钡($BaCl_2 \cdot 2H_2O$)的系数。

取平行测定结果的算术平均值为测定结果,两次平行测定结果的绝对差值不应大于 0.2%。

6.4 锶含量测定

6.4.1 方法提要

将试样溶解于水,在盐酸介质中,采用标准加入法,用空气-乙炔火焰于原子吸收分光光度计 460.7 nm 波长处,测定锶含量。

6.4.2 试剂

6.4.2.1 盐酸溶液:1+11。

6.4.2.2 氯化钾溶液:10 g/L。

6.4.2.3 锶标准溶液:1 mL 溶液含锶(Sr)0.05 mg,用移液管移取 5 mL 按 HG/T 3696.2 配制的锶标准溶液,置于 100 mL 容量瓶中,用水稀释至刻度,摇匀,该溶液现用现配。

6.4.2.4 二级水:符合 GB/T 6682—2008 规定。

6.4.3 仪器和设备

原子吸收分光光度计:配有锶空心阴极灯。

6.4.4 分析步骤

6.4.4.1 试验溶液的制备

称取试样：Ⅰ类优等品约 10 g，Ⅰ类一等品约 5 g，Ⅱ类约 0.6 g，精确到 0.000 2 g。置于 100 mL 烧杯中，加适量水溶解，加入 5 mL 盐酸溶液，移入 100 mL 容量瓶中，用水稀释至刻度，摇匀。

6.4.4.2 空白试验溶液的制备

在 100 mL 容量瓶中，加入 0.5 mL 的盐酸溶液、4 mL 氯化钾溶液，用水稀释至刻度，摇匀。

6.4.4.3 测定

用移液管分别移取试验溶液（Ⅰ类 10.00 mL；Ⅱ类优等品 10.00 mL、一等品 5.00 mL），置于 4 个 100 mL 容量瓶中，再分别加入 0.00 mL、1.00 mL、2.00 mL、3.00 mL 锶标准溶液和 4 mL 氯化钾溶液，用水稀释至刻度，摇匀。

将原子吸收分光光度计调至最佳工作条件，于波长 460.7 nm 处，用空白试验溶液调零，测定其吸光度。以锶质量(mg)为横坐标，对应的吸光度为纵坐标，绘制工作曲线，将曲线反向延长与横坐标相交处，即为试验溶液中锶的质量。

6.4.5 结果计算

锶含量以锶(Sr)质量分数 w_2 计，按式(2)计算：

$$w_2=\frac{m_1\times 10^{-3}}{m\times V/V_1}\times 100\% \qquad \cdots\cdots(2)$$

式中：

m_1——从工作曲线上查出的试验溶液中锶的质量的数值，单位为毫克(mg)；

V——移取试验溶液的体积的数值，单位为毫升(mL)；

V_1——试验溶液的体积的数值($V_1=100$)，单位为毫升(mL)；

m——试料质量的数值，单位为克(g)。

取平行测定结果的算术平均值为测定结果，两次平行测定结果的绝对差值为：Ⅰ类不大于 0.000 5%，Ⅱ类不大于 0.015%。

6.5 钙含量测定

6.5.1 原子吸收分光光度法(仲裁法)

6.5.1.1 方法提要

将试样溶解于水，以硝酸镧为释放剂，在盐酸介质中，采用标准加入法，用空气-乙炔火焰于原子吸收分光光度计 422.7 nm 波长处，测定钙含量。

6.5.1.2 试剂

6.5.1.2.1 盐酸溶液：1+11。

6.5.1.2.2 硝酸镧溶液：10 g/L，称取 10.0 g 硝酸镧，溶于水，稀释至 1000 mL。

6.5.1.2.3 钙标准溶液：1 mL 溶液含钙(Ca)0.1 mg，用移液管移取 10 mL 按 HG/T 3696.2 配制的钙标准溶液，置于 100 mL 容量瓶中，用水稀释至刻度，摇匀。该溶液现用现配。

6.5.1.2.4 二级水：符合 GB/T 6682—2008 规定。

6.5.1.3 仪器和设备

原子吸收分光光度计：配有钙空心阴极灯。

6.5.1.4 分析步骤

6.5.1.4.1 试验溶液的制备

称取试样：Ⅰ类优等品约 10 g，Ⅰ类一等品、Ⅱ类约 2 g，精确到 0.000 2 g，置于 100 mL 烧杯中，加少量水溶解，加入 5 mL 盐酸溶液，移入 100 mL 容量瓶中，用水稀释至刻度，摇匀。

6.5.1.4.2 空白试验溶液的制备

在 100 mL 容量瓶中，加入 0.5 mL 的盐酸溶液，加 2 mL 硝酸镧溶液，用水稀释至刻度，摇匀。

6.5.1.4.3 测定

用移液管分别移取 10 mL 试验溶液，置于 4 个 100 mL 容量瓶中，再分别加入 0.00 mL、0.50 mL、1.00 mL、2.00 mL 钙标准溶液，再加 2 mL 硝酸镧溶液，用水稀释至刻度，摇匀。

将原子吸收分光光度计调至最佳工作条件，于波长 422.7 nm 处，用空白试验溶液调零，测定其吸光度。以钙质量(mg)为横坐标，对应的吸光度为纵坐标，绘制工作曲线，将曲线反向延长与横坐标相交处，即为试验溶液中钙的质量。

6.5.1.5 结果计算

钙含量以钙(Ca)质量分数 w_3 计，按式(3)计算：

$$w_3 = \frac{m_1 \times 10^{-3}}{m \times V/V_1} \times 100\% \qquad (3)$$

式中：

m_1——从工作曲线上查出的试验溶液中钙的质量的数值，单位为毫克(mg)；

m ——试料质量的数值，单位为克(g)；

V ——移取试验溶液的体积的数值($V=10$)，单位为毫升(mL)；

V_1——试验溶液的体积的数值($V_1=100$)，单位为毫升(mL)。

取平行测定结果的算术平均值为测定结果，两次平行测定结果的绝对差值为：Ⅰ类不大于 0.000 5%，Ⅱ类不大于 0.003%。

6.5.2 EDTA 络合滴定法(Ⅱ类)

6.5.2.1 方法提要

在中性溶液中，铬酸钾与钡离子生成无定形沉淀，锶产生共沉淀，从而使钡、锶与钙分离，再用 EDTA 标准溶液滴定钙。

6.5.2.2 试剂

6.5.2.2.1 无水乙醇。

6.5.2.2.2 铬酸钾溶液：200 g/L。

6.5.2.2.3 氢氧化钠溶液：50 g/L。

6.5.2.2.4 乙二胺四乙酸二钠标准滴定溶液：c(EDTA)≈0.05 mol/L。

6.5.2.2.5 乙二胺四乙酸二钠标准滴定溶液：c(EDTA)≈0.005 mol/L，用移液管移取 25 mL 乙二胺四乙酸二钠标准滴定溶液(6.5.2.2.4),置于 250 mL 容量瓶中用水稀释至刻度,摇匀。

6.5.2.2.6 钙指示剂:5 g/L 三乙醇胺溶液,称取 0.5 g 钙指示剂($C_{21}H_{14}N_2O_7S$),溶于 100 mL 三乙醇胺溶液(1+10)。

6.5.2.2.7 甲基红指示液:10 g/L。

6.5.2.2.8 无二氧化碳的水。

6.5.2.3 分析步骤

称取约 7.5 g 试样,精确至 0.000 2 g,置于 300 mL 烧杯中加入 150 mL 无二氧化碳的水,使试样溶解。加入 1 滴甲基红指示液,试液应呈纯黄色,若不呈纯黄色用氢氧化钠溶液调至试液到纯黄色,再加 1 滴氢氧化钠溶液,加入 16 mL 无水乙醇(对于锶的质量分数不大于 0.33%的试样亦可不加)。用滴定管加入 32 mL~33 mL 铬酸钾溶液,加入速度使溶液恰呈直线流出,同时缓慢搅拌试液,加完后,搅拌 30 s,再转移至 250 mL 容量瓶中,用水稀释至刻度,摇匀。静置 l h,再用慢速定量滤纸干过滤,弃去 10 mL 前滤液。用移液管移取 100 mL 滤液置于 200 mL 烧杯中,滴加 5 滴~8 滴钙指示剂,加入 4 mL 氢氧化钠溶液,用乙二胺四乙酸二钠标准滴定溶液(6.5.2.2.5)滴定至溶液呈亮绿色,并在 30 s 内不再发生变化为终点。

若终点不突跃,绿色发暗,则为锶分离效果不好或锶的质量分数超过 0.8%,遇此情况可减少取样量,另补加优级纯氯化钡,使其总量仍为 7.5 g,从而使锶的质量分数在 0.8%以下。

同时同样做空白试验,空白试验溶液用与试样质量相等的优级纯氯化钡,其他加入试剂的种类和量(标准滴定溶液除外)与试验溶液相同。

6.5.2.4 结果计算

钙含量以钙(Ca)质量分数 w_4 计,按式(4)计算:

$$w_4=\frac{(V-V_0)cM\times10^{-3}}{m\times V_1/V_2}\times100\% \qquad \cdots\cdots(4)$$

式中:

V ——滴定试验溶液所消耗乙二胺四乙酸二钠标准滴定溶液的体积的数值,单位为毫升(mL);

V_0 ——滴定空白试验溶液所消耗乙二胺四乙酸二钠标准滴定溶液的体积的数值,单位为毫升(mL);

c ——乙二胺四乙酸二钠标准滴定溶液浓度的准确数值,单位为摩尔每升(mol/L);

m ——试料质量的数值,单位为克(g);

V_1 ——移取试验溶液的体积的数值($V_1=100$),单位为毫升(mL);

V_2 ——试验溶液的体积的数值($V_2=250$),单位为毫升(mL);

M ——钙(Ca)的摩尔质量的数值($M=40.08$),单位为克每摩尔(g/mol)。

取平行测定结果的算术平均值为测定结果,两次平行测定结果的绝对差值不少于 0.003%。

6.6 硫化物含量测定

6.6.1 方法提要

硫化物与碘发生氧化还原反应,用硫代硫酸钠标准溶液滴定过量的碘,从而测定试样中的硫化物含量。

6.6.2 试剂

6.6.2.1 碘溶液:6.5 g/L,称量 6.5 g 碘和 17 g 碘化钾,溶于水中,用水稀释至 1 000 mL,保存于棕色带塞的瓶中。

6.6.2.2 冰乙酸溶液:1+9。
6.6.2.3 硫酸溶液:1+8。
6.6.2.4 硫代硫酸钠标准滴定溶液:$c(Na_2S_2O_3)\approx 0.1$ mol/L。
6.6.2.5 硫代硫酸钠标准滴定溶液:$c(Na_2S_2O_3)\approx 0.05$ mol/L,用移液管移取 50 mL 硫代硫酸钠标准滴定溶液 (6.6.2.4),置于 100 mL 容量瓶中,用水稀释至刻度,摇匀。
6.6.2.6 淀粉指示液:10 g/L。

6.6.3 仪器和设备

微量滴定管:分度值为 0.01 mL 或 0.02 mL。

6.6.4 分析步骤

称量约 25 g 试样,精确到 0.01 g,置于碘量瓶中,加 80 mL 水,混匀。用移液管加 5 mL 碘溶液,加 5 mL 冰乙酸溶液,盖上瓶塞,摇动至试样溶解,然后用硫代硫酸钠标准滴定溶液滴定过量的碘,直到溶液呈草黄色,加入 2 mL 淀粉指示液,继续滴定至蓝色消失,并在 30 s 内不变即为终点。

同时同样做空白试验,空白试验溶液除不加试样外,其他加入试剂的种类和量(标准滴定溶液除外)与试验溶液相同。

6.6.5 结果计算

硫化物含量以硫化物(以 S 计)的质量分数 w_5 计,按式(5)计算:

$$w_5=\frac{(V_0-V)cM\times 10^{-3}}{m}\times 100\% \qquad \cdots\cdots(5)$$

式中:

V_0 ——滴定空白试验溶液所消耗的硫代硫酸钠标准滴定溶液的体积的数值,单位为毫升(mL);
V ——滴定试验溶液所消耗的硫代硫酸钠标准滴定溶液的体积的数值,单位为毫升(mL);
c ——硫代硫酸钠标准滴定溶液浓度的准确数值,单位为摩尔每升(mol/L);
m ——试料质量的数值,单位为克(g);
M ——硫(1/2S)的摩尔质量的数值(M=16.03),单位为克每摩尔(g/mol) 。

取平行测定结果的算术平均值为测定结果,两次平行测定结果的绝对差值为:Ⅰ类不大于 0.000 2%,Ⅱ类不大于 0.000 4%。

6.7 铁含量测定

6.7.1 方法提要

同 GB/T 3049—2006 中第 3 章。

6.7.2 试剂

6.7.2.1 盐酸溶液:1+1。
6.7.2.2 硝酸溶液:2+3。
6.7.2.3 铁标准溶液:1 mL 溶液含铁(Fe)0.01 mg,用移液管移取 1 mL 按 HG/T 3696.2 配制的铁标准溶液,置于 100 mL 容量瓶中,用水稀释至刻度,摇匀。该溶液现用现配。
6.7.2.4 其余同 GB/T 3049—2006 中第 4 章。

6.7.3 仪器和设备

分光光度计:带有 4 cm 的比色皿。

6.7.4 分析步骤

6.7.4.1 标准曲线的绘制

按 GB/T 3049—2006 中 6.3 规定，使用 4 cm 比色皿及相应的铁标准溶液用量，绘制铁含量为 0.01 mg～0.1 mg 标准曲线。

6.7.4.2 试验溶液的制备

称取约 5 g 试样，精确至 0.000 2 g，置于 100 mL 烧杯中，各加 10 mL 盐酸溶液、1 mL 硝酸溶液和 10 mL 水，煮沸，溶解后加入适量的滤纸浆，搅拌，冷却至室温，将溶液和滤纸浆一同转入 50 mL 容量瓶中，用水稀释至刻度，摇匀，干过滤，弃去前 10 mL 滤液。

6.7.4.3 测定

用移液管移取试验溶液 10 mL，分别置于 100 mL 容量瓶中，以下按 GB/T 3049—2006 中 6.4 规定从“必要时，加水至 60 mL……”开始进行操作。

同时做空白试验，空白试验溶液除不加试样外，其他操作和加入的试剂与试验溶液相同。

根据测得的吸光度，从标准曲线上查出相应的铁的质量(mg)。

6.7.5 结果计算

铁含量以铁(Fe)的质量分数 w_6 计，按式(6)计算：

$$w_6 = \frac{(m_1 - m_0) \times 10^{-3}}{m \times V/V_1} \times 100\% \qquad \cdots\cdots(6)$$

式中：

m_1——从标准曲线上查出的试验溶液中铁的质量的数值，单位为毫克(mg)；

m_0——从标准曲线上查出的空白试验溶液中铁的质量的数值，单位为毫克(mg)；

m——试料质量的数值，单位为克(g)；

V——移取试验溶液的体积的数值($V=10$)，单位为毫升(mL)；

V_1——试验溶液的体积的数值($V_1=50$)，单位为毫升(mL)。

取平行测定结果的算术平均值为测定结果，两次平行测定结果的绝对差值为：Ⅰ类、Ⅱ类优等品不大于 0.000 1%，Ⅱ类一等品不大于 0.000 3%。

6.8 水不溶物含量测定

6.8.1 方法提要

试样溶于水后，经过滤、洗涤、干燥后，烘干至质量恒定，根据烘干后残留物的量，确定水不溶物的含量。

6.8.2 仪器和设备

6.8.2.1 玻璃砂坩埚：滤板孔径 5 μm～15 μm。

6.8.2.2 电热恒温干燥箱：温度能控制在 105 ℃±2 ℃。

6.8.3 分析步骤

称取约 25 g 试样，精确至 0.01 g，置于 400 mL 烧杯中，加 200 mL 热水溶解试样，加热煮沸，在微沸状态下保持 10 min，用预先在 105 ℃±2 ℃下质量恒定的玻璃砂坩埚抽滤，用热水洗涤至滤液无氯离子反应(用硝酸银溶液检查)为止。将玻璃砂坩埚和水不溶物一起置于105 ℃±2 ℃电热恒温干燥箱中干燥至质量恒定。

6.8.4 结果计算

水不溶物含量以质量分数 w_7 计,按式(7)计算:

$$w_7=\frac{m_1-m_0}{m}\times 100\% \qquad \cdots\cdots(7)$$

式中:

m_1——干燥后水不溶物及玻璃砂坩埚质量的数值,单位为克(g);

m_0——玻璃砂坩埚质量的数值,单位为克(g);

m ——试料质量的数值,单位为克(g)。

取平行测定结果的算术平均值为测定结果,两次平行测定结果的绝对差值为:Ⅰ类和Ⅱ类优等品不大于0.003%,Ⅱ类一等品不大于0.01%。

6.9 钠含量测定

6.9.1 方法提要

在盐酸介质中,采用标准加入法,用空气-乙炔火焰于原子吸收分光光度计589.0 nm波长处,测定钠含量。

6.9.2 试剂

6.9.2.1 盐酸溶液:1+11。

6.9.2.2 钠标准溶液:1 mL溶液含钠(Na)0.1 mg,用移液管移取10 mL按HG/T 3696.2配制的钠标准溶液,置于100 mL容量瓶中,用水稀释至刻度,摇匀。该溶液现用现配。

6.9.2.3 二级水:符合GB/T 6682—2008规定。

6.9.3 仪器和设备

原子吸收分光光度计:配有钠空心阴极灯。

6.9.4 分析步骤

6.9.4.1 试验溶液的制备

称量约10 g(一等品约2 g)试样,精确到0.000 2 g,置于100 mL烧杯中,加水溶解,转移至100 mL容量瓶中,加入5 mL盐酸溶液,加水至刻度,摇匀。

6.9.4.2 空白试验溶液的制备

在100 mL容量瓶中,加入0.5 mL盐酸溶液,用水稀释至刻度,摇匀。

6.9.4.3 测定

用移液管分别移取10 mL试验溶液,置于4个100 mL容量瓶中,再分别加入0.00 mL、0.50 mL、1.00 mL、2.00 mL钠标准溶液,用水稀释至刻度,摇匀。

将原子吸收分光光度计调至最佳工作条件,于波长589.0 nm处,用空白试验溶液调零,测量吸光度。以钠质量(mg)为横坐标,对应的吸光度为纵坐标,绘制工作曲线,将曲线反向延长与横坐标相交处,即为所测试验溶液中钠的质量。

6.9.5 结果计算

钠含量以钠(Na)质量分数 w_8 计,按式(8)计算:

$$w_8=\frac{m_1\times10^{-3}}{m\times V/V_1}\times100\% \quad\cdots\cdots(8)$$

式中:

m_1——从工作曲线上查出的试验溶液中钠的质量的数值,单位为毫克(mg);

m ——试料质量的数值,单位为克(g);

V ——移取试验溶液的体积的数值($V=10$),单位为毫升(mL);

V_1——试验溶液的体积的数值($V_1=100$),单位为毫升(mL)。

取平行测定结果的算术平均值为测定结果,两次平行测定结果的绝对差值为:优等品不大于0.000 5%,一等品不大于0.005%。

7 检验规则

7.1 检验采用型式检验和出厂检验。

7.2 要求中规定的所有指标项目均为型式检验项目,在正常生产情况下,每三个月至少进行一次型式检验。在下列情况之一时,应进行型式检验:

a) 更新关键生产工艺;

b) 主要原料有变化;

c) 停产又恢复生产;

d) 与上次型式检验有较大差异;

e) 合同规定。

7.3 要求中Ⅰ类规定的所有指标项目及Ⅱ类规定的氯化钡、钙、硫化物、铁含量均为出厂检验项目,应逐批检验。

7.4 生产企业用相同材料,基本相同的生产条件,连续生产或同一班组生产的同一级别的工业氯化钡为一批。每批产品不超过 120 t。

7.5 按 GB/T 6678 的规定确定采样单元数。采样时,将采样器自袋的中心垂直插入至料层深度的 3/4 处采样。将采出的样品混匀,用四分法缩分至不少于 500 g。将样品分装于两个清洁、干燥的容器中,密封并粘贴标签,注明生产厂名、产品名称、批号、采样日期和采样者姓名。一份供检验用,另一份保存备查,保存时间由生产企业根据需要确定。

7.6 生产厂应保证每批出厂的工业氯化钡产品都符合本标准的要求。

7.7 检验结果如有指标不符合本标准要求,应重新自两倍量的包装中采样进行复验,复验结果即使只有一项指标不符合本标准的要求时,则整批产品为不合格。

7.8 采用 GB/T 8170 规定修约值比较法判断检验结果是否符合本标准。

8 标志和标签

8.1 工业氯化钡包装袋上应有牢固清晰的标志,内容包括生产厂名、厂址、产品名称、类别、等级、净含量、批号或生产日期、保质期、本标准编号及 GB 190—2009 中规定的“毒性物质”和 GB/T 191—2008 中规定的“怕雨”标志以及符合 GB 15258 的安全标签。

8.2 每批出厂的工业氯化钡都应附有质量证明书,内容包括生产厂名、类别、等级、厂址、产品名称、类别、等级、净含量、批号或生产日期、保质期及本标准编号。

9 包装、运输和贮存

9.1 工业氯化钡采用双层包装，内包装采用聚乙烯塑料薄膜袋，外包装采用塑料编织袋。包装内袋用维尼龙绳或其他质量相当的绳扎口，或用与其相当的其他方式封口；外袋采用缝包机缝合，缝合牢固，无漏缝或跳线现象。每袋净含量为 25 kg，也可根据用户要求的规格进行包装。

9.2 工业氯化钡在运输过程中应按照危险品运输要求运输，轻装、轻卸，防止包装损坏，防止雨淋、受潮，禁止与氧化剂、酸类、食品添加剂等物品混装混运。

9.3 工业氯化钡产品应按照毒性物质相关贮存要求贮存，在贮存过程中应防止受潮和散失，禁止与氧化剂、酸类、食品添加剂等物品混存。

9.4 工业氯化钡在符合本标准规定的包装、运输和贮存的条件下，自生产之日起保质期不少于12个月。

10 安全

10.1 危险性

按照 GB 12268—2012 第 4 章的规定，氯化钡属第 6.1 项毒性物质，UN 号 1564。氯化钡不易燃、不易爆，与三氟化硼接触剧烈反应。有害燃烧产物为氯化氢、氧化钡。灭火方法：水、泡沫、砂土。

10.2 健康危害

急性中毒：口服后急性中毒表现为恶心、呕吐、腹痛、腹泻、脉缓、进行性肌麻痹、心律紊乱、血钾明显降低等。可因心律紊乱和呼吸肌麻痹而死亡。吸入烟尘可引起中毒，但消化道症状不明显。接触高温本品溶液造成皮肤灼伤可同时吸收中毒。

慢性影响：长期接触钡化合物的工人，可有无力、气促、流涎、口腔黏膜肿胀糜烂、鼻炎、结膜炎、腹泻、心动过速、血压增高、脱发等。

10.3 急救措施

皮肤接触：脱去污染的衣着，用肥皂水和清水彻底冲洗皮肤。

眼睛接触：提起眼睑，用流动清水或生理盐水冲洗。就医。

吸入：迅速脱离现场至空气新鲜处。保持呼吸道通畅。如呼吸困难，给输氧。如呼吸停止，立即进行人工呼吸。就医。

食入：饮足量温水，催吐。用 2%～5% 硫酸钠溶液洗胃，导泻。就医。

吸入氯化钡粉尘会发生肺沉埃沉积病、急性肺炎和支气管炎。

10.4 泄漏应急处理

隔离泄漏污染区，限制出入。建议应急处理人员戴防尘面具（全面罩），穿防毒服。不要直接接触泄漏物。小量泄漏：避免扬尘，用洁净的铲子收集于干燥、洁净、有盖的容器中。大量泄漏：用塑料布、帆布覆盖。然后收集回收或运至废物处理场所处置。

10.5 接触控制/个体防护

工程控制：密闭操作，局部排风。提供安全淋浴和洗眼设备。

呼吸系统防护：可能接触其粉尘时，应佩戴自吸过滤式防尘口罩。紧急事态抢救或撤离时，建议佩戴空气呼吸器。

眼睛防护:戴化学防护眼镜。

身体防护:穿劳保防护服。

手防护:戴防护手套。

其他防护:工作现场禁止吸烟、进食和饮水。工作完毕,淋浴更衣。单独存放被毒物污染的衣服,洗后备用。保持良好的卫生习惯。

ICS 71.100.01;87.060.10
G 57

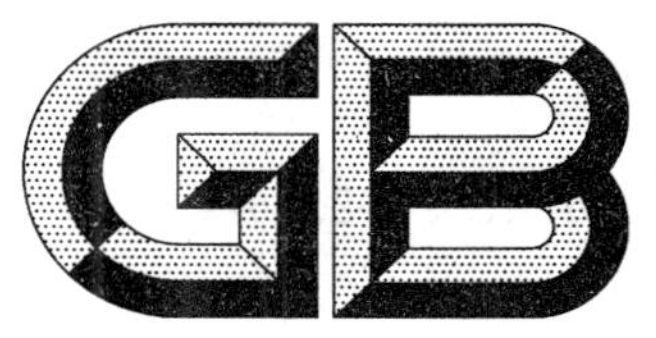

中华人民共和国国家标准

GB/T 1652—2014
代替 GB/T 1652—2006

色酚 AS

Naphthol AS

2014-07-08 发布　　　　2014-12-01 实施

中华人民共和国国家质量监督检验检疫总局
中国国家标准化管理委员会　发布

前　言

本标准按照 GB/T 1.1—2009 给出的规则起草。

本标准代替 GB/T 1652—2006《色酚 AS》,与 GB/T 1652—2006 相比,主要技术变化如下:

——增加了警告(见标准开始);

——增加了 CAS RN:92-77-3(见第 1 章);

——删除了在棉纤维上与大红色基 G 重氮液偶合后的染色色光的指标和测定方法(2006 年版的第 3 章、5.7);

——删除了在棉纤维上与大红色基 G 重氮液偶合后的染色强度的指标和测定方法(2006 年版的第 3 章、5.7);

——修改了所有检验项目为出厂检验项目(见 6.1;2006 年版的 6.1)。

本标准由中国石油和化学工业联合会提出。

本标准由全国染料标准化技术委员会(SAC/TC 134)归口。

本标准起草单位:杭州下沙恒升化工有限公司、沈阳化工研究院有限公司、国家染料质量监督检验中心。

本标准主要起草人:阎龙、韩晓琴、李信、朴克壮、周雨颂。

本标准所代替标准的历次版本发布情况为:

——GB 1652—1979、GB 1652—1994、GB/T 1652—2006。

色酚 AS

警告:使用本标准的人员应有实验室工作的实践经验。本标准并未指出所有的安全问题。使用者有责任采取适当的安全和健康措施,并保证符合国家有关法规规定的条件。

1 范围

本标准规定了色酚 AS 的要求、采样、试验方法、检验规则以及标志、标签、包装、运输和贮存。

本标准适用于色酚 AS 产品的质量控制。

结构式:

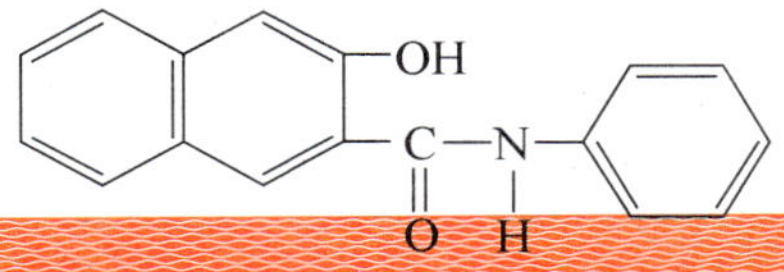

分子式:$C_{17}H_{13}O_2N$

相对分子质量:263.29(按 2009 年国际相对原子质量)

CAS RN:92-77-3

2 规范性引用文件

下列文件对于本文件的应用是必不可少的。凡是注日期的引用文件,仅注日期的版本适用于本文件。凡是不注日期的引用文件,其最新版本(包括所有的修改单)适用于本文件。

GB/T 601 化学试剂 标准滴定溶液的制备

GB/T 603 化学试剂 试验方法中所用制剂及制品的制备

GB/T 2384 染料中间体 熔点范围测定通用方法

GB/T 6678—2003 化工产品采样总则

GB/T 6682—2008 分析实验室用水规格和试验方法

GB/T 8170—2008 数值修约规则与极限数值的表示和判定

3 要求

色酚 AS 的质量要求应符合表 1 的规定。

表 1 色酚 AS 的质量要求

项 目	指 标		试验方法
	优等品	合格品	
外观	白色至米黄色或微红色均匀粉末		5.2
干品初熔点/℃ ≥	247.2	246.0	5.3

表 1(续)

项目		指标		试验方法
		优等品	合格品	
色酚 AS 的质量分数/%	≥	98.20	97.50	5.4
2-羟基-3-萘甲酸含量/%	≤	0.10	0.50	5.4
碱不溶物的质量分数/%	≤	0.10	0.40	5.5
溶解性能		符合检验		5.6

4 采样

以批为单位采样,生产厂以一次拼混均匀的产品为一批。每批采样数应符合 GB/T 6678—2003 中 7.6 的规定。所采样产品的包装必须完好,采样时勿使外界杂质落入产品中。采样时用探管采取包括上、中、下三部分的样品,所采样品总量不得少于 500 g。将采取的样品充分混匀后,分装于两个清洁、干燥、密封良好的容器中,其上粘贴标签。注明:产品名称、批号、生产厂名称、取样日期、地点。一个供检验,一个保存备查。

5 试验方法

5.1 一般规定

除非另有规定,仅使用确认为分析纯的试剂和 GB/T 6682—2008 中规定的三级水。试验中所用的标准滴定溶液和试剂,在没有注明其他要求时,均按 GB/T 601 和 GB/T 603 的规定制备与标定。检验结果的判定按 GB/T 8170—2008 中的 4.3.3 修约值比较法进行。

5.2 外观的评定

在自然光线下采用目视评定。

5.3 干品初熔点的测定

按 GB/T 2384 的规定进行测定。将样品充分研细,于 110 ℃干燥 2 h。

5.4 色酚 AS 质量分数的测定

5.4.1 化学法测定色酚 AS 质量分数

5.4.1.1 方法提要

色酚 AS 是弱酸性化合物,在乙醇存在下,用过量的碱将其溶解,用盐酸标准溶液分别滴定总碱量及游离碱量,即可测出色酚 AS 的质量分数。

5.4.1.2 试剂和溶液

试剂和溶液为:

a) 无水乙醇;

b) 氢氧化钠标准滴定溶液:$c(\mathrm{NaOH})=0.1\ \mathrm{mol/L}$;

c) 盐酸标准滴定溶液：$c(\mathrm{HCl})=0.1\ \mathrm{mol/L}$；

d) 氢氧化钠溶液：110 g/L；

e) 1-萘酚酞乙醇溶液：0.1 g 1-萘酚酞溶于 50 mL 乙醇中，用水稀释至 100 mL；

f) 酚酞乙醇溶液：0.1 g 酚酞溶于 60 mL 乙醇中，用水稀释至 100 mL。

5.4.1.3 测定步骤

5.4.1.3.1 样品溶液的制备

称取色酚 AS 试样约 7 g(准确至 0.000 1 g)，置于 100 mL 碘量瓶中。准确量取 100 mL 无水乙醇(准确至 0.1 mL)，先加入 40 mL 无水乙醇于碘量瓶中，摇动，使色酚 AS 充分润湿。然后加入约 15 mL 氢氧化钠溶液，盖上磨口塞，摇动或用电池搅拌器搅拌，使色酚 AS 完全溶解(个别不溶颗粒，可用玻璃棒捣碎)。将溶液移入 250 mL 容量瓶中，用剩余的 60 mL 无水乙醇分数次洗涤碘量瓶，然后用水洗，洗液均移入 250 mL 容量瓶中，冷却至室温，用水稀释至刻度，摇匀备用。

5.4.1.3.2 总碱量的测定

准确吸取样品溶液 25.00 mL 注入 250 mL 锥形瓶中，加入 1-萘酚酞指示液 1 mL，用盐酸标准滴定溶液滴定至绿色完全消失为终点，准确读取消耗盐酸标准滴定溶液体积的数值 V_1。

总碱空白试验：在另一只 250 mL 锥形瓶中，加入 10 mL 无水乙醇，15 mL 水及 1-萘酚酞指示液 1 mL，用氢氧化钠标准滴定溶液滴定至溶液刚呈绿色，准确读取消耗氢氧化钠标准滴定溶液体积的数值 V_3。

5.4.1.3.3 游离碱的测定

先按计算色酚 AS 含量的式(1)求出滴定游离碱所用的盐酸标准滴定溶液体积 V_2 的近似值(在式(1)中，色酚 AS 含量 w_1 按 97.5%计算，将 V_1、V_3、V_4 代入计算公式中，即可算出 V_2 的近似值)。准确吸取 25.00 mL(V_5)样品溶液，注入 250 mL(V_6)锥形瓶中，加入 38 mL 无水乙醇(准确至 0.1 mL)及 $(37-V_2)$mL 的水(准确至 0.1 mL)，然后用盐酸标准滴定溶液滴定，在滴定终点前 1 mL 左右时，调整溶液温度至 25 ℃，继续滴定至溶液刚出现浑浊为终点，此时溶液总体积为 100 mL(指体积加和值，不考虑醇水互溶时体积变化)，乙醇的体积分数为 48%，准确读取消耗盐酸标准滴定溶液体积的数值 V_2。

游离碱空白试验：在另一只 250 mL 锥形瓶中，加入 48 mL 乙醇及 52 mL 水，加入 2 滴酚酞指示液，用氢氧化钠标准滴定溶液滴定至溶液刚出现粉红色，准确读取消耗氢氧化钠标准滴定溶液体积的数值 V_4。

5.4.1.3.4 结果计算

色酚 AS 含量以质量分数 w_1 计，数值用%表示，按式(1)计算：

$$w_1=\frac{c[(V_1+V_3)-(V_2+V_4)]M}{m_1\times V_5/V_6\times 1\ 000}\times 100\% \qquad (1)$$

式中：

c ——盐酸标准滴定溶液浓度的准确数值，单位为摩尔每升(mol/L)；

V_1 ——滴定总碱量时所消耗盐酸标准滴定溶液体积的数值，单位为毫升(mL)；

V_2 ——滴定游离碱时所消耗盐酸标准滴定溶液体积的数值，单位为毫升(mL)；

V_3 ——滴定总碱空白时所耗氢氧化钠标准溶液体积的数值，单位为毫升(mL)；

V_4 ——滴定游离碱空白时所耗氢氧化钠标准溶液体积的数值，单位为毫升(mL)；

M ——色酚 AS 的摩尔质量的数值，单位为克每摩尔(g/mol)，($M=263.29$)；

m_1——试样的质量数值,单位为克(g);

V_5——吸取 25.00 mL 样品溶液体积的准确数值,单位为毫升(mL);

V_6——250 mL 容量瓶体积的准确数值,单位为毫升(mL)。

计算结果保留到小数点后两位。

5.4.1.3.5 允许差

色酚 AS 含量平行测定结果之差不大于 0.30%(质量分数),取其算术平均值作为测定结果。

5.4.2 液相色谱法测定色酚 AS 质量分数及 2-羟基-3-萘甲酸含量(仲裁方法)

5.4.2.1 方法提要

采用高效液相色谱法,在 C_{18} 色谱柱上,以含磷酸二氢钾的甲醇、水为流动相,分离色酚 AS 及各有机杂质组分,经紫外分光检测器检测,用峰面积外标法测定色酚 AS 质量分数,用峰面积归一化法测定 2-羟基-3-萘甲酸的含量。

5.4.2.2 仪器设备

仪器设备包括:

a) 液相色谱仪:输液泵-流量范围 0.1 mL/min~5.0 mL/min,在此范围内其流量稳定性为±1%;检测器-多波长紫外分光检测器或具有同等性能的分光检测器;
b) 色谱柱:长为 150 mm,内径为 4.6 mm 的不锈钢柱,固定相为 C_{18} 3.5 μm 或 C_{18} 5.0 μm;
c) 色谱工作站或积分仪;
d) 进样器:微量进样器或自动进样器;
e) 超声波发生器;
f) 分析天平:精度 0.01 mg。

5.4.2.3 试剂和溶液

试剂和溶液:

a) 甲醇:色谱纯;
b) 色酚 AS 标准品;
c) 磷酸二氢钾水溶液:1.0 g/L(用磷酸调 pH=3.5~4.0);
d) 水:经 0.45 μm 滤膜过滤。

5.4.2.4 色谱分析条件

色谱分析条件:

a) 流动相:甲醇与磷酸二氢钾水溶液的体积比为 70∶30;
b) 波长:240 nm;
c) 流量:0.8 mL/min;
d) 进样量:10 μL。

可根据装置不同,选择最佳分析条件,流动相应摇匀后用超声波发生器进行脱气。

5.4.2.5 溶液的制备

分别称取 25 mg(准确至 0.01 mg)色酚 AS 标准品和色酚 AS 试样于 100 mL 容量瓶中,用甲醇溶解,可于超声波发生器中震荡助溶,稀释至刻度,摇匀备用,为标样溶液和试样溶液。

5.4.2.6 **测定步骤**

开启色谱仪。待仪器各项操作条件稳定后,用微量进样器或自动进样器分别吸取上述标样溶液和试样溶液 10 μL 依次注入进样阀,待组分流出完毕(见图 1),用色谱工作站或积分仪进行结果处理。

在保证分离度、灵敏度和线性响应的前提下,进样量可以作适当调整。

5.4.2.7 **结果计算**

色酚 AS 含量以质量分数 w_2 计,数值用%表示,按式(2)计算:

$$w_2 = \frac{A m_s w_s}{A_s m_2} \times 100\% \qquad (2)$$

式中:

A ——色酚 AS 试样的峰面积数值;

m_s——色酚 AS 标样的质量数值,单位为克(g);

w_s——色酚 AS 标样的质量分数,%;

A_s——色酚 AS 标样的峰面积数值;

m_2——色酚 AS 试样的质量数值,单位为克(g)。

2-羟基-3-萘甲酸含量以 w_3 计,数值用%表示,按式(3)计算:

$$w_3 = \frac{A_1}{\sum A_i} \times 100\% \qquad (3)$$

式中:

A_1 ——2-羟基-3-萘甲酸的峰面积数值;

$\sum A_i$——各组分的峰面积数值之和。

计算结果保留到小数点后两位。

5.4.2.8 **允许差**

色酚 AS 含量平行测定结果之差应不大于 0.50%(质量分数),2-羟基-3-萘甲酸含量平行测定结果之差应不大于 0.05%,取其算术平均值作为测定结果。

5.4.2.9 **色谱图**

色谱图见图 1。

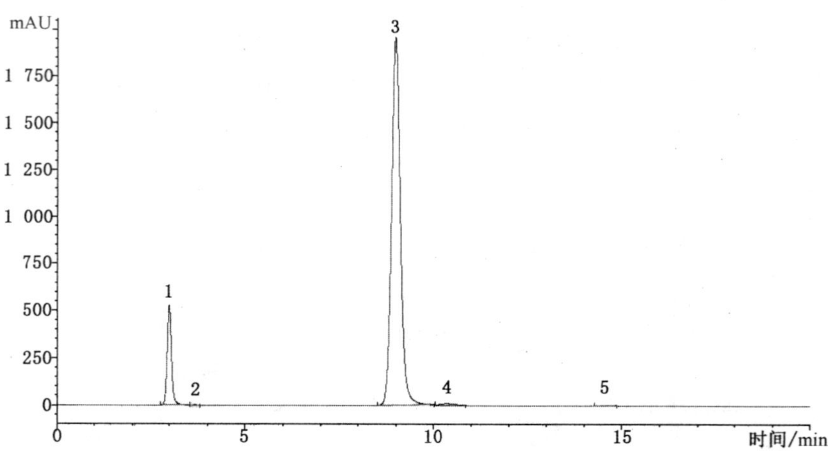

说明：

1——2-羟基-3-萘甲酸；

2——未知物；

3——色酚 AS；

4——未知物；

5——未知物。

图 1 色酚 AS 液相色谱示意图

5.5 碱不溶物质量分数的测定

5.5.1 试剂和溶液

试剂和溶液应满足以下要求：

a) 氢氧化钠溶液：244 g/L；

b) 酚酞乙醇溶液：1 g 酚酞溶于 60 mL 乙醇中，用水稀释至 100 mL。

5.5.2 测定步骤

称取约 3 g 试样(准确至 0.000 1 g)，置于 600 mL 烧杯中，加入 35 mL 氢氧化钠溶液，搅拌均匀呈稀浆状，加入 400 mL 沸水，加热至沸，保持 5 min。沸腾溶液用已恒量的 G_3 坩埚式过滤器过滤，残渣用 80 ℃～90 ℃的水洗涤至酚酞溶液滴入洗涤水中不显色为止，于 100 ℃～105 ℃烘至恒量。

碱不溶物含量以质量分数 w_4 计，数值用%表示，按式(4)计算：

$$w_4 = \frac{m_4}{m_3} \times 100\% \quad \cdots\cdots (4)$$

式中：

m_3——试样的质量数值，单位为克(g)；

m_4——残渣的质量数值，单位为克(g)。

计算结果保留到小数点后两位。

5.5.3 允许差

碱不溶物平行测定结果之差应不大于 0.02%(质量分数)，取其算术平均值作为测定结果。

5.6 溶解性能的测定

5.6.1 试剂和溶液

氢氧化钠溶液:44 g/L。

5.6.2 测定步骤

在50 mL烧杯中,加入24 mL氢氧化钠溶液,再加入2 g色酚AS试样,搅拌加热至沸,观察其溶解状态,色酚AS应完全溶解,溶液透明,无悬浮物或油状物。

6 检验规则

6.1 检验分类

表1中规定的所有项目为出厂检验项目。

6.2 出厂检验

色酚AS产品应由生产厂的质量检验部门进行检验合格,附合格证明后方可出厂。生产厂应保证所有出厂的色酚AS均符合本标准的要求。

6.3 复验

如果检验结果中有一项指标不符合本标准的规定时,应重新自两倍量的包装中取样进行检验,重新检验的结果即使只有一项指标不符合本标准的要求,则整批产品不合格。

7 标志、标签、包装、运输和贮存

7.1 标志

色酚AS产品的每个包装容器上都应涂印耐久、清晰的标志,标志内容至少应有:

a) 产品名称;
b) 生产厂名称、地址;
c) 生产日期;
d) 净含量。

7.2 标签

产品应有标签,标签上应注明产品生产日期、合格证明、执行标准编号、批号。

7.3 包装

色酚AS产品用内衬塑料袋的麻袋、编织袋或铁桶包装,每袋(桶)净含量25 kg±0.25 kg或50 kg ±0.5 kg。其他包装可与用户协商确定。

7.4 运输

运输时不接近火源,搬运时应小心轻放,避免重压,以免包装损坏。

7.5 贮存

本品应贮存在清洁、干燥、通风的库房内,不得接近火源,防止受潮受热。

ICS 83.060
G 40

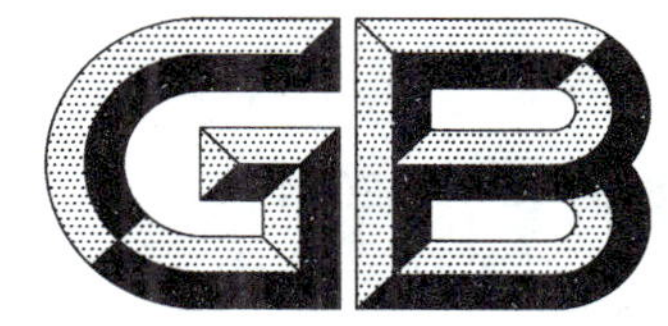

中华人民共和国国家标准

GB/T 1682—2014
代替 GB/T 1682—1994

硫化橡胶　低温脆性的测定　单试样法

Rubber, vulcanized—Determination of low-temperature brittleness—Single test piece method

2014-12-31 发布　　2015-07-01 实施

中华人民共和国国家质量监督检验检疫总局
中国国家标准化管理委员会　发布

前 言

本标准按照 GB/T 1.1—2009 给出的规则起草。

本标准代替 GB/T 1682—1994《硫化橡胶低温脆性的测定 单试样法》,与 GB/T 1682—1994 相比主要技术变化如下:

——为满足材料测试要求并简化试验步骤,增加了试验程序 B,即在规定温度下冲击试样并判断是否产生破坏的方法(见第 1 章、7.2、8.2、第 9 章);

——用"破坏"代替了"脆裂"(见 3.2,1994 年版的 3.2);

——用"升降装置"代替了"升降杆与提升弹簧"(见 4.1,1994 年版的 4.1);

——重新绘制了图 1,增加了图题与说明(见 4.1,1994 年版的 4.1);

——增加了降温方式的选择,即致冷剂的选择除了干冰或液氮,还可以采用其他降温方式(见 4.4.2,1994 年版的 4.4.2);

——试样厚度由(2.0±0.3)mm 更改为(2.0±0.2)mm(见 5.1,1994 年版的 5.1);

——增加了试验前对试样温度调节和表面检查的要求(见 5.2,1994 年版的 5.2);

——增加了"调配到所需温度或略低于所需温度,以便在试样浸入后冷冻介质温度正好是所需温度"的要求(见 7.1.2,1994 年版的 7.2);

——增加了"冲击后取下试样,停放至少 30 s 后再擦去试样表面残液并弯曲,在明亮的光线下观察试样有无破坏并记录"的要求(见 7.1.6,1994 年版的 7.6);

——增加了"试验报告应包括样品的详细说明及其来源"的内容(见第 9 章,1994 年版的第 9 章)。

本标准由中国石油和化学工业联合会提出。

本标准由全国橡胶与橡胶制品标准化技术委员会通用试验方法分技术委员会(SAC/TC 35/SC 2)归口。

本标准起草单位:中国航空工业集团公司北京航空材料研究院、江苏荣昌机械制造集团有限公司、常州朗博汽车零部件有限公司、青岛橡六输送带有限公司、北京橡胶工业研究设计院、江苏明珠试验机械有限公司。

本标准主要起草人:朱华、章菊华、丁飞霞、黄顺道、张美玲、张峰、姚峰、谢君芳、李静、朱明。

本标准所代替标准的历次版本发布情况为:

——GB/T 1682—1979、GB/T 1682—1982、GB/T 1682—1994。

硫化橡胶　低温脆性的测定　单试样法

警告:使用本标准的人员应有正规实验室工作的实践经验,本标准并未指出所有可能的安全问题,使用者有责任采取适当的安全和健康措施,并保证符合国家有关法规规定的条件。

1　范围

本标准规定了使用单试样脆性温度试验机测定硫化橡胶脆性温度和判断硫化橡胶在规定温度下被冲击后是否产生破坏的方法,包括两种程序:程序 A 适用于测定脆性温度;程序 B 适用于在规定温度下冲击试样,判断是否产生破坏。

注:本标准所测定的脆性温度,是硫化橡胶的特性温度,不代表硫化橡胶及其制品工作温度的下限。用脆性温度可以比较不同橡胶材料或不同配方的硫化橡胶低温性能的优劣。因此,在橡胶材料及其制品的质量检验、生产过程控制等方面,都具有一定实用价值。

2　规范性引用文件

下列文件对于本文件的应用是必不可少的。凡是注日期的引用文件,仅注日期的版本适用于本文件。凡是不注日期的引用文件,其最新版本(包括所有的修改单)适用于本文件。

GB/T 2941—2006　橡胶物理试验方法试样制备和调节通用程序(ISO 23529:2004,IDT)

3　术语和定义

下列术语和定义适用于本文件。

3.1

脆性温度(单试样法)　brittleness point(single test piece method)

试样在一定条件下受冲击产生破坏时的最高温度。

3.2

破坏　fail

试样出现断裂、裂纹及人眼直接可见微孔的现象。

4　试验设备

4.1　组成

设备由工作台、升降夹持器、冲击装置、低温测温计、盛装冷冻介质的低温容器、搅拌器等部分组成。

4.2　升降夹持器

升降夹持器由夹持器和升降装置组成。

从试样受冲击部位,到夹持器下端的距离为(11.0±0.5)mm。如图 1 所示。

单位为毫米

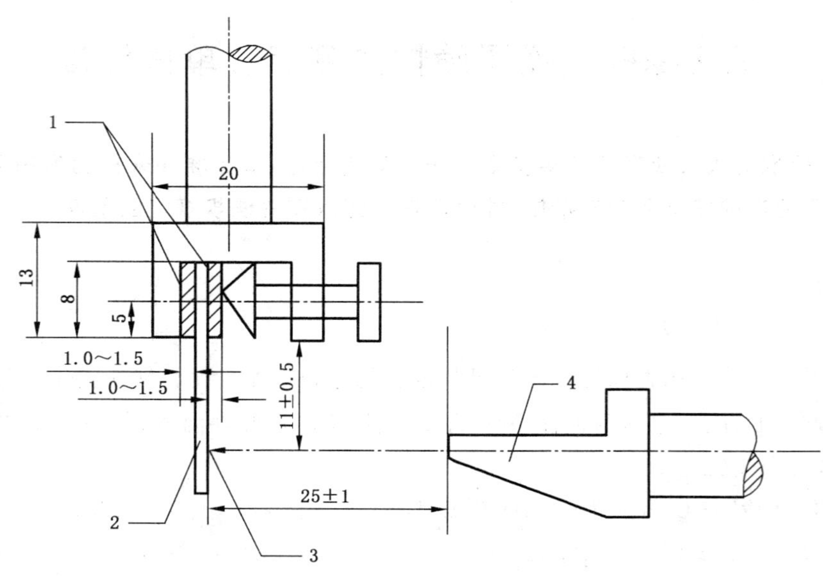

说明：

1——绝热材料；

2——试样；

3——冲击位置；

4——冲击器头部。

图1 试样夹持与冲击位置示意图

4.3 冲击装置

冲击装置由冲击器和冲击弹簧等组成。

4.3.1 冲击器

冲击器头部形状和尺寸如图2所示。冲击器的质量为(200±20)g，其工作行程为(40±1)mm。

单位为毫米

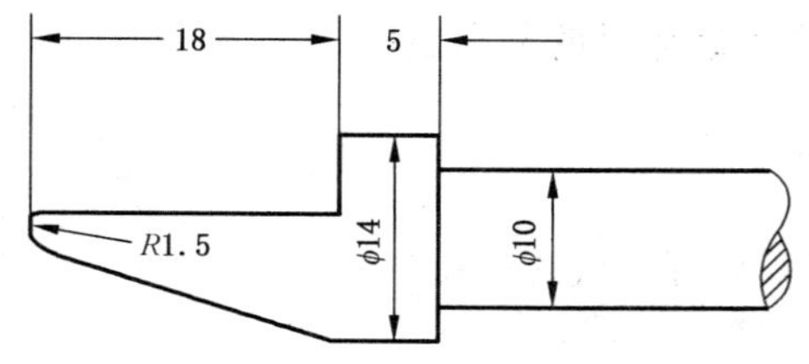

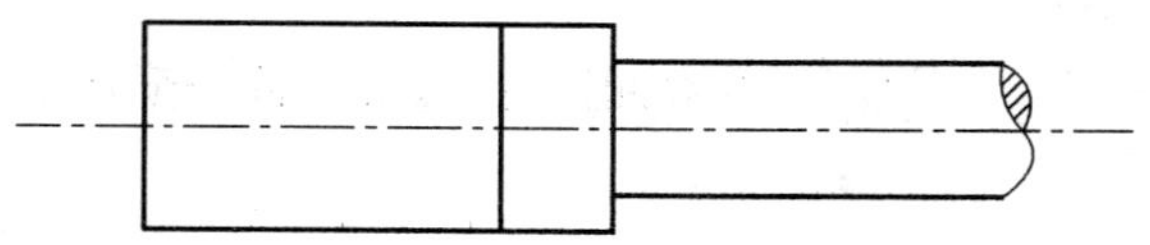

图2 冲击器头部示意图

冲击装置的弹簧在压缩状态下，冲击器端部到试样的距离为(25±1)mm。

4.3.2 冲击弹簧

冲击弹簧应符合如下技术要求：

a) 自由状态：直径为 19 mm，长度为 85 mm～90 mm；

b) 压缩状态：长度为(40±1)mm，负荷为 108 N～118 N。

4.4 低温测温计

采用最小分度不大于 1 ℃的低温测温计测量冷冻介质的温度，可使用低温温度计、热电偶、电阻温度计等。低温温度计为内标式半浸的，以尾长 150 mm，浸入液体深度 75 mm 为宜。

4.5 冷冻介质

冷冻介质由适宜的传热介质加致冷剂调配而成。

4.5.1 传热介质

在试验温度下，能保持流动，对试样无附加影响的液体均可作传热介质。这类传热介质通常使用乙醇，此外还有丙酮、硅氧烷等。

4.5.2 致冷剂

可根据需要选用干冰或液氮。

注：也可采用其他降温方式。

5 试样

5.1 规格

试样的长度为(25.0±0.5)mm，宽度为(6.0±0.5)mm，厚度为(2.0±0.2)mm。

5.2 要求

试验前，试样应放置在标准实验室温度下调节至少 3 h，并在明亮的光线下弯曲试样并检查试样表面，试样表面应光滑，无杂质、损伤及微孔。成品应经打磨后裁制成相应尺寸。

6 试验室温度

试验室温度应符合 GB/T 2941—2006 中的有关规定。

7 试验步骤

7.1 程序 A

7.1.1 试验准备：降下升降夹持器，安放低温测温计，使测温计的测温点与夹持器下端处于同一水平位置。向低温容器中注入传热介质，其注入量应保证夹持器的下端到液面的距离为(75±10)mm。

7.1.2 向传热介质中加入致冷剂(一般采用干冰)并缓慢搅拌，调配到所需温度或略低于所需温度，以便在试样浸入后冷冻介质温度正好是所需温度。7.1.3 升起升降夹持器，将试样垂直夹在夹持器上

(如图1)。夹得不宜过紧或过松,以防止试样变形或脱落。

7.1.4 降下升降夹持器,开始冷冻试样,同时开始计时。试样冷冻时间规定为 $3.0^{+0.5}_{0}$ min。试样冷冻期间,冷冻介质温度波动不应超过±1 ℃。

7.1.5 升起升降夹持器,使冲击器在0.5 s内冲击试样。

7.1.6 取下试样,停放至少30 s后擦去试样表面残液并将试样按冲击方向弯曲成180°,在明亮的光线下仔细观察有无破坏并记录。当试样发生破坏时应记录具体破坏现象。

7.1.7 试样经冲击后(每个试样只允许冲击一次),如出现破坏,应提高冷冻介质的温度,否则降低其温度,继续进行试验。

通过反复试验,确定至少有两个试样不破坏的最低温度和至少一个试样破坏的最高温度,如这两个结果相差不大于1 ℃时,即试验结束。

7.2 程序B

按7.1.1～7.1.6步骤进行试验,一组试验至少需要3个试样。

8 试验结果与处理

8.1 程序A

8.1.1 试样出现破坏的最高温度,就是该试样的脆性温度。

8.1.2 温度值应精确到1 ℃。

8.2 程序B

如果一组试样中没有任何1个试样破坏,则试验结果为无破坏。如果一组试样中有2个或2个以上试样发生破坏,则试验结果为破坏。如果一组试样中只有1个试样发生破坏,则再次取3个新的完好试样测试,3个试样均未发生破坏则试验结果为无破坏;否则试验结果为破坏。

9 试验报告

试验报告应包括以下内容:

a) 本标准名称或编号;

b) 样品的详细说明及其来源;

c) 使用的传热介质、致冷剂或其他降温方式;

d) 程序A:脆性温度和试样破坏现象;

e) 程序B:规定的试验温度和试验结果。

ICS 83.060
G 40

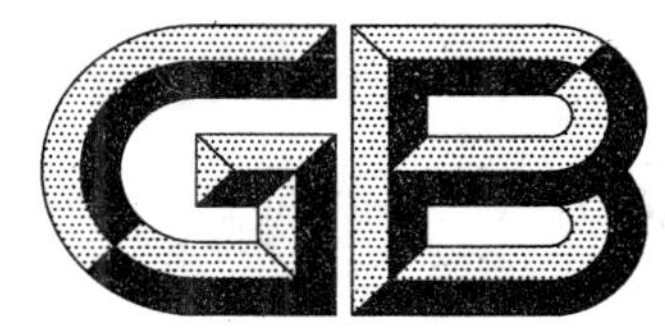

中华人民共和国国家标准

GB/T 1689—2014
代替 GB/T 1689—1998

硫化橡胶　耐磨性能的测定（用阿克隆磨耗试验机）

Rubber vulcanized—Determination of abrasion resistance（Akron machine）

2014-12-22 发布　　2015-06-01 实施

中华人民共和国国家质量监督检验检疫总局
中国国家标准化管理委员会　发布

前　言

本标准按照 GB/T 1.1—2009 给出的规则起草。

本标准代替 GB/T 1689—1998《硫化橡胶耐磨性能的测定(用阿克隆磨耗机)》，与 GB/T 1689—1998 相比主要技术变化如下：

——删除了规范性引用文件所带的年代号(见第 2 章，1998 年版的第 2 章)；

——删除了引用标准 GB/T 9865.1—1996(见 1998 年版的第 2 章)；

——补充了原理中的相关内容(见第 3 章)；

——增加了阿克隆磨耗试验机(见 4.1)；

——增加了天平的相关内容(见 4.2)；

——增加了定期对砂轮进行标定的建议(见第 5 章中的注)；

——增加了可以采用不同的制样方法(见第 6 章中的注)；

——更正了计算公式中密度的单位(见 9.1，1998 年版的 9.1)。

本标准由中国石油和化学工业联合会提出。

本标准由全国橡胶与橡胶制品标准化技术委员会通用试验方法分技术委员会(SAC/TC 35/SC 2)归口。

本标准起草单位：中策橡胶集团有限公司、三角轮胎股份有限公司、风神轮胎股份有限公司、青岛橡六输送带有限公司、青岛伊科思新材料股份有限公司、山东八一轮胎制造有限公司、青岛双星集团技术开发中心、北京橡胶工业研究设计院、贵州轮胎股份有限公司、江苏新真威试验机械有限公司、江苏明珠试验机械有限公司。

本标准主要起草人：项蝉、许秋焕、闫福江、任绍文、刘豫皖、张峰、姚峰、林庆菊、王代强、刘强、赵建林、沙淑芬、谢君芳、李静、冯萍、沈克会、朱明。

本标准所代替标准的历次版本发布情况：

——GB/T 1689—1979、GB/T 1689—1982(1989)、GB/T 1689—1998。

硫化橡胶　耐磨性能的测定
（用阿克隆磨耗试验机）

1　范围

本标准规定了硫化橡胶耐磨性能的测定方法。

本标准适用于用阿克隆磨耗试验机测定硫化橡胶的耐磨性能。

2　规范性引用文件

下列文件对于本文件的应用是必不可少的。凡是注日期的引用文件，仅注日期的版本适用于本文件。凡是不注日期的引用文件，其最新版本（包括所有的修改单）适用于本文件。

GB/T 533　硫化橡胶或热塑性橡胶　密度的测定（GB/T 533—2008，ISO 2781:2007，IDT）

GB/T 2941　橡胶物理试验方法试样制备和调节通用程序（GB/T 2941—2006，ISO 23529:2004，IDT）

3　原理

本试验是将试样与砂轮在一定的倾斜角度和一定的负荷作用下进行摩擦，测定试样一定里程的磨耗体积或磨耗指数。

4　仪器

4.1　阿克隆磨耗试验机

4.1.1　胶轮轴回转速度为 76 r/min±2 r/min；砂轮轴回转速度为 34 r/min±1 r/min。

4.1.2　胶轮轴与砂轮轴的夹角为零度时，两轴应保持平行和水平。

4.1.3　在负荷托架上加上试验用重砣，使试样承受负荷为 26.7 N±0.2 N。

4.1.4　一般情况下，胶轮轴与砂轮轴之间的夹角为 15°±0.5°，当试样行驶 1.61 km 的磨耗体积小于 0.1 cm^3 时，可以采用 25°±0.5°倾角，但应在试验报告中注明。

4.1.5　试样夹板直径为 56 mm，工作面厚度为 12 mm。

4.1.6　试验用砂轮的尺寸为直径 150 mm，中心孔直径 32 mm，厚度 25 mm；磨料为氧化铝，粒度为 36 号，粘合剂为陶土，硬度为中硬 2。

4.2　天平

精确至 0.001 g。

5　仪器校正

5.1　胶轮轴与砂轮轴之间的夹角和试样承受的负荷是影响试验结果的重要因素，应定期进行校正。

5.2 校正时先将试验机机座调整至水平状态。

5.3 把角度校正器固定在胶轮轴上，测定胶轮轴与砂轮轴之间的夹角，将其调整到试验所需要的角度。

5.4 把负荷校正器装在胶轮轴上，校正器右侧靠紧砂轮工作面，放上试验用重砣，调整平衡砣位置，使试样承受的负荷为 26.7 N±0.2 N。

注：各实验室根据实际情况选定一个校正用的试验配方，定期对砂轮进行标定。

6 试样

6.1 试样为条状，长度为$(D+2h)\pi^{+5}_{0}$ mm，宽度为 12.7 mm±0.2 mm，厚度为 3.2 mm±0.2 mm。

注：D 为胶轮直径，h 为试样厚度，π 为圆周率。

6.2 试样表面应平整，不应有裂痕、杂质。

6.3 试样两面打磨后粘于胶轮上，粘接时试样不应受到张力。接头粘接时应光滑过渡，粘接后的试样轮应至少调节 16 h。

6.4 胶轮直径为 68_{-1}^{0} mm，厚度为 12.7 mm±0.2 mm，硬度为 75 度～80 度（邵尔 A）。中心孔直径应符合胶轮回转轴的直径。

注：也能采用在金属模具轮上硫化被测橡胶或直接硫化被测橡胶等制样方法，不同的制样方法所得的试验结果并没有可比性且应在试验报告中注明。

7 环境调节

试样的环境调节按 GB/T 2941 规定执行。

8 程序

8.1 把粘好的试样轮固定在胶轮轴上，启动电机，使试样按顺时针方向旋转。

8.2 试样预磨 15 min～20 min 后取下，刷净胶屑，称其质量，精确至 0.001 g。

8.3 用预磨后的试样进行试验。试样行驶 1.61 km 后，关闭电机，取下试样，刷去胶屑，在 1 h 内称量，精确至 0.001 g。

8.4 按 GB/T 533 测定试样的密度。

9 试验结果

9.1 试样磨耗体积 V 按式(1)计算：

$$V=\frac{m_1-m_2}{\rho} \qquad \cdots\cdots(1)$$

式中：

V ——试样磨耗体积，单位为立方厘米(cm^3)；

m_1——试样预磨后的质量，单位为克(g)；

m_2——试样试验后的质量，单位为克(g)；

ρ ——试样的密度，单位为克每立方厘米(g/cm^3)。

9.2 试样磨耗指数 A(%)按式(2)计算：

$$A=\frac{V_s}{V_t}\times 100\% \qquad \cdots\cdots(2)$$

式中：

V_s——标准配方(见附录 A)的磨耗体积；

V_t——试验配方在相同里程中的磨耗体积。

9.3 试验数量不少于两个，以算术平均值表示试验结果，两个试样结果与平均值的差异应在±10%以内。

10 试验报告

试验报告应包括下列内容：

a) 试样名称或代号；

b) 试验室环境条件[温度(℃)、相对湿度(%)]；

c) 试验日期；

d) 试验条件；

e) 试验结果；

f) 试验者。

附　录　A
（规范性附录）
标准橡胶配方

表 A.1　标准橡胶配方

标准配方	S_1	S_2	S_3	S_4
原材料,份数				
天然胶	100	100	—	100
丁苯胶 1500	—	—	100	—
硬脂酸	—	2	1	2
氧化锌	50	5	3	5
炭黑 N330	36	50	—	60
炭黑 N220	—	—	50	—
重质碳酸钙	—	—	—	60
增塑剂 DOP	—	—	—	3
促进剂 CBS	—	0.5	1.0	0.6
促进剂 DM	1.2	—	—	—
硫磺	2.5	2.5	2.0	2.5
防老剂 IPPD	1.0	1.0	1.0	1.0
硫化条件				
硫化时间/min	30	40	60	40
硫化温度/℃	150	140	150	140

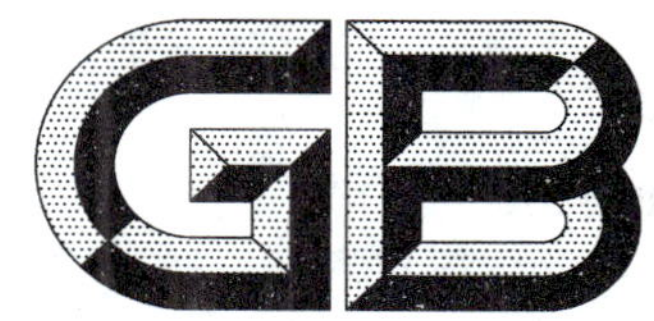

中华人民共和国国家标准

GB 1888—2014

食品安全国家标准
食品添加剂 碳酸氢铵

2014-04-29 发布　　2014-11-01 实施

中华人民共和国
国家卫生和计划生育委员会　发布

前　言

本标准代替 GB 1888—2008《食品添加剂　碳酸氢铵》。

本标准与 GB 1888—2008 相比，主要变化如下：

——修改了总碱量指标要求；

——删除了重金属含量指标要求及检验方法；

——增加了铅含量和磺酸盐含量指标要求及检验方法。

食品安全国家标准
食品添加剂　碳酸氢铵

1　范围

本标准适用于以合成氨工艺生产的氨水经吸收二氧化碳制得的食品添加剂碳酸氢铵。

本标准不适用于三聚氰胺联产的碳酸氢铵。

2　分子式和相对分子质量

2.1　化学名称

碳酸氢铵。

2.2　分子式

NH_4HCO_3。

2.3　相对分子质量

79.06(按2011年国际相对原子质量)。

3　技术要求

3.1　感官要求

感官要求应符合表1的规定。

表1　感官要求

项　目	要　求	检验方法
色泽	白色	取适量试样置于50 mL烧杯中,在自然光下观察色泽和状态。用手轻轻地扇动,使少量的气体飘入鼻孔嗅闻气味
气味	轻微的氨味	
状态	结晶状粉末或颗粒	

3.2　理化指标

理化指标应符合表2的规定。

表 2 理化指标

项　目		指　标	检验方法
总碱量(以 NH_4HCO_3 计)(质量分数)/%		99.0～100.5	附录 A 中 A.4
氯化物(以 Cl^- 计)(质量分数)/%	≤	0.003	A.5
硫的化合物(以 SO_4^{2-} 计)(质量分数)/%	≤	0.007	A.6
不挥发物(质量分数)/%	≤	0.05[a]	A.7
无机砷(以 As 计)/(mg/kg)	≤	2	A.8
铅(Pb)/(mg/kg)	≤	2	A.9
磺酸盐(以十二烷基苯磺酸钠计)/(mg/kg)	≤	10	A.10
[a] 添加防结块剂产品的不挥发物指标为不大于 0.55%。			

附　录　A

检验方法

A.1　警示

本检验方法中使用的部分试剂具有腐蚀性，操作者应小心谨慎！如溅到皮肤上应立即用水冲洗，严重者应立即治疗。使用易燃品时，严禁使用明火加热。

A.2　一般规定

本标准所用试剂和水，在没有注明其他要求时，均指分析纯试剂和GB/T 6682中规定的三级水。试验中所用标准滴定溶液、杂质测定用标准溶液、制剂及制品，在没有注明其他要求时，均按GB/T 601、GB/T 602、GB/T 603之规定制备。所用溶液在未注明用何种溶剂配制时，均指水溶液。

A.3　鉴别试验

A.3.1　试剂和材料

A.3.1.1　盐酸溶液：1＋1。

A.3.1.2　氢氧化钠溶液：40 g/L。

A.3.1.3　氢氧化钙溶液：3 g/L，称取3 g氢氧化钙，置于试剂瓶中，加1 000 mL水，盖上瓶塞，用力振摇后，放置1 h。用时取上层清液。

A.3.1.4　红色石蕊试纸。

A.3.2　鉴别方法

A.3.2.1　碳酸氢盐的鉴别

试样中加入盐酸溶液即产生气体。此气体通入氢氧化钙溶液中先生成白色沉淀，继续通气变成清液。

A.3.2.2　铵的鉴别

试样中加入氢氧化钠溶液，释放出有刺激味的气体，该气体可使湿润的红色石蕊试纸变蓝。

A.4　总碱量（以 NH_4HCO_3 计）的测定

A.4.1　方法提要

试样中加入过量硫酸标准滴定溶液，在指示剂存在下，用氢氧化钠标准滴定溶液返滴定。

A.4.2　试剂和材料

A.4.2.1　硫酸标准滴定溶液：$c(1/2H_2SO_4)=0.5$ mol/L。

A.4.2.2 氢氧化钠标准滴定溶液：$c(NaOH)=0.5$ mol/L。

A.4.2.3 甲基红-亚甲基蓝混合指示液：称取 0.1 g 甲基红溶于 50 mL 95%乙醇中，再加入 0.05 g 亚甲基蓝，溶解后用 95%乙醇稀释至 100 mL，混匀。

A.4.3 分析步骤

用称量瓶迅速称取约 1 g 试样，精确至 0.000 2 g。立即用水洗入预先盛有 50.00 mL 硫酸标准滴定溶液的 250 mL 锥形瓶中，摇动锥形瓶使试样反应完全。加热煮沸赶出二氧化碳，冷却后加入 3～4 滴甲基红-亚甲基蓝混合指示液，用氢氧化钠标准滴定溶液滴定至溶液呈灰色即为终点。

A.4.4 结果计算

总碱量[以碳酸氢铵(NH_4HCO_3)计]的质量分数 w_1 按式(A.1)计算：

$$w_1=\frac{(V_1\times c_1-V_2\times c_2)\times M}{m\times 1\,000}\times 100\% \qquad \cdots\cdots(A.1)$$

式中：

V_1 ——加入硫酸标准滴定溶液的体积，单位为毫升(mL)；

c_1 ——硫酸标准滴定溶液的浓度，单位为摩尔每升(mol/L)；

V_2 ——滴定所消耗氢氧化钠标准滴定溶液的体积，单位为毫升(mL)；

c_2 ——氢氧化钠标准滴定溶液的浓度，单位为摩尔每升(mol/L)；

M ——碳酸氢铵的摩尔质量，单位为克每摩尔(g/mol)[$M(NH_4HCO_3)=79.06$]；

m ——试样的质量，单位为克(g)；

1 000——换算因子。

试验结果以平行测定结果的算术平均值为准。在重复性条件下获得的两次独立测定结果的绝对差值不大于 0.3%。

A.5 氯化物(以 Cl^- 计)的测定

A.5.1 方法提要

在酸性介质中加入硝酸银溶液，与氯离子生成白色氯化银悬浮液，与标准比浊溶液比较。

A.5.2 试剂和材料

A.5.2.1 30%过氧化氢。

A.5.2.2 硝酸溶液：1+5。

A.5.2.3 硝酸银溶液：17 g/L。

A.5.2.4 碳酸钠溶液：25 g/L。

A.5.2.5 氯化物标准溶液：1 mL 溶液含氯(Cl^-)0.1 mg。

A.5.3 仪器和设备

A.5.3.1 瓷蒸发皿：100 mL。

A.5.3.2 高温炉：温度能控制为 575 ℃±25 ℃。

A.5.4 分析步骤

称取 2.00 g±0.01 g 试样，置于瓷蒸发皿中，加 30 mL 水溶解，加 0.4 mL 碳酸钠溶液和 1 mL 30%

过氧化氢，缓慢蒸发至干。置于 575 ℃±25 ℃高温炉中，灼烧 40 min，冷却。用 30 mL 水将残渣溶解并转移至 50 mL 的比色管中，必要时过滤。调整溶液体积约 40 mL，加入 5 mL 硝酸溶液和 1 mL 硝酸银溶液，用水稀释至刻度，摇匀，放置 5 min 后进行比浊。其浊度不应超过标准比浊溶液产生的浊度。

标准比浊溶液：取 0.6 mL 氯化物标准溶液，置于瓷蒸发皿中，以下从"加 0.4 mL 碳酸钠溶液和 1 mL 30%过氧化氢……"开始，与试样同时同样处理。

A.6 硫的化合物（以 SO_4^{2-} 计）的测定

A.6.1 方法提要

在试样中加入过氧化氢，使试样中的各种含硫离子转变为硫酸根离子，在酸性介质中钡离子与硫酸根离子生成白色硫酸钡悬浮微粒，与标准比浊溶液比较。

A.6.2 试剂和材料

A.6.2.1 30%过氧化氢。

A.6.2.2 盐酸溶液：1+1。

A.6.2.3 碳酸钠溶液：25 g/L。

A.6.2.4 氯化钡溶液：50 g/L。

A.6.2.5 硫酸盐标准溶液：1 mL 溶液含硫酸根（SO_4^{2-}）0.1 mg。

A.6.3 仪器和设备

A.6.3.1 瓷蒸发皿：100 mL。

A.6.3.2 高温炉：温度能控制为 575 ℃±25 ℃。

A.6.4 分析步骤

称取 4.00 g±0.01 g 试样，置于瓷蒸发皿中，加 40 mL 水溶解。加 0.4 mL 碳酸钠溶液和 1 mL 30%的过氧化氢，缓慢蒸发至干。置于 575 ℃±25 ℃高温炉中，灼烧 40 min，冷却。用 30mL 水将残渣溶解并转移至 50 mL 的比色管中，必要时过滤。调整溶液体积约 40 mL，加入 0.5 mL 盐酸溶液和 5 mL 氯化钡溶液，用水稀释至刻度，摇匀，放置 10 min 后进行比浊。其浊度不应超过标准比浊溶液产生的浊度。

标准比浊溶液：取 2.8 mL 硫酸盐标准溶液，置于 50 mL 比色管中，以下从"调整溶液体积约 40 mL……"开始，与试样同时同样处理。

A.7 不挥发物的测定

A.7.1 方法提要

试样置于蒸发皿中，于蒸气浴上蒸发至干，于电热恒温干燥箱中干燥至质量恒定后称量不挥发物质量。

A.7.2 仪器和设备

A.7.2.1 瓷蒸发皿：50 mL。

A.7.2.2 电热恒温干燥箱：温度能控制为 105 ℃～110 ℃。

A.7.3 分析步骤

称取约 10 g 试样,精确至 0.000 2 g,置于预先于 105 ℃～110 ℃下干燥至质量恒定的瓷蒸发皿中,加 20 mL 水,在蒸气浴上蒸发至干。置于电热恒温干燥箱中,于 105 ℃～110 ℃下干燥至质量恒定。

A.7.4 结果计算

不挥发物含量的质量分数 w_2 按式(A.2)计算:

$$w_2=\frac{m_1-m_2}{m}\times 100\% \qquad \cdots\cdots(A.2)$$

式中:

m_1——干燥后不挥物和蒸发皿的质量,单位为克(g);

m_2——蒸发皿的质量,单位为克(g);

m ——试样的质量,单位为克(g)。

试验结果以平行测定结果的算术平均值为准。在重复性条件下获得的两次独立测定结果的绝对差值不大于 0.005%。

A.8 无机砷(以 As 计)的测定

称取 1.00 g±0.01 g 试样,置于 250 mL 烧杯中,加 50 mL 水,缓慢加热煮沸,赶尽二氧化碳和氨,冷却至室温,加入 10 mL 盐酸,作为试样溶液,以下按 GB/T 5009.11 进行测定。

A.9 铅(Pb)的测定

称取 20.00 g±0.01 g 试样,置于 250 mL 烧杯中,加 100 mL 水,缓慢加热煮沸,赶尽二氧化碳和氨。加 2 mL 盐酸溶液(1+1),加热煮沸 5 min,冷却,全部移入 100 mL 容量瓶中,用水稀释至刻度,摇匀,作为试样溶液,以下按 GB 5009.12 进行测定。

A.10 磺酸盐(以十二烷基苯磺酸钠计)的测定

A.10.1 方法提要

磺酸盐在水溶液中与亚甲基蓝染料形成蓝色的离子化合物,用 1,2-二氯乙烷萃取至有机相,在分光光度计最大吸收波长 650 nm 处测定有机相吸光度。

A.10.2 试剂和材料

A.10.2.1 1,2-二氯乙烷。

A.10.2.2 阴离子表面活性剂溶液标准物质(以十二烷基苯磺酸钠计)[c=1 000 μg/mL]。

A.10.2.3 十二烷基苯磺酸钠标准使用溶液:1 mL 溶液含十二烷基苯磺酸钠 10 μg,用移液管移取 10.00 mL 阴离子表面活性剂溶液标准物质(A.10.2.2),置于 1 000 mL 容量瓶中,用水稀释至刻度。

A.10.2.4 亚甲基蓝溶液:称取 0.03 g 亚甲基蓝,置于 250 mL 烧杯中,加入 50 mL 水,6.8 mL 硫酸,50 g 二水合磷酸二氢钠,用水溶解后转移至 1 000 mL 容量瓶中,用水稀释至刻度,摇匀。

A.10.2.5 洗涤液:称取 50 g 二水合磷酸二氢钠,置于 500 mL 烧杯中,加水溶解,缓慢加入 6.8 mL 硫酸,用水稀释至 1 000 mL。

A.10.3 仪器和设备

A.10.3.1 分液漏斗:150 mL。

A.10.3.2 分光光度计:配有 3 cm 比色皿。

A.10.4 分析步骤

A.10.4.1 工作曲线的绘制

在一系列分液漏斗中用移液管移取 25 mL 水,再用移液管分别加入 0 mL、0.50 mL、1.00 mL、1.50 mL、2.00 mL 十二烷基苯磺酸钠标准使用溶液(A.10.2.3),加 10 mL 亚甲基蓝溶液,25 mL1,2-二氯乙烷,振荡 2 min,静置分层。将下层有机相放入另一分液漏斗中,加 50 mL 洗涤液,振荡 2 min,静置分层,分出有机相,再用 100 mL 洗涤液分两次洗涤。用条状滤纸吸干分液漏斗管颈内的水珠(或在漏斗颈管内塞入少许洁净的玻璃棉滤除水珠),将 1,2-二氯乙烷层缓缓放入 3 cm 比色皿中,于 650 nm 波长,以 1,2-二氯乙烷调零,使用分光光度计测量吸光度。

从每个标准溶液的吸光度中减去试剂空白溶液的吸光度,以十二烷基苯磺酸钠的质量(mg)为横坐标,以吸光度值为纵坐标绘制工作曲线。

A.10.4.2 测定

称取约 10 g 试样,精确至 0.01 g,置于 200 mL 烧杯中,用水溶解,转移至 250 mL 容量瓶中,用水稀释至刻度,摇匀。用移液管移取 25 mL 试样溶液,置于分液漏斗中,以下按 A.10.4.1 工作曲线的绘制,从“加 10 mL 亚甲基蓝溶液……”开始进行操作。同时进行空白试验。

用试样溶液的吸光度减去空白试样溶液的吸光度,从工作曲线上查出试样溶液中十二烷基苯磺酸钠的质量。

A.10.5 结果计算

磺酸盐含量(以十二烷基苯磺酸钠计)的质量分数 w_3 以毫克每千克(mg/kg)计,按式(A.3)计算:

$$w_3 = \frac{m_1 \times 1\ 000 \times 250}{m \times 25} \qquad \cdots\cdots (A.3)$$

式中:

m_1 ——从工作曲线上查得的试样溶液中十二烷基苯磺酸钠的质量,单位为毫克(mg);

1 000 ——换算因子;

250 ——容量瓶的容积,单位为毫升(mL);

m ——试样的质量,单位为克(g);

25 ——移取试样溶液的体积,单位为毫升(mL)。

试验结果以平行测定结果的算术平均值为准。在重复性条件下获得的两次独立测定结果的绝对差值不大于 1 mg/kg。

ICS 71.060.40
G 11

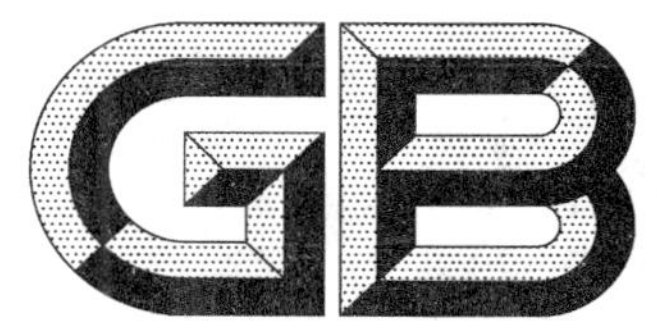

中华人民共和国国家标准

GB/T 1919—2014
代替 GB/T 1919—2000

工业氢氧化钾

Potassium hydroxide for industrial use

2014-07-08 发布　　　　2014-12-01 实施

中华人民共和国国家质量监督检验检疫总局
中国国家标准化管理委员会　发布

前　言

本标准按照 GB/T 1.1—2009 给出的规则起草。

本标准代替 GB/T 1919—2000《工业氢氧化钾》，与 GB/T 1919—2000 相比，除编辑性修改外主要技术变化如下：

——删除了产品等级，增加了产品分型(见第 4 章，2000 年版的第 3 章)；

——删除了氯酸钾含量技术指标(见 5.2，2000 年版的 4.2)；

——修改了氢氧化钾含量的分析方法，增加了酸碱滴定法，四苯硼钠重量法设为仲裁法(见 6.3，2000 年版的 5.1)；

——修改了碳酸钾含量的分析方法(见 6.3，2000 年版的 5.2)；

——氯化物的含量的测定将汞量法作为仲裁法，增加了目视比浊法(见 6.4，2000 年版的 5.3)；

——增加了铁、钠含量的测定方法电感耦合等离子体光谱法(见 6.9)。

本标准由全国化学标准化技术委员会无机化工分技术委员会(SAC/TC 63/SC 1)归口。

本标准起草单位：成都化工股份有限公司、中海油天津化工研究设计院、内蒙古瑞达泰丰化工有限责任公司、上海哈勃化学技术有限公司、国家无机盐产品质量监督检验中心。

本标准主要起草人：汪琦、夏俊玲、弓创周、封海林、孙宏华、王惠玲。

本标准所代替标准的历次版本发布情况为：

——GB/T 1919—1994、GB/T 1919—2000。

工业氢氧化钾

警告：本标准中的氢氧化钾试样具有腐蚀性，可引起灼伤，操作应小心谨慎。在试验方法中使用的部分试剂具有毒性或腐蚀性，操作时应小心谨慎！如溅到皮肤上应立即用水冲洗，严重者应立即就医。

1 范围

本标准规定了工业氢氧化钾的要求、试验方法、检验规则、标志、标签、包装、运输、贮存和安全。

本标准适用于工业氢氧化钾。该产品主要用于合成纤维、染料、塑料和各种钾盐的工业生产。

2 规范性引用文件

下列文件对于本文件的应用是必不可少的。凡是注日期的引用文件，仅注日期的版本适用于本文件。凡是不注日期的引用文件，其最新版本（包括所有的修改单）适用于本文件。

GB 190 危险货物包装标志

GB/T 191—2008 包装储运图示标志

GB/T 325.2—2010 包装容器 钢桶 第2部分：最小总容量208 L、210 L和216.5 L全开口钢桶

GB/T 3049—2006 工业用化工产品 铁含量测定的通用方法 1,10-菲啰啉分光光度法

GB/T 3051—2000 无机化工产品中氯化物含量测定的通用方法 汞量法

GB/T 6678 化工产品采样总则

GB/T 6682—2008 分析实验室用水规格和试验方法

GB/T 8170 数值修约规则与极限数值的表示和判定

HG/T 3696.1 无机化工产品 化学分析用标准溶液、制剂及制品的制备 第1部分：标准滴定溶液的制备

HG/T 3696.2 无机化工产品 化学分析用标准溶液、制剂及制品的制备 第2部分：杂质标准溶液的制备

HG/T 3696.3 无机化工产品 化学分析用标准溶液、制剂及制品的制备 第3部分：制剂及制品的制备

3 分子式和相对分子质量

分子式：KOH。

相对分子质量：56.10（按2011年国际相对原子质量）。

4 分类、分型

按生产工艺不同，将工业氢氧化钾分为两类：离子膜法生产的工业氢氧化钾为LM类，隔膜法生产的工业氢氧化钾为GM类。

LM类工业氢氧化钾固体分为三种型号：Ⅰ型（95%规格），Ⅱ型（90%规格），Ⅲ型（75%规格）。

工业氢氧化钾溶液分为两种型号：Ⅰ型(48%规格)，Ⅱ型(45%规格)。

5 要求

5.1 工业氢氧化钾的外观应符合以下要求：

——固体中 LM 类为白色片状、粉状或块状，GM 类为灰白、蓝绿或淡紫色片状或块状；

——溶液中 LM 类为无色透明液体，GM 类为无色或浅黄色透明液体。

5.2 工业氢氧化钾按本标准的试验方法检测，各类别应符合表 1 和表 2 中相应的技术要求。

表 1 工业氢氧化钾固体技术要求

项目		指标			
		LM			GM
		Ⅰ型	Ⅱ型	Ⅲ型	
氢氧化钾(KOH)w/%	≥	95.0	90.0	75.0	90.0
碳酸钾(K_2CO_3)w/%	≤	1.0	1.0	1.0	2.5
氯化物(以 Cl 计)w/%	≤	0.01	0.02	0.01	1.0
硫酸盐(以 SO_4 计)w/%	≤	0.02	0.02	0.01	—
硝酸盐及亚硝酸盐(以 N 计)w/%	≤	0.001	0.001	0.001	—
铁(Fe)w/%	≤	0.001 0	0.001 5	0.001 0	0.05
钠(Na)w/%	≤	1.0	1.0	1.0	2.0
注：用户对硫酸盐和钠二项指标无要求时可不控制。					

表 2 工业氢氧化钾溶液技术要求

项目		指标			
		LM		GM	
		Ⅰ型	Ⅱ型	Ⅰ型	Ⅱ型
氢氧化钾(KOH)w/%	≥	48.0	45.0	48.0	45.0
碳酸钾(K_2CO_3)w/%	≤	0.5	0.5	1.2	1.5
氯化物(以 Cl 计)w/%	≤	0.005	0.005	0.5	0.7
铁(Fe)w/%	≤	0.000 5	0.000 5	—	—
钠(Na)w/%	≤	0.5	0.5	1.5	1.5
注：用户对钠指标无要求时可不控制。					

6 试验方法

6.1 一般规定

所用试剂和水在没有注明其他要求时，均指分析纯试剂和 GB/T 6682—2008 中规定的三级水。试验中所用标准滴定溶液、杂质标准溶液、制剂及制品，在没有注明其他要求时，均按 HG/T 3696.1、

HG/T 3696.2、HG/T 3696.3 的规定制备。

6.2 外观检验

在自然光下，工业氢氧化钾固体于白色衬底的表面皿或白瓷板上用目视法判定外观；工业氢氧化钾溶液置于比色管中，于白瓷板上用目视法判定外观。

6.3 氢氧化钾和碳酸钾含量的测定

6.3.1 四苯硼钠重量法(仲裁法)

6.3.1.1 方法提要

在弱酸性条件下，钾离子与四苯硼钠生成四苯硼钾沉淀。过滤，烘干，称量。

6.3.1.2 试剂

6.3.1.2.1 无水乙醇。

6.3.1.2.2 乙酸溶液：100 g/L。

6.3.1.2.3 四苯硼钠乙醇溶液：34 g/L。

6.3.1.2.4 四苯硼钾乙醇饱和溶液。

6.3.1.2.5 甲基红指示液：1 g/L。

6.3.1.3 仪器、设备

6.3.1.3.1 玻璃砂坩埚：滤板孔径 5 μm～15 μm。

6.3.1.3.2 电热恒温干燥箱：温度能控制在 120 ℃±5 ℃。

6.3.1.4 分析步骤

6.3.1.4.1 试验溶液 A 的制备

用称量瓶迅速称取约 40 g(固体)或 80 g(溶液)试样，精确至 0.01 g，置于 250 mL 烧杯中，加适量无二氧化碳的水溶解，冷却至室温后全部移入 1 000 mL(V_2)容量瓶中，用无二氧化碳的水稀释至刻度，摇匀。立即置于 1 000 mL 清洁干燥的塑料瓶中保存。此溶液为试验溶液 A，用于氢氧化钾含量、碳酸钾含量、氯化物含量(汞量法)及钠含量(原子发射光谱法)的测定。

6.3.1.4.2 测定

移取 20 mL(V_1)试验溶液 A 置于 500 mL(V_3)容量瓶中，用无二氧化碳的水稀释至刻度，摇匀。必要时干过滤。移取 20 mL(V_4)此溶液，置于 100 mL 烧杯中，加 1 滴甲基红指示液，用乙酸溶液调至微红色。加热至 40 ℃取下，搅拌下逐滴加入四苯硼钠乙醇溶液 8 mL～9 mL，约 5 min 加完。放置 10 min。用已于 120 ℃±5 ℃条件下干燥至质量恒定的玻璃砂坩埚过滤，用 40 mL～50 mL 四苯硼钾乙醇饱和溶液洗涤沉淀，每次用 5 mL，每次都应抽干。停止抽滤，用 2 mL 无水乙醇洗一次，再抽干。置于电热恒温干燥箱中，于 120 ℃±5 ℃干燥至质量恒定。

注：配制的氢氧化钾溶液具腐蚀性，不得存放在玻璃瓶中；所用的定量玻璃仪器均需要及时洗涤。

6.3.1.5 结果计算

氢氧化钾含量以氢氧化钾(KOH)的质量分数 w_1 计，按式(1)计算：

$$w_1=\frac{m_1\times 0.156\ 6}{m\times V_1/V_2\times V_3/V_4}\times 100\%-(w_2\times 0.811\ 9+w_3\times 1.582\ 5) \qquad \cdots\cdots(1)$$

式中：

m_1 ——四苯硼钾沉淀的质量的数值，单位为克(g)；

m ——试料质量的数值，单位为克(g)；

V_1 ——移取试验溶液 A(见 6.3.1.4.2)的体积的数值($V_1=20$)，单位为毫升(mL)；

V_2 ——配制试验溶液 A(见 6.3.1.4.1)的体积的数值($V_2=1\ 000$)，单位为毫升(mL)；

V_3 ——移取试验溶液(见 6.3.1.4.2)的体积的数值($V_3=20$)，单位为毫升(mL)；

V_4 ——配制试验溶液(见 6.3.1.4.2)的体积的数值($V_4=500$)，单位为毫升(mL)；

w_2 ——由 6.3.2 测得的碳酸钾的质量分数；

w_3 ——由 6.4 测得的氯化物的质量分数；

0.156 6——四苯硼钾换算为氢氧化钾的系数；

0.811 9——碳酸钾换算为氢氧化钾的系数；

1.582 5——氯换算为氢氧化钾的系数。

取平行测定结果的算术平均值为测定结果，两次平行测定结果的绝对差值不大于 0.3%。

6.3.2 酸碱滴定法

6.3.2.1 方法提要

取一份试液，加入氯化钡与试液中的碳酸钾生成碳酸钡沉淀。以酚酞为指示剂，用盐酸标准滴定溶液滴定氢氧化钾。再以甲基橙为指示剂，用盐酸标准滴定溶液滴定碳酸盐。以两次滴定消耗的滴定剂的量计算氢氧化钾的含量和碳酸钾的含量。

6.3.2.2 试剂

6.3.2.2.1 氯化钡溶液：100 g/L(加入酚酞指示剂，用氢氧化钠溶液调节至变粉红色)。

6.3.2.2.2 盐酸标准滴定溶液：$c(HCl)\approx 1$ mol/L。

6.3.2.2.3 甲基橙指示液：1 g/L。

6.3.2.2.4 酚酞指示液：10 g/L。

6.3.2.3 分析步骤

移取 50 mL(V_2)试验溶液 A(见 6.3.1.4.1)置于 250 mL 锥形瓶中。加入 10 mL 氯化钡溶液，摇匀，加入 2 滴～3 滴酚酞指示液，用盐酸标准滴定溶液滴定至溶液无色，消耗盐酸标准滴定溶液的体积为 V_1；向此溶液中加入 1 滴～2 滴甲基橙指示液，用盐酸标准滴定溶液继续滴定至橙红色，消耗盐酸标准滴定溶液的体积为 V_4。

6.3.2.4 结果计算

氢氧化钾含量以氢氧化钾(KOH)的质量分数 w_1 计，按式(2)计算：

$$w_1=\frac{V_1cM_1\times 10^{-3}}{m\times V_2/V_3}\times 100\%-(w_5\times 2.440\ 5) \qquad \cdots\cdots(2)$$

碳酸钾含量以碳酸钾(K_2CO_3)的质量分数 w_2 计，按式(3)计算：

$$w_2=\frac{V_4\times cM_2\times 1/2\times 10^{-3}}{m\times V_2/V_3}\times 100\% \qquad \cdots\cdots(3)$$

式中：

V_1 ——以酚酞为指示液滴定消耗的盐酸标准滴定溶液体积的数值，单位为毫升(mL)；

V_2 ——移取试验溶液 A(见 6.3.2.3)的体积的数值($V_2=50$)，单位为毫升(mL)；

V_3 ——配制试验溶液 A(见 6.3.1.4.1)的体积的数值(V_3=1 000),单位为毫升(mL);
V_4 ——以甲基橙为指示液滴定消耗的盐酸标准滴定溶液体积的数值,单位为毫升(mL);
c ——盐酸标准滴定溶液浓度的准确数值,单位为摩尔每升(mol/L);
m ——试料(见 6.3.1.4.1)质量的数值,单位为克(g);
w_5 ——由 6.8 或 6.9 测得的钠的质量分数;
M_1 ——氢氧化钾(KOH)摩尔质量的数值(M_1=56.10),单位为克每摩尔(g/moL);
M_2 ——碳酸钾(K_2CO_3)摩尔质量的数值(M_2=138.20),单位为克每摩尔(g/moL);
2.440 5——钠(Na)换算为氢氧化钾的系数。

取平行测定结果的算术平均值为测定结果,两次平行测定结果的绝对差值氢氧化钾为不大于 0.3%,碳酸钾为不大于 0.1%。

6.4 氯化物含量的测定

6.4.1 汞量法(仲裁法)

6.4.1.1 方法提要

同 GB/T 3051—2000 第 3 章。

6.4.1.2 试剂和材料

同 GB/T 3051—2000 第 4 章。

6.4.1.3 仪器、设备

同 GB/T 3051—2000 第 5 章。

6.4.1.4 分析步骤

移取试验溶液 A(见 6.3.1.4.1)(LM 类固体取 20 mL,溶液取 50 mL;GM 类取 10 mL)置于 250 mL 锥形瓶中,加水至约 100 mL,加 3 滴溴酚蓝指示液,滴加硝酸溶液(1+1)至试液呈黄色,再用氢氧化钠溶液调至恰呈蓝色,然后滴加硝酸溶液(1+15)至黄色,过量 2 滴,加入 1 mL 二苯偶氮碳酰肼指示液,用 0.05 mol/L 硝酸汞标准滴定溶液滴定至与标准终点比对溶液相同的紫红色。

标准终点比对溶液的制备:于 250 mL 锥形瓶中加入 100 mL 水和 3 滴溴酚蓝指示液,滴加硝酸溶液(1+1)至黄色,再滴加氢氧化钠溶液至恰呈蓝色,滴加硝酸溶液(1+15)至黄色,过量 2 滴。加入 1 mL 二苯基偶氮碳酰肼指示液,用 0.05 mol/L 硝酸汞标准滴定溶液滴定至溶液呈紫红色。

注:将滴定后的含汞废液收集保留,参见附录 A 给出的方法进行处理。

6.4.1.5 结果计算

氯化物含量以氯(Cl)的质量分数 w_3 计,按式(4)计算:

$$w_3=\frac{(V-V_0)\times 10^{-3}\times cM}{m\times V_1/V_2}\times 100\% \qquad (4)$$

式中:

V ——试验溶液消耗硝酸汞标准滴定溶液的体积的数值,单位为毫升(mL);
V_0 ——标准终点比对溶液消耗硝酸汞标准滴定溶液的体积的数值,单位为毫升(mL);
V_1 ——移取试验溶液 A 的体积的数值,单位为毫升(mL);
V_2 ——配制试验溶液 A(见 6.3.1.4.1)体积的数值(V_2=1 000),单位为毫升(mL);
c ——硝酸汞标准滴定溶液的浓度的准确数值,单位为摩尔每升(mol/L);

m ——试料(见 6.3.1.4.1)质量的数值,单位为克(g);

M ——氯(Cl)的摩尔质量的数值(M=35.45),单位为克每摩尔(g/moL)。

取平行测定结果的算术平均值为测定结果,两次平行测定结果的绝对差值 LM 类固体不大于 0.001%,LM 类溶液不大于 0.000 5%,GM 类不大于 0.01%。

6.4.2 目视比浊法(LM 产品)

6.4.2.1 方法提要

在硝酸介质中,氯离子与银离子生成难溶的氯化银。当氯离子含量较低时,在一定时间内氯化银呈悬浮体,使溶液浑浊,可用于氯化物的目视比浊法测定。

6.4.2.2 试剂

6.4.2.2.1 硝酸溶液:1+3。

6.4.2.2.2 硝酸银溶液:17 g/L。

6.4.2.2.3 氯标准溶液:1 mL 溶液含氯(Cl)0.01 mg,用移液管移取 10 mL 按 HG/T 3696.2 配制的氯标准溶液,置于 1 000 mL 容量瓶中,用水稀释至刻度,摇匀。此溶液使用期为一周。

6.4.2.3 仪器

比色管:50 mL。

6.4.2.4 分析步骤

称取 1.00 g±0.01 g 试样,置于比色管中,加 20 mL 水溶解,用硝酸溶液中和,加 1 mL 硝酸银溶液,加水至刻度,摇匀,于暗处放置 10 min。溶液所呈浊度不得大于氯标准比浊溶液。

标准比浊溶液是按下列要求移取氯标准溶液,与试料同时同样处理:固体产品的Ⅰ型、Ⅲ型为 10.0 mL,Ⅱ型为 20 mL,溶液产品为 5.0 mL。

6.5 硫酸盐含量的测定

6.5.1 方法提要

盐酸介质中,硫酸根与钡离子生成白色细微的硫酸钡沉淀,悬浮在溶液中,与标准比浊溶液比对。

6.5.2 试剂

6.5.2.1 盐酸溶液:1+3。

6.5.2.2 混合溶液:称取 70 g 氯化钠置于 1 000 mL 烧杯中,加 500 mL 水溶解,加 10 mL 盐酸,500 mL 丙三醇,加入 50 g 氯化钡,混匀。

6.5.2.3 硫酸盐标准溶液:1 mL 溶液含 0.1 mg SO_4,用移液管移取 10 mL 按 HG/T 3696.2 要求配制的硫酸盐标准溶液,置于 100 mL 容量瓶中,用水稀释至刻度,摇匀。此溶液使用期为一周。

6.5.3 仪器

比色管:100 mL。

6.5.4 分析步骤

称取 2.00 g±0.01 g 试样,置于 100 mL 烧杯中,加 10 mL 水溶解后,全部转移至比色管中。用盐酸溶液中和至 pH 3~4(用 pH 试纸检验)。加入 10 mL 混合溶液,加水至刻度,摇动 1 min,放置 5 min。溶液所呈浊度不得大于标准比浊溶液。

标准比浊溶液的制备：Ⅰ型、Ⅱ型移取硫酸盐标准溶液 4.0 mL，Ⅲ型移取硫酸盐标准溶液 2.0 mL，与试验溶液同时同样处理。

6.6 硝酸盐和亚硝酸盐含量的测定

6.6.1 方法提要

在碱性条件下，试验溶液中的硝酸盐和亚硝酸盐与定氮合金反应，生成的氨经蒸馏用硫酸溶液吸收。加入纳氏试剂生成红色络合物，与标准比色溶液进行比对。

6.6.2 试剂和材料

6.6.2.1 定氮合金。

6.6.2.2 硫酸溶液：1+333。

6.6.2.3 氢氧化钠溶液：250 g/L，无氨。

6.6.2.4 氮标准溶液：1 mL 溶液含氮(N) 0.01 mg，用移液管移取 1 mL 按 HG/T 3696.2 配制的氮标准溶液，置于 100 mL 容量瓶中，用水稀释至刻度，摇匀。该溶液现用现配。

6.6.2.5 无氨的水。

6.6.2.6 纳氏试剂。

6.6.3 仪器、设备

定氮蒸馏装置如图 1 所示。也可使用具有同样效果的其他蒸馏装置。

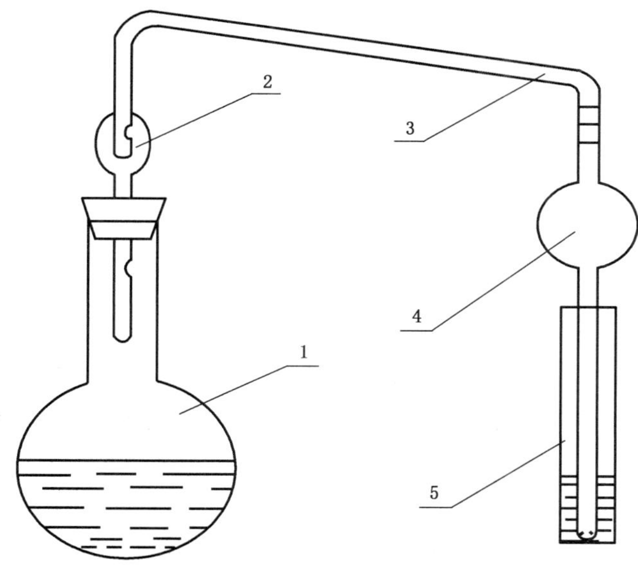

说明：

1——蒸馏瓶；

2——气液分离器；

3——导管；

4——带有缓冲球的氨吸收管(插入比色管底部的管端处有 6 个直径为 $\phi 1$ mm 的小孔，均匀分布)；

5——比色管。

图 1 定氮蒸馏装置

6.6.4 分析步骤

6.6.4.1 分析准备

在蒸馏瓶中注入适量水，加热至沸。用沸腾产生的蒸汽清洗装置，至蒸馏液不再析出氮为止(用纳氏试剂检验：取相同体积的吸收液和水，分别加入等量纳氏试剂，比较二者颜色)。

6.6.4.2 测定

用移液管移取 2 mL 氮标准溶液，置于蒸馏瓶中，加 65 mL 无氨水、5 mL 氢氧化钠溶液，摇匀。称取 2.00 g±0.01 g 试样，置于另一个蒸馏瓶中，加 25 mL 无氨水、5 mL 氢氧化钠溶液，摇匀。各加 1 g 定氮合金，迅速将蒸馏装置连接好。于两个比色管中，各加入 2 mL 硫酸溶液，加少量水使导管末端气孔淹没于溶液中。混匀蒸馏瓶内的溶液，放置 1 h，期间定时摇动。逐渐加热蒸馏瓶使溶液沸腾，至蒸馏出约 40 mL 溶液为止。取出导管，停止加热。用少量水冲洗导管，洗液收集于比色管中。再分别加入 1 mL 氢氧化钠溶液、2mL 纳氏试剂，加水至刻度，摇匀，放置 10 min。试验溶液所呈颜色应不深于标准比色溶液。

6.7 铁含量的测定

6.7.1 方法提要

同 GB/T 3049—2006 第 3 章。

6.7.2 试剂

同 GB/T 3049—2006 第 4 章。

6.7.3 仪器

分光光度计：带有厚度为 1 cm、4 cm 或 5 cm 的比色皿。

6.7.4 分析步骤

6.7.4.1 标准曲线的绘制

按 GB/T 3049—2006 中 6.3 的规定，绘制标准曲线。LM 类固体产品及 LM 类溶液的Ⅰ型产品使用 4 cm 或 5 cm 的比色皿；LM 类溶液的Ⅱ型产品及 GM 类产品使用 1 cm 的比色皿。

6.7.4.2 测定

称取适量试样(LM 类产品约 5 g，GM 类产品约 0.5 g)，精确至 0.000 2 g，置于 100 mL 烧杯中，加 50 mL 水溶解。以下按 GB/T 3049—2006 中 6.4 的规定从“必要时，加水至 60 mL……”开始进行操作。

同时进行空白试验，空白试验溶液除不加试样外，其他加入试剂的种类和量与试验溶液相同。

6.7.4.3 结果计算

铁含量以铁(Fe)的质量分数 w_4 计，按式(5)计算：

$$w_4 = \frac{(m_1 - m_0) \times 10^{-3}}{m} \times 100\% \qquad \cdots\cdots (5)$$

式中：

m_1——从标准曲线上查出的试验溶液中铁的质量的数值，单位为毫克(mg)；

m_0——从标准曲线上查出的空白试验溶液中铁的质量的数值，单位为毫克(mg)；

m ——试料的质量的数值，单位为克(g)。

取平行测定结果的算术平均值为测定结果，两次平行测定结果的绝对差值不大于 0.000 1%。

6.8 钠含量的测定——原子发射光谱法

在酸性条件下，用火焰发射分光光度计于波长 589.0 nm 处，测定辐射强度，采用标准曲线法测定试样中钠含量。

6.8.1 试剂

6.8.1.1 盐酸溶液：1+5。

6.8.1.2 氯化钾溶液：5 g/L。

6.8.1.3 钠标准溶液Ⅰ：1 mL 溶液含钠(Na)0.1 mg，移取 10 mL 按 HG/T 3696.2 配制的钠标准溶液，置于 100 mL 容量瓶中，用水稀释至刻度，摇匀。

6.8.1.4 钠标准溶液Ⅱ：1 mL 溶液含钠(Na)0.01 mg，移取 10 mL 钠标准溶液Ⅰ(见 6.8.1.3)，置于 100 mL 容量瓶中，用水稀释至刻度，摇匀。用于调节火焰发射分光光度计。

6.8.1.5 甲基橙指示液：1 g/L。

6.8.2 仪器、设备

火焰发射分光光度计。

6.8.3 分析步骤

6.8.3.1 标准曲线的绘制

于 6 个 100 mL 容量瓶中，分别加入 0.00 mL、2.00 mL、4.00 mL、6.00 mL、8.00 mL、10.00 mL 钠标准溶液Ⅰ(见 6.8.1.3)，各加 10 mL 氯化钾溶液、5 mL 盐酸溶液，用水稀释至刻度，摇匀。在火焰发射分光光度计，于波长 589.0 nm 处，用水调零，用钠标准溶液Ⅱ(见 6.8.1.4)调刻度为 100。依次测量上述溶液的辐射强度。将所测定的辐射强度减去标准空白溶液的辐射强度，以钠的质量(mg)为横坐标，对应的辐射强度为纵坐标，绘制标准曲线。

6.8.3.2 测定

移取 10.00 mL(V_1)试验溶液 A(见 6.3.1.4.1)，置于 100 mL(V_4)容量瓶中，加水溶解，用水稀释至刻度，摇匀。再移取 10 mL(V_3)此溶液和 10 mL 水(空白试验溶液)，分别置于 100 mL 容量瓶中，各加 20 mL 水、2 滴甲基橙指示液。滴加盐酸溶液至指示剂变色，过量 5 mL，用水稀释至刻度，摇匀。在火焰发射分光光度计，于波长 589.0 nm 处，用水调零，用钠标准溶液Ⅱ(见 6.8.1.4)调刻度为 100。依次测量试剂空白溶液和试验溶液的辐射强度。从标准曲线上查出对应的钠的质量。

6.8.4 结果计算

钠含量以钠(Na)的质量分数 w_5 计，按式(6)计算：

$$w_5=\frac{(m_1-m_0)\times 10^{-3}}{m\times V_1/V_2\times V_3/V_4}\times 100\% \qquad \cdots\cdots(6)$$

式中：

m_1——从标准曲线上查出的试验溶液中钠质量的数值，单位为毫克(mg)；

m_0——从标准曲线上查出的空白试验溶液中钠质量的数值，单位为毫克(mg)；

m ——试料(见 6.3.1.4.1)质量的数值，单位为克(g)；

V_1——移取试验溶液 A 的体积的数值($V_1=10$)，单位为毫升(mL)；

V_2——配制试验溶液 A(见 6.3.1.4.1)的体积的数值($V_2=1\ 000$)，单位为毫升(mL)；

V_3——移取试验溶液 A(见 6.8.3.2)的体积的数值($V_3=10$)，单位为毫升(mL)；

V_4——配制试验溶液(见 6.8.3.2)的体积的数值($V_4=100$)，单位为毫升(mL)。

取平行测定结果的算术平均值为测定结果，两次平行测定结果的绝对差值不大于 0.1%。

6.9 铁含量、钠含量——电感耦合等离子体原子发射光谱法

6.9.1 方法提要

试样经盐酸溶解后，将试验溶液以气溶胶形式导入等离子体炬焰中，样品被蒸发和激发，发射出所含元素的特征波长光，测量其光谱强度并采用标准加入法计算元素的含量。

6.9.2 试剂

6.9.2.1 盐酸：光谱纯。

6.9.2.2 铁标准溶液：1 mL 溶液含铁(Fe)0.02 mg，移取 2.00 mL 按 HG/T 3696.2 配制的铁标准溶液于 100 mL 容量瓶中，用水稀释至刻度，摇匀。

6.9.2.3 钠标准溶液：1 mL 溶液含钠(Na)1 mg。

6.9.2.4 二级水：符合 GB/T 6682—2008 的规定。

6.9.3 仪器、设备

电感耦合等离子体原子发射光谱仪。

6.9.4 分析步骤

6.9.4.1 试验溶液 B 的制备

用称量瓶迅速称取约 40 g 试样，精确至 0.01 g，用水溶解，冷却至室温后全部移入 1 000 mL 容量瓶中，用水稀释至刻度，摇匀。立即置于 1 000 mL 清洁干燥的塑料瓶中保存。

6.9.4.2 铁、钠含量的测定

6.9.4.2.1 铁测试液的制备

移取试验溶液 B(LM 类 50.00 mL，GM 类 5.00 mL)，分别置于 4 个 100 mL 容量瓶中，各加 5 mL 盐酸，再分别加入 0.00 mL、2.00 mL、4.00 mL、8.00 mL 铁标准溶液，用水稀释至刻度，摇匀。

6.9.4.2.2 钠测试液的制备

移取 10.00 mL 试验溶液 B，分别置于 4 个 100 mL 容量瓶中，各加 5 mL 盐酸，再分别加入 0.00 mL、3.00 mL、6.00 mL、12.00 mL 钠标准溶液，用水稀释至刻度，摇匀。

6.9.4.2.3 测定

在仪器最佳的测定条件下，按表 3 给出的元素测定波长，利用标准加入法测定铁、钠元素的光谱强

度。根据所输入的相关数据,仪器给出铁、钠元素的质量。

表 3　铁、钠元素测定波长

杂质元素	铁	钠
测定波长 /nm	259.940	589.592

6.9.5　结果计算

待测元素含量以待测元素(Fe、Na)的质量分数 w_6 计,按式(7)计算:

$$w_6 = \frac{m_1 \times 10^{-6}}{m \times V/V_1} \times 100\% \qquad \cdots\cdots(7)$$

式中:

m_1——仪器给出被测溶液中待测元素(Fe、Na)质量的数值,单位为微克(μg);

V——移取试验溶液 B 的体积的数值,单位为毫升(mL);

V_1——配制试验溶液 B(见 6.9.4.1)的体积的数值(V_1=1 000),单位为毫升(mL);

m——试料质量的数值,单位为克(g)。

取平行测定结果的算术平均值为测定结果,两次平行测定结果的绝对差值:铁含量 LM 类不大于 0.000 1%,GM 类不大于 0.005%,钠含量不大于 0.05%。

7　检验规则

7.1　检验采用型式检验和出厂检验。

7.2　所有指标项目均为型式检验项目,在正常生产情况下每 6 个月至少进行一次型式检验。在下列情况时应进行型式检验:

a)　更换关键设备和生产工艺;

b)　主要原料有变化;

c)　停产后恢复生产;

d)　与上次型式检验有较大差异;

e)　合同规定。

7.3　本标准规定的氢氧化钾含量、碳酸钾含量、氯化物含量、铁含量为出厂检验项目,应逐批检验。

7.4　生产企业用相同材料,基本相同的生产条件,连续生产或同一班组生产的同一级别的工业氢氧化钾为一批,工业氢氧化钾固体每批不超过 120 t,工业氢氧化钾溶液每批不超过 500 t。

7.4　按 GB/T 6678 规定的采样单元数随机抽样。固体产品采样时,将采样器自袋的中心垂直插入至料层深度的 3/4 处采样。将采出的样品混匀,用四分法缩分至不少于 500 g。将样品分装于两个清洁、干燥的塑料容器中,密封。溶液样品采样时,将采样玻璃管插入至容器深度的 2/3 处采样,将采得的样品混匀,总量不少于 500 mL,分装于两个清洁干燥的塑料瓶中,密封。并粘贴标签,注明生产厂名、产品名称、批号、采样日期和采样者姓名。一份供检验用,另一份保存备查,保存时间由生产企业根据需要确定。

7.5　检验结果如有指标不符合本标准要求,应重新自两倍量的包装中采样进行复验,复验结果即使只有一项指标不符合本标准的要求,则整批产品为不合格。

7.6　采用 GB/T 8170 规定的修约值比较法判定检验结果是否符合标准。

8 标志标签

8.1 出厂产品包装容器上应有牢固清晰的标志，内容包括生产厂名、厂址、产品名称、类别、型号、净含量、批号或生产日期、本标准编号及 GB 190 规定的“腐蚀性物质”标签和 GB/T 191—2008 中规定的“怕晒”“怕雨”标志。

8.2 每批出厂的工业氢氧化钾都应附有质量证明书。内容包括生产厂名、厂址、产品名称、类别、型号、净含量、批号或生产日期和本标准编号。

9 包装、运输和贮存

9.1 工业氢氧化钾采用五种包装方式，各种包装方式为：

a) 固体块状氢氧化钾采用 GB/T 325.2—2010 中的直开口钢桶包装，其规格尺寸符合 GB/T 325.2—2010 中规定，钢桶厚度符合 GB/T 325.2—2010 中轻型桶的规定。每桶净含量为 50 kg、100 kg、150 kg 和 200 kg。

b) 固体片状氢氧化钾采用两层包装。内包装采用聚乙烯塑料薄膜袋，外包装为聚丙烯涂膜编织袋。每袋净含量 25 kg、40 kg、50 kg。也可采用吨包装，集装箱的尺寸和每袋净含量可根据用户的要求进行协商。包装时，内层用尼龙绳或其他质量相当的绳扎口，外层编织袋用缝包机缝口，缝口牢固，不得有跳线漏线现象。

c) 固体片状氢氧化钾也可采用双层包装。内包装采用聚乙烯塑料薄膜袋，厚度不小于 0.1 mm；外包装采用 GB/T 325.2—2010 中的全开口钢桶中的直开口钢桶包装，其规格尺寸符合 GB/T 325.2—2010 中的规定，钢桶厚度符合 GB/T 325.2—2010 中轻型桶的规定。每桶净含量为 50 kg 或 100 kg。包装时，内袋用维尼龙绳或其他质量相当的绳扎口，将铁桶与桶盖用桶圈固定，保证桶盖不松动，整体牢固。

d) 溶液氢氧化钾采用专用铁路槽车或公路槽车及铁桶装运。槽车上口用铁盖盖严、卡牢。

e) 也可采用吨包装，集装箱的尺寸和每袋净含量可根据用户的要求进行协商。

9.2 工业氢氧化钾在运输过程中应有遮盖物，防止日晒、雨淋、包装破损，不得倒置。

9.3 工业氢氧化钾应贮存在通风、干燥的库房内，防止日晒、受潮、撞击，远离易燃物。

9.4 在符合本标准贮存运输条件下，工业氢氧化钾产品保质期为 12 个月。

10 安全

10.1 氢氧化钾具有强腐蚀性，操作场所应防腐，安装送、排风设备，操作人员应穿耐酸碱服，戴橡胶耐酸碱手套。工作现场配制 3% 的稀硼酸溶液备用。

10.2 皮肤接触应立即脱去被污染的衣着，用大量流动清水冲洗至少 15 min。就医。

10.3 眼睛接触应立即提起眼睑，用大量流动清水或生理盐水彻底冲洗至少 15 min。就医。

10.4 吸入粉尘应迅速脱离现场至新鲜空气处。保持呼吸道通畅。如呼吸困难，给输氧。如呼吸停止，立即进行人工呼吸。

附　录　A
（资料性附录）
含汞废液处理方法

A.1　方法提要

在碱性介质中，用过量的硫化钠沉淀汞，用过氧化氢氧化过量的硫化钠，防止汞以多硫化物的形式溶解。

A.2　处理步骤

将废液收集于约 50 L 的容器中，当废液达约 40 L 时依次加入 400 g/L 氢氧化钠溶液 400 mL，100 g 硫化钠（$Na_2S \cdot 9H_2O$），摇匀。10 min 后缓慢加入 30%过氧化氢溶液 400 mL，充分混合，放置 24 h 后将上部清液排入废水中，沉淀物转入另一容器中，由专人进行汞的回收。

上述操作中所用试剂均为工业级。

ICS 29.035.99
K 15

中华人民共和国国家标准

GB/T 1981.6—2014

电气绝缘用漆 第6部分:环保型水性浸渍漆

Varnishes used for electrical insulation—
Part 6:Environment-friendly water or emulsion based impregnating varnishes

2014-07-24 发布 2015-02-01 实施

中华人民共和国国家质量监督检验检疫总局
中国国家标准化管理委员会 发布

前　言

GB/T 1981《电气绝缘用漆》拟分为以下几个部分：

——第 1 部分：定义和一般要求；

——第 2 部分：试验方法；

——第 3 部分：热固化浸渍漆通用规范；

——第 4 部分：聚酯亚胺浸渍漆；

——第 5 部分：快固化节能型三聚氰胺醇酸浸渍漆；

——第 6 部分：环保型水性浸渍漆。

本部分为 GB/T 1981 的第 6 部分。

本部分按照 GB/T 1.1—2009 给出的规则起草。

本部分由中国电器工业协会提出。

本部分由全国绝缘材料标准化技术委员会(SAC/TC 51)归口。

本部分起草单位：浙江荣泰科技企业有限公司、桂林电器科学研究院有限公司、上海电动工具研究所、艾仕得涂料系统(上海)有限公司、四川东材科技集团股份有限公司、东阳市富顺绝缘材料有限公司。

本部分主要起草人：马林泉、宋玉侠、罗传勇、曹万荣、张志浩、陆顺平、罗小锋、付金红、赵平、金卫强。

电气绝缘用漆
第6部分:环保型水性浸渍漆

1 范围

GB/T 1981的本部分规定了环保型水性浸渍漆的要求、试验方法、检验规则及包装、标志、贮存和运输。

本部分适用于环保型水溶浸渍漆和水乳浸渍漆。

2 规范性引用文件

下列文件对于本文件的应用是必不可少的。凡是注日期的引用文件,仅注日期的版本适用于本文件。凡是不注日期的引用文件,其最新版本(包括所有的修改单)适用于本文件。

GB/T 1725—2007 色漆、清漆和塑料 不挥发物含量的测定

GB/T 1981.1—2007 电气绝缘用漆 第1部分:定义和一般要求

GB/T 1981.2—2009 电气绝缘用漆 第2部分:试验方法

GB/T 4074.7—2009 绕组线试验方法 第7部分:测定漆包绕组线温度指数的试验方法

GB/T 6109.2—2008 漆包圆绕组线 第2部分:155级聚酯漆包铜圆线

GB/T 6109.5—2008 漆包圆绕组线 第5部分:180级聚酯亚胺漆包铜圆线

GB/T 11028 测定浸渍剂对漆包线基材粘结强度的试验方法

GB/T 23986—2009 色漆和清漆 挥发性有机化合物(VOC)含量的测定 气相色谱法

3 要求

一次交货的所有材料,除了应符合GB/T 1981.1—2007中规定的要求外,还应符合本部分表1中规定的要求。

表1 环保型水性浸渍漆的要求

序号	性 能	单位	要 求	
			水溶浸渍漆	水乳浸渍漆
1	外观	—	浅棕黄色均匀液体、无机械杂质和不溶解的颗粒	乳白色均匀液体、无机械杂质和不溶解的颗粒
2	闪点	℃	≥93	≥100
3	黏度(涂—4黏度计,23 ℃±1 ℃)[a]	s	40～110	20～80
4	pH值	—	6.5～9.0	6.5～9.0
5	非挥发物含量(130 ℃±2 ℃,1 h)[a]	%	30±3	50±5
6	挥发性有机物含量	%	≤15	≤5

表 1（续）

<table>
<tr><th rowspan="2">序号</th><th rowspan="2" colspan="2">性　能</th><th rowspan="2">单位</th><th colspan="2">要　求</th></tr>
<tr><th>水溶浸渍漆</th><th>水乳浸渍漆</th></tr>
<tr><td>7</td><td colspan="2">漆在敞口容器中的稳定性(50 ℃±2 ℃,96 h)</td><td>—</td><td>不分层,黏度增长不大于起始值的 1 倍</td><td>不分层,黏度增长不大于起始值的 1 倍</td></tr>
<tr><td rowspan="2">8</td><td rowspan="2">表面干燥性</td><td>130 ℃±2 ℃</td><td rowspan="2">h</td><td>≤1</td><td>—</td></tr>
<tr><td>150 ℃±2 ℃</td><td>—</td><td>≤2</td></tr>
<tr><td>9</td><td colspan="2">漆对漆包线的作用</td><td>—</td><td>铅笔硬度不低于 2 H</td><td>铅笔硬度不低于 2 H</td></tr>
<tr><td>10</td><td colspan="2">漆和铜的反应</td><td>—</td><td>铜不变色</td><td>铜不变色</td></tr>
<tr><td>11</td><td colspan="2">体积电阻率
常态(23 ℃±2 ℃)
浸水(23 ℃±2 ℃,168 h)后</td><td>Ω·m</td><td>≥1.0×10^{10}
≥1.0×10^{8}</td><td>≥1.0×10^{11}
≥1.0×10^{9}</td></tr>
<tr><td>12</td><td colspan="2">电气强度
常态(23 ℃±2 ℃)
浸水(23 ℃±2 ℃,24 h)后</td><td>MV/m</td><td>≥70
≥30</td><td>≥70
≥30</td></tr>
<tr><td>13</td><td colspan="2">耐变压器油(105 ℃±2 ℃,168 h)</td><td>—</td><td>不变色、不起泡、不发粘</td><td>不变色、不起泡、不发粘</td></tr>
<tr><td>14</td><td colspan="2">粘结强度(螺旋线圈法,23 ℃±2 ℃)</td><td>N</td><td>≥60</td><td>≥80</td></tr>
<tr><td>15</td><td colspan="2">温度指数</td><td>—</td><td>≥130</td><td>≥130</td></tr>
<tr><td colspan="6">[a] 在确保表中其余性能的情况下,黏度和非挥发物含量允许供需双方另行商定。</td></tr>
</table>

4 试验方法

4.1 外观

按 GB/T 1981.2—2009 中 5.1.1 的规定测定。

4.2 闪点

按 GB/T 1981.2—2009 中 5.2 的规定测定。

4.3 黏度

按 GB/T 1981.2—2009 中 5.4 的规定测定,其中黏度计为涂－4 黏度计。

4.4 pH 值

按 GB/T 1981.2—2009 中 5.11 的规定测定。

4.5 非挥发物含量

按 GB/T 1725—2007 中的规定测定,其中试样烘焙条件为 130 ℃±2 ℃,1 h。

4.6 挥发性有机物含量

按 GB/T 23986—2009 中的规定测定。

4.7 漆在敞口容器中的稳定性

按 GB/T 1981.2—2009 中 5.8 的规定测定。

4.8 表面干燥性

按 GB/T 1981.2—2009 中 6.4.1 的规定测定,其中试样制备条件:选用厚度为 0.125 mm±0.010 mm的薄钢板;浸漆 5 min 后滴干 10 min,然后分别于 130 ℃±2 ℃下烘焙 1 h(水溶浸渍漆)和 150 ℃±2 ℃下烘焙 2 h(水乳浸渍漆);烘焙结束后置于干燥器中降至室温备用。

4.9 漆对漆包线的作用

4.9.1 器材

应使用下列器材:

——铅笔,硬度应符合有关产品标准的规定,笔尖应在试验前用细锉磨成对称于其轴心的 60°角;

——漆包铜圆线,符合 GB/T 6109.2—2008 规定的 155 级聚酯漆包铜圆线或符合 GB/T 6109.5—2008 规定的 180 级聚酯亚胺漆包铜圆线,直径为 1.0 mm;

——烘箱,强制空气循环,最高温度不低于 200 ℃,控温精度±2 ℃。

4.9.2 步骤

将一根约 150 mm 长的漆包铜圆线校直试样放在已升至 130 ℃±2 ℃的烘箱中预处理 10 min±1 min,然后将有效长度漆包铜圆线浸入盛有温度为 60 ℃±2 ℃的被试漆样的玻璃容器中 30 min±3 min,然后从被试漆样中取出漆包铜圆线。应在取出后 30 s 内测试其表面的硬度。

将从被试漆样中取出的漆包铜圆线放在一个光滑的硬质平面上,然后将铅笔以 60°±5°角度斜置于漆包铜圆线表面,并且铅笔尖以 5.0 N±0.5 N 的压力沿漆包铜圆线表面缓慢推移,以刚好不能将漆包铜圆线表面的漆膜刮掉的铅笔硬度作为漆包线表面的硬度,用铅笔硬度表示。

4.9.3 结果

试验三根直的漆包铜圆线,并报告这三个铅笔硬度中的最小值作为结果。

4.10 漆和铜的反应

按 GB/T 1981.2—2009 中 5.12 的规定测定,其中浸漆后铜线束的烘焙条件为水溶浸渍漆:130 ℃±2 ℃,4 h,水乳浸渍漆:150 ℃±2 ℃,4 h。

4.11 体积电阻率

按 GB/T 1981.2—2009 中 6.5.1 的规定测定,其中试样制备条件:选用厚度为 0.125 mm±0.010 mm的薄钢板或 0.10 mm±0.01 mm 的薄铜片;第一遍浸渍 5 min 后缓缓取出并滴干 10 min,然后分别于 130 ℃±2 ℃下烘焙 2 h(水溶浸渍漆)和 150 ℃±2 ℃下烘焙 4 h(水乳浸渍漆),或按供方推荐的条件进行烘焙固化;自第二遍起应以相反的方向重复浸渍、滴干和烘焙固化,直至单面漆膜厚度达到 0.05 mm～0.07 mm,最后一遍分别于 130 ℃±2 ℃下烘焙 4 h(水溶浸渍漆)和 170 ℃±2 ℃下烘焙 4 h(水乳浸渍漆);烘焙结束后置于干燥器中降至室温备用;必要时,可用纯净水调节黏度。

4.12 电气强度

按 GB/T 1981.2—2 中 6.5.3 的规定测定,其中试样制备条件同 4.11。

4.13 耐变压器油

按 GB/T 1981.2—2009 中 6.4.2 的规定测定，其中试样制备条件同 4.11，变压器油为最低冷投运温度不高于－20 ℃的新油，试验温度为 105 ℃±2 ℃，加热时间为 168 h±1 h。

4.14 粘结强度(螺旋线圈法)

按 GB/T 11028 中方法 B 的规定测定，其中制作螺旋线圈的漆包铜圆线同 4.9.1，螺旋线圈浸渍烘焙条件：第一遍浸渍 5 min 后缓缓取出并滴干 10 min，然后分别于 130 ℃±2 ℃下烘焙 2 h(水溶浸渍漆)和 150 ℃±2 ℃下烘焙 4 h(水乳浸渍漆)，或按供方推荐的条件进行烘焙固化；第二遍以相反的方向重复浸渍、滴干，并于 130 ℃±2 ℃下烘焙 4 h(水溶浸渍漆)和 170 ℃±2 ℃下烘焙 4 h(水乳浸渍漆)，然后置于干燥器中降至室温备用；必要时，可浸渍多次，但应在报告中注明浸渍的次数。

4.15 温度指数

按 GB/T 1981.2—2009 中 6.3.2 的规定测定，其中终点判断标准应根据供需双方商定选取下述 4 个判断标准中的任何两个：

——粘结强度，其中螺旋线圈的绕制、浸渍烘焙条件及试验方法同 4.14，终点判断标准为 22 N；

——耐电压，其中制作绞线对的漆包铜圆线同 4.9.1，绞线对的绕制同 GB/T 4074.7—2009 中的 5.1，浸渍烘焙条件同 4.14，试验电压为 1 kV，持续时间为 1 s，失效时间同 GB/T 4074.7—2009 中的第 8 章；

——击穿电压，按 GB/T 1981.2—2009 中 6.5.3 的规定测定，试样是用符合 GB/T 1981.2—2009 中 6.1.2 规定的玻璃织物作底材，浸渍烘焙条件同 4.11，终点判断标准为 3 kV；

——质量损失，试样是用符合 GB/T 1981.2—2009 中 6.1.2 规定的玻璃织物作底材，浸渍烘焙条件同 4.11，终点判断标准为 30%。

5 检验规则

5.1 每批漆均应进行出厂或型式检验。

5.2 用相同的原材料、工艺和设备系统连续生产的经一次混合的漆为一批。每批漆应进行出厂检验，出厂检验项目为表 1 中第 1 项、第 3 项、第 4 项、第 5 项、第 8 项、第 11 项(常态)、第 12 项(常态)。

5.3 型式检验项目为表 1 中第 1 项～第 14 项，每年至少进行一次，第 15 项目为产品鉴定项目。有下列情况之一时，一般应进行型式检验：

a) 生产设备、材料、工艺条件有较大改变，可能影响产品性能时；

b) 产品长期停产后，恢复生产时；

c) 出厂检验结果与上次型式检验有较大差异时；

d) 国家质量监督机构提出进行型式检验要求时。

5.4 试样应从一批漆中不少于包装桶总数 5%的桶中抽取。若批量较小，试样应从至少三个包装桶中抽取，若包装桶总数少于三桶，则应从每桶中抽取。抽取前应先将选中的包装桶内的漆搅拌均匀，然后从中各取出 500 g，并对取出的漆进行充分混合，之后再从中取出所需数量的漆装在洁净干燥的磨口瓶中作为试样。该试样在室温下保持 4 h 后方可进行试验。

5.5 若有任何一项试验结果不符合要求，则应从该批漆另外 5%的桶中按 5.4 重新取样进行该项检验，若结果仍不符合要求，则判定该批漆为不合格品。

5.6 每批产品均应附有产品检验合格证。在用户要求时，制造厂应提供型式检验报告。

6 包装、标志、贮存和运输

6.1 漆应装在洁净而干燥的铁桶或塑料桶中，并密封好。容器的优先容积为：5 L、10 L、20 L、25 L 和 200 L。

6.2 桶上应标明：制造厂名称，产品型号及名称，制造日期或批号，毛重及净重，以及“小心轻放”等字样和图示标识。

6.3 漆应存放在清洁、干燥、通风良好、温度为 5 ℃～30 ℃的库房中。

6.4 漆贮存在原密封容器中时，从出厂之日算起的贮存期为 30 ℃下 3 个月。若贮存期超过 3 个月则按本部分进行型式检验，合格者仍可使用。

6.5 在运输过程中应装载在有蓬的车船中，不得靠近火源、暖气和受日光直射。

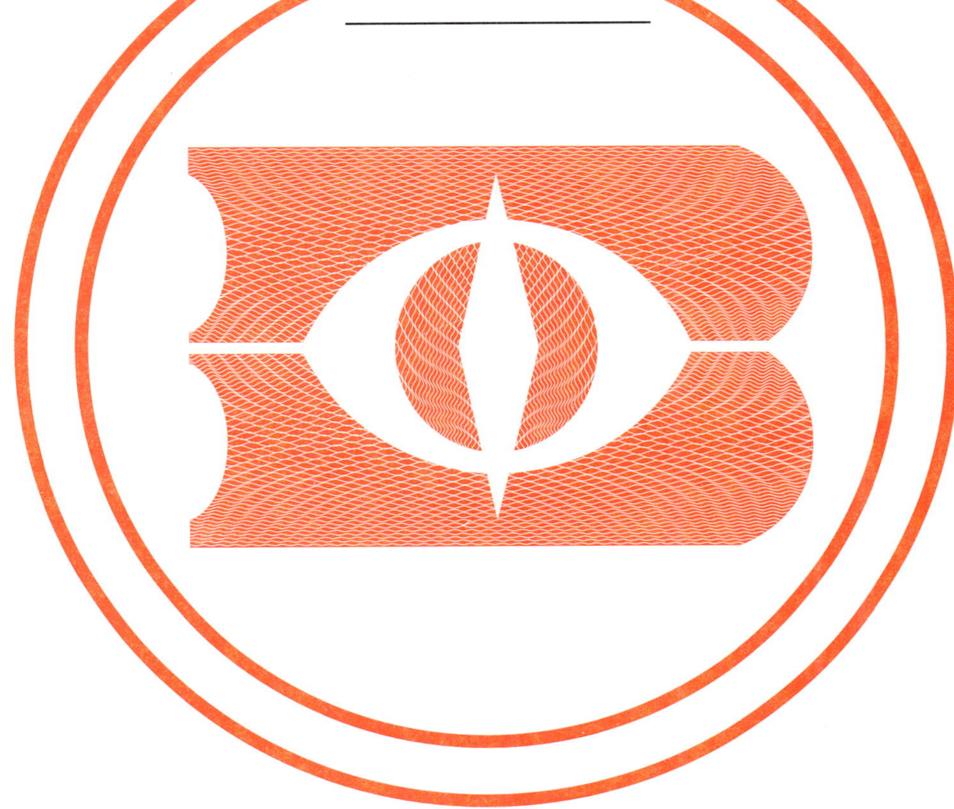